普通高校"十三五"规划教材

机器人工程导论

主　编　樊炳辉
副主编　袁义坤　张兴蕾　王传江

北京航空航天大学出版社

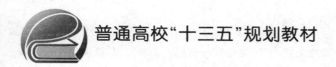

内 容 简 介

本书主要结合工业机器人的诸多分析理论及应用技术等，对机器人的相关基础知识、机械结构设计特点、运动学、运动轨迹规划、动力学、控制及其常用元器件等各个方面进行了较为全面的导引性描述。在本书的编撰过程中，尽量兼顾了来自不同专业或层面、具有不同基础知识结构的学生的需要。

本书既可以作为从事机器人、机械手研究或应用的各类高等院校相关专业本科生、研究生的教材，也可以作为现场工程技术人员等的理论与技术指导参考书。

图书在版编目(CIP)数据

机器人工程导论 / 樊炳辉主编. -- 北京 ：北京航空航天大学出版社，2018.3

ISBN 978-7-5124-2669-6

Ⅰ.①机… Ⅱ.①樊… Ⅲ.①机器人工程 Ⅳ.①TP24

中国版本图书馆 CIP 数据核字(2018)第 044303 号

机器人工程导论

主　编　樊炳辉

副主编　袁义坤　张兴蕾　王传江

责任编辑　史　东

*

北京航空航天大学出版社出版发行

北京市海淀区学院路 37 号(邮编 100191)　http://www.buaapress.com.cn

发行部电话：(010)82317024　传真：(010)82328026

读者信箱：goodtextbook@126.com　邮购电话：(010)82316936

北京时代华都印刷有限公司印装　各地书店经销

*

开本：787×1 092　1/16　印张：19　字数：499 千字

2018 年 6 月第 1 版　2023 年10月第 6 次印刷　印数：9 001～10 000 册

ISBN 978-7-5124-2669-6　定价：48.00 元

前　言

当前，我国正在大力推进“中国制造2025”，以实现制造业的转型升级。智能制造是“中国制造2025”的五大工程之一，被列入战略性新兴产业。智能制造包括智能装备、智能工厂、智能产品、智能物流和智能服务，进而支撑智能决策。智能制造融合了信息技术、自动化技术、先进制造技术、通信技术的最新发展，并开始融入人工智能技术，涉及工业软件、物联网、增材制造、工业机器人、虚拟现实、增强现实、数据采集、工业安全等诸多使能技术。这将是一种崭新的生产方式。

机器人作为“中国制造2025”十大重点发展领域之一以及核心的智能装备，对于改变人类的生产和生活方式、重振中国制造业、复苏国民经济等都具有十分重要的作用。

据有关部门预测，到2025年，我国高档数控机床和机器人领域人才缺口将有450多万。而目前机器人的技术和人才短缺现状，使得对机器人技术的迫切需要与国内机器人人才队伍短缺的态势形成一种捉襟见肘的窘迫局面。为了更好地满足国内对机器人技术人才队伍培养的需要，故编制了本书。

编者对本科生、研究生讲授机器人学课程已经近20年，本书是在编者多年从事机器人教学中所使用的自编教材的基础上，结合、参考其他各种机器人教材，加上自己的一些理解与体会所完成的。其目的是让读者能够准确地把握机器人相关理论与技术的基础知识，为机器人的设计、研究及编程等打下扎实的专业基础。

本书共分9章，其中：

第1章绪论，简要叙述了机器人的发展过程、现状与未来，对机器人的一些基本概念及所要研究的主要内容等进行了介绍。

第2章机器人基础，针对机器人的设计与分析，介绍了一些必备的基础知识，包括机械基础知识与数学基础知识等。通过对它们进行引导性描述，为本书的后续介绍与分析提供了标准概念与相应的分析工具。

第3章机器人运动学，应用Denavit-Hatenberg方法（简称D-H方法）论述了机械手构件坐标系的建立方法，并对机器人的正向运动学与逆向运动学问题进行了分析。

第4章微分运动和速度，主要探讨了一般构件坐标系相对于参考坐标系的微分运动，机器人关节的构件坐标系相对于参考坐标系的微分运动，雅可比矩阵以及机器人速度关系等问题的分析方法。

第5章运动轨迹规划，主要讨论了机器人运动轨迹的生成方法，以求用某种比较简单的多项式插补来逼近所期望的路径，生成一系列时基“控制设定点”，以控制机器人按照要求的路径与速度进行工作。

第 6 章机器人动力学分析，主要介绍了拉格朗日力学方法在机器人动力学问题上的应用，包括动力学方程、简化思路及其推导方法等，以助于帮助深入理解被控机器人系统。

第 7 章机器人控制，介绍了机器人控制的基本概念、机器人控制系统的组成、机器人的常用控制方法、典型的位置控制及力控制以及在机器人中的应用等。

第 8 章智能机器人，将人工智能（Artificial Intelligence，AI）与机器人的结合应用情况进行了介绍，特别对智能机器人的相关概念、系统的组成、基本特征、其控制系统的主要功能特点、相关智能控制理论内容以及典型案例等进行了描述。

第 9 章机器人常用器件，对机器人常用的一些新型的驱动器和传感器作了简单介绍。

本书的特点是：对内容编排本着循序渐进的原则，深入浅出。全书既有机器人较为详细的专业概念，又有学习本书所需的一些基础知识，以利于具有不同学科专业基础的学生快速上手；在理论分析上尽可能保留推导过程，并辅以例题，以便于学生学习和理解；在对参考资料进行学习整理过程中，一方面忠实原书内容，另一方面也充实一些自己的理解与体会；在对理论进行阐述的基础上，注意结合一些应用实例；最后对机器人常用的新型的器件性能特点及其选用原则等，也突出重点地进行了介绍。

本书既可以作为从事机器人、机械手研究或应用的各类高等院校相关专业本科生、研究生的教材，也可以作为现场工程技术人员等的理论与技术指导参考书。

在作为教材使用时，所讲授的内容可以根据学生对象的不同有所侧重或删减。

在本书的编撰过程中，得到了我 2013、2014、2015 各级研究生的鼎力相助。本科生郑天明、孙志鹏也给予了很大帮助，他们为本书的材料收集、文字录入、图形与表格绘制等作了大量认真、细致的工作，在此特对他们深表感谢！

机器人研究涉及众多的学科与知识，本书内容挂一漏万的情形难免发生。希望读者在学习过程中注意参考其他一些机器人方面的资料，相互印证，相互补充，以利提高。

因为作者水平有限，无法全面、完整地介绍机器人各方面的知识，在编撰过程中也难免出现各种各样的错误，期望广大读者给予充分的理解和帮助，能够将各种意见与建议发送到邮箱 fanbh58@163. com，以便于以后对本书的修正与勘误。对此我们将深表感谢！

编　者

2017 年 11 月 30 日

目　　录

第1章 绪 论

中国工程院前院长宋健指出："机器人学的进步和应用是20世纪自动控制最有说服力的成就，是当代最高意义上的自动化。"机器人技术综合了多学科的发展成果，代表了高技术的发展前沿，它在人类生活应用领域的不断扩大与创新，使得国际上越来越重视机器人技术的作用和影响。

目前，全球劳动力成本持续上升，作为世界第二大经济体的中国，其制造业正在进行一场机器人革命。大量的中国工厂正在逐步摒弃人工，转而使用机器人。

据中国机器人产业联盟发布的数据，2014年，我国共销售工业机器人5.7万台，较上年增长55%；同年，国内工业机器人产量为1.2万台，同比增长26.2%，国内首次突破年产万台大关，因而，业内称2014年为中国的机器人元年。2016年，我国共销售工业机器人8.89万台，较上年增长56%；国内工业机器人产量为7.24万台，同比增长34.3%，已连续五年成为全球第一大工业机器人市场。

既然机器人事业在全球以如火如荼的势头在发展，那么何谓机器人？这也许是大多数普通民众都不能作出明确回答的问题，我们不妨追寻一下它的发展足迹，以便对其有一个全面和准确的认识。

1.1 中国的早期机器人

虽然机器人一词的出现和世界上第一台工业机器人的问世都是近几十年的事，然而人们对机器人的幻想与追求却已有3000多年的历史。人类早在远古时期，就希望能制造出一种像人一样的机器，来服务于人类或取悦于人类，以便代替人类完成各式各样的工作。在中国古代就有许多这方面的记载。

据《列子》记载，西周周穆王时期，我国的能工巧匠偃师研制出一种能歌善舞的伶人，它举手投足如同真人一般。摇摇它的头，可唱出符合乐律的歌曲；捧捧它的手，便跳起符合节拍的舞蹈。为此，周穆王奖赏给偃师一块封地作为褒奖，并以他的名字"偃师"命名。

据《墨经》记载"公输班竹木为鹊，成而飞之，三日不下"，说的是春秋后期，我国著名的木匠鲁班，为了哄母亲开心，用竹木造了一只大鸟。"成而飞之，三日不下。"，体现了我国劳动人民的聪明智慧。

1800年前的汉代，大科学家张衡不仅发明了地动仪，而且发明了计里鼓车。计里鼓车每行一里，车上木人击鼓一下，每行十里击钟一下。

《三国志·诸葛亮传》记载："亮性长于巧思，损益连弩，木牛流马，皆出其意。"是说后汉三国时期，蜀国丞相诸葛亮不仅成功地创造出可以连发的弩箭，而且制作了可以行走的木牛流马，并用木牛流马运送军粮。

1.2 其他国家的早期机器人

公元前2世纪，亚历山大时代的古希腊人发明了最原始的机器人——自动机。它是以水、空气和蒸汽压力为动力的会动的雕像；它可以自己开门，还可以借助蒸汽唱歌。

1662年，日本的竹田近江利用钟表技术发明了自动机器玩偶，并在大阪的道顿堀演出。

1738年，法国天才技师杰克·戴·瓦克逊发明了一只机器鸭，它会嘎嘎叫，会游泳和喝水，还会进食和排泄。瓦克逊的本意是想把生物的功能加以机械化而进行医学上的分析。

在当时的自动玩偶中，最杰出的制作人要数瑞士的钟表匠杰克·道罗斯和他的儿子利·路易·道罗斯。1773年，他们连续推出了自动书写玩偶、自动演奏玩偶等，他们创造的自动玩偶是利用齿轮和发条原理制成的。它们有的拿着画笔和颜色绘画，有的拿着鹅毛蘸墨水写字，结构巧妙，服装华丽，在欧洲风靡一时，如图1.1所示。

图1.1 自动玩偶

现在保留下来的最早的机器人是瑞士努萨蒂尔历史博物馆里的少女玩偶。它制作于二百多年前，两只手的十个手指可以按动风琴的琴键而弹奏音乐，现在还定期演奏供参观者欣赏，展示了古代人的智慧。

19世纪中叶自动玩偶分为两个流派，即科学幻想派和机械制作派，并各自在文学艺术和近代技术中找到了自己的位置。1831年，歌德发表了《浮士德》，塑造了人造人“荷蒙克鲁斯”；1870年，霍夫曼出版了以自动玩偶为主角的作品《葛蓓莉娅》；1883年，科洛迪的《木偶奇遇记》问世；1886年，《未来的夏娃》问世；在机械实物制造方面，1893年，摩尔制造了“蒸汽人”，“蒸汽人”靠蒸汽驱动双腿沿圆周走动。

进入20世纪后，机器人的研究与开发得到了更多人的关心与支持，一些实用化的机器人相继问世。1927年美国西屋公司工程师温兹利制造了第一个机器人“电报箱”，并在纽约举行的世界博览会上展出。它是一个电动机器人，装有无线电发报机，可以回答一些问题；但该机器人不能走动。

1.3 现代机器人概念的起源

1886年，法国作家利尔亚当在他的小说《未来夏娃》中将外表像人的机器起名为“安德罗丁”(Android)。它主要由4部分组成：

① 生命系统(平衡、步行、发声、身体摆动、感觉、表情、调节运动等);

② 造型解质(关节能自由运动的金属覆盖体,一种盔甲);

③ 人造肌肉(在上述盔甲上有肉体、静脉、性别等身体的各种形态);

④ 人造皮肤(含有肤色、机理、轮廓、头发、视觉、牙齿、手爪等)。

1920年,捷克作家卡雷尔·卡佩克发表了科幻剧本《罗萨姆的万能机器人》。在剧本中,卡佩克把捷克语“Robota”写成了“Robot”(“Robota”是奴隶的意思)。该剧预告了机器人的发展对人类社会的悲剧性影响,引起了大家的广泛关注,被当成了现代机器人一词的起源。

为了防止机器人伤害人类,科幻作家阿西莫夫于1940年提出了“机器人三原则”:

① 机器人不应伤害人类;

② 机器人应遵守人类的命令,与第一条违背的命令除外;

③ 机器人应能保护自己,与第二条相抵触者除外。

这是给机器人赋予的伦理性纲领。机器人学术界一直将这三原则作为机器人开发的准则。

1.4 现代机器人的发展

现代机器人的研究始于20世纪中期,其技术背景是计算机和自动化的发展,以及原子能的开发利用。自1946年第一台数字电子计算机问世以来,计算机取得了惊人的进步,向高速度、大容量、低价格的方向发展。大批量生产的迫切需求推动了自动化技术的进展,其结果之一便是1952年数控机床的诞生。与数控机床相关的控制、机械零件的研究又为机器人的开发奠定了基础。

另外,原子能实验室的恶劣环境要求某些操作机械代替人处理放射性物质。在这一需求背景下,美国原子能委员会的阿尔贡研究所于1947年开发了遥控机械手,1948年又开发了机械式的主从机械手。

1954年,美国戴沃尔最早提出了工业机器人的概念,并申请了专利。该专利的要点是借助伺服技术控制机器人的关节,利用人手对机器人进行动作示教,机器人能实现动作的记录和再现。这就是所谓的示教再现机器人。现有的机器人基本上仍然采用这种控制方式。

作为机器人产品最早的实用机型是1962年美国AMF公司推出的“VERSTRAN”和UNIMATION公司推出的“UNIMATE”。这些工业机器人的控制方式与数控机床大致相似,但外形特征迥异,主要由类似人的手和臂组成。

1965年,MIT的Roborts演示了第一个具有视觉传感器,能识别与定位简单积木的机器人系统。

1967年,日本成立了人工手研究会(现改名为仿生机构研究会),同年召开了日本首届机器人学术会。

1970年,在美国召开了第一届国际工业机器人学术会议。1970年以后,机器人的研究得到迅速广泛的普及。

1973年,辛辛那提·米拉克隆公司的理查德·豪恩制造了第一台由小型计算机控制的工业机器人,它是液压驱动的,能提升的有效负载达45 kg。

到了1980年,工业机器人才真正在日本开始普及,故日本称该年为其国家“机器人元年”。随后,工业机器人在日本得到了巨大发展,日本也因此赢得了“机器人王国的美称”。随着计算机技术和人工智能技术的飞速发展，机器人在功能和技术层次上有了很大的提高，移动机器人和机器人的视觉、触觉等技术就是典型的代表。这些技术的发展推动了机器人概念的延伸。

20 世纪 80 年代，将具有感觉、思考、决策和动作能力的系统称为智能机器人，这是一个概括的、含义广泛的概念。这一概念不但指导了机器人技术的研究和应用，而且赋予了机器人技术向深广发展的巨大空间，水下机器人、空间机器人、空中机器人、地面机器人、微小型机器人等各种用途的机器人相继问世，许多梦想成为了现实。将机器人的技术（如传感技术、智能技术、控制技术等）扩散和渗透到各个领域又形成了各式各样的新机器——机器人化机器。当前与信息技术的交互和融合又出现了“软件机器人”和“网络机器人”，这也说明了机器人所具有的创新活力。

1.5 现代机器人的定义

在科技界，科学家会给每一个科技术语一个明确定义；但机器人问世半个多世纪以来，对它的定义仍然仁者见仁，智者见智，没有一个统一意见。原因之一是机器人在不断发展，新的机型、新的功能不断涌现。就像机器人一词最早诞生于科幻小说中一样，人们对机器人的未来充满了幻想与期待。这里不妨先了解一下对机器人曾经的定义。

在 1967 年日本召开的首届机器人学术会议上，提出了机器人两个有代表性的定义：

一个是森政弘与合田周平提出的“机器人是一种具有移动性、个体性、智能性、通用性、半机械半人性、自动性、奴隶性等特征的柔性机器”。从这一定义出发，森政弘又提出了用自动性、智能性、个体性、半机械半人性、作业性、通用性、信息性、柔性、有限性、移动性等特性来表示机器人的形象。

另一个是加藤一郎提出的具有如下 3 个条件的机器称为机器人：具有脑、手、脚三要素的个体；具有非接触传感器（用眼、耳接受远方信息）和接触传感器；具有平衡觉和固有觉的传感器。

上述定义强调了机器人应当仿人的含义。其实，如果按照这种定义，目前可称为机器人的机器就很少了。在发展的过程中，人们对于机器人的定义逐渐现实起来，下面是一些不同组织对机器人的不同定义：

美国机器人协会（RIA）：机器人是一种用于移动各种材料、零件、工具或专用装置的，通过可编程序动作来执行种种任务的，具有编程能力的多功能机械手。

日本工业机器人协会：工业机器人是一种装备有记忆装置和末端执行器的能够转动并自动完成各种移动来代替人类劳动的通用机器。

美国国家标准局（NBS）：机器人是一种能进行编程并在自动控制下执行某种操作和移动作业任务的机械装置。

国际标准化组织（ISO）：机器人是一种自动的、位置可控的、具有编程能力的多功能机械手。这种机械手具有几个轴，能够借助于可编程序操作来处理各种材料、零件、工具和专用装置，以执行各种任务。

我国科学家起初对机器人的定义是：机器人是一种自动化的机器，所不同的是这种机器具备一些与人或生物相似的智能能力，如感知能力、规划能力、动作能力和协同能力，是一种具有高度灵活性的自动化机器。

我国的机器人之父蒋新松院士也给出过机器人的一种定义："一种拟人功能的机械电子装置(a mechantronic device to imitate some human functions)"。

以上机器人定义多在以下功能之间取舍变化：

① 像生物或生物的某部分，并能模仿生物的动作；

② 具有智力、感觉与识别能力；

③ 是人造的机械电子装置；

④ 可进行编程，实现功能变化。

其实，机器人的范畴不但要包括"由人制造的像人一样"的机器，是否还应包括"由人控制的生物"，甚至"由人制造的生物"等。尽管目前的伦理道德可能还不赞成某些方面的研究。

机器人也不一定要求具有实体，具有一定的类似人思索能力的软件，像各种 soft agent、搜索引擎等都可以认为是机器人。因此，现在又出现了软件机器人、网络机器人等一些新的概念。

另外，光控 DNA 核酸分子机器人、可对近红外光响应的水凝胶软体机器人等，也都颠覆了传统机器人的概念。

这样，本来就没有统一定义的机器人，现在就更难为其下一个确切的和公认的定义了。

也许正是由于机器人定义的模糊，才给了人们充分的想象和创造空间。随着机器人技术的飞速发展和信息时代的到来，机器人所涵盖的内容越来越丰富，机器人的定义也在不断充实和创新。

不过就目前机器人发展的现状来说，是否可对机器人作如下定义：一类由人工介入的，具有仿生功能的，其行为或功能可变可控的物体或软件。

1.6 机器人的研究内容

机器人技术集计算机技术、自动化技术、检测技术、机械设计技术、材料与加工技术、各种仿生技术、人工智能技术等学科为一体，是多学科科技发展的结果。每一款机器人都是知识密集和技术密集的高科技化身。

机器人研究的知识主要集中在以下几个方面：

• 空间机构学　空间机构在机器人上的应用体现在：机器人机身和臂部机构的设计、机器人手部机构设计、机器人行走机构的设计、机器人关节部结构的设计，包括仿生结构设计。

• 机器人运动学　机器人执行机构实际是一个多刚体系统，研究要涉及组成这一系统的各杆件之间以及系统与对象之间的相互关系，因此需要一种有效的数学描述方法，机器人运动学可帮助解决这类问题。

• 机器人静力学　机器人与环境之间的接触会在机器人与环境之间引起相互的作用力和力矩，而机器人的输入关节转矩由各个关节的驱动装置提供，通过手臂传至手部，使力和力矩作用在环境的接触面上。这种力和力矩的输入和输出关系在机器人控制上是十分重要的。静力学主要探讨机器人的手部端点力和驱动器输入力矩的关系。

• 机器人动力学　机器人是一个复杂的动力学系统，要研究和控制这个系统，首先必须要先建立它的动力学方程。动力学方程是指作用于机器人各机构的力和力矩及其位置、速度、加速度关系的方程式，以利于提高高速、重载机器人的运动性能。

• 机器人控制技术　机器人控制技术是在传统机械系统的控制技术基础上发展起来的，

两者之间没有根本的不同。但机器人控制技术也有许多特殊之处,例如它是有耦合的、非线性的、多变量的控制系统;其负载、惯量、重心等随着时间都可能变化,不仅要考虑运动学关系,还要考虑动力学因素;其模型为非线性而工作环境又是多变的等。其主要研究的内容有机器人控制方式和机器人控制策略。

• 机器人传感器　人类一般具有触觉、视觉、听觉、味觉以及嗅觉等感觉,机器人的感觉主要是通过各种传感器来实现的。根据检测对象的不同,可分为内部传感器和外部传感器:

内部传感器,主要是用来检测机器人本身状态的传感器,如检测手臂的位置、速度、加速度,电器元件的电压、电流、温度等的传感器。

外部传感器,用来检测机器人所处环境状况的传感器。具体有物体探伤传感器、距离传感器、力觉传感器、听觉传感器、化学元素检测传感器、温度传感器,以及机器视觉装置、三维激光扫描装置等。

• 机器人运动规划方法的研究　机器人运动规划包括序列规划(又可称为全局路径规划)、路径规划和轨迹规划 3 个部分。序列规划是指在一个特定的工作区域中自动生成一个从起始作业点开始,经过一系列作业点,再回到起始点的最优工作序列;路径规划是指在相邻序列点之间通过一定的算法搜索一条无碰撞的机器人运动路径;轨迹规划是指通过插补函数获得路径上的插补点,再通过求解运动学逆解转换到关节空间(若插补在关节空间进行则无需转换),形成各关节的运动轨迹。

• 机器人编程语言　机器人编程语言是机器人和用户的软件接口,编程语言的功能决定了机器人适应性和给用户的方便性。至今还没有完全公认的机器人编程语言,通常每个机器人制造厂都有自己的机器人语言。

实际上,机器人编程与传统的计算机编程不同,机器人手部运动在一个复杂的空间的环境中,还要监视和处理传感器的各种信息。因此,其编程语言主要有两类:面向机器人的编程语言和面向任务的编程语言。

面向机器人的编程语言的主要特点是描述机器人的动作序列,每一条语句大约相当于机器人的一个动作,主要有以下 3 种:

① 专用的机器人语言,如 PUMA 机器人的 VAL 语言,是专用的机器人控制语言。

② 在现有的计算机语言的基础上加机器人子程序库,如美国机器人公司开发的 AR-BASIC 和 Intelledex 公司的 Robot BASIC 语言,都是建立在 BASIC 语言基础上的。

③ 开发一种新的通用语言加上机器人子程序库,如 IBM 公司开发的 AML 机器人语言。

面向任务的机器人编程语言允许用户发出直接命令,以控制机器人去完成一个具体的任务,而不需要说明机器人需要采取的每一个动作到细节。如美国的 RCCL 机器人编程语言,就是利用 C 语言和一组 C 函数来控制机器人运动的任务级机器人语言。

1.7 机器人的应用

机器人已在许多工业部门或服务部门获得广泛应用,机器人尤其适合在那些人类无法工作的环境中工作。它们可以比人类工作得更好并且成本更低。例如,因为焊接机器人能够更均匀、一致地运动,因此它可以比焊接工人焊得更好。此外,机器人无须焊接工人工作时使用的护目镜、防护服、通风设备及其他必要的防护措施。因此,只要焊接工作可以设置成由机器人自动操作而不再做其他改变,而且该焊接工作也不是太复杂,那么,由机器人来完成这类工作会更合适，并能显著提高生产效率。同样，水下勘探机器人远不像人类潜水员工作时那样需要太多的安全关注，水下机器人可以在水下停留更长的时间而不需要换气，能潜入更深的水底去承受巨大的压力。

以下列举了机器人的一些应用场合。如果注意观察，会发现这些列举的应用并不全面，机器人还有许多其他用途。所有这些用途正逐步渗入工业和社会的各个方面。

• 取放操作　指机器人抓取零件并将它们放置到其他合适位置。它包括码垛、填装弹药、食品装箱、将工件放入热处理炉等操作。

• 焊接　机器人与焊枪及相应配套装置将部件焊接到一起，这是机器人在自动化工业中最常见的一种应用。使用机器人进行焊接作业，可保证焊接的一致性和稳定性，克服人为因素带来的不稳定性，提高产品质量和工作效率，而且改善了劳动条件，同时减轻了劳动强度。

• 喷漆　这是一种常见的机器人的应用。我国从事喷漆工作的工人超过30万，喷漆一向被列为有害工种，用机器人代替人进行喷漆势在必行，而且用机器人喷漆还具有节省漆料、提高劳动效率和产品合格率等优点。

• 装配　这是机器人的所有任务中最难的一种操作。通常，将元件装配成产品需要有很多操作。例如，必须首先定位和识别元件，再以特定的顺序将元件移动到规定的位置，然后将元件固定在一起进行装配。许多固定和装配任务也非常复杂，需要推压、旋拧、弯折、扭动、压挤及摘标牌等操作才能将元件连接在一起。

• 制作　用机器人进行制造包含许多不同的操作，例如材料去除、钻孔、除毛刺、涂胶、切削等。同时也包括插入零部件，如将电子元件插入电路板、将电路板安装到盒式磁带录像机的电子设备上及其他类似操作。

• 医疗应用　达芬奇手术机器人由美国Intuitive Surgical公司生产，如图1.2所示。达芬奇手术机器人由3部分组成：外科医生控制台、机械臂系统、成像系统。主刀医生坐在外科医生控制台中，位于无菌区之外，使用双手（通过操作两个主控制器）及脚（通过脚踏板）来控制器械和一个三维高清内窥镜。床旁机械臂系统（patient cart）是达芬奇手术机器人的操作部件，由4个机器手臂组成。助手医生在无菌区内机械臂系统边工作，负责更换器械和内窥镜。成像系统（video cart）内装有外科手术机器人的核心处理器以及图像处理设备，达芬奇手术机器人的内窥镜为高分辨率三维（3D）镜头，具有10倍以上的放大倍数，使主刀医生较普通腹腔

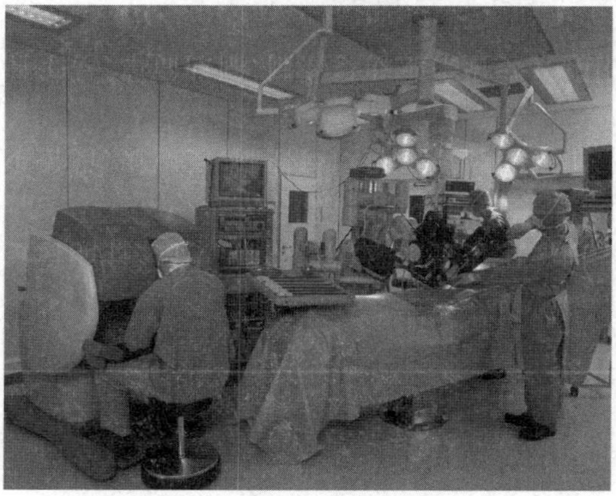

图1.2　达芬奇手术机器人

镜手术更能把握操作距离和辨认解剖结构。机器人可用于成人和儿童的普通外科、胸外科、泌尿外科、妇产科、头颈外科以及心脏手术等。

• 帮助残疾人　机器人可以做很多事情来帮助残疾人，如机器人型上肢假肢、助老助残机械手等。在山东科技大学的一项研究中，一种机器人型上肢假肢可以通过语音、脑电、趾压或眼动信号实现操作，假肢自带一种目标定位系统，可以实时对操作目标进行空间定位，并能实现假肢手部向指定目标的定向移动。

• 危险环境应用　在险恶的环境下工作，人类必须采取严密的保护措施，而机器人则可以进入或穿过这些危险区域进行维护和探测等工作。例如，在具有放射性的环境中工作，扫雷机器人的使用等。

• 极限环境探险应用　机器人可以用于水下、太空及其他人类难以进入的地方服务或探测。到目前为止，将人送往其他星球甚至火星仍然是不现实的，但已有许多太空漫游车在火星登陆并对火星进行探测。对于其他太空和水下应用也是同样的情况。2013 年 12 月，中国的嫦娥三号带着中国的月球车"玉兔"号在月球上成功着陆，将五星红旗插上了月球，标志着中国外星探索之旅的开始。

• 机器人吸尘器　可在一定区域内自动或随机运动，且吸附灰尘，有的甚至能自己找到插座充电。所有这些智能化功能都基于几个基本规则：随机游走，碰到障碍物向左或向右避开，到达角落就后退并转弯，寻找充电基站等。

• 仿人形机器人　本田公司的 ASIMO、Bluebotic 公司的 Gilbert、Nestle 公司的 Nesbot 及 Anybot 公司的 Monty 等，都是有着人类特征和行为的智能化仿人形机器人。ASIMO 如图 1.3 所示，可以走路、跑步及上下楼梯，并可以和人类交流。Nesbot 可以给员工提供他们在网上预定的咖啡。Monty 能够装洗碗机和做其他家务。图 1.4 显示的是法国的 Nao 机器人。就像其他机器人一样，Nao 是一个完全由程序控制的机器人，它可以自主地和人交流、走路、跳舞或者执行其他任务。

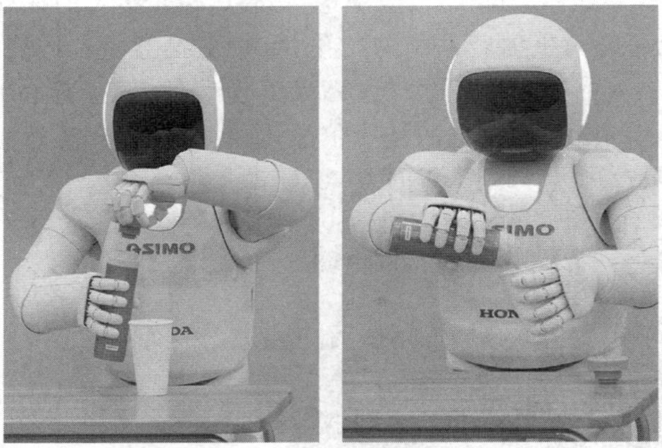

图 1.3　ASIMO 机器人

图 1.4　Nao 机器人

• 仿生机器人　除了仿人形机器人，其他的仿生机器人也非常普遍。其中有些是为机器人本身的研究，有些是为某些特殊应用的研究，还有一些是为动物行为的研究。例如，在一项研究中，研究人员把蟑螂性激素泼洒在小的机器人蟑螂上，当看不太清楚时，真正的蟑螂就开始跟随机器人蟑螂移动。通常，它们倾向于聚集在黑暗的地方；但是，若将机器人蟑螂放在明亮的地方，真蟑螂可以违背它的本能，跟随机器人蟑螂行走到明亮的地方。其他的仿生机器人还有蠕虫机器人、蛇型机器人、机器人鱼、机器人龙虾、机器人鸟、机器人恐龙等。图 1.5 所展示的大狗机器人是波士顿动力学公司设计的一系列仿生机器人之一，它能够直身站立，负重 180 kg(400 磅)不间断地行走 32 km(20 英里)；它可以负重行走、跑和爬山，不仅能在粗糙的地形上载重，甚至在受到外部推力的情况下仍能保持平衡。

• 博弈机器人　目前已研发出各种可以下中国象棋、国际象棋或者围棋的博弈机器人。其中，最著名的几个包括 1997 年 5 月 12 日与国际象棋大师卡斯帕罗夫进行较量的“更深的蓝”，“更深的蓝”以 3.5：2.5 的优势取得了胜利；2016 年，与韩国国手李世石进行“人机大战”的围棋程序阿尔法狗(AlphaGo)，最终阿尔法狗以 4：1 胜出。这让人工智能成了人们关注的焦点。至今，阿尔法狗横扫人类高手，所向披靡。各种智能机器人的应用让我们看到，在某些方面，机器人的智能与人相比已经毫不逊色。如果说工业机器人仅仅是对人类体力和四肢的扩展，而特种机器人中的智能机器人则是对人类智力的延伸。图 1.6 所示是一种博弈机器人。

图 1.5　波士顿的大狗机器人与系列仿生机器人

图 1.6　一种博弈机器人

1.8　机器人的社会问题

随着社会的发展，社会分工越来越细，尤其在现代化的大生产中，有的人每天就只管拧同一个部位的一个螺母，有的人整天就是接一个线头，就像电影《摩登时代》中演示的那样，人们感到自己在不断异化，各种职业病开始产生。由此，人们强烈希望用某种机器来代替自己工作，于是人们研制出机器人。但是，机器人的问世，使一部分工人失去了原来的工作，人们又对机器人产生了敌意。“机器人上岗，人将下岗”的忧虑随之产生。美国是机器人的发源地，而机器人的拥有量却远远少于日本，其中部分原因就是因为美国有些工人不欢迎机器人。英国撒切尔夫人针对工业机器人的这一问题说过这样一段话：“日本机器人的数量居世界首位，而失业人口最少；英国机器人数量在发达国家中最少，而失业人口居高不下”，这也说明机器人是不会抢人的饭碗的。从现在世界工业发展的潮流看，发展机器人是一条必由之路。没有机器人，人将变为机器；有了机器人，人仍然是世界的主宰。

“工欲善其事，必先利其器”。人类在认识自然、改造自然、推动社会进步的过程中，不断地创造出各种各样为人类服务的工具。作为 20 世纪自动化领域的重大成就，机器人已经和人类社会的生产、生活密不可分。我们完全有理由相信，像其他许多科学技术的发明发现一样，机器人也会成为人类的好助手、好朋友。展望21世纪，科学技术的灯塔指引着更加美好的明天。

习题一

1. 何谓机器人？请给机器人下个现代的定义。

2. 什么叫“机器人三原则”？它的重要意义是什么？

3. 试编写一个工业机器人大事年表。

4. 机器人的主要研究内容包括哪些？

5. 用一两句话，简述序列规划、路径规划、轨迹规划的定义。

6. 机器人学与哪些学科有密切关系？机器人学和发展将对这些学科产生什么影响？

7. 目前机器人主要有哪些用途？

8. 谈谈你对机器人发展前景的展望。

9. 谈谈你认为机器人适合从事的新工作。

10. 现在涌现出什么样的机器人新概念？

11. 机器人的发展和应用，对社会产生何种正面和负面作用？试从社会、经济和人民生活等方面加以阐述。

12. 机器人进化与人类进化有什么差别？

13. 机器人智能是否会超过人类智能？为什么？

14. 人类是否面临机器人的挑战？为什么？如何迎接这一挑战？

第 2 章　机器人基础

机器人本体的功能主要是用来实现各种运动与操作。其中,对操作型机器人的运动分析,主要表现在对机械手臂的运动分析上。要实现对机器人的分析,需要一些必备的相关基础知识,包括机械基础知识与数学基础知识等。本章将结合机器人的一些术语与概念、各部分的结构特点及表示方法、机器人分析所用到的矢量与矩阵理论计算等,对一些必备的知识进行介绍。

2.1　机器人概念与术语

2.1.1　机器人的分类

关于机器人如何分类,国际上没有制定统一的标准,有的按负载重量分,有的按控制方式分,有的按自由度分,有的按结构分,有的按应用领域分。从机器人发展史上,出现过下面一些分类方式:

1. 按机械和几何结构分

按机械和几何结构来分类机器人,通常是看机器人几个运动关节的组合方式,特别是靠近基座的 3 个运动关节的组合方式,因为通常由它们决定机械手的位置移动。对机器人的不同类型关节有不同的表示方法:转动关节用 R 表示,平移关节用 P 表示,球型关节用 S 表示。这样,机器人的结构类型可用一系列的 P、R 和 S 来描述。例如,一个机器人有 3 个平移关节和 3 个转动关节,则用 3P3R 表示。下面以此方法来对机器人进行分类:

- 直角坐标型机器人(3P)　其末端运动轨迹是以沿 3 个坐标轴线的平移为主,主要由 3 个平移关节组成,通过这 3 个平移关节的移动可确定末端执行器的坐标位置,通常其终端还会带有 1 个转动关节来确定末端执行器的姿态,如图 2.1 所示。

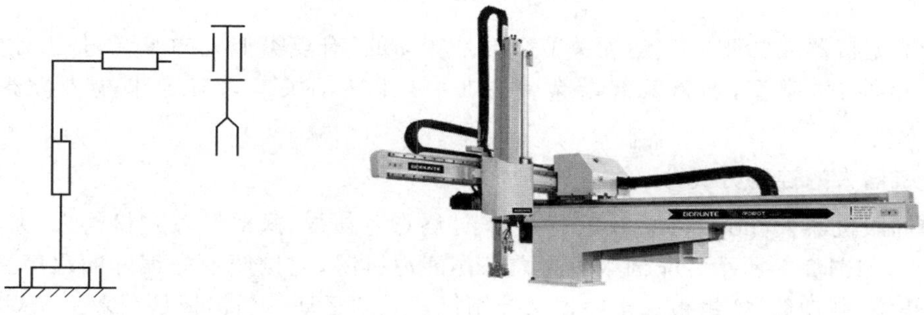

(a) 原理图　　(b) 实物图

图 2.1　直角坐标型机器人

- 柱面坐标型机器人(R2P)　其末端运动轨迹是在一个柱状的空间内,主要由 1 个转动关节和 2 个平移关节来确定末端执行器位置，通常其终端会带有转动关节来确定末端执行器姿态，如图 2.2 所示。

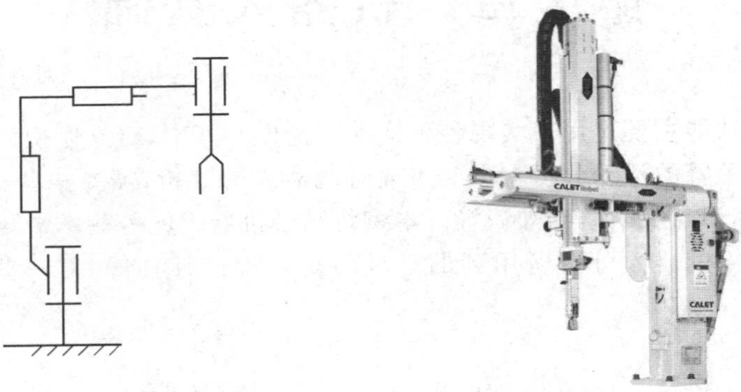

(a) 原理图　　(b) 实物图

图 2.2　柱面坐标型机器人

• 球面坐标型机器人(2RP)　其末端运动轨迹是在一个球状的空间内，主要由 1 个平移关节和 2 个转动关节来确定末端执行器位置，通常其终端会带有 1～3 个转动关节来确定末端执行器的姿态，如图 2.3 所示。

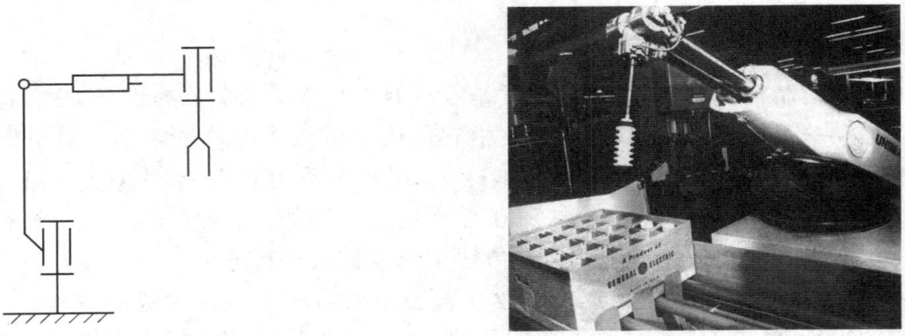

(a) 原理图　　(b) 实物图

图 2.3　球面坐标型机器人

• 关节型机器人(3R)　其运动关节全部是转动的，有点类似人的手臂，是工业机器人中最常见的一种结构类型，通常其终端会带有 1～3 个转动关节来确定末端执行器姿态，如图 2.4 所示。

2. 按机器人的控制方式分

• 非伺服机器人(non-servo robot)　属于“终点”“抓放”式的开关式机器人，尤其是有限顺序机器人，如图 2.5 所示。非伺服机器人工作能力有限，它按照预先编好的程序进行工作，使用限位开关、制动器、插销板和定序器来控制机器人的运动。插销板是用来预先规定机器人的工作顺序的，而且是可调的。定序器是一种按照预定的正确顺序接通驱动装置的能源开关。驱动装置接通能源后，就带动机器人的手臂、腕部和手部等装置运动。当它们移动到由限位开关所规定的位置时，限位开关切换工作状态，给定序器送去一个工作任务已经完成的信号，并使终端制动器动作，切断驱动能源，使机器人停止某次运动。

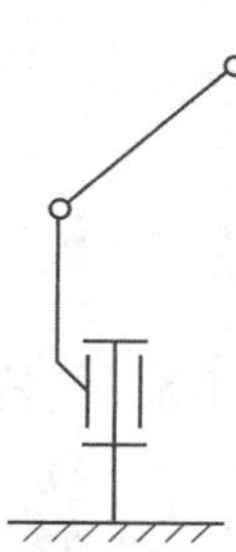

(a) 原理图

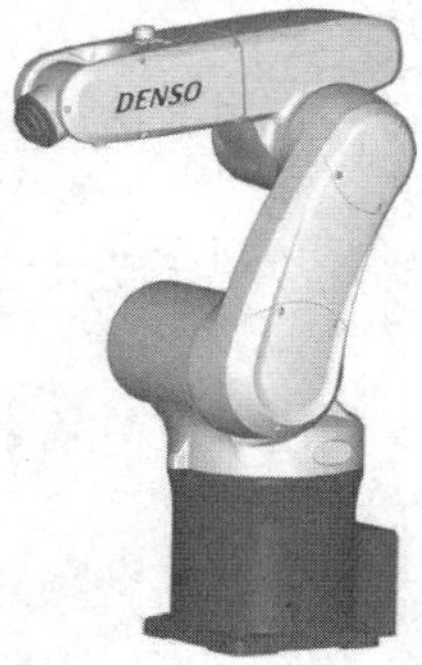

(b) 实物图

图 2.4　关节型机器人

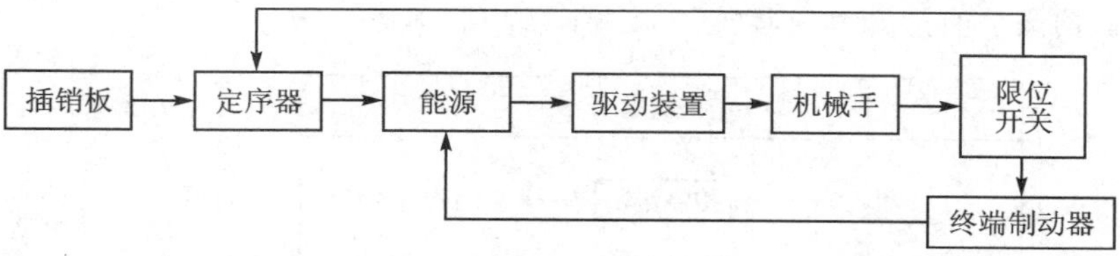

图 2.5　非伺服机器人工作方框图

• 伺服机器人(servo robot)　伺服系统的被控量可为机器人关节与手部执行装置的位置、速度、加速度和力等。通过传感器取得综合反馈信号,与比较器加以比较后,得到误差信号,经过放大后用以激发机器人的驱动装置,进而带动手部执行装置以一定规律运动,到达规定的位置或速度等,这是一个具有反馈闭环控制的系统,其工作原理如图 2.6 所示。伺服控制机器人比非伺服机器人有更强的工作能力。

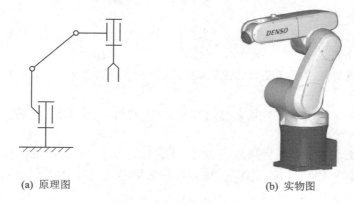

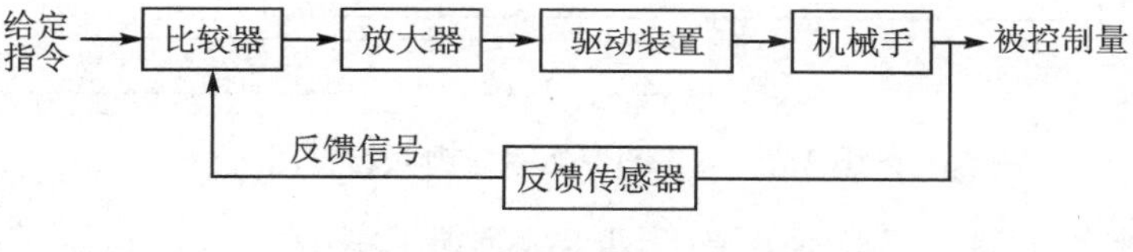

图 2.6　伺服机器人工作方框图

3. 按机器人控制器的信息输入方式分

• 手动操作手　由人直接操作的有几个自由度的加工装置。

• 定序机器人　按照预定顺序、条件和位置,逐步重复执行给定任务的机械手,预定信息难以修改。

• 变序机器人　同上,但工作次序等信息可修改。

• 动作示教式机器人　可以通过记忆示教动作来自动重复执行作业。

• 程序示教式机器人　人不用手动示教,而是提供运动程序,使之执行给定任务。

• 智能机器人　能用传感器来独立地检测其工作环境或工作条件的变化,并借助自我的决策能力,成功地进行工作。

4. 按驱动方式分

• 液压传动机器人　用液压装置来驱动与控制，力大、性能稳定、易控制、精度高，但技术要求高。

• 气压传动机器人　用气动装置来驱动与控制，反应快、设备少、要求低，但精度、力量和稳定性差。

• 电动机器人　利用电气装置来驱动与控制，制动简单、易于控制、精度高，但体积大、成本高。

• 机械传动机器人　是一种操作机械手，由普通电机驱动，通过机械传动实现机械手的各种动作。结构简单、传动可靠、节拍快、动力与控制简单，但精度与柔性差。

5. 按智能程度分

• 一般机器人　只有编程与操作功能。

• 智能机器人　有感知和决策能力，如图 2.7 所示。

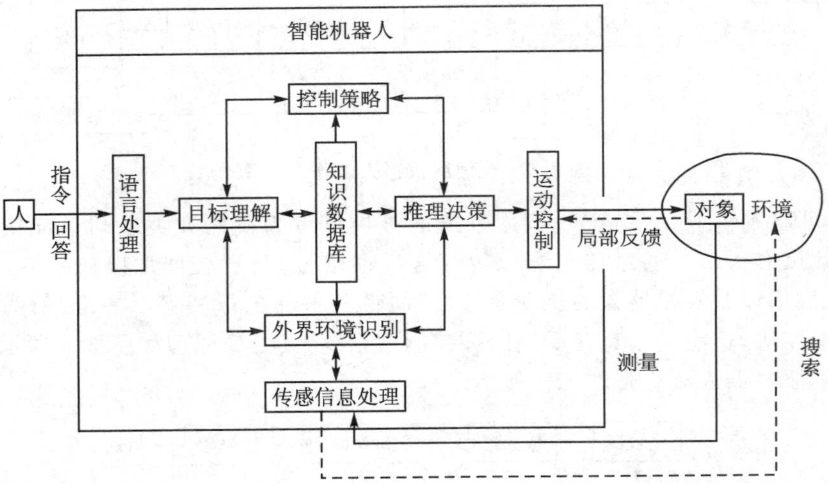

图 2.7　智能机器人系统典型方框图

尽管目前大多数机器人都谈不上智能，也不需要带很多的外部传感器，但社会的进步与自动化的发展将对机器人提出更高的要求。近几十年生产出的带有传感器装置的机器人(视、触、听、滑等)及少量具有与环境对话功能的交互机器人，它们都属于智能机器人，能执行一些过去机器人无法执行的工作任务。

智能机器人的控制部分主要由两部分组成：一是以知识为基础的知识决策系统；二是信号识别与处理系统。例如，一些自主机器人可以设定自己的目标，规划并执行自己的动作，使自己不断适应环境变化。

6. 按用途分

• 产业机器人　用于工农业生产过程中的机器人。

• 探索机器人　用于太空、海洋、地下等非常规环境中的机器人。

• 服务机器人　用于医疗、引导、家庭料理等环境中的机器人。

• 军事机器人　用于各种军事侦查、战斗、扫雷等用途的机器人。

• 仿生机器人　各种仿人、仿动物、仿昆虫的机器人。

7. 按移动性分

• 固定式机器人　不能行走的机器人。

• 移动式机器人　带轮子、履带、翅膀、桨、腿(单足、双足、四足、多足)等能行走的机器人。

我国的机器人专家从应用环境出发,将机器人分为两大类,即工业机器人和特种机器人。所谓工业机器人就是面向工业领域的多关节机械手或多自由度机器人;而特种机器人则是除工业机器人之外的、用于非制造业并服务于人类的各种先进机器人,包括服务机器人、水下机器人、娱乐机器人、军用机器人、农业机器人、机器人化机器等。传统的工业机器人与特种机器人的区别主要表现在以下两个方面:

• 工作环境　通常工业机器人工作在结构化环境中,而特种机器人工作在非结构化环境中。

• 工作方式　通常工业机器人主要采用“示教再现”式工作方式;特种机器人通常不能只采用“示教再现”式工作方式,而多采用主从式、自主式或交互式(半自主式)等工作方式。

目前,国际上的机器人学者,从应用环境出发将机器人也分为两类:制造环境下的工业机器人和非制造环境下的服务与仿人型机器人。这与我国的分类基本上是一致的。

2.1.2　机器人的特性

机器人具有“通用性”与“适应性”两大特性:

通用性(versatility)是指在机械结构上允许机器人执行不同的任务或以不同的方式完成同一工作,对机械系统的机动性与控制系统的灵活性提出高的要求。通用性是机器人与其他机械装置的显著区别之一。

适应性(cadaptivity)是指其能自动执行一些未经完全指定的任务,而不管任务执行过程中环境有无变化。要求机器人具有运用传感器感测环境的能力、分析任务空间和执行操作规划的能力、自动指令模式能力。适应性在智能机器人上得到了广泛应用。

2.1.3　机器人的组成

机器人作为一个完整的系统,主要由如下部件构成:

① 机器人本体。机器人本体即机器人的结构主体部分,通常指机械手臂或行走装置等。如果没有机器人控制系统及其他部件,仅本体并不是机器人,如图 2.8 所示。

② 末端执行器。末端执行器是为某种用途专门设计的,它是连接在机械手最后一个关节(手)上的部件,如图 2.9 所示。机器人制造商一般不设计或出售末端执行器,通常只提供一个简单的抓持器。机器人手部都备有能连接专用末端执行器的接口。末端执行器的设计通常由公司工程师或外面顾问来完成,末端执行器可以是焊枪、喷枪、涂胶装置及其他专用器具等。大多数情况下末端执行器的动作由机器人控制器直接控制,或将机器人控制器的信号传送到末端执行器自身的控制装置(如可编程逻辑控制器)。

③ 驱动器。驱动器是机械手的“肌肉”。控制器将控制信号传送到驱动器,驱动器再控制机器人关节和连杆的运动。常见的驱动器有伺服电机、步进电机、气缸及液压缸等,也有一些用于某些特殊场合的新型驱动器,如光感蠕动材料驱动、静电驱动、形状记忆合金驱动、电致磁

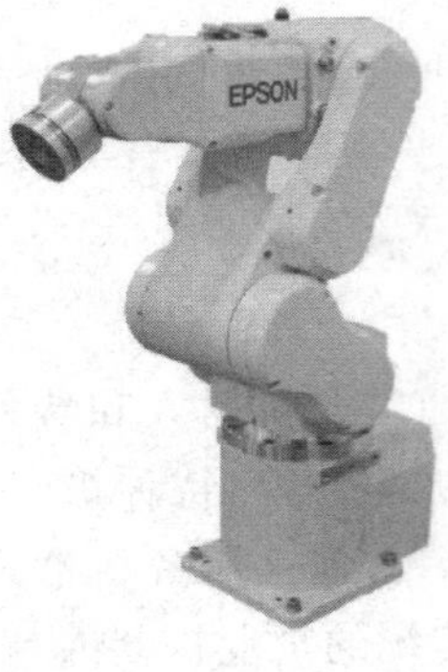

(a) 机械手

(b) 移动车

图 2.8　机器人本体

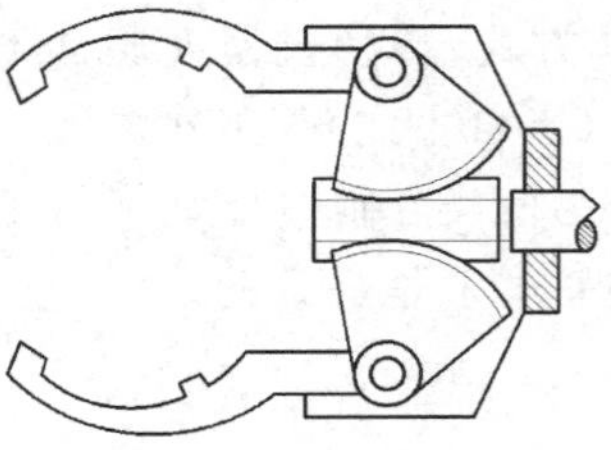

(a) 手　爪

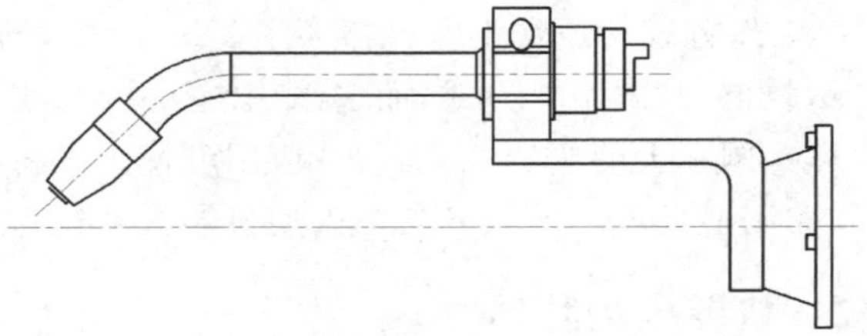

(b) 焊　枪

图 2.9　末端执行器

伸缩驱动、压电效应驱动、人工肌肉驱动、超声电动机驱动、微型喷气驱动等。驱动器受控制器的控制。

④ 传感器。传感器用来收集机器人内部状态的信息或用来对外部环境状况进行感知。一方面，机器人控制器需要知道每个连杆的位置才能知道机器人的总体构型情况。集成在机器人内部的传感器将每个关节和连杆的信息发送给控制器，于是控制器就能确定机器人的当前构型状态。另一方面，就像人有视觉、触觉、听觉、味觉功能一样，机器人也常配有许多外部传感器，如视觉系统、触觉系统、听觉系统、压力感知系统、温度感知系统等，以使机器人能对外界进行感知。

⑤ 控制器。控制器与人的小脑十分相似，虽然小脑的功能没有人的大脑功能强大，但它却控制着人的运动。机器人控制器从计算机(系统的大脑)获取数据，控制驱动器的动作，并与传感器反馈信息一起协调机器人的运动。假如要求机器人从箱柜里取出一个零件，那么它的某一个关节角度应该是 35°。如果关节不是这个角度，控制器就会发送信号给驱动器，驱使它运动，这个过程可能是发送电流给电机或发送信号给液压伺服阀等。它能通过固定在关节上的反馈传感器(电位器或编码器等)测量关节变化的角度。当关节达到了指定的值，信号就会停止。在更复杂的机器人中，机器人的速率和受力也都由控制器来控制。

⑥ 处理器。处理器是机器人的大脑，用来计算机器人关节的运动，确定每个关节应移动多少才能达到预定的速度和位置，并且监督控制器与传感器协调动作。处理器通常就是一台专用计算机。它需要有操作系统、程序和像监视器那样的外部设备等。在一些系统中，控制器和处理器集中在一个单元中，而在有些系统中它们是分开的。甚至在一些系统中控制器是由

制造商提供的，而处理器则由用户提供。

⑦ 软件。用于机器人的软件大致分为三部分：第一部分是操作系统，用来操作处理器；第二部分是机器人软件，根据机器人的运动学、动力学方程或轨迹规划算法等，计算每个关节的必要动作，这些信息是要传送到控制器的（这种软件有多种级别，即从机器语言到现代机器人使用的复杂高级语言不等）；第三部分是面向应用的子程序集合及针对特定任务为机器人或外部设备开发的程序，这些特定任务包括装配、搬运、焊接、越障及表演等。

2.1.4　机器人的自由度

众所周知，空间一点具有 3 个自由度，分别为沿某笛卡儿坐标系的 x、y 和 z 轴 3 个方向的位移自由度。为确定一个点的空间位置，仅需要指定该沿某笛卡儿坐标系的 x、y 和 z 轴的 3 个坐标量即可。

平面上一刚体（特指三维物体，不是一点），也具有 3 个自由度。设该平面以 x、y 轴定义，则其 3 个自由度分别为沿坐标系 x、y 轴方向的 2 个平移自由度，及绕 z 轴的 1 个转动自由度。

三维空间内的刚体具有 6 个自由度，分别为沿坐标系 x、y 和 z 轴方向的 3 个平移自由度，及分别绕 x、y 和 z 轴的 3 个转动自由度。要确定刚体在空间的位置，通常需要在该刚体上选择一个点，并指定该点的位置就作为该刚体的位置的描述，这时需用 3 个坐标量来确定该点位置。但是，工作中仅确定刚体的位置是不够的，因刚体 3 个转动自由度的存在，会使处于同一位置的刚体可能具有千差万别的姿态。因此，为确定三维空间刚体的工作状态，除需确定刚体上所选点的坐标位置外，还需确定刚体相对 3 个坐标轴分别转动后的姿态，即对刚体应有 6 个自由度的详细描述，才能完全确定刚体在三维空间的位置和姿态问题。基于同样道理，需要有 6 个自由度的运动装置才能将刚体以任意姿态放置到空间的任意位置。

为此，通用型机器人至少需要 6 个自由度，即具有 6 个自由度的机器人才能够按任意期望的位置和姿态放置工件。如果机器人的自由度较少，则只能实现工件位置要求及较少关节所限定的某些姿态。

为说明这个问题，考虑一个 3 自由度机器人，它只能沿 x、y 和 z 轴做平移运动。在这种情况下，不能指定机械手部的姿态。此时，机器人只能夹持工件做平行于坐标轴的运动，而工件的姿态会保持不变。再假设一个机器人有 5 个自由度，可以绕 3 个坐标轴转动，但只能沿 x 和 y 轴移动。这时虽然可以任意地指定姿态，但只能在 x 和 y 轴限定的平面内运动，而不能沿 z 轴方向移动工件。

具有 7 个自由度的机器人系统的运动没有唯一解。这就意味着，如果一个机器人有 7 个或以上的自由度，那么该机器人可以有无穷多种方法为工件在期望的位置定位和定姿。为了使控制器知道具体怎么做，必须有附加的决策程序，使机器人能够从无数种方法中只选择一种。例如，可以采用程序来选择最快或最短路径到达目的地。为此，计算机必须检验所有的解，并从中找出最短路径或最快到达目的地的方法并执行。由于这种额外的需要会耗费许多计算时间，因此，这种 7 自由度机器人在一般工业机器人中往往不采用，但在需要避障的场合它有一定的优势。

有的关节虽然能够活动，但它的运动并不完全受控制器控制。例如，一手臂关节由一个汽缸驱动，它可全程伸开，也可全程收缩，但不能控制它在两个行程中间的位置。此时，把该关节自由度表示为 1/2。自由度为 1/2 的另一个含义是仅能对该关节赋予一些特定值，如只能停留在 0°、30°、60°和 90°的位置上，该关节也不具有一个完全的自由度。

实际上，工业机器人的自由度为 3.5 个、4 个或 5 个的非常普遍，特别是在一些专用机器人上，这些机器人都能够很好地胜任相关工作。如图 2.10 所示为一种 SCARA(Selective Compliance Assembly Robot Arm)型装配机器人臂(2RP)，它常用于电子元器件的装配作业。电路板放在一个给定的工作台面上，此时，电路板相对于机器人基座的高度(z 坐标)是已知的。因而，只需要沿 x 和 y 轴方向上的 2 个自由度，就可以确定元件插入电路板的位置；另外，假设元件要按某种姿态插入电路板，而且电路板是平的，此时，可增加一个绕手腕垂直轴(z 轴)转动的自由度，就能在电路板上给元件一个确定姿态；这里还需要 z 轴方向上的一个 1/2 自由度，使得升降的手臂能或者完全伸开，带动末端执行器来插入元件，或者在插入元件完成后，手臂能完全收缩，将末端执行器抬起。在这样的工作场所，总共需要 3.5 个自由度就够了。这类插装机器人广泛应用于电子工业，它们的优点是编程简单、价格适中、体积小、速度快。

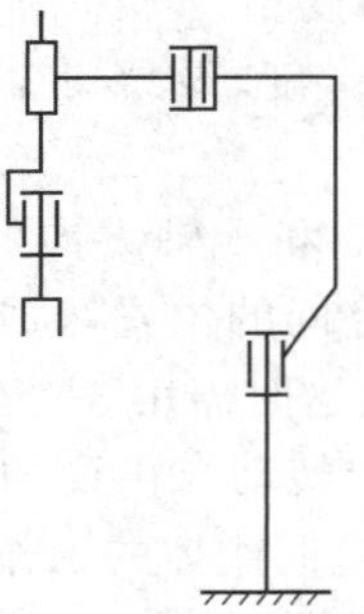

(a) 原理图

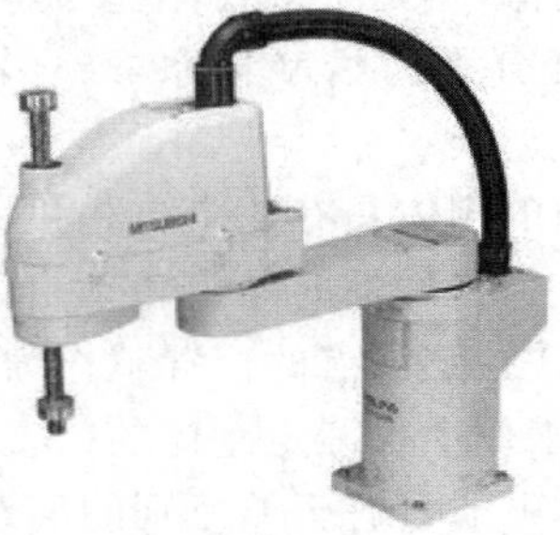

(b) 实物图

图 2.10　SCARA 机器人

2.1.5　机器人关节

机器人有许多不同类型的关节，有转动型、平移型(又称棱柱型，只平移不转动)或球型(在一个关节交点处可分别绕 3 个坐标轴转动)。大多数机器人关节是转动型或平移型关节。转动型关节实现转动运动，它们可由步进电机或伺服电机驱动，也可采用液压马达或气动马达驱动。平移型关节实现平移运动，一般由线性电气驱动器件或液压缸、汽缸来进行驱动，也可用转动驱动的器件带动平移传动装置来实现。

2.1.6　机器人的各种坐标系

通常，机器人的运动会在以下 3 种坐标系中进行描述，如图 2.11 所示。

• 全局参考坐标系　简称为参考坐标系，它是一种通用的、静止的笛卡儿坐标系，由 z、y 和 z 轴定义。它主要用来描述机器人操作空间中各种事物的位置或姿态，例如，可用来定义机器人手部在操作空间中的位置与姿态，定义机器人工作环境中其他部件的相互位置与姿态，定义机器人手部在实际操作空间的运动轨迹与速度等。

• 构件坐标系　它是一种活动的笛卡儿坐标系，通常将它绑定在机器人某个手臂(简称为连杆)的前端或者机器人手部中心。构件参考坐标系也由 x、y 和 z 轴来定义，对构件坐标系的描述都是相对参考坐标系而言的。在机器人每个运动杆件前端都会固联一个构件坐标系，其中，固联在手部的构件坐标系还可以称为工具坐标系(Tool Coordinate System，TCS)。

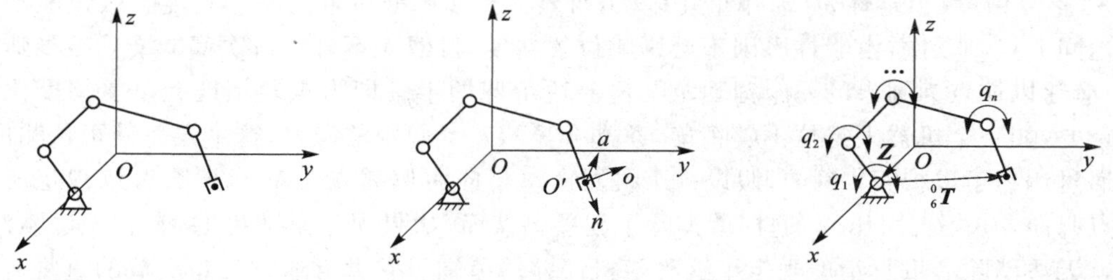

(a) 全局参考坐标系$O-xyz$　(b) 构件坐标系$O'-noa$　(c) 关节坐标系$[q_1\ q_2\ \cdots\ q_n]^T$

图 2.11　3 种坐标系

其坐标原点为 Tool Center Point，TCP。构件坐标系主要用来描述某连杆相对其他连杆的运动关系。因此，所有构件坐标系（含工具坐标系）的运动都是相对于某个当前构件坐标系的 n、o 和 a 轴（分别对应于参考坐标系的 x、y 和 z 轴）的运动。

与静止参考坐标系不同，构件坐标系会随机器人一起运动，它相对于参考坐标系的位置与姿态时刻都在变化。以工具坐标系为例，假设机器人手部的指向如图 2.11(b)所示，那么，相对于当前工具坐标系 n 轴的正向运动意味着机器人手部沿工具坐标系 $+n$ 轴方向进行运动。如机器人手部的指向换成指向上方，那么沿着当前工具坐标系 n 轴的正向运动便改成向上方的运动。

在机器人编程中，工具坐标系是极其有用的坐标系，用它便于对机器人靠近、离开物体或安装零件进行描述与编程。此时，机器人所有的关节必须同时运动才能产生相对于工具坐标系的协调运动。

• 关节坐标系　也可称为关节矢量，主要用来描述机器人每个关节的运动位移情况。在关节坐标系中，每个关节位移都是各自单独描述的。由于采用的关节类型不同，各关节的动作描述也各不相同。例如，对于转动关节，运动量描述的是角度；对于平移关节，运动量描述的是距离。

2.1.7　机器人的性能指标

通常，以下几项参数可以用来描述机器人的主要性能指标：

• 负荷能力　在满足其他性能要求的情况下，机器人能承载的负荷质量。例如，一台机器人的最大负荷能力可能远大于它的额定负荷能力；但达到最大负荷时，机器人工作精度可能会降低，或产生额外偏差。机器人的负荷量与其自身的质量相比往往非常小。例如，Fanuc 机器人公司的 LR Mate 机器人的自身质量为 39 kg，而其负荷量仅为 3 kg；M－16i 机器人的自身质量为 269.4 kg，而其负荷量仅为 15.9 kg。可以看出，通常机器人的重容比（机器人自身重与负载之比）都在 10 以上。如何减小机器人的重容比也是机器人研究的工作之一。

• 运动范围　机器人在其工作区域内可达到的最大距离。其中，机器人可按任意姿态达到其工作区域内的那些点被称为灵巧点；对那些接近于机器人手臂运动范围边界的极限点，由于不能任意指定其姿态，所以被称为非灵巧点。对工业机器人来说，这是很重要的性能指标。

• 定位精度（准确性）　机器人到达指定点的精确程度，它与驱动器的分辨率、反馈装置以及传动装置的精度等有关。大多数工业机器人具有 0.03 mm 或者更高的精度。精度是关于机器人的位置、姿态、运动速度及载荷量的函数，是机器人的一个重要性能指标。

• 重复精度(稳定性)　动作重复多次,机器人到达同样位置的精确程度。假设驱动机器人到达同一点 100 次,由于许多因素会影响位置精度,机器人不可能每次都能准确地到达同一点,但应在以该点为圆心的一个球面范围内。这个球的半径即为重复精度。重复精度比精度更为重要,如一个机器人定位不够精确,通常会显示一个固定的误差,这个误差是可预测的,因此可通过编程予以校正。例如,假设一个机器人总是向右偏离 0.1 mm,那么可以规定所有的位置点都向左偏移 0.1 mm,这样就消除了偏差。然而,如果误差是随机的,它就无法预测,因此也就无法消除。重复精度规定了这种随机误差的范围。它通常通过一定次数的重复运行机器人来测定。生产商给出重复精度时须同时给出测试次数、测试过程中所加负载及手臂的姿态,因为手臂的重复精度在垂直方向与在水平方向测得的结果会不同。大多数工业机器人的重复精度在 0.03 mm 以内。

2.1.8　机器人的工作空间

机器人能到达的点的集合称为工作空间。通常,工作空间可用数学方法通过列写方程来确定。另外,也可以凭经验来确定,可使每一个关节在其运动范围内运动,然后将其可以到达的所有区域连接起来,再除去机器人无法到达的区域。图 2.12 显示了一种常见机器人结构类型的大致工作空间。

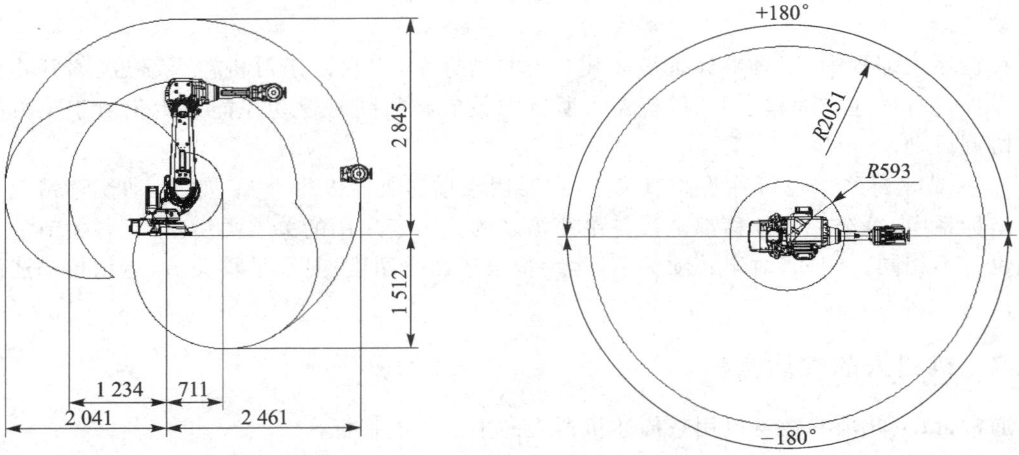

(a) 正视图　　(b) 俯视图

图 2.12　工作空间

2.1.9　机器人的工作环境

机器人的工作环境通常有两种:

• 结构化环境　若工作环境中的工具、障碍、工作对象的工位、进出路线等都是不变的、确定的、准确的,则称这样的工作环境为结构化环境。工业机器人工作的环境通常就是这样的环境。

• 非结构化环境　若工作环境中的工具、障碍、工作对象的工位、进出路线等都是变化的、不确定的、不准确的,则称这样的环境为非结构化环境。各种特种机器人的工作环境往往就是这样的环境。

2.1.10　工业机器人的示教模式

• 硬件逻辑结构模式　在这个模式中，操作员或操纵开关和启停按钮，或通过某种操作器来控制机器人的运动。这种模式常与其他装置配合使用，如可编程序逻辑控制器（Programmable Logic Controller，PLC）等，一些主从式机器人或动作简单的机器人往往采用这种编程模式。

• 人工“示教再现”模式　也叫在线示教模式，机器人要参与到示教过程中。这种方式既可用于点对点示教，即示教中只将指定位置上机器人各个关节的信息送入控制器进行记录或存储，然后在再现过程中，控制器控制各个关节运动到相同的位置，以获得机器人手部要求的位置与姿态，这个过程，只保证机器人能到达示教的各点，而不控制其中间的运动轨迹或姿态；也可用于连续轨迹示教，即示教中对机器人的运动进行连续采样，并由控制器记录各个关节位置连续的运动信息，然后按照记录的信息准确地执行前面所示教的连续的运动轨迹。

• 软件模式　也叫离线示教模式，机器人开始时不需要参与示教。在这种示教模式中，先采用离线的方式进行编程，然后由控制器执行这些程序，并控制机器人运动。这种编程模式最为先进和通用，它可包含传感器信息、条件语句（诸如 if... then 语句）和分支语句等。然而，在编写程序之前，必须掌握机器人的运动学知识和编程语法知识等。

大部分工业机器人都具有一种以上的示教模式。

2.1.11　机器人语言

机器人语言的种类可能与机器人的种类一样多。每一个生产商都会设计他们自己的机器人语言，因此，为了使用好某一特定机器人，必须学习相关的语言。许多机器人语言是以常用语言（如 Cobol、BASIC、C 和 FORTRAN）为基础派生出来的，也有一些机器人语言是特殊设计的，并与其他常用语言无直接联系。

机器人语言根据其设计和应用的不同有着不同的复杂性级别，其级别范围从机器级到人工智能级不等。高级语言的执行方式有两种：一种是解释方式，另一种是编译方式。

解释程序一次执行一条语句，并且每条语句都有一个标号。每当遇到一条程序语句时，解释器都对它进行翻译（将这条语句转化为处理器能够理解并执行的机器语言），并依次执行每一条语句，一直执行到最后一条语句或到发现错误为止。解释程序的优点是它能够连续执行直到发现错误，这样用户就可以一部分一部分地执行并进行程序调试。这样，调试程序可以更快、更简便地执行。然而，由于要翻译每条程序，因此执行速度较慢且效率不高。许多机器人语言，如 Unimation 的 VAL、Adept 的 V+和 IBM 的 AML（A Manufacturing Language）都是基于解释执行的。

编译程序是在程序执行前，通过编译器将整个程序翻译成机器语言（生成目标代码）。由于处理器在程序执行时执行的是目标代码，因此这些程序可执行得更快并且效率更高。然而，由于执行前必须编译整个程序，所以，如果编译后的程序中某个地方存在错误，则任何一部分的编译程序都不会执行，于是调试编译程序比较困难。以下是对不同级别机器人语言的一般描述：

• 微型计算机机器级语言　在这一级语言中，程序是用机器语言编写的。这一级的编程是最基本的，也是非常有效的，但也是最难以理解和学习的。所有的语言最终都要翻译或编译成机器语言去执行。然而，对于一些高级程序，用户可以用高级语言编写程序，相对就比较容易学习和理解。

• 点到点级语言　在这一级语言中(如 Funky 和 Cincinnati Milacron 的 T3),依次输入每个点的坐标,机器人就会按照给出的点运动。这是非常原始和简单的程序类型。它易于使用,但功能不够强大;它也缺乏程序分支、传感器信息及条件语句等基本功能。

• 基本动作级语言　用该语言可以开发较复杂的程序,包含传感器信息、程序分支以及条件语句(如 Unimation 的 VAL、Adept 的 V+等)。大多数这一级别的语言都是基于解释执行的。

• 结构化程序级语言　大多数这一级别的语言都是编译执行的,它功能强大,允许复杂编程。然而,它们也更难以学习。

• 面向任务级语言　目前尚不存在这一级别的编程语言。IBM 于 20 世纪 80 年代提出了 Autopass,但一直没有实现。Autopass 设想成为面向任务的编程语言,即不必为机器人完成任务的每个必要步骤都编好程序,用户只需指出所要完成的仟务,而控制器就会生成必要的程序流程。假设机器人要将一批盒子按大小分为 3 类,在现有的语言中,程序员必须准确告诉机器人要做什么,也就是每一个步骤都必须编程。例如,必须首先告诉机器人如何运动到最大的盒子处,如何捡起盒子,并将它放在哪里,然后再运动到下一个盒子的地方,等等。在 Autopass 语言中,用户只需给出“分类”的指令,机器人控制器便会自动建立这些动作序列,但是现在还没有做到这一点。

例:以下是用 IBM 公司的 AML 语言编写的程序,AML 不再是一个通用的机器人语言。该例子用来说明一种语言的特征和语法如何不同于其他的语言。程序是为 3P3R 机器人编写的,这种机器人带有 3 个移动定位关节,3 个转动定姿关节,还有 1 个抓持器。各关节由数字＜1,2,3,4,5,6,7＞来表示,1、2、3 表示平移关节,4、5、6 表示转动关节,7 表示抓持器。在描述沿 x、y 和 z 轴的运动时,相应关节可分别用字母 JX、JY 和 JZ 表示,JR、JP 和 JY 分别表示绕横滚轴、俯仰轴和航角轴转动的关节,它们是用来定姿的,而 JG 表示抓持器。

在 AML 中允许两种运动形式。MOVE 命令是绝对值,也就是说,机器人沿指定的关节运动到给定的值。DMOVE 命令是相对值,也就是说,关节从它当前所在的位置运动到给定的值。这样,MOVE(1,10)就意味着机器人平移关节 1 沿 x 轴从坐标原点起,向前运动 10 个单位。而 DMOVE(1,10)则表示机器人平移关节 1 沿 x 轴从当前位置起,向前运动 10 个单位。AML 语言中有许多命令,它允许用户编制复杂的程序。

以下程序用于引导机器人从某处抓起一物体,并将它放到另一处:

```
10  SUBR(PICK-PLACE);                       子程序名
20  PT1: NEW<4,-24,2,0,0,-13>;              位置说明
30  PT2: NWE<-2,13,2,135,-90,-33>;
40  PT3: NWE<-2,13,2,150,-90,-33,1>;
50  SPEED(0.2);                             指定机器人的速度(为最大速度的 20%)
60  MOVE(ARM,0.0);                          将机器人手臂复位到参考坐标系原点
70  MOVE(<1,2,3,4,5,6>,PT1);                由 6 个关节的运动将手运动到物体上方的点 1
80  MOVE(7,3);                              将抓持器打开到 3 个单位
90  MOVE(3,-1);                             将手臂关节 3 沿 z 轴下移 1 个单位
```

```
100  DMOVE(7,-1.5);                          将抓持器向内闭合 1.5 个单位
110  DMOVE(3,1);                             将手臂关节 3 沿 z 轴将物体抬起 1 个单位
120  MOVE(<JX,JY,JZ,JR,JP,JY>,PT2);          通过 6 个关节合成运动将手臂运动到点 2
130  DMOVE(JZ,-3);                           将手臂关节 3 沿 z 轴下移 3 个单位放置物体
140  MOVE(JG,3);                             将抓持器打开到 3 个单位
150  DMOVE(JZ,11);                           将手臂关节 3 沿 z 轴上移 11 个单位
160  MOVE(ARM,PT3);                          通过各个关节合成运动将手臂移动到点 3
170  END
```

2.1.12　特种机器人的工作方式

特种机器人置身于非结构化环境中，无法采用示教再现工作方式，其工作方式有如下几种：

- 主从式　是指特种机器人具有一个主手和一个从手的结构形式。其中主手为控制手，它由操作人员直接操控；从手即为工作手，它跟随主手发出的控制指令进行运动，完成要求的工作。在一些人员不易接近的场合得到较多应用，如主从式核废料处理机器人、高压带电作业机器人、达芬奇手术机器人等。
- 自主式　是指特种机器人带有足够多的各种传感器，可对特定工作环境的状况进行实时检测，通过对检测到的信息作出分析，实现对外部环境的识别，参照机器人知识库的知识进行推理判断，而后根据一些行为准则作出决策，进而完成相应工作。自主机器人可完全依靠自己的能力自动工作，这在一些智能机器人上得到较多的应用，如机器人足球赛、机器人走迷宫、自动驾驶和导航的机器人汽车等。
- 交互式（半自主式）　在机器人智能程度不足以应付的场合，由人员参与操作工作；在机器人的智能程度可以应付的场合，机器人进行局部自主操作。由于受机器人技术发展状况的限制，机器人或对环境变化的掌握和判断不十分准确，或对需要完成的复杂任务变化不十分了解，这时让智能机器人完全自主工作是不现实的。为了既能充分利用机器人的自动化工作性能，又能尽量减少对人的依赖程度，就产生了交互式操作方式。这种操作方式可将人的全方位感知和决策的智能性与机器人的快速、准确、安全的机动性实现有机的结合。在未知环境中工作的机器人、迎宾机器人等多采用交互式工作方式。

2.2　机器人机械基础

虽然现在的机器人种类繁多，但是，目前多数机器人仍然是以机电装置为主，因此，本节将以机械为本体的工业机器人为主来进行相关技术的介绍。

若与人做类比，则机器人的控制系统扮演着机器人"脑袋"的功能，用来指挥机器人完成要求的操作；机器人的"身躯"一般是粗大的基座，或称机架，用来作为机器人安置的基础；机器人的"手臂"则是由多节连杆组成的机械手装置，用来搬运物品、装卸材料、组装零件等；机器人的手臂上往往还有手腕、手爪等部件。其中，把机器人所属的运动机械装置统称为机器人本体。

2.2.1　常见机械结构及其表示

将机器人的手臂、手腕及手爪等运动部件都抽象地称为构件（component），还可称为连杆

(link)。这些连杆可用简化的图形来表示，如图 2.13 所示；也可简单地用一些直线来表示其运动原理，如图 2.14 所示。机器人的运动关节(joint)通常主要有转动关节和平移关节两大类。表 2.1 对机器人的连杆与关节典型结构进行了介绍。

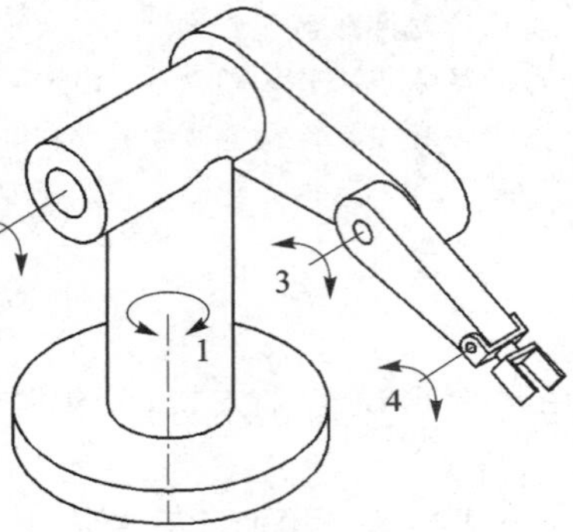

图 2.13　机器人机构表示方法一

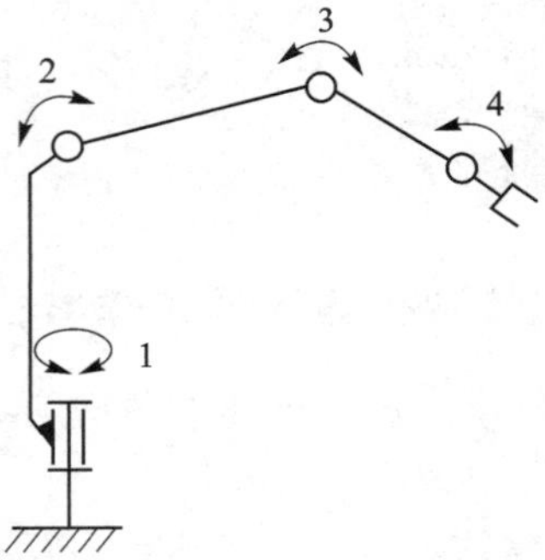

图 2.14　机器人机构表示方法二

表 2.1　常用关节构件类型简图及结构图

名　称	简　图	结构图
转动关节	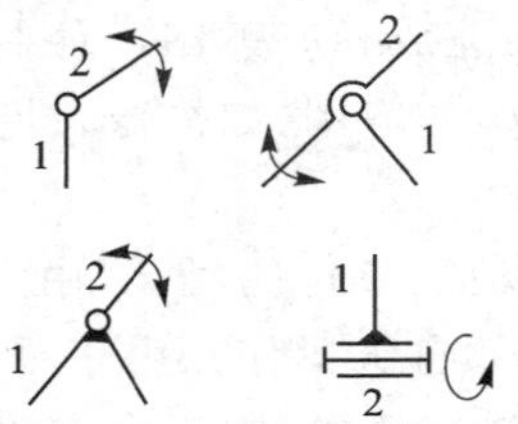	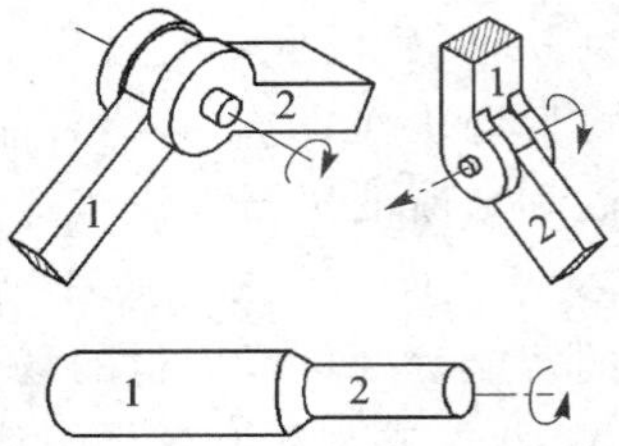
平移关节	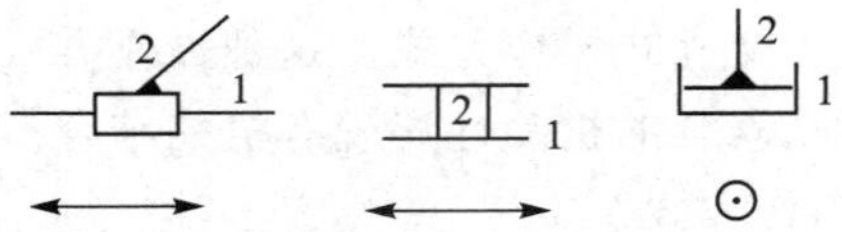	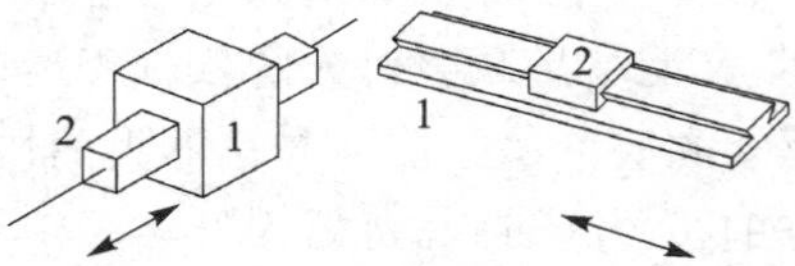
一杆件固定时	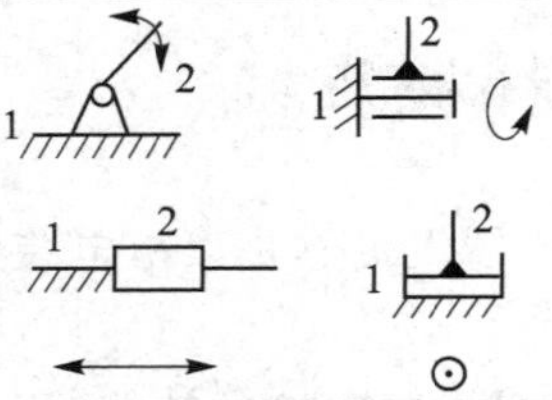	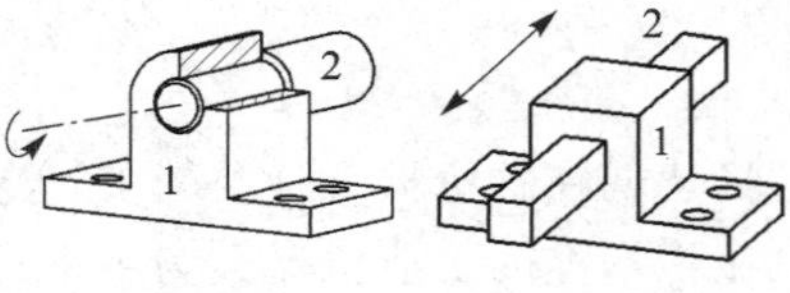
固定构件	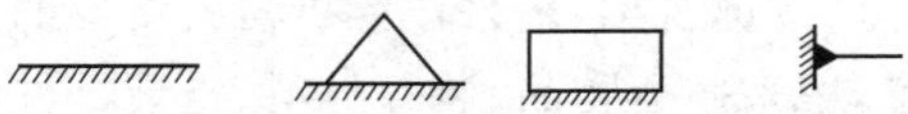 平台　三角支架　支台　侧支架	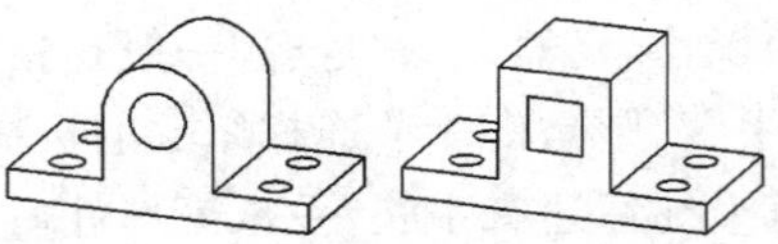

续表 2.1

名　称	简　图	结构图
同一构件		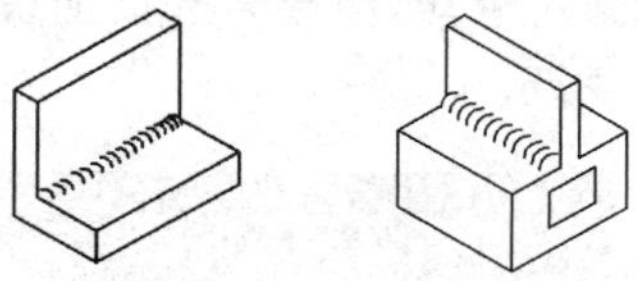
两关节构件	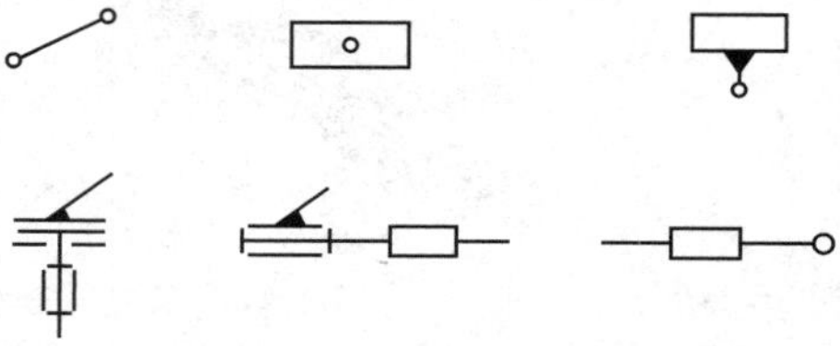	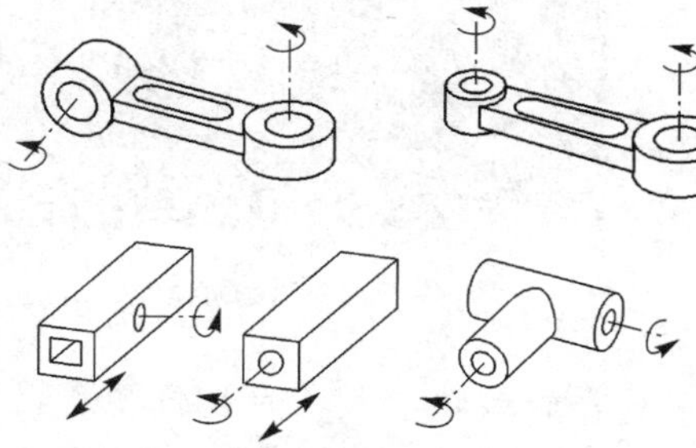

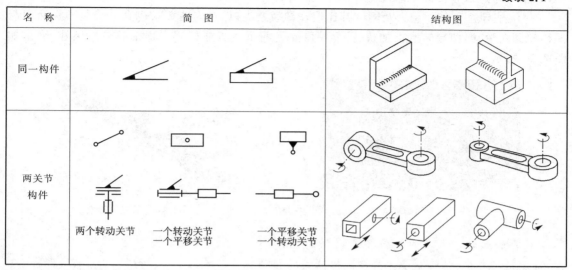

由表 2.1 可知，机器人的一个关节连着两个连杆，机器人的一个连杆一般有两个关节（末端连杆除外）。

2.2.2　机器人的传动机构

机械传动机构可把驱动器产生的动力传递到各关节和动作部位，实现机器人的平稳运动。机器人常见的传动机构有以下几种：齿轮传动、丝杠传动、齿型带传动、链传动、连杆传动、流体传动、丝线传动等。

驱动器通过传动部件来驱动各个关节，从而实现机身、手臂和手腕的运动等。若要求机器人速度高、加速度特性好、运动平稳、精度高、承载能力大，很大程度上取决于传动部件设计的合理性。下面对机器人设计中的一些典型传动机构进行介绍。

1. 平移关节导轨

平移关节导轨的用途是在运动过程中保证位置精度和起到导向作用。对其要求有：间隙要小，最好有消除间隙的调整结构；在垂直于运动方向上的强度、刚度要高；摩擦系数小，且不随速度变化；阻尼高；尺寸小、质量小、惯量低。

通常有普通滑动导轨、液压动压滑动导轨、液压静压滑动导轨、气浮导轨和滚动导轨等类型。前两种结构简单、成本低，但必须留有间隙以润滑；另外，这两种导轨的摩擦系数会随着速度的变化而变化，在低速时容易产生爬行现象。第三种静压导轨结构能产生预载荷，能完全消除间隙，具有高强度、低摩擦、高阻尼等优点，但它需要单独的液压系统和回收润滑油的机构。第四种气浮导轨不需要回收润滑油，但它的刚度和阻尼较低，并且对制造精度和环境的空气条件（过滤和干燥）要求较高，不过由于其摩擦系数较低（大约为 0.000 1），将会在机器人上具有广泛用途。第五种滚动导轨目前在工业机器人中应用最广泛，具有摩擦小且不随速度变化，尺寸小，刚度高，承载能力大，精度和精度保持性高，润滑简单，容易制造成标准件，易加预载、消除间隙、增加刚度等优点；其缺点是阻尼低，对脏物比较敏感。

下面，仅就几种机器人常用的滚动导轨作介绍，其他的请查找相关资料。

- 滚珠导轨　其以滚珠作为滚动体，运动灵敏度好，定位度高；但其承载能力和刚度较小，一般需通过预紧提高承载能力和刚度，如图 2.15 所示。

• 滚柱导轨　其承载力及刚度都比滚珠导轨要大，但对安装要求也高。安装不良会引起偏移和侧向滑动，使导轨磨损加快、降低精度。目前重型工业机器人通常都采用滚柱导轨，如图 2.16 所示。

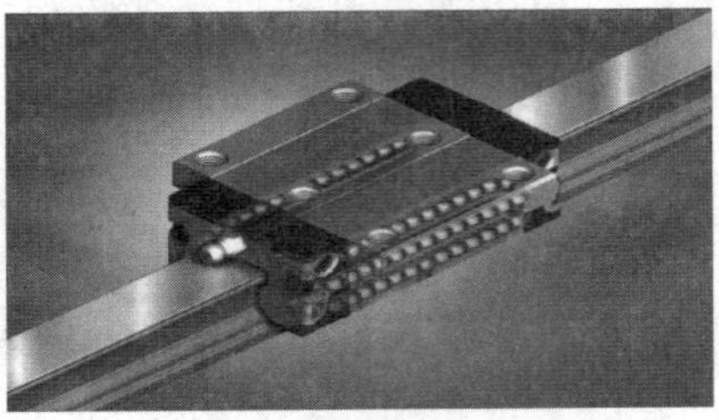

图 2.15　滚珠导轨

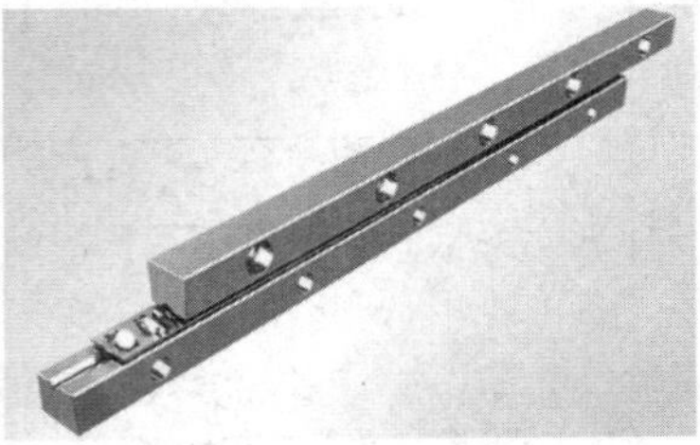

图 2.16　滚柱导轨

• 滚针导轨　其滚针比同直径的滚柱长度要长，特点是尺寸小、结构紧凑。为提高机器人的移动精度，滚针的尺寸应按直径分组，适用于导轨尺寸受限制的机器，如图 2.17 所示。

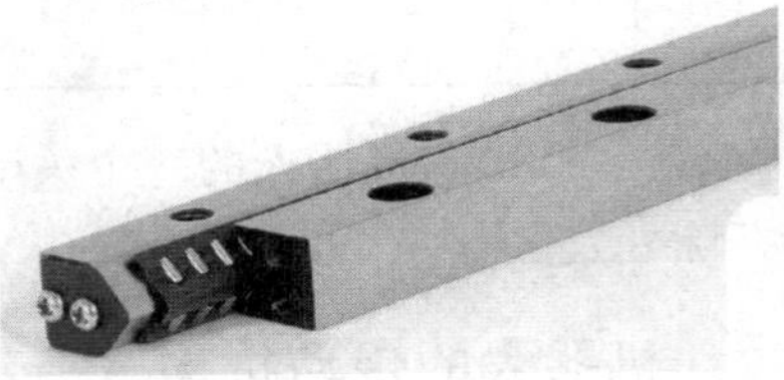

图 2.17　滚针导轨

2. 转动关节轴承

球轴承是机器人结构中最常用的轴承。它能承受径向和轴向载荷，摩擦较小，对轴和轴承座的刚度不敏感。图 2.18(a)所示为普通深沟球轴承，图 2.18(b)所示为角接触球轴承。这两种轴承的每个球和滚道之间只有两点接触(一点与内滚道接触，另一点与外滚道接触)。为了预载，此种轴承必须成对使用。图 2.18(c)所示为四点接触球轴承。其滚道是尖拱式半圆，球与每个滚道两点接触，该轴承通过两内滚道之间适当的过盈量实现预紧。因此，此种轴承的优点是无间隙，能承受双向轴向载荷，尺寸小，承载能力和刚度比同样大小的一般球轴承高 1.5 倍；缺点是价格较高。

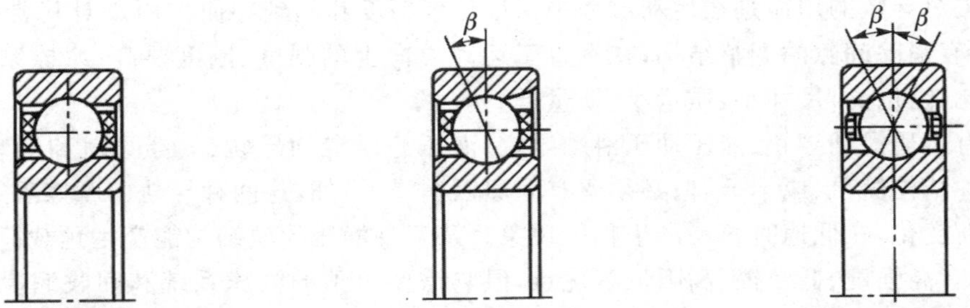

(a) 普通深沟球轴承　(b) 角接触球轴承　(c) 四点接触球轴承

图 2.18　基本耐磨球轴承

3. 传动件的定位

工业机器人的重复定位精度要求较高，设计时应根据具体要求选择适当的定位方法。目前，常用的定位方法有电气开关定位、机械挡块定位、插销定位和伺服定位等。

• 电气开关定位　利用电气开关(有触点和无触点)作行程检测元件，如微动开关等。当机械手运行到定位点时，行程开关发出信号，切断动力源或接通制动器，从而获得定位。其结构简单、工作可靠、维修方便，但受惯性力和电控系统误差等因素影响，重复定位精度较低，一般为±3～±5 mm。

• 机械挡块定位　在行程终点设置机械挡块。当机械手减速运动到终点时，紧靠挡块而定位。若定位前缓冲较好，定位时驱动力未撤除，在驱动力作用下将运动件压在机械挡块上，就能达到较高定位精度，最高可达±0.02 mm。

• 插销定位　图 2.19 所示是利用液压装置与插销实现定位的结构，机械手运动到定位点前，由行程节流阀实现减速，达到定位点时，定位液压缸将插销推入圆盘的定位孔实现定位。其定位精度相当高。

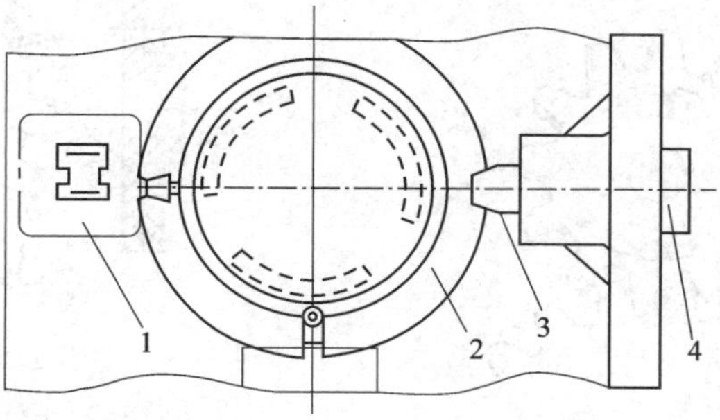

1—行程节流阀；2—定位圆盘；3—插销；4—定位液压缸

图 2.19　利用插销定位的结构

• 伺服定位系统　前述方法只适用于有限点定位，若在任意点定位，则要使用伺服定位系统。它可以输入指令控制位移的变化，从而获得良好的运动特性。它不仅适用于点位控制，且适用于连续轨迹控制。其中，开环伺服定位系统是一种没有行程检测及反馈，直接用脉冲频率变化或脉冲数控制机器人速度和位移的定位方式。这种定位方式抗干扰能力差，定位精度较低。如果需较高的定位精度(如±0.2 mm)，就得降低机器人关节的运行速度。闭环伺服定位系统具有反馈环节，其抗干扰能力强、反应速度快、易实现任意点定位。图 2.20 所示是一种闭环伺服定位系统方框图，齿轮齿条将位移量反馈到电位器上，达到给定脉冲时，电动机及电位器触头停止运转，机械手获得准确定位。

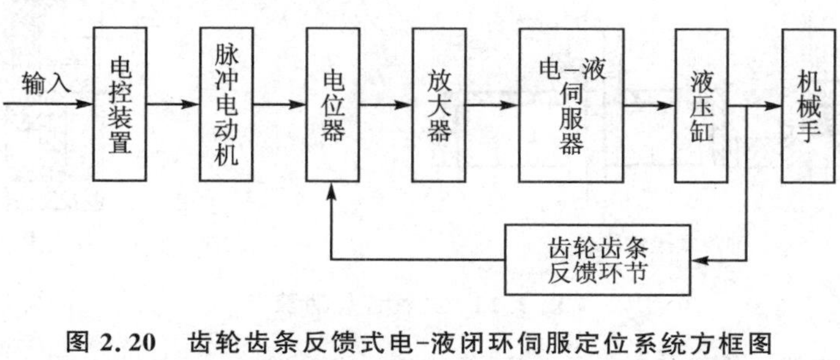

图 2.20　齿轮齿条反馈式电-液闭环伺服定位系统方框图

4. 传动件的消隙

一般传动机构都存有间隙，也叫侧隙。就齿轮传动而言，齿轮传动的侧隙是指一个齿轮固定不动，另一个齿轮能够作出的最大角位移。传动间隙影响了机器人的重复定位精度和平稳性，其会导致机器人控制系统产生显著的非线性变化、震动和不稳定。消除传动间隙的途径主要有：提高制造和装配精度，设计可调整传动间隙的机构，设置弹性补偿零件等。下面介绍几种适合工业机器人的传动消隙方法：

• 消隙齿轮　将一对齿轮的从动轮做成两个薄片，其中一片固定在轴上，另一片套在该齿轮的轮毂上。两片薄齿轮上分别装有凸耳，用拉簧一端钩在凸耳上，一端钩在固定螺钉上，用螺母来调整螺钉的伸出长度和锁紧。此结构利用了拉簧张力，使两个薄片齿轮的齿两侧分别紧贴在主动齿轮的齿槽两侧，通过这种错齿结构来消除齿侧间隙，反向时就不会产生空程误差，如图 2.21 所示。图 2.22 所示为用螺钉 3 将两个薄齿轮 1 和 2 连接在一起，代替图 2.21 中的弹簧，其好处是侧隙可以调整。

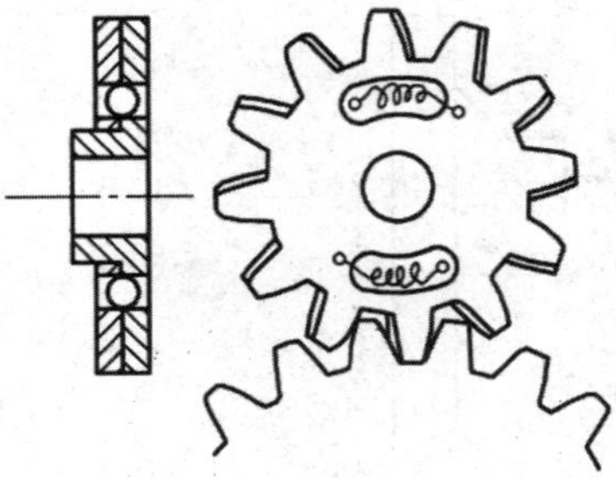

图 2.21　消隙齿轮 A

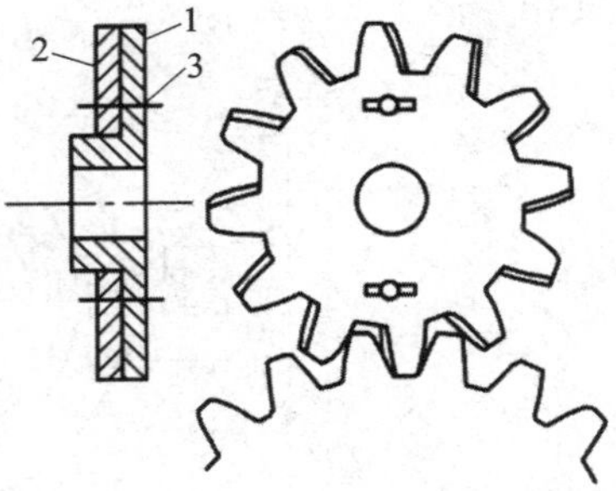

1、2—薄齿轮；3—螺钉

图 2.22　消隙齿轮 B

• 柔性齿轮消隙　图 2.23(a)所示为一种钟罩形状的具有弹性的柔性齿轮，在装配时对它稍许加些预载就能引起轮壳的变形，从而使各齿轮双侧齿廓都能啮合，消除侧隙。图 2.23(b)所示为采用了上述同样原理却用不同设计形式的径向柔性齿轮，其轮壳和轮圈是刚性的，但与齿轮圈连接处有弹性。同样的转矩载荷时，为保证无侧隙啮合，径向柔性齿轮所需要的预载力比钟罩状柔性齿轮要小得多。

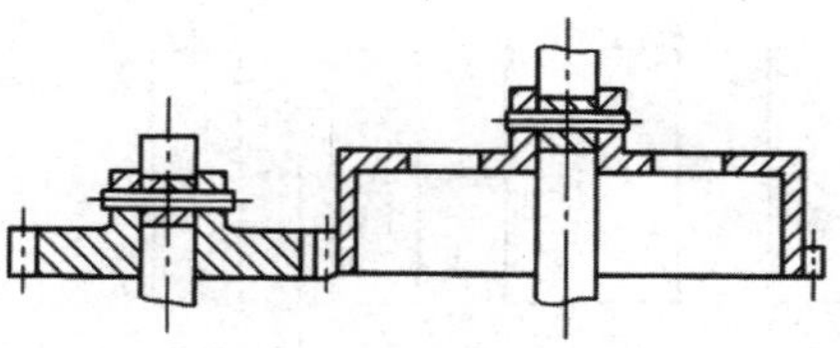

(a) 钟罩状柔性齿轮

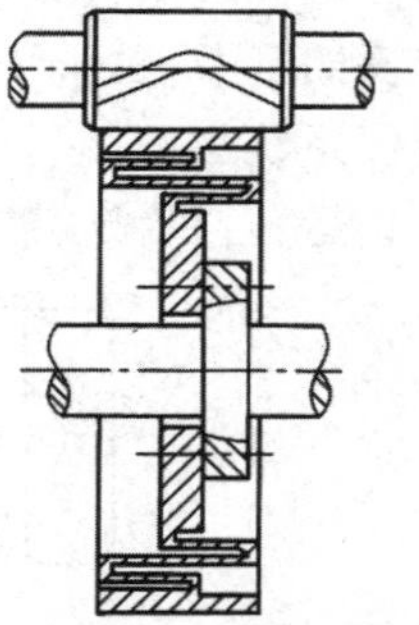

(b) 径向柔性齿轮

图 2.23　柔性齿轮消隙

• 对称传动消隙　图 2.24 所示为双谐波传动消隙方法。电动机置于关节中间，电动机双向输出轴传动完全相同的两个谐波减速器，驱动一个手臂的运动。谐波传动中的柔轮弹性很好。

• 偏心机构消隙　如图 2.25 所示的偏心机构实际上是中心距调整机构。当齿轮磨损等原因造成传动间隙增加时，最简单的方法就是调整中心距，这是在 PUMA 机器人腰转动关节上应用的又一实例。图 2.25 中，OO'中心距是固定的，一对齿轮中的一个齿轮装在O'轴上，另一个齿轮装在 A 轴上，A 轴的轴承偏心地装在可调的支架 1 上。应用调整螺钉转动支架 1，就可改变两齿轮中心距 AO'，达到消除间隙的目的。

• 齿廓弹性覆层消隙　在齿廓表面覆有一层弹性很好的橡胶层或层压材料，相啮合的一对齿轮加以预载可以完全消除啮合侧隙。齿轮几何学上的齿面相对滑动，在橡胶层内部发生剪切弹性流动时被吸收，因此，像铝合金甚至石墨纤维增强塑料这种非常轻但不具备良好接触和滑动品质的材料可用来作为传动齿轮的材料，可减小质量和转动惯量。

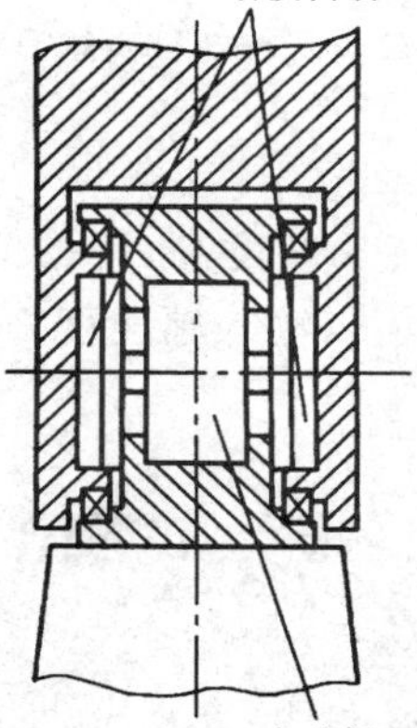

图 2.24　双谐波传动消隙

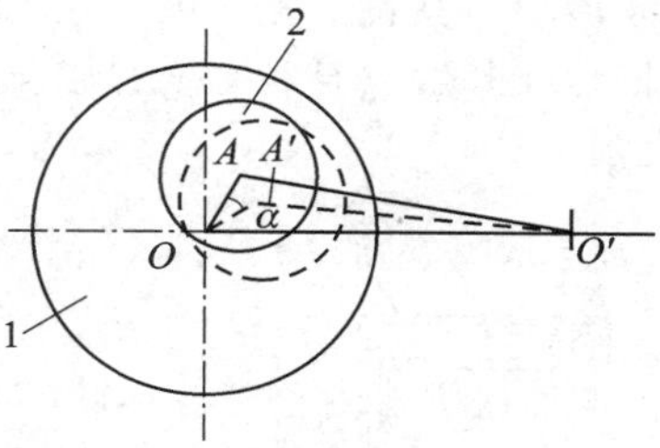

1—支架；2—齿轮

图 2.25　偏心机构消隙

5. 减速器与谐波传动

电动机在机器人中应用时，需配合减速器使用，以变成低转速、高力矩的驱动装置。机器人对减速器的要求是：运动精度高、间隙小，回转速度稳定、无波动，运动副间摩擦小、效率高，体积小，质量小，传动转矩大。对于减速器减速比 n 的选择，应当能最大限度地利用电动机功率，即机械阻抗匹配，如图 2.26 所示。减速比的计算公式为

$$n=\sqrt{\frac{I_{\mathrm{a}}}{I_{\mathrm{m}}}} \tag{2.1}$$

式中，I_{a} 为工作臂的惯性矩，I_{m} 为电动机的惯性矩。

从现有的工业机器人来看，所选的电动机功率总是偏大，减速比也过大。当减速比大时，工作臂的惯性对电动机影响小，但电动机速度容易饱和；当减速比小时，工作臂运动的反作用力对电动机影响大，这需要进行机构的动力学计算。

工业机器人中，常用的减速器是行星齿轮机构和谐波传动机构。图 2.27 所示为行星齿轮传动机构简图。其传动尺寸小，惯量低，一级传动比较大，结构紧凑，载荷分布在若干个行星轮齿上，内齿轮也具有较高的承载能力。谐波传动是一种具有柔性齿圈的行星传动，在机器人上的应用比行星齿轮传动更加广泛，图 2.28(a)所示为其机构简图，谐波发生器 4 转动，使柔轮 6 上的柔轮齿 7 与刚轮 1 上的刚轮齿 2 相啮合。输入轴为 3，如果刚轮 1 固定，则轴 5 为输出轴；如果轴 5 固定，则轴 3 为输出轴。

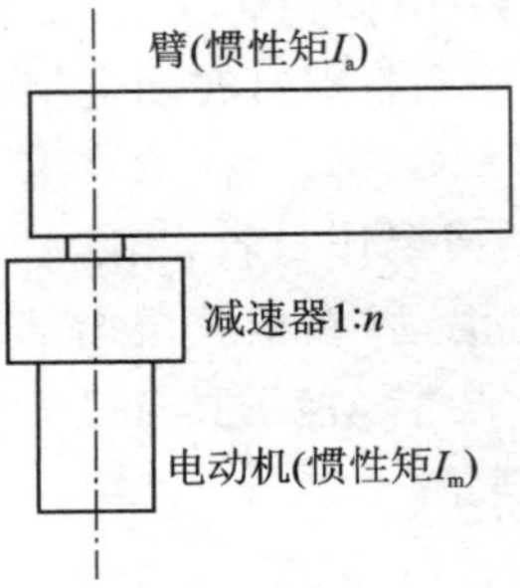

图 2.26 机械阻抗匹配

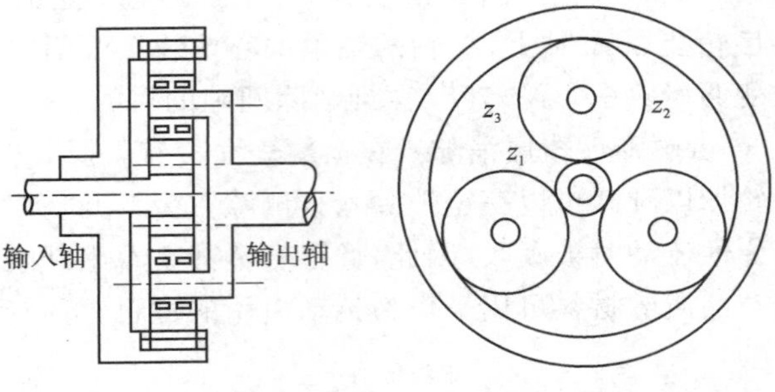

图 2.27 行星齿轮传动机构简图

谐波传动减速器，如图 2.28(b)所示，在机器人上得到广泛应用，日本 60%的机器人驱动装置采用了谐波传动。其优点是：尺寸小，惯量低，质量小，传动精度高，传动侧隙非常小，传动具有多阻尼特性。其缺点是：柔轮有疲劳问题，扭转刚度低，以输入轴速度 2、4、6 倍的啮合频率产生振动，刚度差。

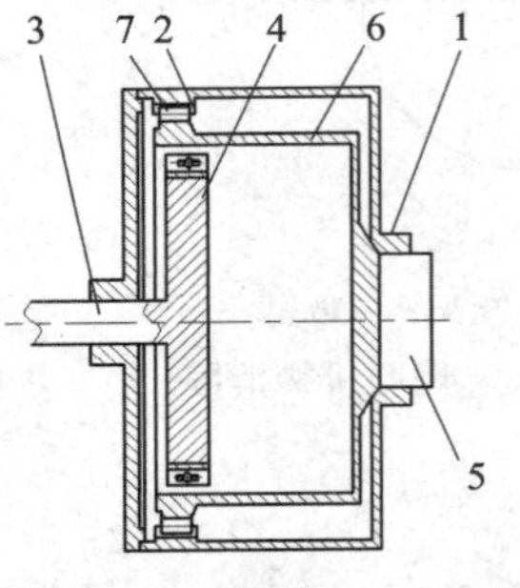

1—刚轮；2—刚轮齿；3、5—轴；
4—谐波发生器；6—柔轮；7—柔轮齿

(a) 机构简图

(b) 实物图

图 2.28 谐波传动机构

6. 丝杠螺母副及滚珠丝杠传动

丝杠螺母副传动部件可把回转运动变换为直线运动。由于丝杠螺母机构是连续的面接触，所以传动中不会产生冲击，传动平稳、无噪声，并且能自锁。

因丝杠的螺旋升角较小，用小驱动力矩可获得大牵引力。但普通丝杠螺母的螺旋面之间摩擦为滑动摩擦，故传动效率低。不过滚珠丝杠传动效率较高，且传动精度和定位精度均很高，在传动时灵敏度和平稳性亦很好，磨损小，使用寿命比较长。不过丝杠及螺母的材料、热处理及加工工艺要求很高，故成本高。

图 2.29 所示为滚珠丝杠的基本组成：丝杠 1、螺母 2、滚珠 3、导向槽 4。导向槽 4 连接螺母的第一圈和最后一圈，使其形成一个滚动体可以连续循环的导槽。滚珠丝杠在工业机器人的应用中比较多。

7. 其他传动

工业机器人中常用的传动机构除前述的各种传动机构外，还有其他传动机构，例如，齿轮齿条机构可通过齿条的往复运动带动与手臂连接的齿轮做往复回转运动，以实现手臂的回转

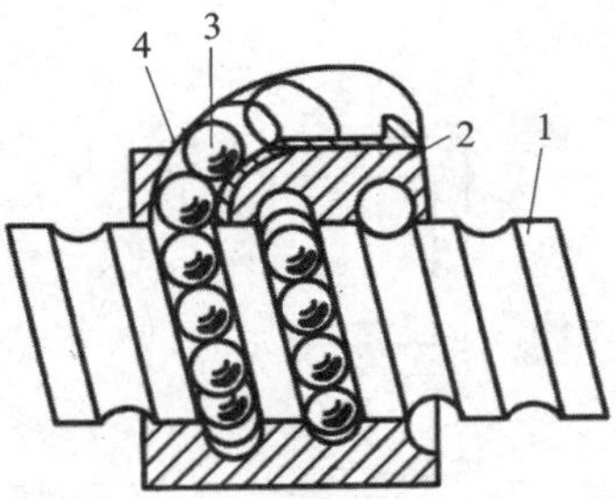

1—丝杠；2—螺母；3—滚珠；4—导向槽

(a) 原理图

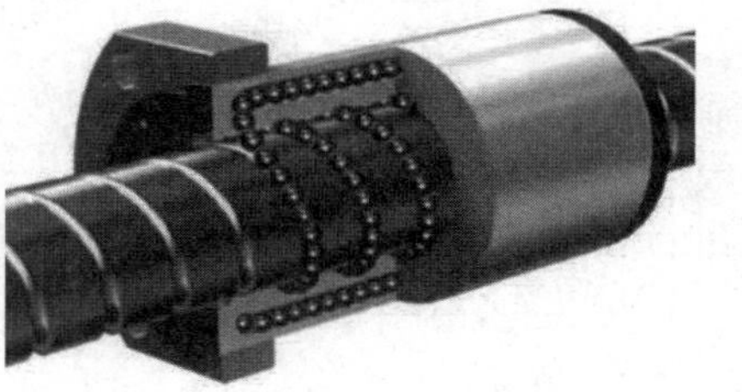

(b) 实物图

图 2.29　滚珠丝杠

运动、链传动、同步传送带传动、丝传动等。其中，链传动具有较高的载荷/质量比，同步传动带传动和丝传动与链传动相比，具有质量小、传动均匀平稳的特点。

2.2.3　机器人机座

机器人机座是机器人的基础部分，起支撑作用。机器人机座可以分为固定式和移动式两种。一般工业机器人中的立柱式、机座式和屈伸式机器人大多是固定式的，可以直接连接在地面上，如图 2.30 所示。

不过，可移动式机器人机座目前在特种机器人中也多有应用。可移动式机器人机座大多采用轮式、履带式或多足式与地面接触。图 2.31 所示机器人采用了一种麦克纳姆轮式行走机构，它通过轮子不同的旋向组合可实现全方位移动。

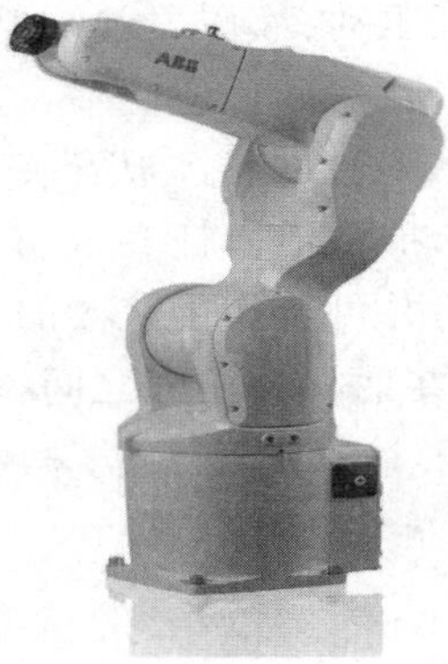

图 2.30　固定式机座

图 2.31　可移动式机器人机座

2.2.4　机器人手臂

机器人手臂的结构设计必须要考虑机器人的工作要求、运动范围、负载质量、自由度数量、定位精度等因素。归纳起来，对手臂的设计要求主要有：

• 刚度高　为防止手臂在运动过程中产生过大的变形而影响工作精度，手臂的断面形状要选择好。工字形或框架式断面的弯曲刚度比矩形实心断面要大，空心管的弯曲刚度比实心轴的要大，所以可采用工字形、框架式或管状结构作手臂骨架或平移导向连杆的骨架，如

图 2.32 所示。

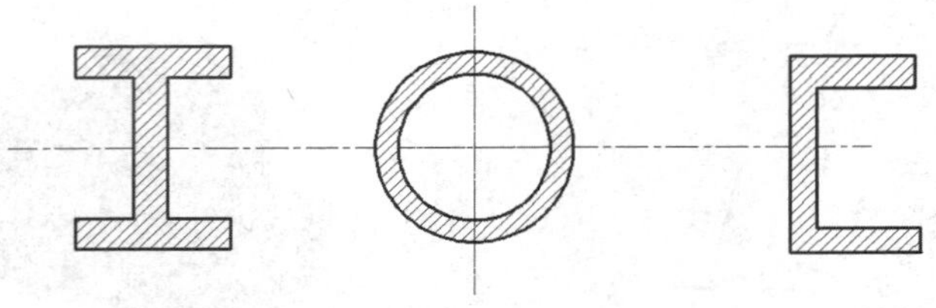

图 2.32 手臂的断面形状

• 质量小　为提高机器人的运动速度与精度，要尽量减少臂部运动部分的重量，以减少整个手臂对回转轴的转动惯量，尽量将质量比较大的部件，如电机、减速器等，向基座方向设置，减小手臂末端的质量，选择高强度轻质材料作手臂或相关部件。

• 重力矩平衡装置　为减小手臂驱动器及减速器的质量，可对手臂自身重力矩及负载重力矩进行平衡装置设计，对于减小所需驱动器功率和手臂整体质量效果显著。

• 传动与定位精度高　臂部设计要力求结构紧凑、质量小，更要设法减小机械传动间隙引起的运动误差，提高运动的精确性和运动刚度。

• 结构和尺寸合理　应满足机器人作业任务提出的工作空间要求和位姿要求。

• 导向性好　为防止平移型连杆手臂在直线平移过程中绕平移轴线发生转动，应该设计高精度的导向装置，如采用花键、V 形导轨等形式。

一些典型的机械手臂机构如下：

1. 手臂直线运动机构

实现手臂往复直线运动的机构形式较多，常用的有线性电机驱动、液压(气)缸驱动、齿轮齿条机构传动、丝杠螺母机构传动、各种平移关节导轨等。

一种双导向杆手臂的伸缩结构如图 2.33 所示。其手臂和手腕通过连接板安装在双作用液压缸 1 的上端。当双作用液压缸 1 的两腔分别通入压力油时，推动活塞杆 2 带动手臂做往复直线运动；导向杆 3 在导向套 4 内移动，以防手臂伸缩时转动，并可兼作手腕 6 的回转缸及手部 7 的夹紧液压缸的输油管道。由于手臂的伸缩液压缸安装在两根导向杆之间，由导向杆承受弯曲作用，活塞杆只受拉压作用，故受力简单、传动平稳、外形整齐美观、结构紧凑。

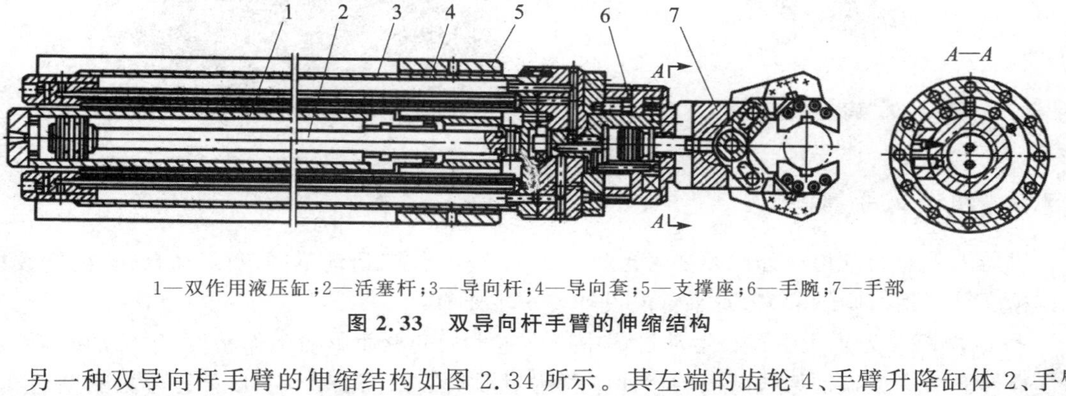

1—双作用液压缸；2—活塞杆；3—导向杆；4—导向套；5—支撑座；6—手腕；7—手部

图 2.33 双导向杆手臂的伸缩结构

另一种双导向杆手臂的伸缩结构如图 2.34 所示。其左端的齿轮 4、手臂升降缸体 2、手臂连接板 8 均用螺钉连接成一体，手臂连接板 8 又与其上部的手臂固连。当高压油通过连接盖

5 的油孔进出油缸时，活塞杆 1 带动手臂升降缸体 2 沿着导向套 3(不限制转动)做上下移动，并由此带动手臂连接板 8 上部固连的手臂作升降运动。因升降液压缸外部装有纵向导向套，故刚性好、传动平稳。

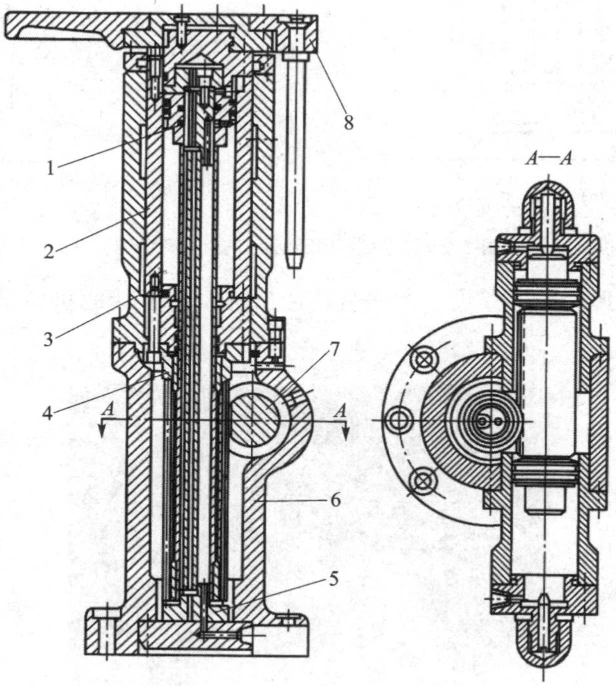

1—活塞杆；2—手臂升降缸体；3—导向套；4—齿轮；
5—连接盖；6—机座；7—活塞齿条；8—手臂连接板

图 2.34　手臂升降和回转运动的结构

2. 手臂回转运动机构

常用的回转运动机构有电机与齿轮减速器驱动、电机与链轮传动驱动、回转缸驱动、连杆机构传动等。图 2.34 中含有一种手臂回转运动的结构。其右下侧放置的活塞液压缸两腔可分别进出压力油，以此推动活塞齿条 7 做往复移动(见 A—A)，由此带动与活塞齿条 7 啮合的齿轮 4 做往复回转运动，齿轮 4 的回转运动将由手臂升降缸体 2 传递给手臂连接板 8，并带动固连在其上部的手臂进行回转运动。

3. 手臂俯仰运动机构

机器人的手臂俯仰运动机构属于回转机构的一种，可以采用电机、液压马达或液压油缸等的驱动来实现。图 2.35 所示的 2 种方案的手臂俯仰运动机构均采用了活塞液压缸与连杆机构的方式，其驱动手臂俯仰运动的活塞缸位于手臂的下方，其活塞杆和手臂用铰链连接，缸体采用尾部耳环或中部销轴等方式与立柱连接。

4. 机器人蛇形手臂

机器人蛇形手臂比较特殊，多数是由多节结构组成的。其驱动方式，有的采用电机直接驱动，有的采用丝进行拉伸驱动，其工作原理不一而论，但是，目前其运动控制精度较低。图 2.36

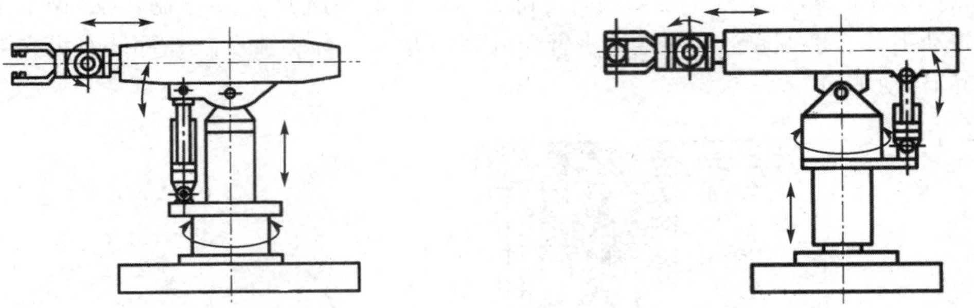
(a) 方案一　　(b) 方案二

图 2.35　手臂俯仰驱动缸安装示意图

所示是一种机器人蛇形手臂。其设计意图是制造出一个更灵活的机械手,它可在有限的空间中执行多种任务。

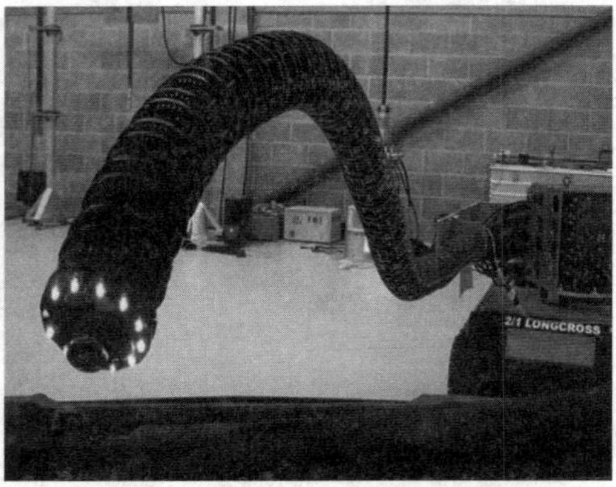

图 2.36　机器人蛇形手臂

2.2.5　机器人手腕

机器人手腕是用于支撑手部和调整手部姿态的部件。通用型机器人的手腕处一般占有3个自由度。专用机器人手腕所需要的自由度数目应根据工作性能要求来确定。手腕往往由旋转关节或摆动关节(都属于转动关节)组成。因为手腕安装在手臂末端,所以手腕的大小和质量是手腕设计时要考虑的关键问题。

为使手部能以要求的姿态出现在工作位置,要求手腕对空间3个坐标轴 x、y 和 z 都能实现转动,即具有横滚、俯仰和偏转3个自由度,如图2.37所示。通常也把横滚叫作Roll,用R表示;把俯仰叫作Pitch,用P表示;把偏转叫作Yaw,用Y表示。

手腕按自由度数来分,可分为单自由度手腕、二自由度手腕和三自由度手腕:

• 单自由度手腕　图2.38(a)所示是一种横滚关节,其手臂纵轴线和手腕关节轴线构成共轴线形式,这种关节旋转可达360°;图2.38(b)所示是偏转关节;图2.38(c)所示是俯仰关节。后两种关节的轴线往往与连接件的轴线相垂直,受结构上的限制,旋转角度不能太大。

• 二自由度手腕　可组成俯仰与横滚手腕、偏转与俯仰手腕、偏转与横滚手腕,分别如

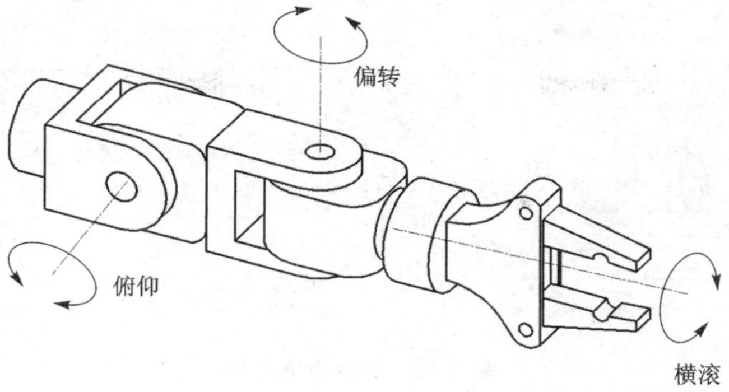

图 2.37 手腕的自由度

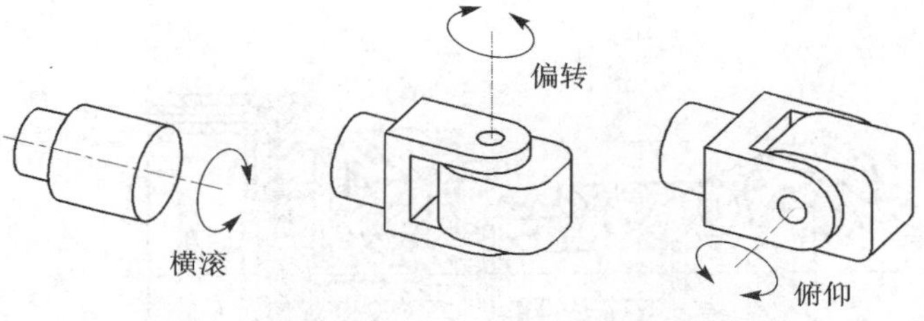

(a) 横滚手腕 (b) 偏转手腕 (c) 俯仰手腕

图 2.38 单自由度手腕

图 2.39(a)～(c)所示。但不能由两个同类关节组成手腕，两个同类关节组成的手腕会退化一个自由度。

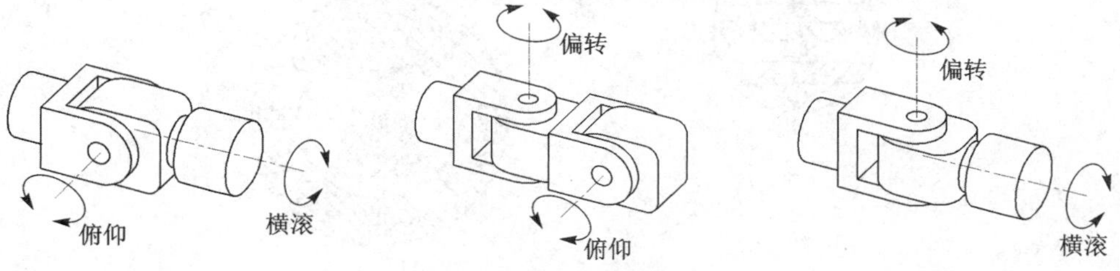

(a) 方案一 (b) 方案二 (c) 方案三

图 2.39 二自由度手腕

• 三自由度手腕　由横滚、俯仰、偏转关节排列次序的不同可组成许多形式的三自由度手腕。图 2.40 所示为通常见到的几种具有横滚、俯仰和偏转运动的三自由度手腕，它们在不同的场合会产生不同的效果。

手腕的驱动通常有电气与液压(气)两种方式。其中，电气驱动有交流电机和直流电机驱动两种情况。图 2.41 所示的腕部结构采用了回转液压缸实现腕部旋转。液压(气)缸驱动的腕部结构具有结构紧凑、灵巧等优点。从 $A—A$ 剖视图可看出，回转叶片 11 用螺钉、销钉和回转轴 10 连在一起；固定叶片 8 和缸体 9 连接。当压力油从右进油孔 7 进入液压缸右腔时，便推动回转叶片 11 和回转轴 10 一起绕轴线顺时针转动；当液压油从左进油孔 5 进入左腔时，便推动转轴逆时针方向回转。由于手部和回转轴 10 连成一个整体，故回转角度极限值由动

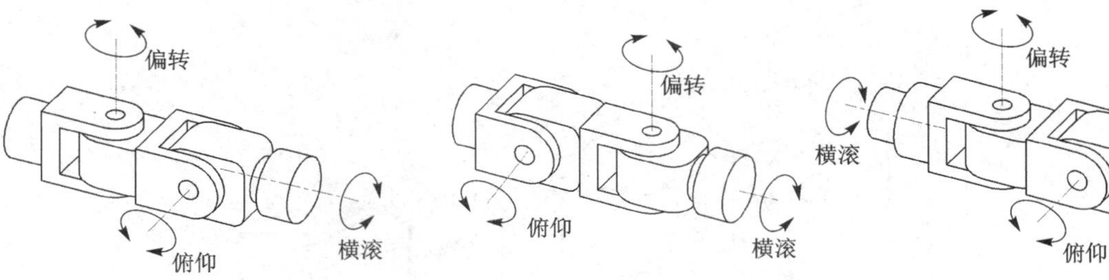

(a) 方案一　　(b) 方案二　　(c) 方案三

图 2.40　三自由度手腕

片、定片之间允许回转的角度来决定。液压缸可以回转±90°。腕部旋转的位置控制可采用机械挡块，也可采用位置检测元件对所需位置进行检测并加以反馈控制。

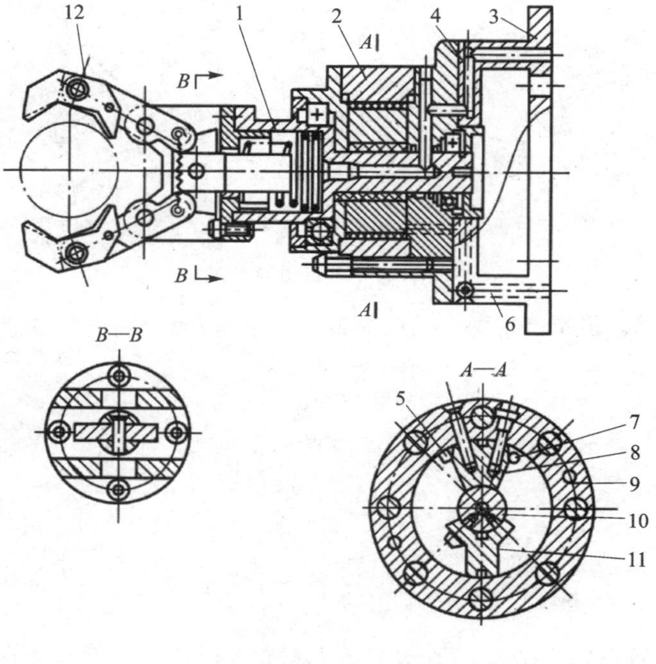

1—手部驱动位；2—回转液压缸；3—腕架；4—通向手部的油管；
5—左进油孔；6—通向摆动液压缸油管；7—右进油孔；8—固定叶片；
9—缸体；10—回转轴；11—回转叶片；12—手部

图 2.41　摆动液压缸的旋转手腕图

腕部和臂部连接，3 根油管由臂内通过，并经腕架 3 分别进入回转液压缸和手部驱动液压缸。如果能把上述转轴的直径设计得较大，并足以容纳手部驱动液压缸，则可把转轴做成手部驱动液压缸的缸体，进一步缩小腕部和手部的总轴向尺寸，使结构更加紧凑。

图 2.42 所示为另外一种复合液压缸驱动的腕部结构，能实现手腕的横滚与手爪的开合运动。

图 2.43 所示为某三自由度机械传动腕部结构传动图，$z_1 \sim z_{22}$ 代表各个传动齿轮的编号及相邻传动关系。这是一个具有 3 根输入轴的差动轮系。该差动轮系由 2 个横滚关节与 1 个

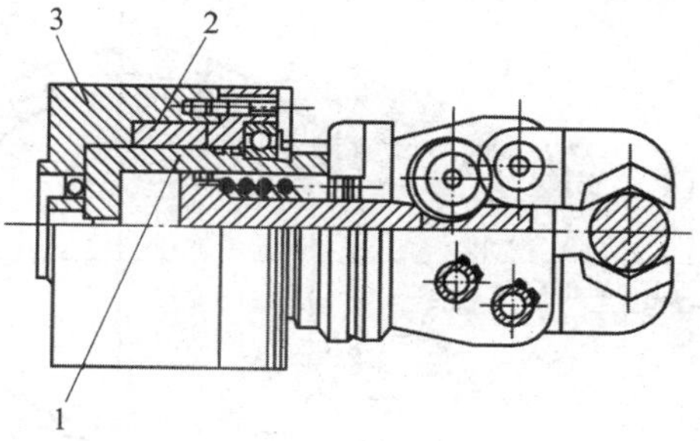

1—手部驱动液压缸；2—转子；3—腕部驱动液压缸

图 2.42　复合液压缸驱动的腕部结构

偏转关节组合而成。该组合使得腕部结构紧凑、质量小、运动灵活、适应性广。目前，它已成功地用于电焊、喷漆等多种通用机器人上。

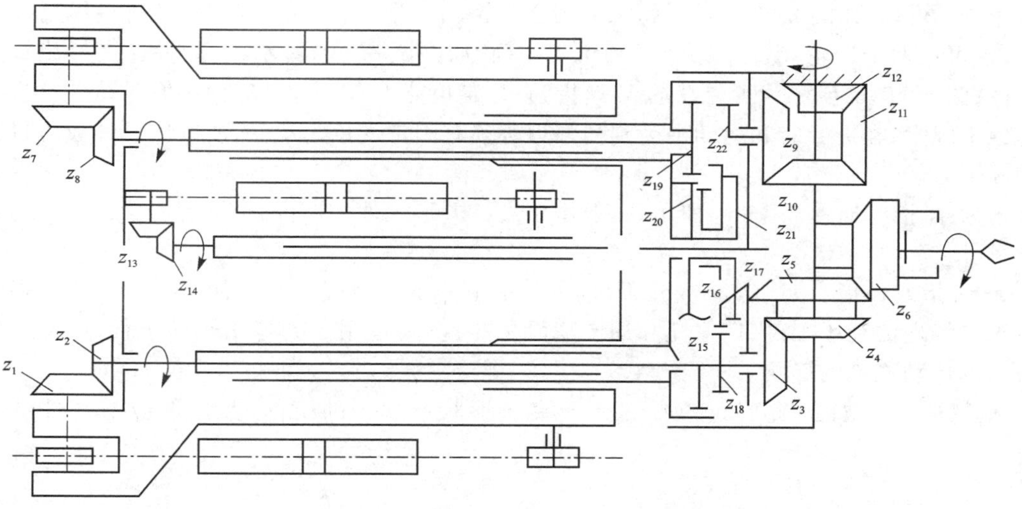

图 2.43　三自由度机械传动腕部结构传动图

2.2.6　机器人末端执行器

工业机器人的手部或手部握持的工具一般称为末端执行器，它是机器人直接用于抓取和操作工件的部分，安装于机器人手臂前端。它不仅是一个执行命令完成工作操作的机构，有时它还应具有某些感知功能。这时会在机器人手掌、手指或手腕上装有压力、质量或滑移等各种传感器。

现在，机器人手已经具有了灵巧的指、腕等关节，基本具备了人手的许多功能。由于被握工件的形状、尺寸、质量、材质及表面状态等的不同，其末端操作器也多种多样，大致可分为夹钳式取料手、吸附式取料手、专用末端操作器及换接器、仿生多指灵巧手等。

1. 夹钳式取料手

夹钳式取料手由手指(手爪)、驱动装置、传动机构及连接与支承元件组成，如图 2.44 所示。其中，手指可有 2 个、3 个或多个，手指直接与工件接触，通过其张合来松开和夹紧工件。

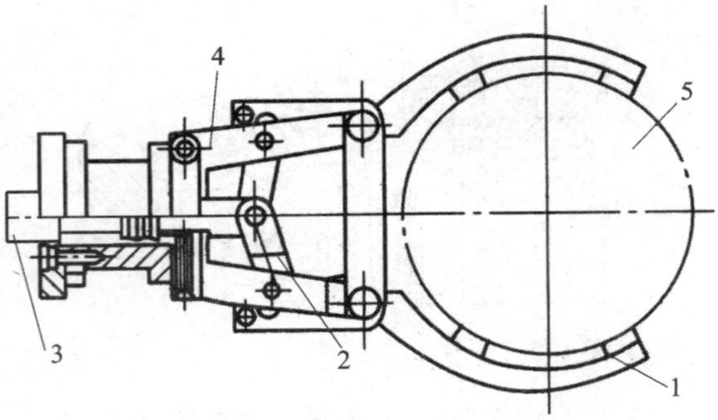

1—手指；2—传动机构；3—驱动装置；4—支架；5—工件

图 2.44　夹钳式取料手的组成

机器人手部的结构取决于被夹持工件的形状和特性。常用手指有以下类型：

• V 形指　如图 2.45(a)所示，它适用于夹持圆柱形工件，特点是夹紧平稳可靠、夹持误差小；也可用两个滚轮代替 V 形指的两个工作面，如图 2.45(b)所示，它能快速夹持旋转中的圆柱体；图 2.45(c)所示为可浮动的 V 形指，有自定位能力，与工件接触好，但浮动件是机构中的不稳定因素，在夹紧时和运动中受到的外力必须有固定支承来承受，所以应设计成可自锁的浮动件。

• 平面指　如图 2.46(a)所示，一般用于夹持方形工件(具有两个平行平面)、方形板或细小棒料。

• 尖指或长指　如图 2.46(b)所示，一般用于夹持小型或柔性工件。尖指用于夹持位于狭窄工作场地的细小工件，以避免和周围障碍物相碰；长指用于夹持炽热的工件，以避免热辐射对手部传动机构的影响。

• 特形指　如图 2.46(c)所示，用于夹持形状不规则的工件，其指形应与工件形状相适应。

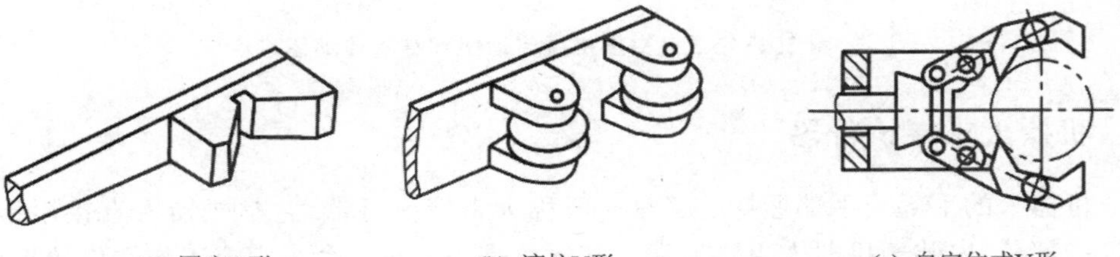

(a) 固定V形　　(b) 滚柱V形　　(c) 自定位式V形

图 2.45　V 形指端形状

指面的形状常有光滑指面、齿形指面和柔性指面等。光滑指面平整光滑，用于夹持已加工表面，避免已加工表面受损；齿形指面刻有齿纹，可增加夹持工件的摩擦力，以确保夹紧牢靠，多用来夹持表面粗糙的毛坯或半成品；柔性指面内镶橡胶、泡沫、石棉等物，有增加摩擦力、保护工件表面、隔热等作用，一般用于夹持已加工表面、炽热件，也适于夹持薄壁件和脆性工件。

夹钳式取料手的传动机构的作用是向手指传递运动和动力，以实现夹紧和松开动作。该机构根据手指开合的动作特点，可分为回转型和平移型。回转型又分为单支点回转和多支点回转。根据手爪夹紧是摆动还是平动，回转型还可分为摆动回转型和平动回转型。

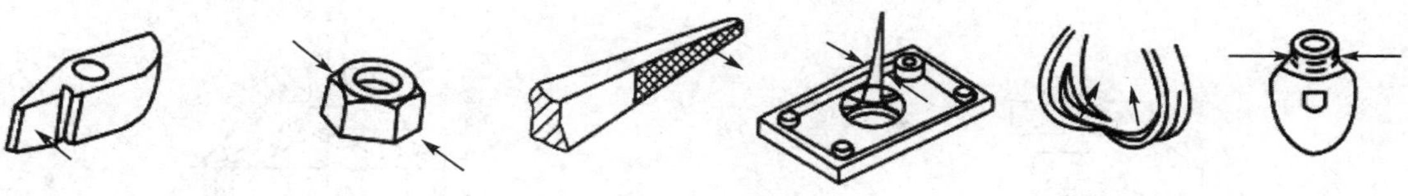

(a) 平面指　　(b) 尖指和长指　　(c) 特形指

图 2.46　夹钳式取料手的指端

夹钳式取料手用得较多的传动机构是一种回转型机构，其手指就是一对杠杆，一般再与斜楔、滑槽、连杆、齿轮、蜗轮蜗杆或螺杆等机构组成复合式杠杆传动机构，用以改变传动比和运动方向等。

图 2.47(a)所示为单作用斜楔式回转型手部结构简图。斜楔向下运动，克服弹簧拉力，使杠杆手指装着滚子的一端向外撑开，从而夹紧工件；斜楔向上运动，则在弹簧拉力作用下使手指松开。手指与斜楔通过滚子接触，可减少摩擦力，提高机械效率。为了简化，也可让手指与斜楔直接接触，如图 2.47(b)所示。

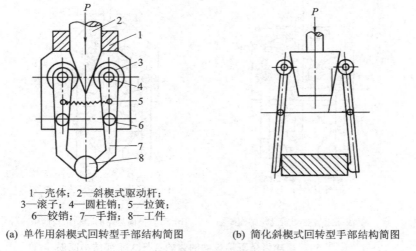

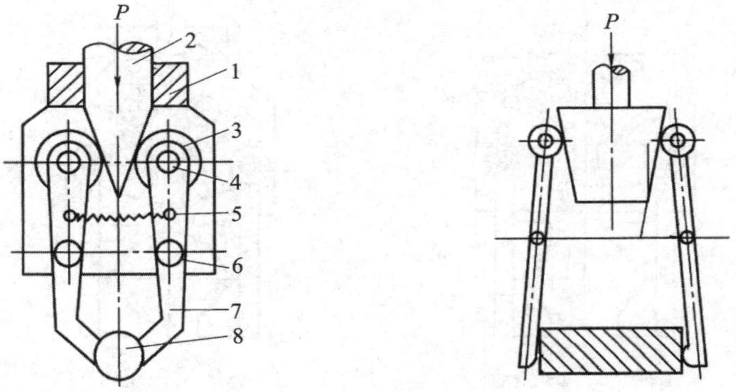

1—壳体；2—斜楔式驱动杆；
3—滚子；4—圆柱销；5—拉簧；
6—铰销；7—手指；8—工件

(a) 单作用斜楔式回转型手部结构简图　　(b) 简化斜楔式回转型手部结构简图

图 2.47　斜楔杠杆式手部结构简图

图 2.48 所示为滑槽式杠杆回转型手部结构简图。杠杆形手指 4 的一端装有 V 形指 5，另一端则开有长滑槽。驱动杆 1 上的圆柱销 2 套在滑槽内，当驱动连杆同圆柱销一起做往复运动时，即可拨动两个手指各绕其支点(铰销 3)做相对回转运动，从而实现手指的夹紧与松开动作。

图 2.49 所示为双支点连杆式手部结构简图。驱动杆 2 末端与连杆 4 由铰销 3 铰接，当驱动杆 2 做直线往复运动时，通过连杆推动两杆手指各绕支点做回转运动，从而使得手指松开或闭合。

图 2.50 所示为齿轮齿条直接传动的齿轮杠杆式手部结构简图。驱动杆 2 末端支撑双面齿条，与扇齿轮 4 相啮合，而扇齿轮 4 与手指 5 固连在一起，可绕支点回转。驱动力推动齿条做直线往复运动，即可带动扇齿轮回转，从而使手指松开或闭合。

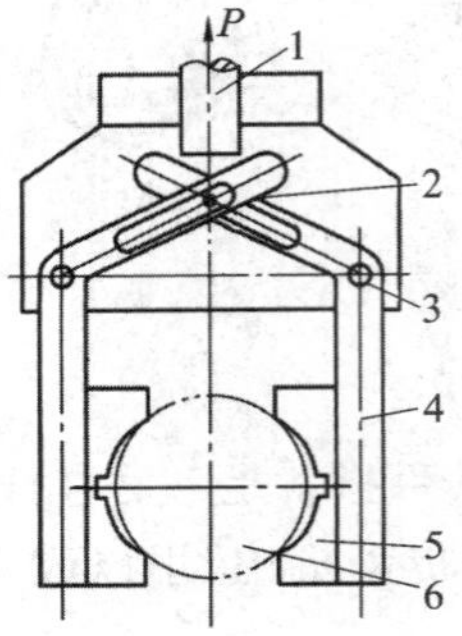

1—驱动杆；2—圆柱销；3—铰销；
4—手指；5—V形指；6—工件

图 2.48 滑槽式杠杆回转型手部结构简图

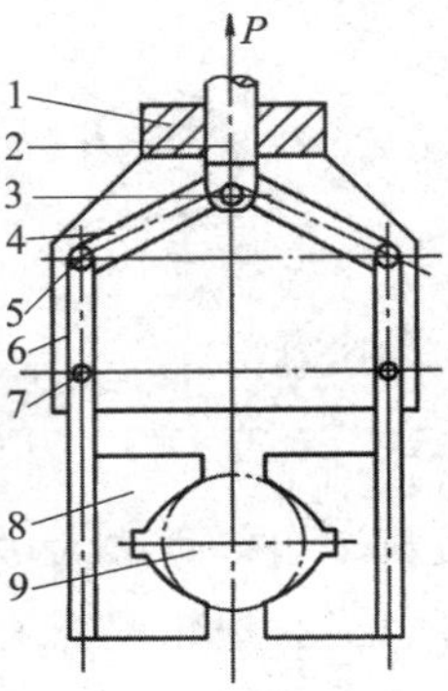

1—壳体；2—驱动杆 3—铰销；4—连杆；
5、7—圆柱销；6—手指；8—V形指；9—工件

图 2.49 双支点连杆式手部结构简图

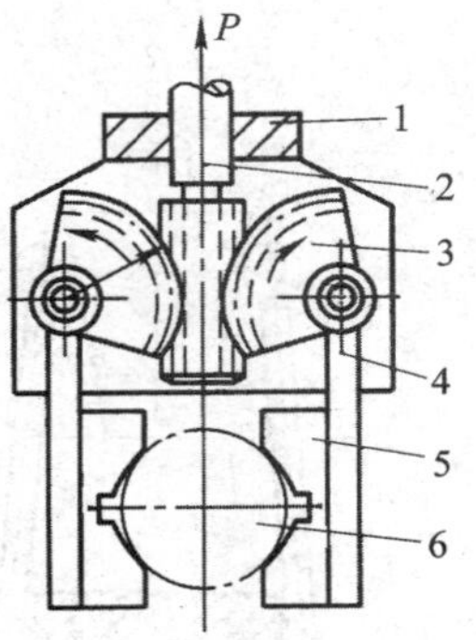

1—壳体；2—驱动杆；
3—扇齿轮；4—手指；
5—V形指；6—工件

(a) 齿条直接驱动扇齿轮结构简图

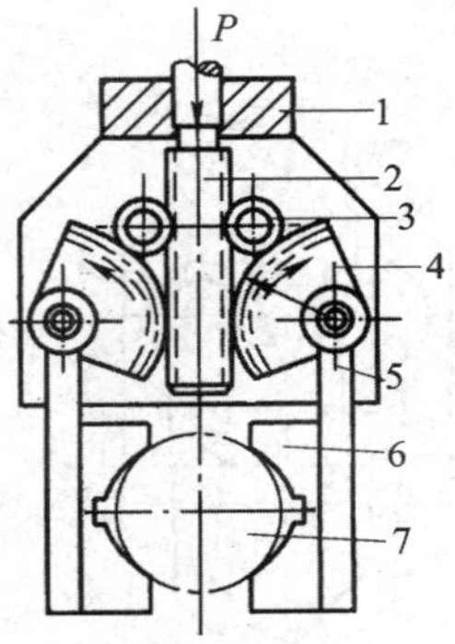

1—壳体；2—驱动杆；
3—中间齿轮；4—扇齿轮；
5—手指；6—V形指；7—工件

(b) 带有换向齿轮的驱动结构简图

图 2.50 齿轮齿条直接传动的齿轮杠杆式手部结构简图

夹钳式取料手还使用一种平移型夹钳式作传动机构，通过手指的指面做直线往复运动或平面移动来实现张合动作，常用于夹持具有平行平面的工件。其结构较复杂，不如回转型手部应用广泛。

常用的传动机构有斜楔传动、齿条传动、螺旋传动等。图 2.51(a)所示为斜楔平移机构，图 2.51(b)所示为连杆杠杆平移机构，图 2.51(c)所示为螺旋斜楔平移机构。其指头数量及是否自动定心由具体情况来确定。

图 2.52 所示为几种平移型夹钳式手部结构简图，其共同点是都采用平行四边形的铰链机构——双曲柄铰链四杆机构，以实现手指平移。其区别是分别采用齿轮齿条、蜗轮蜗杆、连杆斜滑槽的传动方法。

2. 吸附式取料手

吸附式取料手靠吸附力取料，适用于大平面、易碎（玻璃、磁盘）、微小的物体等，使用面较广。根据吸附力的不同，吸附式取料手可分为气吸附和磁吸附两种：

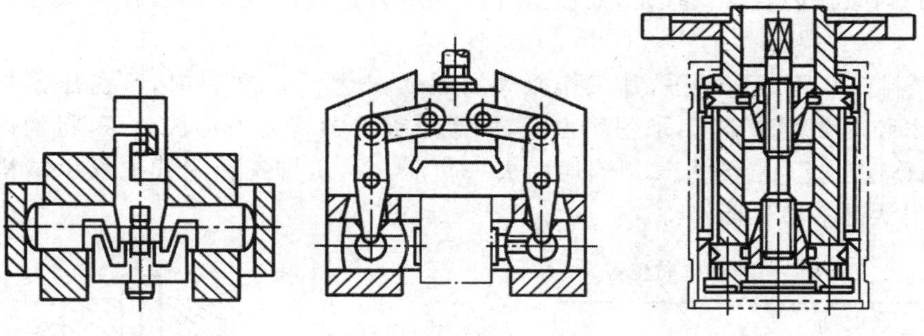

(a) 斜楔平移机构　　(b) 连杆杠杆平移机构　　(c) 螺旋斜楔平移机构

图 2.51　直线平移型手部

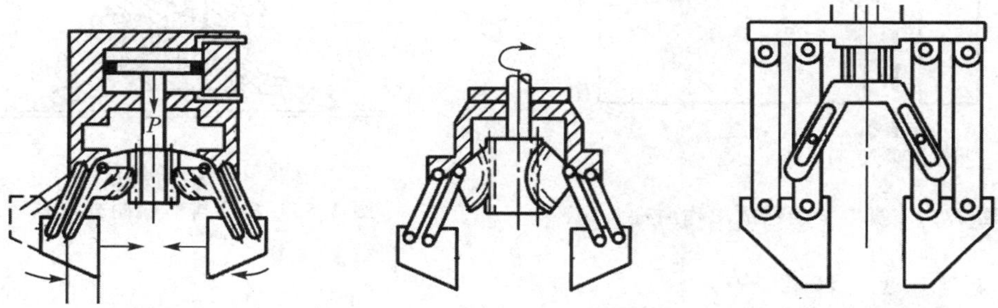

(a) 齿轮齿条传动　　(b) 蜗轮蜗杆式传动　　(c) 连杆斜滑槽式传动

图 2.52　平移型夹钳式手部简图

(1) 气吸附式取料手

其利用吸盘内的压力和大气压之间的压力差而工作。按形成压力差的方法，可分为真空吸附、气流负压吸附、挤压排气负压吸附等。与夹钳式取料手相比，其具有结构简单、质量小、吸附力分布均匀等优点，对于薄片状物体（如板材、纸张、玻璃等物体）的搬运更具有优越性。它广泛应用于非金属材料或不可有剩磁的材料的吸附，但要求物体表面较平整光滑，无孔、无凹槽。

① 真空吸附式取料手，其结构原理如图 2.53 所示。其主要零件为蝶形橡胶吸盘 1，通过固定环 2 安装在支承杆 4 上。支承杆 4 由螺母 5 固定在基板 6 上。取料时，蝶形橡胶吸盘与物体表面接触（橡胶吸盘在边缘既能起到密封作用，又能起到缓冲作用），然后真空泵抽气，吸盘内腔形成真空，实施吸附取料；放料时，管路接通大气，失去真空，物体放下。为避免在取放料时产生撞击，可在支承杆上装配弹簧起缓冲作用。真空吸附式取料手工作可靠、吸附力大，但需要有真空系统，成本较高。

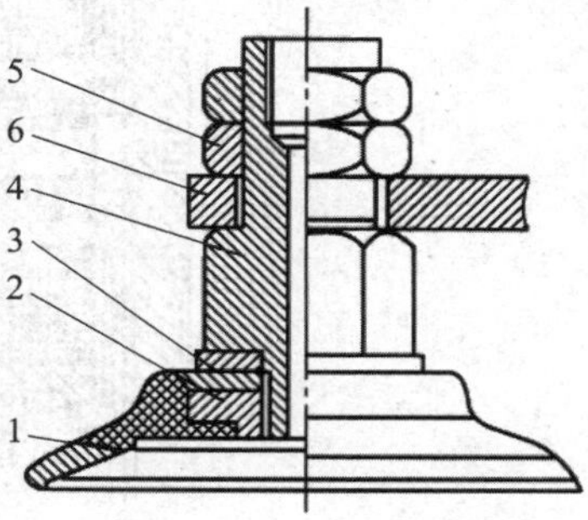

1—橡胶吸盘；2—固定环；3—垫片；4—支承杆；5—螺母；6—基板

图 2.53　真空吸附式取料手

真空发生器的工作原理如图 2.54 所示。它利用喷管高速喷射压缩空气，在喷管出口形成射流，产生卷吸流动，使喷管出口周围的空气不断地被抽吸走，吸附腔内压力降至大气压以下，形成一定真空度。当吸盘压到被吸物后，吸盘内空气被抽走；而吸盘外大气压力把吸盘紧紧地压在被吸物上，形成一个整体。

② 挤压排气吸附式取料手，其工作原理如图 2.55 所示。取料时，吸盘压紧物体，橡胶吸盘变形，挤出腔内多余的空气，取料手上升，靠橡胶吸盘的恢复力形成负压，将物体吸住；释放时，压下拉杆 3，使吸盘腔与大气相连通而失去负压。挤压排气吸附式取料手结构简单，但吸附力小，吸附状态不易长期保持。

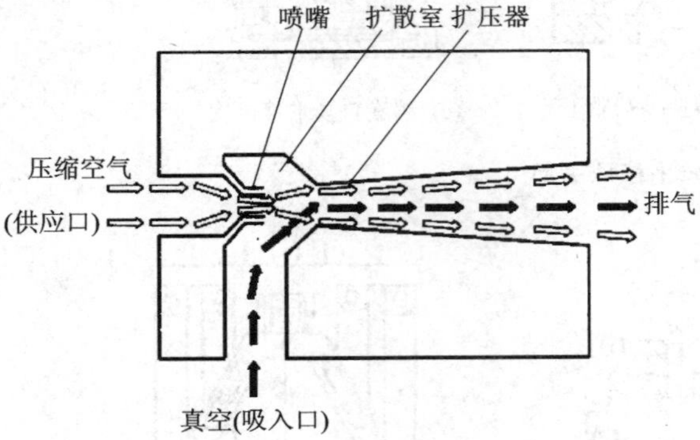

图 2.54　真空发生器的工作原理

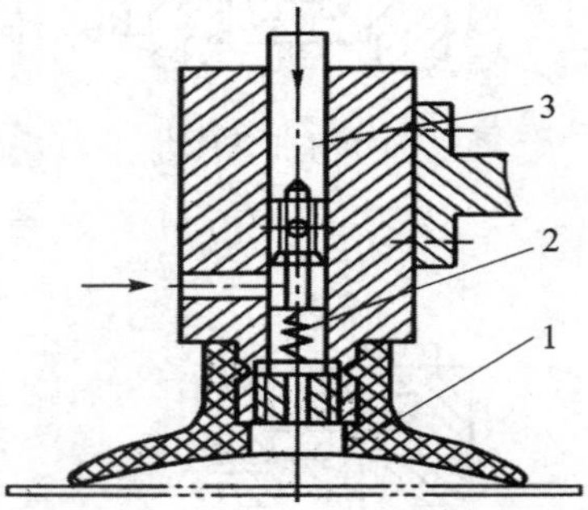

1—橡胶吸盘；2—弹簧；3—拉杆

图 2.55　挤压排气吸附式取料手

(2) 磁吸附式取料手

其利用电磁铁通电后产生的电磁吸力取料，因此只能对铁磁物体起作用，对某些不允许有剩磁的零件禁止使用。盘状磁吸附式取料手的结构如图 2.56 所示。铁芯 1 和磁盘 3 之间用黄铜焊料焊接并构成隔磁环 2，既焊为一体又将铁芯和磁盘分割，这样使铁芯 1 成为内磁极，磁盘 3 成为外磁极。其磁路由壳体 6 的外圈，经磁盘 3、工件和铁芯，再到壳体内圈形成闭合

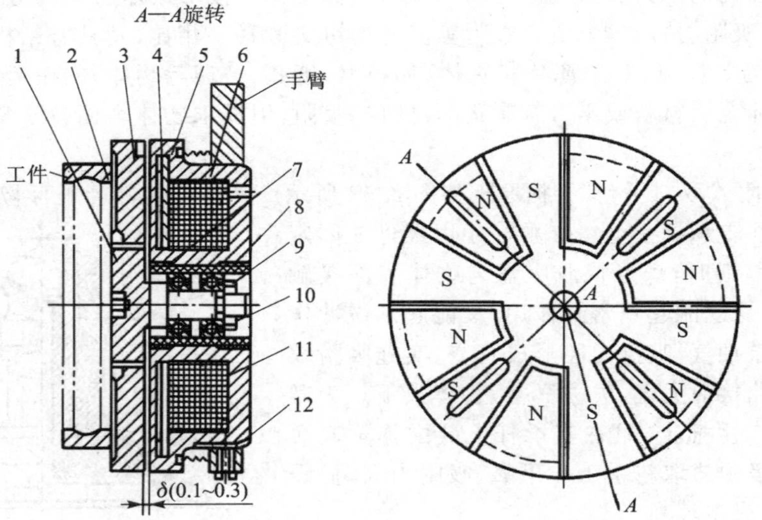

1—铁芯；2—隔磁环；3—磁盘；4—卡环；5—盖；6—壳体；
7、8—挡圈；9—螺母；10—轴承；11—线圈；12—螺钉

图 2.56　盘状磁吸附式取料手

回路，以此吸附工件。铁芯、磁盘和壳体均采用 8～10 号低碳钢以减少剩磁，并在断电时不吸或少吸铁屑。盖 5 为用黄铜或铝板制成的隔磁材料，用以压住线圈 11，防止工作过程中线圈活动。挡圈 7、8 可调整铁芯和壳体的轴向间隙，即磁路气隙 δ。在保证铁芯正常转动的情况下，气隙增加，电磁吸力会显著减小，因此，一般取 $\delta=0.1\sim0.3$ mm。在机器人手臂的孔内，可作轴向微量的移动，但不能转动。铁芯 1 和磁盘 3 一起装在轴承上，在不停车的情况下实现自动上、下料。

几种电磁式吸盘吸料的示意图如图 2.57 所示。其中，图 2.57(a)所示为吸附滚动轴承座圈的电磁式吸盘，图 2.57(b)所示为吸取钢板用的电磁式吸盘，图 2.57(c)所示为吸取齿轮用的电磁式吸盘，图 2.57(d)所示为吸附多孔钢板用的电磁式吸盘。

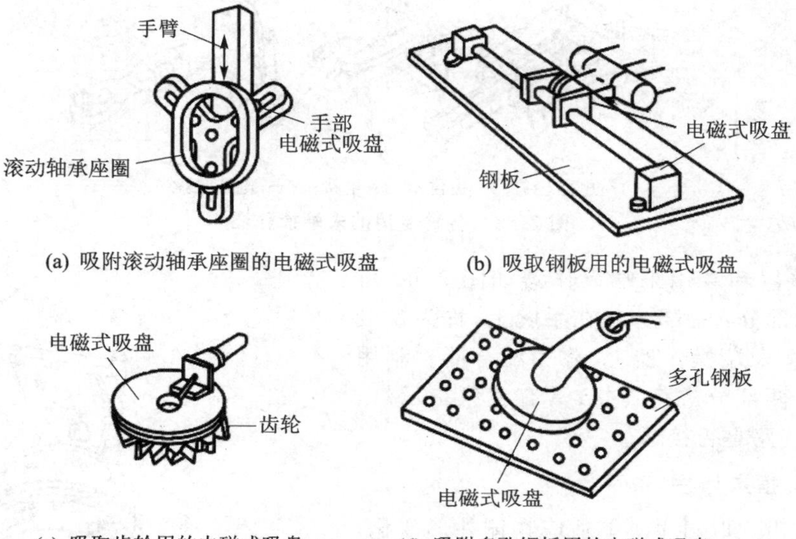

(a) 吸附滚动轴承座圈的电磁式吸盘　(b) 吸取钢板用的电磁式吸盘

(c) 吸取齿轮用的电磁式吸盘　(d) 吸附多孔钢板用的电磁式吸盘

图 2.57　电磁式吸盘吸料示意图

3. 专用末端操作器及换接器

• 专用末端操作器　可由专用电动、气动工具改型而成，有拧螺母机、焊枪、电磨头、电铣头、抛光头、激光切割机等，如图 2.58 所示，形成一整套系列供选用，使机器人能胜任各种工作。

• 换接器或自动手爪更换装置　要在作业时能自动更换不同的末端操作器，就要配置具有快速装卸功能的换接器。换接器由两部分组成——换接器插座和换接器插头，分别装在机器腕部和末端操作器上，以实现对末端执行器操作的快速自动更换。各种末端操作器存放在工具架上，组成一个专用末端操作器库，如图 2.59 所示。机器人可根据作业要求，自行从工具架上接上相应的专用末端操作器。

对专用末端操作器及换接器的要求主要有：同时具备气源、电源及信号的快速连接与切换功能；能承受末端操作器的工作载荷；在失电、失气情况下，机器人停止工作时不会自行脱离；具有一定的换接精度等。

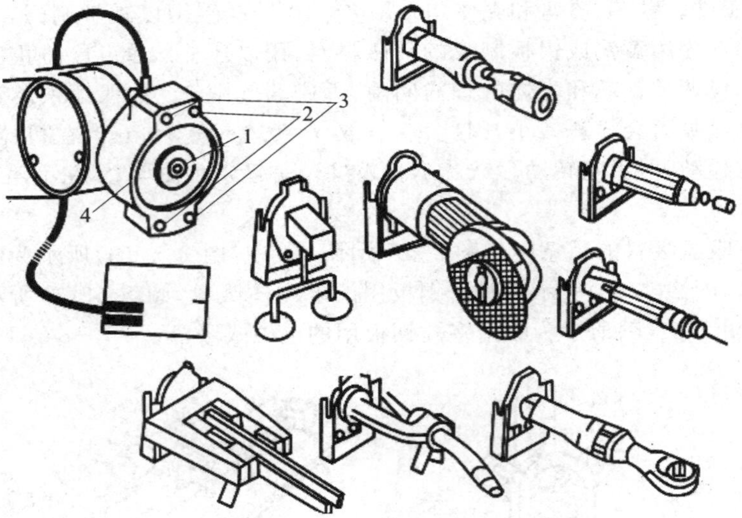

1—电路接口；2—定位销；3—电接头；4—电磁吸盘

图 2.58 各种专用的末端操作器

气动换接器和专用末端操作器如图 2.60 所示。其分成两部分：一部分装在手腕上，称为换接器；一部分装在末端操作器上，称为配合器。利用气动锁紧器将两部分进行连接；具有就位指示灯，以表示电路、气路是否接通。

4. 仿生多指灵巧手

简单的夹钳式取料手不能适应物体外形变化，不能使物体表面承受比较均匀的夹持力，因此无法对复杂形状、不同材质的物体实施夹持和操作。为提高机器人手爪和手腕的操作能力、灵活性和快速反应能力，使机器人能像人手那样进行各种复杂的作业，就必须有一个运动灵活、动作多样的灵巧手。

• 柔性手　图 2.61 所示为多关节柔性手腕，手指由多个关节串联而成。手指传动部分由牵引钢丝绳及摩擦滚轮组成，每个手指由两根钢丝绳牵引，一侧为握紧，另一侧为放松。驱动源可采用电动机驱动或液压、气动元件驱动。柔性手腕可抓取凹凸不平的外形，并使物体受力较为均匀。

图 2.62 所示为用柔性材料制作的手，其一端固定，另一端为自由端的双管合一的柔性管状手爪。当一侧管内充气体或液体、另一侧管内抽气或抽液，形成压力差时，柔性手爪就向抽空侧弯曲。此种柔性手适用于抓取轻型、圆形物体，如玻璃器皿等。

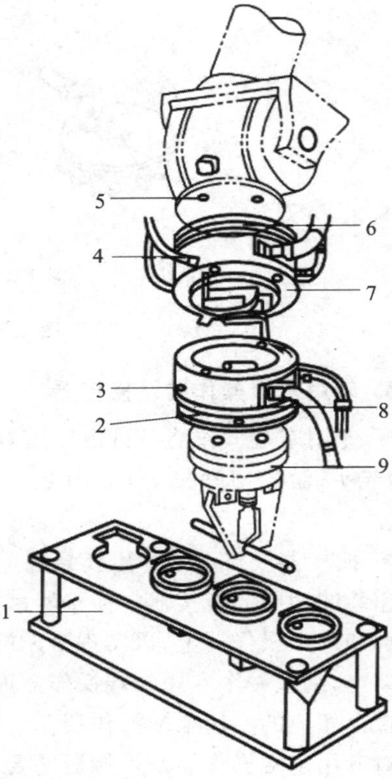

1—末端操作器库；2—操作器过渡法兰；3—位置指示器；4—换接器气路；5—连接法兰；6—过渡法兰；7—换接器；8—换接器配合端；9—末端操作器

图 2.59 气动换接器与操作器库

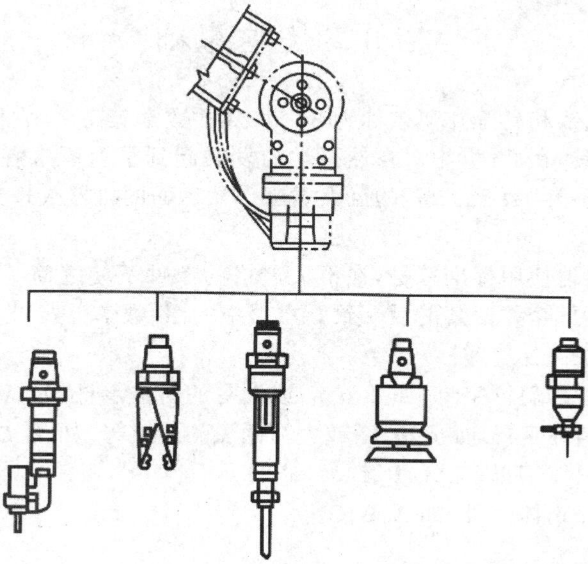

图 2.60　气动换接器和专用末端操作器

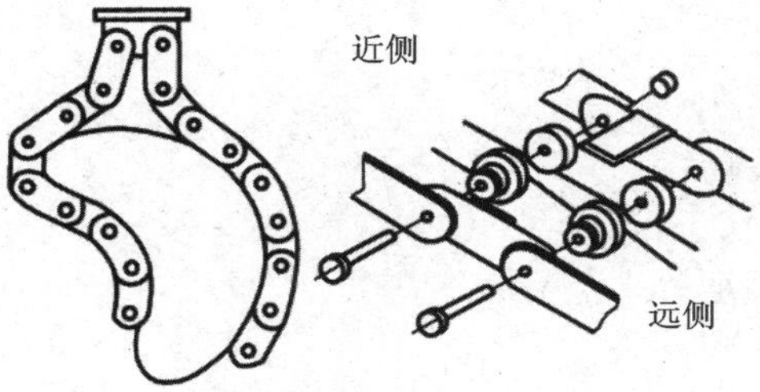

图 2.61　多关节柔性手腕

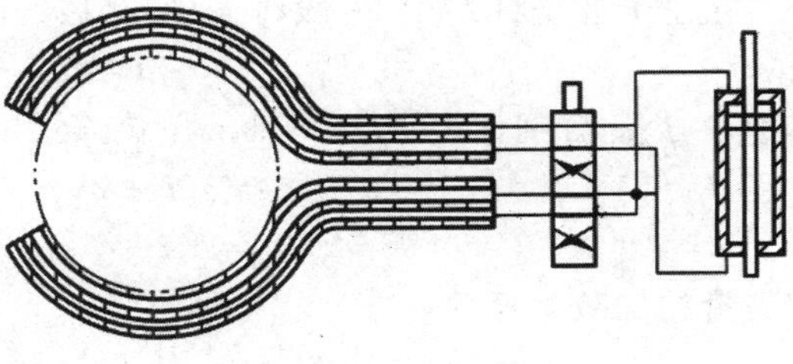

图 2.62　柔性手

• 多指灵巧手　如图 2.63 所示，多指灵巧手可有多个手指，每个手指有 3 个回转关节，每一个关节的自由度都是独立控制的。它能模仿人手指的各种复杂动作。可在手部配置触觉、力觉、视觉、温度传感器。

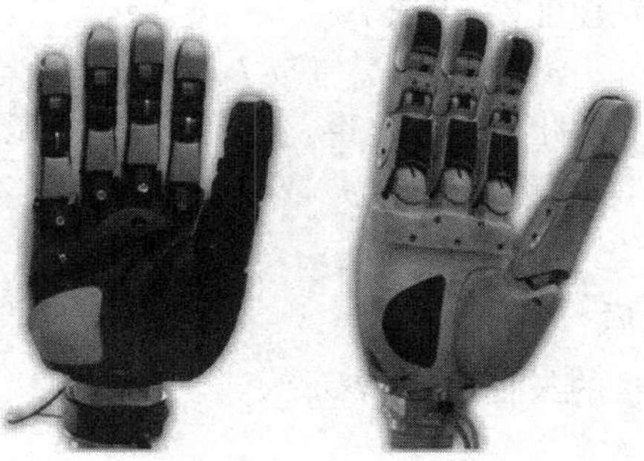

(a) 五　指　　(b) 四　指

图 2.63　多指灵巧手

2.3 数学基础

数学分析、高等代数和高等几何被称为20世纪的“数学三高”。它们作为对自然科学众多现象的描述与分析工具，在20世纪对自然科学的发展起到了前所未有的推动作用。其中，机器人技术的发展也离不开“数学三高”的巨大贡献。从后面的机器人理论分析中可以深刻感受这一点。

在本书中，尽可能地使用标准符号，在不失严格的条件下使之简单明了。特别的，这里将尽力保留已有的使用习惯，并使其前后一致。本书中的图、数学公式以及解释图和数学公式的正文将使用以下符号：

标量或符号：小写的斜体字母，如 a、b、c；或大写的斜体字母，如 A、B、C。

矢量：小写的黑斜体字母，如 $\boldsymbol{a}$、$\boldsymbol{b}$、$\boldsymbol{c}$；或大写的黑斜体字母，如 $\boldsymbol{A}$、$\boldsymbol{B}$、$\boldsymbol{C}$。

矩阵：大写的黑斜体字母，如 $\boldsymbol{A}$、$\boldsymbol{B}$、$\boldsymbol{C}$。

坐标系：大写的黑正体字母，如 $\mathbf{A}$、$\mathbf{B}$、$\mathbf{C}$。

2.3.1 矢量及其基本性质

1. 矢量的加减运算

在笛卡儿坐标系中，一般将矢量写成：

$$\boldsymbol{a}=a_x\boldsymbol{i}+a_y\boldsymbol{j}+a_z\boldsymbol{k} \tag{2.2}$$

其中，$\boldsymbol{i}$、$\boldsymbol{j}$、$\boldsymbol{k}$ 分别代表 x、y、z 轴的单位矢量。设有矢量：

$$\boldsymbol{a}=a_x\boldsymbol{i}+a_y\boldsymbol{j}+a_z\boldsymbol{k}=(a_x,a_y,a_z)$$

$$\boldsymbol{b}=b_x\boldsymbol{i}+b_y\boldsymbol{j}+b_z\boldsymbol{k}=(b_x,b_y,b_z)$$

则矢量的加减运算为

$$\boldsymbol{a}\pm\boldsymbol{b}=(a_x\pm b_x)\boldsymbol{i}+(a_y\pm b_y)\boldsymbol{j}+(a_z\pm b_z)\boldsymbol{k} \tag{2.3}$$

2. 标量与矢量相乘

标量 α 与矢量 $\boldsymbol{a}$ 相乘仍是矢量，即

$$\alpha\boldsymbol{a}=\alpha a_x\boldsymbol{i}+\alpha a_y\boldsymbol{j}+\alpha a_z\boldsymbol{k} \tag{2.4}$$

3. 矢量的内积运算性质

矢量的内积又称为矢量的数量积，表示为

$$\boldsymbol{a}\cdot\boldsymbol{b}=a_xb_x+a_yb_y+a_zb_z \tag{2.5}$$

两矢量的内积为一标量。从几何意义上讲，矢量的内积表示的是一个矢量的长度与另一个矢量在其上投影长度的乘积。因此，两个矢量相互垂直的充要条件是它们之间的内积等于零。

4. 矢量的矢量积运算性质

用矢量 $\boldsymbol{c}$ 表示 $\boldsymbol{a}$、$\boldsymbol{b}$ 两矢量的矢量积，可表示为

$$\boldsymbol{c}=\boldsymbol{a}\times\boldsymbol{b}=\begin{vmatrix}\boldsymbol{i} & \boldsymbol{j} & \boldsymbol{k}\\ a_x & a_y & a_z\\ b_x & b_y & b_z\end{vmatrix}=(a_yb_z-a_zb_y)\boldsymbol{i}-(a_xb_z-a_zb_x)\boldsymbol{j}+(a_xb_y-a_yb_x)\boldsymbol{k} \tag{2.6}$$

两矢量的矢量积为一矢量。从几何意义上讲，矢量 $\boldsymbol{c}$ 分别与矢量 $\boldsymbol{a}$、$\boldsymbol{b}$ 都垂直，而且三矢量组成右手系，矢量 $\boldsymbol{c}$ 长度的数值等于以 $\boldsymbol{a}$、$\boldsymbol{b}$ 两矢量为邻边的平行四边形的面积值。

5. 矢量的混合积定义及其运算

已知 3 个矢量 $\boldsymbol{a}$、$\boldsymbol{b}$、$\boldsymbol{c}$，先做 $\boldsymbol{a}$ 和 $\boldsymbol{b}$ 的矢量积 $\boldsymbol{a}\times\boldsymbol{b}$，把所得矢量与 $\boldsymbol{c}$ 再做数量积 $(\boldsymbol{a}\times\boldsymbol{b})\cdot\boldsymbol{c}$，这样得到的数量叫做三矢量 $\boldsymbol{a}$、$\boldsymbol{b}$、$\boldsymbol{c}$ 的混合积，可以记为 $[\boldsymbol{abc}]$。矢量的混合积满足

$$(\boldsymbol{a}\times\boldsymbol{b})\cdot\boldsymbol{c}=(\boldsymbol{b}\times\boldsymbol{c})\cdot\boldsymbol{a}=(\boldsymbol{c}\times\boldsymbol{a})\cdot\boldsymbol{b}=-(\boldsymbol{b}\times\boldsymbol{a})\cdot\boldsymbol{c}=-(\boldsymbol{c}\times\boldsymbol{b})\cdot\boldsymbol{a}=-(\boldsymbol{a}\times\boldsymbol{c})\cdot\boldsymbol{b} \tag{2.7}$$

可以利用矢量的坐标值导出计算混合积 $[\boldsymbol{abc}]$ 的公式，如下：

$$(\boldsymbol{a}\times\boldsymbol{b})\cdot\boldsymbol{c}=\begin{vmatrix} a_x & a_y & a_z \\ b_x & b_y & b_z \\ c_x & c_x & c_x \end{vmatrix} \tag{2.8}$$

三矢量的混合积为一标量。从数值上讲，三矢量的混合积正好等于三矢量的坐标值组成的三阶行列式的值。从几何意义上讲，$(\boldsymbol{a}\times\boldsymbol{b})\cdot\boldsymbol{c}$ 的数值表示的是以矢量 $\boldsymbol{a}$、$\boldsymbol{b}$、$\boldsymbol{c}$ 为棱边的平行六面体的体积。

2.3.2 矩阵代数和符号表示

本书将采用矩阵方式来描述机器人或相关事物的坐标、坐标系、物体和运动等。因此，在此将简要介绍在计算中所用到的某些矩阵及其特性。

1. 矩 阵

矩阵是一个有 m 行 n 列的元素的集合，外加括号，则矩阵的维数为 $m\times n$，矩阵中的每个元素称为 a_{ij}。其中，i 表示其所在的行，j 表示其所在的列。例如：

$$\boldsymbol{A}=\begin{bmatrix} a_{11} & a_{12} & \cdots & a_{1n} \\ a_{21} & \cdots & \cdots & a_{2n} \\ \vdots & & & \vdots \\ a_{m1} & \cdots & \cdots & a_{mn} \end{bmatrix} \tag{2.9}$$

行数与列数相等的矩阵称为方阵。例如：

$$\boldsymbol{A}=\begin{bmatrix} a_{11} & a_{12} & a_{13} \\ a_{21} & a_{22} & a_{23} \\ a_{31} & a_{32} & a_{33} \end{bmatrix}=\begin{bmatrix} 1 & 2 & 4 \\ 2 & 0 & -7 \\ 4 & -7 & 5 \end{bmatrix}$$

$\boldsymbol{A}$ 就是一个 3×3 维的方阵。

2. 矩阵的转置

对有 i 行 j 列的矩阵 $\boldsymbol{A}$ 可写成矩阵 $\boldsymbol{A}_{ij}$，$\boldsymbol{A}_{ij}$ 的转置矩阵记为 $\boldsymbol{A}_{ij}^{\mathrm{T}}$。$\boldsymbol{A}_{ij}^{\mathrm{T}}$ 的另一个表达形式是 $\boldsymbol{A}_{ji}$。若

$$\boldsymbol{A}_{ij}=\begin{bmatrix} a_{11} & a_{12} & a_{13} \\ a_{21} & a_{22} & a_{23} \end{bmatrix} \tag{2.10}$$

则

$$\boldsymbol{A}_{ij}^{\mathrm{T}}=\boldsymbol{A}_{ji}=\begin{bmatrix} a_{11} & a_{21} \\ a_{12} & a_{22} \\ a_{13} & a_{23} \end{bmatrix} \tag{2.11}$$

3. 矢量的矩阵表示

矢量可表示为一维矩阵,既可看成 $1\times m$ 的行矩阵,也可看成 $n\times 1$ 的列矩阵。例如:

$$\boldsymbol{a}=\boldsymbol{A}=\begin{bmatrix}a_{11} & a_{12} & a_{13}\end{bmatrix} \tag{2.12}$$

$$\boldsymbol{b}=\boldsymbol{B}=\begin{bmatrix}b_{11}\\ b_{21}\\ b_{31}\end{bmatrix} \tag{2.13}$$

本书中,通常将笛卡儿坐标系中的矢量表示成 $n\times 1$ 的列矩阵形式。

4. 矩阵的乘法

(1) 数乘以矩阵

若用数乘以某个矩阵,则等于这个矩阵的每项都乘以这个数,表示如下:

$$\lambda\boldsymbol{A}=\lambda\begin{bmatrix}a_{11} & a_{12} & \cdots & a_{1n}\\ a_{21} & \cdots & \cdots & a_{2n}\\ \vdots & & & \vdots\\ a_{m1} & \cdots & \cdots & a_{mn}\end{bmatrix}=\begin{bmatrix}\lambda a_{11} & \lambda a_{12} & \cdots & \lambda a_{1n}\\ \lambda a_{21} & \cdots & \cdots & \lambda a_{2n}\\ \vdots & & & \vdots\\ \lambda a_{m1} & \cdots & \cdots & \lambda a_{mn}\end{bmatrix} \tag{2.14}$$

(2) 矩阵乘以矩阵

两矩阵可做乘法,具体为左矩阵某行与右矩阵某列的对应元素相乘,也可看作是左矩阵某行矢量与右矩阵某列矢量求内积,乘积之和成为新矩阵对应于该行该列的元素,表示如下:

$$\boldsymbol{C}_{ij}=\boldsymbol{A}_{ik}\cdot\boldsymbol{B}_{kj}=\begin{bmatrix}d & e & f\\ g & h & l\end{bmatrix}\times\begin{bmatrix}p & s\\ q & t\\ r & w\end{bmatrix}=\begin{bmatrix}dp+eq+fr & ds+et+fw\\ gp+hq+lr & gs+ht+lw\end{bmatrix} \tag{2.15}$$

一个 $m\times n$ 的矩阵和一个 $n\times p$ 的矩阵相乘,其乘积是一个 $m\times p$ 的矩阵,因此第一个矩阵的列数必须与第二个矩阵的行数相等。还应注意,矩阵乘法是不可交换的,$\boldsymbol{A}\cdot\boldsymbol{B}\neq\boldsymbol{B}\cdot\boldsymbol{A}$。容易验证:设 $\boldsymbol{A}$ 是 2×3 阶矩阵,$\boldsymbol{B}$ 是 3×2 阶矩阵,那么 $\boldsymbol{A}\cdot\boldsymbol{B}$ 将产生 2×2 阶矩阵,而 $\boldsymbol{B}\cdot\boldsymbol{A}$ 将产生 3×3 阶矩阵。然而,如有两个以上的矩阵做乘法,计算结果与哪一个矩阵对先乘无关,即

$$\boldsymbol{A}\cdot\boldsymbol{B}\neq\boldsymbol{B}\cdot\boldsymbol{A} \tag{2.16}$$

$$\boldsymbol{A}\cdot\boldsymbol{B}\cdot\boldsymbol{C}=(\boldsymbol{A}\cdot\boldsymbol{B})\cdot\boldsymbol{C}=\boldsymbol{A}\cdot(\boldsymbol{B}\cdot\boldsymbol{C}) \tag{2.17}$$

$$(\boldsymbol{A}+\boldsymbol{B})\cdot\boldsymbol{C}=\boldsymbol{A}\cdot\boldsymbol{C}+\boldsymbol{B}\cdot\boldsymbol{C} \tag{2.18}$$

5. 矩阵乘积的转置

矩阵具有下列性质。

若

$$\boldsymbol{A}=\boldsymbol{B}\cdot\boldsymbol{C}$$

则

$$\boldsymbol{A}^{\mathrm{T}}=(\boldsymbol{B}\cdot\boldsymbol{C})^{\mathrm{T}}=\boldsymbol{C}^{\mathrm{T}}\cdot\boldsymbol{B}^{\mathrm{T}} \tag{2.19}$$

6. 矩阵的加减法

两矩阵相加减是一个矩阵的元素与另一个矩阵对应的元素分别相加减。矩阵的加减法可交换,且做加减法的矩阵先后次序不重要。显然,矩阵加减法要求矩阵的维数须相同。

$$\boldsymbol{A}_{ij} \pm \boldsymbol{B}_{ij} = (\boldsymbol{A} \pm \boldsymbol{B})_{ij} = \begin{bmatrix} (a \pm b)_{11} & (a \pm b)_{12} & \cdots & (a \pm b)_{1j} \\ (a \pm b)_{21} & \cdots & \cdots & (a \pm b)_{2j} \\ \vdots & & & \vdots \\ (a \pm b)_{i1} & \cdots & \cdots & (a \pm b)_{ij} \end{bmatrix} \tag{2.20}$$

$$\boldsymbol{A} + \boldsymbol{B} + \boldsymbol{C} = \boldsymbol{B} + \boldsymbol{A} + \boldsymbol{C} = \boldsymbol{C} + \boldsymbol{A} + \boldsymbol{B} \tag{2.21}$$

7. 对角矩阵

对于 n 阶方阵,除主对角线上的元素以外,其他元素均为零的矩阵称为对角矩阵。一般形式为

$$\boldsymbol{A} = \begin{bmatrix} \lambda_1 & & & \boldsymbol{0} \\ & \lambda_2 & & \\ & & \ddots & \\ \boldsymbol{0} & & & \lambda_n \end{bmatrix} \tag{2.22}$$

如果对角矩阵的对角线上的元素均为 1,则称为单位矩阵,写作 $\boldsymbol{I}$。其一般形式为

$$\boldsymbol{I} = \begin{bmatrix} 1 & & & \boldsymbol{0} \\ & 1 & & \\ & & \ddots & \\ \boldsymbol{0} & & & 1 \end{bmatrix} \tag{2.23}$$

任何矩阵左乘或右乘单位矩阵,其结果仍是它自身,$\boldsymbol{I}$ 的作用相当于是 1,即

$$\boldsymbol{A} \times \boldsymbol{I} = \boldsymbol{I} \times \boldsymbol{A} = \boldsymbol{A} \tag{2.24}$$

8. 对称矩阵

对于 n 阶方阵 $\boldsymbol{A}$,如 $a_{ij} = a_{ji}(i,j=1,2,\cdots,n)$,则称矩阵 $\boldsymbol{A}$ 为对称矩阵。显然,对称矩阵有 $\boldsymbol{A}^{\mathrm{T}} = \boldsymbol{A}$。如果 $a_{ij} = -a_{ji}(i,j=1,2,\cdots,n)$,则称矩阵 $\boldsymbol{A}$ 为反对称矩阵。

9. 正交矩阵

假若方阵 $\boldsymbol{A}$ 满足 $\boldsymbol{A}^{\mathrm{T}}\boldsymbol{A} = \boldsymbol{A}\boldsymbol{A}^{\mathrm{T}} = \boldsymbol{I}$,那么方阵 $\boldsymbol{A}$ 叫作正交矩阵。

10. 矩阵行列式的值

设有矩阵 $\boldsymbol{A}$:

$$\boldsymbol{A} = \begin{bmatrix} a & b & c \\ d & e & f \\ g & h & i \end{bmatrix}$$

矩阵 $\boldsymbol{A}$ 的行列式记为 $\det(\boldsymbol{A})$,即

$$\det(\boldsymbol{A}) = \begin{vmatrix} a & b & c \\ d & e & f \\ g & h & i \end{vmatrix} = aei + bfg + cdh - ceg - bdi - afh \tag{2.25}$$

计算矩阵 $\boldsymbol{A}$ 行列式值的方法还可写为

$$\det(\boldsymbol{A}) = \begin{vmatrix} a & b & c \\ d & e & f \\ g & h & i \end{vmatrix} = +a(ei - fh) - b(di - fg) + c(dh - eg) \tag{2.26}$$

当 $\det(\boldsymbol{A}) = |\boldsymbol{A}| = 0$ 时,$\boldsymbol{A}$ 称为奇异矩阵;否则,称为非奇异矩阵。

11. 矩阵的逆

矩阵 $\boldsymbol{A}$ 的逆记为$\boldsymbol{A}^{-1}$。其在机器人的矩阵表示中是一个很重要的运算。

如果一方阵乘以它的逆,其结果是一个单位矩阵,$\boldsymbol{A}\times\boldsymbol{A}^{-1}=\boldsymbol{A}^{-1}\times\boldsymbol{A}=\boldsymbol{I}$,则$\boldsymbol{A}^{-1}$ 就直接称为逆。这里只介绍机器人学所用到的一种特殊的方阵求逆方法。

因为 $\boldsymbol{A}$ 为正交矩阵的条件是满足$\boldsymbol{A}^{\mathrm{T}}\boldsymbol{A}=\boldsymbol{A}\boldsymbol{A}^{\mathrm{T}}=\boldsymbol{I}$,而对于方阵的逆矩阵来说,类似也有$\boldsymbol{A}^{-1}\boldsymbol{A}=\boldsymbol{A}\boldsymbol{A}^{-1}=\boldsymbol{I}$,因此,如果 $\boldsymbol{A}$ 矩阵是正交矩阵,则有

$$\boldsymbol{A}^{-1}=\boldsymbol{A}^{\mathrm{T}} \tag{2.27}$$

12. 矩阵乘积的逆

与矩阵乘积的转置形似,矩阵具有下列性质。

若

$$\boldsymbol{A}=\boldsymbol{B}\cdot\boldsymbol{C}$$

则

$$\boldsymbol{A}^{-1}=(\boldsymbol{B}\cdot\boldsymbol{C})^{-1}=\boldsymbol{C}^{-1}\cdot\boldsymbol{B}^{-1} \tag{2.28}$$

13. 矩阵的迹

n 阶方阵 $\boldsymbol{A}$ 的主对角线上的元素之和称为矩阵的迹,记为 $\mathrm{tr}\,\boldsymbol{A}$。

$$\mathrm{tr}\,\boldsymbol{A}=\sum_{j=1}^{n}a_{jj} \tag{2.29}$$

特别地,n 维列矢量与其转置的乘积的迹为

$$\mathrm{tr}\,[\boldsymbol{V}\times\boldsymbol{V}^{\mathrm{T}}]=\mathrm{tr}\begin{bmatrix}v_1\\v_2\\\vdots\\v_n\end{bmatrix}\times\begin{bmatrix}v_1 & v_2 & \cdots & v_n\end{bmatrix}=\mathrm{tr}\begin{bmatrix}v_1^2 & v_1v_2 & \cdots & v_1v_n\\v_2v_1 & v_2^2 & \cdots & v_2v_n\\\vdots & \vdots & & \vdots\\v_nv_1 & \cdots & \cdots & v_n^2\end{bmatrix}=\sum_{j=1}^{n}v_j^2 \tag{2.30}$$

14. 分块矩阵

对于行数和列数较多的矩阵,为便于运算,有时需把它分成若干个小块,使大矩阵的运算化成小矩阵的运算。把一个矩阵用若干条横线和纵线分成许多小矩阵,并看作是由这些小块矩阵为元素的矩阵的方法称为矩阵分块法,每个小矩阵称为子块,以子块为元素的形式上的矩阵称为分块矩阵。例如:

$$\boldsymbol{B}=\begin{bmatrix}b_{11} & b_{12} & b_{13} & b_{14}\\b_{21} & b_{22} & b_{23} & b_{24}\\b_{31} & b_{32} & b_{33} & b_{34}\end{bmatrix}$$

将其分成子块的方法很多,下面举出一种分块形式:

$$\boldsymbol{B}=\left[\begin{array}{cc:cc}b_{11} & b_{12} & b_{13} & b_{14}\\b_{21} & b_{22} & b_{23} & b_{24}\\\hdashline b_{31} & b_{32} & b_{33} & b_{34}\end{array}\right]$$

矩阵分块后,采用子块记法,可记为

$$\boldsymbol{B}=\begin{bmatrix}\boldsymbol{B}_{11} & \boldsymbol{B}_{12}\\\boldsymbol{B}_{21} & \boldsymbol{B}_{22}\end{bmatrix} \tag{2.31}$$

$$\boldsymbol{B}_{11}=\begin{bmatrix} b_{11} & b_{12} \\ b_{21} & b_{22} \end{bmatrix},\quad \boldsymbol{B}_{12}=\begin{bmatrix} b_{13} & b_{14} \\ b_{23} & b_{24} \end{bmatrix}$$

$$\boldsymbol{B}_{21}=(b_{31}\quad b_{32}),\quad \boldsymbol{B}_{22}=(b_{33}\quad b_{34})$$

即 $\boldsymbol{B}_{11}$、$\boldsymbol{B}_{12}$、$\boldsymbol{B}_{21}$、$\boldsymbol{B}_{22}$ 为 $\boldsymbol{B}$ 的子块，而 $\boldsymbol{B}$ 形式上成为以这些子块为元素的分块矩阵。

(1) 分块矩阵的加法

设矩阵 $\boldsymbol{A}$ 和 $\boldsymbol{B}$ 的行数、列数相同，采用相同的分块法，记

$$\boldsymbol{A}=\begin{bmatrix} \boldsymbol{A}_{11} & \boldsymbol{A}_{12} & \cdots & \boldsymbol{A}_{1r} \\ \boldsymbol{A}_{21} & \boldsymbol{A}_{22} & \cdots & \boldsymbol{A}_{2r} \\ \vdots & \vdots & & \vdots \\ \boldsymbol{A}_{s1} & \boldsymbol{A}_{s2} & \cdots & \boldsymbol{A}_{sr} \end{bmatrix}=(\boldsymbol{A}_{ij})_{s\times r},\quad \boldsymbol{B}=\begin{bmatrix} \boldsymbol{B}_{11} & \boldsymbol{B}_{12} & \cdots & \boldsymbol{B}_{1r} \\ \boldsymbol{B}_{21} & \boldsymbol{B}_{22} & \cdots & \boldsymbol{B}_{2r} \\ \vdots & \vdots & & \vdots \\ \boldsymbol{B}_{s1} & \boldsymbol{B}_{s2} & \cdots & \boldsymbol{B}_{sr} \end{bmatrix}=(\boldsymbol{B}_{ij})_{s\times r}$$

其中，$\boldsymbol{A}_{ij}$ 与 $\boldsymbol{B}_{ij}$ 的行数和列数也相同，则

$$\boldsymbol{A}+\boldsymbol{B}=\begin{bmatrix} \boldsymbol{A}_{11}+\boldsymbol{B}_{11} & \boldsymbol{A}_{12}+\boldsymbol{B}_{12} & \cdots & \boldsymbol{A}_{1r}+\boldsymbol{B}_{1r} \\ \boldsymbol{A}_{21}+\boldsymbol{B}_{21} & \boldsymbol{A}_{22}+\boldsymbol{B}_{22} & \cdots & \boldsymbol{A}_{2r}+\boldsymbol{B}_{2r} \\ \vdots & \vdots & & \vdots \\ \boldsymbol{A}_{s1}+\boldsymbol{B}_{s1} & \boldsymbol{A}_{s2}+\boldsymbol{B}_{s2} & \cdots & \boldsymbol{A}_{sr}+\boldsymbol{B}_{sr} \end{bmatrix}=(\boldsymbol{A}_{ij}+\boldsymbol{B}_{ij})_{s\times r} \tag{2.32}$$

(2) 分块矩阵的数乘

设 λ 为数，则

$$\lambda\boldsymbol{A}=\begin{bmatrix} \lambda\boldsymbol{A}_{11} & \lambda\boldsymbol{A}_{12} & \cdots & \lambda\boldsymbol{A}_{1r} \\ \lambda\boldsymbol{A}_{21} & \lambda\boldsymbol{A}_{22} & \cdots & \lambda\boldsymbol{A}_{2r} \\ \vdots & \vdots & & \vdots \\ \lambda\boldsymbol{A}_{s1} & \lambda\boldsymbol{A}_{s2} & \cdots & \lambda\boldsymbol{A}_{sr} \end{bmatrix}=(\lambda\boldsymbol{A}_{ij})_{s\times r} \tag{2.33}$$

(3) 分块矩阵的乘法

设 $\boldsymbol{A}$ 为 $m\times l$ 矩阵，$\boldsymbol{B}$ 为 $l\times n$ 矩阵，分块为

$$\boldsymbol{A}=\begin{bmatrix} \boldsymbol{A}_{11} & \boldsymbol{A}_{12} & \cdots & \boldsymbol{A}_{1t} \\ \boldsymbol{A}_{21} & \boldsymbol{A}_{22} & \cdots & \boldsymbol{A}_{2t} \\ \vdots & \vdots & & \vdots \\ \boldsymbol{A}_{s1} & \boldsymbol{A}_{s2} & \cdots & \boldsymbol{A}_{st} \end{bmatrix}=(\boldsymbol{A}_{ik})_{s\times t},\quad \boldsymbol{B}=\begin{bmatrix} \boldsymbol{B}_{11} & \boldsymbol{B}_{12} & \cdots & \boldsymbol{B}_{1r} \\ \boldsymbol{B}_{21} & \boldsymbol{B}_{22} & \cdots & \boldsymbol{B}_{2r} \\ \vdots & \vdots & & \vdots \\ \boldsymbol{B}_{t1} & \boldsymbol{B}_{t2} & \cdots & \boldsymbol{B}_{tr} \end{bmatrix}=(\boldsymbol{B}_{kj})_{t\times r}$$

其中，$\boldsymbol{A}_{i1},\boldsymbol{A}_{i2},\cdots,\boldsymbol{A}_{it}$ 的列数分别等于 $\boldsymbol{B}_{1j},\boldsymbol{B}_{2j},\cdots,\boldsymbol{B}_{tj}$ 的行数，则

$$\boldsymbol{C}=\boldsymbol{A}\boldsymbol{B}=\begin{bmatrix} \boldsymbol{C}_{11} & \boldsymbol{C}_{12} & \cdots & \boldsymbol{C}_{1r} \\ \boldsymbol{C}_{21} & \boldsymbol{C}_{22} & \cdots & \boldsymbol{C}_{2r} \\ \vdots & \vdots & & \vdots \\ \boldsymbol{C}_{s1} & \boldsymbol{C}_{s2} & \cdots & \boldsymbol{C}_{sr} \end{bmatrix}=(\boldsymbol{C}_{ij})_{s\times r} \tag{2.34}$$

其中，$\boldsymbol{C}_{ij}=\sum\limits_{k=1}^{t}\boldsymbol{A}_{ik}\boldsymbol{B}_{kj}\,(i=1,2,\cdots,s;j=1,2,\cdots,r)$。

(4) 分块矩阵的转置

设

$$\boldsymbol{A}=\begin{bmatrix}\boldsymbol{A}_{11} & \boldsymbol{A}_{12} & \cdots & \boldsymbol{A}_{1r}\\ \boldsymbol{A}_{21} & \boldsymbol{A}_{22} & \cdots & \boldsymbol{A}_{2r}\\ \vdots & \vdots & & \vdots\\ \boldsymbol{A}_{s1} & \boldsymbol{A}_{s2} & \cdots & \boldsymbol{A}_{sr}\end{bmatrix}=(\boldsymbol{A}_{ij})_{s\times r}$$

则

$$\boldsymbol{A}^{\mathrm{T}}=\begin{bmatrix}\boldsymbol{A}_{11}^{\mathrm{T}} & \boldsymbol{A}_{21}^{\mathrm{T}} & \cdots & \boldsymbol{A}_{s1}^{\mathrm{T}}\\ \boldsymbol{A}_{12}^{\mathrm{T}} & \boldsymbol{A}_{22}^{\mathrm{T}} & \cdots & \boldsymbol{A}_{s2}^{\mathrm{T}}\\ \vdots & \vdots & & \vdots\\ \boldsymbol{A}_{1r}^{\mathrm{T}} & \boldsymbol{A}_{2r}^{\mathrm{T}} & \cdots & \boldsymbol{A}_{sr}^{\mathrm{T}}\end{bmatrix} \tag{2.35}$$

可知，求分块矩阵转置阵时，既要将每一小块矩阵进行转置，还要将每一小块矩阵内进行转置。

2.3.3 角度计算的处理方法

常遇到已知某个角度的正弦、余弦或正切值，需计算其角度的大小问题。若方法不当导致求解上的误差可能会使机器人控制器不能正常工作。

用计算器计算 sin 75°会得到 0.966。如果把 0.966 输入计算器求其角度，则可得回 75°。然而，如果计算 sin 105°，则仍会得到 0.966。但再求其角度，计算器还是返回 75°。同样的情况也发生在余弦和正切的计算上。

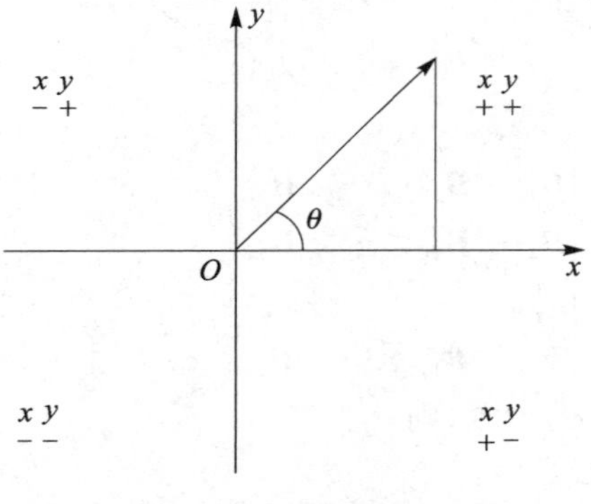

图 2.64 双变量反正切函数的象限判断

若除式的分母是 sin θ(或 cos θ)，当 sin $\theta\approx 0$(或 cos $\theta\approx 0$)时，会导致误差变大。因此，要得到准确的角度，最好知道这个角度位于哪一象限，这样才能准确地知道真实的角度。而要想知道一个角所处的象限，须同时知道它的正弦值和余弦值的符号，这样才可以准确地计算出该角度，如图 2.64 所示，其中 $x=\cos\theta$，$y=\sin\theta$。

再来计算 cos 75°和 cos 105°，结果分别为 0.259 和 −0.259。这样，同时计算 75°和 105°的正弦值和余弦值，从所得值的正负情况就易知角度所处象限，进而得到正确结果。对于正切情况也如此。

在机器人分析中，经常会遇到类似问题。一些计算机语言，如 C++、MATLAB 和 FORTRAN，提供函数 $a\tan 2$(sin、cos)，函数中将该角度的正弦和余弦值作为两个输入参数，就能返回正确的角度结果。而在其他场合，需要自己编写这样的程序。方法如下：

如果 sin 为正，cos 为正，那么这个角在第一象限，则它等于 arctan α；

如果 sin 为正，cos 为负，那么这个角在第二象限，则它等于 180°−arctan α；

如果 sin 为负，cos 为负，那么这个角在第三象限，则它等于 180°+arctan α；

如果 sin 为负，cos 为正，那么这个角在第四象限，则它等于−arctan α。

这个程序还必须检查 sin？或 cos 为零的情况。如果遇到这种情况，则不应直接计算正切值，而应该分别利用余弦或正弦值计算角度，以免发生错误。

如果 sin 为 0，cos 为+1，那么这个角等于 0°；

如果 sin 为 0，cos 为−1，那么这个角等于 180°；

如果 cos 为 0，sin 为+1，那么这个角等于 90°；

如果 cos 为 0，sin 为+1，那么这个角等于 270°。

习题二

1. 有哪几种机器人分类方法？是否还有其他的分类方法？

2. 机器人的工作特性是什么？

3. 机器人系统的构成是什么？

4. 什么是机器人的自由度？试举出两种你知道的机器人的自由度数，并说明为什么需要这个自由度数。

5. 机器人有几种坐标系？

6. 机器人的性能指标有哪些？

7. 什么是机器人工作的结构化环境与非结构化环境？其各适合什么样的机器人工作？

8. 工业机器人的通常工作方式有哪些？

9. 特种机器人的工作方式有哪些？

10. 对机器人手臂的设计要求主要有哪些？

11. 已知矢量 $\boldsymbol{a}=4\boldsymbol{i}+2\boldsymbol{j}+3\boldsymbol{k}$，$\boldsymbol{b}=2\boldsymbol{i}+4\boldsymbol{j}+3\boldsymbol{k}$，$\boldsymbol{c}=3\boldsymbol{i}+2\boldsymbol{j}+\boldsymbol{k}$，求 $\boldsymbol{a}\cdot\boldsymbol{b}$，$\boldsymbol{a}\times\boldsymbol{b}$，$(\boldsymbol{a}\times\boldsymbol{b})\cdot\boldsymbol{c}$。

12. 已知矩阵 $\boldsymbol{A}=\begin{bmatrix}1 & 2 & 1\\0 & 1 & 2\\2 & 1 & 3\end{bmatrix}$，$\boldsymbol{B}=\begin{bmatrix}0 & -5 & 8\\5 & 0 & -6\\-8 & 7 & 0\end{bmatrix}$，$\boldsymbol{C}=\boldsymbol{A}+\boldsymbol{B}$，求矩阵 $\boldsymbol{C}$。

13. 若 $\boldsymbol{B}=[a\quad b]$，$\boldsymbol{C}=\begin{bmatrix}c & d\\e & f\end{bmatrix}$，$\boldsymbol{A}=\boldsymbol{B}\cdot\boldsymbol{C}$，求 $\boldsymbol{A}$ 及 $\boldsymbol{A}^{\mathrm{T}}$。

14. 计算 $\begin{bmatrix}2 & 3\\1 & -2\\3 & 1\end{bmatrix}\times\begin{bmatrix}1 & -2 & -3\\2 & -1 & 0\end{bmatrix}$ 的值。

15. 下面 3 个矩阵各是否是正交矩阵？

$$\begin{bmatrix}1 & 0\\0 & 1\end{bmatrix},\begin{bmatrix}0 & -1\\-1 & 0\end{bmatrix},\begin{bmatrix}\cos\theta & \sin\theta\\\sin\theta & -\cos\theta\end{bmatrix}$$

16. 已知 $\boldsymbol{A}=\begin{bmatrix}1 & 2 & 3\\2 & 0 & -7\\3 & -7 & 5\end{bmatrix}$，求其逆矩阵。

17. 已知正交矩阵 $\boldsymbol{Q}=\begin{bmatrix}\frac{1}{\sqrt{2}} & \frac{1}{\sqrt{6}} & \frac{1}{\sqrt{3}} \\ -\frac{1}{\sqrt{2}} & \frac{1}{\sqrt{6}} & \frac{1}{\sqrt{3}} \\ 0 & -\frac{2}{\sqrt{6}} & \frac{1}{\sqrt{3}}\end{bmatrix}$,求$\boldsymbol{Q}^{-1}$。

18. 请问下面的矩阵是反对称矩阵吗?

$$\boldsymbol{A}=\begin{bmatrix}0 & -5 & 8 \\ 5 & 0 & -7 \\ -8 & 7 & 0\end{bmatrix}$$

19. 将下面矩阵分成 4 个子块,记作 $\boldsymbol{A}=\begin{bmatrix}\boldsymbol{E}_3 & \boldsymbol{A}_1 \\ \boldsymbol{0} & \boldsymbol{A}_2\end{bmatrix}$,且规定 $\boldsymbol{A}_1=\begin{bmatrix}2 \\ 5 \\ 8\end{bmatrix}$,

$$\boldsymbol{A}=\begin{bmatrix}1 & 0 & 0 & 2 \\ 0 & 1 & 0 & 5 \\ 0 & 0 & 1 & 8 \\ 0 & 0 & 0 & 6\end{bmatrix}$$

求其他分块。

20. 已知 $\sin\theta_1=\frac{1}{2}$,$\cos\theta_1=\frac{\sqrt{3}}{2}$;$\sin\theta_2=\frac{1}{2}$,$\cos\theta_2=-\frac{\sqrt{3}}{2}$;$\sin\theta_3=-\frac{\sqrt{2}}{2}$,$\cos\theta_3=\frac{\sqrt{2}}{2}$;$\sin\theta_4=-\frac{\sqrt{2}}{2}$,$\cos\theta_4=\frac{\sqrt{2}}{2}$。求 θ_1、θ_2、θ_3、θ_4。

第 3 章　机器人运动学

机器人是一种多自由度机构，须知道每一关节变量的值才能知道其手部所处位置和姿态。由机器人关节空间坐标矢量到机器人手部或末端执行器的位置及姿态之间的映射关系，称为机器人的正向运动学，也称为运动学正解；由机器人手部或末端执行器的位置及姿态到机器人关节空间的坐标矢量值之间的映射关系，称为逆向运动学，也称为运动学逆解。

对机器人运动的描述与研究有很多理论，其中包括螺旋理论，Denavit-Hatenberg 方法（简称 D-H 方法）等。其中，D-H 方法是人们非常看重的对机器人运动进行建模与分析的标准方法。

本章的机器人运动学就是要用 D-H 方法来研究怎样在机器人手臂各个关节上安装不同的坐标系，建立起各个坐标系之间的联系，并用其来描述机器人运动的规律。

3.1　位置与姿态的表示

3.1.1　位置描述

在笛卡儿坐标系下对一点的位置描述，通常可采用三维坐标、位置矢量及矩阵等多种形式进行表示。如图 3.1 所示，建立直角坐标系 **A**，将空间点 $\boldsymbol{p}$ 在坐标系 **A** 中的位置矢量记为 ${}^A\boldsymbol{p}$。设点 $\boldsymbol{p}$ 在坐标系 **A** 中 x、y 和 z 轴上的位置分别为 p_x、p_y、p_z，则点 $\boldsymbol{p}$ 位置用坐标表示为 $[p_x, p_y, p_z]$；用矢量表示为式(3.1)，用矩阵表示为式(3.2)。

$$ {}^A\boldsymbol{p} = p_x\boldsymbol{i} + p_y\boldsymbol{j} + p_z\boldsymbol{k} \tag{3.1} $$

$$ {}^A\boldsymbol{p} = \begin{bmatrix} p_x \\ p_y \\ p_z \end{bmatrix} = [p_x \quad p_y \quad p_z]^{\mathrm{T}} \tag{3.2} $$

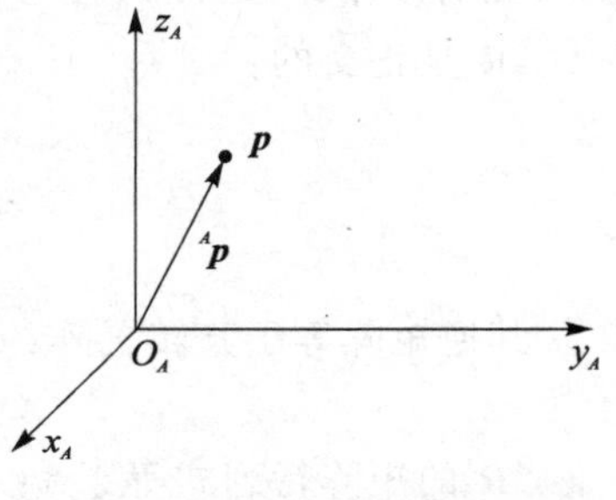

图 3.1　笛卡儿坐标系的位置表示

式(3.3)为位置矢量 ${}^A\boldsymbol{p}$ 的模。模为 1 的位置矢量，称为单位位置矢量。

$$ \| {}^A\boldsymbol{p} \| = \sqrt{p_x^2 + p_y^2 + p_z^2} \tag{3.3} $$

3.1.2　姿态描述

一个刚体的姿态可由某个固接于刚体的坐标系来描述。

通常，设置一个构件坐标系 **B** 固接于刚体的某个中心点或角点上，就可用 **B** 代表该刚体的位置与姿态，其中 **B** 的原点表示为刚体的位置，其 3 个主矢量（单位矢量）$\boldsymbol{x}_B$、$\boldsymbol{y}_B$ 和 $\boldsymbol{z}_B$ 相对于参考坐标系 **A** 各坐标轴的方向余弦组成的 3×3 矩阵，用来表示刚体相对于参考坐标系 **A** 的姿态（orientation or pose），如图 3.2 所示。设单位矢量 ${}^A\boldsymbol{x}_B$、${}^A\boldsymbol{y}_B$ 和 ${}^A\boldsymbol{z}_B$ 表示为式(3.4)。将式(3.4)写成矩阵形式，得到表示刚体姿态的旋转矩阵，见式(3.5)。

$$\left.\begin{aligned}{}^{A}\boldsymbol{x}_B &= r_{11}\boldsymbol{i}+r_{21}\boldsymbol{j}+r_{31}\boldsymbol{k}\\ {}^{A}\boldsymbol{y}_B &= r_{12}\boldsymbol{i}+r_{22}\boldsymbol{j}+r_{32}\boldsymbol{k}\\ {}^{A}\boldsymbol{z}_B &= r_{13}\boldsymbol{i}+r_{23}\boldsymbol{j}+r_{33}\boldsymbol{k}\end{aligned}\right\} \tag{3.4}$$

$${}_{B}^{A}\boldsymbol{R}=[{}^{A}\boldsymbol{x}_B \quad {}^{A}\boldsymbol{y}_B \quad {}^{A}\boldsymbol{z}_B]=\begin{bmatrix} r_{11} & r_{12} & r_{13}\\ r_{21} & r_{22} & r_{23}\\ r_{31} & r_{32} & r_{33}\end{bmatrix} \tag{3.5}$$

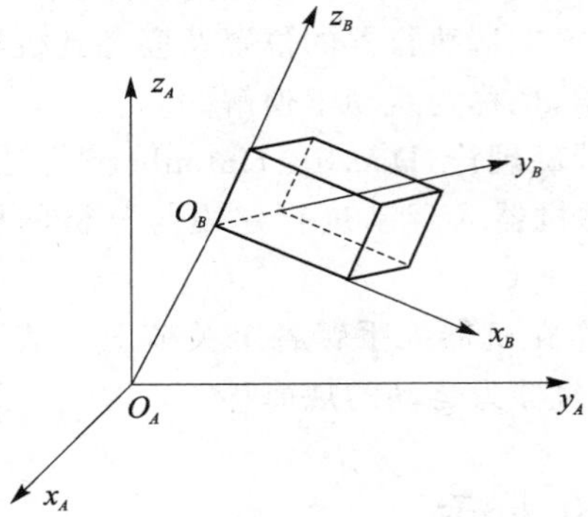

图 3.2　刚体相对于参考坐标系的姿态

其中

$${}^{A}\boldsymbol{x}_B=\begin{bmatrix} r_{11}\\ r_{21}\\ r_{31}\end{bmatrix},\quad {}^{A}\boldsymbol{y}_B=\begin{bmatrix} r_{12}\\ r_{22}\\ r_{32}\end{bmatrix},\quad {}^{A}\boldsymbol{z}_B=\begin{bmatrix} r_{13}\\ r_{23}\\ r_{33}\end{bmatrix}$$

分别表示坐标系 **B** 的 x_B、y_B、z_B 轴的单位矢量在坐标系 **A** 的 x_A、y_A、z_A 轴上的投影情况，3 个列矢量都是单位矢量，且两两互相垂直。它的 9 个元素满足以下 6 个约束条件(即正交条件)：

$$\left.\begin{aligned}{}^{A}\boldsymbol{x}_B\cdot{}^{A}\boldsymbol{y}_B={}^{A}\boldsymbol{y}_B\cdot{}^{A}\boldsymbol{z}_B={}^{A}\boldsymbol{z}_B\cdot{}^{A}\boldsymbol{x}_B=0\\ {}^{A}\boldsymbol{x}_B\cdot{}^{A}\boldsymbol{x}_B={}^{A}\boldsymbol{y}_B\cdot{}^{A}\boldsymbol{y}_B={}^{A}\boldsymbol{z}_B\cdot{}^{A}\boldsymbol{z}_B=1\end{aligned}\right\} \tag{3.6}$$

且有

$${}^{A}\boldsymbol{x}_B\times{}^{A}\boldsymbol{y}_B={}^{A}\boldsymbol{z}_B,\quad {}^{A}\boldsymbol{y}_B\times{}^{A}\boldsymbol{z}_B={}^{A}\boldsymbol{x}_B,\quad {}^{A}\boldsymbol{z}_B\times{}^{A}\boldsymbol{x}_B={}^{A}\boldsymbol{y}_B \tag{3.7}$$

左下标 B 与左上标 A 表示${}_{B}^{A}\boldsymbol{R}$ 是构件坐标系 **B** 相对参考坐标系 **A** 的姿态描述。${}_{B}^{A}\boldsymbol{R}$ 共有 9 个元素，因有 6 个约束，故只有 3 个元素是独立的。旋转矩阵${}_{B}^{A}\boldsymbol{R}$ 具有以下性质：

① ${}_{B}^{A}\boldsymbol{R}$ 是正交的：

$$\boldsymbol{A}\cdot\boldsymbol{A}^{\mathrm{T}}=\boldsymbol{I}=\begin{bmatrix}1&0&0\\0&1&0\\0&0&1\end{bmatrix}$$

② 其逆矩阵等于其转置阵：

$${}_{B}^{A}\boldsymbol{R}^{-1}={}_{B}^{A}\boldsymbol{R}^{\mathrm{T}}$$

③ ${}_{B}^{A}\boldsymbol{R}$ 的矩阵行列式等于 1：

$$|{}_{B}^{A}\boldsymbol{R}|=1$$

如果刚体 **B** 相对于参考坐标系 **A** 的 x_A、y_A、z_A 轴分别旋转 θ 角，则其旋转矩阵分别为(令 $\mathrm{c}\theta=\cos\theta$，$\mathrm{s}\theta=\sin\theta$)

$$\left.\begin{aligned}\boldsymbol{R}(x_A,\theta)&=\begin{bmatrix}1&0&0\\0&\mathrm{c}\theta&-\mathrm{s}\theta\\0&\mathrm{s}\theta&\mathrm{c}\theta\end{bmatrix}\\ \boldsymbol{R}(y_A,\theta)&=\begin{bmatrix}\mathrm{c}\theta&0&\mathrm{s}\theta\\0&1&0\\-\mathrm{s}\theta&0&\mathrm{c}\theta\end{bmatrix}\\ \boldsymbol{R}(z_A,\theta)&=\begin{bmatrix}\mathrm{c}\theta&-\mathrm{s}\theta&0\\\mathrm{s}\theta&\mathrm{c}\theta&0\\0&0&1\end{bmatrix}\end{aligned}\right\} \tag{3.8}$$

图 3.3 所示为刚体绕参考坐标系 **A** 的 z_A 旋转 θ 角的情况。此时构件坐标系 **B** 的 ${}^A\boldsymbol{z}_B$ 矢量长度相对 **A** 没有变化，**B** 的 ${}^A\boldsymbol{x}_B$ 矢量相对 **A** 在其 $\boldsymbol{x}_A$、$\boldsymbol{y}_A$ 上都变短了，**B** 的 ${}^A\boldsymbol{y}_B$ 矢量相对 **A** 在其 $\boldsymbol{x}_A$、$\boldsymbol{y}_A$ 上不仅都变短了，且 ${}^A\boldsymbol{y}_B$ 在 $\boldsymbol{x}_A$ 上的投影方向指向了负方向。这就是旋转矩阵的几何意义。

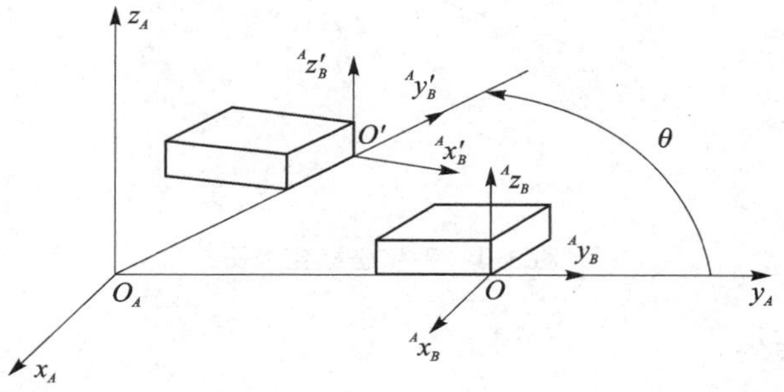

图 3.3　刚体绕参考坐标系轴线的旋转

3.1.3　位姿描述

所谓位姿描述是指刚体相对于参考坐标系的位置和姿态描述。

相对于参考坐标系 **A**，构件坐标系 **B** 的原点位置与坐标轴的姿态，分别由位置矢量 ${}^A\boldsymbol{p}_{BO}$ 和旋转矩阵 ${}^A_B\boldsymbol{R}$ 来描述，则该位姿可描述为

$$\boldsymbol{B} = \{{}^A_B\boldsymbol{R} \quad {}^A\boldsymbol{p}_{BO}\} \tag{3.9}$$

当 **B** 相对于 **A** 的姿态相同，只需表示位置关系时，有 ${}^A_B\boldsymbol{R}=\boldsymbol{I}$；

当 **B** 相对于 **A** 的原点相同，只需表示姿态关系时，有 ${}^A\boldsymbol{p}_{BO}=\boldsymbol{0}$。

3.2　坐标变换

前面介绍的是某刚体的构件坐标系相对某参考坐标系的表示，下面介绍同一个坐标点或者刚体，在不同坐标系中描述的变换情况。

3.2.1　平移坐标变换

如果一坐标系 **A** 与另一坐标系 **B** 有相同的姿态，但 **A** 与 **B** 原点不重合。此时，用 ${}^A\boldsymbol{P}_{BO}$ 表示 **B** 原点相对 **A** 原点的位置，称为 **B** 相对 **A** 的平移矢量。

如图 3.4 所示，如有一点 $\boldsymbol{p}$ 在 **B** 中位置为 ${}^B\boldsymbol{p}$，则它对 **A** 的位置 ${}^A\boldsymbol{p}$ 可表示为

$${}^A\boldsymbol{p} = {}^B\boldsymbol{p} + {}^A\boldsymbol{p}_{BO} \tag{3.10}$$

这种点 $\boldsymbol{p}$ 在 **B** 与 **A** 之间位置矢量描述的变换，称为平移坐标变换(translation transformation)。(3.10)式也称为坐标平移方程。其几何意义为，构件坐标系 **B** 中的矢量 ${}^B\boldsymbol{p}$，随 **B** 相对于参考坐标系 **A** 平移一矢量 ${}^A\boldsymbol{p}_{BO}$ 时，${}^B\boldsymbol{p}$ 相对于 **A** 的描述为 ${}^A\boldsymbol{p}$。

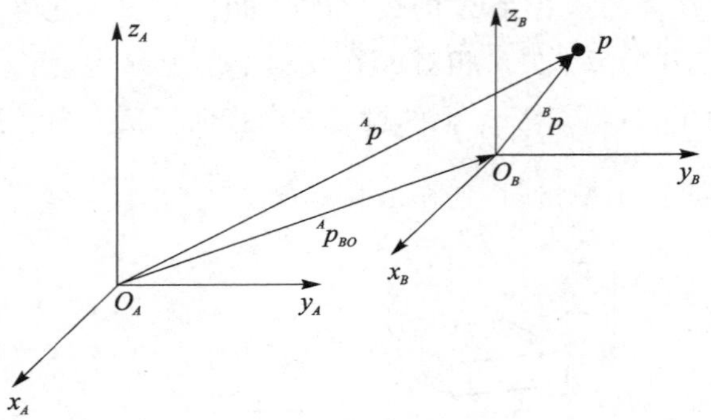

图 3.4　平移坐标变换图

3.2.2　旋转坐标变换

设坐标系 **A** 与坐标系 **B** 原点重合，但姿态不同。可用 $^A_B\boldsymbol{R}$ 描述坐标系 **B** 相对坐标系 **A** 的姿态。

同一点 $\boldsymbol{p}$ 在 **A** 与 **B** 中的描述分别表示为 $^A\boldsymbol{p}$ 和 $^B\boldsymbol{p}$，则

$$^A\boldsymbol{p} = {}^A_B\boldsymbol{R} \cdot {}^B\boldsymbol{p} \tag{3.11}$$

这种点 $\boldsymbol{p}$ 在 **B** 与 **A** 之间位置矢量描述的变换，称为旋转坐标变换（rotation transformation）。(3.11)式也称为坐标旋转方程。其几何意义为，构件坐标系 **B** 中的矢量 $^B\boldsymbol{p}$，随坐标系 **B** 相对于参考坐标系 **A** 进行 $^A_B\boldsymbol{R}$ 旋转时，$^B\boldsymbol{p}$ 相对于 **A** 的描述为 $^A\boldsymbol{p}$，如图 3.5 所示。

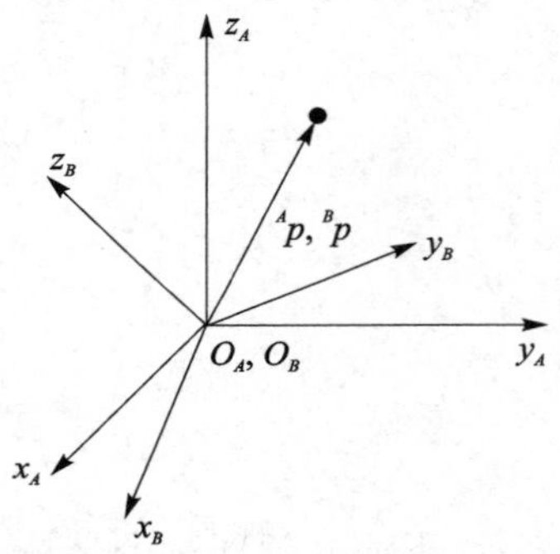

图 3.5　旋转坐标变换图

同理，也可用 $^B_A\boldsymbol{R}$ 描述 **A** 相对 **B** 的姿态。因 $^A_B\boldsymbol{R}$ 与 $^B_A\boldsymbol{R}$ 是正交、互逆，所以

$$^B_A\boldsymbol{R} = {}^A_B\boldsymbol{R}^{-1} = {}^A_B\boldsymbol{R}^{\mathrm{T}}$$

此时有

$$^B\boldsymbol{p} = {}^B_A\boldsymbol{R} \cdot {}^A\boldsymbol{p} = {}^A_B\boldsymbol{R}^{\mathrm{T}} \cdot {}^A\boldsymbol{p} \tag{3.12}$$

其几何意义为，构件坐标系 **A** 中的矢量 $^A\boldsymbol{p}$，随 **A** 相对于 **B** 进行 $^B_A\boldsymbol{R}$ 旋转变换时，矢量 $^A\boldsymbol{p}$ 相对于 **B** 的描述为 $^B\boldsymbol{p}$。可知，总是将动坐标系看作构件坐标系，将静坐标系看作是参考坐标系。

3.2.3　复合坐标变换

如坐标系 **A** 与坐标系 **B** 的原点、姿态都不同，这时两坐标系间的变换关系称为复合坐标变换。

用矢量 $^A\boldsymbol{p}_{BO}$ 表示 **B** 相对 **A** 的位置，用旋转矩阵 $^A_B\boldsymbol{R}$ 表示 **B** 相对 **A** 的姿态，则对任一点 $\boldsymbol{p}$ 在 **A** 与 **B** 中的描述分别用 $^A\boldsymbol{p}$ 和 $^B\boldsymbol{p}$ 表示。当 **B** 先相对 **A** 作旋转运动，再相对 **A** 作平移运动时，有

$$^A\boldsymbol{p} = {}^A_B\boldsymbol{R} \cdot {}^B\boldsymbol{p} + {}^A\boldsymbol{p}_{BO} \tag{3.13}$$

需要注意的是，当变换的顺序改变时，(3.13)式的写法就不对了。

另外，当 **A** 先相对 **B** 作旋转运动，再相对 **B** 作平移运动时，也可以有

$$^{B}\boldsymbol{p}={}_{A}^{B}\boldsymbol{R}\cdot{}^{A}\boldsymbol{p}+{}^{B}\boldsymbol{p}_{AO} \tag{3.14}$$

(3.13)式、(3.14)式即为坐标旋转与平移的复合变换。

证明： 如图 3.6 所示，可认为有一坐标系 **C**，其原点与 **B** 重合，而其姿态与 **A** 相同，则在 **B** 中的 $\boldsymbol{p}$ 点相对于 **C** 是旋转变换，有

$$^{C}\boldsymbol{p}={}_{B}^{C}\boldsymbol{R}\cdot{}^{B}\boldsymbol{p}={}_{B}^{A}\boldsymbol{R}\cdot{}^{B}\boldsymbol{p}$$

在 **C** 中的 $\boldsymbol{p}$ 点相对于 **A** 是平移变换，则

$$^{A}\boldsymbol{p}={}^{C}\boldsymbol{p}+{}^{A}\boldsymbol{p}_{CO}$$

因 **B** 的原点与 **C** 的原点重合，即 $^{A}\boldsymbol{p}_{BO}={}^{A}\boldsymbol{p}_{CO}$，因此有

$$^{A}\boldsymbol{p}={}_{B}^{A}\boldsymbol{R}\cdot{}^{B}\boldsymbol{p}+{}^{A}\boldsymbol{p}_{BO}$$

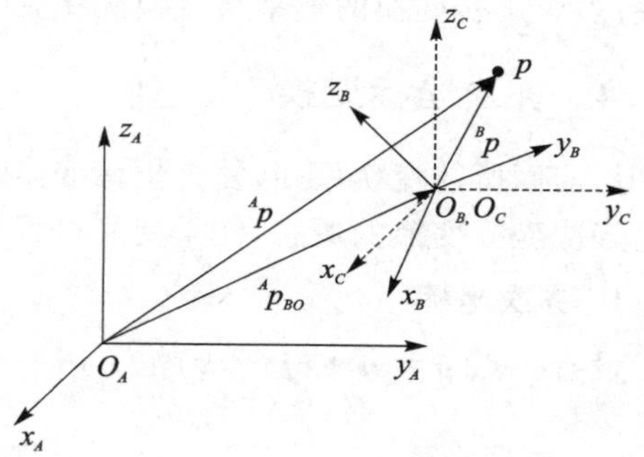

图 3.6　复合坐标变换图

例 3.1　已知坐标系 **B** 初始位姿与坐标系 **A** 相同。首先 **B** 相对 **A** 的 z_A 轴旋转 30°，再沿 **A** 的 x_A 轴移动 12 个单位，再沿 **A** 的 y_A 轴移动 6 个单位。

① 求 $^{A}\boldsymbol{p}_{BO}$ 和 $_{B}^{A}\boldsymbol{R}$。

② 设有一个矢量在 **B** 中是 $^{B}\boldsymbol{p}=[1,2,3]^{\mathrm{T}}$，求其在 **A** 中的描述 $^{A}\boldsymbol{p}$。

解：

$$^{A}\boldsymbol{p}_{BO}=[12,6,0]^{\mathrm{T}}=\begin{bmatrix}12\\6\\0\end{bmatrix}$$

$$_{B}^{A}\boldsymbol{R}=\boldsymbol{R}(z,30)=\begin{bmatrix}\mathrm{c}30^{\circ} & -\mathrm{s}30^{\circ} & 0\\ \mathrm{s}30^{\circ} & \mathrm{c}30^{\circ} & 0\\ 0 & 0 & 1\end{bmatrix}=\begin{bmatrix}0.866 & -0.5 & 0\\ 0.5 & 0.866 & 0\\ 0 & 0 & 1\end{bmatrix}$$

$$^{A}\boldsymbol{p}={}_{B}^{A}\boldsymbol{R}\cdot{}^{B}\boldsymbol{p}+{}^{A}\boldsymbol{p}_{BO}=\begin{bmatrix}0.866 & -0.5 & 0\\ 0.5 & 0.866 & 0\\ 0 & 0 & 1\end{bmatrix}\begin{bmatrix}1\\2\\3\end{bmatrix}+\begin{bmatrix}12\\6\\0\end{bmatrix}=\begin{bmatrix}-0.134\\2.232\\3\end{bmatrix}+\begin{bmatrix}12\\6\\0\end{bmatrix}=\begin{bmatrix}11.866\\8.232\\3\end{bmatrix}$$

B 相对于 **A** 的旋转与位移，可认为是刚体在 **A** 中的旋转与位移，如图 3.7 所示。

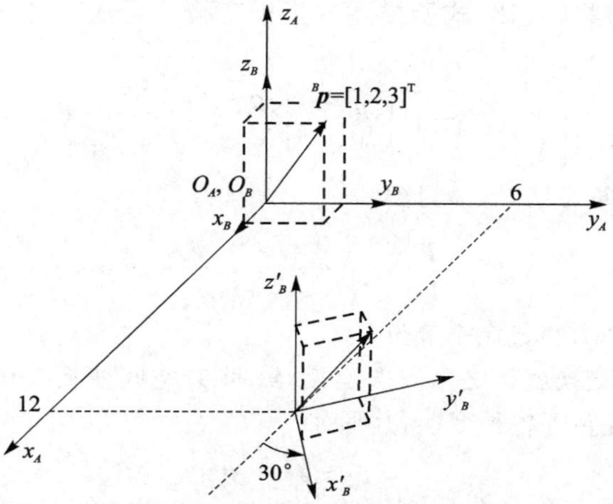

图 3.7　旋转与位移变换

关于坐标变换与变换的次序之间的关系，提示如下：多个纯平移变换的连乘与变换次序无关；多个旋转变换的连乘与变换次序有关；多个复合变换的连乘与变换次序有关。

3.2.4 齐次坐标变换

从前面所述变换可知，复合坐标变换既有矩阵相乘，又有矩阵相加。为编程计算方便，特引进齐次坐标变换的概念，使得变换过程描述更统一。

1. 齐次坐标

设有一点 $\boldsymbol{p}=a\boldsymbol{i}+b\boldsymbol{j}+c\boldsymbol{k}$，也可用一个由 4 个数组所组成的列矢量来表示，即

$$\boldsymbol{q}=\begin{bmatrix}x\\y\\z\\\omega\end{bmatrix} \tag{3.15}$$

其中 $\boldsymbol{p}$、$\boldsymbol{q}$ 是相等的，它们元素间的关系是

$$a=\frac{x}{\omega},\qquad b=\frac{y}{\omega},\qquad c=\frac{z}{\omega} \tag{3.16}$$

则 $[x\quad y\quad z\quad \omega]^{\mathrm{T}}$ 就称为点 $[a\quad b\quad c]^{\mathrm{T}}$ 的齐次坐标描述；而 ω 为一非零常数，表示坐标比例系数。

齐次坐标非单值确定，比如 $[x\quad y\quad z\quad \omega]^{\mathrm{T}}$ 是某点的齐次坐标，则 $[\lambda x\quad \lambda y\quad \lambda z\quad \lambda\omega]^{\mathrm{T}}$（$\lambda$ 为任意常数）也是该点的齐次坐标。对点 $[a\quad b\quad c]^{\mathrm{T}}$ 的齐次坐标，容易给出一齐次坐标 $[a\quad b\quad c\quad 1]^{\mathrm{T}}$。

显然，可用齐次坐标 $[0\quad 0\quad 0\quad 1]^{\mathrm{T}}$ 表示坐标轴的原点；$[a\quad b\quad c\quad 0]^{\mathrm{T}}$ 表示 3 个无限远的坐标轴；$[1\quad 0\quad 0\quad 0]^{\mathrm{T}}$、$[0\quad 1\quad 0\quad 0]^{\mathrm{T}}$、$[0\quad 0\quad 1\quad 0]^{\mathrm{T}}$ 分别表示 ox、oy、oz 轴的无穷远点，即分别表示直角坐标的 ox、oy、oz 轴。这样，用 4×1 列矢量表示的三维空间点，称为点的齐次坐标。

2. 齐次变换

将 ${}^{A}\boldsymbol{p}=[{}^{A}p_x\quad {}^{A}p_y\quad {}^{A}p_z]^{\mathrm{T}}$ 重新表示为齐次坐标形式可为

$${}^{A}\boldsymbol{p}=[{}^{A}p_x\quad {}^{A}p_y\quad {}^{A}p_z\quad 1]^{\mathrm{T}}$$

由矩阵分块原理，可将(3.13)式所描述的坐标变换改写成在齐次变换 ${}^{A}_{B}\boldsymbol{T}$ 矩阵下的乘积形式

$$\begin{bmatrix}{}^{A}\boldsymbol{p}\\ \hdashline 1\end{bmatrix}={}^{A}_{B}\boldsymbol{T}\cdot\begin{bmatrix}{}^{B}\boldsymbol{p}\\ \hdashline 1\end{bmatrix}=\left[\begin{array}{c:c}{}^{A}_{B}\boldsymbol{R} & {}^{A}\boldsymbol{p}_{B0}\\ \hdashline 0 & 1\end{array}\right]\cdot\begin{bmatrix}{}^{B}\boldsymbol{p}\\ \hdashline 1\end{bmatrix} \tag{3.17}$$

根据分块矩阵的计算方法，容易得到

$$\begin{bmatrix}{}^{A}\boldsymbol{p}\\ \hdashline 1\end{bmatrix}=\begin{bmatrix}{}^{A}_{B}\boldsymbol{R}\cdot{}^{B}\boldsymbol{p}+{}^{A}\boldsymbol{p}_{B0}\\ \hdashline 1\end{bmatrix} \tag{3.18}$$

可知，(3.18)式与(3.13)式完全等价。

在四维空间进行的变换就称之为齐次变换，或叫 $\boldsymbol{T}$ 空间变换。用 4×4 维的齐次变换矩阵 ${}^{A}_{B}\boldsymbol{T}$ 可以表示平移和旋转等各种变换，其形如

$${}^{A}\boldsymbol{p}={}^{A}_{B}\boldsymbol{T}\cdot{}^{B}\boldsymbol{p} \tag{3.19}$$

注意，(3.19)式中的 ${}^{A}\boldsymbol{p}$、${}^{B}\boldsymbol{p}$ 都是 4×1 的列矢量，增加了第 4 个元素 1，表示的是点的齐次

坐标；${}^A_B\boldsymbol{T}$ 是一个 4×4 方阵，而且是一个复合变换矩阵，可以综合表示平移与旋转变换。

$$
{}^A_B\boldsymbol{T}=\left[\begin{array}{c:c}{}^A_B\boldsymbol{R} & {}^A\boldsymbol{p}_{BO}\\ \hdashline 0 & 1\end{array}\right]=\left[\begin{array}{ccc:c}r_{11} & r_{12} & r_{13} & {}^Ap_x\\ r_{21} & r_{22} & r_{23} & {}^Ap_y\\ r_{31} & r_{32} & r_{33} & {}^Ap_x\\ \hdashline & 0 & & 1\end{array}\right] \tag{3.20}
$$

当 **B** 相对于 **A** 的姿态相同，只需表示位置变换关系时，有${}^A_B\boldsymbol{R}=\boldsymbol{I}$；当 **B** 相对于 **A** 的原点相同，只需表示姿态变换关系时，有${}^A\boldsymbol{p}_{BO}=0$；当非上述两种情况时，${}^A_B\boldsymbol{T}$ 表示复合变换情形。

例 3.2 已知坐标系 **B** 初始位姿与坐标系 **A** 重合。首先，**B** 相对 **A** 的 z_A 轴旋转 30°，再沿 **A** 的 x_A 轴移动 12 个单位，再沿 **A** 的 y_A 轴移动 6 个单位(注意变换的顺序)。设 **B** 中有一矢量${}^B\boldsymbol{p}=[1\quad 2\quad 3]^{\mathrm{T}}$，用齐次变换方法来求其在 **A** 中的描述${}^A\boldsymbol{p}$。

解：

$$
{}^A_B\boldsymbol{T}=\left[\begin{array}{c:c}{}^A_B\boldsymbol{R} & {}^A\boldsymbol{p}_{BO}\\ \hdashline 0 & 1\end{array}\right]=\left[\begin{array}{ccc:c}\mathrm{c}30^\circ & -\mathrm{s}30^\circ & 0 & 12\\ \mathrm{s}30^\circ & \mathrm{c}30^\circ & 0 & 6\\ 0 & 0 & 1 & 0\\ \hdashline 0 & 0 & 0 & 1\end{array}\right]
$$

$$
{}^A\boldsymbol{p}={}^A_B\boldsymbol{T}\cdot{}^B\boldsymbol{p}=\left[\begin{array}{ccc:c}0.866 & -0.5 & 0 & 12\\ 0.5 & 0.866 & 0 & 6\\ 0 & 0 & 1 & 0\\ \hdashline 0 & 0 & 0 & 1\end{array}\right]\begin{bmatrix}1\\2\\3\\1\end{bmatrix}=\begin{bmatrix}11.866\\8.232\\3\\1\end{bmatrix}
$$

可见，与例 3.1 所解结果完全相同。

3. 齐次坐标平移变换

设空间某点为 $\boldsymbol{p}=a\boldsymbol{i}+b\boldsymbol{j}+c\boldsymbol{k}$，此点相对于参考坐标系的齐次坐标平移描述为

$$
\boldsymbol{p}=\mathbf{Trans}(a,b,c)=\begin{bmatrix}1 & 0 & 0 & a\\ 0 & 1 & 0 & b\\ 0 & 0 & 1 & c\\ 0 & 0 & 0 & 1\end{bmatrix} \tag{3.21}
$$

$\mathbf{Trans}(a,b,c)$表示一平移变换，点沿参考坐标系 x、y、z 轴的平移量分别为 a、b、c。

需要注意的是：一个 4×4 维的齐次变换矩阵${}^A_B\boldsymbol{T}$，它既可代表矢量，也可表示坐标系，还可用来实现坐标变换。这些角色变化有时很难区分，甚至可以说，它就在各个角色间随时变化着。

例 3.3 求对矢量 $\boldsymbol{u}=[x\quad y\quad z\quad 1]^{\mathrm{T}}$ 按照 $\boldsymbol{p}=a\boldsymbol{i}+b\boldsymbol{j}+c\boldsymbol{k}$ 矢量进行平移变换得到的矢量 $\boldsymbol{v}$。

解：

$$
\boldsymbol{v}=\begin{bmatrix}1 & 0 & 0 & a\\ 0 & 1 & 0 & b\\ 0 & 0 & 1 & c\\ 0 & 0 & 0 & 1\end{bmatrix}\begin{bmatrix}x\\y\\z\\1\end{bmatrix}=\begin{bmatrix}x+a\\y+b\\z+c\\1\end{bmatrix}
$$

可见，上述所谓变换与下面算式的计算结果是一样的，但是其意义却有不同。

$$
\boldsymbol{v}=\boldsymbol{u}+\boldsymbol{p}=(x+a)\boldsymbol{i}+(y+b)\boldsymbol{j}+(z+c)\boldsymbol{k}
$$

对例 3.3 用变换的概念解释其几何意义相当于：构件坐标系中的 $\boldsymbol{u}$ 矢量随构件坐标系相

对于参考坐标系平移 $\boldsymbol{p}$ 矢量,然后获得 $\boldsymbol{u}$ 矢量相对于参考坐标系的矢量描述 $\boldsymbol{v}$,如图 3.8 所示。

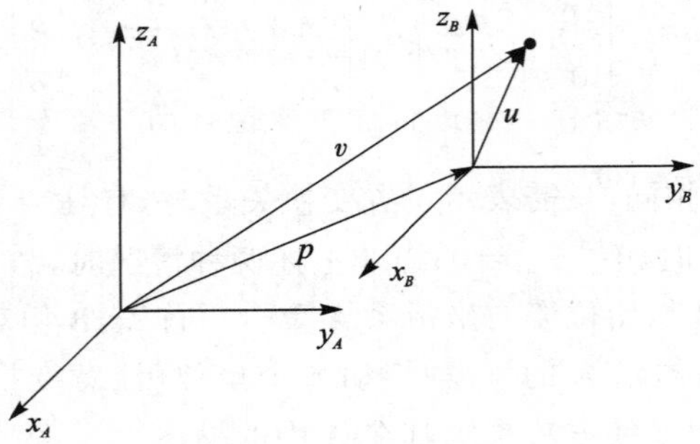

图 3.8　齐次坐标变换

例 3.4　求矢量 $2\boldsymbol{i}+3\boldsymbol{j}+2\boldsymbol{k}$ 被矢量 $4\boldsymbol{i}-3\boldsymbol{j}+7\boldsymbol{k}$ 平移的结果。

解:

$$\boldsymbol{v}=\begin{bmatrix}1&0&0&4\\0&1&0&-3\\0&0&1&7\\0&0&0&1\end{bmatrix}\begin{bmatrix}2\\3\\2\\1\end{bmatrix}=\begin{bmatrix}6\\0\\9\\1\end{bmatrix}$$

尽管两个矢量将谁看作变换都可以得到同样的解,但是只有上式写法才真正符合题意。

4. 旋转齐次坐标变换

构件坐标系绕参考坐标系的 x、y、z 轴分别旋转 θ 角时,其齐次坐标旋转变换矩阵分别为

$$\left.\begin{aligned}\mathbf{rot}(x,\theta)&=\begin{bmatrix}1&0&0&0\\0&\mathrm{c}\theta&-\mathrm{s}\theta&0\\0&\mathrm{s}\theta&\mathrm{c}\theta&0\\0&0&0&1\end{bmatrix}\\\mathbf{rot}(y,\theta)&=\begin{bmatrix}\mathrm{c}\theta&0&\mathrm{s}\theta&0\\0&1&0&0\\-\mathrm{s}\theta&0&\mathrm{c}\theta&0\\0&0&0&1\end{bmatrix}\\\mathbf{rot}(z,\theta)&=\begin{bmatrix}\mathrm{c}\theta&-\mathrm{s}\theta&0&0\\\mathrm{s}\theta&\mathrm{c}\theta&0&0\\0&0&1&0\\0&0&0&1\end{bmatrix}\end{aligned}\right\}\tag{3.22}$$

例 3.5　求点 $\boldsymbol{u}=7\boldsymbol{i}+3\boldsymbol{j}+2\boldsymbol{k}$ 绕参考坐标系 z 轴转 90°后的姿态,再绕 y 轴转 90°后的姿态。

解:

$$\boldsymbol{v}=\begin{bmatrix}\mathrm{c}90^\circ&-\mathrm{s}90^\circ&0&0\\\mathrm{s}90^\circ&\mathrm{c}90^\circ&0&0\\0&0&1&0\\0&0&0&1\end{bmatrix}\begin{bmatrix}7\\3\\2\\1\end{bmatrix}=\begin{bmatrix}0&-1&0&0\\1&0&0&0\\0&0&1&0\\0&0&0&1\end{bmatrix}\begin{bmatrix}7\\3\\2\\1\end{bmatrix}=\begin{bmatrix}-3\\7\\2\\1\end{bmatrix}$$

$$\boldsymbol{\omega}=\begin{bmatrix} c90^\circ & 0 & s90^\circ & 0 \\ 0 & 1 & 0 & 0 \\ -s90^\circ & 0 & c90^\circ & 0 \\ 0 & 0 & 0 & 1 \end{bmatrix}\begin{bmatrix} -3 \\ 7 \\ 2 \\ 1 \end{bmatrix}=\begin{bmatrix} 0 & 0 & 1 & 0 \\ 0 & 1 & 0 & 0 \\ -1 & 0 & 0 & 0 \\ 0 & 0 & 0 & 1 \end{bmatrix}\begin{bmatrix} -3 \\ 7 \\ 2 \\ 1 \end{bmatrix}=\begin{bmatrix} 2 \\ 7 \\ 3 \\ 1 \end{bmatrix}$$

还可把上面两个旋转变换合在一起进行连续变换。请注意变换矩阵的次序。

$$\boldsymbol{\omega}=\mathbf{rot}(y,90^\circ)\cdot\mathbf{rot}(z,90^\circ)\cdot\boldsymbol{u}$$

$$=\begin{bmatrix} 0 & 0 & 1 & 0 \\ 0 & 1 & 0 & 0 \\ -1 & 0 & 0 & 0 \\ 0 & 0 & 0 & 1 \end{bmatrix}\begin{bmatrix} 0 & -1 & 0 & 0 \\ 1 & 0 & 0 & 0 \\ 0 & 0 & 1 & 0 \\ 0 & 0 & 0 & 1 \end{bmatrix}\begin{bmatrix} 7 \\ 3 \\ 2 \\ 1 \end{bmatrix}=\begin{bmatrix} 0 & 0 & 1 & 0 \\ 1 & 0 & 0 & 0 \\ 0 & 1 & 0 & 0 \\ 0 & 0 & 0 & 1 \end{bmatrix}\begin{bmatrix} 7 \\ 3 \\ 2 \\ 1 \end{bmatrix}=\begin{bmatrix} 2 \\ 7 \\ 3 \\ 1 \end{bmatrix}$$

因矩阵的乘法不具备交换性质,由上式知,当相对于参考坐标系进行连续坐标变换时,先进行的变换其矩阵应该在右,后进行的变换其矩阵应该在左。

例 3.6 对上式的 $\boldsymbol{\omega}$ 再按照矢量 $4\boldsymbol{i}-3\boldsymbol{j}+7\boldsymbol{k}$ 进行平移变换,求变换后的坐标。

解:

$$\mathbf{Trans}(4,-3,7)\cdot\mathbf{rot}(y,90^\circ)\cdot\mathbf{rot}(z,90)=\begin{bmatrix} 0 & 0 & 1 & 4 \\ 1 & 0 & 0 & -3 \\ 0 & 1 & 0 & 7 \\ 0 & 0 & 0 & 1 \end{bmatrix}$$

$$\boldsymbol{t}=\mathbf{Trans}(4,-3,7)\cdot\mathbf{rot}(y,90^\circ)\cdot\mathbf{rot}(z,90)\cdot\boldsymbol{u}=\begin{bmatrix} 0 & 0 & 1 & 4 \\ 1 & 0 & 0 & -3 \\ 0 & 1 & 0 & 7 \\ 0 & 0 & 0 & 1 \end{bmatrix}\begin{bmatrix} 7 \\ 3 \\ 2 \\ 1 \end{bmatrix}=\begin{bmatrix} 6 \\ 4 \\ 10 \\ 1 \end{bmatrix}$$

例 3.7 有一楔形物体,其各角点分别用 $[1\ \ 0\ \ 0\ \ 1]^{\mathrm{T}}$、$[-1\ \ 0\ \ 0\ \ 1]^{\mathrm{T}}$、$[-1\ \ 0\ \ 2\ \ 1]^{\mathrm{T}}$、$[1\ \ 0\ \ 2\ \ 1]^{\mathrm{T}}$、$[1\ \ 4\ \ 0\ \ 1]^{\mathrm{T}}$、$[-1\ \ 4\ \ 0\ \ 1]^{\mathrm{T}}$ 来表示。如该物体先绕参考坐标系 z 轴旋转 90°,再绕 y 轴旋转 90°,然后沿 x 轴平移 4 个单位,求物体的 6 个顶点新位置。

解: 如图 3.9(a)所示,选取物体上与参考坐标系的 O 点重合的点为刚体坐标系原点 O'。楔形物体的初始坐标轴 x'、y'、z' 方向与参考坐标系完全相同。绕参考坐标系 z 轴旋转 90° 后,刚体位姿如图 3.9(b)所示;再绕 y 轴旋转 90°后,刚体的位姿如图 3.9(c)所示;再沿 x 轴平移 4 个单位后,刚体的位姿如图 3.9(d)所示。由于变换是以参考坐标系为基础的,所以整个变换过程表示为

$$\boldsymbol{T}=\mathbf{Trans}(4,0,0)\,\mathbf{rot}(y,90)\,\mathbf{rot}(z,90)$$

$$=\begin{bmatrix} 1 & 0 & 0 & 4 \\ 0 & 1 & 0 & 0 \\ 0 & 0 & 1 & 0 \\ 0 & 0 & 0 & 1 \end{bmatrix}\begin{bmatrix} 0 & 0 & 1 & 0 \\ 0 & 1 & 0 & 0 \\ -1 & 0 & 0 & 0 \\ 0 & 0 & 0 & 1 \end{bmatrix}\begin{bmatrix} 0 & -1 & 0 & 0 \\ 1 & 0 & 0 & 0 \\ 0 & 0 & 1 & 0 \\ 0 & 0 & 0 & 1 \end{bmatrix}=\begin{bmatrix} 0 & 0 & 1 & 4 \\ 1 & 0 & 0 & 0 \\ 0 & 1 & 0 & 0 \\ 0 & 0 & 0 & 1 \end{bmatrix}$$

上述变换将刚体的 6 个顶点从原来位置的表示,变换为如下,如图 3.9(d)所示。

$$
\boldsymbol{P}=\begin{bmatrix}0&0&1&4\\1&0&0&0\\0&1&0&0\\0&0&0&1\end{bmatrix}\begin{bmatrix}1&-1&-1&1&1&-1\\0&0&0&0&4&4\\0&0&2&2&0&0\\1&1&1&1&1&1\end{bmatrix}=\begin{bmatrix}4&4&6&6&4&4\\1&-1&-1&1&1&-1\\0&0&0&0&4&4\\1&1&1&1&1&1\end{bmatrix}
$$

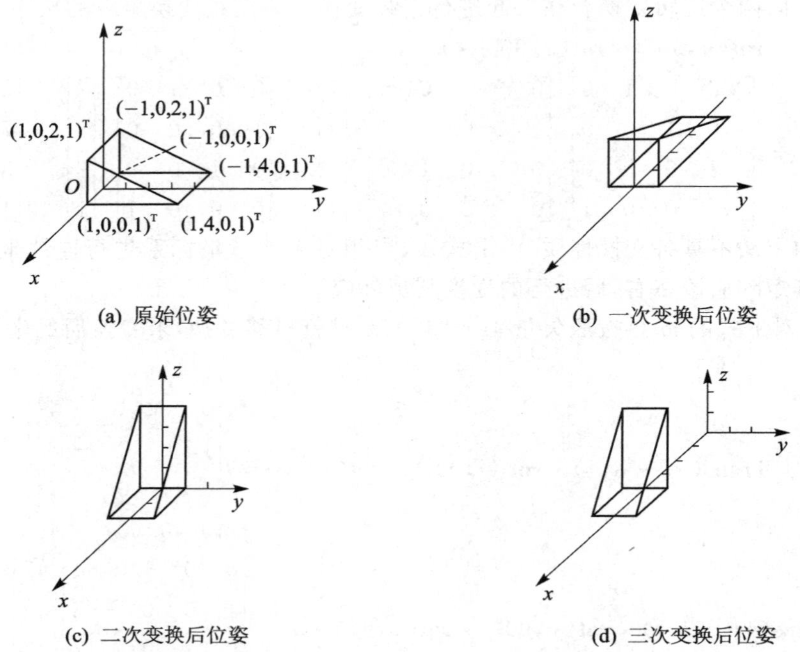

(a) 原始位姿　(b) 一次变换后位姿

(c) 二次变换后位姿　(d) 三次变换后位姿

图 3.9　旋转与平移变换示意图

5. 齐次变换的数学意义

(1) 变换阵的块分解及其几何意义

概括前面已介绍过的变换和矩阵分块原理，可将变换矩阵 $\boldsymbol{T}$ 分解如下：

$$
\boldsymbol{T}=\begin{bmatrix}t_{11}&t_{12}&t_{13}&t_{14}\\t_{21}&t_{22}&t_{23}&t_{24}\\t_{31}&t_{32}&t_{33}&t_{34}\\t_{41}&t_{42}&t_{43}&t_{44}\end{bmatrix}=\begin{bmatrix}\boldsymbol{T}_{11}&\boldsymbol{T}_{12}\\\boldsymbol{T}_{21}&\boldsymbol{T}_{22}\end{bmatrix}=\begin{bmatrix}\boldsymbol{T}_{11}&\boldsymbol{T}_{12}\\0&1\end{bmatrix}\tag{3.23}
$$

即将 $\boldsymbol{T}$ 分解出具有不同几何意义的两个主要部分，分别是：

$$
\boldsymbol{T}_{11}=\begin{bmatrix}t_{11}&t_{12}&t_{13}\\t_{21}&t_{22}&t_{23}\\t_{31}&t_{32}&t_{33}\end{bmatrix}\tag{3.24}
$$

$$
\boldsymbol{T}_{12}=\begin{bmatrix}t_{14}\\t_{24}\\t_{34}\end{bmatrix}\tag{3.25}
$$

(3.24)式表示参考坐标系($O-xyz$)和构件坐标系($O'-x'y'z'$)各对应轴的方向余弦，因此这个矩阵又称为方向余弦矩阵，如表 3.1 所列。

表 3.1　方向余弦表

变　量	x'	y'	z'
x	$t_{11}=\cos(x,x')$	$t_{12}=\cos(x,y')$	$t_{13}=\cos(x,z')$
y	$t_{21}=\cos(y,x')$	$t_{22}=\cos(y,y')$	$t_{23}=\cos(y,z')$
z	$t_{31}=\cos(z,x')$	$t_{32}=\cos(z,y')$	$t_{33}=\cos(z,z')$

(3.25)式中，$\boldsymbol{T}_{12}$ 表示构件坐标系$(O'-x'y'z')$原点在参考坐标系$(O-xyz)$中的坐标矢量。

$\boldsymbol{T}_{21}$、$\boldsymbol{T}_{22}$ 只是个虚元素，它是构成齐次变换矩阵不可缺少的一个组成部分，并不真正使用其值。

(2) 几个简单变换矩阵的解释

下面只介绍几个简单变换矩阵：

当变换矩阵 $\boldsymbol{T}$ 为单位阵时，即

$$\boldsymbol{T}=\begin{bmatrix}1&0&0&0\\0&1&0&0\\0&0&1&0\\0&0&0&1\end{bmatrix}$$

说明构件坐标系$(O'-x'y'z')$与参考坐标系$(O-xyz)$完全重合，没有进行任何变换。

当变换矩阵 $\boldsymbol{T}$ 为

$$\boldsymbol{T}=\begin{bmatrix}0&0&1&0\\1&0&0&0\\0&1&0&0\\0&0&0&1\end{bmatrix}$$

第 1 列$[0\quad 1\quad 0\quad 0]^{\mathrm{T}}$说明坐标系$(O'-x'y'z')$的 x 轴与坐标系$(O-xyz)$的 y 轴方向重合，第 2 列$[0\quad 0\quad 1\quad 0]^{\mathrm{T}}$说明$(O'-x'y'z')$的 y 轴与$(O-xyz)$的 z 轴方向重合，第 3 列$[1\quad 0\quad 0\quad 0]^{\mathrm{T}}$说明$(O'-x'y'z')$的 z 轴与$(O-xyz)$的 x 轴方向重合，第 4 列$(0,0,0,1)^{\mathrm{T}}$表示两个坐标系的原点完全重合。这也相当于构件坐标系$(O'-x'y'z')$在参考坐标系$(O-xyz)$内先绕 z 轴旋转 90°，再绕 y 轴旋转 90°，如图 3.10 所示。

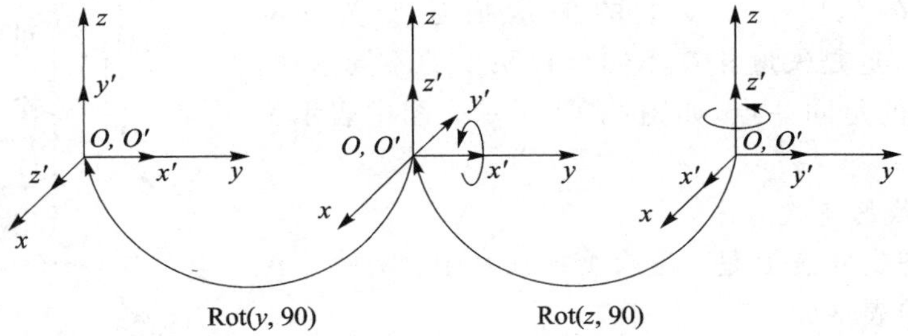

图 3.10　旋转变换的几何解释

当

$$T=\begin{bmatrix}0&0&1&4\\1&0&0&-3\\0&1&0&7\\0&0&0&1\end{bmatrix}$$

时，表示在作完上述两次旋转变换后，再将构件坐标系$(O'-x'y'z')$在参考坐标系$(O-xyz)$中平移$[4\quad -3\quad 7]^T$坐标距离，变换结果如图 3.11 所示。

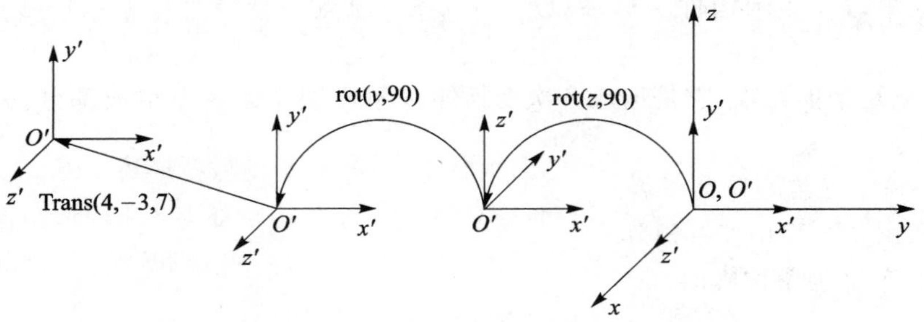

图 3.11　旋转与平移变换的几何解释

(3) 矢量变换的几何解释

来看一下例 3.6 的结果：

$$t=\mathbf{Trans}(4,-3,7)\cdot\mathbf{rot}(y,90°)\cdot\mathbf{rot}(z,90)\cdot u=\begin{bmatrix}0&0&1&4\\1&0&0&-3\\0&1&0&7\\0&0&0&1\end{bmatrix}\begin{bmatrix}7\\3\\2\\1\end{bmatrix}=\begin{bmatrix}6\\4\\10\\1\end{bmatrix}$$

被变换的矢量$\boldsymbol{u}=[7\quad 3\quad 2\quad 1]^T$其实是一相对于构件坐标系$(O'-x'y'z')$描述的矢量。当$(O'-x'y'z')$被两次旋转、一次位移变换后，$(O'-x'y'z')$相对$(O-xyz)$的描述成为

$$(O'-x'y'z')=\begin{bmatrix}0&0&1&4\\1&0&0&-3\\0&1&0&7\\0&0&0&1\end{bmatrix}$$

$\boldsymbol{u}$在$(O'-x'y'z')$中的描述仍然同前，而其随$(O'-x'y'z')$移动后，它在$(O-xyz)$中的矢量描述变为$\boldsymbol{t}=[6\quad 4\quad 10\quad 1]^T$，这是矢量$\boldsymbol{u}$在不同坐标系中的不同描述。其实二矢量指向的是同一点，如图 3.12 所示。图中表示为二矢量顶点相同。

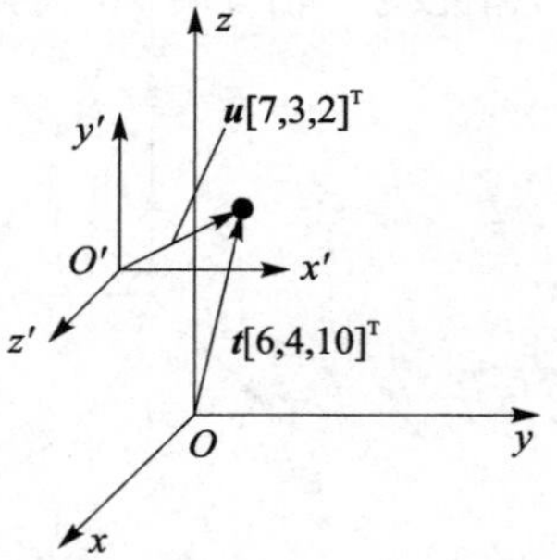

图 3.12　矢量变换的几何解释

(4) 复合变换的变换顺序

由前述知，齐次变换$\boldsymbol{T}$是一复合变换。其中含有一个纯旋转变换，可简单表示成：

$$\boldsymbol{T}_1=\begin{bmatrix}\boldsymbol{T}_{11}&0\\0&1\end{bmatrix}\tag{3.26}$$

一个是纯平移变换，可简单表示成

$$T_2=\begin{bmatrix}\boldsymbol{I} & \boldsymbol{T}_{12}\\ \boldsymbol{0} & 1\end{bmatrix} \tag{3.27}$$

按照(3.26)、(3.27)式，若先进行旋转变换，再进行平移变换，根据变换顺序将它们相乘，可得到上述两个变换的合成形式为

$$\boldsymbol{T}=\boldsymbol{T}_2\cdot\boldsymbol{T}_1=\begin{bmatrix}\boldsymbol{I} & \boldsymbol{T}_{12}\\ 0 & 1\end{bmatrix}\begin{bmatrix}\boldsymbol{T}_{11} & 0\\ 0 & 1\end{bmatrix}=\begin{bmatrix}\boldsymbol{T}_{11} & \boldsymbol{T}_{12}\\ 0 & 1\end{bmatrix} \tag{3.28}$$

恰好是一复合变换矩阵样式。这说明：复合变换 $\boldsymbol{T}$ 是表示旋转变换在先、平移运动在后的情形。

(5) 方向余弦的几个性质

前面曾对旋转矩阵的性质作过介绍，在新形式下，有必要再重新描述一遍。

方向余弦阵$\boldsymbol{T}_{11}$ 是一个正交变换阵，而且其每个列矢量的模都为 1，因此，在这个方向余弦阵的同一行或者同一列中，各个元素的平方和为 1(行矢量或列矢量本身的内积为 1)，即

$$\begin{cases}t_{11}^2+t_{12}^2+t_{13}^2=1\\ t_{21}^2+t_{22}^2+t_{23}^2=1\\ t_{31}^2+t_{32}^2+t_{33}^2=1\\ t_{11}^2+t_{21}^2+t_{31}^2=1\\ t_{12}^2+t_{22}^2+t_{32}^2=1\\ t_{13}^2+t_{23}^2+t_{33}^2=1\end{cases}$$

在这个方向余弦阵中，任意两个不同列或不同行的对应元素的乘积之和为 0(行矢量与其他行矢量或列矢量与其他列矢量的内积为 0)，即

$$\begin{cases}t_{11}t_{21}+t_{12}t_{22}+t_{13}t_{23}=0\\ t_{21}t_{31}+t_{22}t_{32}+t_{23}t_{33}=0\\ t_{31}t_{11}+t_{32}t_{12}+t_{33}t_{13}=0\\ t_{11}t_{12}+t_{21}t_{22}+t_{31}t_{32}=0\\ t_{12}t_{13}+t_{22}t_{23}+t_{32}t_{33}=0\\ t_{13}t_{11}+t_{23}t_{21}+t_{33}t_{31}=0\end{cases}$$

因为方向余弦阵是正交变换阵，因此$\boldsymbol{T}_{11}^{-1}=\boldsymbol{T}_{11}^{\mathrm{T}}$，即

$$\boldsymbol{T}_{11}^{-1}=\begin{bmatrix}t_{11} & t_{12} & t_{13}\\ t_{21} & t_{22} & t_{23}\\ t_{31} & t_{32} & t_{33}\end{bmatrix}^{\mathrm{T}}=\begin{bmatrix}t_{11} & t_{21} & t_{31}\\ t_{12} & t_{22} & t_{32}\\ t_{13} & t_{23} & t_{33}\end{bmatrix}$$

$\boldsymbol{T}_{11}$ 的矩阵行列式等于 1，即

$$|\boldsymbol{T}_{11}|=1$$

3.3　齐次变换的一些性质

3.3.1　变换过程的相对性

前面介绍的旋转变换和平移变换一直都是相对于固定的参考坐标系而言的。例如式：

$$\mathbf{Trans}(4,-3,7)\cdot\mathbf{rot}(y,90°)\cdot\mathbf{rot}(z,90)=\begin{bmatrix}0&0&1&4\\1&0&0&-3\\0&1&0&7\\0&0&0&1\end{bmatrix}\tag{3.29}$$

通常讲其变换的顺序在(3.29)式中是从右向左进行的：构件坐标系先相对参考坐标系 z 轴转 90°，再相对参考坐标系 y 轴转 90°，再相对参考坐标系平移 $4\boldsymbol{i}-3\boldsymbol{j}+7\boldsymbol{k}$，如图 3.11 所示。

另一方面，(3.29)式的变换过程，也可以相反顺序，即从左向右进行。此时可作如下解释：构件坐标系($o'-x'y'z'$)先在当前构件坐标系($o'-x'y'z'$)中平移 $4\boldsymbol{i}-3\boldsymbol{j}+7\boldsymbol{k}$，再绕当前构件坐标系($o'-x'y'z'$)$y'$轴转 90°，再绕当前构件坐标系($o'-x'y'z'$)$z'$轴转 90°，其变换过程如图 3.13 所示。可见，其最终结果与前面的情形相同。

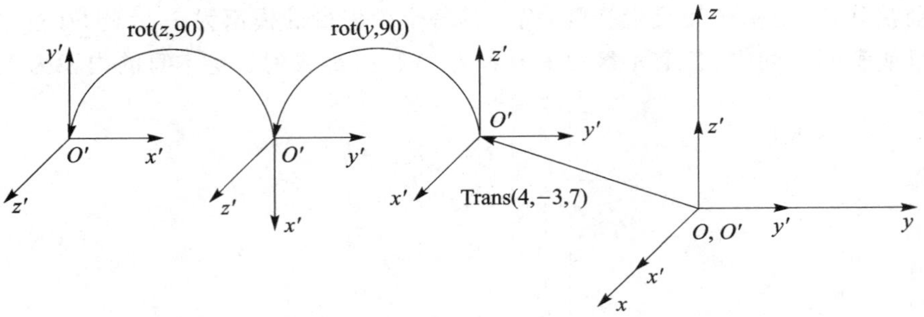

图 3.13 相对变换的几何意义

(3.29)式的变换过程究竟是从右到左，还是从左到右进行，取决于被变换的坐标系或矢量是放在(3.29)式结果的右面还是左面，若放在右面，则变换从右到左进行，若放在左面，则变换从左到右进行。当将矢量放在左面时，其形式应是(3.21)式样子，而不能是通常矢量样子。

下面结合两个实例对两种情况分别进行叙述：

① 如用一个描述平移和(或)旋转的变换 $\boldsymbol{T}$，左乘一个坐标系 **C**，那么 **C** 产生的平移和(或)旋转是相对于参考坐标系进行的。如，给一构件坐标系 **C** 和一个变换 $\boldsymbol{T}$，$\boldsymbol{T}$ 相当于绕参考坐标系的 z 轴旋转 90°，再在参考坐标系 x 轴方向平移 10 个单位，分别表示如下：

$$\boldsymbol{C}=\begin{bmatrix}1&0&0&20\\0&0&-1&10\\0&1&0&0\\0&0&0&1\end{bmatrix},\quad \boldsymbol{T}=\begin{bmatrix}0&-1&0&10\\1&0&0&0\\0&0&1&0\\0&0&0&1\end{bmatrix}$$

因变换过程是相对于参考坐标系的，得到新的构件坐标系 **A** 如下：

$$\mathbf{A}=\boldsymbol{TC}=\begin{bmatrix}0&-1&0&10\\1&0&0&0\\0&0&1&0\\0&0&0&1\end{bmatrix}\begin{bmatrix}1&0&0&20\\0&0&-1&10\\0&1&0&0\\0&0&0&1\end{bmatrix}=\begin{bmatrix}0&0&1&0\\1&0&0&20\\0&1&0&0\\0&0&0&1\end{bmatrix}$$

② 如用一个描述旋转和(或) 平移旋转的变换 $\boldsymbol{T}$，右乘一个坐标系 **C**，那么产生平移和(或)旋转是相对于构件坐标系(物件坐标系)**C** 产生的。如，当 **C** 和 $\boldsymbol{T}$ 同上例，变换过程是相对于构件 **C** 坐标系进行的，得到新的构件坐标系 **B** 为：

$$B = CT = \begin{bmatrix} 1 & 0 & 0 & 20 \\ 0 & 0 & -1 & 10 \\ 0 & 1 & 0 & 0 \\ 0 & 0 & 0 & 1 \end{bmatrix} \begin{bmatrix} 0 & -1 & 0 & 10 \\ 1 & 0 & 0 & 0 \\ 0 & 0 & 1 & 0 \\ 0 & 0 & 0 & 1 \end{bmatrix} = \begin{bmatrix} 0 & -1 & 0 & 30 \\ 0 & 0 & -1 & 10 \\ 1 & 0 & 0 & 0 \\ 0 & 0 & 0 & 1 \end{bmatrix}$$

上述两个变换过程分别如图 3.14 所示。

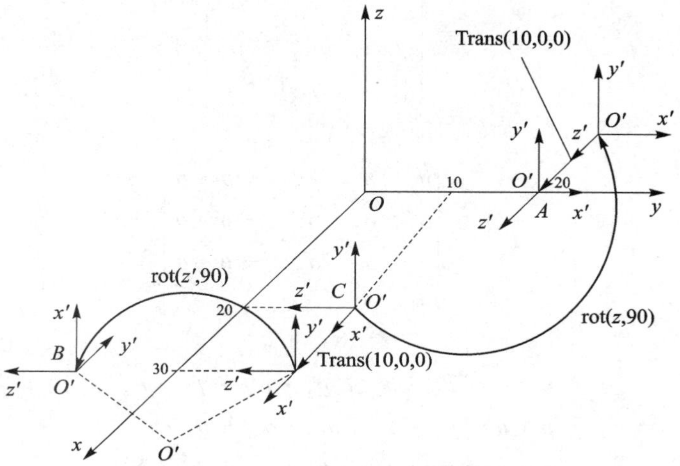

图 3.14　相对于不同坐标系的相对变换过程

3.3.2　变换过程的可逆性

前面学过，已知坐标系 **B** 对相对坐标系 **A** 的描述是${}^A_B\boldsymbol{T}$，那么若将 **B** 中的矢量相对 **A** 进行描述，则将${}^A_B\boldsymbol{T}$ 左乘该矢量即可。其实还有另外一种情形：已知坐标系 **A** 对相对坐标系 **B** 的描述是${}^B_A\boldsymbol{T}$，若将 **A** 中的矢量相对 **B** 进行描述，则将${}^B_A\boldsymbol{T}$ 左乘该矢量即可。

其中的${}^A_B\boldsymbol{T}$ 与${}^B_A\boldsymbol{T}$ 是两个密切相关的变换矩阵，也是互逆的两个矩阵。

若是已知${}^A_B\boldsymbol{T}$，如何来求${}^A_B\boldsymbol{T}^{-1}$，即如何来求${}^B_A\boldsymbol{T}$？方法有二：一是使用求逆矩阵的一般公式，二是利用齐次变换矩阵的特点求逆，可简化矩阵求逆运算。根据旋转矩阵的正交性质，由

$${}^A_B\boldsymbol{T} = \left[\begin{array}{c:c} {}^A_B\boldsymbol{R} & {}^A\boldsymbol{p}_{BO} \\ \hdashline 0 & 1 \end{array}\right] \tag{3.30}$$

可得

$${}^B_A\boldsymbol{T} = \left[\begin{array}{c:c} {}^B_A\boldsymbol{R} & {}^B\boldsymbol{p}_{AO} \\ \hdashline 0 & 1 \end{array}\right] \tag{3.31}$$

这样，对于已知${}^A_B\boldsymbol{T}$ 来求${}^B_A\boldsymbol{T}$，实际上等价于已经知道${}^A_B\boldsymbol{R}$ 和${}^A\boldsymbol{p}_{BO}$ 来求${}^B_A\boldsymbol{R}$ 和${}^B\boldsymbol{p}_{AO}$。只是前者是齐次表示，后者是三维表示。一方面有

$${}^B_A\boldsymbol{R} = {}^A_B\boldsymbol{R}^{-1} = {}^A_B\boldsymbol{R}^{\mathrm{T}}$$

另一方面，由公式${}^B\boldsymbol{p} = {}^B_A\boldsymbol{R} \cdot {}^A\boldsymbol{p} + {}^B\boldsymbol{p}_{AO}$ 来求原点${}^A\boldsymbol{p}_{BO}$ 在坐标系 **B** 中的描述，可得

$${}^B({}^A\boldsymbol{p}_{BO}) = {}^B_A\boldsymbol{R} \cdot {}^A\boldsymbol{p}_{BO} + {}^B\boldsymbol{p}_{AO} = 0$$

则

$${}^B\boldsymbol{p}_{AO} = -{}^B_A\boldsymbol{R} \cdot {}^A\boldsymbol{p}_{BO} = -{}^A_B\boldsymbol{R}^{\mathrm{T}} \cdot {}^A\boldsymbol{p}_{BO}$$

即

$$
{}_A^B\boldsymbol{T}=\left[\begin{array}{c|c}{}_B^A\boldsymbol{R}^{\mathrm{T}} & -{}_B^A\boldsymbol{R}^{\mathrm{T}}\cdot{}^A\boldsymbol{p}_{BO} \\ \hline 0 & 1\end{array}\right]={}_B^A\boldsymbol{T}^{-1} \tag{3.32}
$$

(3.32)式提供了一种求解齐次变换逆矩阵的简便方法。

计算中对(3.32)式还可再简化。如果将变换矩阵 $\boldsymbol{T}$ 的各元写为

$$
\boldsymbol{T}=\begin{bmatrix} n_x & o_x & a_x & P_x \\ n_y & o_y & a_y & P_y \\ n_z & o_z & a_z & P_z \\ 0 & 0 & 0 & 1 \end{bmatrix} \tag{3.33}
$$

则

$$
\boldsymbol{T}^{-1}=\begin{bmatrix} n_x & n_y & n_z & -\boldsymbol{p}\cdot\boldsymbol{n} \\ o_x & o_y & o_z & -\boldsymbol{p}\cdot\boldsymbol{o} \\ a_x & a_y & a_z & -\boldsymbol{p}\cdot\boldsymbol{a} \\ 0 & 0 & 0 & 1 \end{bmatrix} \tag{3.34}
$$

其中,

$$
\boldsymbol{p}\cdot\boldsymbol{n}=p_x\cdot n_x+p_y\cdot n_y+p_z\cdot n_z
$$
$$
\boldsymbol{p}\cdot\boldsymbol{o}=p_x\cdot o_x+p_y\cdot o_y+p_z\cdot o_z
$$
$$
\boldsymbol{p}\cdot\boldsymbol{a}=p_x\cdot a_x+p_y\cdot a_y+p_z\cdot a_z
$$

例 3.8 已知变换矩阵 $\boldsymbol{T}$ 的各元如下,分别用(3.32)式和(3.34)式求其逆。

$$
\boldsymbol{T}=\left[\begin{array}{ccc|c} 0 & 0 & 1 & 4 \\ 1 & 0 & 0 & 0 \\ 0 & 1 & 0 & 0 \\ \hline 0 & 0 & 0 & 1 \end{array}\right]
$$

解: 用(3.32)式求解,由

$$
-{}_B^A\boldsymbol{R}^{\mathrm{T}}\cdot{}^A\boldsymbol{p}_{BO}=-\begin{bmatrix} 0 & 1 & 0 \\ 0 & 0 & 1 \\ 1 & 0 & 0 \end{bmatrix}\begin{bmatrix} 4 \\ 0 \\ 0 \end{bmatrix}=\begin{bmatrix} 0 \\ 0 \\ -4 \end{bmatrix}
$$

得

$$
\boldsymbol{T}^{-1}=\left[\begin{array}{c|c}{}_B^A\boldsymbol{R}^{\mathrm{T}} & -{}_B^A\boldsymbol{R}^{\mathrm{T}}\cdot{}^A\boldsymbol{p}_{BO} \\ \hline \boldsymbol{0} & 1\end{array}\right]=\left[\begin{array}{ccc|c} 0 & 1 & 0 & 0 \\ 0 & 0 & 1 & 0 \\ 1 & 0 & 0 & -4 \\ \hline 0 & 0 & 0 & 1 \end{array}\right]={}_A^B\boldsymbol{T}
$$

用(3.34)式求解,由

$$
\boldsymbol{p}\cdot\boldsymbol{n}=4\times 0+0\times 1+0\times 0=0
$$
$$
\boldsymbol{p}\cdot\boldsymbol{o}=4\times 0+0\times 0+0\times 1=0
$$
$$
\boldsymbol{p}\cdot\boldsymbol{a}=4\times 1+0\times 0+0\times 0=4
$$

$$
\boldsymbol{T}^{-1}=\begin{bmatrix} 0 & 1 & 0 & 0 \\ 0 & 0 & 1 & 0 \\ 1 & 0 & 0 & -4 \\ 0 & 0 & 0 & 1 \end{bmatrix}={}_A^B\boldsymbol{T}
$$

3.3.3 联体坐标系间变换过程的连续性

若给定一组联体坐标系 A、B 和 C,且知道 A 是相对于参考坐标系的描述,B 对 A 的描述为${}^{A}_{B}\boldsymbol{T}$,C 对 B 的描述的${}^{B}_{C}\boldsymbol{T}$,则对 C 中的位置矢量${}^{C}\boldsymbol{p}$ 在 A、B 中的描述分别为

$$ {}^{B}\boldsymbol{p}={}^{B}_{C}\boldsymbol{T}\cdot{}^{C}\boldsymbol{p} \tag{3.35} $$

$$ {}^{A}\boldsymbol{p}={}^{A}_{B}\boldsymbol{T}\cdot{}^{B}p={}^{A}_{B}\boldsymbol{T}\cdot{}^{B}_{C}\boldsymbol{T}\cdot{}^{C}\boldsymbol{p} \tag{3.36} $$

由上可得

$$ {}^{A}_{C}\boldsymbol{T}={}^{A}_{B}\boldsymbol{T}\cdot{}^{B}_{C}\boldsymbol{T} \tag{3.37} $$

同理,若 $1,2,3,\cdots,i,\cdots,n$ 个坐标系,且分别知坐标系 i 对坐标系 $i-1$ 的描述${}^{i-1}_{i}\boldsymbol{T}$ 时($i=1,2,3,\cdots,n$),对坐标系 n 中的矢量${}^{n}\boldsymbol{p}$ 在坐标系 1 中的描述,总可用(3.36)、(3.37)式写成如下${}^{1}\boldsymbol{p}$ 求解公式

$$ {}^{1}\boldsymbol{p}={}^{1}_{2}\boldsymbol{T}\cdot{}^{2}_{3}\boldsymbol{T}\cdots{}^{i-1}_{i}\boldsymbol{T}\cdots{}^{n-1}_{n}\boldsymbol{T}^{n}\boldsymbol{p} \tag{3.38} $$

且有

$$ {}^{1}_{n}\boldsymbol{T}={}^{1}_{2}\boldsymbol{T}\cdot{}^{2}_{3}\boldsymbol{T}\cdots{}^{i-1}_{i}\boldsymbol{T}\cdots{}^{n-1}_{n}\boldsymbol{T} \tag{3.39} $$

(3.39)式可以理解为,从基坐标系到联体坐标系的变换采用右乘;或者说,从联体坐标系到基坐标系的变换采用左乘。可简述为"右乘联体左乘基"。

3.3.4 多个连续变换过程的封闭性

在描述机器人操作空间某构件坐标系位姿时,会用若干个形如(3.39)式的变换途径来表示,由此可组成多组变换方程。

如图 3.15 所示,一个机器人末端执行器中点的位姿,可用两种变换来描述:一种是通过基座坐标系相对参考坐标系、机械手末端坐标系相对基座坐标系、工具坐标系相对末端坐标系的途径来描述,即 $\boldsymbol{Z}\to{}^{0}_{6}\boldsymbol{T}\to\boldsymbol{E}$;一种是通过工作台坐标系相对参考坐标系、工件坐标系相对工作台坐标系的途径来描述,即 $\boldsymbol{B}\to\boldsymbol{G}$。因两个变换过程所说的目标点位姿是一回事,所以有

$$ \boldsymbol{Z}\cdot{}^{0}_{6}\boldsymbol{T}\cdot\boldsymbol{E}=\boldsymbol{B}\cdot\boldsymbol{G} \tag{3.40} $$

(3.40)式可用图 3.16 所示有向变换图表示。图中的每一个弧段表示一个变换,左右半圆都从它定义为起点的参考坐标系开始,向外指向并封闭于目标相同的一个位姿点。

如需解出变换矩阵${}^{0}_{6}\boldsymbol{T}$,由图 3.16 中${}^{0}_{6}\boldsymbol{T}$ 的尾部开始,反向到达${}^{6}_{0}\boldsymbol{T}$ 的前端部,按照所经过变换的箭头方向是正还是逆来决定该变换矩阵的正逆形式,再依次写出各变换矩阵的乘积即可得

$$ {}^{0}_{6}\boldsymbol{T}=\boldsymbol{Z}^{-1}\cdot\boldsymbol{B}\cdot\boldsymbol{G}\cdot\boldsymbol{E}^{-1} \tag{3.41} $$

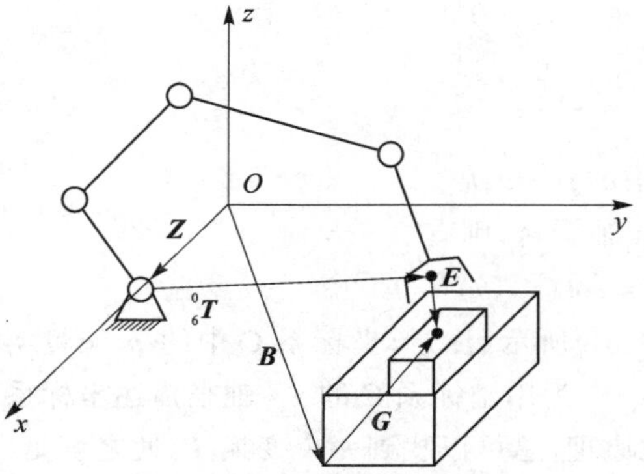

图 3.15 多个连续变换过程

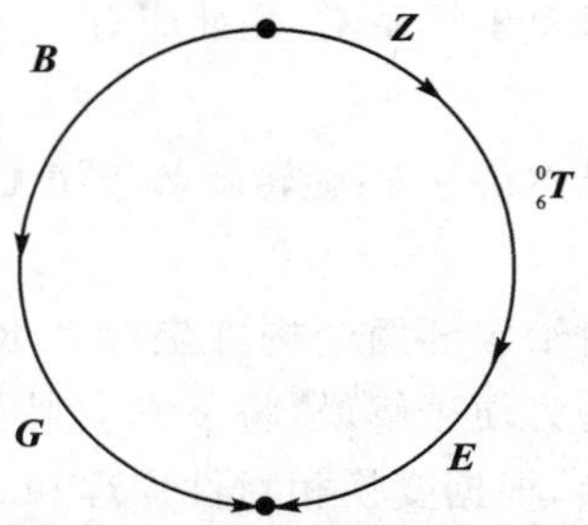

图 3.16 封闭的有向变换图

再如，若机器人将手部正好以适当的姿态放在工件的操作部位，则可通过封闭的有向变换图列出求变换矩阵 $\boldsymbol{B}$ 的方程：

$$\boldsymbol{B}=\boldsymbol{Z}\cdot{}_6^0\boldsymbol{T}\cdot\boldsymbol{E}\cdot\boldsymbol{G}^{-1} \tag{3.42}$$

特别是，从任一点开始，无论是顺时针还是逆时针运行，按照上述规则将所经过的变换写成应有变换矩阵的正逆形式，回到起点时，总能得到一个单位阵。例如，从${}_0^6\boldsymbol{T}$ 尾部开始，逆时针运行到同一位置时，能得到

$${}_6^0\boldsymbol{T}\cdot\boldsymbol{E}\cdot\boldsymbol{G}^{-1}\cdot\boldsymbol{B}^{-1}\cdot\boldsymbol{Z}=\boldsymbol{I} \tag{3.43}$$

同样，通过封闭的有向变换图也可求出

$$\boldsymbol{Z}\cdot{}_6^0\boldsymbol{T}=\boldsymbol{G}\cdot\boldsymbol{B}\cdot\boldsymbol{E}^{-1} \tag{3.44}$$

为紧凑和快捷，还可采用图 3.17 的形式来表示这个封闭的有向变换图。图中的虚线表示两端的节点是连在一起的，中间各垂线表示不同变换的界限。

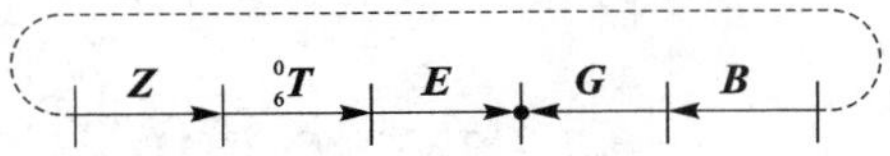

图 3.17　封闭的有向变换图

3.4　通用旋转变换

3.4.1　通用旋转变换公式

前面介绍过绕 x、y、z 轴旋转的旋转变换，这些变换都有简单的几何解释；但实际中，不是所有的旋转都恰好围绕某坐标系的某轴线进行。这时应怎样描述相关旋转变换呢？这是下面要讨论的问题。

设 $\boldsymbol{f}$ 为过某坐标系原点的任一矢量，$\boldsymbol{f}=f_x\boldsymbol{i}+f_y\boldsymbol{j}+f_z\boldsymbol{k}$，现在来求绕任意矢量 $\boldsymbol{f}$ 旋转的旋转变换矩阵。

给出一个变换矩阵，它表示绕通过原点的任意矢量 $\boldsymbol{f}$ 旋转。可认为 $\boldsymbol{f}$ 是某个与参考坐标系原点相同而方向不同的 **C** 坐标系的 z_C 轴的单位矢量，即

$$\boldsymbol{C}=\begin{bmatrix} n_x & o_x & a_x & 0 \\ n_y & o_y & a_y & 0 \\ n_z & o_z & a_z & 0 \\ 0 & 0 & 0 & 1 \end{bmatrix} \tag{3.45}$$

对应坐标系 **C**，此处应有

$$\boldsymbol{f}=a_x\boldsymbol{i}+a_y\boldsymbol{j}+a_z\boldsymbol{k} \tag{3.46}$$

既然绕 $\boldsymbol{f}$ 轴旋转就等于绕 **C** 坐标系的 z_C 轴旋转，则有

$$\mathbf{rot}(\boldsymbol{f},\theta)=\mathbf{rot}(\boldsymbol{z}_C,\theta) \tag{3.47}$$

对给定的两个构件坐标系 **B** 和 **C**，如图 3.18 所示（注意，坐标系 **C** 中的 $\boldsymbol{p}$ 矢量实际应为 $\boldsymbol{0}$，此处为便于解说，将 $\boldsymbol{p}$ 矢量特画成外延形式）。为用坐标系 **C** 的 z_C 轴来描述坐标系 **B** 的旋转变换，根据变换相对性原理和变换的封闭性原理，总可以找到一个变换 $\boldsymbol{T}$，使之满足

$$\boldsymbol{B}=\boldsymbol{CT} \tag{3.48}$$

又根据变换的可逆性原理，由上式可得到

$$T = C^{-1}B \tag{3.49}$$

因旋转轴 f 是构件坐标系 C 的 z_C 轴，故当坐标系 B 绕 f 旋转时，为使得(3.48)式两侧继续相等，相当于 T 同时也绕坐标系 C 的 z_C 轴进行同样旋转，可得

$$\mathbf{rot}(f,\theta)\cdot B = C\cdot \mathbf{rot}(z_C,\theta)\cdot T \tag{3.50}$$

$$\mathbf{rot}(f,\theta)\cdot B = C\cdot \mathbf{rot}(z_C,\theta)\cdot C^{-1}\cdot B \tag{3.51}$$

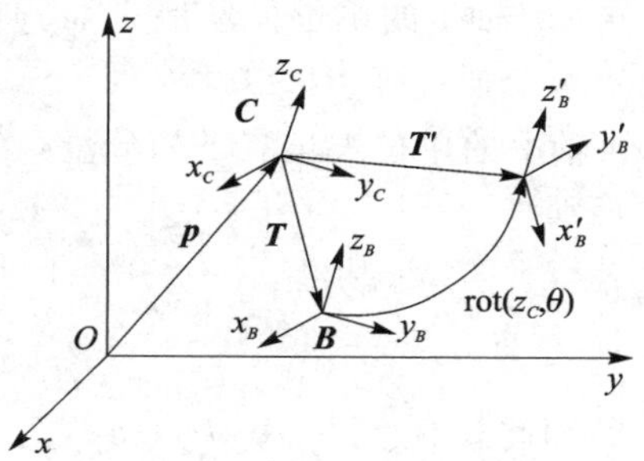

图 3.18　绕一般轴的旋转原理

这样

$$\mathbf{rot}(f,\theta) = C\cdot \mathbf{rot}(z_C,\theta)\cdot C^{-1} \tag{3.52}$$

这时，上式中只有关于参考坐标系中 f 矢量和 C 坐标系中的 z_C 轴的旋转变换。因为 z_C 轴就是 f 矢量，因此 $C\cdot \mathbf{rot}(z_C,\theta)\cdot C^{-1}$ 仅是关于矢量 f 旋转角度 θ 的函数。

在(3.52)式右边，由 $\mathbf{rot}(z_C,\theta)\cdot C^{-1}$ 可得到

$$\mathbf{rot}(z_C,\theta)\cdot C^{-1} = \begin{bmatrix} \cos\theta & -\sin\theta & 0 & 0 \\ \sin\theta & \cos\theta & 0 & 0 \\ 0 & 0 & 1 & 0 \\ 0 & 0 & 0 & 1 \end{bmatrix}\begin{bmatrix} n_x & n_y & n_z & 0 \\ o_x & o_y & o_z & 0 \\ a_x & a_y & a_z & 0 \\ 0 & 0 & 0 & 1 \end{bmatrix}$$

$$= \begin{bmatrix} n_x\cos\theta - o_x\sin\theta & n_y\cos\theta - o_y\sin\theta & n_z\cos\theta - o_z\sin\theta & 0 \\ n_x\sin\theta + o_x\cos\theta & n_y\sin\theta + o_y\cos\theta & n_z\sin\theta + o_z\cos\theta & 0 \\ a_x & a_y & a_z & 0 \\ 0 & 0 & 0 & 1 \end{bmatrix} \tag{3.53}$$

再由(3.53)式可以得到

$$C\cdot \mathbf{rot}(z_C,\theta)\cdot C^{-1} = \begin{bmatrix} n'_x & o'_x & a'_x & 0 \\ n'_y & o'_y & a'_y & 0 \\ n'_z & o'_z & a'_z & 0 \\ 0 & 0 & 0 & 1 \end{bmatrix} \tag{3.54}$$

其中，

$$\begin{aligned}
n'_x &= n_x n_x\cos\theta - n_x o_x\sin\theta + n_x o_x\sin\theta + o_x o_x\cos\theta + a_x a_x \\
n'_y &= n_y n_x\cos\theta - n_y o_x\sin\theta + n_x o_y\sin\theta + o_y o_x\cos\theta + a_y a_x \\
n'_z &= n_z n_x\cos\theta - n_z o_x\sin\theta + n_x o_z\sin\theta + o_z o_x\cos\theta + a_z a_x \\
o'_x &= n_x n_y\cos\theta - n_x o_y\sin\theta + n_y o_x\sin\theta + o_y o_x\cos\theta + a_x a_y \\
o'_y &= n_y n_y\cos\theta - n_y o_y\sin\theta + n_y o_y\sin\theta + o_y o_y\cos\theta + a_y a_y \\
o'_z &= n_z n_y\cos\theta - n_z o_y\sin\theta + n_y o_z\sin\theta + o_y o_z\cos\theta + a_z a_y \\
a'_x &= n_x n_z\cos\theta - n_x o_z\sin\theta + n_z o_x\sin\theta + o_z o_x\cos\theta + a_x a_z \\
a'_y &= n_y n_z\cos\theta - n_y o_z\sin\theta + n_z o_y\sin\theta + o_z o_y\cos\theta + a_y a_z \\
a'_z &= n_z n_z\cos\theta - n_z o_z\sin\theta + n_z o_z\sin\theta + o_z o_z\cos\theta + a_z a_z
\end{aligned}$$

根据方向余弦阵下列的几个性质，对上式进行简化：

- 坐标系 C 任意的行或列与其他行或列的数量积为 0，因为这些矢量是正交的；
- 坐标系 C 任意行或列与其自身的数量积为 1，因为它们是单位矢量；

• z_C 轴上的单位矢量是 x 轴、y 轴上的单位矢量的矢量积，即

$$\boldsymbol{a}=\boldsymbol{n}\times\boldsymbol{o}$$

则，z_C 轴上的单位矢量有下列分量：

$$a_x=n_yo_z-n_zo_y$$

$$a_y=n_zo_x-n_xo_z$$

$$a_z=n_xo_y-n_yo_x$$

已知此处有 $f_x=a_x, f_y=a_y, f_z=a_z$。

对 n'_x 进行整理，可得

$$\begin{aligned}n'_x&=n_xn_x\cos\theta+o_xo_x\cos\theta+a_xa_x\\&=n_xn_x\cos\theta+o_xo_x\cos\theta+a_xa_x\cos\theta-a_xa_x\cos\theta+a_xa_x\\&=(n_xn_x+o_xo_x+a_xa_x)\cos\theta+a_xa_x(1-\cos\theta)\\&=f_xf_x(1-\cos\theta)+\cos\theta\end{aligned}$$

对 n'_y 进行整理，可得

$$\begin{aligned}n'_y&=n_yn_x\cos\theta-n_yo_x\sin\theta+n_xo_y\sin\theta+o_yo_x\cos\theta+a_ya_x\\&=n_yn_x\cos\theta+o_yo_x\cos\theta+a_z\sin\theta+a_ya_x\\&=n_yn_x\cos\theta+o_yo_x\cos\theta+a_ya_x\cos\theta-a_ya_x\cos\theta+a_z\sin\theta+a_ya_x\\&=(n_yn_x+o_yo_x+a_ya_x)\cos\theta+a_ya_x(1-\cos\theta)+a_z\sin\theta\\&=f_xf_y(1-\cos\theta)+f_z\sin\theta\end{aligned}$$

采用同样的方法对其他各元进行处理可得

$$\begin{aligned}n'_z&=n_zn_x\cos\theta-n_zo_x\sin\theta+n_xo_z\sin\theta+o_zo_x\cos\theta+a_za_x\\&=f_xf_z(1-\cos\theta)-f_y\sin\theta\\o'_x&=n_xn_y\cos\theta-n_xo_y\sin\theta+n_yo_x\sin\theta+o_yo_x\cos\theta+a_xa_y\\&=f_yf_x(1-\cos\theta)-f_z\sin\theta\\o'_y&=n_yn_y\cos\theta-n_yo_y\sin\theta+n_yo_y\sin\theta+o_yo_y\cos\theta+a_ya_y\\&=f_yf_y(1-\cos\theta)+\cos\theta\\o'_z&=n_zn_y\cos\theta-n_zo_y\sin\theta+n_yo_z\sin\theta+o_yo_z\cos\theta+a_za_y\\&=f_zf_y(1-\cos\theta)+f_x\sin\theta\\a'_x&=n_xn_z\cos\theta-n_xo_z\sin\theta+n_zo_x\sin\theta+o_zo_x\cos\theta+a_xa_z\\&=f_xf_z(1-\cos\theta)+f_y\sin\theta\\a'_y&=n_yn_z\cos\theta-n_yo_z\sin\theta+n_zo_y\sin\theta+o_zo_y\cos\theta+a_ya_z\\&=f_yf_z(1-\cos\theta)-f_x\sin\theta\\a'_z&=n_zn_z\cos\theta-n_zo_z\sin\theta+n_zo_z\sin\theta+o_zo_z\cos\theta+a_za_z\\&=f_zf_z(1-\cos\theta)+\cos\theta\end{aligned}$$

可得

$$\mathbf{rot}(\boldsymbol{f},\theta)=\begin{bmatrix}f_xf_x\,\mathrm{vers}\theta+\mathrm{c}\theta & f_yf_x\,\mathrm{vers}\theta-f_z\mathrm{s}\theta & f_zf_x\,\mathrm{vers}\theta+f_y\mathrm{s}\theta & 0\\ f_xf_y\,\mathrm{vers}\theta+f_z\mathrm{s}\theta & f_yf_y\,\mathrm{vers}\theta+\mathrm{c}\theta & f_zf_y\,\mathrm{vers}\theta-f_x\mathrm{s}\theta & 0\\ f_xf_z\,\mathrm{vers}\theta-f_y\mathrm{s}\theta & f_yf_z\,\mathrm{vers}\theta+f_x\mathrm{s}\theta & f_zf_z\,\mathrm{vers}\theta+\mathrm{c}\theta & 0\\ 0&0&0&1\end{bmatrix}\tag{3.55}$$

其中，$s\theta=\sin\theta$，$c\theta=\cos\theta$，$\mathrm{vers}\,\theta=1-c\theta$。

(3.55)式就是通用旋转变换矩阵，能满足任何情况的旋转变换。譬如，当 $f_x=1$，$f_y=0$，$f_z=0$ 时，相当于绕参考坐标系 x 轴旋转，将它们代入(3.55)式中，绕 $\boldsymbol{f}$ 轴的旋转就变为

$$\mathbf{rot}(\boldsymbol{f},\theta)=\mathbf{rot}(x,\theta)=\begin{bmatrix}1 & 0 & 0 & 0\\ 0 & c\theta & -s\theta & 0\\ 0 & s\theta & c\theta & 0\\ 0 & 0 & 0 & 1\end{bmatrix}$$

3.4.2 等效转角与等效转轴

前面曾经给出下面一个变换矩阵

$$\boldsymbol{T}=\begin{bmatrix}0 & 0 & 1 & 0\\ 1 & 0 & 0 & 0\\ 0 & 1 & 0 & 0\\ 0 & 0 & 0 & 1\end{bmatrix}$$

该变换相当于构件坐标系$(o'-x'y'z')$的原点与参考坐标系$(o-xyz)$的原点重合，$(o'-x'y'z')$在$(o-xyz)$内先绕 z 轴旋转 90°，再绕 y 轴旋转 90°。现在提出一个相反问题，对上述的两次旋转变换结果，能否将$(o'-x'y'z')$相对$(o-xyz)$通过一次旋转变换来实现呢？这就是怎样求任意旋转变换的等效转角 θ 与等效转轴 $\boldsymbol{f}$。

假设已知旋转变换 $\boldsymbol{R}$ 为：

$$\boldsymbol{R}=\begin{bmatrix}n_x & o_x & a_x & 0\\ n_y & o_y & a_y & 0\\ n_z & o_z & a_z & 0\\ 0 & 0 & 0 & 1\end{bmatrix} \tag{3.56}$$

考虑到

$$\mathbf{rot}(\boldsymbol{f},\theta)=\begin{bmatrix}f_xf_x\mathrm{vers}\theta+c\theta & f_yf_x\mathrm{vers}\theta-f_zs\theta & f_zf_x\mathrm{vers}\theta+f_ys\theta & 0\\ f_xf_y\mathrm{vers}\theta+f_zs\theta & f_yf_y\mathrm{vers}\theta+c\theta & f_zf_y\mathrm{vers}\theta-f_xs\theta & 0\\ f_xf_z\mathrm{vers}\theta-f_ys\theta & f_yf_z\mathrm{vers}\theta+f_xs\theta & f_zf_z\mathrm{vers}\theta+c\theta & 0\\ 0 & 0 & 0 & 1\end{bmatrix} \tag{3.57}$$

在(3.56)、(3.57)式对角线上对应有

$$\begin{aligned}n_x+o_y+a_z&=f_x^2\cdot\mathrm{vers}\theta+c\theta+f_y^2\cdot\mathrm{vers}\theta+c\theta+f_z^2\cdot\mathrm{vers}\theta+c\theta\\ &=(f_x^2+f_y^2+f_z^2)\,\mathrm{vers}\theta+3c\theta=1+2\cos\theta\end{aligned} \tag{3.58}$$

可得

$$\cos\theta=\frac{1}{2}(n_x+o_y+a_z-1) \tag{3.59}$$

在(3.56)、(3.57)式非对角线上

$$\left.\begin{aligned}o_z-a_y&=2f_x\sin\theta\\ a_x-n_z&=2f_y\sin\theta\\ n_y-o_x&=2f_z\sin\theta\end{aligned}\right\} \tag{3.60}$$

可得

$$(o_z - a_y)^2 + (a_y - n_z)^2 + (n_y - o_x)^2 = 4\sin^2\theta \tag{3.61}$$

$$\sin\theta = \pm\frac{1}{2}\sqrt{(o_z - a_y)^2 + (a_y - n_z)^2 + (n_y - o_x)^2} \tag{3.62}$$

规定，当 $0° \leqslant \theta \leqslant 180°$ 且绕 $\boldsymbol{f}$ 正向旋转时，上式为正号；否则，上式为负号。等效转角为

$$\tan\theta = \frac{\sqrt{(o_z - a_y)^2 + (a_x - n_z)^2 + (n_y - o_x)^2}}{n_x + o_y + a_z - 1} \tag{3.63}$$

由(3.60)式又可以求得等效转轴为

$$\begin{aligned} f_x &= (o_z - a_y)/2s\theta \\ f_y &= (a_x - n_z)/2s\theta \\ f_z &= (n_y - o_x)/2s\theta \end{aligned} \tag{3.64}$$

当旋转角 θ 很小或向 180°接近时，由于在(3.64)式中分母数值都会很小，所以旋转轴不能精确确定。这时矢量 $\boldsymbol{f}$ 应该被重新整理，以保证 $|\boldsymbol{f}|=1$。这样，就必须用不同的方法来确定 $\boldsymbol{f}$。把(3.56)、(3.57)式左右部分的对角线元素等同起来，得到

$$\left.\begin{aligned} f_x^2\operatorname{vers}\theta + \cos\theta &= n_x \\ f_y^2\operatorname{vers}\theta + \cos\theta &= o_y \\ f_z^2\operatorname{vers}\theta + \cos\theta &= a_z \end{aligned}\right\} \tag{3.65}$$

将(3.59)式得到的 $\cos\theta$ 和 $\operatorname{vers}\theta$ 代入，解出 $\boldsymbol{f}$ 的各元素为

$$\left.\begin{aligned} f_x &= \pm\sqrt{\frac{n_x - \cos\theta}{1-\cos\theta}} \\ f_y &= \pm\sqrt{\frac{o_y - \cos\theta}{1-\cos\theta}} \\ f_z &= \pm\sqrt{\frac{a_z - \cos\theta}{1-\cos\theta}} \end{aligned}\right\} \tag{3.66}$$

由(3.66)式可以确定，$\boldsymbol{f}$ 的最大分量与 n_x、o_y 和 a_z 中的最大的正分量应该相对应。

由于旋转角 θ 的正弦必须是正，那么由式(3.60)确定的 $\boldsymbol{f}$ 的各分量的符号必须与这些方程的左边符号相同。因此，(3.66)式的正负号可以由(3.60)式得到。

把(3.66)式与(3.60)式所包含的信息结合起来，可得到如下的计算公式：

$$\left.\begin{aligned} f_x &= \operatorname{sign}(o_z - a_y)\sqrt{\frac{n_x - \cos\theta}{1-\cos\theta}} \\ f_y &= \operatorname{sign}(a_x - n_z)\sqrt{\frac{o_y - \cos\theta}{1-\cos\theta}} \\ f_z &= \operatorname{sign}(n_y - o_x)\sqrt{\frac{a_z - \cos\theta}{1-\cos\theta}} \end{aligned}\right\} \tag{3.67}$$

其中，当 $e>0$ 时，$\operatorname{sign}(e)=+1$；当 $e<0$ 时，$\operatorname{sign}(e)=-1$。

由(3.67)式仅仅确定了 $\boldsymbol{f}$ 的最大元素，它对应于 n_x、o_y 和 a_z 中最大的正元素，其余的元素由下列方程确定会更精确。这些方程式是由(3.56)、(3.57)式非对角线元素相加建立的。

$$\left.\begin{aligned} n_y + o_x &= 2f_x f_y \operatorname{vers}\theta \\ o_z + a_y &= 2f_y f_z \operatorname{vers}\theta \\ n_z + a_x &= 2f_z f_x \operatorname{vers}\theta \end{aligned}\right\} \tag{3.68}$$

如果 f_x 最大，则由(3.68)式中第一式得到

$$f_y = \frac{n_y + o_x}{2f_x \text{vers}\theta} \tag{3.69}$$

由(3.68)式中第三式得到

$$f_z = \frac{a_x + n_z}{2f_x \text{vers}\theta} \tag{3.70}$$

如果 f_y 最大，则由(3.68)式中第一式得到

$$f_x = \frac{n_y + o_x}{2f_y \text{vers}\theta} \tag{3.71}$$

由(3.68)式中第二式得到

$$f_z = \frac{o_z + a_y}{2f_y \text{vers}\theta} \tag{3.72}$$

如果 f_z 最大，则由(3.68)式中第三式得到

$$f_x = \frac{a_x + n_z}{2f_z \text{vers}\theta} \tag{3.73}$$

由(3.68)式中第二式得到

$$f_y = \frac{o_z + a_y}{2f_z \text{vers}\theta} \tag{3.74}$$

例 3.9　求下式的等效旋转角与等效旋转轴：

$$\boldsymbol{R} = \textbf{rot}(y, 90°)\textbf{rot}(z, 90°) = \begin{bmatrix} 0 & 0 & 1 & 0 \\ 1 & 0 & 0 & 0 \\ 0 & 1 & 0 & 0 \\ 0 & 0 & 0 & 1 \end{bmatrix}$$

解：由(3.59)、(3.62)、(3.63)式分别可得

$$c\theta = \frac{1}{2}(n_x + o_y + a_z - 1) = \frac{1}{2}(0 + 0 + 0 - 1) = -\frac{1}{2}$$

$$s\theta = \frac{1}{2}\sqrt{(o_z - a_y)^2 + (a_x - n_z)^2 + (n_y - o_x)^2} = \sqrt{(1-0)^2 + (1-0)^2 + (1-0)^2} = \frac{\sqrt{3}}{2}$$

$$\theta = \arctan\theta = \arctan\left(\frac{\sqrt{3}}{2} / -\frac{1}{2}\right) = \arctan(-\sqrt{3}) = 120°$$

在对角线上来查找 $\boldsymbol{f}$ 的最大分量，由于这个例子中所有元素都相等，可任取一个。由(3.64)式或(3.67)式求出 f_x，然后再利用(3.64)式或(3.69)式及(3.70)式求出 f_y 与 f_z。

$$f_x = (o_z - a_y)/2s\theta = \frac{1-0}{2\sin 120°} = \frac{1}{\sqrt{3}}$$

$$f_y = \frac{1}{\sqrt{3}}$$

$$f_z = \frac{1}{\sqrt{3}}$$

归纳整理可得

$$\mathbf{rot}(y,90^\circ)\,\mathbf{rot}(z,90^\circ)=\mathbf{rot}(\boldsymbol{f},120^\circ)$$

$$\boldsymbol{f}=\frac{1}{\sqrt{3}}\boldsymbol{i}+\frac{1}{\sqrt{3}}\boldsymbol{j}+\frac{1}{\sqrt{3}}\boldsymbol{k}$$

这就是要求的等效转角与等效转轴，如图 3.19 所示。

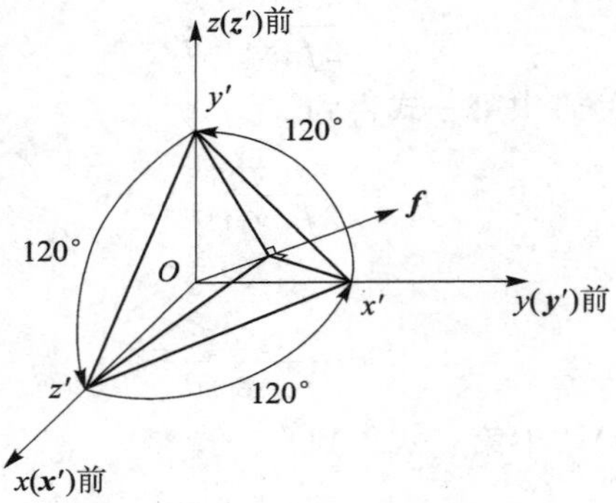

图 3.19 求等效转角与转轴

3.5 介绍几种常见变换

3.5.1 欧拉(Euler)角变换

一种纯旋转变换，不仅可以看作是绕一等效矢量 $\boldsymbol{f}$ 的旋转变换，还可以看作是绕某种坐标系坐标轴的某种纯旋转序列。一种绕某种坐标系坐标轴的纯旋转序列的转角称为欧拉角。

欧拉角变换的描述可以看作：首先，在当前构件坐标系中绕 z 轴转 ϕ 角，再在当前构件坐标系中绕 y 轴(y')转 θ 角，再在当前构件坐标系中绕 z 轴(z'')转 ψ 角，如图 3.20 所示。注意：在多次旋转的情况下，旋转的次序是很重要的。

$$\begin{aligned}\mathbf{Euler}(\phi,\theta,\psi)&=\mathbf{rot}(z,\phi)\cdot\mathbf{rot}(y,\theta)\cdot\mathbf{rot}(z,\psi)\\&=\begin{bmatrix}c\phi & -s\phi & 0 & 0\\ s\phi & c\phi & 0 & 0\\ 0 & 0 & 1 & 0\\ 0 & 0 & 0 & 1\end{bmatrix}\begin{bmatrix}c\theta & 0 & s\theta & 0\\ 0 & 1 & 0 & 0\\ -s\theta & 0 & c\theta & 0\\ 0 & 0 & 0 & 1\end{bmatrix}\begin{bmatrix}c\psi & -s\psi & 0 & 0\\ s\psi & c\psi & 0 & 0\\ 0 & 0 & 1 & 0\\ 0 & 0 & 0 & 1\end{bmatrix}\\&=\begin{bmatrix}c\phi c\theta c\psi-s\phi s\psi & -c\phi c\theta s\psi-s\phi c\psi & c\phi s\theta & 0\\ s\phi c\theta c\psi+c\phi s\psi & -s\phi c\theta s\psi+c\phi c\psi & s\phi s\theta & 0\\ -s\theta c\psi & s\theta s\psi & c\theta & 0\\ 0 & 0 & 0 & 1\end{bmatrix}\end{aligned}\tag{3.75}$$

由变换的相对性原理，可按照相反顺序解释其为在参考坐标系中的旋转：先绕参考坐标系 z 轴旋转 ψ 角，再绕参考坐标系 y 轴旋转 θ 角，再绕参考坐标系 z 轴旋转 ϕ 角，如图 3.21 所示。

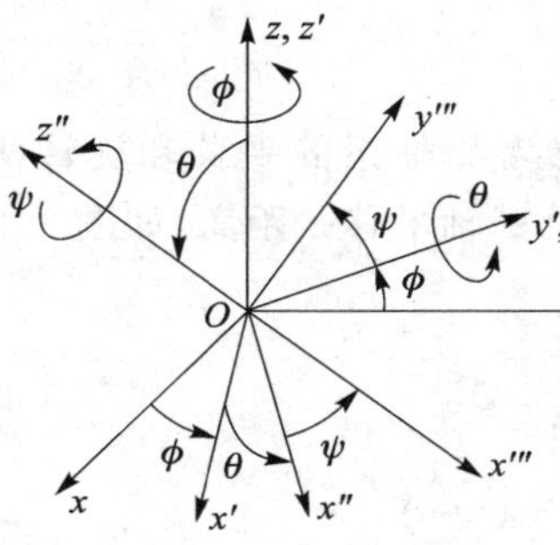

图 3.20　欧拉公式在构件坐标系中的描述

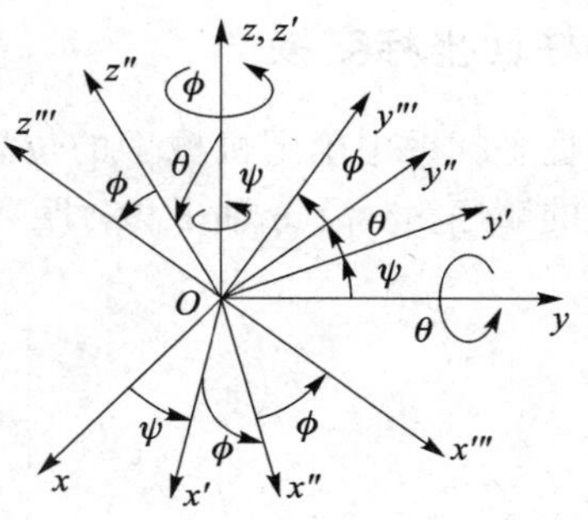

图 3.21　欧拉公式在参考坐标系中的描述

3.5.2　横滚、俯仰和偏转变换

经常使用的另一种纯旋转变换是横滚、俯仰和偏转(roll、pitch、yaw,简称 RPY)。这种旋转变换在轮船航海或飞机飞行过程中经常用到。

如图 3.22 所示,轮船绕与其前进方向同向的轴所作的转动为横滚,定义为绕参考坐标系 z 轴转动 ϕ 角;绕与其前进方向横向垂直的轴所作的转动为俯仰,定义为绕参考坐标系 y 轴转动 θ 角;绕与其前进方向铅垂轴所作的转动为偏转,定义为绕参考坐标系 x 轴转动 ψ 角。

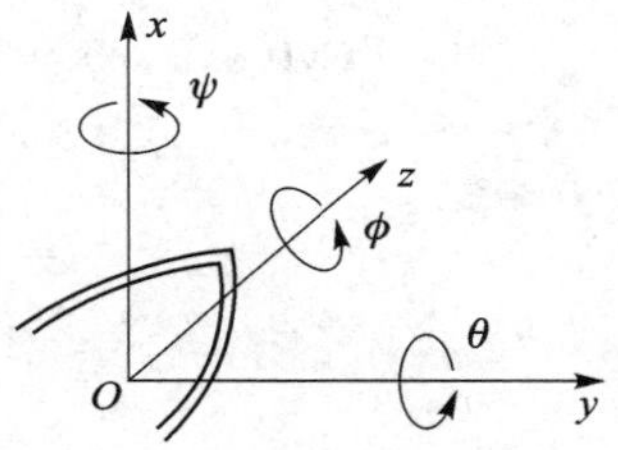

图 3.22　RPY 变换示意图

对 RPY 旋转变换次序作如下规定:先在当前构件坐标系中绕 z 轴转 ϕ 角,再在当前构件坐标系中绕 y 轴(y')转 θ 角,再在当前构件坐标系中绕 x 轴(x'')转 ψ 角,如下式:

$$\mathbf{RPY}(\phi,\theta,\psi)=\mathbf{rot}(z,\phi)\cdot\mathbf{rot}(y,\theta)\cdot\mathbf{rot}(x,\psi)$$

$$=\begin{bmatrix} c\phi & -s\phi & 0 & 0 \\ s\phi & c\phi & 0 & 0 \\ 0 & 0 & 1 & 0 \\ 0 & 0 & 0 & 1 \end{bmatrix}\begin{bmatrix} c\theta & 0 & s\theta & 0 \\ 0 & 1 & 0 & 0 \\ -s\theta & 0 & c\theta & 0 \\ 0 & 0 & 0 & 1 \end{bmatrix}\begin{bmatrix} 1 & 0 & 0 & 0 \\ 0 & c\psi & -s\psi & 0 \\ 0 & s\psi & c\psi & 0 \\ 0 & 0 & 0 & 1 \end{bmatrix}$$

$$=\begin{bmatrix} c\phi c\theta & c\phi s\theta s\psi - s\phi c\psi & c\phi s\theta c\psi + s\phi s\psi & 0 \\ s\phi c\theta & s\phi s\theta s\psi + c\phi c\psi & s\phi s\theta c\psi - c\phi s\psi & 0 \\ -s\theta & c\theta s\psi & c\phi c\psi & 0 \\ 0 & 0 & 0 & 1 \end{bmatrix} \tag{3.76}$$

若相对于参考坐标系进行变换描述,则(3.76)式表示为:先绕参考坐标系 x 轴旋转 ψ 角,再绕参考坐标系 y 轴旋转 θ 角,再绕参考坐标系 z 轴旋转 ϕ 角。

机器人的三自由度手腕处也经常用到 RPY 旋转变换,如图 3.23 所示。

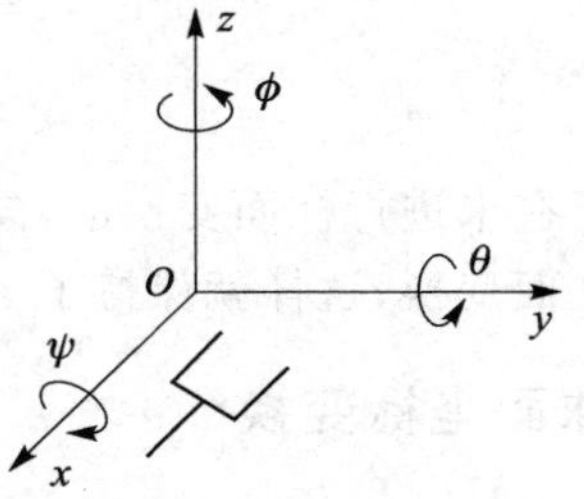

图 3.23　RPY 变换在机械手应用中的描述

3.5.3 柱面坐标变换

在圆柱坐标系中确定机械手的位置和方向，有相对参考坐标系的平移和旋转两种变换。这些变换的顺序为：沿 x 轴平移 r 距离，绕 z 轴转 α 角，沿 z 轴平移 z 距离，如图 3.24 所示。

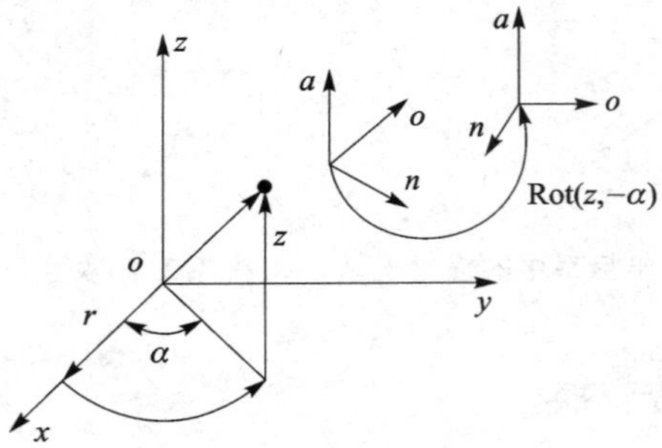

图 3.24 圆柱坐标变换

这个变换矩阵写成

$$
\begin{aligned}
\mathbf{Cyl}(z,\alpha,r) &= \mathbf{Trans}(0,0,z)\mathbf{rot}(z,\alpha)\mathbf{Trans}(r,0,0)\\
&= \begin{bmatrix} 1 & 0 & 0 & 0\\ 0 & 1 & 0 & 0\\ 0 & 0 & 1 & z\\ 0 & 0 & 0 & 1 \end{bmatrix}
\begin{bmatrix} \mathrm{c}\alpha & -\mathrm{s}\alpha & 0 & 0\\ \mathrm{s}\alpha & \mathrm{c}\alpha & 0 & 0\\ 0 & 0 & 1 & 0\\ 0 & 0 & 0 & 1 \end{bmatrix}
\begin{bmatrix} 1 & 0 & 0 & r\\ 0 & 1 & 0 & 0\\ 0 & 0 & 1 & 0\\ 0 & 0 & 0 & 1 \end{bmatrix}\\
&= \begin{bmatrix} \mathrm{c}\alpha & -\mathrm{s}\alpha & 0 & r\mathrm{c}\alpha\\ \mathrm{s}\alpha & \mathrm{c}\alpha & 0 & r\mathrm{s}\alpha\\ 0 & 0 & 1 & z\\ 0 & 0 & 0 & 1 \end{bmatrix}
\end{aligned}
\tag{3.77}
$$

进行上述变换后，若希望保留平移变换姿态，消除旋转变换姿态，表示运动是平动，可绕参考坐标系 z 轴先旋转一 $-\alpha$ 角，即右乘一个绕 z 轴 $-\alpha$ 角的旋转变换，则有

$$
\begin{aligned}
\mathbf{Cyl}(z,\alpha,r)\cdot\mathbf{rot}(z,-\alpha) &= \begin{bmatrix} \mathrm{c}\alpha & -\mathrm{s}\alpha & 0 & r\mathrm{c}\alpha\\ \mathrm{s}\alpha & \mathrm{c}\alpha & 0 & r\mathrm{s}\alpha\\ 0 & 0 & 1 & z\\ 0 & 0 & 0 & 1 \end{bmatrix}
\begin{bmatrix} \mathrm{c}(-\alpha) & -\mathrm{s}(-\alpha) & 0 & 0\\ \mathrm{s}(-\alpha) & \mathrm{c}(-\alpha) & 0 & 0\\ 0 & 0 & 1 & 0\\ 0 & 0 & 0 & 1 \end{bmatrix}\\
&= \begin{bmatrix} 1 & 0 & 0 & r\mathrm{c}\alpha\\ 0 & 1 & 0 & r\mathrm{s}\alpha\\ 0 & 0 & 1 & z\\ 0 & 0 & 0 & 1 \end{bmatrix}
\end{aligned}
\tag{3.78}
$$

相当于在未进行柱面变换前，先在原点处绕参考坐标系 z 轴作一个 $-\alpha$ 角旋转，然后再进行后面的柱面变换，这样就保持了手部姿态与基坐标系的姿态一致。

3.5.4 球面坐标变换

用球面坐标来确定机械手在空间的位置和姿态时，相当于相对参考坐标系作如下顺序变换：先沿 z 轴平移 r，再沿 y 轴转 β 角，再绕 z 轴转 α 角，如图 3.25 所示。其公式写为

$$\mathbf{Sph}(\alpha,\beta,r)=\mathbf{rot}(z,\alpha)\,\mathbf{rot}(y,\beta)\,\mathbf{Trans}(0,0,r)$$

$$=\begin{bmatrix} c\alpha & -s\alpha & 0 & 0 \\ s\alpha & c\alpha & 0 & 0 \\ 0 & 0 & 1 & 0 \\ 0 & 0 & 0 & 1 \end{bmatrix}\begin{bmatrix} c\beta & 0 & s\beta & 0 \\ 0 & 1 & 0 & 0 \\ -s\beta & 0 & c\beta & 0 \\ 0 & 0 & 0 & 1 \end{bmatrix}\begin{bmatrix} 1 & 0 & 0 & 0 \\ 0 & 1 & 0 & 0 \\ 0 & 0 & 1 & r \\ 0 & 0 & 0 & 1 \end{bmatrix}$$

$$=\begin{bmatrix} c\alpha\,c\beta & -s\alpha & c\alpha\,s\beta & r\,c\alpha\,s\beta \\ s\alpha\,c\beta & c\alpha & s\alpha\,s\beta & r\,s\alpha\,s\beta \\ -s\beta & 0 & c\beta & r\,c\beta \\ 0 & 0 & 0 & 1 \end{bmatrix} \tag{3.79}$$

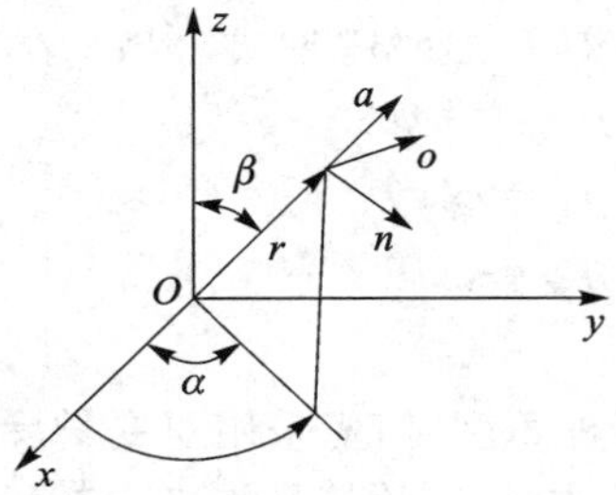

图 3.25 球面坐标变换

如相对于参考坐标系仅仅变换手部的位置，而保留物体姿态不变(即物体仅作平动运动)，则(3.79)式应先右乘 $\mathbf{rot}(y,-\beta)\,\mathbf{rot}(z,-\alpha)$，即

$$\mathbf{Sph}(\alpha,\beta,r)\,\mathbf{rot}(y,-\beta)\,\mathbf{rot}(z,-\alpha)=\begin{bmatrix} 1 & 0 & 0 & r\,c\alpha\,s\beta \\ 0 & 1 & 0 & r\,s\alpha\,s\beta \\ 0 & 0 & 1 & r\,c\beta \\ 0 & 0 & 0 & 1 \end{bmatrix} \tag{3.80}$$

(3.79)、(3.80)式就是解释球面坐标变换的两种形式。

3.6 几种常见变换的逆解

上节介绍了几种常见变换。上述变换都是当知道构件坐标系相对参考坐标系或其他构件坐标系运动的转动角或位移量后，求出构件坐标系相对参考坐标系最终的位置与姿态。

现在讨论另外一种情况：若已知构件坐标系相对参考坐标系的最终位置与姿态，求解构件坐标系相对参考坐标系或其他构件坐标系做出的运动转角或位移量。

3.6.1 欧拉变换的解

已知欧拉变换正解(3.75)式中各元数值，用 $\boldsymbol{T}$ 来表示，求各欧拉角。

$$\boldsymbol{T}=\begin{bmatrix} n_x & o_x & a_x & P_x \\ n_y & o_y & a_y & P_y \\ n_z & o_z & a_z & P_z \\ 0 & 0 & 0 & 1 \end{bmatrix} \tag{3.81}$$

联立(3.75)与(3.81)式可得

$$\begin{bmatrix} n_x & o_x & a_x & P_x \\ n_y & o_y & a_y & P_y \\ n_z & o_z & a_z & P_z \\ 0 & 0 & 0 & 1 \end{bmatrix} = \begin{bmatrix} c\phi c\theta c\psi - s\phi s\psi & -c\phi c\theta s\psi - s\phi c\psi & c\phi s\theta & 0 \\ s\phi c\theta c\psi + s\phi s\psi & -s\phi c\theta s\psi + c\phi c\psi & s\phi s\theta & 0 \\ -s\theta c\psi & s\theta s\psi & c\theta & 0 \\ 0 & 0 & 0 & 1 \end{bmatrix} \tag{3.82}$$

根据左右端各元对应相等的关系可以列出（3.83）式：

$$\left.\begin{aligned} n_x &= c\phi c\theta c\psi - s\phi s\psi \\ n_y &= s\phi c\theta c\psi + s\phi s\psi \\ n_z &= -s\theta c\psi \\ o_x &= -c\phi c\theta s\psi - s\phi c\psi \\ o_y &= -s\phi c\theta s\psi + c\phi c\psi \\ o_z &= s\theta s\psi \\ a_x &= c\phi s\theta \\ a_y &= s\phi s\theta \\ a_z &= c\theta \end{aligned}\right\} \tag{3.83}$$

根据第 2 章的介绍，在反求各种角度时，应采用双变量反正切函数 arctan θ。当 $-\pi \leqslant \theta \leqslant \pi$ 时，由 arctan θ 反求角度，同时检查 x、y 的符号来确定其所在的象限。这一函数也能检验 x 或 y 什么时候为 0，并给出一个正确解。

为了得到这种方程，通常采用可导出显式解的另一种方法，即用一些未知的逆变换逐次左乘给定的变换 $\boldsymbol{T}$。对欧拉变换的情况可以写出下面式子：

$$\mathbf{rot}(z,\phi)^{-1} \cdot \boldsymbol{T} = \mathbf{rot}(y,\theta) \cdot \mathbf{rot}(z,\psi) \tag{3.84}$$

$$\mathbf{rot}(y,\theta)^{-1} \cdot \mathbf{rot}(z,\phi)^{-1} \cdot \boldsymbol{T} = \mathbf{rot}(z,\psi) \tag{3.85}$$

并不是所有上述改写后的方程都对解题有帮助，但是多作尝试是必要的。

(3.84)式左边是给定变换 $\boldsymbol{T}$ 和 ϕ 的函数。检测方程右边的各个元素，找出那些为 0 或常数的元素，并使之与方程左边各元素对等起来，则有

$$\begin{bmatrix} c\phi & s\phi & 0 & 0 \\ -s\phi & c\phi & 0 & 0 \\ 0 & 0 & 1 & 0 \\ 0 & 0 & 0 & 1 \end{bmatrix} \begin{bmatrix} n_x & o_x & a_x & p_x \\ n_y & o_y & a_y & p_y \\ n_z & o_z & a_z & p_z \\ 0 & 0 & 0 & 1 \end{bmatrix} = \begin{bmatrix} c\theta c\psi & -c\theta s\psi & s\theta & 0 \\ s\psi & c\psi & 0 & 0 \\ -s\theta c\psi & s\theta s\psi & c\theta & 0 \\ 0 & 0 & 0 & 1 \end{bmatrix} \tag{3.86}$$

在对左边求值之前，用下列形式表示(3.86)式左端的矩阵乘积：

$$\begin{bmatrix} f_{11}(n) & f_{11}(o) & f_{11}(a) & f_{11}(p) \\ f_{12}(n) & f_{12}(o) & f_{12}(a) & f_{12}(p) \\ f_{13}(n) & f_{13}(o) & f_{13}(a) & f_{13}(p) \\ 0 & 0 & 0 & 1 \end{bmatrix} \tag{3.87}$$

其中

$$\left.\begin{aligned} f_{11}(i) &= i_x c\phi + i_y s\phi \\ f_{12}(i) &= -i_x s\phi + i_y c\phi \qquad i = n, o, a, p \\ f_{13}(i) &= i_z \end{aligned}\right\} \tag{3.88}$$

如

$$f_{12}(a)=-a_x s\varphi+a_y c\phi$$
$$f_{11}(o)=o_x c\varphi+o_y s\phi$$
$$f_{13}(n)=n_z$$

于是将(3.86)式重写有

$$\begin{bmatrix} f_{11}(n) & f_{11}(o) & f_{11}(a) & f_{11}(p) \\ f_{12}(n) & f_{12}(o) & f_{12}(a) & f_{12}(p) \\ f_{13}(n) & f_{13}(o) & f_{13}(a) & f_{13}(p) \\ 0 & 0 & 0 & 1 \end{bmatrix}=\begin{bmatrix} c\theta c\psi & -c\theta s\psi & s\theta & 0 \\ s\psi & c\psi & 0 & 0 \\ -s\theta c\psi & s\theta s\psi & c\theta & 0 \\ 0 & 0 & 0 & 1 \end{bmatrix} \tag{3.89}$$

可见 $p_x=p_y=p_z=0$,因为欧拉变换不产生任何平移运动。下面作分步求解:

① 第 2 行、第 3 列元素为零,即

$$-a_x s\phi+a_y c\phi=0 \tag{3.90}$$

整理得

$$\tan\phi=\frac{s\phi}{c\phi}=\frac{a_y}{a_x} \tag{3.91}$$

$$\phi=\arctan\left(\frac{a_y}{a_x}\right) \tag{3.92}$$

还可整理为

$$\phi=\arctan\left(\frac{-a_y}{-a_x}\right) \tag{3.93}$$

(3.92)式与(3.93)式的解相差 180°。除非 a_x 与 a_y 同时为 0,否则,可得到两个相差 180°的解。若 a_x 与 a_y 同时为 0,则 ϕ 角没有意义。这时机械臂手臂应该是垂直向上或向下,且 ϕ 和 ψ 两角又对应于同一旋转时出现,这种情况称为退化。此时取 $\phi=0$。

② 求得 ϕ 值后,(3.89)式左式中的所有元素随之都能确定,变为已知,这样又有

$$\left.\begin{aligned} s\theta&=f_{11}(a)\\ c\theta&=f_{13}(a)\end{aligned}\right\} \tag{3.94}$$

即

$$\left.\begin{aligned} s\theta&=a_x c\phi+a_y s\phi\\ c\theta&=a_z\end{aligned}\right. \tag{3.95}$$

$$\theta=\arctan\left(\frac{a_x c\phi+a_y s\phi}{a_z}\right) \tag{3.96}$$

当 $s\phi$ 和 $c\phi$ 都确定时,θ 唯一确定,且不会出现 ϕ 的那种退化问题。

③ 求得 θ 值后,还由(3.89)式再来求 ψ,可得

$$\left.\begin{aligned} s\psi&=f_{12}(n)\\ c\psi&=f_{12}(o)\end{aligned}\right\} \tag{3.97}$$

即

$$\left.\begin{aligned} s\psi&=-n_x s\phi+n_y c\phi\\ c\psi&=-o_x s\phi+o_y c\phi\end{aligned}\right. \tag{3.98}$$

$$\psi=\arctan\left(\frac{-n_x s\phi+n_y c\phi}{-o_x s\phi+o_y c\phi}\right) \tag{3.99}$$

总结上述过程为:已知一表示任意纯旋转变换的矩阵,总可确定其等价的欧拉角,分别为

$$\phi = \arctan\left(\frac{a_y}{a_x}\right) \quad 或 \quad \phi = \phi + 180^\circ$$

$$\theta = \arctan\left(\frac{a_x c\phi + a_y s\phi}{a_z}\right)$$

$$\psi = \arctan\left(\frac{-n_x s\phi + n_y c\phi}{-o_x s\phi + o_y c\phi}\right)$$

3.6.2 横滚、俯仰和偏转变换的解

已知 RPY 正解(3.76)式中各元数值,仍用(3.81)式的 $\boldsymbol{T}$ 来表示,求各旋转角。

联立(3.76)式与(3.81)式可得

$$\begin{bmatrix} n_x & o_x & a_x & p_x \\ n_y & o_y & a_y & p_y \\ n_z & o_z & a_z & p_z \\ 0 & 0 & 0 & 1 \end{bmatrix} = \begin{bmatrix} c\phi c\theta & c\phi s\theta s\psi - s\phi c\psi & c\phi s\theta c\psi + s\phi s\psi & 0 \\ s\phi c\theta & s\phi s\theta s\psi + c\phi c\psi & s\phi s\theta c\psi - c\phi s\psi & 0 \\ -s\theta & c\theta s\psi & c\phi c\psi & 0 \\ 0 & 0 & 0 & 1 \end{bmatrix} \tag{3.100}$$

同上,可整理得

$$\mathbf{rot}(z,\phi)^{-1}\boldsymbol{T} = \mathbf{rot}(y,\theta)\,\mathbf{rot}(x,\psi) \tag{3.101}$$

巧合的是,(3.101)式与欧拉变换解题中的(3.84)式左端相似,因此,对(3.101)式左边求值之前,仍可用下列形式表示(3.101)式左端的矩阵乘积:

$$\begin{bmatrix} f_{11}(n) & f_{11}(o) & f_{11}(a) & f_{11}(p) \\ f_{12}(n) & f_{12}(o) & f_{12}(a) & f_{12}(p) \\ f_{13}(n) & f_{13}(o) & f_{13}(a) & f_{13}(p) \\ 0 & 0 & 0 & 1 \end{bmatrix}$$

其中仍然有

$$\left.\begin{aligned} f_{11}(i) &= i_x c\phi + i_y s\phi \\ f_{12}(i) &= -i_x s\phi + i_y c\phi \qquad i = n,o,a,p \\ f_{13}(i) &= i_z \end{aligned}\right\} \tag{3.102}$$

即

$$\begin{bmatrix} f_{11}(n) & f_{11}(o) & f_{11}(a) & f_{11}(p) \\ f_{12}(n) & f_{12}(o) & f_{12}(a) & f_{12}(p) \\ f_{13}(n) & f_{13}(o) & f_{13}(a) & f_{13}(p) \\ 0 & 0 & 0 & 1 \end{bmatrix} = \begin{bmatrix} c\theta & s\theta s\psi & s\theta c\psi & 0 \\ 0 & c\psi & -s\psi & 0 \\ -s\theta & c\theta s\psi & c\theta c\psi & 0 \\ 0 & 0 & 0 & 1 \end{bmatrix} \tag{3.103}$$

(1) 求 ϕ 过程

比较(3.103)式左右端,可知第 2 行、第 1 列的元素为零,故有

$$-n_x s\phi + n_y c\phi = 0 \tag{3.104}$$

同理可得

$$\phi = \arctan\left(\frac{n_y}{n_x}\right) \tag{3.105}$$

还可有

$$\phi = \phi + 180^\circ \tag{3.106}$$

(2) 求 θ 过程

由(3.103)式对应元素相等可知

$$\left.\begin{aligned}-s\theta &= n_z \\ c\theta &= n_x c\phi + n_y s\phi\end{aligned}\right\} \tag{3.107}$$

因而有

$$\theta = \arctan\left(\frac{-n_z}{n_x c\phi + n_y s\phi}\right) \tag{3.108}$$

(3) 求 ψ 过程

由(3.103)式对应元素相等可知

$$\begin{aligned}-s\psi &= -a_x s\phi + a_y c\phi \\ c\psi &= -o_x s\phi + o_y c\phi\end{aligned} \tag{3.109}$$

$$\psi = \arctan\left(\frac{a_x s\phi - a_y c\phi}{-o_x s\phi + o_y c\phi}\right) \tag{3.110}$$

上面说明,对应于任意的纯旋转变换矩阵,也总可以求得一组等价的 RPY 解。

3.6.3　球面变换的解

已知 SPH 正解(3.79)式中各元数值,仍用(3.81)式中的 $\boldsymbol{T}$ 来表示,求各旋转角。

联立(3.79)式与(3.81)式可得

$$\begin{bmatrix} n_x & o_x & a_x & p_x \\ n_y & o_y & a_y & p_y \\ n_z & o_z & a_z & p_z \\ 0 & 0 & 0 & 1 \end{bmatrix} = \begin{bmatrix} c\alpha c\beta & -s\alpha & c\alpha s\beta & r c\alpha s\beta \\ s\alpha c\beta & c\alpha & s\alpha s\beta & r s\alpha s\beta \\ -s\beta & 0 & c\beta & r c\beta \\ 0 & 0 & 0 & 1 \end{bmatrix} \tag{3.111}$$

同上,可整理得

$$\mathbf{rot}(z,\alpha)^{-1}\boldsymbol{T} = \mathbf{rot}(y,\beta)\,\mathbf{Trans}(0,0,r) \tag{3.112}$$

巧合的是(3.112)式与欧拉变换解题中的(3.84)式左端又相似,因此,对(3.112)式左边求值之前,仍用下列形式表示(3.112)式左端的矩阵乘积

$$\begin{bmatrix} f_{11}(n) & f_{11}(o) & f_{11}(a) & f_{11}(p) \\ f_{12}(n) & f_{12}(o) & f_{12}(a) & f_{12}(p) \\ f_{13}(n) & f_{13}(o) & f_{13}(a) & f_{13}(p) \\ 0 & 0 & 0 & 1 \end{bmatrix}$$

其中仍然类似有

$$\left.\begin{aligned} f_{11}(i) &= i_x c\alpha + i_y s\alpha \\ f_{12}(i) &= -i_x s\alpha + i_y c\alpha \qquad i = n, o, a, p \\ f_{13}(i) &= i_z \end{aligned}\right\} \tag{3.113}$$

即

$$\begin{bmatrix} f_{11}(n) & f_{11}(o) & f_{11}(a) & f_{11}(p) \\ f_{12}(n) & f_{12}(o) & f_{12}(a) & f_{12}(p) \\ f_{13}(n) & f_{13}(o) & f_{13}(a) & f_{13}(p) \\ 0 & 0 & 0 & 1 \end{bmatrix} = \begin{bmatrix} c\beta & 0 & s\beta & r s\beta \\ 0 & 1 & 0 & 0 \\ -s\beta & 0 & c\beta & r c\beta \\ 0 & 0 & 0 & 1 \end{bmatrix} \tag{3.114}$$

(1) 求 α 过程

由(3.114)式最后一列对应相等，有

$$\begin{bmatrix} p_x c\alpha + p_y s\alpha \\ -p_x s\alpha + p_y c\alpha \\ p_z \\ 1 \end{bmatrix} = \begin{bmatrix} r s\beta \\ 0 \\ r c\beta \\ 1 \end{bmatrix} \tag{3.115}$$

得

$$\alpha = \arctan\left(\frac{p_y}{p_x}\right) \tag{3.116}$$

及

$$\alpha = \alpha + 180° \tag{3.117}$$

(2) 求 β 过程

由(3.114)式最后一列对应相等，可得

$$\begin{aligned} p_x c\alpha + p_y s\alpha &= r s\beta \\ p_z &= r c\beta \end{aligned} \tag{3.118}$$

当 $r>0$ 时，可用下式求解 β，即

$$\beta = \arctan\left(\frac{p_x c\alpha + p_y s\alpha}{P_z}\right) \tag{3.119}$$

(3) 求 r 过程

为求 r，继续用 $\mathbf{rot}(y,\beta)^{-1}$ 左乘(3.112)式两边，以避免出现除以 $\sin\theta$ 或 $\cos\theta$ 的方式。

$$\mathbf{rot}(y,\beta)^{-1}\mathbf{rot}(z,\alpha)^{-1}\boldsymbol{T} = \mathbf{Trans}(0,0,r) \tag{3.120}$$

由(3.120)式最右列元素相等，可得

$$\begin{bmatrix} c\beta(p_x c\alpha + p_y s\alpha) - p_z s\beta \\ -p_x s\alpha + p_y c\alpha \\ s\beta(p_x c\alpha + p_y s\alpha) + p_z c\beta \\ 1 \end{bmatrix} = \begin{bmatrix} 0 \\ 0 \\ r \\ 1 \end{bmatrix} \tag{3.121}$$

即

$$r = s\beta(p_x c\alpha + p_y s\alpha) + p_z c\beta \tag{3.122}$$

3.7 机器人的连杆坐标系及其描述

3.7.1 广义连杆与广义关节

机器人的自由度数(Degree of Freedom，DOF)是机器人的一个重要技术指标。通常，机器人有多少个运动副(motion pair)，就意味着有多少个自由度。

用来表现独立运动的一组构件，都可整体抽象为一个连杆(link)。工业机器人可看作由若干运动副和若干连杆连接而成，其中连接相邻两个连杆的运动副称它关节(joint)。除了末端连杆外，每个连杆必然有两个关节，或者说，每两个关节之间的机械结构部分可简化成一个单独的连杆。

机器人的关节通常分为转动关节和平移关节两种，如图 3.26 所示。

(a) 转动关节　　(b) 平移关节

图 3.26　关节运动示意图

无论是转动关节还是平移关节，它们都有一条关节轴线。对于转动关节，其关节轴线就是其回转中心线；对于平移关节，取移动方向的中心线作为其关节轴线。

由上知，具有 n 个自由度的机器人具有 n 个连杆和 n 个活动关节。n 个运动连杆安装的基座是不动的部分，称为连杆 0，它不属于 n 个活动连杆中的一个。一般对于任一连杆 n 来说，它的两端各有一个关节，定义它靠近基座的那个关节轴线为关节轴线 n，而远离基座的那个关节轴线为关节轴线 $n+1$。对于末端一个连杆，它只有靠近基座的一端有关节，远离基座的一端无关节。

连杆 1 与基座，即连杆 0 相连，连杆 i 与连杆 $i-1$ 相连（$i=1,2,3,\cdots,n$）。

3.7.2　机器人连杆参数

对于第 n 个连杆来说，其参数可分为两类 4 种。第一类是关于单独一个连杆的参数，该类参数是在设计中就确定了的；第二类是关于两个连杆坐标系间的相互关系参数，有时是在设计中就确定的，有时会是在运动中与其他连杆间关系的描述。不同书籍中对这一部分的介绍有些差别，必要时可参考其他书籍。

第一类参数的几种典型结构如图 3.27 所示，结合连杆的构件坐标系概念来对其进行描述。

（1）连杆长度

对于每个连杆 n，其关节轴线 n（z_{n-1} 轴）与关节轴线 $n+1$（z_n 轴）间的公垂线距离称为连杆长度，记为 a_n。a_n 的方向也就是构件坐标系 x_n 轴的方向。

对两个非平行的关节轴线，公垂线 a_n 的方向是 $z_{n-1}\times z_n$ 的方向。对末端连杆 n，可取 z_n 轴或其 TCP（工具中心点）到关节轴线 n（z_{n-1} 轴）的垂线距离为连杆长度。有时，a_n 可能为零。

（2）连杆扭转角

在两个关节轴线间公垂线的法平面上，关节轴线 $n+1$（z_n 轴）投影相对关节轴线 n（z_{n-1} 轴）投影间的夹角为连杆扭转角，记为 α_n。

α_n 是取正值还是负值，不直接与构件坐标系的姿态有关，而要结合机器人整体来看。例如，可规定一律从机器人的正面看或左面看，若是关节轴线 $n+1$（z_n 轴）相对关节轴线 n（z_{n-1}

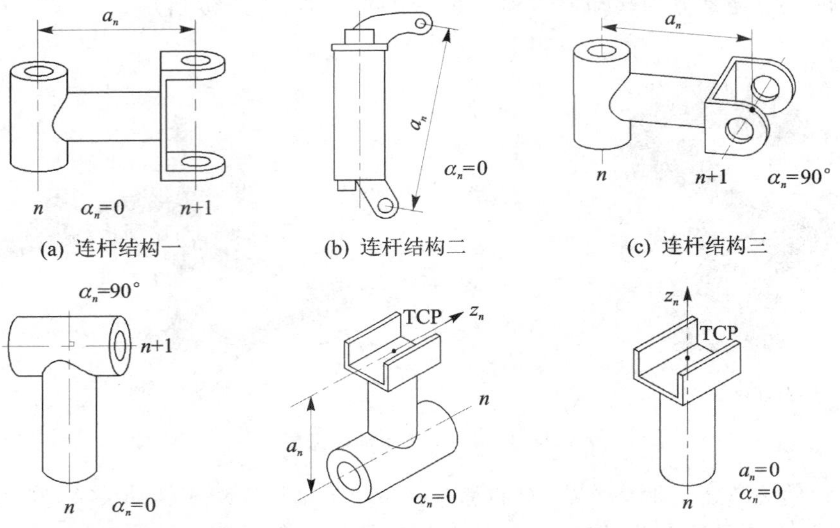

(a) 连杆结构一 (b) 连杆结构二 (c) 连杆结构三

(d) 连杆结构四 (e) 连杆结构五 (f) 连杆结构六

图 3.27 典型连杆参数示意图

轴)逆时针旋转时为正,则顺时针旋转时为负。

第二类参数有以下两种:

(1) 连杆偏移量

在关节轴线 n(z_{n-1} 轴)方向上,连杆 n 的两个关节轴线的公垂线 a_n(x_n 轴)相对连杆 $n-1$ 的两个关节轴线的公垂线 a_{n-1}(x_{n-1} 轴)偏移的距离称为连杆偏移量,记为 d_n。

除第一连杆与末端连杆外,中间各连杆两端都与其他连杆相连,都容易按上述定义得到其 d_n。可第一连杆与末端连杆无法用上述方法确定其 d_n。不过还有两种简易的确定 d_n 的方法:一种是在应用中,会在每个连杆前端适当位置安装一个构件坐标系,以便对机器人进行运动分析,其中连杆 n 的坐标系原点相对连杆 $n-1$ 的坐标系原点在关节轴线 n(z_{n-1} 轴)方向上偏移量为 d_n;另一种是在关节轴线 n(z_{n-1} 轴)方向上,x_n 轴相对 x_{n-1} 轴的偏移量为其 d_n。这要结合机器人构件坐标系的安装方法来理解,如图 3.28 所示。

对转动关节,d_n 是定值,取决于设计参数;对平移关节,d_n 是变量,它随着平移关节的伸缩而作长短改变。

(2) 关节转角

以关节轴线 n(z_{n-1} 轴)为转轴,在垂直于关节轴线 n(z_{n-1} 轴)的平面中,相邻两关节轴线的公垂线 a_n(x_n 轴)与 a_{n-1}(x_{n-1} 轴)投影间的夹角称为关节转角,记为 θ_n。

除第一连杆与末端连杆外,中间各连杆只要两端与其他连杆相连都容易按照上述定义得到 θ_n。而第一连杆与末端连杆无法用上述方法来确定关节转角。也有一种简易确定 θ_n 的方法:在关节轴线 n(z_{n-1} 轴)上,连杆 n 两端两个坐标系的 x_n 轴与 x_{n-1} 轴之间的夹角就是关节转角 θ_n,这要结合机器人构件坐标系的安装方法来理解,如图 3.29 所示。

对转动关节,θ_n 是变量,它随转动关节的旋转而改变;对平移关节,θ_n 是定值,取决于设计参数,参看图 3.28(c)、(d)。

上述 a_n、α_n、d_n、θ_n 这组参数统称为 Denavit-Hartenberg(D-H)参数。

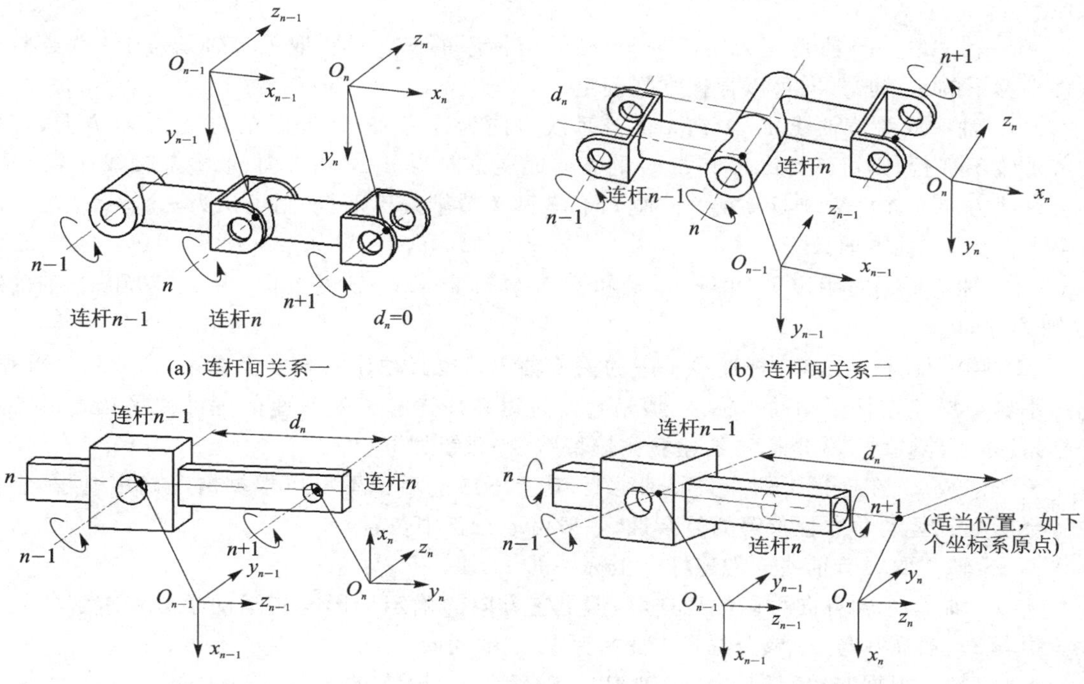

(a) 连杆间关系一　(b) 连杆间关系二

(c) 连杆间关系三　(d) 连杆间关系四

图 3.28　典型连杆偏移量 d_n 示意图

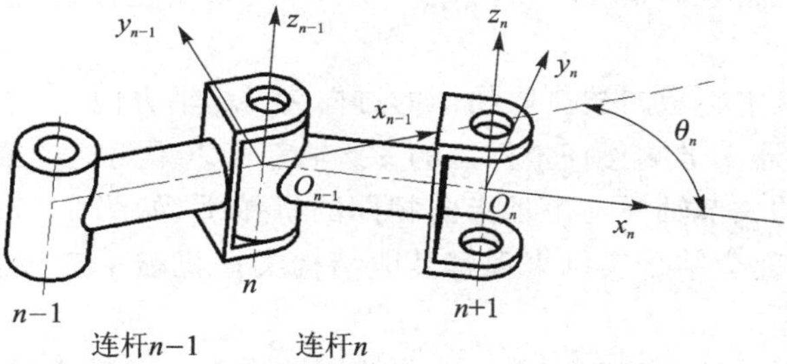

图 3.29　关节转角与相关连杆坐标系示意图

3.7.3　机器人连杆坐标系

对机器人进行运动分析，需给其各连杆关节上都安装一构件坐标系。建立这类构件坐标系有多种方式。下面介绍一种常见方法：

① 对中间的各连杆，相邻两连杆 $n-1$ 和 n，共涉及 3 个关节，其关节轴线分别为 $n-1$、n 和 $n+1$，如图 3.28 与图 3.29 所示。在此，需安装两个连杆的构件坐标系，首先要选定相关构件坐标系原点 O，然后选择相关构件坐标系 z 轴和 x 轴，最后由右手定则确定 y 轴。过程如下：

• 原点　取关节轴线 n 与 a_{n-1} 的交点或关节轴线 n 的正中位置作为连杆 $n-1$ 坐标系的原点 o_{n-1}；取关节轴线 $n+1$ 与 a_n 的交点或关节轴线 $n+1$ 的正中位置作为连杆 n 的坐标

系原点 o_n。

• z 轴　取关节轴线 n 为连杆 $n-1$ 构件坐标系的 z_{n-1} 轴；取关节轴线 $n+1$ 为连杆 n 构件坐标系的 z_n 轴，方向可以根据常规确定。

• x 轴　取关节轴线 $n-1$ 到 n 的公垂线方向为连杆 $n-1$ 坐标系的 x_{n-1} 轴方向，若两关节轴线不平行，则可认为 $z_{n-2}\times z_{n-1}$ 的方向或逆方向为 x_{n-1} 轴方向；取关节轴线 n 到 $n+1$ 的公垂线方向为连杆 n 坐标系的 x_n 轴方向，若两关节轴线不平行，则可认为 $z_{n-1}\times z_n$ 的方向或逆方向为 x_n 轴方向。

• y 轴　根据右手定则，由 x_{n-1} 轴和 z_{n-1} 轴确定 y_{n-1} 轴的方向；由 x_n 轴和 z_n 轴确定 y_n 轴的方向。

② 对第一连杆，在该连杆连接基座的关节轴线处也必须建立一个坐标系，即 0 杆坐标系。它虽不属于描述连杆运动的坐标系，但是它作为对其他连杆相对基座的运动关系描述的参考坐标系，是不能缺的。0 坐标系的建立比较特殊，特介绍如下：

• 原点 o_0　在连杆 1 的 0 关节轴线上，其上下或前后位置可以根据情况确定；但是它的位置会影响到运动学方程求解的复杂性，一般可取在正中位置。

• z_0 轴　取关节轴线 0 为连杆 0 坐标系的 z_0 轴。

• x_0 轴　x_0 轴方向可以任意选取，但是它方向的确定会影响到运动学方程求解的复杂性。推荐 x_0 轴最好与 x_1 或全局参考坐标系的 x 轴同向。

• y_0 轴　根据右手定则，由 x_0 轴和 z_0 轴确定 y_0 轴的方向。

③ 对于末端连杆，其坐标系通常也就是 TCP 为原点的坐标系。通常教科书都作如下规定：

• 原点 o_{tcp}　取工具坐标系 TCS 的原点 TCP 点或末端连杆最前端手爪的中心点为坐标系原点。

• z_{tcs} 轴　取手爪中心指向被抓取物体的方向为 z_{tcs} 轴方向。

其实，不是所有机器人末端连杆坐标系的 z_{tcs} 轴都可以采用这个方法来建立，这个方法只适合于末端连杆转动的关节轴线与手爪指向相同的机械手，如图 3.27(f)，对于不是这样结构的机械手就不适合，后面会结合实例来理解其他结构类型机械手应该怎样建立其末端连杆的坐标系。

• x_{tcs} 轴　取手爪的一个指尖到另一个指尖的方向为 x_{tcs} 轴方向，指向根据情况确定。

• y_{tcs} 轴　根据右手定则，由 x_{tcs} 轴和 z_{tcs} 轴确定 y_{tcs} 轴的方向。

如图 3.30，依照上述方法，为斯坦福机械手建立各连杆的构件坐标系。该机械手较典型，既有转动关节，又有平移关节，有 6 个连杆，要建 6 个构件坐标系。

对连杆 1，如图 3.31 所示它有 2 个转动关节，呈 T 字结构，两关节轴线相互垂直，分别代表 z_0 轴与 z_1 轴。$z_0\times z_1$ 的方向即为 x_1 方向。原点 o_1 应在关节轴线 2(z_1 轴)上，此处，选在其两个关节轴线的交点位置。z_0 轴与 z_1 轴的公垂线长度 $a_1=0$，z_0 轴与 z_1 轴的扭转角 $\alpha_1=-90°$(正面看)。

对连杆 2，如图 3.32 所示。它有 1 个转动关节和 1 个平移关节，呈长方形结构，两关节轴线相互垂直，分别代表 z_1 轴与 z_2 轴。$z_1\times z_2$ 的方向即为 x_2 方向，原点 o_2 应在关节轴线 3(z_2 轴)上，此处，选在其两个关节轴线交点位置。z_1 轴与 z_2 轴的公垂线长度为 $a_2=0$，z_1 轴与 z_2 轴的扭转角 $\alpha_2=90°$(正面看)。

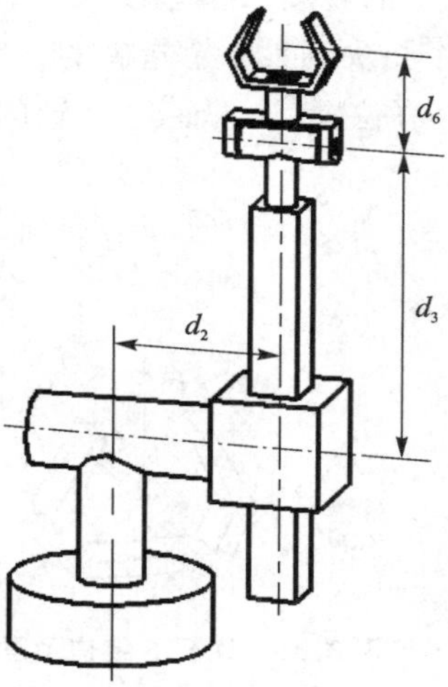

图 3.30 斯坦福机器人结构图

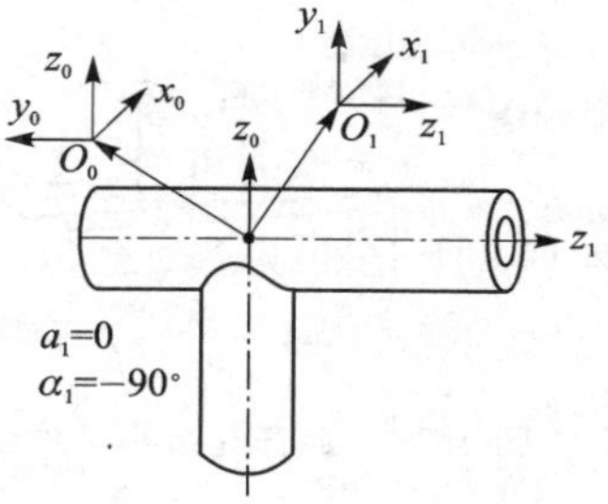

图 3.31 连杆 1 结构示意图

对连杆 3，如图 3.33 所示。它有 1 个转动关节和 1 个平移关节，呈方柱形结构，两关节轴线相互重合，分别代表 z_2 轴与 z_3 轴。$z_2 \times z_3$ 的方向无法确定，可认为 x_3 方向与 x_2 相同。原点 o_3 应在关节轴线 4(z_3 轴)上，此处，选在其 z_3 与 z_4 轴线交点位置。z_2 轴与 z_3 轴的公垂线长度为 $a_3=0$，z_2 轴与 z_3 轴的扭转角 $\alpha_3=0°$(正面看)。

对连杆 4，如图 3.34 所示。它有 2 个转动关节，呈 T 字结构，两关节轴线相互垂直，分别代表 z_3 轴与 z_4 轴。$z_3 \times z_4$ 的方向即为 x_4 方向。原点 o_4 应在关节轴线 5(z_4 轴)上，此处，选在 z_3 与 z_4 两个关节轴线交点位置，即连杆 4 与连杆 3 原点重合。z_3 轴与 z_4 轴的公垂线长度为 $a_4=0$，z_3 轴与 z_4 轴的扭转角 $\alpha_4=-90°$(正面看)。

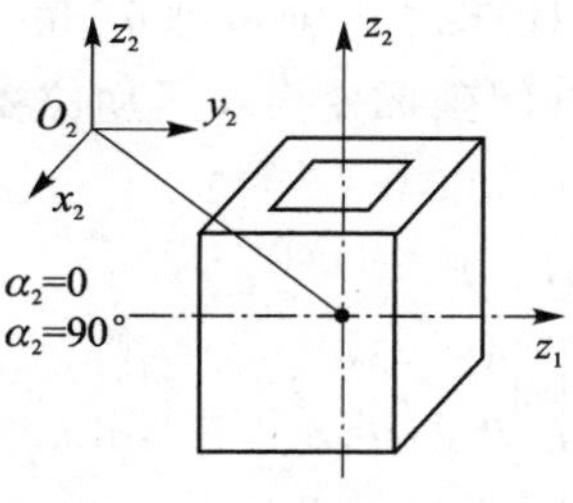

图 3.32 连杆 2 结构示意图

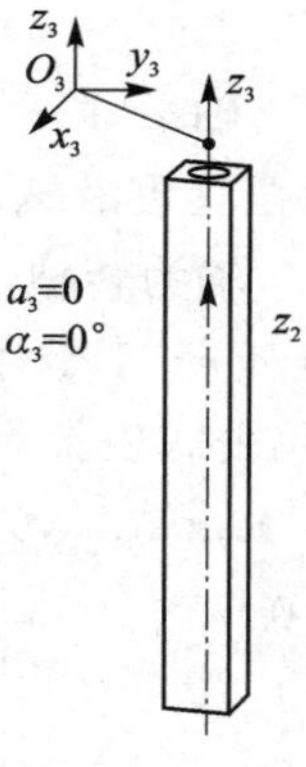

图 3.33 连杆 3 结构示意图

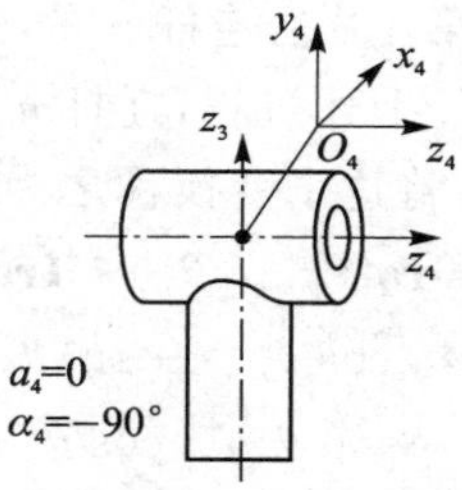

图 3.34 连杆 4 结构示意图

对连杆 5，如图 3.35 所示。它有 2 个转动关节，呈倒 T 字结构，两关节轴线相互垂直，分别代表 z_4 轴与 z_5 轴。$z_4 \times z_5$ 的方向即为 x_5 方向。原点 o_5 应在关节轴线 6(z_5 轴)上，此处，选在两关节轴线交点位置，即连杆 5 与连杆 4、连杆 3 的原点重合。z_4 轴与 z_5 轴的公垂线长度为 $a_5=0$，z_4 轴与 z_5 轴的扭转角 $\alpha_4=90°$(正面看)。

对连杆 6，如图 3.36 所示。它是有 1 个转动关节的末端连杆，具有手爪形结构，连杆 6 的

z_6 轴可按照常规方法选为手爪朝向方向。z_6 轴与连杆 6 的转动关节轴线(z_5 轴)相互重合。$z_5 \times z_6$ 的方向无法确定,可认为 x_6 的方向从手爪的一个指尖到另一个指尖的方向为 x_6 轴方向。原点 o_6 应在连杆 6 坐标系的 z_6 上,此处,选在其手心位置。z_5 轴与 z_6 轴的公垂线长度为 $a_6=0$,z_5 轴与 z_6 轴的扭转角 $\alpha_6=0°$(正面看)。

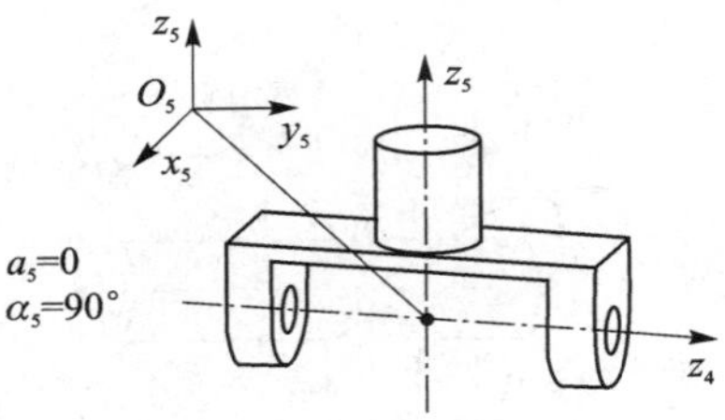

图 3.35　连杆 5 结构示意图

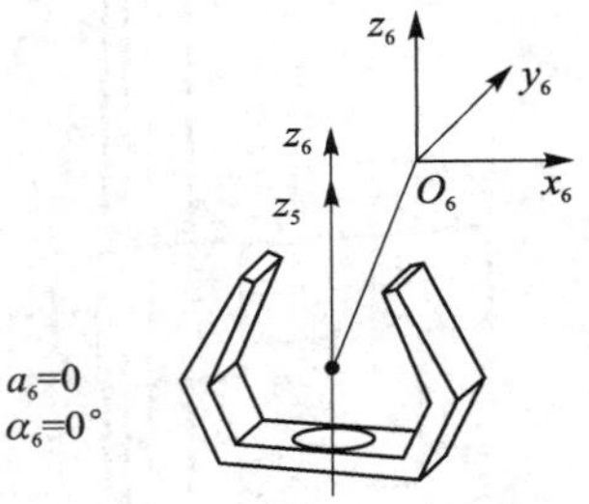

图 3.36　连杆 6 结构示意图

3.7.4　机器人连杆变换矩阵

根据 3.7.2 小节和 3.7.3 小节建立的连杆参数与连杆坐标系,可得到相邻连杆间的坐标系变换矩阵。

若以连杆 $n-1$ 的构件坐标系为参照,对连杆 n 的构件坐标系的运动情况进行描述。其连杆坐标系变换矩阵涉及连杆 n 的 4 个参数的影响,意味着描述连杆 n 坐标系的运动要经过 4 次单独的变换,包括两次旋转变换和两次平移变换。

根据坐标变换原理,可视连杆 n 的坐标系开始时与连杆 $n-1$ 的坐标系原点重合,而且姿态相同,这 4 次变换都是分别相对于连杆坐标系 $n-1$ 而言的。其变换顺序分别为:

第 1 次:连杆 n 的坐标系以 x_{n-1} 轴为转轴,旋转 α_n 角度,使 z_n 轴相对于 z_{n-1} 轴转过 α_n 角。

第 2 次:连杆 n 的坐标系再沿 x_{n-1} 轴平移 a_n 距离。

第 3 次:连杆 n 的坐标系,自当前位置再沿 z_{n-1} 轴方向平移 d_n 距离。

第 4 次:连杆 n 的坐标系再以 z_{n-1} 轴为转轴,使其 x_n 轴相对于 x_{n-1} 轴转过 θ_n 角。

经上述过程,连杆 n 坐标系相对连杆 $n-1$ 坐标系完成了连杆间坐标变换及运动位姿关系描述,将这个变换称之为 $\mathbf{A}_n$ 变换。可用公式表示为

$$\mathbf{A}_n=\mathbf{rot}(z_{n-1},\theta_n)\cdot\mathbf{Trans}(0,0,d_n)\cdot\mathbf{Trans}(a_n,0,0)\cdot\mathbf{rot}(x_{n-1},\alpha_n)$$

$$=\begin{bmatrix}\cos\theta_n & -\sin\theta_n & 0 & 0\\ \sin\theta_n & \cos\theta_n & 0 & 0\\ 0 & 0 & 1 & 0\\ 0 & 0 & 0 & 1\end{bmatrix}\begin{bmatrix}1 & 0 & 0 & 0\\ 0 & 1 & 0 & 0\\ 0 & 0 & 1 & d_n\\ 0 & 0 & 0 & 1\end{bmatrix}\begin{bmatrix}1 & 0 & 0 & a_n\\ 0 & 1 & 0 & 0\\ 0 & 0 & 1 & 0\\ 0 & 0 & 0 & 1\end{bmatrix}\begin{bmatrix}1 & 0 & 0 & 0\\ 0 & \cos\alpha_n & -\sin\alpha_n & 0\\ 0 & \sin\alpha_n & \cos\alpha_n & 0\\ 0 & 0 & 0 & 1\end{bmatrix}$$

$$=\begin{bmatrix}\cos\theta_n & -\sin\theta_n\cos\alpha_n & \sin\theta_n\sin\alpha_n & a_n\cos\theta_n\\ \sin\theta_n & \cos\theta_n\cos\alpha_n & -\cos\theta_n\sin\alpha_n & a_n\sin\theta_n\\ 0 & \sin\alpha_i & \cos\alpha_n & d_n\\ 0 & 0 & 0 & 1\end{bmatrix} \tag{3.123}$$

(3.123)式无论对转动关节或平移关节都是通用的。

对转动关节，$\boldsymbol{A}_n$ 矩阵是关节转角 θ_n 的函数，其他常数参数有 d_n、a_n、α_n。

对平移关节，$\boldsymbol{A}_n$ 矩阵是连杆偏移量 d_n 的函数，其他常数参数有 θ_n、a_n、α_n。

在机器人运动学分析中，一旦给出各连杆的这些值，就可确定各$\boldsymbol{A}_i$ $(i=1,2,\cdots,n)$的变换。

3.8　机器人运动学正解

3.8.1　连杆变换矩阵及其乘积

对于有 n 个自由度的串联结构工业机器人，其各连杆坐标系的描述都是基于(3.123)式的方法。若各连杆间的 D-H 矩阵分别为$\boldsymbol{A}_1,\boldsymbol{A}_2,\cdots,\boldsymbol{A}_n$，则依据多个坐标系间变换过程的连续性原理，见(3.38)式，机器人末端 TCP 的位置和姿态可由(3.124)式求取

$$ {}^{0}_{n}\boldsymbol{T}=\boldsymbol{A}_1\boldsymbol{A}_2\boldsymbol{A}_3\cdots\boldsymbol{A}_n \tag{3.124}$$

有 n 个自由度的机器人各连杆的位置和姿态，可分别用一组变量 d_i 或 θ_i $(i=1,2,3,\cdots,n)$来描述。这组变量也可称为关节矢量或关节坐标，由这些矢量描述的空间称为关节空间或关节坐标系。关节矢量可记为

$$\boldsymbol{q}=(q_1,q_2,q_3,\cdots,q_n)^{\mathrm{T}} \tag{3.125}$$

一旦确定了关节矢量的各个值，机器人末端 TCP 在操作空间的位姿就可由(3.124)式确定。由机器人的关节空间到机器人的操作空间之间的映射是一种单射关系，这种映射关系就是机器人的正向运动学。采用下面的符号表示其中的一些关系及一些运算过程：

$\boldsymbol{A}_1$ 表示连杆 1 相对于机器人基座(连杆 0)的位姿。连杆 1 相对于基坐标系的位姿描述为${}^{0}_{1}\boldsymbol{T}$，即

$${}^{0}_{1}\boldsymbol{T}=\boldsymbol{A}_1$$

$\boldsymbol{A}_2$ 表示连杆 2 相对于连杆 1 的位姿。连杆 2 相对于基坐标系的位姿描述为${}^{0}_{2}\boldsymbol{T}$，即

$${}^{0}_{2}\boldsymbol{T}=\boldsymbol{A}_1\boldsymbol{A}_2$$

$$\vdots$$

$\boldsymbol{A}_6$ 表示连杆 6 相对于连杆 5 的位姿。连杆 6 相对于基坐标系的位姿描述为${}^{0}_{6}\boldsymbol{T}$，即

$${}^{0}_{6}\boldsymbol{T}=\boldsymbol{A}_1\boldsymbol{A}_2\boldsymbol{A}_3\boldsymbol{A}_4\boldsymbol{A}_5\boldsymbol{A}_6$$

一个有 6 连杆的机器人有 6 个自由度。其末端连杆的工具坐标系 TCS 一般由 3 个自由度来确定其位置，由 3 个自由度来确定其姿态。${}^{0}_{6}\boldsymbol{T}$ 可综合地表示机械手末端连杆工具坐标系 TCS 的位置与姿态，一般写成

$${}^{0}_{6}\boldsymbol{T}=\begin{bmatrix} n_x & o_x & a_x & p_x \\ n_y & o_y & a_y & p_y \\ n_z & o_z & a_z & p_z \\ 0 & 0 & 0 & 1 \end{bmatrix} \tag{3.126}$$

其中，$\boldsymbol{n}$ 矢量是单位矢量，表示 TCS 的 x 轴方向；

$\boldsymbol{o}$ 矢量是单位矢量，表示 TCS 的 y 轴方向；

$\boldsymbol{a}$ 矢量是单位矢量，表示 TCS 的 z 轴方向；

$\boldsymbol{p}$ 矢量是一般位置矢量，表示 TCP 在操作空间的综合位移。

有时，也可能会使用以下符号和计算：

$$ {}^{i-1}_{i}\boldsymbol{T}=\boldsymbol{A}_i \tag{3.127}$$

$$ {}^{i-1}_{n}\boldsymbol{T}=\boldsymbol{A}_i\boldsymbol{A}_{i+1}\cdots\boldsymbol{A}_n \tag{3.128}$$

如

$$ {}^{0}_{1}\boldsymbol{T}=\boldsymbol{A}_1,\ {}^{1}_{2}\boldsymbol{T}=\boldsymbol{A}_2,\cdots,{}^{5}_{6}\boldsymbol{T}=\boldsymbol{A}_6$$

$$ {}^{4}_{6}\boldsymbol{T}=\boldsymbol{A}_5\boldsymbol{A}_6,\ {}^{3}_{6}\boldsymbol{T}=\boldsymbol{A}_4\boldsymbol{A}_5\boldsymbol{A}_6,\ {}^{2}_{6}\boldsymbol{T}=\boldsymbol{A}_3\boldsymbol{A}_4\boldsymbol{A}_5\boldsymbol{A}_6,\cdots,{}^{0}_{6}\boldsymbol{T}=\boldsymbol{A}_1\boldsymbol{A}_2\boldsymbol{A}_3\boldsymbol{A}_4\boldsymbol{A}_5\boldsymbol{A}_6$$

3.8.2 斯坦福机器人运动学正解

根据前面的分析与构件坐标系的安装情况，对斯坦福机器人的第二类参数作分析如下：

由定义，d_n 是在 z_{n-1} 轴方向上，x_n 轴相对 x_{n-1} 轴偏移的距离，参见图 3.30～图 3.36，则

d_1 为在 z_0 轴方向上 x_1 与 x_0 之间的距离，$d_1=0$；

d_2 为在 z_1 轴方向上 x_2 与 x_1 之间的距离，d_2 为定值；

d_3 为在 z_2 轴方向上 x_3 与 x_2 之间的距离，d_3 是变量；

d_4 为在 z_3 轴方向上 x_4 与 x_3 之间的距离，$d_4=0$；

d_5 为在 z_4 轴方向上 x_5 与 x_4 之间的距离，$d_5=0$；

d_6 为在 z_5 轴方向上 x_6 与 x_5 之间的距离，$d_6=0$（注：在所有参考教材上都写 $d_6=0$，但实际 d_6 应是一定值，可通过 d_n 定义与相关构件坐标系来认识这点。不过为沿用参考书中的一些资料，在不影响对基本原理理解的基础上，暂保留这一解释）。

由定义，θ_n 是以 z_{n-1} 为转轴，在垂直于 z_{n-1} 轴的平面中，x_n 与 x_{n-1} 轴投影的夹角，则

θ_1 为以 z_0 轴为转轴，垂直于 z_0 轴的平面中 x_1 与 x_0 轴投影的夹角，θ_1 是变量；

θ_2 为以 z_1 轴为转轴，垂直于 z_1 轴的平面中 x_2 与 x_1 轴投影的夹角，θ_2 是变量；

θ_3 为以 z_2 轴为转轴，垂直于 z_2 轴的平面中 x_3 与 x_2 轴投影的夹角，$\theta_3=0°$；

θ_4 为以 z_3 轴为转轴，垂直于 z_3 轴的平面中 x_4 与 x_3 轴投影的夹角，θ_4 是变量；

θ_5 为以 z_4 轴为转轴，垂直于 z_4 轴的平面中 x_5 与 x_4 轴投影的夹角，θ_5 是变量；

θ_6 为以 z_5 轴为转轴，垂直于 z_5 轴的平面中 x_6 与 x_5 轴投影的夹角，θ_6 是变量。

斯坦福机器人的关节矢量为

$$\boldsymbol{q}=(\theta_1,\theta_2,d_3,\theta_4,\theta_5,\theta_6)^{\mathrm{T}}$$

由上，可列出表 3.2 所列的结果。

表 3.2 斯坦福机器人各个连杆参数

连杆编号	公垂线长 a_n	扭转角 α_n/(°)	连杆偏移量 d_n	关节转角 θ_n	$\cos\alpha_n$	$\sin\alpha_n$
1	0	−90	0	θ_1	0	−1
2	0	90°	d_2	θ_2	0	1
3	0	0	d_3	0	1	0
4	0	−90	0	θ_4	0	−1
5	0	90	0	θ_5	0	1
6	0	0	0	θ_6	1	0

在下面的推导中，作如下规定：

$\mathrm{s}_i=\sin\theta_i$

$\mathrm{c}_i=\cos\theta_i$

$s_{ij}=\sin(\theta_i+\theta_j)$

$c_{ij}=\cos(\theta_i+\theta_j)$

余类推。

将表 3.2 中各个参数代入(3.123)～(3.128)式中,求出各个 $\boldsymbol{A}$ 变换矩阵与 $\boldsymbol{T}$ 变换矩阵如下:

$$\boldsymbol{A}_1=\begin{bmatrix} c_1 & 0 & -s_1 & 0 \\ s_1 & 0 & c_1 & 0 \\ 0 & -1 & 0 & 0 \\ 0 & 0 & 0 & 1 \end{bmatrix}\quad \boldsymbol{A}_2=\begin{bmatrix} c_2 & 0 & s_2 & 0 \\ s_2 & 0 & -c_2 & 0 \\ 0 & 1 & 0 & d_2 \\ 0 & 0 & 0 & 1 \end{bmatrix}\quad \boldsymbol{A}_3=\begin{bmatrix} 1 & 0 & 0 & 0 \\ 0 & 1 & 0 & 0 \\ 0 & 0 & 1 & d_3 \\ 0 & 0 & 0 & 1 \end{bmatrix}$$

$$\boldsymbol{A}_4=\begin{bmatrix} c_4 & 0 & -s_4 & 0 \\ s_4 & 0 & c_4 & 0 \\ 0 & -1 & 0 & 0 \\ 0 & 0 & 0 & 1 \end{bmatrix}\quad \boldsymbol{A}_5=\begin{bmatrix} c_5 & 0 & s_5 & 0 \\ s_5 & 0 & -c_5 & 0 \\ 0 & 1 & 0 & 0 \\ 0 & 0 & 0 & 1 \end{bmatrix}\quad \boldsymbol{A}_6=\begin{bmatrix} c_6 & -s_6 & 0 & 0 \\ s_6 & c_6 & 0 & 0 \\ 0 & 0 & 1 & 0 \\ 0 & 0 & 0 & 1 \end{bmatrix}$$

从连杆 6 逐渐回到连杆 0 的 $\boldsymbol{T}$ 变换如下:

$${}^5_6\boldsymbol{T}=\boldsymbol{A}_6=\begin{bmatrix} c_6 & -s_6 & 0 & 0 \\ s_6 & c_6 & 0 & 0 \\ 0 & 0 & 1 & 0 \\ 0 & 0 & 0 & 1 \end{bmatrix}$$

$${}^4_6\boldsymbol{T}=\boldsymbol{A}_5\boldsymbol{A}_6=\begin{bmatrix} c_5 & 0 & s_5 & 0 \\ s_5 & 0 & -c_5 & 0 \\ 0 & 1 & 0 & 0 \\ 0 & 0 & 0 & 1 \end{bmatrix}\begin{bmatrix} c_6 & -s_6 & 0 & 0 \\ s_6 & c_6 & 0 & 0 \\ 0 & 0 & 1 & 0 \\ 0 & 0 & 0 & 1 \end{bmatrix}=\begin{bmatrix} c_5c_6 & -c_5s_6 & s_5 & 0 \\ s_5c_6 & -s_5s_6 & -c_5 & 0 \\ s_6 & c_6 & 0 & 0 \\ 0 & 0 & 0 & 1 \end{bmatrix}$$

$${}^3_6\boldsymbol{T}=\boldsymbol{A}_4\boldsymbol{A}_5\boldsymbol{A}_6=\cdots=\begin{bmatrix} c_4c_5c_6-s_4s_6 & -c_4c_5s_6-s_4c_6 & c_4s_5 & 0 \\ s_4c_5c_6+c_4s_6 & -s_4c_5s_6+c_4c_6 & s_4s_5 & 0 \\ -s_5c_6 & s_5s_6 & c_5 & 0 \\ 0 & 0 & 0 & 1 \end{bmatrix}$$

$${}^2_6\boldsymbol{T}=\boldsymbol{A}_3\boldsymbol{A}_4\boldsymbol{A}_5\boldsymbol{A}_6$$

$$=\begin{bmatrix} c_4c_5c_6-s_4s_6 & -c_4c_5s_6-s_4c_6 & c_4s_5 & 0 \\ s_4c_5c_6+c_4s_6 & s_4c_5s_6+c_4c_6 & s_4s_5 & 0 \\ -s_5c_6 & s_5s_6 & c_5 & d_3 \\ 0 & 0 & 0 & 1 \end{bmatrix}$$

$${}^1_6\boldsymbol{T}=\boldsymbol{A}_2\boldsymbol{A}_3\boldsymbol{A}_4\boldsymbol{A}_5\boldsymbol{A}_6$$

$$=\begin{bmatrix} c_2(c_4c_5c_6-s_4s_6)-s_2s_5c_6 & -c_2(c_4c_5s_6+s_4c_6)+s_2s_5c_6 & c_2c_4s_5+s_2c_5 & s_2d_3 \\ s_2(c_4c_5c_6-s_4s_6)+c_2s_5c_6 & -s_2(c_4c_5s_6-s_4c_6)-c_2s_5c_6 & s_2c_4s_5-c_2c_5 & -c_2d_3 \\ s_4c_5c_6+c_4s_6 & -s_4c_5s_6+c_4c_6 & s_4s_5 & d_2 \\ 0 & 0 & 0 & 1 \end{bmatrix}$$

$${}^0_6\boldsymbol{T}=\boldsymbol{A}_1\boldsymbol{A}_2\boldsymbol{A}_3\boldsymbol{A}_4\boldsymbol{A}_5\boldsymbol{A}_6=\begin{bmatrix} {}^0_6n_x & {}^0_6o_x & {}^0_6a_x & {}^0_6p_x \\ {}^0_6n_y & {}^0_6o_y & {}^0_6a_y & {}^0_6p_y \\ {}^0_6n_z & {}^0_6o_z & {}^0_6a_z & {}^0_6p_z \\ 0 & 0 & 0 & 1 \end{bmatrix} \tag{3.129}$$

其中，

$$
\begin{aligned}
{}^0_6n_x &= c_1[c_2(c_4c_5c_6 - s_4s_6) - s_2s_5c_6] - s_1(s_4c_5c_6 + c_4s_6)\\
{}^0_6n_y &= s_1[c_2(c_4c_5c_6 - s_4s_6) - s_2s_5c_6] + c_1(s_4c_5c_6 + c_4s_6)\\
{}^0_6n_z &= -s_2(c_4c_5c_6 - s_4s_6) - c_2s_5c_6\\
{}^0_6o_x &= c_1[-c_2(c_4c_5s_6 + s_4c_6) + s_2s_5c_6] - s_1(-s_4c_5c_6 + c_4c_6)\\
{}^0_6o_y &= s_1[-c_2(c_4c_5s_6 + s_4c_6) + s_2s_5s_6] + c_1(-s_4c_5c_6 + c_4c_6)\\
{}^0_6o_z &= s_2(c_4c_5s_6 - s_4c_6) + c_2s_5c_6\\
{}^0_6a_x &= c_1(c_2c_4s_5 + s_2c_5) - s_1s_4s_5\\
{}^0_6a_y &= s_1(c_2c_4s_5 + s_2c_5) + c_1s_4s_5\\
{}^0_6a_z &= -s_2c_4s_5 + c_2c_5\\
{}^0_6p_x &= c_1s_2d_3 - s_1d_2\\
{}^0_6p_y &= s_1s_2d_3 + c_1d_2\\
{}^0_6p_z &= c_2d_3
\end{aligned}
$$

(3.129)式就是斯坦福机器人的运动学正解，${}^0_6\boldsymbol{T}$ 描述了斯坦福机器人末端连杆(手部)坐标系相对连杆 0 坐标系的位置与姿态。一旦获知了各关节的运动量，就可求得机器人手部的位置与姿态。其实，${}^0_6\boldsymbol{T}$ 的第一列也可由第二列与第三列的矢量积求得，对其他各列也有类似情况。

3.8.3 一种助老助残机械手运动学正解

一种助老助残机械手的结构如图 3.37 所示，其中，图 3.37(a)所示是正视图，图 3.37(b)所示是侧视图。机械手有 5 个运动自由度与 1 个手部开合局部自由度。定义其肩部的基座为连杆 0，肩部旋转部件为连杆 1，大臂部件为连杆 2，小臂转动支撑部件为连杆 3，小臂转动部件为连杆 4，手部部件为连杆 5。建立机械手各杆件坐标系关系如图 3.38 所示，其中，坐标系的标号表示其所属连杆序号，连杆 0 的坐标系属机械手的基础坐标系，$o-xyz$ 坐标系是放在机械手肩部的全局参考坐标系。应该注意到：此时 z_5 轴方向不能按照前述的方法定义成是手爪朝向方向，否则会有 $a_5=0$，$d_5=0$，无论 θ_5 计算怎样转动，都不会影响到手心的位移，显然与实际不符。因此，在最末一个为旋转关节，且其旋转轴线不经过手爪中心的场合，应将手爪中心到最末一个旋转关节轴线的距离定义为连杆的长度。根据机械手结构，其各种连杆参数如表 3.3 所列。

可见，助老助残机械手的关节矢量为

$$\boldsymbol{q}=(\theta_1,\theta_2,\theta_3,\theta_4,\theta_5)^{\mathrm{T}}$$

将表 3.3 中的各参数带入(3.123)式和(3.128)式中，求出各 $\boldsymbol{A}$ 变换矩阵与 $\boldsymbol{T}$ 变换矩阵。

$$
\boldsymbol{A}_0=\begin{bmatrix}1&0&0&0\\0&0&-1&0\\0&1&0&0\\0&0&0&1\end{bmatrix}\quad
\boldsymbol{A}_1=\begin{bmatrix}c_1&0&s_1&0\\s_1&0&-c_1&0\\0&1&0&0\\0&0&0&1\end{bmatrix}\quad
\boldsymbol{A}_2=\begin{bmatrix}c_2&-s_2&0&a_2c_2\\s_2&c_2&0&a_2s_2\\0&0&1&0\\0&0&0&1\end{bmatrix}
$$

$$
\boldsymbol{A}_3=\begin{bmatrix}c_3&0&-s_3&a_3c_3\\s_3&0&c_3&a_3s_3\\0&-1&0&0\\0&0&0&1\end{bmatrix}\quad
\boldsymbol{A}_4=\begin{bmatrix}c_4&0&s_4&0\\s_4&0&-c_4&0\\0&1&0&d_4\\0&0&0&1\end{bmatrix}\quad
\boldsymbol{A}_5=\begin{bmatrix}c_5&0&-s_5&a_5c_5\\s_5&0&c_5&a_5s_5\\0&-1&0&0\\0&0&0&1\end{bmatrix}
$$

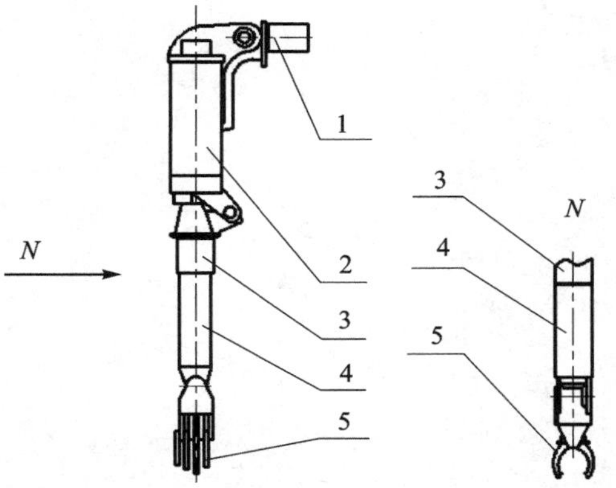

(a) 正视图　　(b) 侧视图

1—肩部旋转构件；2—大臂构件；3—小臂摆动构件；
4—小臂转动构件；5—手部构件

图 3.37　助老助残机械手外形图

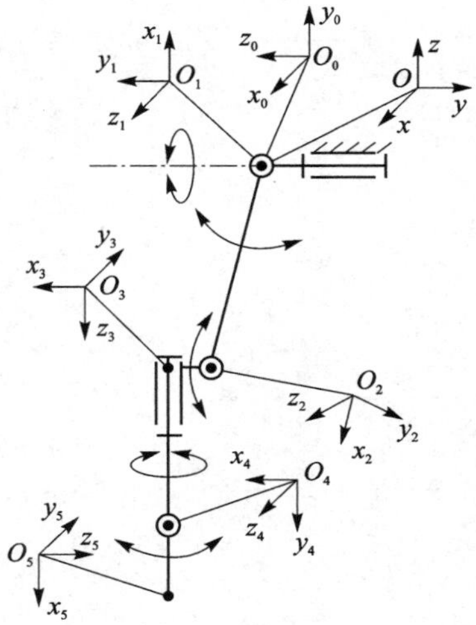

图 3.38　各构件坐标系起始位姿表示

表 3.3　助老助残机械手参数列表

连杆编号	公垂线长 a_n/mm	扭转角 α_n/(°)	连杆偏移量 d_n/mm	关节转角 θ_n/(°) 及其工作范围	$\cos\alpha_n$	$\sin\alpha_n$
0	0	90	0	0(定值)	0	1
1	0	90	0	90～180	0	1
2	335.058	0	0	170.0316～80.0316	1	0
3	40	−90	0	−80.0316～54.9684	0	−1
4	0	90	300	−90～90	0	1
5	120	−90	0	40～140	0	−1

另有

$$
{}_5^4\boldsymbol{T} = A_5 = \begin{bmatrix} c_5 & 0 & -s_5 & a_5 c_5 \\ s_5 & 0 & c_5 & a_5 s_5 \\ 0 & -1 & 0 & 0 \\ 0 & 0 & 0 & 1 \end{bmatrix}
$$

$$
{}_5^3\boldsymbol{T} = \boldsymbol{A}_4\boldsymbol{A}_5 = \begin{bmatrix} c_4 c_5 & -s_4 & -c_4 s_5 & a_5 c_4 c_5 \\ s_4 c_5 & c_4 & -s_4 s_5 & a_5 s_4 c_5 \\ s_5 & 0 & c_5 & a_5 s_5 + d_4 \\ 0 & 0 & 0 & 1 \end{bmatrix}
$$

$$
{}_5^2\boldsymbol{T} = \boldsymbol{A}_3\boldsymbol{A}_4\boldsymbol{A}_5 = \begin{bmatrix} {}_5^2n_x & {}_5^2o_x & {}_5^2a_x & {}_5^2p_x \\ {}_5^2n_y & {}_5^2o_y & {}_5^2a_y & {}_5^2p_y \\ {}_5^2n_z & {}_5^2o_z & {}_5^2a_z & {}_5^2p_z \\ 0 & 0 & 0 & 1 \end{bmatrix}
$$

其中，

$$^2_5n_x = c_3c_4c_5 - s_3s_5$$

$$^2_5n_y = s_3c_4c_5 + c_3s_5$$

$$^2_5n_z = -s_4c_5$$

$$^2_5o_x = -c_3s_4$$

$$^2_5o_y = -s_3s_4$$

$$^2_5o_z = -c_4$$

$$^2_5a_x = -c_3c_4s_5 - s_3c_5$$

$$^2_5a_y = -s_3c_4s_5 + c_3c_5$$

$$^2_5a_z = s_4s_5$$

$$^2_5p_x = a_5c_3c_4c_5 - a_5s_3s_5 - d_4s_3 + a_3c_3$$

$$^2_5p_y = a_5s_3c_4c_5 + a_5c_3s_5 + d_4c_3 + a_3s_3$$

$$^2_5p_z = -a_5s_4c_5$$

$$^1_5\boldsymbol{T} = \boldsymbol{A}_2\boldsymbol{A}_3\boldsymbol{A}_4\boldsymbol{A}_5 = \begin{bmatrix} ^1_5n_x & ^1_5o_x & ^1_5a_x & ^1_5p_x \\ ^1_5n_y & ^1_5o_y & ^1_5a_y & ^1_5p_y \\ ^1_5n_z & ^1_5o_z & ^1_5a_z & ^1_5p_z \\ 0 & 0 & 0 & 1 \end{bmatrix}$$

其中，

$$^1_5n_x = c_{23}c_4c_5 - s_{23}s_5$$

$$^1_5n_y = s_{23}c_4c_5 + c_{23}s_5$$

$$^1_5n_z = -s_4c_5$$

$$^1_5o_x = -c_{23}s_4$$

$$^1_5o_y = -s_{23}s_4$$

$$^1_5o_z = -c_4$$

$$^1_5a_x = -c_{23}c_4s_5 - s_{23}c_5$$

$$^1_5a_y = -s_{23}c_4s_5 + c_{23}c_5$$

$$^1_5a_z = s_4s_5$$

$$^1_5p_x = a_5c_{23}c_4c_5 - a_5s_{23}s_5 - d_4s_{23} + a_3c_{23} + a_2c_2$$

$$^1_5p_y = a_5s_{23}c_4c_5 + a_5c_{23}s_5 + d_4c_{23} + a_3s_{23} + a_2s_2$$

$$^1_5p_z = -a_5s_4c_5$$

$$^0_5\boldsymbol{T} = \boldsymbol{A}_1\boldsymbol{A}_2\boldsymbol{A}_3\boldsymbol{A}_4\boldsymbol{A}_5 = \begin{bmatrix} ^0_5n_x & ^0_5o_x & ^0_5a_x & ^0_5p_x \\ ^0_5n_y & ^0_5o_y & ^0_5a_y & ^0_5p_y \\ ^0_5n_z & ^0_5o_z & ^0_5a_z & ^0_5p_z \\ 0 & 0 & 0 & 1 \end{bmatrix}$$

其中，

$${}^0_5n_x = c_1(c_{23}c_4c_5 - s_{23}s_5) - s_1s_4c_5$$
$${}^0_5n_y = (s_1c_{23}c_4 + c_1s_4)c_5 - s_1s_{23}s_5$$
$${}^0_5n_z = s_{23}c_4c_5 + c_{23}s_5$$
$${}^0_5o_x = -c_1c_{23}s_4 - s_1c_4$$
$${}^0_5o_y = -s_1c_{23}s_4 + c_1c_4$$
$${}^0_5o_z = -s_{23}s_4$$
$${}^0_5a_x = -(c_1c_{23}c_4 - s_1s_4)s_5 - c_1s_{23}c_5$$
$${}^0_5a_y = -(s_1c_{23}c_4 + c_1s_4)s_5 - s_1s_{23}c_5$$
$${}^0_5a_z = c_{23}c_5 - s_{23}c_4s_5$$
$${}^0_5p_x = a_5(c_1c_{23}c_4 - s_1s_4)c_5 - a_5c_1s_{23}s_5 - d_4c_1s_{23} + c_1(a_3c_{23} + a_2c_2)$$
$${}^0_5p_y = a_5(s_1c_{23}c_4 + c_1s_4)c_5 - s_1s_{23}(a_5s_5 + d_4) + a_2s_1c_2 + a_3s_1c_{23}$$
$${}^0_5p_z = a_5s_{23}c_4c_5 + c_{23}(a_5s_5 + d_4) + a_3s_{23} + a_2s_2$$

$${}^c_5\boldsymbol{T} = \boldsymbol{A}_0\boldsymbol{A}_1\boldsymbol{A}_2\boldsymbol{A}_3\boldsymbol{A}_4\boldsymbol{A}_5 = \begin{bmatrix} {}^c_5n_x & {}^c_5o_x & {}^c_5a_x & {}^c_5p_x \\ {}^c_5n_y & {}^c_5o_y & {}^c_5a_y & {}^c_5p_y \\ {}^c_5n_z & {}^c_5o_z & {}^c_5a_z & {}^c_5p_z \\ 0 & 0 & 0 & 1 \end{bmatrix} \tag{3.130}$$

${}^c_5\boldsymbol{T}$ 表示助老助残机械手最后一个连杆坐标系 $o_5-x_5y_5z_5$ 相对于助老助残机械手肩部的全局参考坐标系 $o-xyz$ 的坐标变换矩阵。其中：

$${}^c_5n_x = c_1(c_{23}c_4c_5 - s_{23}s_5) - s_1s_4c_5$$
$${}^c_5n_y = -s_{23}c_4c_5 - c_{23}s_5$$
$${}^c_5n_z = (s_1c_{23}c_4 + c_1s_4)c_5 - s_1s_{23}s_5$$
$${}^c_5o_x = -c_1c_{23}s_4 - s_1c_4$$
$${}^c_5o_y = s_{23}s_4$$
$${}^c_5o_z = -s_1c_{23}s_4 + c_1c_4$$
$${}^c_5a_x = -(c_1c_{23}c_4 - s_1s_4)s_5 - c_1s_{23}c_5$$
$${}^c_5a_y = s_{23}c_4s_5 - c_{23}c_5$$
$${}^c_5a_z = -(s_1c_{23}c_4 + c_1s_4)s_5 - s_1s_{23}c_5$$
$${}^c_5p_x = a_5(c_{23}c_4c_1 - s_1s_4)c_5 - a_5c_1s_{23}s_5 - d_4c_1s_{23} + c_1(a_3c_{23} + a_2c_2)$$
$${}^c_5p_y = -a_5s_{23}c_4c_5 - c_{23}(a_5s_5 + d_4) - a_3s_{23} - a_2s_2$$
$${}^c_5p_z = a_5(s_1c_{23}c_4 + c_1s_4)c_5 - s_1s_{23}(a_5s_5 + d_4) + s_1(a_2c_2 + a_3c_{23})$$

(3.130)式就是助老助残机械手的运动学正解。

3.9 机器人运动学逆解

上一节学习了机器人运动学正解。然而更重要的是，当知道工件在操作空间所处的位置与姿态时，如何运动关节矢量中的各个关节，使得机器人末端 TCS(或手部)坐标系以准确的位置与姿态抓住工件，这就是机器人运动学逆解要解决的问题。下面以斯坦福机器人为例，学习一种求机器人运动学逆解的解析方法。

已知工件在操作空间所处的位置与姿态，就意味着机器人末端 TCS（或手部）坐标系在操作空间的位置与姿态描述${}^0_6\boldsymbol{T}$是已知的。求斯坦福机器人运动方程解的问题，就是已知${}^0_6\boldsymbol{T}$和$\boldsymbol{A}_1 \sim \boldsymbol{A}_6$结构，如何求解各连杆的关节矢量$\boldsymbol{q}=(\theta_1,\theta_2,d_3,\theta_4,\theta_5,\theta_6)^{\mathrm{T}}$的问题。由

$${}^0_6\boldsymbol{T}=\boldsymbol{A}_1\boldsymbol{A}_2\boldsymbol{A}_3\boldsymbol{A}_4\boldsymbol{A}_5\boldsymbol{A}_6 \tag{3.131}$$

可得下列各式

$$\boldsymbol{A}_1^{-1}\,{}^0_6\boldsymbol{T}={}^1_6\boldsymbol{T} \tag{3.132}$$

$$\boldsymbol{A}_2^{-1}\boldsymbol{A}_1^{-1}\,{}^0_6\boldsymbol{T}={}^2_6\boldsymbol{T} \tag{3.133}$$

$$\boldsymbol{A}_3^{-1}\boldsymbol{A}_2^{-1}\boldsymbol{A}_1^{-1}\,{}^0_6\boldsymbol{T}={}^3_6\boldsymbol{T} \tag{3.134}$$

$$\boldsymbol{A}_4^{-1}\boldsymbol{A}_3^{-1}\boldsymbol{A}_2^{-1}\boldsymbol{A}_1^{-1}\,{}^0_6\boldsymbol{T}={}^4_6\boldsymbol{T} \tag{3.135}$$

$$\boldsymbol{A}_5^{-1}\boldsymbol{A}_4^{-1}\boldsymbol{A}_3^{-1}\boldsymbol{A}_2^{-1}\boldsymbol{A}_1^{-1}\,{}^0_6\boldsymbol{T}={}^5_6\boldsymbol{T} \tag{3.136}$$

上述这些方程左边矩阵可以写为

$$\boldsymbol{A}_j^{-1}\boldsymbol{A}_{j-1}^{-1}\cdots\boldsymbol{A}_1^{-1}\,{}^0_6\boldsymbol{T}={}^j_6\boldsymbol{T}$$

即左边矩阵的各元素是关于第j个关节之前各关节变量的函数。

由于矩阵相等隐含着逐个对应元素相等，所以可从上面每一个矩阵方程式得到 12 个方程。

通过斯坦福机械手的运动学正解的各个方程（见推导(3.129)式的各个步骤），来说明其运动学逆解求解的过程。

第一步：由(3.132)式，可得该方程的左边为

$$\boldsymbol{A}_1^{-1}\,{}^0_6\boldsymbol{T}=\begin{bmatrix} \mathrm{c}_1 & \mathrm{s}_1 & 0 & 0 \\ 0 & 0 & -1 & 0 \\ -\mathrm{s}_1 & \mathrm{c}_1 & 0 & 0 \\ 0 & 0 & 0 & 1 \end{bmatrix}\begin{bmatrix} {}^0_6n_x & {}^0_6o_x & {}^0_6a_x & {}^0_6p_x \\ {}^0_6n_y & {}^0_6o_y & {}^0_6a_y & {}^0_6p_y \\ {}^0_6n_z & {}^0_6o_z & {}^0_6a_z & {}^0_6p_z \\ 0 & 0 & 0 & 1 \end{bmatrix}$$

$$=\begin{bmatrix} f_{11}(n) & f_{11}(o) & f_{11}(a) & f_{11}(p) \\ f_{12}(n) & f_{12}(o) & f_{12}(a) & f_{12}(p) \\ f_{13}(n) & f_{13}(o) & f_{13}(a) & f_{13}(p) \\ 0 & 0 & 0 & 1 \end{bmatrix} \tag{3.137}$$

其中，

$$f_{11}(i)=\mathrm{c}_1 i_x+\mathrm{s}_1 i_y$$

$$f_{12}(i)=-i_z \qquad i=n,o,a,p$$

$$f_{13}(i)=-s_1 i_x+c_1 i_y$$

(3.132)式的右边可由${}^1_6\boldsymbol{T}$得到，且用下列矩阵给出：

$${}^1_6\boldsymbol{T}=\begin{bmatrix} \mathrm{c}_2(\mathrm{c}_4\mathrm{c}_5\mathrm{c}_6-\mathrm{s}_4\mathrm{s}_6)-\mathrm{s}_2\mathrm{s}_5\mathrm{c}_6 & -\mathrm{c}_2(\mathrm{c}_4\mathrm{c}_5\mathrm{s}_6+\mathrm{s}_4\mathrm{c}_6)+\mathrm{s}_2\mathrm{s}_5\mathrm{c}_6 & \mathrm{c}_2\mathrm{c}_4\mathrm{s}_5+\mathrm{s}_2\mathrm{c}_5 & \mathrm{s}_2 d_3 \\ \mathrm{s}_2(\mathrm{c}_4\mathrm{c}_5\mathrm{c}_6-\mathrm{s}_4\mathrm{s}_6)+\mathrm{c}_2\mathrm{s}_5\mathrm{c}_6 & -\mathrm{s}_2(\mathrm{c}_4\mathrm{c}_5\mathrm{s}_6-\mathrm{s}_4\mathrm{c}_6)-\mathrm{c}_2\mathrm{s}_5\mathrm{c}_6 & \mathrm{s}_2\mathrm{c}_4\mathrm{s}_5-\mathrm{c}_2\mathrm{c}_5 & -\mathrm{c}_2 d_3 \\ \mathrm{s}_4\mathrm{c}_5\mathrm{c}_6+\mathrm{c}_4\mathrm{s}_6 & -\mathrm{s}_4\mathrm{c}_5\mathrm{s}_6+\mathrm{c}_4\mathrm{c}_6 & \mathrm{s}_4\mathrm{s}_5 & d_2 \\ 0 & 0 & 0 & 1 \end{bmatrix} \tag{3.138}$$

可见，(3.138)式右边除第 3 行第 4 列及第 4 行的元素外，所有元素都是关于$\theta_1,\theta_2,d_3,\theta_4,\theta_5,\theta_6$的函数。把(3.137)式、(3.138)式左右端的(3,4)元素等同起来，可得

$$f_{13}(p)=d_2 \tag{3.139}$$

或

$$-s_1 p_x + c_1 p_y = d_2 \tag{3.140}$$

为了解这种形式的方程，可采用下列三角代换式。令

$$p_x = r\cos\phi \tag{3.141}$$

$$p_y = r\sin\phi \tag{3.142}$$

其中，

$$\phi = \arctan\left(\frac{p_y}{p_x}\right) \tag{3.143}$$

$$r = +\sqrt{p_x^2 + p_y^2} \tag{3.144}$$

如图 3.39 所示。

将 p_x、p_y 代入(3.140)式，可得

$$\sin\phi\cos\theta_1 - \cos\phi\sin\theta_1 = \frac{d_2}{r} \tag{3.145}$$

简化为

$$\sin(\phi-\theta_1) = \frac{d_2}{r} \tag{3.146}$$

可知

$$0 < \frac{d_2}{r} \leqslant 1$$

$$0 < \phi - \theta_1 < \pi$$

同样，如图 3.40 所示，可求得余弦为

$$\cos(\phi-\theta_1) = \pm\sqrt{1-\left(\frac{d_2}{r}\right)^2} \tag{3.147}$$

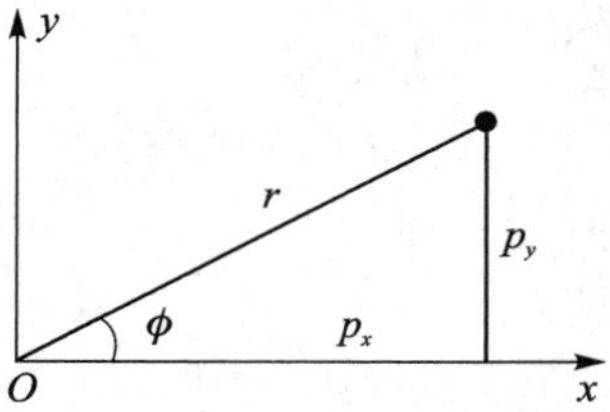

图 3.39　ϕ 角几何代换关系

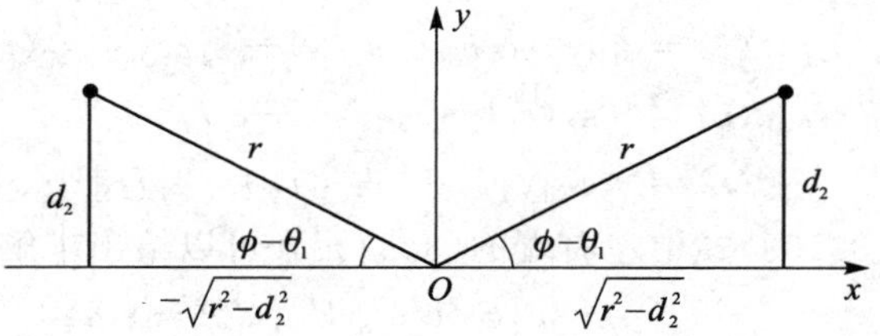

图 3.40　$(\phi-\theta_1)$角几何代换关系

其中负号对应于机械手左臂，而正号相应于机械手右臂，最后可求得

$$\theta_1 = \arctan\left(\frac{p_y}{p_x}\right) - \arctan\frac{d_2}{\pm\sqrt{r^2-d_2^2}} \tag{3.148}$$

确定 θ_1 后，(3.132)式左边的各个元素就都可以定义了。以后，每当(3.132)～(3.136)式之一的左边有定义，就可观察右边各元素是否有一些单一关节或可处理关节的简单表示，因为这些元素是剩余其他某些关节坐标的函数。

第二步：此时，(3.137)式与(3.138)式的(1,4)和(2,4)元素分别为 s_2d_3 及 c_2d_3 的函数，可得

$$s_2 d_3 = c_1 p_x + s_1 p_y \tag{3.149}$$

$$-c_2 d_3 = -p_z \tag{3.150}$$

由于要求 d_3(菱形导轨的延伸)大于 0,故有与 θ_2 的正弦和余弦成正比例的值使 θ_2 为唯一:

$$\theta_2 = \arctan\left(\frac{c_1 p_x + s_1 p_y}{p_z}\right) \tag{3.151}$$

第三步:再计算(3.133)式,可以得到下面表示:

$$\begin{bmatrix} f_{21}(n) & f_{21}(o) & f_{21}(a) & f_{21}(p) \\ f_{22}(n) & f_{22}(o) & f_{22}(a) & f_{22}(p) \\ f_{23}(n) & f_{23}(o) & f_{23}(a) & f_{23}(p) \\ 0 & 0 & 0 & 1 \end{bmatrix} = \begin{bmatrix} c_4 c_5 c_6 - s_4 s_6 & -c_4 c_5 s_6 - s_4 c_6 & c_4 s_5 & 0 \\ s_4 c_5 c_6 + c_4 s_6 & s_4 c_5 s_6 + c_4 c_6 & s_4 s_5 & 0 \\ -s_5 c_6 & s_5 s_6 & c_5 & d_3 \\ 0 & 0 & 0 & 1 \end{bmatrix} \tag{3.152}$$

其中,

$$\begin{aligned} f_{21}(i) &= c^2(c_1 i_x + s_1 i_y) - s_2 i_z \\ f_{22}(i) &= -s_1 i_x + c_1 i_y \qquad\qquad i = n, o, a, p \\ f_{23}(i) &= s_2(c_1 i_x + s_1 i_y) + c^2 i \end{aligned}$$

令(3.152)式左右端的(3,4)元素相等,可得到关于 d_3 的求解方程式为

$$d_3 = s_2(c_1 p_x + s_1 p_y) + c_2 p_z$$

第四步:考察(3.134)式,其不能提供任何有助解题信息。继续向下考察(3.135)式,可得

$$\begin{bmatrix} f_{41}(n) & f_{41}(o) & f_{41}(a) & 0 \\ f_{42}(n) & f_{42}(o) & f_{42}(a) & 0 \\ f_{43}(n) & f_{43}(o) & f_{43}(a) & 0 \\ 0 & 0 & 0 & 1 \end{bmatrix} = \begin{bmatrix} c_5 c_6 & -c_5 s_6 & s_5 & 0 \\ s_5 c_6 & -s_5 s_6 & -c_5 & 0 \\ s_6 & c_6 & 0 & 0 \\ 0 & 0 & 0 & 1 \end{bmatrix} \tag{3.153}$$

其中,

$$\begin{aligned} f_{41}(i) &= c_4[c_2(c_1 i_x + s_1 i_y) - s_2 i_z] + s_4(-s_1 i_x + c_1 i_y) \\ f_{42}(i) &= -s_2(c_1 i_x + s_1 i_y) - c_2 i_z \qquad\qquad i = n, o, a, p \\ f_{43}(i) &= -s_4[c_2(c_1 i_x + s_1 i_y) - s_2 i_z] + c_4(-s_1 i_x + c_1 i_y) \end{aligned}$$

(3.153)式中左右端的(3,3)元素可以给出求解 θ_4 的方程为

$$-s_4[c_2(c_1 a_x + s_1 a_y) - s_2 a_z] + c_4(-s_1 a_x + c_1 a_y) = 0$$

因此得到两个解

$$\theta_4 = \arctan\left[\frac{-s_1 a_x + c_1 a_y}{c_2(c_1 a_x + s_1 a_y) - s_2 a_z}\right] \tag{3.154}$$

和

$$\theta_4 = \theta_4 + 180°$$

如果(3.154)式的分子和分母都趋于 0,则这个机械手变成了退化型。θ_4 也可以由方程(3.152)中左右端的(1,3)和(2,3)元素求出,步骤为:

$$c_4 s_5 = c_2(c_1 a_x + s_1 a_y) - s_2 a_z \tag{3.155}$$

$$s_4 s_5 = -s_1 a_x + c_1 a_y \tag{3.156}$$

这样,如果 $\theta_5 > 0$,则有

$$\theta_4 = \arctan\left[\frac{-s_1 a_x + c_1 a_y}{c_2(c_1 a_x + s_1 a_y) - s_2 a_z}\right] \tag{3.157}$$

如果 $\theta_5 < 0$，则有

$$\theta_4 = \theta_4 + 180° \tag{3.158}$$

以上分别对应着机械手的两种布局。

当 $s_5=0$、$\theta_5=0$ 时，机械手变成了退化型，相当于关节 4 的轴与关节 6 的轴在一条直线上。在这种情况下，仅 θ_4、θ_6 之和才是有效的，如果 $\theta_5=0$，则可自由地选择 θ_4。

第五步：观察方程(3.153)式的右边元素，可得到求解 s_5、c_5、s_6、c_6 的方程。当它们各自的正弦和余弦定义之后，就可得到相应关节转角的唯一解。

使方程(3.153)式左右端的(1,3)和(2,3)对应元素相等，可以得到 θ_5 的求解方法：

$$s_5 = c_4[c_2(c_1 a_x + s_1 a_y) - s_2 a_z] + s_4(-s_1 a_x + c_1 a_y) \tag{3.159}$$

$$c_5 = s_2(c_1 a_x + s_1 a_y) + c_2 a_z \tag{3.160}$$

因而可得

$$\theta_5 = \arctan\frac{s_5}{c_5} = \arctan\frac{c_4[c_2(c_1 a_x + s_1 a_y) - s_2 a_z] + s_4(-s_1 a_x + c_1 a_y)}{s_2(c_1 a_x + s_1 a_y) + c_2 a_z} \tag{3.161}$$

第六步：还可通过整理方程式(3.136)，得到求解 s_6、c_6 的方程式，即

$$\begin{bmatrix} f_{51}(n) & f_{51}(o) & 0 & 0 \\ f_{52}(n) & f_{52}(o) & 0 & 0 \\ f_{53}(n) & f_{53}(o) & 1 & 0 \\ 0 & 0 & 0 & 1 \end{bmatrix} = \begin{bmatrix} c_6 & -s^6 & 0 & 0 \\ s_6 & c_6 & 0 & 0 \\ 0 & 0 & 1 & 0 \\ 0 & 0 & 0 & 1 \end{bmatrix} \tag{3.162}$$

其中，

$$f_{51}(i) = c_5\{c_4[c_2(c_1 i_x + s_1 i_y) - s_2 i_z] + s_4(-s_1 i_x + c_1 i_y)\} + s_5[-s_2(c_1 i_x + s_1 i_y) - c_2 i_z]$$

$$f_{52}(i) = -s_4[c_2(c_1 i_x + s_1 i_y) - s_2 i_z] + c_4(-s_1 i_x + c_1 i_y)$$

$$f_{53}(i) = s_5\{c_4[c_2(c_1 i_x + s_1 i_y) - s_2 i_z] + s_4(-s_1 i_x + c_1 i_y)\} + c_5[s_2(c_1 i_x + s_1 i_y) + c_2 i_z]$$

$$i = n, o, a, p$$

若使(3.162)式左右端的(1,2)和(2,2)对应元素相等，则可得到 s_6、c_6 的求解方程为：

$$s_6 = -c_5\{c_4[c_2(c_1 o_x + s_1 o_y) - s_2 o_z] + s_4(-s_1 o_x + c_1 o_y)\} + s_5[s_2(c_1 o_x + s_1 o_y) + c_2 o_z] \tag{3.163}$$

$$c_6 = -s_4[c_2(c_1 o_x + s_1 o_y) - s_2 o_z] + c_4(-s_1 o_x + c_1 o_y) \tag{3.164}$$

将(3.163)式、(3.164)式代入(3.165)式，可得到 θ_6 的求解方程式为

$$\theta_6 = \arctan\left(\frac{s_6}{c_6}\right) \tag{3.165}$$

可见，一旦给 θ_4 赋一个值，则 θ_5、θ_6 的解就可以由(3.161)及(3.165)式求得。

小结：对于斯坦福机器人，若已知工件所处的位置 ${}^0_6\boldsymbol{T}$ 以及机器人各个连杆间依次变换矩阵 $\boldsymbol{A}_1, \boldsymbol{A}_2, \cdots, \boldsymbol{A}_6$ 的结构，要求关节空间的关节矢量 $\boldsymbol{q}=(\theta_1, \theta_2, d_3, \theta_4, \theta_5, \theta_6)^{\mathrm{T}}$ 的解，要逐次左乘各个连杆的逆矩阵，如(3.132)～(3.136)式所示。然后，由(3.132)式可求得 θ_1、θ_2，由(3.133)式可求得 d_3，由(3.153)式可求得 θ_4、θ_5、θ_6，由(3.136)式也可求得 θ_6。(3.134)式没有用到。

对其他结构形式的机器人，求其运动学逆解的解析方法与上述方法大同小异。可通过多

学习一些其他实例，来熟悉和掌握其中的一些解题技巧。

习题三

1. 表示刚体位姿的方法有几种？各有什么特点？

2. 采用不同方法建立连杆坐标系时，得到的机器人运动学方程会有所不同。试问在关节空间坐标相同的情况下，利用不同的运动学方程得到的机器人末端位姿是否相同？

3. 简述 D-H 参数的物理意义，叙述连杆坐标系的建立方法。

4. 两个关节之间连杆的长度是否为 D-H 参数中的连杆长度？为什么？

5. 对于一个可以绕 x、y、z 轴旋转的球关节，如何建立其连杆坐标系？

6. (1) 已知一表示位姿的齐次变换矩阵 $\boldsymbol{T}=\begin{bmatrix} n_x & o_x & a_x & p_x \\ n_y & o_y & a_y & p_y \\ n_z & o_z & a_z & p_z \\ 0 & 0 & 0 & 1 \end{bmatrix}$，证明 $\boldsymbol{T}^{-1}=\begin{bmatrix} n_x & n_y & n_z & -\boldsymbol{p}\cdot\boldsymbol{n} \\ o_x & o_y & o_z & -\boldsymbol{p}\cdot\boldsymbol{o} \\ a_x & a_y & a_z & -\boldsymbol{p}\cdot\boldsymbol{a} \\ 0 & 0 & 0 & 1 \end{bmatrix}$。

(2) 求齐次变换矩阵 $\boldsymbol{T}=\begin{bmatrix} \frac{\sqrt{3}}{2} & -\frac{1}{2} & 0 & 4 \\ \frac{1}{2} & \frac{\sqrt{3}}{2} & 0 & 3 \\ 0 & 0 & 1 & 0 \\ 0 & 0 & 0 & 1 \end{bmatrix}$的逆。

7. 点矢量 $\boldsymbol{v}$ 为$[10.00 \quad 20.00 \quad 30.00]^{\mathrm{T}}$，相对参考坐标系作如下齐次变换：

$$\boldsymbol{A}=\begin{bmatrix} 0.866 & -0.500 & 0.000 & 11.0 \\ 0.500 & 0.866 & 0.000 & -3.0 \\ 0.000 & 0.000 & 1.000 & 9.0 \\ 0 & 0 & 0 & 1 \end{bmatrix}$$

写出变换后点矢量 v 的表达式。

8. 先绕参考坐标系 z 轴转 30°，然后绕参考坐标系 x 轴转 60°，再绕参考坐标系 y 轴转 90°，试求旋转矩阵。

9. 试求相应于下列运动的 $\boldsymbol{T}$ 矩阵：绕参考坐标系 x 轴转 α 角，然后沿参考坐标系 z 轴平移 b 距离，再绕参考坐标系 y 轴转 φ。

10. **A** 和 **B** 两坐标系仅仅方向不同。坐标系 **B** 是这样得到的：首先与坐标系 **A** 重合，然后绕单位矢量 $\boldsymbol{f}$ 旋转 θ 弧度，其中 $\boldsymbol{f}=\begin{bmatrix} 0 & -f_z & f_y \\ f_z & 0 & -f_x \\ -f_y & f_x & 0 \end{bmatrix}$

求${}_B^A\boldsymbol{R}$。

11. 某 6 自由度机器人末端的当前位姿为

$$\boldsymbol{T}=\begin{bmatrix}0 & 0 & 1 & 1070\\ 0 & -1 & 0 & 0\\ 1 & 0 & 0 & 1300\\ 0 & 0 & 0 & 1\end{bmatrix}$$

若机器人的末端先绕基坐标系的 x 轴旋转 90°，再沿基坐标系的 y 轴平移 100，求机器人末端在基坐标系的位姿。若机器人的末端先沿基坐标系的 y 轴平移 100，再绕基坐标系的 x 轴旋转 90°，求机器人末端在基坐标系的位姿。

12. 某机器人末端的姿态矩阵为 $\boldsymbol{R}$，有

$$\boldsymbol{R}=\begin{bmatrix}-0.0452 & -0.6712 & -0.7399\\ 0.0073 & 0.7405 & -0.6721\\ 0.9990 & -0.0358 & -0.0285\end{bmatrix}$$

(1) 若利用欧拉角描述该姿态，计算相应的欧拉角。

(2) 若利用横滚、俯仰和偏转角表示刚体的姿态，计算相应的 RPY 角。

(3) 若利用通用旋转变换表示该姿态，计算相应的转轴和转角。

13. 机器人从点 A 沿直线运动到点 B，其坐标分别为

$$\boldsymbol{A}=\begin{bmatrix}-1 & 0 & 0 & 10\\ 0 & 1 & 0 & 10\\ 0 & 0 & -1 & 10\\ 0 & 0 & 0 & 1\end{bmatrix},\quad \boldsymbol{B}=\begin{bmatrix}0 & -1 & 0 & 20\\ 0 & 0 & 1 & 20\\ -1 & 0 & 0 & 20\\ 0 & 0 & 0 & 1\end{bmatrix}$$

且绕等效转轴 $\boldsymbol{k}$ 匀速回转等效角 θ，求矢量 $\boldsymbol{k}$ 和转角 θ，并求 3 个中间变换。

14. 对于笛卡儿坐标系中的点 $\boldsymbol{p}$，其位置矢量为 $\boldsymbol{p}=3\boldsymbol{i}+4\boldsymbol{j}+5\boldsymbol{k}$，计算点 $\boldsymbol{p}$ 在柱面坐标系下的参数 (p_z,α,d) 和球面坐标系下的参数 (α,β,r)。

15. 点 $\boldsymbol{p}$ 在球面坐标系下的参数为 $(\pi/6,\pi/4,10)$，给出点 $\boldsymbol{p}$ 在笛儿尔坐标系中的位置矢量。

16. 图 3.41 所示为三自由度机械臂，关节 1 和关节 2 相互垂直，关节 2 和关节 3 相互平行，所有关节都处于初始位置。关节转角的正方向都已标出。在这个操作臂的简图中定义了连杆坐标系 $\mathbf{A}_0\sim\mathbf{A}_3$ 并表示在图中。求变换矩阵 ${}^0_1\boldsymbol{T}$、${}^1_2\boldsymbol{T}$、${}^2_3\boldsymbol{T}$ 和 ${}^0_3\boldsymbol{T}$。

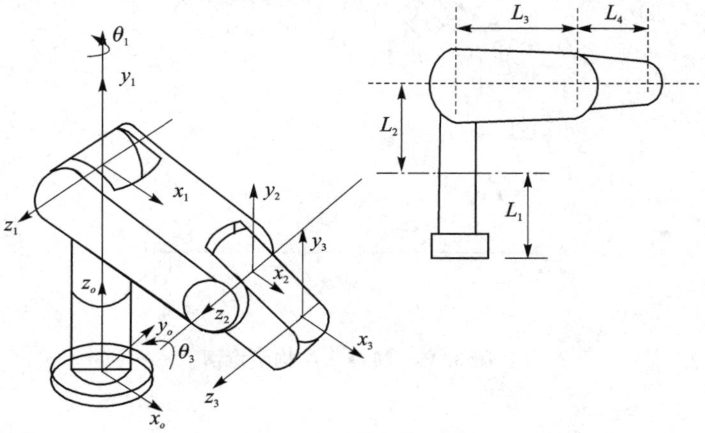

图 3.41 3R 操作臂的两个视图

17. 写出 3R 平面机械手的运动学方程(注：三臂长为 l_1、l_2、l_3)。

18. 图 3.42 给出一个 3 自由度机械手的机构，轴 1 与轴 2 垂直。试求其运动方程式。

19. 图 3.43(a)所示的两连杆操作臂，连杆的坐标变换矩阵为 ${}^0_1\boldsymbol{T}$ 和 ${}^1_2\boldsymbol{T}$，图 3.43(b)示出了连杆坐标系的布局。求操作臂末端相对于坐标系 $\mathbf{A}_0$ 的位姿表达式。

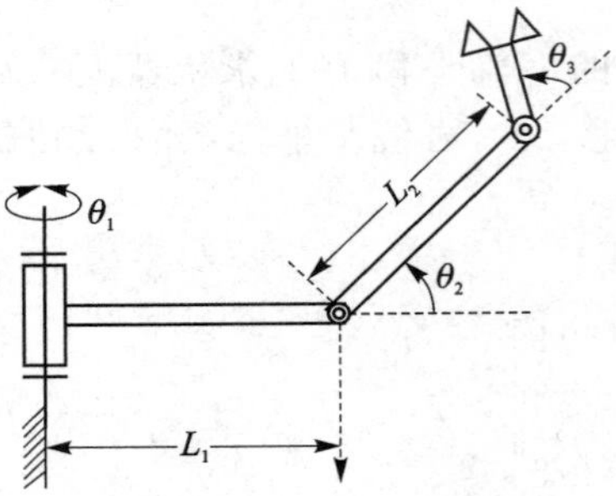

图 3.42　三连杆非平面机械手

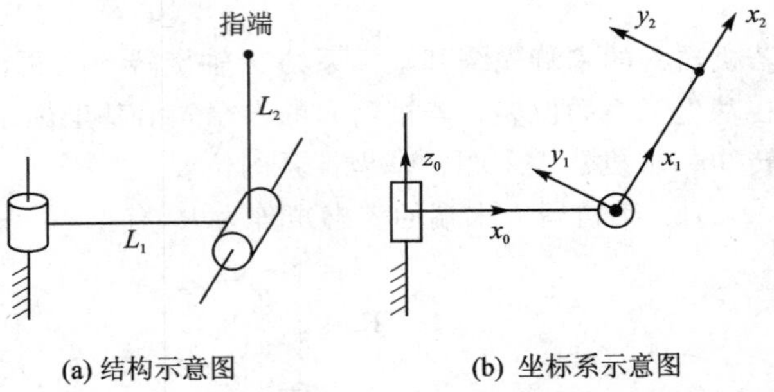

图 3.43　标有坐标系布局的两连杆操作臂

20. 建立图 3.44 中三连杆机器人的连杆坐标系并求其逆解。

21. 某机器人采用平移关节和旋转关节构成，如图 3.45 所示。其前 3 个关节为平移关节，实现沿 x、y、z 轴的平移。后 3 个关节为旋转关节，分别绕 j_4、j_5、j_6 旋转，用于机器人末端姿态的调整。以机器人在图 3.45 所示的姿态作为初始状态，并将末端坐标系建立在机器人抓手中间。试建立其连杆坐标系，推导正向运动学方程，并给出逆向运动学的求解方法。

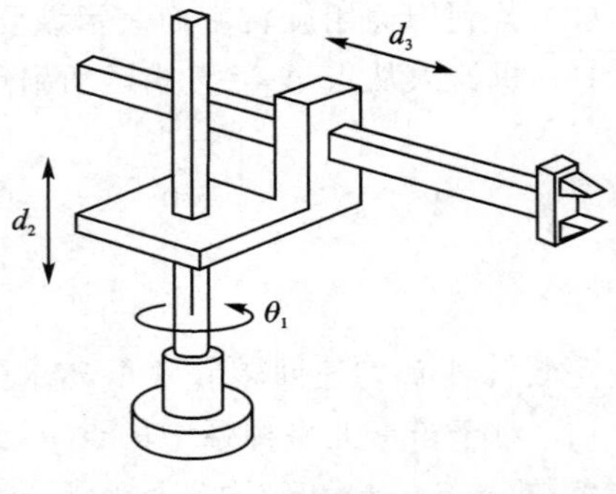

图 3.44　三连杆 RPP 操作臂

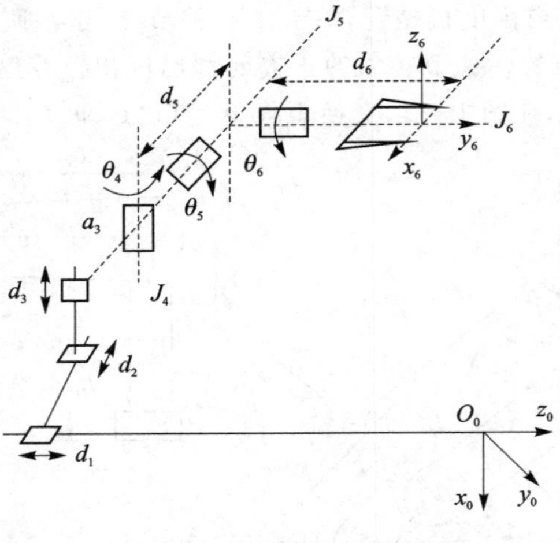

图 3.45　机器人结构示意图

第 4 章　微分运动和速度

对机器人进行操作与控制时，常因机器人的手部或某个关节的微小运动，而引起机器人手部位姿的微小变化，这些微小变化可由描述机器人位姿的齐次变换矩阵的微小变化来表示。在数学上，这种微小变化可用微分变换来表示。

微分关系对于研究机器人的速度问题及动力学问题都是十分重要的。譬如，如果用一个很小的时间段来测量或者计算这个微小运动，就可得到其速度描述；还可用速度对时间的导数，考察机器人的动态特性，以便对它们进行有效的控制。

本章将主要学习一般构件坐标系相对于参考坐标系的微分运动、机器人关节的构件坐标系相对于参考坐标系的微分运动、雅可比矩阵以及机器人速度关系等。

4.1　微分运动的意义

前面所讨论的变换只考虑在一个特定时刻，单独地进行某种变换，而不是同时进行这些旋转或平移。如多个变换同时发生，结果会怎样？为了更好地理解这两者的区别，来看下面几种情况：

一个移动小车从起点出发，首先正向直线移动了距离 l，然后又转动了角度 θ，如图 4.1(a)所示，并在 A 点停止。再试想，另一个移动小车先旋转角度 θ，再作正向直线移动，如图 4.1(b)所示，在 B 点停止。显然最后它们的姿态是相同的，但两个小车是沿着不同的路线运动，最后停止在不同的位置。现在再试想，如果一个小车同时旋转和移动，旋转和移动的总量与上面相同，如图 4.1(c)所示。根据旋转和移动是否同时开始或者同时停止，以及两者运动的速度，这个小车会沿着不同的路线运动，并且会终止在不同的地方。这个差别与这个小车随时的小运动有关。这就是微分运动分析的基础。移动小车的路径和最终的状态是微分运动(或速度)及它们随时间运动的次序的函数。这种分析同样适用于机器人，即运动结果取决于运动是即时的还是连续的，无论它是移动机器人还是机械手。

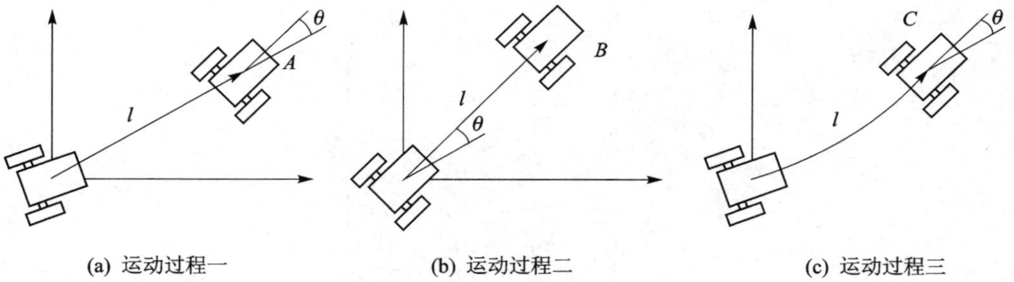

图 4.1　微分与非微分运动

假设构件坐标系相对于参考坐标系作一个微量的运动。一种情况是，不考虑产生微分运动的原因，只是来观察坐标系的微分运动；另一种情况是，同时考虑产生微分运动的机构。对第一种情况，只研究坐标系的运动及坐标系变化的表示即可，如图 4.2(a)所示；对第二种情况，将研究产生该运动机构的微分运动及它与坐标系运动的联系，如图 4.2(b)所示。如图 4.2(c)所示，机器人手坐标系的微分运动是由机器人每个关节的微分运动所引起的。因此，当机器人的关节做微量运动时，机器人手的坐标系也产生微量运动，故必须将机器人的微分运动与坐标系的微分运动联系起来。

它的实际含义如下：假设有一个机器人要对工件进行连续焊接，为了获得最好的焊缝质量，要求机器人以恒定的速度运动，即要求手坐标系的微分运动能表示为按特定的方向恒速运动。这就涉及坐标系的微分运动，而该运动是由机器人产生的。因此，应计算出任意时刻每个关节的速度，以使得机器人产生的总运动等于对坐标系的期望速度。本章将分别研究坐标系的微分运动及机器人机构的微分运动，最后再将两者联系在一起。

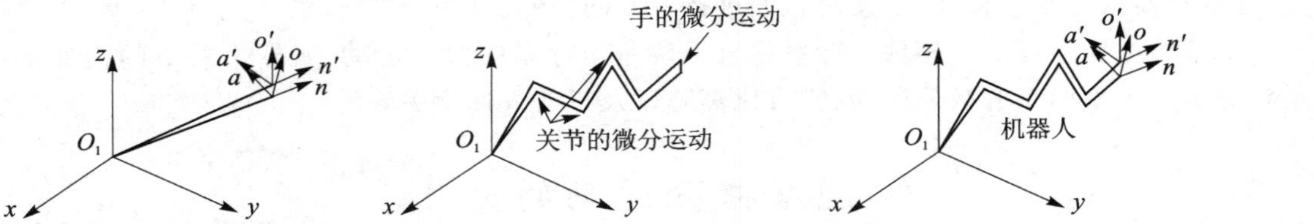

(a) 坐标系的微分运动 (b) 机器人关节和末端的微分运动 (c) 机器人微分运动引起的坐标系的微分运动

图 4.2 不同的微分运动

4.2 变换的微分

设有一个“变换”，它的元素是某个变量的函数，对这个“变换”的微分就是该变换矩阵各元素对该变量的偏导数所组成的变换矩阵乘以该变量的微分。如给定变换

$$\boldsymbol{T}=\begin{bmatrix} t_{11} & t_{12} & t_{13} & t_{14} \\ t_{21} & t_{22} & t_{23} & t_{24} \\ t_{31} & t_{32} & t_{33} & t_{34} \\ t_{41} & t_{42} & t_{43} & t_{44} \end{bmatrix} \tag{4.1}$$

且它的元素都是 x 的函数，则 $\boldsymbol{T}$ 的微分表示为

$$\mathrm{d}\boldsymbol{T}=\begin{bmatrix} \frac{\partial t_{11}}{\partial x} & \frac{\partial t_{12}}{\partial x} & \frac{\partial t_{13}}{\partial x} & \frac{\partial t_{14}}{\partial x} \\ \frac{\partial t_{21}}{\partial x} & \frac{\partial t_{22}}{\partial x} & \frac{\partial t_{23}}{\partial x} & \frac{\partial t_{24}}{\partial x} \\ \frac{\partial t_{31}}{\partial x} & \frac{\partial t_{32}}{\partial x} & \frac{\partial t_{33}}{\partial x} & \frac{\partial t_{34}}{\partial x} \\ \frac{\partial t_{41}}{\partial x} & \frac{\partial t_{42}}{\partial x} & \frac{\partial t_{43}}{\partial x} & \frac{\partial t_{44}}{\partial x} \end{bmatrix} \mathrm{d}x \tag{4.2}$$

例 4.1 关于机械手旋转关节变换的一个变换矩阵 $\boldsymbol{A}$ 如下，求其微分。

$$A=\begin{bmatrix} c\theta & -s\theta c\alpha & s\theta s\alpha & a\,c\theta \\ s\theta & c\theta c\alpha & -c\theta s\alpha & a\,s\theta \\ 0 & s\alpha & c\alpha & d \\ 0 & 0 & 0 & 1 \end{bmatrix}$$

解： $\boldsymbol{A}$ 变换的微分表示为

$$dA=\begin{bmatrix} -s\theta & -c\theta c\alpha & c\theta s\alpha & -a\,s\theta \\ c\theta & -s\theta c\alpha & s\theta s\alpha & a\,c\theta \\ 0 & 0 & 0 & 0 \\ 0 & 0 & 0 & 0 \end{bmatrix}d\theta$$

4.3　坐标系的微分运动

坐标系与坐标变换在形式上其实是一样的，有时，它就是同一个东西在称呼上的变化。

构件坐标系的微分运动可以分为微分平移、微分旋转、微分变换（平移与旋转的综合变换）三种情形。

4.3.1　微分平移

通常，构件坐标系的微分平移就是构件坐标系相对参考坐标系平移一个微分分量，或者说是构件坐标系沿参考坐标系的 x、y、z 轴作微小的位移运动。对沿参考坐标系的 x、y、z 轴所作的微小位移运动用微分运动矢量描述，可以写成如下形式：

$$\boldsymbol{d}=dx\boldsymbol{i}+dy\boldsymbol{j}+dz\boldsymbol{k} \tag{4.3}$$

对此，若是用 **Trans**(dx,dy,dz)来表示这个微分平移变换，则可以写成：

$$\mathbf{Trans}(dx,dy,dz)=\begin{bmatrix} 1 & 0 & 0 & dx \\ 0 & 1 & 0 & dy \\ 0 & 0 & 1 & dz \\ 0 & 0 & 0 & 1 \end{bmatrix} \tag{4.4}$$

例 4.2　构件坐标系 **B** 相对参考坐标系有一个平移为微分量 **Trans**(0.01,0.05,0.03)，找出它的新位姿。

$$B=\begin{bmatrix} 0.707 & 0 & -0.707 & 5 \\ 0 & 1 & 0 & 4 \\ 0.707 & 0 & 0.707 & 9 \\ 0 & 0 & 0 & 1 \end{bmatrix}$$

解： 因微分运动只是平移一个微分量，构件坐标系的姿态应不受影响，故构件坐标系的新位置是：

$$B_{new}=\mathbf{Trans}(0.01,0.05,0.03)\cdot B$$

$$=\begin{bmatrix} 1 & 0 & 0 & 0.01 \\ 0 & 1 & 0 & 0.05 \\ 0 & 0 & 1 & 0.03 \\ 0 & 0 & 0 & 1 \end{bmatrix}\begin{bmatrix} 0.707 & 0 & -0.707 & 5 \\ 0 & 1 & 0 & 4 \\ 0.707 & 0 & 0.707 & 9 \\ 0 & 0 & 0 & 1 \end{bmatrix}=\begin{bmatrix} 0.707 & 0 & -0.707 & 5.01 \\ 0 & 1 & 0 & 4.05 \\ 0.707 & 0 & 0.707 & 9.03 \\ 0 & 0 & 0 & 1 \end{bmatrix}$$

4.3.2 绕坐标系轴线的微分旋转

构件坐标系的微分旋转是指某构件坐标系相对一个参考坐标系的微小旋转。通常，构件坐标系绕参考坐标系 x、y、z 轴的微分转动分别定义为 δx、δy、δz。因旋转角度很小，故可以用如下的近似式来代替：

$$\sin\delta x = \delta x \quad (单位弧度)$$

$$\cos\delta x = 1$$

因此，绕参考坐标系 x、y、z 轴的微分旋转矩阵可以分别表示为

$$\begin{aligned}
\mathbf{rot}(x,\delta_x) &= \begin{bmatrix} 1 & 0 & 0 & 0 \\ 0 & 1 & -\delta x & 0 \\ 0 & \delta x & 1 & 0 \\ 0 & 0 & 0 & 1 \end{bmatrix} \\
\mathbf{rot}(y,\delta y) &= \begin{bmatrix} 1 & 0 & \delta y & 0 \\ 0 & 1 & 0 & 0 \\ -\delta y & 0 & 1 & 0 \\ 0 & 0 & 0 & 1 \end{bmatrix} \\
\mathbf{rot}(z,\delta z) &= \begin{bmatrix} 1 & -\delta z & 0 & 0 \\ \delta z & 1 & 0 & 0 \\ 0 & 0 & 1 & 0 \\ 0 & 0 & 0 & 1 \end{bmatrix}
\end{aligned} \tag{4.5}$$

同样，也可对绕当前构件坐标系各个方向轴的微分旋转定义为

$$\begin{aligned}
\mathbf{rot}(\boldsymbol{n},\delta n) &= \begin{bmatrix} 1 & 0 & 0 & 0 \\ 0 & 1 & -\delta n & 0 \\ 0 & \delta n & 1 & 0 \\ 0 & 0 & 0 & 1 \end{bmatrix} \\
\mathbf{rot}(\boldsymbol{o},\delta o) &= \begin{bmatrix} 1 & 0 & \delta o & 0 \\ 0 & 1 & 0 & 0 \\ -\delta o & 0 & 1 & 0 \\ 0 & 0 & 0 & 1 \end{bmatrix} \\
\mathbf{rot}(\boldsymbol{a},\delta a) &= \begin{bmatrix} 1 & -\delta a & 0 & 0 \\ \delta a & 1 & 0 & 0 \\ 0 & 0 & 1 & 0 \\ 0 & 0 & 0 & 1 \end{bmatrix}
\end{aligned} \tag{4.6}$$

注意：上述变换矩阵的每个列矢量或行矢量的长度会有大于 1 的情形，例如 $\sqrt{1+(\delta x)^2}>1$，违背了开始要求的标准矢量格式。不过，由于该微分值很小，且在数学上高阶微分值是可忽略不计的，因此可对像 $(\delta x)^2$ 那样的高阶微分进行忽略处理，近似认为该轴线矢量仍为单位长。

通常在矩阵乘法计算中，矩阵相乘时各个矩阵前后顺序不能改变。但是，两个表示微分旋转运动的矩阵以不同的顺序相乘，却会得到相同的结果。观察以下两个表示微分旋转运动矩

阵的相乘：

$$\mathbf{rot}(x,\delta x)\mathbf{rot}(y,\delta y)=\begin{bmatrix}1&0&0&0\\0&1&-\delta x&0\\0&\delta x&1&0\\0&0&0&1\end{bmatrix}\begin{bmatrix}1&0&\delta y&0\\0&1&0&0\\-\delta y&0&1&0\\0&0&0&1\end{bmatrix}$$

$$=\begin{bmatrix}1&0&\delta y&0\\\delta x\delta y&1&-\delta x&0\\-\delta y&\delta x&1&0\\0&0&0&1\end{bmatrix}$$

$$\mathbf{rot}(y,\delta y)\mathbf{rot}(x,\delta x)=\begin{bmatrix}1&0&\delta y&0\\0&1&0&0\\-\delta y&0&1&0\\0&0&0&1\end{bmatrix}\begin{bmatrix}1&0&0&0\\0&1&-\delta x&0\\0&\delta x&1&0\\0&0&0&1\end{bmatrix}$$

$$=\begin{bmatrix}1&\delta x\delta y&\delta y&0\\0&1&-\delta x&0\\-\delta y&\delta x&1&0\\0&0&0&1\end{bmatrix}$$

当取高阶微分项 $\delta x\delta y$ 为零时，上述两式的结果是完全相同的，即

$$\mathbf{rot}(y,\delta y)\mathbf{rot}(x,\delta x)=\mathbf{rot}(x,\delta x)\mathbf{rot}(y,\delta y)=\begin{bmatrix}1&0&\delta y&0\\0&1&-\delta x&0\\-\delta y&\delta x&1&0\\0&0&0&1\end{bmatrix}$$

这就是微分旋转变换中的一个特殊性质，即微分旋转变换的无序性。按照上述方法会发现，绕参考坐标系 x、y、z 轴的 3 个微分旋转变换的连乘积，无论什么顺序排列，总会有以下结果：

$$\mathbf{rot}(x,\delta x)\mathbf{rot}(y,\delta y)\mathbf{rot}(z,\delta z)=\begin{bmatrix}1&-\delta z&\delta y&0\\\delta z&1&-\delta x&0\\-\delta y&\delta x&1&0\\0&0&0&1\end{bmatrix}\tag{4.7}$$

请注意，(4.7)式是一个反对称阵。

对于速度问题，上述的结论也是适用的。在前面课程中曾经学过，绕不同轴做大角度旋转变换的矩阵乘积顺序不能相互交换，因此，它们的位姿表示也不能按照不同顺序进行叠加。然而，在速度问题上矩阵乘积的顺序是可以相互交换的，而且可按照矢量关系进行相加。这是因为速度就是微分运动除以时间。因此，对 $\boldsymbol{\omega}=\omega_x\boldsymbol{i}+\omega_y\boldsymbol{j}+\omega_z\boldsymbol{k}$ 一类的速度描述，以及它们之间的乘积，也可不考虑乘积顺序问题。

4.3.3　绕一般轴 f 的微分旋转

构件坐标系以参考坐标系中某矢量为轴转动一微小角度 $\mathrm{d}\theta$，可用 $\mathbf{Rot}(\boldsymbol{f},\mathrm{d}\theta)$ 来表示。由于

$$\mathbf{rot}(\boldsymbol{f},\theta)=\begin{bmatrix} f_xf_x\text{vers}\theta+\text{c}\theta & f_yf_x\text{vers}\theta-f_z\text{s}\theta & f_zf_x\text{vers}\theta+f_y\text{s}\theta & 0\\ f_xf_y\text{vers}\theta+f_z\text{s}\theta & f_yf_y\text{vers}\theta+\text{c}\theta & f_zf_y\text{vers}\theta-f_x\text{s}\theta & 0\\ f_xf_z\text{vers}\theta-f_y\text{s}\theta & f_yf_z\text{vers}\theta+f_x\text{s}\theta & f_zf_z\text{vers}\theta+\text{c}\theta & 0\\ 0&0&0&1\end{bmatrix}$$

对于一个微小旋转变化 $\text{d}\theta$,相应有

$$\lim_{\theta\to 0}\sin\theta=\text{d}\theta$$

$$\lim_{\theta\to 0}\cos\theta=1$$

$$\lim_{\theta\to 0}\text{vers}\,\theta=0\qquad[\text{vers}\,\theta=(1-\cos\theta)]$$

故

$$\mathbf{rot}(f,\text{d}\theta)=\begin{bmatrix}1&-f_z\text{d}\theta&f_y\text{d}\theta&0\\ f_z\text{d}\theta&1&f_x\text{d}\theta&0\\ -f_y\text{d}\theta&f_x\text{d}\theta&1&0\\ 0&0&0&1\end{bmatrix}\tag{4.8}$$

对照(4.7)式与(4.8)式可发现,可将构件坐标系绕参考坐标系一般矢量 $\boldsymbol{f}$ 的微分旋转看作是分别绕参考坐标系 x、y、z 轴的三个微分旋转变换的连乘积所构成。它们元素间有以下等价关系:

$$f_x\text{d}\theta=\delta x$$

$$f_y\text{d}\theta=\delta y$$

$$f_z\text{d}\theta=\delta z$$

对绕一般轴 $\boldsymbol{f}$ 的微分旋转 $\text{d}\theta$ 用微分运动矢量描述,可以写成如下形式:

$$\boldsymbol{\delta}=\boldsymbol{f}\text{d}\theta=\delta x\boldsymbol{i}+\delta y\boldsymbol{j}+\delta z\boldsymbol{k}\tag{4.9}$$

其中 δx、δy、δz 分别代表构件坐标系相对于参考坐标系 x、y、z 轴的三个微分旋转变换,如图 4.3 所示。因此,绕任意一般轴 $\boldsymbol{f}$ 的微分运动可以表示为

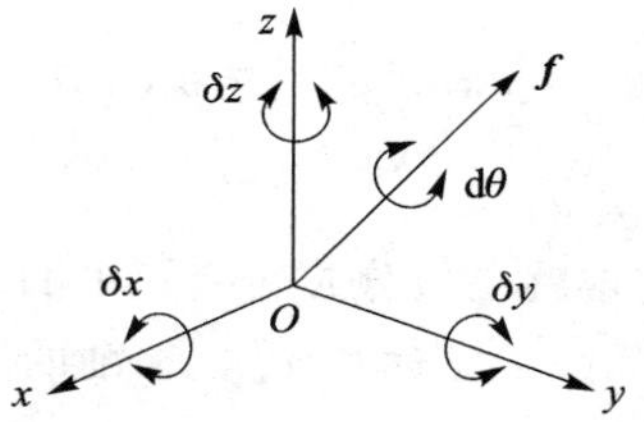

图 4.3 绕一般轴 f 的微分旋转

$$\mathbf{rot}(f,\text{d}\theta)=\mathbf{rot}(x,\delta x)\,\mathbf{rot}(y,\delta y)\,\mathbf{rot}(z,\delta z)$$

$$=\begin{bmatrix}1&0&0&0\\0&1&-\delta x&0\\0&\delta x&1&0\\0&0&0&1\end{bmatrix}\begin{bmatrix}1&0&\delta y&0\\0&1&0&0\\-\delta y&0&1&0\\0&0&0&1\end{bmatrix}\begin{bmatrix}1&-\delta z&0&0\\\delta z&1&0&0\\0&0&1&0\\0&0&0&1\end{bmatrix}$$

$$=\begin{bmatrix}1&-\delta z&\delta y&0\\\delta z&1&-\delta x&0\\-\delta y&\delta x&1&0\\0&0&0&1\end{bmatrix}\tag{4.10}$$

例 4.3 求绕参考坐标系 3 个坐标轴进行小的旋转 $\delta x=0.1$ rad、$\delta y=0.05$ rad、$\delta z=0.02$ rad 所产生的总微分变化。

解: 将给定的微分旋转值代入(4.7)式或(4.10)式,可得

$$\mathbf{rot}(f,d\theta)=\begin{bmatrix}1 & -\delta z & \delta y & 0\\ \delta z & 1 & -\delta x & 0\\ -\delta y & \delta x & 1 & 0\\ 0 & 0 & 0 & 1\end{bmatrix}=\begin{bmatrix}1 & -0.02 & 0.05 & 0\\ 0.02 & 1 & -0.1 & 0\\ -0.05 & 0.1 & 1 & 0\\ 0 & 0 & 0 & 1\end{bmatrix}$$

注意：3 个方向单位矢量的长度分别是 1.001、1.005、1.006。如果假设 0.1 rad(约 5.7°)算是很小的微分，那么这些值可以近似看成 1。

4.3.4　坐标系的微分变换

坐标系的微分变换是指构件坐标系相对参考坐标系的微分平移和微分旋转的综合变换。

若同时表示平移和旋转的微小运动，可把(4.2)式的导数形式表示为一种微分平移和微分旋转的综合表现形式。

对构件坐标系的这个微分平移和微分旋转的综合变换，可通过其相对于参考坐标系或构件坐标系不同的表示形式来描述。下面分别进行解释：

给定一个构件坐标系 **T**

$$\boldsymbol{T}=\begin{bmatrix}n_x & o_x & a_x & p_x\\ n_y & o_y & a_y & p_y\\ n_z & o_z & a_z & p_z\\ 0 & 0 & 0 & 1\end{bmatrix}$$

其相对于参考坐标系的微分变换从数学意义上可表达为：

$$\boldsymbol{T}+d\boldsymbol{T}=\mathbf{Trans}(dx,dy,dz)\cdot\mathbf{rot}(f,d\theta)\cdot\boldsymbol{T}$$

其中，**Trans**(dx,dy,dz)表示相对参考坐标系中 x、y、z 轴上的微分平移。

Rot$(f,d\theta)$表示绕参考坐标系中某矢量 $\boldsymbol{f}$ 的微分旋转。

则坐标系 **T** 相对于参考坐标系的微分变换量可以描述为：

$$d\boldsymbol{T}=[\mathbf{Trans}(dx,dy,dz)\cdot\mathbf{rot}(f,d\theta)-\boldsymbol{I}]\boldsymbol{T} \tag{4.11}$$

其中，$\boldsymbol{I}$ 表示一个单位矩阵。其几何意义如图 4.4 所示。

根据变换的相对性原理，该变换也可用坐标系 **T** 相对其本身的微分平移和微分旋转来表达，即

$$\boldsymbol{T}+d\boldsymbol{T}=\boldsymbol{T}\cdot\mathbf{Trans}(dx,dy,dz)\cdot\mathbf{rot}(f,d\theta)$$

其中，**Trans**(dx,dy,dz)表示相对构件坐标系 **T** 中的一个微分平移，**rot**$(f,d\theta)$表示绕构件坐标系 **T** 中某矢量 $\boldsymbol{f}$ 的微分旋转，则坐标系 **T** 相对于其本身坐标系的微分变换量可以描述为

$$d\boldsymbol{T}=\boldsymbol{T}\cdot[\mathbf{Trans}(dx,dy,dz)\cdot\mathbf{rot}(f,d\theta)-\boldsymbol{I}] \tag{4.12}$$

其中，$\boldsymbol{I}$ 表示一个单位矩阵。

其几何意义如图 4.5 所示。

可发现，在(4.11)式、(4.12)式中有一共同的式子(尽管它们的含义不同)：

$$\mathbf{Trans}(dx,dy,dz)\cdot\mathbf{rot}(f,d\theta)-\boldsymbol{I}$$

它代表一个微分平移和微分旋转的综合变换。用符号 $\boldsymbol{\Delta}$ 来标记，$\boldsymbol{\Delta}$ 也称为微分算子，其值是微分平移和微分转动矩阵的乘积减去单位矩阵，即

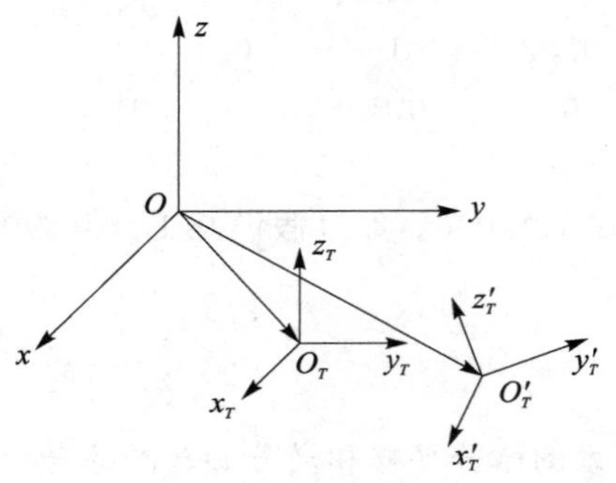

图 4.4 相对参考坐标系微分变换

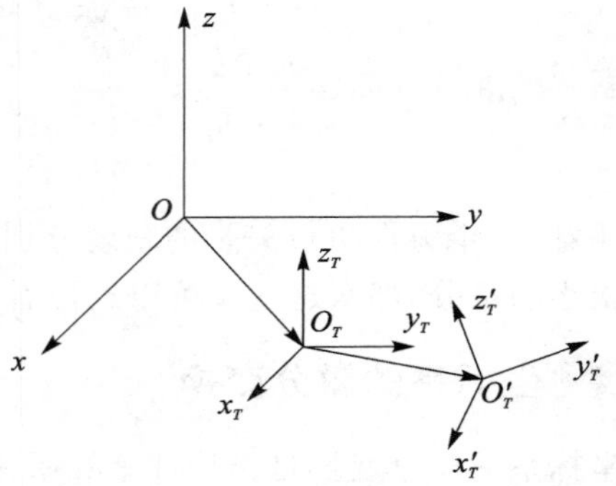

图 4.5 相对构件坐标系微分变换

$$
\begin{aligned}
\boldsymbol{\Delta} &= \textbf{Trans}(\mathrm{d}x,\mathrm{d}y,\mathrm{d}z)\cdot\textbf{rot}(f,\mathrm{d}\theta)-\boldsymbol{I}\\
&=\begin{bmatrix}1&0&0&\mathrm{d}x\\0&1&0&\mathrm{d}y\\0&0&1&\mathrm{d}z\\0&0&0&1\end{bmatrix}\begin{bmatrix}1&-\delta z&\delta y&0\\\delta z&1&-\delta x&0\\-\delta y&\delta x&1&0\\0&0&0&1\end{bmatrix}-\begin{bmatrix}1&0&0&0\\0&1&0&0\\0&0&1&0\\0&0&0&1\end{bmatrix}\\
&=\begin{bmatrix}0&-\delta z&\delta y&\mathrm{d}x\\\delta z&0&-\delta x&\mathrm{d}y\\-\delta y&\delta x&0&\mathrm{d}z\\0&0&0&0\end{bmatrix}
\end{aligned}\tag{4.13}
$$

于是把表示综合变换的算子 $\boldsymbol{\Delta}$ 看成是由微分平移矢量 $\boldsymbol{d}$ 和微分旋转矢量 $\boldsymbol{\delta}$ 构成的，其中

$$\boldsymbol{d}=\mathrm{d}x\boldsymbol{i}+\mathrm{d}_y\boldsymbol{j}+\mathrm{d}z\boldsymbol{k}$$

$$\boldsymbol{\delta}=\delta x\boldsymbol{i}+\delta y\boldsymbol{j}+\delta z\boldsymbol{k}$$

可用一列矢量 $\boldsymbol{D}$ 来包含上述两矢量表示，并称为刚体或构件坐标系的微分运动矢量。

$$\boldsymbol{D}=\begin{bmatrix}\boldsymbol{d}\\ \cdots\\ \boldsymbol{\delta}\end{bmatrix}=\begin{bmatrix}\mathrm{d}x\\\mathrm{d}y\\\mathrm{d}z\\\delta x\\\delta y\\\delta z\end{bmatrix}\tag{4.14}$$

应注意的是，微分算子既不是变换矩阵，也不是坐标系，故它并不遵循所要求的标准格式。它仅是一个算子，用微分算子乘以构件坐标系将导致坐标系的微分变换。

当它与其他变换写在一起时，$\boldsymbol{\Delta}$ 的下标说明微分变换是相对哪个坐标系而言的。不过当变换是相对于参考坐标系进行时，$\boldsymbol{\Delta}$ 的下标可用 O 或省略方式表示。则

(4.11)式可写成　　　$\mathrm{d}\boldsymbol{T}=\boldsymbol{\Delta}_{\mathrm{O}}\boldsymbol{T}=\boldsymbol{\Delta}\boldsymbol{T}$（变换相对于参考坐标系）

(4.12)式可写成　　　$\mathrm{d}\boldsymbol{T}=\boldsymbol{T}\boldsymbol{\Delta}_{\mathrm{T}}$（变换相对于坐标系 $\boldsymbol{T}$）

可见，也可以用变换的相对性来理解上述公式。

尽管(4.11)式和(4.12)式都有 $\boldsymbol{\Delta}$，而且计算所得的结果 d$\boldsymbol{T}$ 符号也都相同，但是因为它们各自变换所相对的坐标系不一样(表现为算子的左右位置不同)，故其 $\boldsymbol{\Delta}$ 值也就不会相同。

例 4.4　写出下面微分变换的微分算子矩阵：

$dx=0.05$， $dy=0.03$， $dz=0.01$； $\delta x=0.02$， $\delta y=0.04$， $\delta z=0.06$

解：将所给值带入(4.13)式，可得

$$\boldsymbol{\Delta}=\begin{bmatrix}0 & -0.06 & 0.04 & 0.05\\ 0.06 & 0 & -0.02 & 0.03\\ -0.04 & 0.02 & 0 & 0.01\\ 0 & 0 & 0 & 0\end{bmatrix}$$

例 4.5 坐标系 **B** 相对参考坐标系，首先绕 y 轴进行 0.1 rad 的微分转动，然后再进行 **Trans**(0.1,0,0.2)的微分平移，求其微分变换量。

$$\boldsymbol{B}=\begin{bmatrix}0 & 0 & 1 & 10\\ 1 & 0 & 0 & 5\\ 0 & 1 & 0 & 3\\ 0 & 0 & 0 & 1\end{bmatrix}$$

解：如前所述，坐标系的改变可以通过微分算子左乘该坐标系求得。根据已知可得：$dx=0.1,dy=0,dz=0.2,\delta x=0,\delta y=0.1,\delta z=0$，用微分算子左乘坐标系矩阵 $\boldsymbol{B}$，可得

$$\mathrm{d}\boldsymbol{B}=\boldsymbol{\Delta B}=\begin{bmatrix}0 & 0 & 0.1 & 0.1\\ 0 & 0 & 0 & 0\\ -0.1 & 0 & 0 & 0.2\\ 0 & 0 & 0 & 0\end{bmatrix}\begin{bmatrix}0 & 0 & 1 & 10\\ 1 & 0 & 0 & 5\\ 0 & 1 & 0 & 3\\ 0 & 0 & 0 & 1\end{bmatrix}=\begin{bmatrix}0 & 0.1 & 0 & 0.4\\ 0 & 0 & 0 & 0\\ 0 & 0 & -0.1 & -0.8\\ 0 & 0 & 0 & 0\end{bmatrix}$$

4.4 微分变换的解释

(4.11)式和(4.12)式中的矩阵 $\mathrm{d}\boldsymbol{T}$ 表示由于微分运动所引起的坐标微分变换量。这个矩阵中元素为

$$\mathrm{d}\boldsymbol{T}=\begin{bmatrix}dn_x & do_x & da_x & dp_x\\ dn_y & do_y & da_y & dp_y\\ dn_z & do_z & da_z & dp_z\\ 0 & 0 & 0 & 0\end{bmatrix} \tag{4.15}$$

例 4.5 中的 $\mathrm{d}\boldsymbol{B}$ 矩阵表示坐标 **B** 的微分变换量，如式(4.15)所示。因此该矩阵的每个元素都是坐标系 **B** 中相应元素的变化。例如，该坐标系沿着 x 轴移动了 0.4 个单位的微小量，沿 y 轴无移动，沿 z 轴移动了−0.8 单位的微小量。它也意味着坐标系的旋转使得矢量 $\boldsymbol{n}$ 没有改变。矢量 $\boldsymbol{o}$ 的分量 o_x 改变了 0.1，矢量 $\boldsymbol{a}$ 的分量 a_z 改变了−0.1。

经微分运动后的坐标系的新位姿可以通过这个变化加到原来坐标系求得：

$$\boldsymbol{T}_{\text{new}}=\boldsymbol{T}_{\text{old}}+\mathrm{d}\boldsymbol{T} \tag{4.16}$$

例 4.6 求例 4.5 中坐标系 **B** 运动后的位姿。

解：坐标系新位姿可通过对初值增加一个微分变换量求得。

$$\boldsymbol{B}_{\text{new}}=\boldsymbol{B}_{\text{old}}+\mathrm{d}\boldsymbol{B}$$

$$=\begin{bmatrix}0 & 0 & 1 & 10\\ 1 & 0 & 0 & 5\\ 0 & 1 & 0 & 3\\ 0 & 0 & 0 & 1\end{bmatrix}+\begin{bmatrix}0 & 0.1 & 0 & 0.4\\ 0 & 0 & 0 & 0\\ 0 & 0 & -0.1 & -0.8\\ 0 & 0 & 0 & 0\end{bmatrix}=\begin{bmatrix}0 & 0.1 & 1 & 10.4\\ 1 & 0 & 0 & 5\\ 0 & 1 & -0.1 & 2.2\\ 0 & 0 & 0 & 1\end{bmatrix}$$

其几何意义如图 4.6 所示。因绕 y 轴的微小旋转，使 y_A 轴在 x 轴方向上投影增加 0.1，z_A 轴在 z 轴方向上投影减小 0.1；且微小旋转放大了 **B** 原点在 x 轴方向上 0.1 的微小平移增量，在 x 轴方向上增加到 0.4；抵消了 **B** 原点在 z 轴方向上 0.2 的微小平移增量，反而在 z 轴方向上减小了 0.8。

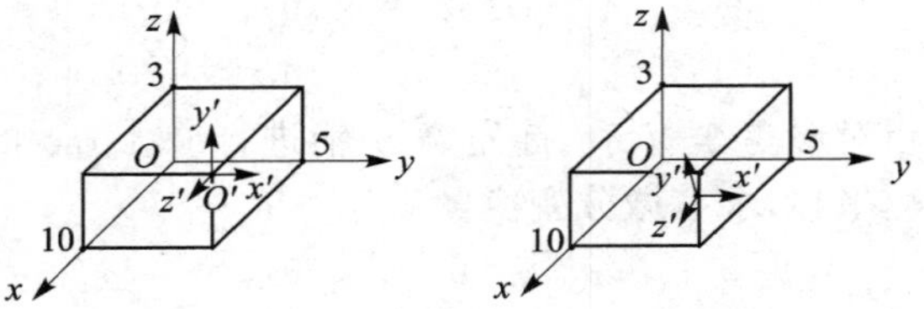

(a) 变换前　　(b) 变换后

图 4.6　例 4.6 几何意义

例 4.7　已知坐标系 **A** 和其相对于参考坐标系的微分平移与微分旋转。

$$\boldsymbol{A}=\begin{bmatrix}1&0&0&10\\0&0&-1&5\\0&1&0&0\\0&0&0&1\end{bmatrix}$$

$$\boldsymbol{d}=1\boldsymbol{i}+0\boldsymbol{j}+0.5\boldsymbol{k}$$

$$\boldsymbol{\delta}=0\boldsymbol{i}+0.1\boldsymbol{j}+0\boldsymbol{k}$$

求微分变换 $\mathrm{d}\boldsymbol{A}$、$\boldsymbol{A}_{\text{new}}$。

解：由已知条件得

$$\boldsymbol{\Delta}=\begin{bmatrix}0&0&0.1&1\\0&0&0&0\\-0.1&0&0&0.5\\0&0&0&0\end{bmatrix}$$

$$\mathrm{d}\boldsymbol{A}=\boldsymbol{\Delta A}=\begin{bmatrix}0&0&0.1&1\\0&0&0&0\\-0.1&0&0&0.5\\0&0&0&0\end{bmatrix}\begin{bmatrix}1&0&0&10\\0&0&-1&5\\0&1&0&0\\0&0&0&1\end{bmatrix}=\begin{bmatrix}0&0.1&0&1\\0&0&0&0\\-0.1&0&0&-0.5\\0&0&0&0\end{bmatrix}$$

$$\begin{aligned}\boldsymbol{A}_{\text{new}}&=\boldsymbol{A}_{\text{old}}+\mathrm{d}\boldsymbol{A}\\&=\begin{bmatrix}1&0&0&10\\0&0&-1&5\\0&1&0&0\\0&0&0&1\end{bmatrix}+\begin{bmatrix}0&0.1&0&1\\0&0&0&0\\-0.1&0&0&-0.5\\0&0&0&0\end{bmatrix}=\begin{bmatrix}1&0.1&0&11\\0&0&-1&5\\-0.1&1&0&-0.5\\0&0&0&1\end{bmatrix}\end{aligned}$$

其几何意义如图 4.7 所示。因绕 y 轴的微小旋转，使 x_A 轴在 z 轴方向上减小 0.1，y_A 轴在 x 轴方向上增加 0.1；且微小旋转抵消了 **A** 原点在 z 轴方向上 0.5 的微小平移增量，反而在 z 轴方向上减小了 0.5。

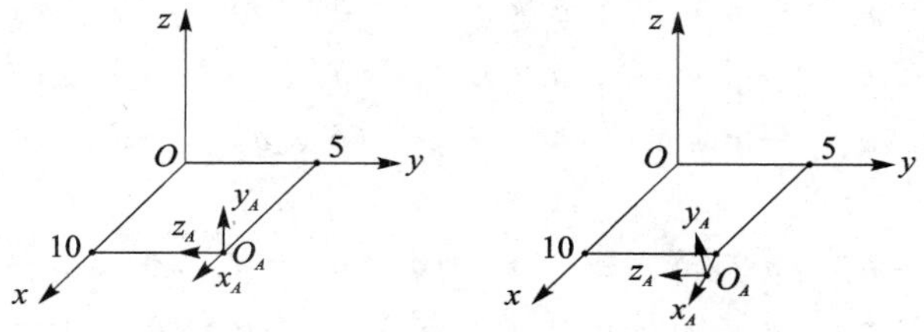

图 4.7　例 4.7 几何意义

4.5　微分变换在不同坐标系间的相互转换关系

前面讨论了同一微分变换其相对参考标系及相对构件坐标系不同的微分变换表达式。现在讨论对同一微分变换，在不同坐标系之间的相互转换的关系，即已知$\boldsymbol{\Delta}_O$ 如何求$\boldsymbol{\Delta}_T$，或已知$\boldsymbol{\Delta}_T$ 如何求$\boldsymbol{\Delta}_O$。

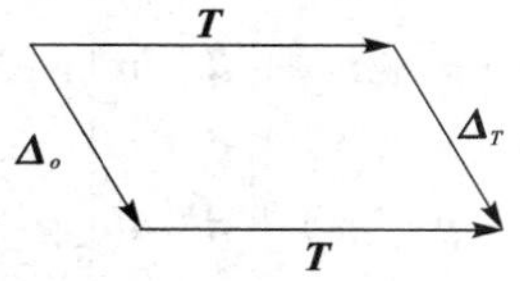

图 4.8　有向变换关系图

由

$$\mathrm{d}\boldsymbol{T}=\boldsymbol{\Delta}_O\boldsymbol{T}=\boldsymbol{T}\boldsymbol{\Delta}_T$$

可获得如图 4.8 所示的有向变换关系图，由此可得

$$\boldsymbol{\Delta}_T=\boldsymbol{T}^{-1}\boldsymbol{\Delta}_O\boldsymbol{T} \tag{4.17}$$

因为

$$\boldsymbol{\Delta}_O\boldsymbol{T}=\begin{bmatrix}0 & -\delta_z & \delta_y & \mathrm{d}x\\ \delta_z & 0 & -\delta_x & \mathrm{d}y\\ -\delta_y & \delta_x & 0 & \mathrm{d}z\\ 0 & 0 & 0 & 0\end{bmatrix}\begin{bmatrix}n_x & o_x & a_x & p_x\\ n_y & o_y & a_y & p_y\\ n_z & o_z & a_z & p_z\\ 0 & 0 & 0 & 1\end{bmatrix}$$

$$=\begin{bmatrix}-\delta_z n_y+\delta_y n_z & -\delta_z o_y+\delta_y o_z & -\delta_z a_y+\delta_y a_z & -\delta_z p_y+\delta_y p_z+\mathrm{d}x\\ \delta_z n_x-\delta_x n_z & \delta_z o_x-\delta_x o_z & \delta_z a_x-\delta_x a_z & \delta_z p_x-\delta_x p_z+\mathrm{d}y\\ -\delta_y n_x+\delta_x n_y & -\delta_y o_x+\delta_x o_y & -\delta_y a_x+\delta_x a_y & -\delta_y p_x+\delta_x p_y+\mathrm{d}z\\ 0 & 0 & 0 & 0\end{bmatrix}$$

$$=\begin{bmatrix}(\boldsymbol{\delta}\times\boldsymbol{n})_x & (\boldsymbol{\delta}\times\boldsymbol{o})_x & (\boldsymbol{\delta}\times\boldsymbol{a})_x & (\boldsymbol{\delta}\times\boldsymbol{p}+\boldsymbol{d})_x\\ (\boldsymbol{\delta}\times\boldsymbol{n})_y & (\boldsymbol{\delta}\times\boldsymbol{o})_y & (\boldsymbol{\delta}\times\boldsymbol{a})_y & (\boldsymbol{\delta}\times\boldsymbol{p}+\boldsymbol{d})_y\\ (\boldsymbol{\delta}\times\boldsymbol{n})_z & (\boldsymbol{\delta}\times\boldsymbol{o})_z & (\boldsymbol{\delta}\times\boldsymbol{a})_z & (\boldsymbol{\delta}\times\boldsymbol{p}+\boldsymbol{d})_z\\ 0 & 0 & 0 & 0\end{bmatrix}$$

其中，下标 x、下标 y 或下标 z 表示只取 x、y 或 z 分量。例如：

$$(\boldsymbol{\delta}\times\boldsymbol{n})_x=\begin{bmatrix}\boldsymbol{i} & \boldsymbol{j} & \boldsymbol{k}\\ \delta_x & \delta_y & \delta_z\\ n_x & n_y & n_z\end{bmatrix}_x=\delta_y n_z-\delta_z n_y$$

进而

$$\boldsymbol{T}^{-1}\boldsymbol{\Delta}_O\boldsymbol{T}=\begin{bmatrix} n_x & n_y & n_z & -\boldsymbol{p}\cdot\boldsymbol{n}\\ o_x & o_y & o_z & -\boldsymbol{p}\cdot\boldsymbol{o}\\ a_x & a_y & a_z & -\boldsymbol{p}\cdot\boldsymbol{a}\\ 0&0&0&1\end{bmatrix}\begin{bmatrix}(\boldsymbol{\delta}\times\boldsymbol{n})_x & (\boldsymbol{\delta}\times\boldsymbol{o})_x & (\boldsymbol{\delta}\times\boldsymbol{a})_x & (\boldsymbol{\delta}\times\boldsymbol{p}+\boldsymbol{d})_x\\ (\boldsymbol{\delta}\times\boldsymbol{n})_y & (\boldsymbol{\delta}\times\boldsymbol{o})_y & (\boldsymbol{\delta}\times\boldsymbol{a})_y & (\boldsymbol{\delta}\times\boldsymbol{p}+\boldsymbol{d})_y\\ (\boldsymbol{\delta}\times\boldsymbol{n})_z & (\boldsymbol{\delta}\times\boldsymbol{o})_z & (\boldsymbol{\delta}\times\boldsymbol{a})_z & (\boldsymbol{\delta}\times\boldsymbol{p}+\boldsymbol{d})_z\\ 0&0&0&0\end{bmatrix}$$

$$=\begin{bmatrix}\boldsymbol{n}\cdot(\boldsymbol{\delta}\times\boldsymbol{n}) & \boldsymbol{n}\cdot(\boldsymbol{\delta}\times\boldsymbol{o}) & \boldsymbol{n}\cdot(\boldsymbol{\delta}\times\boldsymbol{a}) & \boldsymbol{n}\cdot(\boldsymbol{\delta}\times\boldsymbol{p}+\boldsymbol{d})\\ \boldsymbol{o}\cdot(\boldsymbol{\delta}\times\boldsymbol{n}) & \boldsymbol{o}\cdot(\boldsymbol{\delta}\times\boldsymbol{o}) & \boldsymbol{o}\cdot(\boldsymbol{\delta}\times\boldsymbol{a}) & \boldsymbol{o}\cdot(\boldsymbol{\delta}\times\boldsymbol{p}+\boldsymbol{d})\\ \boldsymbol{a}\cdot(\boldsymbol{\delta}\times\boldsymbol{n}) & \boldsymbol{a}\cdot(\boldsymbol{\delta}\times\boldsymbol{o}) & \boldsymbol{a}\cdot(\boldsymbol{\delta}\times\boldsymbol{a}) & \boldsymbol{a}\cdot(\boldsymbol{\delta}\times\boldsymbol{p}+\boldsymbol{d})\\ 0&0&0&0\end{bmatrix}$$

利用三矢量相乘的下面几个相关性质：

$$\boldsymbol{a}\cdot(\boldsymbol{b}\times\boldsymbol{c})=-\boldsymbol{b}\cdot(\boldsymbol{a}\times\boldsymbol{c})=\boldsymbol{b}\cdot(\boldsymbol{c}\times\boldsymbol{a})$$
$$\boldsymbol{a}\cdot(\boldsymbol{a}\times\boldsymbol{c})=\boldsymbol{0}$$
$$\boldsymbol{n}\times\boldsymbol{o}=\boldsymbol{a};\quad \boldsymbol{a}\times\boldsymbol{n}=\boldsymbol{o};\quad \boldsymbol{o}\times\boldsymbol{a}=\boldsymbol{n}$$

故有

$$\boldsymbol{\Delta}_T=\begin{bmatrix}0 & -\boldsymbol{\delta}\cdot(\boldsymbol{n}\times\boldsymbol{o}) & \boldsymbol{\delta}\cdot(\boldsymbol{a}\times\boldsymbol{n}) & \boldsymbol{\delta}\cdot(\boldsymbol{p}\times\boldsymbol{n})+\boldsymbol{d}\cdot\boldsymbol{n}\\ \boldsymbol{\delta}\cdot(\boldsymbol{n}\times\boldsymbol{o}) & 0 & -\boldsymbol{\delta}\cdot(\boldsymbol{o}\times\boldsymbol{a}) & \boldsymbol{\delta}\cdot(\boldsymbol{p}\times\boldsymbol{o})+\boldsymbol{d}\cdot\boldsymbol{o}\\ -\boldsymbol{\delta}\cdot(\boldsymbol{a}\times\boldsymbol{n}) & \boldsymbol{\delta}\cdot(\boldsymbol{o}\times\boldsymbol{a}) & 0 & \boldsymbol{\delta}\cdot(\boldsymbol{p}\times\boldsymbol{a})+\boldsymbol{d}\cdot\boldsymbol{a}\\ 0&0&0&0\end{bmatrix}$$

$$=\begin{bmatrix}0 & -\boldsymbol{\delta}\cdot\boldsymbol{a} & \boldsymbol{\delta}\cdot\boldsymbol{o} & \boldsymbol{\delta}\cdot(\boldsymbol{p}\times\boldsymbol{n})+\boldsymbol{d}\cdot\boldsymbol{n}\\ \boldsymbol{\delta}\cdot\boldsymbol{a} & 0 & -\boldsymbol{\delta}\cdot\boldsymbol{n} & \boldsymbol{\delta}\cdot(\boldsymbol{p}\times\boldsymbol{o})+\boldsymbol{d}\cdot\boldsymbol{o}\\ -\boldsymbol{\delta}\cdot\boldsymbol{o} & \boldsymbol{\delta}\cdot\boldsymbol{n} & 0 & \boldsymbol{\delta}\cdot(\boldsymbol{p}\times\boldsymbol{a})+\boldsymbol{d}\cdot\boldsymbol{a}\\ 0&0&0&0\end{bmatrix} \tag{4.18}$$

参照 $\boldsymbol{\Delta}$ 的定义可将 $\boldsymbol{\Delta}_T$ 写成：

$$\boldsymbol{\Delta}_T=\begin{bmatrix}0 & -\delta z_T & \delta y_T & \mathrm{d}x_T\\ \delta z_T & 0 & -\delta x_T & \mathrm{d}y_T\\ -\delta y_T & \delta x_T & 0 & \mathrm{d}z_T\\ 0&0&0&0\end{bmatrix} \tag{4.19}$$

即该微分变换相对构件坐标系的微分运动矢量各分量为

$$\begin{aligned} \mathrm{d}x_T&=\boldsymbol{\delta}\cdot(\boldsymbol{p}\times\boldsymbol{n})+\boldsymbol{d}\cdot\boldsymbol{n}\\ \mathrm{d}y_T&=\boldsymbol{\delta}\cdot(\boldsymbol{p}\times\boldsymbol{o})+\boldsymbol{d}\cdot\boldsymbol{o}\\ \mathrm{d}z_T&=\boldsymbol{\delta}\cdot(\boldsymbol{p}\times\boldsymbol{a})+\boldsymbol{d}\cdot\boldsymbol{a}\\ \delta x_T&=\boldsymbol{\delta}\cdot\boldsymbol{n}\\ \delta y_T&=\boldsymbol{\delta}\cdot\boldsymbol{o}\\ \delta z_T&=\boldsymbol{\delta}\cdot\boldsymbol{a}\end{aligned} \tag{4.20}$$

其中，$\boldsymbol{n}$、$\boldsymbol{o}$、$\boldsymbol{a}$、$\boldsymbol{p}$ 是 $\boldsymbol{T}$ 中位姿描述，$\boldsymbol{\delta}$、$\boldsymbol{d}$ 分别是 $\boldsymbol{T}$ 相对参考坐标系的微分旋转和微分平移的矢量表达。

根据矢量混合相乘的性质，(4.20)式还可以写成如下标准形式：

$$
\begin{aligned}
dx_T &= \boldsymbol{n} \cdot ((\boldsymbol{\delta} \times \boldsymbol{p}) + \boldsymbol{d}) \\
dy_T &= \boldsymbol{o} \cdot ((\boldsymbol{\delta} \times \boldsymbol{p}) + \boldsymbol{d}) \\
dz_T &= \boldsymbol{a} \cdot ((\boldsymbol{\delta} \times \boldsymbol{p}) + \boldsymbol{d}) \\
\delta x_T &= \boldsymbol{n} \cdot \boldsymbol{\delta} \\
\delta y_T &= \boldsymbol{o} \cdot \boldsymbol{\delta} \\
\delta z_T &= \boldsymbol{a} \cdot \boldsymbol{\delta}
\end{aligned}
\tag{4.21}
$$

(4.21)式还可写成矩阵形式：

$$
\begin{bmatrix} dx_T \\ dy_T \\ dz_T \\ \delta x_T \\ \delta y_T \\ \delta z_T \end{bmatrix} =
\left[\begin{array}{ccc:ccc}
n_x & n_y & n_z & (\boldsymbol{p} \times \boldsymbol{n})_x & (\boldsymbol{p} \times \boldsymbol{n})_y & (\boldsymbol{p} \times \boldsymbol{n})_z \\
o_x & o_y & o_z & (\boldsymbol{p} \times \boldsymbol{o})_x & (\boldsymbol{p} \times \boldsymbol{o})_y & (\boldsymbol{p} \times \boldsymbol{o})_z \\
a_x & a_y & a_z & (\boldsymbol{p} \times \boldsymbol{a})_x & (\boldsymbol{p} \times \boldsymbol{a})_y & (\boldsymbol{p} \times \boldsymbol{a})_z \\
\hdashline
0 & 0 & 0 & n_x & n_y & n_z \\
0 & 0 & 0 & o_x & o_y & o_z \\
0 & 0 & 0 & a_x & a_y & a_z
\end{array}\right]
\begin{bmatrix} dx \\ dy \\ dz \\ \delta x \\ \delta y \\ \delta z \end{bmatrix}
\tag{4.22}
$$

或写成

$$
\boldsymbol{D}_T =
\left[\begin{array}{ccc:ccc}
n_x & n_y & n_z & (\boldsymbol{p} \times \boldsymbol{n})_x & (\boldsymbol{p} \times \boldsymbol{n})_y & (\boldsymbol{p} \times \boldsymbol{n})_z \\
o_x & o_y & o_z & (\boldsymbol{p} \times \boldsymbol{o})_x & (\boldsymbol{p} \times \boldsymbol{o})_y & (\boldsymbol{p} \times \boldsymbol{o})_z \\
a_x & a_y & a_z & (\boldsymbol{p} \times \boldsymbol{a})_x & (\boldsymbol{p} \times \boldsymbol{a})_y & (\boldsymbol{p} \times \boldsymbol{a})_z \\
\hdashline
0 & 0 & 0 & n_x & n_y & n_z \\
0 & 0 & 0 & o_x & o_y & o_z \\
0 & 0 & 0 & a_x & a_y & a_z
\end{array}\right] \boldsymbol{D}
\tag{4.23}
$$

这样，应用(4.20)式～(4.23)式中的任何公式，都能把对参考坐标系的微分变换写成对 $\boldsymbol{T}$ 的微分变换。

(4.22)式还可用分块方法简写成：

$$
\left[\begin{array}{c} \boldsymbol{d}_T \\ \hdashline \boldsymbol{\delta}_T \end{array}\right] =
\left[\begin{array}{c:c} \boldsymbol{R}^{\mathrm{T}} & -\boldsymbol{R}^{\mathrm{T}} \cdot \boldsymbol{S}(\boldsymbol{p}) \\ \hdashline \boldsymbol{0} & \boldsymbol{R}^{\mathrm{T}} \end{array}\right]
\left[\begin{array}{c} \boldsymbol{d} \\ \hdashline \boldsymbol{\delta} \end{array}\right]
\tag{4.24}
$$

其中，$\boldsymbol{R}$ 是旋转矩阵：

$$
\boldsymbol{R} = \begin{bmatrix} n_x & o_x & a_x \\ n_y & o_y & a_y \\ n_z & o_z & a_z \end{bmatrix} \qquad
\boldsymbol{R}^{\mathrm{T}} = \begin{bmatrix} n_x & n_y & n_z \\ o_x & o_y & o_z \\ a_x & a_y & a_z \end{bmatrix}
$$

$\boldsymbol{S}(\boldsymbol{p})$是个反对称矩阵。对 $\boldsymbol{p} = [p_x \quad p_y \quad p_z]^{\mathrm{T}}$ 三维矢量，其 $\boldsymbol{S}(\boldsymbol{p})$为：

$$
\boldsymbol{S}(\boldsymbol{p}) = \begin{bmatrix} 0 & -p_z & p_y \\ p_z & 0 & -p_x \\ -p_y & p_x & 0 \end{bmatrix}
\tag{4.25}
$$

例 4.8　有构件坐标系 **A**，条件如前例，

$$
\mathbf{A} = \begin{bmatrix} 1 & 0 & 0 & 10 \\ 0 & 0 & -1 & 5 \\ 0 & 1 & 0 & 0 \\ 0 & 0 & 0 & 1 \end{bmatrix}
$$

其对参考坐标系的微分平移为 $\boldsymbol{d}=1\boldsymbol{i}+0\boldsymbol{j}+0.5\boldsymbol{k}$，微分旋转为 $\boldsymbol{\delta}=0\boldsymbol{i}+0.1\boldsymbol{j}+0\boldsymbol{k}$。求：对其构件坐标系 **A** 的等价微分平移和微分旋转。

解：可以写出

$$\boldsymbol{n}=1\boldsymbol{i}+0\boldsymbol{j}+0\boldsymbol{k}$$
$$\boldsymbol{o}=0\boldsymbol{i}+0\boldsymbol{j}+1\boldsymbol{k}$$
$$\boldsymbol{a}=0\boldsymbol{i}-1\boldsymbol{j}+0\boldsymbol{k}$$
$$\boldsymbol{p}=10\boldsymbol{i}+5\boldsymbol{j}+0\boldsymbol{k}$$
$$\boldsymbol{\delta}\times\boldsymbol{p}=\begin{vmatrix}\boldsymbol{i} & \boldsymbol{j} & \boldsymbol{k}\\ 0 & 0.1 & 0\\ 10 & 5 & 0\end{vmatrix}=0\boldsymbol{i}+0\boldsymbol{j}-1\boldsymbol{k}$$
$$\boldsymbol{\delta}\times\boldsymbol{p}+\boldsymbol{d}=1\boldsymbol{i}+0\boldsymbol{j}-0.5\boldsymbol{k}$$

由(4.20)式，分别可以得到：

$$\mathrm{d}x_A=\boldsymbol{n}\cdot[(\boldsymbol{\delta}\times\boldsymbol{p})+\boldsymbol{d}]=1+0+0=1$$
$$\mathrm{d}y_A=\boldsymbol{o}\cdot[(\boldsymbol{\delta}\times\boldsymbol{p})+\boldsymbol{d}]=0+0-0.5=-0.5$$
$$\mathrm{d}z_A=\boldsymbol{a}\cdot[(\boldsymbol{\delta}\times\boldsymbol{p})+\boldsymbol{d}]=0+0+0=0$$

即 $\boldsymbol{d}_A=1\boldsymbol{i}-0.5\boldsymbol{j}+0\boldsymbol{k}$。

$$\delta x_A=\boldsymbol{n}\cdot\boldsymbol{\delta}=1\times0+0\times0.1+0\times0=0$$
$$\delta y_A=\boldsymbol{o}\cdot\boldsymbol{\delta}=0\times0+0\times0.1+1\times0=0$$
$$\delta z_A=\boldsymbol{a}\cdot\boldsymbol{\delta}=0\times0-1\times0.1+0\times0=-0.1$$

即 $\boldsymbol{\delta}_A=0\boldsymbol{i}+0\boldsymbol{j}-0.1\boldsymbol{k}$。

将上述结果代入(4.18)式中可得：

$$\boldsymbol{\Delta}_A=\begin{bmatrix}0 & 0.1 & 0 & 1\\ -0.1 & 0 & 0 & -0.5\\ 0 & 0 & 0 & 0\\ 0 & 0 & 0 & 0\end{bmatrix}$$

作如下验算

$$\mathrm{d}\boldsymbol{A}=\boldsymbol{A}\boldsymbol{\Delta}_A=\begin{bmatrix}1 & 0 & 0 & 10\\ 0 & 0 & -1 & 5\\ 0 & 1 & 0 & 0\\ 0 & 0 & 0 & 1\end{bmatrix}\begin{bmatrix}0 & 0.1 & 0 & 1\\ -0.1 & 0 & 0 & -0.5\\ 0 & 0 & 0 & 0\\ 0 & 0 & 0 & 0\end{bmatrix}=\begin{bmatrix}0 & 0.1 & 0 & 1\\ 0 & 0 & 0 & 0\\ -0.1 & 0 & 0 & -0.5\\ 0 & 0 & 0 & 0\end{bmatrix}$$

可见所得的 $\mathrm{d}\boldsymbol{A}$ 与前面计算结果一样。

其几何意义如图 4.7 所示。此时，绕构件坐标系 z_A 轴的微小旋转，使构件坐标系的 x_A 轴在 z 轴方向上投影减小 0.1，y_A 轴在 x 轴方向上投影增加 0.1；且 **A** 原点在 x_A 轴方向上平移增加的 1，反映在参考坐标系中仍是在 x 轴方向上增加 1；**A** 原点在 y_A 轴方向上平移减小的 0.5，反映在参考坐标系中是在 z 轴方向上平移减小 0.5。

其实，由图 4.8 还可得到已知 $\boldsymbol{\Delta}_T$ 求解 $\boldsymbol{\Delta}_O$ 的式子：

$$\boldsymbol{\Delta}_O=\boldsymbol{T}\boldsymbol{\Delta}_T\boldsymbol{T}^{-1}\tag{4.26}$$

仔细观察，会发现(4.17)式与(4.26)式没有本质区别，因为 $\boldsymbol{T}$ 与 $\boldsymbol{T}^{-1}$ 互为对方的逆。当我们取 $\boldsymbol{T}=\boldsymbol{A}^{-1}$、$\boldsymbol{T}^{-1}=\boldsymbol{A}$ 时，上式可以改写成：

$$\boldsymbol{\Delta}_O=(\boldsymbol{T}^{-1})^{-1}\boldsymbol{\Delta}_T(\boldsymbol{T}^{-1})$$
$$=\boldsymbol{A}^{-1}\boldsymbol{\Delta}_T\boldsymbol{A} \tag{4.27}$$

这就是(4.17)的样式。也就是说,已知$\boldsymbol{\Delta}_T$求解$\boldsymbol{\Delta}_O$仍可使用前面所给的各种计算方法,只是需要将那个相当于前面"$\boldsymbol{T}$"的矩阵确定好。譬如说,此处的$\boldsymbol{A}$(即原式的$\boldsymbol{T}^{-1}$)就相当于前面的"$\boldsymbol{T}$"矩阵,因此,将$\boldsymbol{A}$(即原式的$\boldsymbol{T}^{-1}$)矩阵中的$\boldsymbol{n}$、$\boldsymbol{o}$、$\boldsymbol{a}$、$\boldsymbol{p}$矢量及已知的$\boldsymbol{\delta}_T$、$\boldsymbol{d}_T$代入(4.21)式中即可求解$\boldsymbol{\Delta}_0$。

4.6　连续变换表达式中的微分变换关系式

来看另外一种情况:设有坐标系 **A** 和 **B**,且 **A** 相对参考坐标系来定义,**B** 相对于 **A** 来定义,对同一个情形的微分运动,既可用 **A** 也可用 **B** 来表示。可画出相关的有向变换图,如图 4.9 所示。

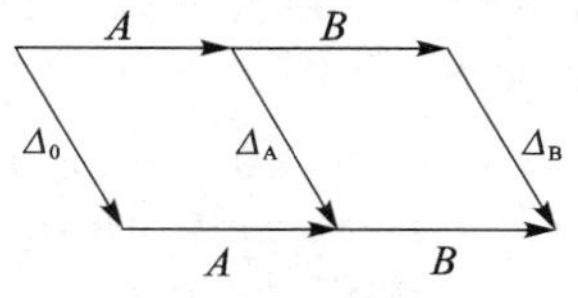

图 4.9　有向变换关系

由图可以得出下面的式子:

$$\boldsymbol{\Delta}_O\boldsymbol{AB}=\boldsymbol{AB}\boldsymbol{\Delta}_B$$

写成标准式的模样,则

$$\boldsymbol{\Delta}_O=\boldsymbol{AB}\boldsymbol{\Delta}_B\boldsymbol{B}^{-1}\boldsymbol{A}^{-1}=(\boldsymbol{B}^{-1}\boldsymbol{A}^{-1})^{-1}\boldsymbol{\Delta}_B(\boldsymbol{B}^{-1}\boldsymbol{A}^{-1})$$

此时,$(\boldsymbol{B}^{-1}\boldsymbol{A}^{-1})$相当于$\boldsymbol{\Delta}_T=\boldsymbol{T}^{-1}\boldsymbol{\Delta}_0 T$中的"$\boldsymbol{T}$",该"$\boldsymbol{T}$"已不是单一的坐标系矩阵,而是微分变换矩阵。

同样,由有向变换图可以得出下面的式子:

$$\boldsymbol{A}\boldsymbol{\Delta}_A\boldsymbol{B}=\boldsymbol{A}\cdot\boldsymbol{B}\boldsymbol{\Delta}_B \quad 或 \quad \boldsymbol{\Delta}_A\boldsymbol{B}=\boldsymbol{B}\boldsymbol{\Delta}_B$$

写成标准式的模样,则

$$\boldsymbol{\Delta}_A=\boldsymbol{B}\boldsymbol{\Delta}_B\boldsymbol{B}^{-1}=(\boldsymbol{B}^{-1})^{-1}\boldsymbol{\Delta}_B(\boldsymbol{B}^{-1})$$

此时,$(\boldsymbol{B}^{-1})$对应于$\boldsymbol{\Delta}_T=\boldsymbol{T}^{-1}\boldsymbol{\Delta}_O\boldsymbol{T}$中的"$\boldsymbol{T}$"。

假若有一个机器人坐标系与工件坐标系可表示为如图 4.10 所示的关系。

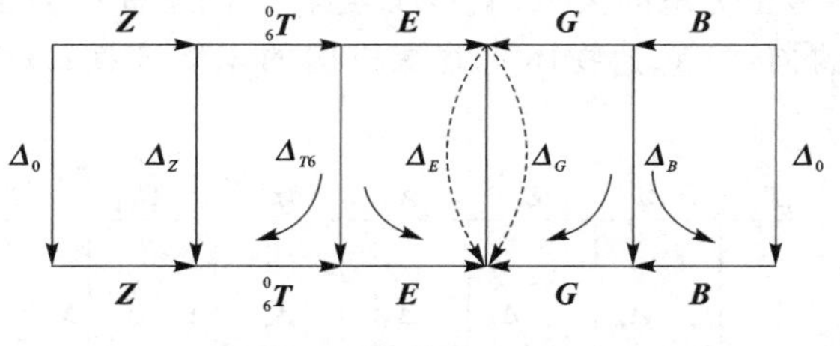

图 4.10　机器人坐标系与工件坐标系的关系

可得到以下的坐标变换关系式:

$$\boldsymbol{Z}\cdot{}^0_6\boldsymbol{T}\cdot\boldsymbol{E}=\boldsymbol{B}\cdot\boldsymbol{G}$$

在一个坐标系中发生的微分变化可认为是单纯由另一坐标系中的微分变化引起的。如变换$\boldsymbol{\Delta}_{T6}$(未知)可看成是单纯由变换$\boldsymbol{\Delta}_B$(已知)引起的结果。这样,当由已知$\boldsymbol{\Delta}_B$求未知$\boldsymbol{\Delta}_{T6}$时,反映该微分变换的相当标准式中"$\boldsymbol{T}$"的表达式有两种。此时分别有

$$\boldsymbol{T}=\boldsymbol{B}^{-1}\boldsymbol{Z}{}^0_6\boldsymbol{T} \quad 与 \quad \boldsymbol{T}=\boldsymbol{G}\boldsymbol{E}^{-1}$$

此处请注意,这个相当"$\boldsymbol{T}$"是从已知的$\boldsymbol{\Delta}$前端处开始,到未知的$\boldsymbol{\Delta}$前端处结束。

另外,若认为微分变换$\boldsymbol{\Delta}_Z$是由微分变换$\boldsymbol{\Delta}_B$引起的,反映该微分坐标变换的相当标准式中

“$\boldsymbol{T}$”的表达式也有两种。此时分别有

$$\boldsymbol{T}=\boldsymbol{G}\boldsymbol{E}^{-1}\,{}_6^0\boldsymbol{T}^{-1} \quad 与 \quad \boldsymbol{T}=\boldsymbol{B}^{-1}\boldsymbol{Z}$$

若计算由$\boldsymbol{\Delta}_{T6}$ 变化引起的$\boldsymbol{\Delta}_0$,反映该微分坐标变换的相当标准式中“$\boldsymbol{T}$”的表达式也有两种：

$$\boldsymbol{T}={}_6^0\boldsymbol{T}^{-1}\boldsymbol{Z}^{-1} \quad 与 \quad \boldsymbol{T}=\boldsymbol{E}\boldsymbol{G}^{-1}\boldsymbol{B}^{-1}$$

例 4.9 一摄像机装在机器人连杆 5 上,如图 4.11 所示。这一连接由下式确定：

$$\boldsymbol{C}_{AM}=\boldsymbol{C}=\begin{bmatrix}0 & 0 & -1 & 5\\ 0 & -1 & 0 & 0\\ -1 & 0 & 0 & 10\\ 0 & 0 & 0 & 1\end{bmatrix}$$

机器人第 6 个连杆所处的位置与姿态由下式描述：

$$\boldsymbol{A}_6=\begin{bmatrix}0 & -1 & 0 & 0\\ 1 & 0 & 0 & 0\\ 0 & 0 & 1 & 8\\ 0 & 0 & 0 & 1\end{bmatrix}$$

在相机中观察到一个物体 **O**,要把机械手的末端引向物体,假定算得需要机械手在 **C** 坐标系中产生如下一个微分变换：

$$\boldsymbol{d}_{\text{CAM}}=-1\boldsymbol{i}+1\boldsymbol{j}+0\boldsymbol{k}$$
$$\boldsymbol{\delta}_{\text{CAM}}=0\boldsymbol{i}+0\boldsymbol{j}+0.1\boldsymbol{k}$$

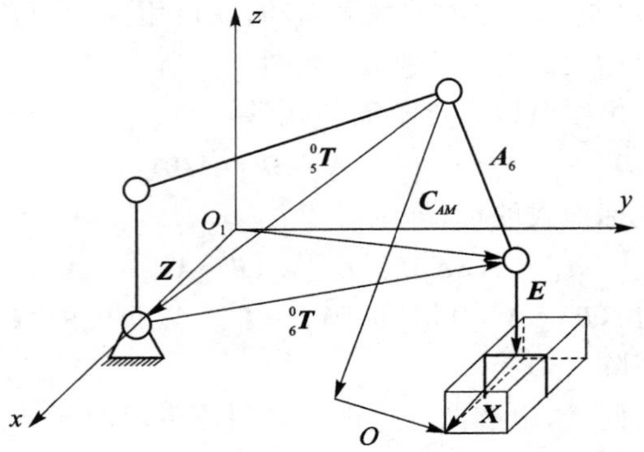

图 4.11 例 4.9 示意图一

求若要满足在 **C** 坐标系中的微分变换,${}_6^0\boldsymbol{T}$ 内所需的微分变化。

解：根据题意作相关的有向变换图,如图 4.12 所示。由图 4.12 可知：

$${}_5^0\boldsymbol{T}\boldsymbol{A}_6\boldsymbol{E}\boldsymbol{X}={}_5^0\boldsymbol{T}\boldsymbol{C}\boldsymbol{O}$$

式中：${}_5^0\boldsymbol{T}$ 为连杆 5 与参考坐标系的关系;$\boldsymbol{A}_6$ 为以连杆 5 的坐标系为参考,所描述的杆 6 坐标系;$\boldsymbol{E}$ 为终端操作机构的描述;$\boldsymbol{X}$ 为物体对终端机构的未知变换;$\boldsymbol{O}$ 为在摄像机坐标中描述物体。

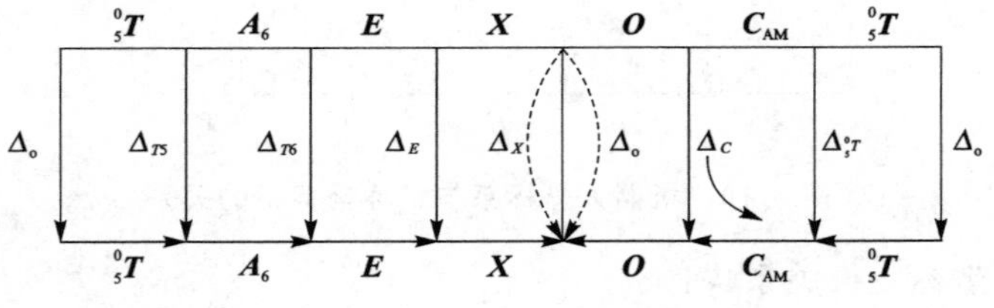

图 4.12 例 4.9 示意图二

由已知$\boldsymbol{\Delta}_{\text{C}}$ 到未知$\boldsymbol{\Delta}_{T6}$ 的微分坐标变换的那个相当的 $\boldsymbol{T}$ 为

$$\boldsymbol{T}=\boldsymbol{C}^{-1}\cdot{}_5^0\boldsymbol{T}_0^{-1}\cdot{}_5^0\boldsymbol{T}\cdot\boldsymbol{A}_6=\boldsymbol{C}^{-1}\boldsymbol{A}_6$$

由于

$$C^{-1}=\begin{bmatrix}0&0&-1&10\\0&-1&0&0\\-1&0&0&5\\0&0&0&1\end{bmatrix}$$

相当的“T”有：

$$T=C^{-1}A_6=\begin{bmatrix}0&0&-1&10\\0&-1&0&0\\-1&0&0&5\\0&0&0&1\end{bmatrix}\begin{bmatrix}0&-1&0&0\\1&0&0&0\\0&0&1&8\\0&0&0&1\end{bmatrix}$$

$$=\begin{bmatrix}0&0&-1&2\\-1&0&0&0\\0&1&0&5\\0&0&0&1\end{bmatrix}$$

可求得：

$$\boldsymbol{\delta}\times\boldsymbol{p}=\begin{vmatrix}\boldsymbol{i}&\boldsymbol{j}&\boldsymbol{k}\\0&0&0.1\\2&0&5\end{vmatrix}=0\boldsymbol{i}+0.2\boldsymbol{j}+0\boldsymbol{k}$$

$$\boldsymbol{\delta}\times\boldsymbol{p}+\boldsymbol{d}=(0\boldsymbol{i}+0.2\boldsymbol{j}+0\boldsymbol{k})+(-1\boldsymbol{i}+1\boldsymbol{j}+0\boldsymbol{k})$$
$$=-1\boldsymbol{i}+1.2\boldsymbol{j}+0\boldsymbol{k}$$

代入公式(4.21)可得

$$\mathbf{d}_{T6}=-1.2\boldsymbol{i}+0\boldsymbol{j}+1\boldsymbol{k}$$
$$\boldsymbol{\delta}_{T6}=0\boldsymbol{i}+0.1\boldsymbol{j}+0\boldsymbol{k}$$

这就是若要抓到目标物体，机械手系统${}^0_6\boldsymbol{T}$内应该做出的相应微分变换关系。

4.7　笛卡儿空间微分与关节空间微分的关系

图 4.13 所示为一 2 自由度连杆机构，每个连杆都能独立旋转，θ_1 是第一个连杆相对参考坐标系的转角，θ_2 是第 2 个连杆相对第 1 个连杆的转角，则 B 点在笛卡儿空间的速度可计算如下：

$$\begin{aligned}\boldsymbol{v}_b&=\boldsymbol{v}_a+\boldsymbol{v}_{b/a}=l_1\dot{\theta}_1+l_2(\dot{\theta}_1+\dot{\theta}_2)\\&=-l_1\dot{\theta}_1\sin\theta_1\boldsymbol{i}+l_1\dot{\theta}_1\cos\theta_1\boldsymbol{j}-l_2(\dot{\theta}_1+\dot{\theta}_2)\sin(\theta_1+\theta_2)\boldsymbol{i}+\\&\quad l_2(\dot{\theta}_1+\dot{\theta}_2)\cos(\theta_1+\theta_2)\boldsymbol{j}\end{aligned}\tag{4.28}$$

将速度方程写为矩阵形式，得如下结果：

$$\begin{bmatrix}\boldsymbol{v}_{Bx}\\\boldsymbol{v}_{By}\end{bmatrix}=\begin{bmatrix}-l_1\sin\theta_1-l_2\sin(\theta_1+\theta_2)&-l_2\sin(\theta_1+\theta_2)\\l_1\cos\theta_1+l_2\cos(\theta_1+\theta_2)&l_2\cos(\theta_1+\theta_2)\end{bmatrix}\begin{bmatrix}\dot{\theta}_1\\\dot{\theta}_2\end{bmatrix}\tag{4.29}$$

方程左边表示 B 点在笛卡儿空间的速度分别在 x 和 y 向的分量，方程右边的一个矩阵乘以两个连杆的相应角速度便可以得到 B 点的速度。

下面再尝试通过对描述 B 点位置的方程来求微分，从而找出相同的速度关系：

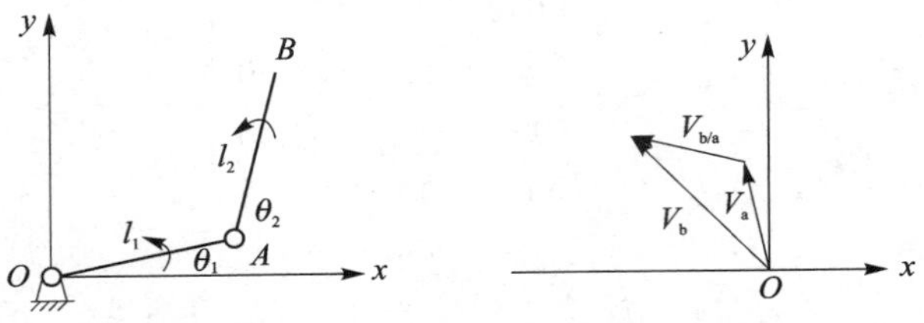

图 4.13　简单 2 自由度的机构

$$\left.\begin{aligned} x_b &= l_1 \cos\theta_1 + l_2 \cos(\theta_1+\theta_2) \\ y_b &= l_1 \sin\theta_1 + l_2 \sin(\theta_1+\theta_2) \end{aligned}\right\} \tag{4.30}$$

分别对上述方程组的两个变量 θ_1、θ_2 求微分，可得

$$\left.\begin{aligned} \mathrm{d}x_b &= -l_1 \sin\theta_1 \mathrm{d}\theta_1 - l_2 \sin(\theta_1+\theta_2)(\mathrm{d}\theta_1+\mathrm{d}\theta_2) \\ \mathrm{d}y_b &= l_1 \cos\theta_1 \mathrm{d}\theta_1 + l_2 \cos(\theta_1+\theta_2)(\mathrm{d}\theta_1+\mathrm{d}\theta_2) \end{aligned}\right\} \tag{4.31}$$

可将上式改写成形同(4.29)式的矩阵形式：

$$\underset{B\text{ 点的微分运动}}{\begin{bmatrix}\mathrm{d}x_b\\ \mathrm{d}y_b\end{bmatrix}} = \underset{\text{雅可比矩阵}}{\begin{bmatrix} -l_1\sin\theta_1 - l_2\sin(\theta_1+\theta_2) & -l_2\sin(\theta_1+\theta_2) \\ l_1\cos\theta_1 + l_2\cos(\theta_1+\theta_2) & l_2\cos(\theta_1+\theta_2) \end{bmatrix}} \underset{\text{关节的微分运动}}{\begin{bmatrix}\mathrm{d}\theta_1\\ \mathrm{d}\theta_2\end{bmatrix}} \tag{4.32}$$

(4.32)式表明，某连杆机构在笛卡儿空间的微分等于某一矩阵乘以其关节空间的微分，其中这个矩阵被称为雅可比矩阵。

可见(4.29)式与(4.32)式无论是内容还是形式都很相似。不同的是(4.29)式是笛卡儿空间速度与关节空间角速度的关系，而(4.32)式是笛卡儿空间微分运动与关节空间微分运动的关系。如(4.32)式两边都除以 dt，可知(4.33)、(4.29)式是完全相同的。

$$\begin{bmatrix}\mathrm{d}x_b\\ \mathrm{d}y_b\end{bmatrix}\Big/\mathrm{d}t = \begin{bmatrix} -l_1\sin\theta_1 - l_2\sin(\theta_1+\theta_2) & -l_2\sin(\theta_1+\theta_2) \\ l_1\cos\theta_1 + l_2\cos(\theta_1+\theta_2) & l_2\cos(\theta_1+\theta_2) \end{bmatrix} \begin{bmatrix}\mathrm{d}\theta_1\\ \mathrm{d}\theta_2\end{bmatrix}\Big/\mathrm{d}t \tag{4.33}$$

在多自由度的机器人中，可用同样方法将关节空间的微分运动(或速度)与机械手在笛卡儿空间的微分运动(或速度)联系起来。

4.8　雅可比矩阵

4.8.1　机器人关节与机器人手部坐标系的微分运动

前几节所讨论的坐标系的变换是由微分运动产生的结果，但往往仅涉及坐标系的变化，而不涉及该变化是如何实现的。本节将把变化和机构联系起来，即和实现微分运动的机器人联系起来。

前面讲，d$\boldsymbol{T}$ 描述了 $\boldsymbol{n}$、$\boldsymbol{o}$、$\boldsymbol{a}$、$\boldsymbol{p}$ 矢量各个分量的变化。如果这个坐标系是机器人手部坐标系，则需要找出机器人关节的微分运动是如何与手部坐标系的微分运动关联的，尤其是与 d$\boldsymbol{T}$ 的关系。这种关系是机器人构型与设计的函数，但同时也是机器人即时位姿的函数。不同的机器人手臂，因为它们的构型不同，故要实现类似的机器人手速度所要求的关节速度会差别很大。然而对于任何一种机器人，手臂是否能完全地伸缩，以及是否能够指向任意方位，都需要将其转化为不同的关节速度从而产生相同的手的速度。机器人的雅可比矩阵将建立关节运动与手部运动之间的这种联系。

4.8.2 雅可比矩阵的意义

下面研究机器人手部在笛卡儿空间的操作速度与机器人关节空间角速度之间的关系，即雅可比矩阵及其应用。

定义：机器人手部在笛卡儿空间的操作速度与其关节空间角速度的线性变换特性称为雅可比矩阵。

雅可比矩阵主要用来表示机器人的部件随时间变化的几何关系，它可将单个关节的微分运动或速度转换为末端执行器的微分运动或速度，也可将单个关节点的运动与整个机器人的运动联系起来。因关节角的值随着时间变化，故雅可比矩阵各元素的大小也随着时间变化，因此，雅可比矩阵是与时间有关的。

雅可比矩阵实际上也可视为机器人从关节空间向笛卡儿空间的运动速度传动比。

将机器人手部所握执行器的运动写成一般矩阵方程形式时有

$$\boldsymbol{x}=\boldsymbol{x}(\boldsymbol{q}) \tag{4.34}$$

式中：$\boldsymbol{x}$ 为笛卡儿空间位移，$\boldsymbol{q}$ 为关节空间位移。

对上式两边求导可得

$$\dot{\boldsymbol{x}}=\boldsymbol{J}(\boldsymbol{q})\dot{\boldsymbol{q}} \tag{4.35}$$

式中：$\dot{\boldsymbol{x}}$ 为执行器在笛卡儿空间的广义速度，可简称为操作速度；$\dot{\boldsymbol{q}}$ 为机器人的广义关节速度，包括角速度与线速度，可简称为关节速度；$\boldsymbol{J}(\boldsymbol{q})$ 是一个 $6\times n$ 的偏导数矩阵，即为雅可比矩阵，6 是指刚体的 6 个自由度，包括 3 个平移、3 个旋转，n 是指机器人的关节数量。

雅可比矩阵第 i 行、j 列的元素为

$$J_{ij}(q)=\frac{\partial x_i(q)}{\partial q_j},\quad i=1,2,3,\cdots,6,\quad j=1,2,3,\cdots,n$$

由(4.35)式知，对给定的 $\boldsymbol{q}\in\mathbf{R}^n$，$\boldsymbol{J}(\boldsymbol{q})$ 是从关节空间向笛卡儿空间进行速度映射的线性变换。

刚体或坐标系的广义速度是由线速度 $\boldsymbol{v}$ 矢量和角速度 $\boldsymbol{\omega}$ 矢量组成的六维列矢量，故

$$\dot{\boldsymbol{x}}=\begin{bmatrix}\boldsymbol{v}\\ \boldsymbol{\omega}\end{bmatrix}=\lim_{\Delta t\to 0}\frac{1}{\Delta t}\begin{bmatrix}\boldsymbol{d}\\ \boldsymbol{\delta}\end{bmatrix} \tag{4.36}$$

由上式得

$$\boldsymbol{D}=\begin{bmatrix}\boldsymbol{d}\\ \boldsymbol{\delta}\end{bmatrix}=\begin{bmatrix}dx\\ dy\\ dz\\ \delta x\\ \delta y\\ \delta z\end{bmatrix}=\lim_{\Delta t\to 0}\dot{\boldsymbol{x}}\Delta t=\lim_{\Delta t\to 0}\boldsymbol{J}(\boldsymbol{q})\dot{\boldsymbol{q}}\Delta t=\boldsymbol{J}(\boldsymbol{q})\mathrm{d}\boldsymbol{q} \tag{4.37}$$

(4.37)式是(4.35)式的一种变形表示，将机器人关节空间坐标系的微分运动与机器人笛卡儿空间坐标系的微分运动联系起来。其中，$\mathrm{d}x$、$\mathrm{d}y$、$\mathrm{d}z$ 分别表示机器人手沿着 x、y 和 z 轴的微分平移运动，δx、δy、δz 分别表示机器人手绕 x、y 和 z 轴的微分旋转运动，$\mathrm{d}\boldsymbol{q}$ 表示关节空间的微分运动。如前述，如这两个矩阵都除以 $\mathrm{d}t$，那么表示的就是速度而不是微分运动。由于在所有关系中只要将微分运动除以 $\mathrm{d}t$ 便可得到速度，故本章所处理的都是微分运动而非

速度。

例 4.10 给定在某一时刻的机器人雅可比矩阵，计算在给定关节微分运动的情况下，机器人手坐标系的线位移微分运动和角位移微分运动。

$$\boldsymbol{J}=\begin{bmatrix}2&0&0&0&1&0\\-1&0&1&0&0&0\\0&1&0&0&0&0\\0&0&0&2&0&0\\0&0&1&0&0&0\\0&0&0&0&0&1\end{bmatrix}\qquad \mathrm{d}\boldsymbol{q}=\begin{bmatrix}0\\0.1\\-0.1\\0\\0\\0.2\end{bmatrix}$$

解：将上述矩阵代入(4.37)式，可得

$$\boldsymbol{D}=\boldsymbol{J}(q)\mathrm{d}q=\begin{bmatrix}2&0&0&0&1&0\\-1&0&1&0&0&0\\0&1&0&0&0&0\\0&0&0&2&0&0\\0&0&1&0&0&0\\0&0&0&0&0&1\end{bmatrix}\begin{bmatrix}0\\0.1\\-0.1\\0\\0\\0.2\end{bmatrix}=\begin{bmatrix}0\\-0.1\\0.1\\0\\-0.1\\0.2\end{bmatrix}=\begin{bmatrix}\mathrm{d}x\\\mathrm{d}y\\\mathrm{d}z\\\delta x\\\delta y\\\delta z\end{bmatrix}$$

实际上，含有 n 个关节的机器人，其雅可比矩阵 $\boldsymbol{J}(\boldsymbol{q})$ 是 $6\times n$ 阶矩阵。前 3 行代表对手部线速度的传动比，后 3 行代表对手部角速度的传动比。还可以把 $\boldsymbol{J}(\boldsymbol{q})$ 分块处理，将(4.37)式写成

$$\dot{x}=\begin{bmatrix}\boldsymbol{v}\\\boldsymbol{\omega}\end{bmatrix}=\begin{bmatrix}J_{1x}&J_{2x}&\cdots&J_{nx}\\J_{1y}&J_{2y}&\cdots&J_{ny}\\J_{1z}&J_{2z}&\cdots&J_{nz}\\J_{1\alpha}&J_{2\alpha}&\cdots&J_{n\alpha}\\J_{1\beta}&J_{2\beta}&\cdots&J_{n\beta}\\J_{1\gamma}&J_{2\gamma}&\cdots&J_{n\gamma}\end{bmatrix}\begin{bmatrix}\dot{q}_1\\\dot{q}_2\\\vdots\\\dot{q}_n\end{bmatrix}$$

$$=\begin{bmatrix}\boldsymbol{J}_{v1}&\boldsymbol{J}_{v2}&\cdots&\boldsymbol{J}_{vn}\\\boldsymbol{J}_{\omega1}&\boldsymbol{J}_{\omega2}&\cdots&\boldsymbol{J}_{\omega n}\end{bmatrix}\begin{bmatrix}\dot{q}_1\\\dot{q}_2\\\vdots\\\dot{q}_n\end{bmatrix}$$

$$=\boldsymbol{J}(\boldsymbol{q})\begin{bmatrix}\dot{q}_1\\\dot{q}_2\\\vdots\\\dot{q}_n\end{bmatrix}\tag{4.38}$$

式中：$\boldsymbol{J}(\boldsymbol{q})$为雅可比矩阵；$\boldsymbol{v}$ 表示手部执行器的线位移速度；$\boldsymbol{\omega}$ 表示手部执行器的角位移速度；下标 x、y、z 分别表示沿 x、y、z 轴的微分位移变换分量；下标 α、β、γ 分别表示绕 x、y、z 轴的微分旋转变换分量；$\boldsymbol{J}_{vi}$（$i=1,2,3,\cdots,n$）表示连杆 i 的微分位移变换矢量；$\boldsymbol{J}_{\omega i}$（$i=1,2,3,\cdots,n$）表示连杆 i 的微分旋转变换矢量；$\dot{q}_i$（$i=1,2,3,\cdots,n$）表示连杆 i 在关节空间的运动速度，可能是旋转速度，也可能是平移速度。

(4.38)式说明机器人手部的线速度 $\boldsymbol{v}$ 和角速度 $\boldsymbol{\omega}$ 表示为各关节速度 $\dot{q}_i(i=1,2,3,\cdots,n)$ 的线性函数。

$$\left.\begin{aligned}\boldsymbol{v}&=\boldsymbol{J}_{v1}\dot{q}_1+\boldsymbol{J}_{v2}\dot{q}_2+\cdots+\boldsymbol{J}_{vn}\dot{q}_n\\ \boldsymbol{\omega}&=\boldsymbol{J}_{\omega1}\dot{q}_1+\boldsymbol{J}_{\omega2}\dot{q}_2+\cdots+\boldsymbol{J}_{\omega n}\dot{q}_n\end{aligned}\right\}\tag{4.39}$$

故也可以看作：

$\boldsymbol{J}_{vi}(i=1,2,3,\cdots,n)$为关节 i 的关节速度对执行器线速度的传动比；

$\boldsymbol{J}_{\omega i}(i=1,2,3,\cdots,n)$为关节 i 的关节速度对执行器角速度的传动比。

4.8.3　机器人雅可比矩阵的求法

由(4.37)式、(4.38)式和(4.22)式可知，机器人的雅可比矩阵可以利用微分变换法来求得。

对于机器人，${}^0_n\boldsymbol{T}$ 在位置和方向上的微分变换是由关节坐标中的某个关节处的微分变换 $\mathrm{d}q$ 引起的。就一个旋转关节而言，$\mathrm{d}q$ 相当于一个微分旋转 $\mathrm{d}\theta$；就一个平移关节而言，$\mathrm{d}q$ 相当于一个微分平移 $\mathrm{d}d$。

对于转动关节 i：因为连杆 i 只有相对连杆 $i-1$ 构件坐标系的 z_{i-1} 轴所做的微分转动 $\mathrm{d}\theta_i$，而在其他运动方向上没有自由度，因此，其微分运动的矢量表达式可以写为

$$\left.\begin{aligned}\boldsymbol{d}&=\begin{bmatrix}0\\0\\0\end{bmatrix}\mathrm{d}d_i\\ \boldsymbol{\delta}&=\begin{bmatrix}0\\0\\1\end{bmatrix}\mathrm{d}\theta_i\end{aligned}\right\}\tag{4.40}$$

对应下式，将(4.40)式代入右面矩阵中，并将所有的 0 对应的内容删除，

$$\begin{bmatrix}\mathrm{d}x_T\\ \mathrm{d}y_T\\ \mathrm{d}z_T\\ \delta x_T\\ \delta y_T\\ \delta z_T\end{bmatrix}=\left[\begin{array}{ccc:ccc}n_x & n_y & n_z & (\boldsymbol{p}\times\boldsymbol{n})_x & (\boldsymbol{p}\times\boldsymbol{n})_y & (\boldsymbol{p}\times\boldsymbol{n})_z\\ o_x & o_y & o_z & (\boldsymbol{p}\times\boldsymbol{o})_x & (\boldsymbol{p}\times\boldsymbol{o})_y & (\boldsymbol{p}\times\boldsymbol{o})_z\\ a_x & a_y & a_z & (\boldsymbol{p}\times\boldsymbol{a})_x & (\boldsymbol{p}\times\boldsymbol{a})_y & (\boldsymbol{p}\times\boldsymbol{a})_z\\ \hdashline 0&0&0&n_x&n_y&n_z\\ 0&0&0&o_x&o_y&o_z\\ 0&0&0&a_x&a_y&a_z\end{array}\right]\begin{bmatrix}\mathrm{d}x\\ \mathrm{d}y\\ \mathrm{d}z\\ \delta x\\ \delta y\\ \delta z\end{bmatrix}$$

可写出手部相应的微分运动矢量为

$$\begin{bmatrix}\mathrm{d}x_T\\ \mathrm{d}y_T\\ \mathrm{d}z_T\\ \delta x_T\\ \delta y_T\\ \delta z_T\end{bmatrix}=\begin{bmatrix}(\boldsymbol{p}\times\boldsymbol{n})_z\\ (\boldsymbol{p}\times\boldsymbol{o})_z\\ (\boldsymbol{p}\times\boldsymbol{a})_z\\ n_z\\ o_z\\ a_z\end{bmatrix}\mathrm{d}\theta_i=\begin{bmatrix}n_yp_x-n_xp_y\\ o_yp_x-o_xp_y\\ a_yp_x-a_xp_y\\ n_z\\ o_z\\ a_z\end{bmatrix}\mathrm{d}\theta_i\tag{4.41}$$

对于转动关节 i，可得雅可比矩阵 $\boldsymbol{J}(\boldsymbol{q})$的第 i 列如下：

$$\left.\begin{aligned}\boldsymbol{J}_{vi}&=\begin{bmatrix}(\boldsymbol{p}\times\boldsymbol{n})_z\\(\boldsymbol{p}\times\boldsymbol{o})_z\\(\boldsymbol{p}\times\boldsymbol{a})_z\end{bmatrix}=\begin{bmatrix}n_yp_x-n_xp_y\\o_yp_x-o_xp_y\\a_yp_x-a_xp_y\end{bmatrix}\\\boldsymbol{J}_{\omega i}&=\begin{bmatrix}n_z\\o_z\\a_z\end{bmatrix}\end{aligned}\right\}\tag{4.42}$$

式中：$\boldsymbol{n}$、$\boldsymbol{o}$、$\boldsymbol{a}$、$\boldsymbol{p}$ 分别是 ${}^{i-1}_{n}\boldsymbol{T}$ 变换中的 4 个方向矢量。

对于移动关节 i：因为连杆 i 只有相对连杆 $i-1$ 构件坐标系的 z_{i-1} 轴所做微分移动 $\mathrm{d}d_i$，而在其他运动方向上没有自由度，因此与上类似，其微分运动的矢量表达式可以写为

$$\left.\begin{aligned}\boldsymbol{d}&=\begin{bmatrix}0\\0\\1\end{bmatrix}\mathrm{d}d_i\\\boldsymbol{\delta}&=\begin{bmatrix}0\\0\\0\end{bmatrix}\mathrm{d}\theta_i\end{aligned}\right\}\tag{4.43}$$

则手部相应的微分运动矢量为

$$\begin{bmatrix}\mathrm{d}x_T\\\mathrm{d}y_T\\\mathrm{d}z_T\\\delta x_T\\\delta y_T\\\delta z_T\end{bmatrix}=\begin{bmatrix}n_z\\o_z\\a_z\\0\\0\\0\end{bmatrix}\mathrm{d}d_i\tag{4.44}$$

对于平移关节 i，可得雅可比矩阵 $\boldsymbol{J}(\boldsymbol{q})$ 的第 i 列如下：

$$\left.\begin{aligned}\boldsymbol{J}_{vi}&=\begin{bmatrix}n_z\\o_z\\a_z\end{bmatrix}\\\boldsymbol{J}_{\omega i}&=\begin{bmatrix}0\\0\\0\end{bmatrix}\end{aligned}\right\}\tag{4.45}$$

式中：$\boldsymbol{n}$、$\boldsymbol{o}$、$\boldsymbol{a}$、$\boldsymbol{p}$ 分别是 ${}^{i-1}_{n}\boldsymbol{T}$ 变换中的 4 个方向矢量。

上述求雅可比 $\boldsymbol{J}(\boldsymbol{q})$ 的方法是构造性的，只要知道各连杆变换 ${}^{i-1}_{n}\boldsymbol{T}$，就能自动生成雅可比矩阵，而不需要求解方程等过程。生成步骤如下：

① 计算各连杆变换 ${}^{0}_{1}\boldsymbol{T}, {}^{1}_{2}\boldsymbol{T}, \cdots, {}^{n-1}_{n}\boldsymbol{T}$（即，$\boldsymbol{A}_1, \boldsymbol{A}_2, \cdots, \boldsymbol{A}_n$）。

② 计算各连杆至末端连杆的变换，即

$$
\begin{aligned}
{}^{n-1}_{n}\boldsymbol{T} &= {}^{n-1}_{n}\boldsymbol{T} \\
{}^{n-2}_{n}\boldsymbol{T} &= {}^{n-2}_{n-1}\boldsymbol{T}\,{}^{n-1}_{n}\boldsymbol{T} \\
&\vdots \\
{}^{i-1}_{n}\boldsymbol{T} &= {}^{i-1}_{i}\boldsymbol{T}\,{}^{i}_{n}\boldsymbol{T} \\
&\vdots \\
{}^{0}_{n}\boldsymbol{T} &= {}^{0}_{1}\boldsymbol{T}\,{}^{1}_{n}\boldsymbol{T}
\end{aligned}
$$

③ 计算 $\boldsymbol{J}(\boldsymbol{q})$的各列元素。$\boldsymbol{J}(\boldsymbol{q})$第 i 列的${}^{T}\boldsymbol{J}_i$ 由${}^{i-1}_{n}\boldsymbol{T}$ 确定，其关系如图 4.14 所示。由此图可知：$\boldsymbol{J}(\boldsymbol{q})$的第一列元素由${}^{0}_{6}\boldsymbol{T}$ 定，第二列元素由${}^{1}_{6}\boldsymbol{T}$ 定……第六列元素由${}^{5}_{6}\boldsymbol{T}$ 定。根据(4.42)式和(4.45)式计算 $\boldsymbol{J}_{li}$ 和 $\boldsymbol{J}_{ai}$。

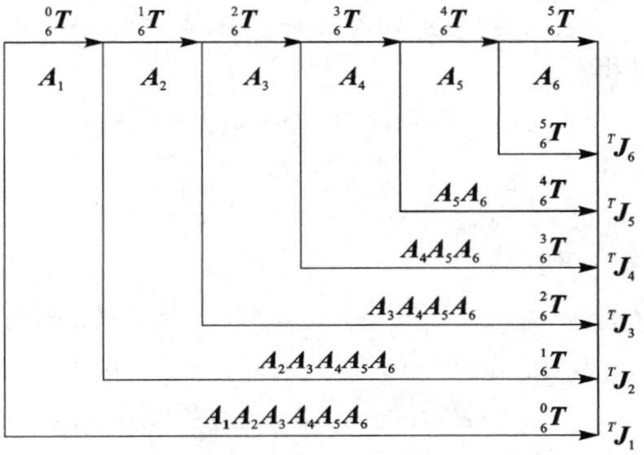

图 4.14　${}^{T}\boldsymbol{J}_i$ 与${}^{i-1}_{n}\boldsymbol{T}$ 的关系图

雅可比矩阵也可以写成如下表现形式：

$$
\begin{bmatrix} d_{x,Tn} \\ d_{y,Tn} \\ d_{z,Tn} \\ \delta_{x,Tn} \\ \delta_{y,Tn} \\ \delta_{z,Tn} \end{bmatrix} = \boldsymbol{J}(\boldsymbol{q}) \begin{bmatrix} \mathrm{d}q_1 \\ \mathrm{d}q_2 \\ \vdots \\ \mathrm{d}q_n \end{bmatrix} = \begin{bmatrix} d_{1x,Tn} & \cdots & d_{6x,Tn} \\ d_{1y,Tn} & \cdots & d_{6y,Tn} \\ d_{1z,Tn} & \cdots & d_{6z,Tn} \\ \delta_{1x,Tn} & \cdots & \delta_{6x,Tn} \\ \delta_{1y,Tn} & \cdots & \delta_{6y,Tn} \\ \delta_{1z,Tn} & \cdots & \delta_{6z,Tn} \end{bmatrix} \begin{bmatrix} \mathrm{d}q_1 \\ \mathrm{d}q_2 \\ \vdots \\ \mathrm{d}q_n \end{bmatrix} \tag{4.46}
$$

(4.46)式表示机器人手部执行器的位置与姿态的微分变换，是机器人各个关节微分变换的函数。雅可比矩阵可看作是由各关节的微分旋转与微分平移的矢量元素所构成。

4.8.4　雅可比矩阵的应用

下面以求斯坦福机械手的雅可比矩阵为例，来了解机器人雅可比矩阵的求法。

为了计算斯坦福机械手雅可比矩阵的各列，要用到对应于 6 个轴的微分变化 $\mathrm{d}\theta_1, \mathrm{d}\theta_2, \cdots, \mathrm{d}\theta_6$ 的微分变换。其对应的微分坐标变换分别是${}^{0}_{6}\boldsymbol{T}, {}^{1}_{6}\boldsymbol{T}, \cdots, {}^{5}_{6}\boldsymbol{T}$。这些变换就是计算运动学方程的解所用的 6 个变换。在下面解题过程中对公式的引用过程特意加以详细说明，以便初学者可以快速了解相关公式的应用方法。

雅可比矩阵的第一列相当于$\dfrac{\partial {}^{0}_{6}\boldsymbol{T}}{\partial \theta_1}$，对应的坐标变换是${}^{0}_{6}\boldsymbol{T}$。用(4.42)式，计算微分平移与微分旋转变换的各个矢量分量，它们的元素构成了雅可比矩阵的第一列。

由 $n_y p_x - n_x p_y$ 可得雅可比矩阵的第一列第一行：

$$d_{1x,T6} = \{s_1[c_2(c_4c_5c_6 - s_4s_6) - s_2s_5s_6] + c_1(s_4c_5c_6 + c_4s_6)\} \times (c_1s_2d_3 - s_1d_2) - \{c_1[c_2(c_4c_5c_6 - s_4s_6) - s_2s_5c_6] - s_1(s_4c_5c_6 + c_4s_6)\} \times (s_1s_2d_3 + c_1d_2)$$

第一列第二行由 $o_y p_x - o_x p_y$ 可得：

$$d_{1y,T6} = \{s_1[-c_2(c_4c_5c_6 + s_4c_6) + s_2s_5s_6] + c_1(-s_4c_5s_6 + c_4c_6)\} \times (c_1c_2d_3 - s_1d_2) - \{c_1[-c_2(c_4c_5s_6 + s_4c_6) + s_2s_5s_6] - s_1(-s_4c_5s_6 + c_4c_6)\} \times (s_1s_2d_3 + c_1d_2)$$

第一列第三行由 $a_y p_x - a_x p_y$ 可得

$$d_{1z,T6} = [s_1(c_2c_4s_5 + s_2c_5) + c_1s_4s_5] \times (c_1s_2d_3 - s_1d_2) - [-c_1(c_2c_4c_5 + s_2c_5) - s_1s_4s_5] \times (s_1s_2d_3 + c_1d_2)$$

第一列第四行由 n_z 可得

$$\delta_{1x,T6} = -s_2(c_4c_5c_6 - s_4s_6) - c_2s_5s_6$$

第一列第五行由 o_z 可得

$$\delta_{1y,T6} = s_2(c_4c_5s_6 + s_4c_6) + c_2s_5s_6$$

第一列第六行由 a_z 可得

$$\delta_{1z,T6} = -s_2c_4s_6 + c_2c_5$$

化简得雅可比矩阵的第一列

$$\frac{\partial_6^0 \boldsymbol{T}}{\partial \theta_1} = \begin{bmatrix} -d_2[c_2(c_4c_5c_6 - s_4c_6) - s_2s_5c_6] + s_2d_3(s_4c_5c_6 + c_4s_6) \\ -d_2[-c_2(c_4c_5c_6 + s_4s_6) + s_2s_5s_6] + s_2d_3(-s_4c_5s_6 + c_4c_6) \\ -d_2(c_2c_4s_5 + s_2c_5) + s_2d_3s_4s_5 \\ -s_2(c_4c_5c_6 - s_4s_6) - c_2s_5s_6 \\ s_2(c_4c_5s_6 + s_4c_6) + c_2s_5s_6 \\ -s_2c_4s_6 + c_2c_5 \end{bmatrix}$$

雅可比矩阵的第二列相当于$\dfrac{\partial_6^1 \boldsymbol{T}}{\partial \theta_2}$，对应的坐标变换是${}_6^1\boldsymbol{T}$。这个关节是旋转关节，用(4.42)式计算微分平移与微分旋转变换的各个矢量分量，它们的元素构成了雅可比矩阵的第二列，即

$$\frac{\partial_6^1 \boldsymbol{T}}{\partial \theta_2} = \begin{bmatrix} d_3(c_4c_5c_6 - s_4s_6) \\ -d_3(c_4c_5c_6 + s_4c_6) \\ d_3c_4s_5 \\ s_4c_5c_6 + c_4s_6 \\ -s_4c_5s_6 + c_4c_6 \\ s_4s_5 \end{bmatrix}$$

雅可比矩阵的第三列相当于$\dfrac{\partial_6^2 \boldsymbol{T}}{\partial d_3}$，对应的坐标变换是${}_6^2\boldsymbol{T}$。这个关节是平移关节，用(4.45)式计算微分平移与微分旋转变换的各个矢量分量，它们的元素构成了雅可比矩阵的第三列，即

$$\frac{\partial_6^2 \boldsymbol{T}}{\partial d_3} = \begin{bmatrix} -s_5c_6 \\ s_5s_6 \\ c_5 \\ 0 \\ 0 \\ 0 \end{bmatrix}$$

雅可比矩阵的第四列相当于$\frac{\partial {}_6^3\boldsymbol{T}}{\partial\theta_4}$，对应的坐标变换是${}_6^3\boldsymbol{T}$。这个关节是旋转关节，用(4.42)式计算微分平移与微分旋转变换的各个矢量分量，它们的元素构成了雅可比矩阵的第四列。因为这一变换矩阵中的 $\boldsymbol{p}=\boldsymbol{0}$，故此雅可比元素只有相应的 n_z、o_z、a_z 项。

$$\frac{\partial {}_6^3\boldsymbol{T}}{\partial\theta_4}=\begin{bmatrix}0\\0\\0\\-\mathrm{s}_5\mathrm{c}_6\\\mathrm{s}_5\mathrm{s}_6\\\mathrm{c}_5\end{bmatrix}$$

同理，可求得雅可比矩阵的第五列为

$$\frac{\partial {}_6^4\boldsymbol{T}}{\partial\theta_5}=\begin{bmatrix}0\\0\\0\\\mathrm{s}_6\\\mathrm{c}_6\\0\end{bmatrix}$$

雅可比矩阵的第六列为

$$\frac{\partial {}_6^5\boldsymbol{T}}{\partial\theta_6}=\begin{bmatrix}0\\0\\0\\0\\0\\1\end{bmatrix}$$

则

$$\boldsymbol{J}(\boldsymbol{q})=\begin{bmatrix}-d_2[\mathrm{c}_2(\mathrm{c}_4\mathrm{c}_5\mathrm{c}_6-\mathrm{s}_4\mathrm{c}_6)-\mathrm{s}_2\mathrm{s}_5\mathrm{c}_6]+\mathrm{s}_2d_3(\mathrm{s}_4\mathrm{c}_5\mathrm{c}_6+\mathrm{c}_4\mathrm{s}_6) & d_3(\mathrm{c}_4\mathrm{c}_5\mathrm{c}_6-\mathrm{s}_4\mathrm{s}_6) & -\mathrm{s}_5\mathrm{c}_6 & 0 & 0 & 0\\-d_2[-\mathrm{c}_2(\mathrm{c}_4\mathrm{c}_5\mathrm{c}_6+\mathrm{s}_4\mathrm{s}_6)+\mathrm{s}_2\mathrm{s}_5\mathrm{s}_6]+\mathrm{s}_2d_3(-\mathrm{s}_4\mathrm{c}_5\mathrm{s}_6+\mathrm{c}_4\mathrm{c}_6) & -d_3(\mathrm{c}_4\mathrm{c}_5\mathrm{c}_6+\mathrm{s}_4\mathrm{c}_6) & \mathrm{s}_5\mathrm{s}_6 & 0 & 0 & 0\\-d_2(\mathrm{c}_2\mathrm{c}_4\mathrm{s}_5+\mathrm{s}_2\mathrm{c}_5)+\mathrm{s}_2d_3\mathrm{s}_4\mathrm{s}_5 & d_3\mathrm{c}_4\mathrm{s}_5 & \mathrm{c}_5 & 0 & 0 & 0\\-\mathrm{s}_2(\mathrm{c}_4\mathrm{c}_5\mathrm{c}_6-\mathrm{s}_4\mathrm{s}_6)-\mathrm{c}_2\mathrm{s}_5\mathrm{s}_6 & \mathrm{s}_4\mathrm{c}_5\mathrm{c}_6+\mathrm{c}_4\mathrm{s}_6 & 0 & -\mathrm{s}_5\mathrm{c}_6 & \mathrm{s}_6 & 0\\\mathrm{s}_2(\mathrm{c}_4\mathrm{c}_5\mathrm{s}_6+\mathrm{s}_4\mathrm{c}_6)+\mathrm{c}_2\mathrm{s}_5\mathrm{s}_6 & -\mathrm{s}_4\mathrm{c}_5\mathrm{s}_6+\mathrm{c}_4\mathrm{c}_6 & 0 & \mathrm{s}_5\mathrm{s}_6 & \mathrm{c}_6 & 0\\-\mathrm{s}_2\mathrm{c}_4\mathrm{s}_6+\mathrm{c}_2\mathrm{c}_5 & \mathrm{s}_4\mathrm{s}_5 & 0 & \mathrm{c}_5 & 0 & 1\end{bmatrix}$$

例 4.11　斯坦福手处于如下状态：

$${}_6^0\boldsymbol{T}=\begin{bmatrix}0 & 1 & 0 & 20\\1 & 0 & 0 & 6\\0 & 0 & -1 & 0\\0 & 0 & 0 & 1\end{bmatrix}$$

对应于表 4.1 关节空间坐标。

表 4.1 关节空间对应值

坐　标	变量值	$\sin\theta_i$	$\cos\theta_i$	备　注
θ_1	0	0	1	$d_2=6$ cm
θ_2	90°	1	0	
d_3	20 cm	—	—	
θ_4	0°	0	1	
θ_5	90°	1	0	
θ_6	90°	1	0	

① 计算此时的雅可比矩阵。

② 根据下列关节坐标系中的微分变换，求笛卡儿坐标系中的微分变换 $\mathrm{d}_6^0\boldsymbol{T}$。

$$\mathrm{d}\boldsymbol{q}=\begin{bmatrix}0.1\\-0.1\\2.0\\0.1\\0.1\\0.1\end{bmatrix}$$

解：利用前述各个公式可计算得

$$\boldsymbol{J}(\boldsymbol{q})=\begin{bmatrix}20&0&0&0&0&0\\-6&0&1&0&0&0\\0&20&0&0&0&0\\0&1&0&0&1&0\\0&0&0&1&0&0\\-1&0&0&0&0&1\end{bmatrix}$$

由(4.37)式可得

$$\boldsymbol{D}=\boldsymbol{J}(\boldsymbol{q})\mathrm{d}\boldsymbol{q}=\begin{bmatrix}20&0&0&0&0&0\\-6&0&1&0&0&0\\0&20&0&0&0&0\\0&1&0&0&1&0\\0&0&0&1&0&0\\-1&0&0&0&0&1\end{bmatrix}\begin{bmatrix}0.1\\-0.1\\2.0\\0.1\\0.1\\0.1\end{bmatrix}=\begin{bmatrix}2\\1.4\\-2\\0\\0.1\\0\end{bmatrix}$$

即

$$\boldsymbol{d}_{T6}=2.0\boldsymbol{i}+1.4\boldsymbol{j}-2.0\boldsymbol{k}$$

$$\boldsymbol{\delta}_{T6}=0\boldsymbol{i}+0.1\boldsymbol{j}+0\boldsymbol{k}$$

用上述结果来构成$\boldsymbol{\Delta}_{T6}$，有

$$\boldsymbol{\Delta}_{T6}=\begin{bmatrix}0&0&0.1&2\\0&0&0&1.4\\-0.1&0&0&-2\\0&0&0&0\end{bmatrix}$$

由 $\mathrm{d}\boldsymbol{T}=\boldsymbol{T}\boldsymbol{\Delta}_T$ 得

$$\mathrm{d}_6^0\boldsymbol{T}=\begin{bmatrix}0&1&0&20\\1&0&0&6\\0&0&-1&0\\0&0&0&0\end{bmatrix}\begin{bmatrix}0&0&0.1&2\\0&0&0&1.4\\-0.1&0&0&-2\\0&0&0&0\end{bmatrix}=\begin{bmatrix}0&0&0&1.4\\0&0&0.1&2.0\\0.1&0&0&2.0\\0&0&0&0\end{bmatrix}$$

例 4.12　假设有一个 5 自由度机器人手部的坐标系，它只能绕着 x 和 y 轴旋转。给定即时的雅可比矩阵的具体数值及一组微分运动，这个机器人具有 2R2RP 构型，求经微分运动后手的新位置。

$${}_5^0\boldsymbol{T}=\begin{bmatrix}1&0&0&5\\0&0&-1&3\\0&1&0&2\\0&0&0&1\end{bmatrix},\quad \boldsymbol{J}=\begin{bmatrix}3&0&0&0&0\\-2&0&1&0&0\\0&4&0&0&0\\0&1&0&1&0\\-1&0&0&0&1\\0&0&0&0&0\end{bmatrix},\quad \begin{bmatrix}\mathrm{d}\theta_1\\\mathrm{d}\theta_2\\\mathrm{d}\theta_3\\\mathrm{d}\theta_4\\\mathrm{d}d_5\end{bmatrix}=\begin{bmatrix}0.1\\-0.1\\0.05\\0.1\\0\end{bmatrix}$$

解：由于机器人只有 5 个自由度，而且只能绕着 x 和 y 轴旋转，由(4.37)式可以计算出 $\boldsymbol{D}$

$$\boldsymbol{D}=\begin{bmatrix}d_{x,T5}\\d_{y,T5}\\d_{z,T5}\\\delta_{x,T5}\\\delta_{y,T5}\end{bmatrix}=\boldsymbol{J}(\boldsymbol{q})\mathrm{d}\boldsymbol{q}=\begin{bmatrix}3&0&0&0&0\\-2&0&1&0&0\\0&4&0&0&0\\0&1&0&1&0\\-1&0&0&0&1\end{bmatrix}\begin{bmatrix}0.1\\-0.1\\0.05\\0.1\\0\end{bmatrix}=\begin{bmatrix}0.3\\-0.15\\-0.4\\0\\-0.1\end{bmatrix}$$

故

$$\boldsymbol{\Delta}=\begin{bmatrix}0&0&-0.1&0.3\\0&0&0&-0.15\\0.1&0&0&-0.4\\0&0&0&0\end{bmatrix}$$

$$\mathrm{d}_5^0\boldsymbol{T}=\boldsymbol{\Delta}\,{}_5^0\boldsymbol{T}=\begin{bmatrix}0&0&-0.1&0.3\\0&0&0&-0.15\\0.1&0&0&-0.4\\0&0&0&0\end{bmatrix}\begin{bmatrix}1&0&0&5\\0&0&-1&3\\0&1&0&2\\0&0&0&1\end{bmatrix}$$

$$=\begin{bmatrix}0&-0.1&0&0.1\\0&0&0&-0.15\\0.1&0&0&0.1\\0&0&0&0\end{bmatrix}$$

在微分运动之后坐标系的新位置为

$${}_5^0\boldsymbol{T}_{\mathrm{new}}=\mathrm{d}_5^0\boldsymbol{T}+{}_5^0\boldsymbol{T}_{\mathrm{old}}=\begin{bmatrix}0&-0.1&0&0.1\\0&0&0&-0.15\\0.1&0&0&0.1\\0&0&0&0\end{bmatrix}+\begin{bmatrix}1&0&0&5\\0&0&-1&3\\0&1&0&2\\0&0&0&1\end{bmatrix}$$

$$=\begin{bmatrix}1 & -0.1 & 0 & 5.1\\ 0 & 0 & -1 & 2.85\\ 0.1 & 1 & 0 & 2.1\\ 0 & 0 & 0 & 1\end{bmatrix}$$

例 4.13 一个 3 自由度机器人末端坐标系${}_3^0\boldsymbol{T}_1$相对参考坐标系的微分运动为$\boldsymbol{D}=(dx,\delta y,\delta z)^{\mathrm{T}}$，微分运动后的结果位姿为${}_3^0\boldsymbol{T}_2$，并给出了其相应的雅可比矩阵。

① 找出微分运动前的构件坐标系${}_3^0\boldsymbol{T}_1$。

② 求$\boldsymbol{\Delta}_T$。

$$\boldsymbol{D}=\begin{bmatrix}0.01\\0.02\\0.03\end{bmatrix},\quad {}_3^0\boldsymbol{T}_2=\begin{bmatrix}-0.03 & 1 & -0.02 & 4.97\\ 1 & 0.03 & 0 & 8.15\\ 0 & -0.02 & -1 & 9.9\\ 0 & 0 & 0 & 1\end{bmatrix},\quad \boldsymbol{J}(\boldsymbol{q})=\begin{bmatrix}5 & 10 & 0\\ 3 & 0 & 0\\ 0 & 1 & 1\end{bmatrix}$$

解： 根据题意可推导得

$$d\boldsymbol{T}={}_3^0\boldsymbol{T}_2-{}_3^0\boldsymbol{T}_1=\boldsymbol{\Delta}\cdot{}_3^0\boldsymbol{T}_1$$

$${}_3^0\boldsymbol{T}_2=(\boldsymbol{\Delta}+\boldsymbol{I})\cdot{}_3^0\boldsymbol{T}_1$$

$${}_3^0\boldsymbol{T}_1=(\boldsymbol{\Delta}+\boldsymbol{I})^{-1}\cdot{}_3^0\boldsymbol{T}_2$$

把$\boldsymbol{D}$矢量的值带入微分算子$\boldsymbol{\Delta}$，并与$\boldsymbol{I}$相加，再求逆，可得

$$\boldsymbol{\Delta}=\begin{bmatrix}0 & -0.03 & 0.02 & 0.01\\ 0.03 & 0 & 0 & 0\\ -0.02 & 0 & 0 & 0\\ 0 & 0 & 0 & 0\end{bmatrix}$$

$$(\boldsymbol{\Delta}+\boldsymbol{I})^{-1}=\begin{bmatrix}0.999 & 0.03 & -0.02 & -0.01\\ -0.03 & 0.999 & 0.001 & 0.0003\\ 0.02 & 0.001 & 1 & -0.002\\ 0 & 0 & 0 & 1\end{bmatrix}$$

$${}_3^0\boldsymbol{T}_1=(\boldsymbol{\Delta}+\boldsymbol{I})^{-1}\cdot{}_3^0\boldsymbol{T}_2=\begin{bmatrix}0 & 1 & 0 & 5\\ 1 & 0 & 0 & 8\\ 0 & 0 & -1 & 10\\ 0 & 0 & 0 & 1\end{bmatrix}\text{（近似）}$$

从而

$$\boldsymbol{\Delta}_T={}_3^0\boldsymbol{T}_1^{-1}\boldsymbol{\Delta}{}_3^0\boldsymbol{T}_1=\begin{bmatrix}0 & 0.03 & 0 & 0.15\\ -0.03 & 0 & -0.02 & -0.03\\ 0 & 0.02 & 0 & 0.1\\ 0 & 0 & 0 & 0\end{bmatrix}$$

4.9 雅可比矩阵求逆

为求解机器人关节的微分运动，以得到所需机器人微分运动，要计算雅可比矩阵的逆。推导如下：

$$\begin{aligned} &\boldsymbol{D}=\boldsymbol{J}(\boldsymbol{q})\boldsymbol{D}_\theta \\ &\boldsymbol{J}(\boldsymbol{q})^{-1}\boldsymbol{D}=\boldsymbol{J}(\boldsymbol{q})^{-1}\boldsymbol{J}(\boldsymbol{q})\boldsymbol{D}_\theta \rightarrow \boldsymbol{D}_\theta=\boldsymbol{J}(\boldsymbol{q})^{-1}\boldsymbol{D} \end{aligned} \tag{4.47}$$

类似的有

$$\boldsymbol{D}_\theta={}^T\boldsymbol{J}(\boldsymbol{q})^{-1}\cdot{}^T\boldsymbol{D} \tag{4.48}$$

这也可表述为：假设对一种具有 6 个自由度的机器人，在已知其手部的$[d_{x,T6}\quad d_{y,T6}\quad\cdots\quad \delta_{z,T6}]^{\mathrm{T}}$情形下，求其关节矢量$[\mathrm{d}q_1\quad \mathrm{d}q_2\quad\cdots\quad \mathrm{d}q_6]^{\mathrm{T}}$的解，可用(4.49)式，如下：

$$\begin{bmatrix}\mathrm{d}q_1\\ \mathrm{d}q_2\\ \mathrm{d}q_3\\ \mathrm{d}q_4\\ \mathrm{d}q_5\\ \mathrm{d}q_6\end{bmatrix}=\begin{bmatrix}d_{1x,T6} & \cdots & d_{6x,T6}\\ d_{1y,T6} & \cdots & d_{6y,T6}\\ d_{1z,T6} & \cdots & d_{6x,T6}\\ \delta_{1x,T6} & \cdots & \delta_{6x,T6}\\ \delta_{1x,T6} & \cdots & \delta_{6y,T6}\\ \delta_{1z,T6} & \cdots & \delta_{6z,T6}\end{bmatrix}^{-1}\begin{bmatrix}d_{x,T6}\\ d_{y,T6}\\ d_{z,T6}\\ \delta_{x,T6}\\ \delta_{y,T6}\\ \delta_{z,T6}\end{bmatrix} \tag{4.49}$$

也就是说，知道了雅可比矩阵，就可计算出每个关节需要以多快的速度运动，才能使机器人手产生所期望的速度。设想一个机器人在焊接一个工件，机器人不仅要沿着焊缝上的某一特定的路径运动，而且必须保持恒定速度运动。此时，它与以前的逆运动方程的情况类似，为了确保机器人的手保持期望的速度，必须不断地计算关节的速度。

随着机器人的运动以及机器人构型的变化，雅可比矩阵中所有元素的值都在不断变化。因此，需要不断地计算雅可比矩阵的值。为能够在每秒内计算出足够多的精确的关节速度，就需要计算过程非常高效和快速，否则结果将不能满足精度和速度的需要。

求雅可比矩阵的逆通常情况下有两种方法(不过这两种方法都十分困难，不仅计算量大而且费事)：一种方法是求出符号形式的雅可比矩阵的逆，然后把值代入其中，并计算出速度；另一种方法是将数据带入雅可比矩阵，然后用高斯消去法或者其他类似的方法求该数值矩阵的逆。尽管这些方法都是可行的，但是它们并不常用。因为它们需要解决的是$\boldsymbol{J}(\mathbf{q})$一个复杂的$6\times 6$的大矩阵，求逆的运算量很大，有时还会遇到解的奇异性问题。

一种替代方法是用逆运动方程来计算关节的速度。其方法是给定${}^0_6\boldsymbol{T}$的值，在求得各关节坐标的解之后，对这个解进行微分，再按照各个关节坐标的次序给出它们微分变换的表达式。

在关节坐标中，每个微分变换表达式都是${}^0_6\boldsymbol{T}$中元素的微分变换的函数。用这种方法得到的微分变换表达式比较简单，且由于关节极限位置的限制，当一个变换属于不可能时，那这个变换可设为零，为随后得出各个关节正确的解创造条件。在下面的讨论中，假设对于机械手存在一个符号解，且得到了一个可进行正弦、余弦计算的解。

为计算$\mathrm{d}({}^0_6\boldsymbol{T})$，假设给定了相对于参考坐标系的微分平移和微分旋转的矢量$\boldsymbol{d}$和$\boldsymbol{\delta}$。然后，套用前面学过的一些计算公式。按照以下步骤进行计算：

第一步：按照下式将相对于参考坐标系的微分平移$\boldsymbol{d}$和微分旋转$\boldsymbol{\delta}$，变换成相对于机器人${}^0_6\boldsymbol{T}$的微分平移$\boldsymbol{d}_{T6}$和微分旋转$\boldsymbol{\delta}_{T6}$：

$$\begin{cases} d_{x,T6}=\boldsymbol{n}[(\boldsymbol{\delta}\times\boldsymbol{d})+\boldsymbol{d}] \\ d_{y,T6}=\boldsymbol{o}[(\boldsymbol{\delta}\times\boldsymbol{d})+\boldsymbol{d}] \\ d_{z,T6}=\boldsymbol{a}[(\boldsymbol{\delta}\times\boldsymbol{d})+\boldsymbol{d}] \\ \delta_{x,T6}=\boldsymbol{n}\cdot\boldsymbol{\delta} \\ \delta_{y,T6}=\boldsymbol{o}\cdot\boldsymbol{\delta} \\ \delta_{z,T6}=\boldsymbol{a}\cdot\boldsymbol{\delta} \end{cases}$$

第二步：用 $\boldsymbol{d}_{T6}$ 和 $\boldsymbol{\delta}_{T6}$ 构成 $\boldsymbol{\Delta}_{T6}$，即

$$\boldsymbol{\Delta}_{T6}=\begin{bmatrix} 0 & -\delta z_T & \delta y_T & \mathrm{d}x_T \\ \delta z_T & 0 & -\delta x_T & \mathrm{d}y_T \\ -\delta y_T & \delta x_T & 0 & \mathrm{d}z_T \\ 0 & 0 & 0 & 0 \end{bmatrix}$$

第三步：求 $\mathrm{d}({}^0_6\boldsymbol{T})$，即

$$\mathrm{d}({}^0_6\boldsymbol{T})={}^0_6\boldsymbol{T}\boldsymbol{\Delta}_{T6}=\begin{bmatrix} \mathrm{d}n_x & \mathrm{d}o_x & \mathrm{d}a_x & \mathrm{d}p_x \\ \mathrm{d}n_y & \mathrm{d}o_y & \mathrm{d}a_y & \mathrm{d}p_y \\ \mathrm{d}n_z & \mathrm{d}o_z & \mathrm{d}a_z & \mathrm{d}p_z \\ 0 & 0 & 0 & 0 \end{bmatrix}$$

第四步：求出关节坐标系中每个关节微分变换相对于 $\mathrm{d}({}^0_6\boldsymbol{T})$ 中各元素的微分变换的函数表达式。

下面，通过斯坦福机械手进行微分，来说明这一方法的使用过程。假设已经完成前三步工作，然后进行第四步工作。

① 首先从 θ_1 开始，知道 θ_1 可以由下式隐含给定：

$$-\mathrm{s}_1 p_x+\mathrm{c}_1 p_y=d_2$$

对上式进行微分可得

$$-\mathrm{c}_1 p_x \mathrm{d}\theta_1-\mathrm{s}_1\mathrm{d}p_y-\mathrm{s}_1 p_y\mathrm{d}\theta_1+\mathrm{c}_1\mathrm{d}p_y=0$$

$$\mathrm{d}\theta_1=\frac{\mathrm{c}_1\mathrm{d}p_y-\mathrm{s}_1\mathrm{d}p_x}{\mathrm{c}_1 p_x+\mathrm{s}_1 p_y} \tag{4.50}$$

每当得到一个微分变化 $\mathrm{d}\theta_i$ 时，先检查 $q_i+\mathrm{d}q_i$ 是否超出关节运动极限。如发生，则令

$\mathrm{d}q_i$ = 关节运动极限 $-q_i$ （即增量不能超过该角运动极限）

且每当得到一个微分变化 $\mathrm{d}\theta_i$ 时，要对 $\mathrm{d}(\sin\theta_i)$ 和 $\mathrm{d}(\cos\theta_i)$ 求值，即

$$\begin{cases} \mathrm{d}(\sin\theta_i)=\cos\theta_i\mathrm{d}\theta_i \\ \mathrm{d}(\cos\theta_i)=-\sin\theta_i\mathrm{d}\theta_i \end{cases} \tag{4.51}$$

② 前面已知 θ_2 的求解公式为

$$\theta_2=\arctan\frac{\mathrm{c}_1 p_x+\mathrm{s}_1 p_y}{p_z}$$

为对反正切进行微分，注意到，若

$$\tan\theta=\frac{N\cdot\sin\theta}{N\cdot\cos\theta}$$

对两边微分则有

$$\frac{\mathrm{d}\theta}{\cos^2\theta}=\frac{-N\cdot\sin\theta\cdot\mathrm{d}(N\cdot\cos\theta)+N\cdot\cos\theta\cdot\mathrm{d}(N\cdot\sin\theta)}{N^2\cdot\cos^2\theta}$$

$$d\theta=\frac{-N\cdot\sin\theta\cdot d(N\cdot\cos\theta)+N\cdot\cos\theta\cdot d(N\cdot\sin\theta)}{N^2}$$

由

$$N^2=N^2\cdot\sin^2\theta+N^2\cdot\cos^2\theta$$

故

$$d\theta=\frac{N\cdot\cos\theta\cdot d(N\cdot\sin\theta)-N\cdot\sin\theta\cdot d(N\cdot\cos\theta)}{(N\cdot\sin\theta)^2+(N\cdot\cos\theta)^2}\tag{4.52}$$

由运动学逆解推导过程中的公式

$$\begin{cases}s_2d_3=c_1p_x+s_1p_y\\-c_2d_3=-p_z\end{cases}$$

此处可以分别获知 Ns_2 和 Nc_2 为

$$Ns_2=s_2d_3=c_1p_x+s_1p_y$$
$$Nc_2=c_2d_3=p_z$$

即此处 $N=d_3$，则

$$d(Ns_2)=p_x dc_1+c_1dp_x+p_yds_1+s_1dp_y$$
$$d(Nc_2)=dp_z$$

将上述结果代入求 $d\theta$ 公式可得

$$d\theta_2=\frac{c_2d(Ns_2)-s_2dp_z}{d_3}\tag{4.53}$$

③ 求 dd_3。

由运动学逆解推导过程中的公式及步骤②中的式子

$$\begin{cases}s_2d_3=c_1p_x+s_1p_y\\d_3=s_2(c_1p_x+s_1p_y)+c_2p_z\end{cases}$$
$$Ns_2=s_2d_3=c_1p_x+s_1p_y$$

可获得

$$d_3=s_2Ns_2+c_2p_z$$
$$dd_3=Ns_2ds_2+s_2(Ns_2)+p_zdc_2+c_2dp_z\tag{4.54}$$

④ 求 $d\theta_4$。

由运动学逆解推导过程中的公式

$$\begin{cases}c_4s_5=c_2(c_1a_x+s_1a_y)-s_2a_z\\s_4s_5=-s_1a_x+c_1a_y\end{cases}$$

可得

$$\begin{cases}Ns_4=-s_1a_x+c_1a_y\\Nc_4=c_2D_{41}-s_2a_z\end{cases}$$

其中，

$$D_{41}=c_1a_x+s_1a_y$$

且此处

$$N=s_5$$

于是

$$dD_{41}=a_xdc_1+c_1da_x+a_yds_1+s_1da_y\tag{4.55}$$

注意到(4.55)式中的 ds_1、dc_1 已经可求得，而

$$\left.\begin{aligned}d(Ns_4)&=-a_x ds_1-s_1 da_x+a_y dc_1+c_1 da_y\\ d(Nc_4)&=D_{41}dc_2+c_2 dD_{41}-a_z ds_2-s_2 da_z\end{aligned}\right\}\tag{4.56}$$

将(4.56)式代入(4.52)式，就可以求出 θ_4。

⑤ 求 $d\theta_5$。

对于 θ_5，因为已有现成的正弦与余弦表达式，故可以把(4.52)式化简为

$$d\theta_i=\cos\theta_i d(\sin\theta_i)-\sin\theta_i d(\cos\theta_i)\tag{4.57}$$

由运动学逆解推导过程中的公式及步骤④中的式子

$$\begin{cases}s_5=c_4[c_2(c_1a_x+s_1a_y)-s_2a_z]+s_4(-s_1a_x+c_1a_y)\\ c_5=s_2(c_1a_x+s_1a_y)c_2a_z\end{cases}$$

$$\begin{cases}Ns_4=-s_1a_x+c_1a_y\\ Nc_4=c_2D_{41}-s_2a_z\\ D_{41}=c_1a_x+s_1a_y\end{cases}$$

可得

$$\begin{cases}s_5=c_4(Nc_4)+s_4(Ns_4)\\ c_5=s_2D_{41}+c_2a_2\end{cases}$$

于是有

$$\left.\begin{aligned}ds_5&=Nc_4dc_4+c_4d(Nc_4)+Ns_4ds_4+s_4d(Ns_4)\\ dc_5&=D_{41}ds_2+s_2dD_{41}+a_zdc_2+c_2da_z\end{aligned}\right\}\tag{4.58}$$

不必对 ds_5、dc_5 求值，将(4.58)式代入(4.57)式就可求得 $d\theta_5$。

⑥ 求 $d\theta_6$。

由于运动学逆解推导过程中的公式

$$s_6=-c_5\{c_4[c_2(c_1o_x+s_1o_y)-s_2o_z]+s_4(-s_1o_x+c_1o_y)\}+s_5[s_2(c_1o_x+s_1o_y)+c_2o_z]$$

$$c_6=-s_4[c_2(c_1o_x+s_1o_y)-s_2o_z]+c_4(-s_1o_x+c_1o_y)$$

可写成

$$s_6=-c_5N_{61}-s_5N_{612}$$

$$c_6=-s_4N_{611}+c_4N_{6112}$$

其中，

$$\begin{cases}N_{6111}=c_1o_x+s_1o_y\\ dN_{611}=o_xdc_1+c_1do_x+o_yds_1+s_1do_y\end{cases}$$

$$\begin{cases}N_{6112}=-s_1o_x+c_1o_y\\ dN_{6112}=-o_xds_1-s_1do_x+o_ydc_1+c_1do_y\end{cases}$$

$$\begin{cases}N_{611}=c_2N_{6111}-s_2o_z\\ dN_{611}=N_{6111}dc_2+c_2dN_{6111}-o_zds_2-s_2do_z\end{cases}$$

$$\begin{cases}N_{612}=-s_2N_{6111}-c_2o_z\\ dN_{612}=-N_{6111}ds_2-s_2dN_{6111}-o_zdc_2-c_2do_z\end{cases}$$

$$\begin{cases}N_{61}=c_4N_{611}+s_4N_{6112}\\ dN_{61}=N_{611}dc_4+c_4dN_{611}+N_{6112}ds_4+s_4dN_{6112}\end{cases}$$

于是

$$\left.\begin{aligned} ds_6 &= -N_{61}dc_5 - c_5 dN_{61} - N_{612}ds_5 - s_5 dN_{612} \\ dc_6 &= -N_{611}ds_4 - s_4 dN_{611} + N_{6112}dc_4 + c_4 dN_{6112} \end{aligned}\right\} \tag{4.59}$$

不必对 ds_6、dc_6 求值，将(4.59)式代入(4.57)式就可求得 $d\theta_6$。

例 4.14　斯坦福机械手具有以下状态：

$$ {}^0_6\boldsymbol{T} = \begin{bmatrix} 0 & 1 & 0 & 20 \\ 1 & 0 & 0 & 6 \\ 0 & 0 & -1 & 0 \\ 0 & 0 & 0 & 1 \end{bmatrix} $$

对应有表 4.2 所列的正弦、余弦及关节坐标值。所在关节坐标对应于下列操作空间的微分平移和微分旋转：

$$\boldsymbol{d}_{T6} = 2\boldsymbol{i} + 1.4\boldsymbol{j} - 2.0\boldsymbol{k}$$
$$\boldsymbol{\delta}_{T6} = 0\boldsymbol{i} + 0.1\boldsymbol{j} + 0\boldsymbol{k}$$

试计算各关节坐标系中的微分变化。

表 4.2　斯坦福机械手状态

连　杆	关节转角 θ_n	关节转角值	$\sin\theta_i$	$\cos\theta_i$
1	θ_1	0°	0	1
2	θ_2	90°	1	0
3	d_3	50 cm	—	—
4	θ_4	0°	0	1
5	θ_5	90°	1	0
6	θ_6	90°	1	0

解：为求 $d({}^0_6\boldsymbol{T})$，先求 $\boldsymbol{\Delta}_{T6}$，有

$$\boldsymbol{\Delta}_{T6} = \begin{bmatrix} 0 & 0 & 0.1 & 2.0 \\ 0 & 0 & 0 & 1.4 \\ -1.0 & 0 & 0 & -2.0 \\ 0 & 0 & 0 & 0 \end{bmatrix}$$

$$d({}^0_6\boldsymbol{T}) = {}^0_6\boldsymbol{T}\cdot\boldsymbol{\Delta}_{T6} = \begin{bmatrix} 0 & 1 & 0 & 20 \\ 1 & 0 & 0 & 6 \\ 0 & 0 & -1 & 0 \\ 0 & 0 & 0 & 1 \end{bmatrix}\begin{bmatrix} 0 & 0 & 0.1 & 2.0 \\ 0 & 0 & 0 & 1.4 \\ -0.1 & 0 & 0 & -2 \\ 0 & 0 & 0 & 0 \end{bmatrix}$$

$$= \begin{bmatrix} 0 & 0 & 0 & 1.4 \\ 0 & 0 & 0.1 & 2.0 \\ 0.1 & 0 & 0 & 2.0 \\ 0 & 0 & 0 & 0 \end{bmatrix}$$

因而可求得

$$\begin{aligned} &dn_x = 0 \quad & do_x = 0 \quad & da_x = 0 \quad & dp_x = 1.4 \\ &dn_y = 0 & do_y = 0 & da_y = 0.1 & dp_y = 2 \\ &dn_z = 0.1 & do_z = 0 & da_z = 0 & dp_z = 2 \end{aligned}$$

① 将各已知参数代入(4.50)式可得

$$d\theta_1=\frac{c_1 dp_y - s_1 dp_x}{c_1 p_x + s_1 p_y}=\frac{2-0}{20+0}=0.1$$

每求得一个关节的微分变化就利用(4.51)式对 $d(\sin\theta_i)$ 和 $d(\cos\theta_i)$ 求值,可得

$$ds_1 = c_1 d\theta_1 = 1\times 0.1 = 0.1$$

$$dc_1 = -s_1 d\theta_1 = 0\times 0.1 = 0$$

② 利用前述步骤②中的公式可得

$$Ns_2 = c_1 p_x + s_1 p_y = 1\times 20 + 0\times 6 = 20$$

$$Nc_2 = p_z = 0$$

$$\begin{aligned} d(Ns_2) &= p_x dc_1 + c_1 dp_x + p_y ds_1 + s_1 dp_y \\ &= 20\times 0 + 1\times 1.4 + 6\times 0.1 + 0\times 2 = 2 \end{aligned}$$

$$d(Nc_2) = dp_z = 2$$

$$d\theta_2 = \frac{c_2 d(Ns_2) - s_2 dp_z}{d_3} = \frac{0\times 2 - 1\times 2}{50} = -0.04$$

接着求值:

$$ds_2 = c_2 d\theta_2 = 0\times(-0.04) = 0$$

$$dc_2 = -s_2 d\theta_2 = -1\times(-0.04) = 0.04$$

③ 利用前述步骤③中的公式(4.54)可得

$$dd_3 = Ns_2 ds_2 + s_2 d(Ns_2) + p_z dc_2 + c_2 dp_z = 20.0\times 0 + 1\times 2 + 0\times 0.04 + 0\times 2 = 2$$

④ 利用前述步骤④中求 $d\theta_4$ 的各个公式可得

$$D_{41} = c_1 a_x + s_1 a_y = 1\times 0 + 0\times 0 = 0$$

$$dD_{41} = a_x dc_1 + c_1 da_x + a_y ds_1 + s_1 da_y = 0\times 0 + 1\times 0 + 0\times 0.1 + 0\times 0.1 = 0$$

$$Ns_4 = -s_1 a_x + c_1 a_y = -0\times 0 + 1\times 0 = 0$$

$$Nc_4 = c_2 D_{41} - s_2 a_z = 0\times 0 - 1\times(-1) = 1$$

$$d(Ns_4) = -a_x ds_1 - s_1 da_x + a_y dc_1 + c_1 da_y = -0\times 0.1 - 0\times 0 + 0\times 0 + 1\times 0.1 = 0.1$$

$$d(Nc_4) = D_{41} dc_2 + c_2 dD_{41} - a_z ds_2 - s_2 da_z = 0\times 0.04 + 0\times 0 - 0\times 0 - 1\times 0 = 0$$

由(4.52)式可得

$$d\theta_4 = \frac{Nc_4 d(Ns_4) - Ns_4 d(Nc_4)}{(Ns_4)^2 + (Nc_4)^2} = \frac{1.0\times 0.1 - 0\times 0}{0^2 + 1^2} = 0.1$$

$$ds_4 = c_4 d\theta_4 = 1\times 0.1 = 0.1$$

$$dc_4 = -s_4 d\theta_4 = 0\times 0.1 = 0$$

⑤ 利用前述步骤⑤中求 $d\theta_5$ 的各个公式可得

$$\begin{aligned} ds_5 &= Nc_4 dc_4 + c_4 d(Nc_4) + Ns_4 ds_4 + s_4 d(Ns_4) \\ &= 1\times 0 + 1\times 0 + 0\times 0.1 + 0\times 0.1 = 0 \end{aligned}$$

$$\begin{aligned} dc_5 &= D_{41} ds_2 + s_2 dD_{41} + a_z dc_2 + c_2 da_z \\ &= 0\times 0 + 1\times 0 + (-1)\times 0.04 + 0\times 0 = -0.04 \end{aligned}$$

将以上所求结果代入(4.57)式可得

$$d\theta_5 = c_5 ds_5 - s_5 dc_5 = 0\times 0 - 1\times(-0.04) = 0.04$$

⑥ 利用前述步骤⑥中求 $d\theta_6$ 的各个公式可得

$N_{6111}=c_1o_x+s_1o_y=1\times1+0\times0=1$

$dN_{6111}=o_x dc_1+c_1 do_x+o_y ds_1+s_1 do_y=1\times0+1\times0+0\times0.1+0\times0=0$

$N_{6112}=-s_1o_x+c_1o_y=0\times1+1\times0=0$

$dN_{6112}=-o_x ds_1-s_1 do_x+o_y dc_1+c_1 do_y=-1\times0.1-0\times0+0\times0+1\times0=-0.1$

$N_{611}=c_2N_{6111}-s_2o_z=0\times0-1\times0=0$

$dN_{611}=N_{6111}dc_2+c_2dN_{6111}-o_z ds_2-s_2 do_z=1\times0.04+0\times0-0\times0-1\times0=0.04$

$N_{612}=-s_2N_{6111}-c_2o_z=-1\times1-0\times0=-1$

$dN_{612}=-N_{6111}ds_2-s_2dN_{6111}-o_z dc_2-c_2 do_z=-1\times0-1\times0-0\times0.04-0\times0=0$

$N_{61}=c_4N_{611}+s_4N_{6112}=1\times0+0\times0=0$

$$\begin{aligned}dN_{61}&=N_{611}dc_4+c_4dN_{611}+N_{6112}ds_4+s_4dN_{6112}\\&=0\times0+1\times0.04+0\times0.1+0\times(-0.1)=0.04\end{aligned}$$

于是

$$\begin{aligned}ds_6&=-N_{61}dc_5-c_5dN_{61}-N_{612}ds_5-s_5dN_{612}\\&=-0\times(-0.04)-0\times0.04-(-1)\times0-1\times0=0\\dc_6&=-N_{611}ds_4-s_4dN_{611}+N_{6112}dc_4+c_4dN_{6112}\\&=-0\times0.1-0\times0.04+0\times0+1\times(-0.1)=-0.1\end{aligned}$$

将上述结果代入(4.57)式可以求得 $d\theta_6$，即

$$d\theta_6=c_6ds_6-s_6dc_6=0\times0-1\times(-0.1)=0.1$$

综上结果有

$$d\boldsymbol{q}=\begin{bmatrix}0.1\\-0.1\\2.0\\0.1\\0.04\\0.1\end{bmatrix}$$

习题四

1. 何为基坐标系下的微分运动？何为联体坐标系下的微分运动？两者之间有何关系？

2. 举例说明微分变换与变换次序无关。

3. 简述机器人雅可比矩阵的作用，简述微分变换法求取机器人雅可比矩阵的步骤。

4. 利用雅可比矩阵控制机器人的运动时，存在的问题主要有哪些？

5. 对于串联关节式机器人，其雅可比矩阵的求取通常比较困难。查阅资料，给出一种动态估计机器人雅可比矩阵的方法。

6. 利用机器人的正向运动学和逆向运动学可以控制机器人的运动，利用机器人的雅可比矩阵也可以控制机器人的运动。试比较两者的不同之处，说明各自的特点。

7. 机器人的雅可比矩阵是否为常数矩阵？为什么？

8. 求绕参考坐标系 3 个坐标轴进行小的旋转 $\delta x=0.2$ rad、$\delta y=0.06$ rad、$\delta z=0.04$ rad 所产生的总微分变化。

9. 坐标系 **A** 相对参考坐标系，首先绕 y 轴进行 0.2 rad 的微分转动，然后再进行 **Trans**(0.2,0.1,0.1)的微分平移，求微分变换的结果。

$$\boldsymbol{A}=\begin{bmatrix}0&0&1&8\\1&0&0&3\\0&1&0&5\\0&0&0&1\end{bmatrix}$$

10. 已知坐标系 **C** 在基坐标系中表示为

$$\boldsymbol{C}=\begin{bmatrix}0&1&0&10\\-1&0&0&5\\0&0&1&1\\0&0&0&1\end{bmatrix}$$

对于参考坐标系的微分平移分量分别为沿 x 轴平移 0.5。沿 y 轴平移 0.2。沿 z 轴平移 −0.1，微分旋转的 x、y、z 分量分别为 0.1。−0.2 和 0.1。

① 求微分变换 d$\boldsymbol{C}$。

② 求相对于坐标系 **C** 的等效微分平移和微分旋转。

11. 已知关节坐标系的微分变化引起相对参考坐标系的变化如下：$dx=1.0$，$dy=0.05$，$\delta x=0.1$(绕 x 轴旋转弧度数)。设 $\sin\delta x=0.1$，$\cos\delta x=1.0$。如果机械手原来处于

$$\boldsymbol{T}=\begin{bmatrix}-0.8&0&0.6&10\\0&1&0&20\\-0.6&0&-0.8&5\\0&0&0&1\end{bmatrix}$$

那么 $\boldsymbol{T}$ 的新值为何？

12. 一个 3R 机器人如图 3.41 所示。其运动学方程为

$${}^0_3\boldsymbol{T}=\begin{bmatrix}4c_1c_{23}&-c_1s_{23}&s_1&l_1c_1+l_2c_1c_2\\s_1c_{23}&-s_1s_{23}&-c_1&l_1s_1+l_2s_1s_2\\s_{23}&c_{23}&0&l_2s_2\\0&0&0&1\end{bmatrix}$$

求雅可比${}^0\boldsymbol{J}(\boldsymbol{q})$。

13. 试求图 3.42 所示 3 自由度机械手的雅可比矩阵，所用坐标系位于夹手末端上，其姿态与第三个关节的姿态一样。

14. 图 4.15 所示机械手的三关节都是旋转关节，坐标系如图 4.15 所示，D-H 参数见表 4.3，试求：

① 从关节运动 $\boldsymbol{q}=(\theta_1,\theta_2,\theta_3)^{\mathrm{T}}$ 到末端的运动 $\boldsymbol{P}=(x,y,z)^{\mathrm{T}}$ 变换的雅可比矩阵。

② 若每个关节都能转动 360°，试问该机械手存在奇异形位吗？若存在，找出奇异形位对应的末端位置，并确定在每个奇异位置上端点不能移动的方向。

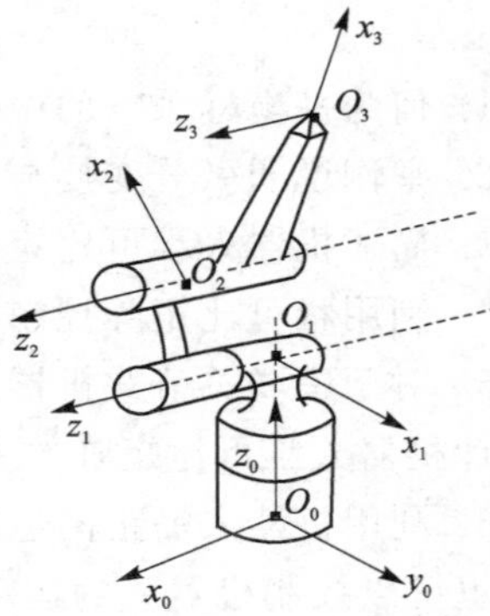

图 4.15　三自由度机械手

表 4.3　3 自由度机械手 D-H 参数

连杆参数	θ_i	d_i	a_i	α_i
1	θ_1	l_0	0	$\frac{\pi}{2}$
2	θ_2	0	l_1	0
3	θ_3	0	l_2	0

15. 已知

$$
{}_B^A\boldsymbol{T}=\begin{bmatrix}0.866 & -0.500 & 0.000 & 10.0\\0.500 & 0.866 & 0.000 & 0.0\\0.000 & 0.000 & 1.000 & 5.0\\0 & 0 & 0 & 1\end{bmatrix}
$$

如果在坐标系 **A** 原点的速度矢量为

$$
{}^A\boldsymbol{v}=(0,2,-3,1.414,1.414,0)^{\mathrm{T}}
$$

试求参考点在坐标系 **B** 原点的 6×1 速度矢量。

第 5 章　运动轨迹规划

本章讨论在多维空间中机器人运动轨迹的生成方法。

根据对机器人在运动过程中的不同要求，机器人的运动分为点到点(point-to-point)运动方式和路径跟踪(trajectory-tracking)运动方式。点到点运动方式只关注机器人在起始点和终止点的位姿变化，而不关心其路径的变化和在路径上各点处的位姿情况；而路径跟踪运动方式不仅关注机器人在起始点和终止点的位姿变化，而且对路径和路径点上的位姿也有要求。

如图 5.1 所示，要使机器人从起始状态移动到某预期的终止状态，实际上可看作是把机器人末端执行器坐标系从当前的起始点位姿$\boldsymbol{T}_{起始}$变换为终止点位姿$\boldsymbol{T}_{终止}$。一般情况下，这种变化不仅包括机器人末端执行器坐标系的位置，而且包括机器人末端坐标系的姿态。以下将使用"点"这个词来表示机器人末端执行器的位置及姿态，例如起始点、终止点等。

如一个机器人末端执行器从 A 点运动到 B 点再到 C 点等，那么从起始点到终止点运动的一条空间曲线就称为路径；或者说，这些机器人中间构型的特定序列就构成了一条路径。路径是不考虑时间因素的机器人位姿的一个特定序列，如图 5.2 所示。

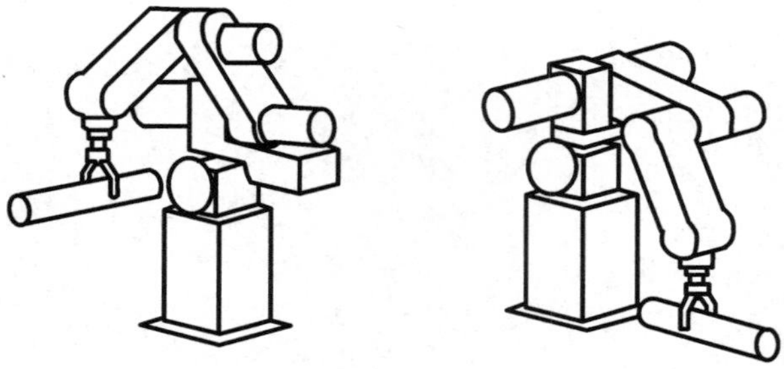

(a) 起始状态　　(b) 终止状态

图 5.1　机器人的初始位置和目标位置

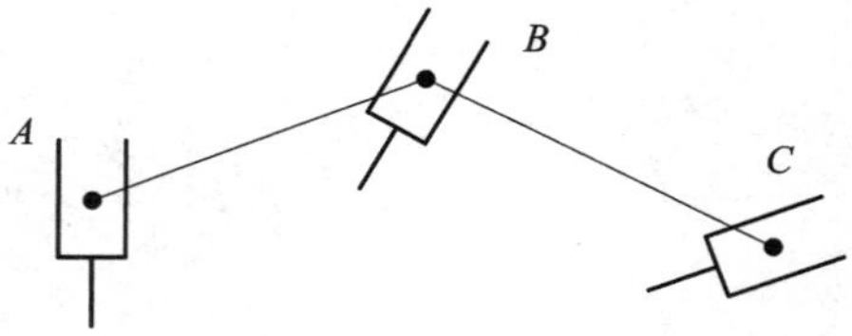

图 5.2　机器人的工作路径

将机器人的每一个自由度在运动过程中，其位置、速度和加速度与时间之间的关系称为轨迹。轨迹与何时到达路径中的每个部分有关，强调时间性。不论机器人从 A 点何时运动到 B 点再到 C 点等，其路径总是一样的，若是经过路径的每个点的速度快慢不同，它们的轨迹就会不同。因此，即使机器人经过相同的点，但在一个给定时刻，机器人在其轨迹上的点也可能不同。轨迹依赖速度和加速度，如果机器人抵达 B 点和 C 点的时间不同，则相应的轨迹必然不同。本章不仅涉及机器人的运动路径，而且还关注其速度和加速度。轨迹的生成，就是根据这些轨迹参数计算出期望的运动轨迹。

轨迹的生成涉及下列 3 个问题：

第一，要描述机器人在作业空间的运动。写出描述作业空间和时间的复杂函数很难，所以应该允许用户用比较简单的方式描述机器人运动，而将复杂的细节问题由计算机系统来解决。例如，用户可只给出机器人末端的目标位置和姿态，让系统由此确定到达目标的途经点、持续时间、速度等轨迹参数。

将确定轨迹参数的过程称为轨迹规划。轨迹规划就是利用多项式插补来逼近所期望的路径，生成一系列时基“控制设定点”，用于控制机器人从起点到达目标。

第二，根据所确定的轨迹参数，在计算机内部描述期望的轨迹。这主要是选择习惯规定以及合理的软件数据结构问题。

第三，对内部描述的轨迹要进行实际计算，即根据位置、速度和加速度生成出整个轨迹。计算是实时进行的，每一个轨迹点的计算速度称为轨迹更新速率，在典型的机器人系统中，这一速率在 20～200 Hz。

本章主要论述多种无障碍运动的轨迹规划方案。

5.1　轨迹描述和生成

一般来说，机器人末端执行器的运动可以看作是工具坐标系 $\boldsymbol{T}_{\mathrm{tcs}}$ 相对于参考坐标系 $\boldsymbol{T}_0$ 的运动。这不但符合机器人使用者考虑问题的角度，而且有利于描述、生成机器人的运动轨迹。

在需要更详细地描述运动时，不仅要指出期望的机器人终止点，而且要给出介于起始点与终止点之间的中间点，或称途经点；相应地，工具坐标系必然存在一组由途经点决定的中间值 $\boldsymbol{T}_i(i=1,2,3,\cdots,n)$。所有起始点、途经点以及终止点总称为轨迹点。运动轨迹除了空间约束外，还存在着时间分配问题。例如，在规定路径的同时，还必须给出两个途经点之间的运动时间。

机器人在移动过程中应当保证运动平稳，不平稳的运动将造成机械部件的迅速磨损，并导致机器人的振动。为了保证提供一个平滑的轨迹，所选择的描述运动轨迹的函数必须是一个连续函数，而且该函数的一阶导数（速度），有时甚至二阶导数（加速度）也应当是连续的。

对轨迹的描述分为在机器人关节空间的轨迹规划与在操作空间的轨迹规划两种情形。

以简单的 2 自由度机器人为例，来帮助理解在关节空间和直角坐标空间进行轨迹规划的基本原理。如图 5.3 所示，要求机器人从 A 点运动到 B 点。机器人在 A 点时的构型为 $\alpha=20°,\beta=30°$。假设已算出机器人到达 B 点时的构型是 $\alpha=40°,\beta=80°$，同时已知机器人两个关节运动的最大速率为 10°/s。机器人从 A 点运动到 B 点的一种方法是使所有关节都以其最大角速度运动，这就是说，机器人下方的连杆用 2 s 即可完成运动，而上方的连杆还需要再运动 3 s。图 5.3 中画出了手臂末端的轨迹，可见其路径不规则，而且手臂末端走过的距离也不均匀。

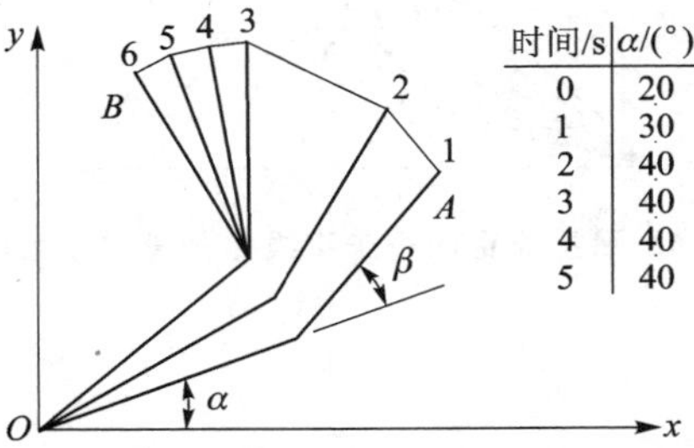

时间/s	α/(°)	β/(°)
0	20	30
1	30	40
2	40	50
3	40	60
4	40	70
5	40	80

图 5.3　关节空间非归一化运动

若对机器人两个关节的运动用一个公共因子作归一化处理，使其运动范围较小关节的运动速度成比例地减慢，从而使得两个关节能够同步地开始和结束运动。这时，两个关节就会以不同的速度一起同步运动，即 α 以 4°/s、β 以 10°/s 的速度进行运动。从图 5.4 中可以看出，这样机器人末端得出的运动轨迹的各部分比以前要均衡，但走过的路径仍不规则（不同于前一种情况）。因为这次还是只关注了关节的角度值，而忽略了机器人手臂末端的位置值。这两个例子都是在关节空间中进行轨迹规划的,其关注的仅仅是机器人路径点所对应的关节转角;不同的是,第二个例子进行了关节速率的归一化处理。

再来看另外一种情况,假设希望机器人末端可沿操作空间 A 点到 B 点之间的一条已知路径,如一条直线运动,最简单的解决方法是首先在 A 点和 B 点之间画一条直线,再将这条线等分化为几部分。例如分为 5 份,然后如图 5.5 所示,计算出各点所需要的 α 和 β 值,这一过程是在操作空间的 A 点和 B 点之间进行插值。可以看出,这时机器人末端的路径是一条直线,而机器人各个关节角并非均匀变化的。虽然得到的运动是一条已知的直线轨迹,但必须计算操作空间直线上每点的关节量。显然,如果路径分割的部分太少,将不能保证机器人在每段内严格地沿直线运动。为获得更好的精度,就需要对路径进行更多的分割,也就需要计算更多的关节点。由于机器人轨迹的所有运动都是基于直角坐标进行计算的,因此,这种轨迹称为直角坐标空间的轨迹。

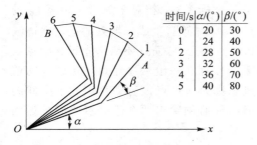

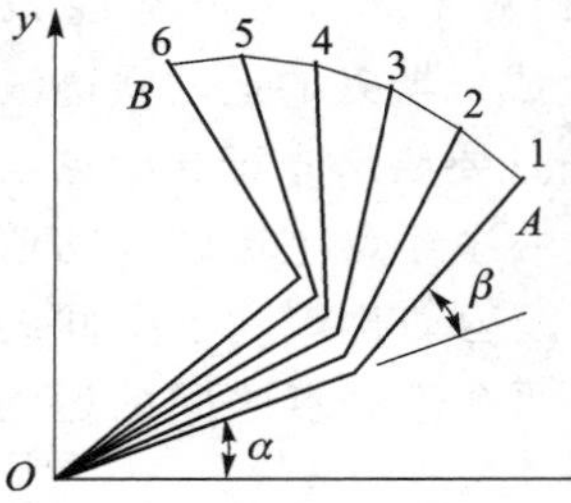

时间/s	α/(°)	β/(°)
0	20	30
1	24	40
2	28	50
3	32	60
4	36	70
5	40	80

图 5.4　关节空间归一化运动

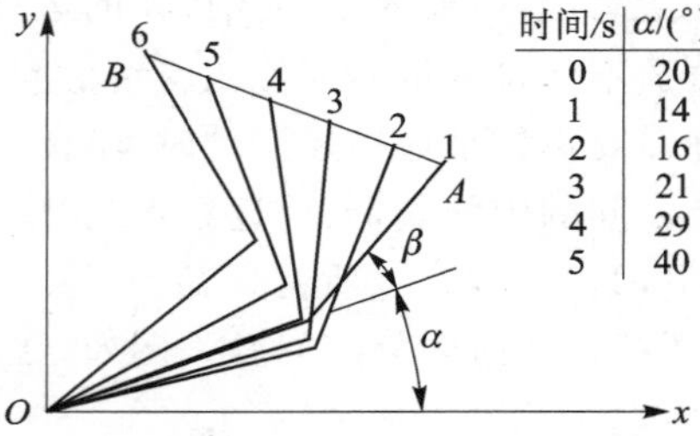

时间/s	α/(°)	β/(°)
0	20	30
1	14	55
2	16	69
3	21	77
4	29	81
5	40	80

图 5.5　沿操作空间一条直线等分运动

在前面的例子中,均假设机器人的驱动装置能够提供足够大的功率来满足关节所需的加速和减速,如前面假设手臂在路径第一段运动的一开始就可立刻加速到所需的期望速度。如果这一点不成立,机器人所沿循的将是一条不同于前面所设想的轨迹,即在加速到期望速度之前的轨迹将稍稍落后于设想的轨迹。此外需要注意的是,上方连杆的两个连续关节量之间的差值大于规定的最大关节速度 10°/s(例如在 0 和 1 时刻之间,关节必须移动 25°)。显然,这是不可能达到的。同样必须注意,下方连杆在向上转动前首先要向下转动。

为了改进这一状况,可对路径进行不同方法的分段,即手臂开始加速运动时的路径分段较小,随后使其以恒定速度运动,而在接近 B 点时再在较小的分段上减速如图 5.6 所示。当然,对于路径上每一点仍需求解机器人的逆运动方程,这与前面几种情况类似。在该例中,不是将直线段 AB 等分,而是在开始时基于方程 $x=at^2/2$ 进行划分,直到其到达所需要的运动速度 $v=at$ 时为止,末端运动则依据减速过程类似地进行划分。

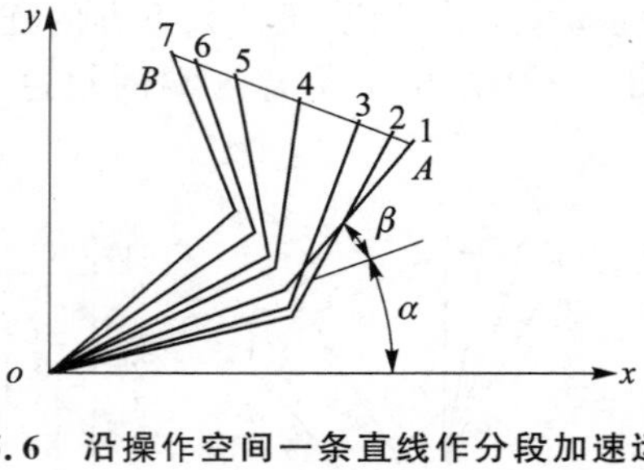

图 5.6　沿操作空间一条直线作分段加速运动

还有一种情况是轨迹规划的路径并非直线,而是某个期望路径(例如二次曲线)。这时必须基于期望路径计算出每一段的坐标,进而计算相应的关节量,才能规划出机器人沿期望路径的轨迹。

至此只考虑了机器人在 A 和 B 两点间的运动,而在多数情况下,可能要求机器人顺序通过许多点，包括中间点或过渡点。下面进一步讨论多点间的轨迹规划，并最终实现连续运动。

如图 5.7 所示，假设机器人从 A 点经过 B 点运动到 C 点。一种方法是从 A 向 B 先加速，再匀速，接近 B 时减速并在到达 B 时停止，然后由 B 到 C 重复这一过程。这一停一走的不平稳运动包含了不必要的停止动作。一种可行方法是将 B 点两边的运动进行平滑过渡。机器人先接近 B 点（如果必要可以减速），然后沿着平滑过渡的路径重新加速，最终抵达并停在 C 点。平滑过渡的路径使机器人的运动更加平稳，降低了机器人的应力水平，并且减少了能量消耗。如果机器人的运动由许多段组成，所有的中间运动段都可以采用过渡的方式平滑连接在一起。但必须注意，由于采用了平滑过渡曲线，机器人经过的可能不是原来的 B 点而是 B' 点，如图 5.7(a)所示。如果要求机器人精确经过 B 点，可事先设定一个不同的 B'' 点，使得平滑过渡曲线正好经过 B 点，如图 5.7(b)所示。另一种方法如图 5.8 所示，在 B 点前后各加过渡点 D 和 E，使得 B 点落在 DE 连线上，确保机器人能够经过 B 点。

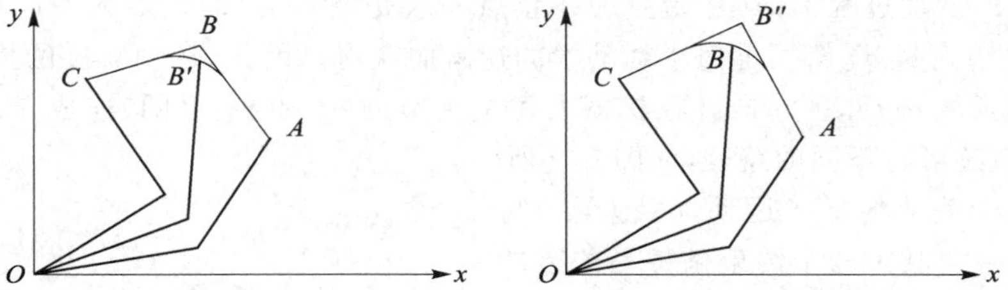

(a) 经过B'点　　(b) 经过B点

图 5.7　路径上不同运动段的平滑过渡

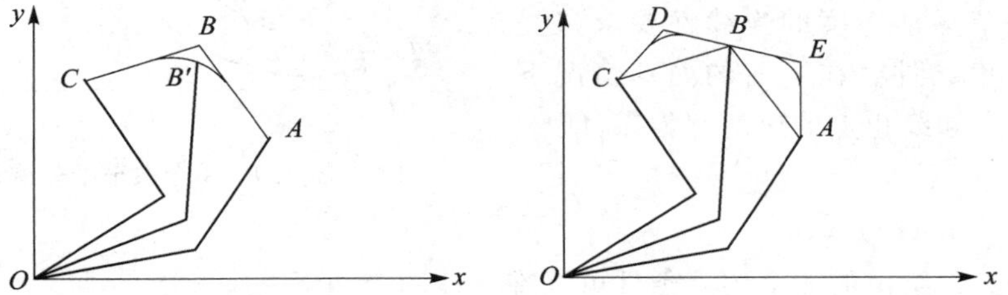

(a) 经过B'点　　(b) 经过B点

图 5.8　在 B 点前后各加过渡点 D 和 E

下面，将讨论不同的轨迹规划方法。通常使用高次多项式来表示两个路段之间每点的位置、速度和加速度。当规划路径后，控制器通过路径信息求解逆运动方程得到关节量，并操纵机器人做相应的运动。如果机器人的路径非常复杂，无法用一个方程来表示，则可手动移动机器人，记录下每个关节的运动状态，并将所记录的关节值用于以后驱动机器人的运动。对于示教机器人，常常采用这种方式来完成诸如汽车喷漆、焊复杂形状的焊缝一类任务。

5.2　关节空间轨迹规划法

关节空间法借助于机器人关节变量 $q_i(i=1,2,\cdots,n)$ 的函数来描述运动轨迹。

轨迹点通常用工具坐标系 $\boldsymbol{T}_{\mathrm{tcs}}$ 相对于参考坐标 $\boldsymbol{T}_0$ 的位置和姿态来表示。在每个途经点上，根据机器人运动学的逆解可得到一组关节变量的值，为每一个关节找到一个平滑函数，来描述整个机器人从起始点，通过途经点，最后到达终止点的运动轨迹。只要在任何一段轨迹内每个关节的运动时间都相同，那么所有的关节将同时到达途经点和终止点。相应地，$\boldsymbol{T}_{\text{tcs}}$ 在每个途经点和终止点上也就具有了预期的位置和姿态。尽管每个关节的运动时间相同，但各个关节变量函数之间是相互独立的。

关节空间法不必在直角坐标系中描述两个途经点间的轨迹形状，计算过程简单、容易，且由于关节空间与直角坐标空间之间并不存在连续的对应关系，因此基本上不会发生机构的奇异点问题。

根据对路径要求的严格程度不同，在关节空间法中，可选取不同类型与不同阶次的关节变量的插值函数，来生成不同的轨迹。

5.2.1 3次多项式插值

在机器人的运动过程中，其起始点和终止点一般是已知的，即机器人的起始点关节变量 q_0 和终止点关节变量 q_f 都可通过求运动学的逆解而获得。因此，运动轨迹的描述，实际是要选取一个平滑函数 $q(t)$，把它插补在机器人每个关节的 q_0 和 q_f 之间，连成一段平滑的运动轨迹；但这个轨迹可有不同的路径，如图 5.9 所示。

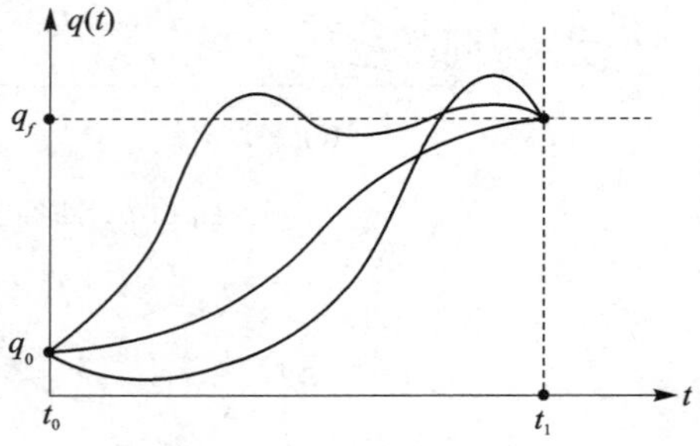

图 5.9 单个关节的轨迹形状

为实现单个关节的平稳运动，$q(t)$ 至少需要 4 个约束条件。其中两个约束条件是关节的起始值和终点值为已知，如(5.1)式：

$$\left.\begin{aligned} q(0) &= q_0 \\ q(t_f) &= q_f \end{aligned}\right\} \tag{5.1}$$

为满足关节运动速度的连续性要求，还需要另外两个约束条件。在当前的简单情况下，只需规定起始点和终止点的速度都为零，即

$$\left.\begin{aligned} \dot{q}(0) &= 0 \\ \dot{q}(t_f) &= 0 \end{aligned}\right\} \tag{5.2}$$

(5.1)式和(5.2)式给出的 4 个约束条件可以唯一地确定如下一个 3 次多项式：

$$q(t) = a_0 + a_1 t + a_2 t^2 + a_3 t^3 \tag{5.3}$$

在运动轨迹上，关节的速度和加速度则为

$$\left.\begin{aligned} \dot{q}(t) &= a_1 + 2a_2 t + 3a_3 t^2 \\ \ddot{q}(t) &= 2a_2 + 6a_3 t \end{aligned}\right\} \tag{5.4}$$

(5.3)式、(5.4)式与 4 个约束条件联立，可产生 4 个关于 a_0、a_1、a_2、a_3 的方程：

$$\left.\begin{aligned} q_0 &= a_0 \\ q_f &= a_0 + a_1 t_f + a_2 t_f^2 + a_3 t_f^3 \\ 0 &= a_1 \\ 0 &= a_1 + 2a_2 t_f + 3a_3 t_f^2 \end{aligned}\right\} \tag{5.5}$$

求解上述方程组可得

$$\left.\begin{aligned} a_0 &= q_0 \\ a_1 &= 0 \\ a_2 &= \frac{3}{t_f^2}(q_f - q_0) \\ a_3 &= -\frac{2}{t_f^3}(q_f - q_0) \end{aligned}\right\} \tag{5.6}$$

将(5.6)式代入(5.3)式、(5.4)式可合成为

$$\left.\begin{aligned} q(t) &= q_0 + \frac{3}{t_f^2}(q_f - q_0)t^2 - \frac{2}{t_f^3}(q_f - q_0)t^3 \\ \dot{q}(t) &= \frac{6}{t_f^2}(q_f - q_0)\left(t - \frac{1}{t_f}\right)t \\ \ddot{q}(t) &= \frac{6}{t_f^2}(q_f - q_0)\left(1 - \frac{2t}{t_f}\right) \end{aligned}\right\} \tag{5.7}$$

(5.7)式就是两点间的 3 次多项式插值公式。需要指出的是：这组解只适用于各个关节的起始、终止速度为零的运动情况。

例 5.1　设只有一个旋转关节的单链机器人处于静止状态时，$q_0 = 15°$，要求它在 3 s 之内平稳地达到 $q_f = 75°$的终止位置，机器人运动到终点的速度为零。试求两点间的 3 次多项式插值。

解：把 $q(0)$、$q(t_f)$代入(5.6)式，可以求出 3 次多项式的系数为

$$a_0 = 15.0,\quad a_1 = 0.0,\quad a_2 = 20.0,\quad a_3 = -4.44$$

由 (5.3)式、(5.4) 式确定机器人的位置、速度和加速度，即有

$$q(t) = 15.0 + 20.0t^2 - 4.44t^3$$
$$\dot{q}(t) = 40.0t - 13.33t^2$$
$$\ddot{q}(t) = 40.0 - 26.66t$$

图 5.10 所示为描述运动轨迹的曲线。显然，任何 3 次函数的速度曲线均为抛物线，相应的加速度曲线均为直线。

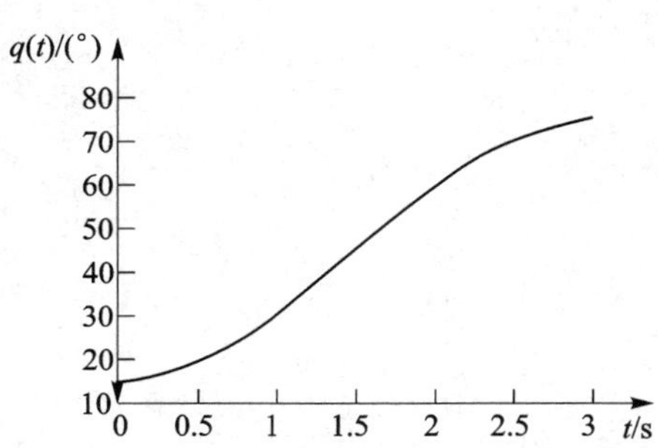

(a) 位置曲线

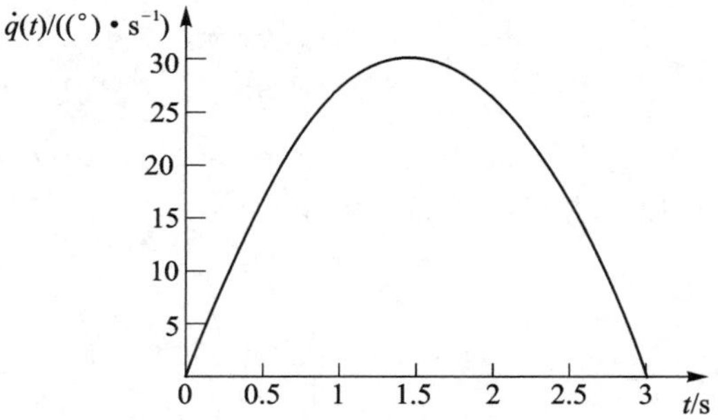

(b) 速度曲线

图 5.10　3 次多项式轨迹

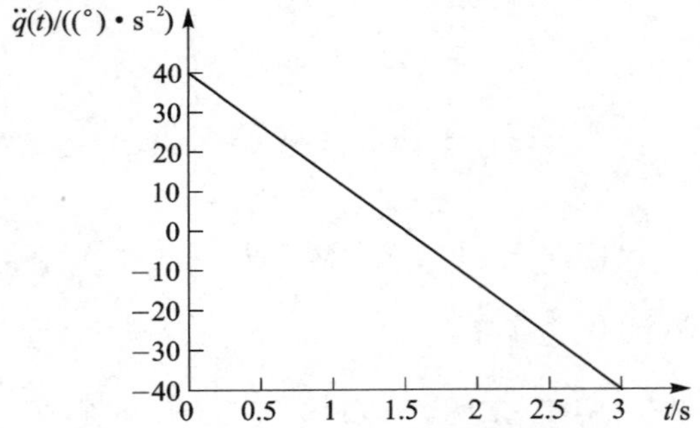

(c) 加速度曲线

图 5.10　3 次多项式轨迹(续)

5.2.2　包括途经点的 3 次多项式插值

一般情况下,规划轨迹包含了途经点的轨迹。如机器人在途经点停留,可直接使用前面讲的 3 次多项式求解;但如果机器人在途经点上不做停留,只是“一经而过”,就必须对上述方法进行改进。

对于包含途经点的轨迹规划,只要把所有的途经点也看作是一些“终止点”或“起始点”,求解逆运动学,可得到一组关节值,然后就可确定相应的 3 次多项式,从而把途经点平滑地连接起来。但是这时,在这些“终止点”或“初始点”上关节运动的速度不再是零。

途经点上关节的速度设为已知,则约束变为

$$\left.\begin{aligned} q(0) &= q_0 \\ q(t_f) &= q_f \\ \dot{q}(0) &= \dot{q}_0 \\ \dot{q}(t_f) &= \dot{q}_f \end{aligned}\right\} \tag{5.8}$$

由(5.3)式、(5.4)式确定 3 次多项式的 4 个方程为

$$\left.\begin{aligned} q_0 &= a_0 \\ q_f &= a_0 + a_1 t_f + a_2 t_f^2 + a_3 t_f^3 \\ \dot{q}_0 &= a_1 \\ \dot{q}_f &= a_1 + 2a_2 t_f + 3a_3 t_f^2 \end{aligned}\right\} \tag{5.9}$$

对以上方程组求 a_i,可得

$$\left.\begin{aligned} a_0 &= q_0 \\ a_1 &= \dot{q}_0 \\ a_2 &= \frac{3}{t_f^2}(q_f - q_0) - \frac{1}{t_f}(\dot{q}_f + 2\dot{q}_0) \\ a_3 &= -\frac{2}{t_f^3}(q_f - q_0) + \frac{1}{t_f^2}(\dot{q}_f + \dot{q}_0) \end{aligned}\right\} \tag{5.10}$$

将(5.10)式代入(5.3)式和(5.4)式中就可以分别整理出求 $q(t)$、$\dot{q}(t)$、$\ddot{q}(t)$ 的求解公式:

$$\left.\begin{aligned}
q(t)&=q_0+\dot{q}_0t+\left[\frac{3}{t_f^2}(q_f-q_0)-\frac{2}{t_f}\dot{q}_0-\frac{1}{t_f}\dot{q}_f\right]t^2+\left[-\frac{2}{t_f^3}(q_f-q_0)+\frac{1}{t_f^2}(\dot{q}_f-\dot{q}_0)\right]t^3\\
\dot{q}(t)&=\dot{q}_0+2\left[\frac{3}{t_f^2}(q_f-q_0)-\frac{2}{t_f}\dot{q}_0-\frac{1}{t_f}\dot{q}_f\right]t+3\left[-\frac{2}{t_f^3}(q_f-q_0)+\frac{1}{t_f^2}(\dot{q}_f-\dot{q}_0)\right]t^2\\
\ddot{q}(t)&=2a_2+6a_3t
\end{aligned}\right\}\tag{5.11}$$

实际上，由(5.11)式确定的 3 次多项式可以描述起始点和终止点具有任意位置和速度的运动轨迹，在起始点和终止点速度为零的(5.7)式是(5.11)式的一个特例。

根据(5.11)式求相邻途经点之间的 3 次多项式，必须已知途经点的速度。在对途径点没有确定的速度要求情况下，一般有以下 3 种方法可用来生成通过途经点时的关节速度：

① 根据工具坐标系在直角坐标系中的瞬时线速度和角速度来确定每个途经点的速度。

② 在直角坐标空间或者关节空间采用适当的启发式方法，由控制系统自动地选择途经点的速度。

③ 按照保证每个途经点的加速度连续的原则，由控制系统自动地选择途经点的速度。

对于方法①，可使用在途经点求出的机器人雅可比的逆，把直角坐标系中该点的速度“映射”为期望的关节速度。当然，如果机器人的某个途经点是一个奇异点，那么这时就不能任意设置速度值。按照方法①生成的轨迹虽然能满足用户设置速度的需求，但是逐点设置速度值毕竟需要很大的工作量。所以，较好的机器人控制系统应当具有方法②或③的功能，或者二者兼而有之。

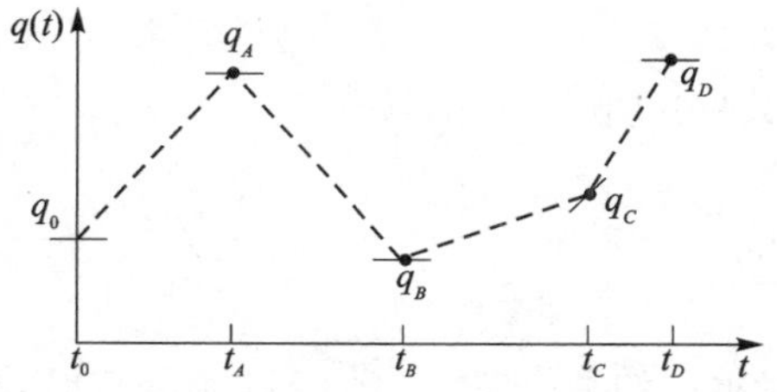

图 5.11　途经点的启发式选择

对于方法②，图 5.11 所示为一种利用启发式信息选择途经点速度的过程，图中，q_0 为初始点，q_D 为终止点，q_A、q_B 和 q_C 为途经点，细实线表示关节运动到达途经点时的速度。这里所用的启发式信息从概念到计算方法都很简单，即假设用直线段把这些途经点连接起来，如果这些线段的斜率在途经点处改变符号，就把速度选定为零，如 q_A 点处；如果这些线段的斜率不改变符号，则选取途经点两侧的线段斜率的平均值或某种比例值作为该点的速度，如 q_C 点处。因此，只要给出了期望的途经点，系统就能用这种方法自动地生成相应的速度。

对于方法③，为保证途经点处的速度连续，可设法用两条 3 次曲线在途经点处连接起来，拼凑成期望的轨迹。拼凑的约束条件是：连接处不但速度连续，且要求加速度也连续。下面说明这种方法。

设所考虑构造的途经点处关节变量为 q_G，与该点相邻的前后两点的关节角度分别为 q_0、q_E。相应于从 q_0 运动到 q_G 的 3 次多项式为

$$q(t)=a_{10}+a_{11}t+a_{12}t^2+a_{13}t^3\tag{5.12}$$

相应于从 q_G 运动到 q_E 的 3 次多项式为

$$q(t)=a_{20}+a_{21}t+a_{22}t^2+a_{23}t^3\tag{5.13}$$

上述两个 3 次多项式的时间区间分别为$[0,t_{f1}]$和$[0,t_{f2}]$。

设 $\dot{q}_0=0$，$\dot{q}_E=0$，在 G 点处两端多项式的速度和加速度同为 $\dot{q}_G$、$\ddot{q}_G$，则这两多项式的约

束是

$$\left.\begin{array}{ll}\left.\begin{array}{l}q_0=a_{10}\\ q_G=a_{10}+a_{11}t_{f1}+a_{12}t_{f1}^2+a_{13}t_{f1}^3\end{array}\right\} & (\text{对第一段：}t=0\text{ 时},q_0=a_{10})\\ \left.\begin{array}{l}q_G=a_{20}\\ q_E=a_{20}+a_{21}t_{f2}+a_{22}t_{f2}^2+a_{23}t_{f2}^3\end{array}\right\} & (\text{对第二段：}t=0\text{ 时},q_G=a_{20})\\ 0=a_{11} & (\text{对第一段：}t=0\text{ 时},\dot{q}_0=0,0=a_{11})\\ 0=a_{21}+2a_{22}t_{f2}+3a_{23}t_{f2}^2 & (\text{对第二段：}t=t_f\text{ 时},\dot{q}_E=0)\\ a_{11}+2a_{12}t_{f1}+3a_{13}t_{f1}^2=a_{21} & (t_{f1}\text{ 时，在 }G\text{ 处二段速度相等},t_{f2}=0,\quad q_{G-}=q_{G+})\\ 2a_{12}+6a_{13}t_{f1}=2a_{22} & (\text{在 }G\text{ 处二段的加速度相等})\end{array}\right\}\tag{5.14}$$

这些约束构成了有 8 个未知数的 8 个线性方程。令 $t_f=t_{f1}=t_{f2}$，解这 8 个方程组可得

$$\left.\begin{aligned}a_{10}&=q_0\\ a_{11}&=0\\ a_{12}&=\frac{12q_G-3q_E-9q_0}{4t_f^2}\\ a_{13}&=\frac{-8q_G+3q_E+5q_0}{4t_f^3}\\ a_{20}&=q_G\\ a_{21}&=\frac{3q_E-3q_0}{4t_f}\\ a_{22}&=\frac{-12q_G+6q_E+6q_0}{4t_f^2}\\ a_{23}&=\frac{8q_G-5q_E-3q_0}{4t_f^2}\end{aligned}\right\}\tag{5.15}$$

一般地，一个完整的轨迹会由多个 3 次多项式表示。约束条件(关节经过途经点时速度、加速度连续)构成的方程可以表示成矩阵的形式，并可利用这个矩阵来求出途经点的速度和加速度。

5.2.3 高次多项式插值

1. 5 次多项式插值

关节运动的轨迹段往往需要用高于 3 次的多项式表示。例如，如果对某段轨迹的起始点和终止点都规定了关节的位置、速度和加速度，这时就需要一个 5 次多项式插值来描述这个轨迹，如(5.16)式：

$$q(t)=a_0+a_1t+a_2t^2+a_3t^3+a_4t^4+a_5t^5\tag{5.16}$$

需要满足的约束条件为

$$\left.\begin{aligned}
q(0)&=q_0\\
q(t_f)&=q_f\\
\dot{q}(0)&=\dot{q}_0\\
\dot{q}(t_f)&=\dot{q}_f\\
\ddot{q}(0)&=\ddot{q}_0\\
\ddot{q}(t_f)&=\ddot{q}_f
\end{aligned}\right\}\tag{5.17}$$

根据需要满足的约束条件可以写出如下方程：

$$\left.\begin{aligned}
&q_0=a_0\\
&q_f=a_0+a_1t_f+a_2t_f^2+a_3t_f^3+a_4t_f^4+a_5t_f^5\\
&\dot{q}_0=a_1\\
&\dot{q}_f=a_1+2a_2t_f+3a_3t_f^2+4a_4t_f^3+5a_5t_f^4\\
&\ddot{q}_0=2a_2\\
&\ddot{q}_f=2a_2+6a_3t_f+12a_4t_f^2+20a_5t_f^3
\end{aligned}\right\}\tag{5.18}$$

这 6 个方程构成了具有 6 个变量的线性方程组，解这个方程组可得

$$\left.\begin{aligned}
&a_0=q_0\\
&a_1=\dot{q}_0\\
&a_2=\frac{\ddot{q}_0}{2}\\
&a_3=-\frac{(20q_0-q_f)+(8\dot{q}_f+12\dot{q}_0)t_f+(3\ddot{q}_0-\ddot{q}_f)t_f^2}{2t_f^3}\\
&a_4=\frac{30(q_0-q_f)+(14\dot{q}_f+16\dot{q}_0)t_f+(3\ddot{q}_0-2\ddot{q}_f)t_f^2}{2t_f^4}\\
&a_5=-\frac{12(q_0-q_f)+(6\dot{q}_f+6\dot{q}_0)t_f+(\ddot{q}_0-\ddot{q}_f)t_f^2}{2t_f^5}
\end{aligned}\right\}\tag{5.19}$$

将(5.19)式代入(5.16)式可得需要轨迹的插值描述，也可得 $\dot{q}(t)$、$\ddot{q}(t)$ 的插值描述：

$$\left.\begin{aligned}
q(t)=&q_0+\dot{q}_0t+\frac{\ddot{q}_0}{2}t^2+\frac{(q_f-20q_0)-(12\dot{q}_0+8\dot{q}_f)t_f-(3\ddot{q}_0-\ddot{q}_f)t_f^2}{2t_f^3}t^3+\\
&\frac{30(q_0-q_f)+(16\dot{q}_0+14\dot{q}_f)t_f+(3\ddot{q}_0-2\ddot{q}_f)t_f^2}{2t_f^4}t^4-\\
&\frac{12(q_0-q_f)+6(\dot{q}_0+\dot{q}_f)t_f+(\ddot{q}_0-\ddot{q}_f)t_f^2}{2t_f^5}t^5\\
\dot{q}(t)=&\dot{q}_0+\ddot{q}_0t-\frac{3\left[20(q_0-q_f)+(12\dot{q}_0+8\dot{q}_f)t_f+(3\ddot{q}_0-\ddot{q}_f)t_f^2\right]}{2t_f^3}t^2+\\
&\frac{2\left[30(q_0-q_f)+(16\dot{q}_0+14\dot{q}_f)t_f+(3\ddot{q}_0-2\ddot{q}_f)t_f^2\right]}{t_f^4}t^3-\\
&\frac{5\left[12(q_0-q_f)+6(\dot{q}_0+\dot{q}_f)t_f+(\ddot{q}_0-\ddot{q}_f)t_f^2\right]}{2t_f^5}t^4
\end{aligned}\right\}\tag{5.20}$$

$$\left.\begin{aligned}\ddot{q}(t)=\ddot{q}_0-\frac{3\left[20(q_0-q_f)+(12\dot{q}_0+8\dot{q}_f)t_f+(3\ddot{q}_0-\ddot{q}_f)t_f^2\right]}{t_f^3}t+\\ \frac{6\left[30(q_0-q_f)+(16\dot{q}_0+14\dot{q}_f)t_f+(3\ddot{q}_0-2\ddot{q}_f)t_f^2\right]}{t_f^4}t^2-\\ \frac{10\left[12(q_0-q_f)+6(\dot{q}_0+\dot{q}_f)t_f+(\ddot{q}_0-\ddot{q}_f)t_f^2\right]}{t_f^5}t^3\end{aligned}\right\}$$

例 5.2 对某种机器人的一个旋转关节，当 $t=0$ 时，$q_0=0$，$t_f=1\text{s}$，$q_f=\dfrac{\pi}{4}$，$\dot{q}_0=\dot{q}_f=0.4\ \text{rad/s}$，$\ddot{q}_0=\ddot{q}_f=0.2\ \text{rad/s}^2$，求其 5 次多项式插值。

解：将已知的各个参数代入(5.19)式，可解得

$$a_0=0$$

$$a_1=0.4$$

$$a_2=0.1$$

$$a_3=3.654$$

$$a_4=-5.681$$

$$a_5=2.3124$$

将上述求解结果代入(5.16)式，即为所求 5 次多项式。当采样周期为 0.05 s 时，5 次多项式插值的运动轨迹如图 5.12 所示。

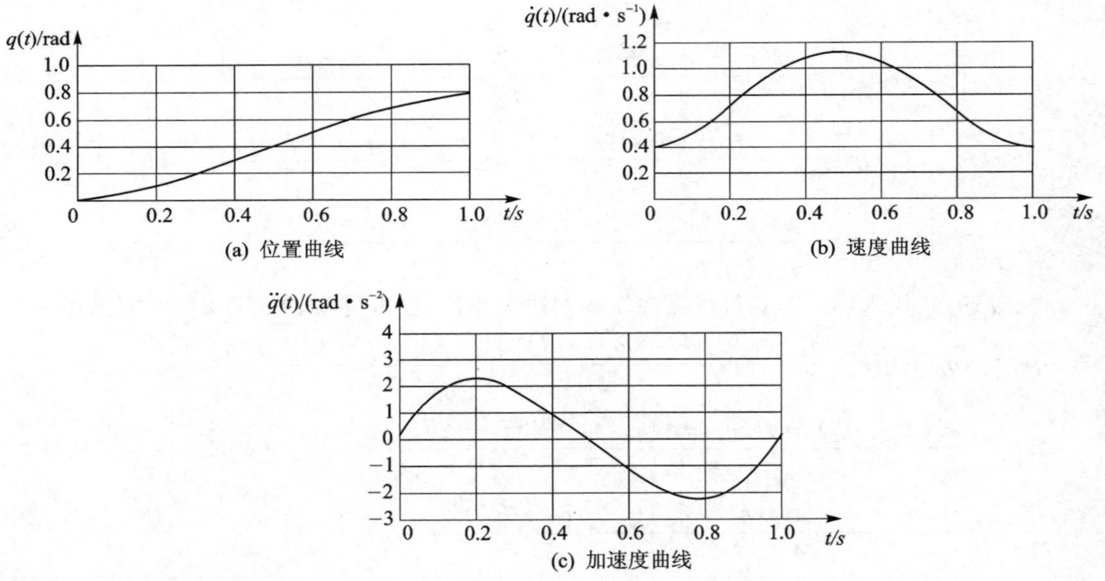

图 5.12 例 5.2 运动曲线图

2. 分段差值

除了指定路径的起始点和终止点外，有时需要指定路径的中间点(如轨迹包括抬升点和着陆点等)，这时可通过匹配相邻两个运动段上每点的位置、速度和加速度来规划出一条连续的轨迹。利用起始点和终止点边界条件及中间点的信息，可采用如下形式的高次多项式来规划

轨迹并使其通过指定点：

$$q(t)=c_0+c_1t+c_2t^2+\cdots+c_{n-1}t^{n-1}+c_nt^n \tag{5.21}$$

然而，对路径上的每一点都求解高次多项式方程需要大量的计算。对一个具有 4 个点的运动轨迹一般需要用 7 次多项式来描述。一个替代方法是，可在轨迹不同的运动段采用不同的低次多项式，然后将它们平滑过渡地连在一起以满足各点的边界条件。例如，可使用 4-3-4 轨迹、3-5-3 轨迹或 5 段 3 次多项式轨迹等来代替 7 次多项式轨迹。

对于 4-3-4 轨迹，首先使用 4 次多项式来规划从起点到第一中间点（如抬升点）之间的轨迹，再用 3 次多项式来规划两个中间点（如抬升点和着陆点）之间的轨迹，最后再用 4 次多项式来规划从最后一个中间点（如着陆点）到终点之间的轨迹。类似地，3-5-3 轨迹可依次用于起始点和第一中间点、相邻两个中间点以及最后一个中间点和终点之间的轨迹规划。

来考察一条 4-3-4 轨迹的具体规划过程。一个 4 次多项式有 5 个未知系数，一个 3 次多项式有 4 个未知系数。这样，一条下列形式的 4-3-4 轨迹总共有 14 个未知系数。

$$\left.\begin{aligned} q(t)_1&=a_0+a_1t+a_2t^2+a_3t^3+a_4t^4\\ q(t)_2&=b_0+b_1t+b_2t^2+b_3t^3\\ q(t)_3&=c_0+c_1t+c_2t^2+c_3t^3+c_4t^4 \end{aligned}\right\} \tag{5.22}$$

此外，还有如下的 14 个边界和过渡条件可用于求解各个未知系数并最终规划出这条轨迹：

① 已知初始位置 q_0。

② 给定初始速度 $\dot{q}_0$。

③ 给定初始加速度 $\ddot{q}_0$。

④ 已知第一个中间点位置 q_1（抬升点），它也是第一段 4 次多项式轨迹的末端位置。

⑤ 第一段 4 次多项式轨迹末端点的位置必须和第二段 3 次多项式轨迹初始点的位置相同，以确保运动的连续性。

⑥ 第一段 4 次多项式轨迹末端点的速度必须和第二段 3 次多项式轨迹初始点的速度相同，以确保速度的平稳性。

⑦ 第一段 4 次多项式轨迹末端点的加速度必须和第二段 3 次多项式轨迹初始点的加速度相同，以确保加速度的连续性。

⑧ 已知第二个中间点的位置 q_2（着陆点），它与第二段 3 次多项式轨迹末端点位置相同。

⑨ 第二段 3 次多项式轨迹末端点的位置必须和第三段 4 次多项式轨迹初始点的位置相同。

⑩ 在第二个中间点处前后段轨迹的速度保持连续。

⑪ 在第二个中间点处前后段轨迹的加速度保持连续。

⑫ 已知终止点位置 q_f，它也是第三段 4 次多项式轨迹的末端位置。

⑬ 已知终止点速度 $\dot{q}_f$。

⑭ 已知终止点加速度 $\ddot{q}_f$。

将整个运动的标准化全局时间变量表示为 t，而将第 j 个$(j=1,2,3)$运动段的本地时间变量表示为 τ_j。再假设每一运动段的初始点时间 τ_{j0} 是 0，且给定每一运动段的终端点本地时间 τ_{jf}。这表明所有运动段均起始于本地时间 $\tau_{j0}=0$，结束于给定的本地时间 τ_{jf}。基于前面的假设和数据，一条 4-3-4 次多项式运动轨迹和它们的导数可以表示如下：

① 在本地时间 $\tau_{10}=0$ 处,第一条4次多项式运动段产生的初值即为已知位置 q_0,因此有

$$q_0=a_0 \tag{5.23}$$

② 在本地时间 $\tau_{10}=0$ 处,已给定第一运动段的初始速度,因此有

$$\dot{q}_0=a_1 \tag{5.24}$$

③ 在本地时间 $\tau_{10}=0$ 处,已给定第一运动段的初始加速度,因此有

$$\ddot{q}_0=2a_2 \tag{5.25}$$

④ 第一中间点位置 q_1 与第一运动段在本地时间 τ_{1f} 时的末端位置相同,因此有

$$q_1=a_0+a_1(\tau_{1f})+a_2(\tau_{1f})^2+a_3(\tau_{1f})^3+a_4(\tau_{1f})^4 \tag{5.26}$$

⑤ 第一中间点的位置与第二运动段的3次多项式轨迹在本地时间 $\tau_{20}=0$ 时的初始位置相同,因此有

$$q_1=b_0 \tag{5.27}$$

⑥ 在中间点 q_1 处的速度保持连续,因此有

$$a_1+2a_2(\tau_{1f})+3a_3(\tau_{1f})^2+4a_4(\tau_{1f})^3=b_1 \tag{5.28}$$

⑦ 在中间点 q_1 处的加速度保持连续,因此有

$$2a_2+6a_3(\tau_{1f})+12a_4(\tau_{1f})^2=2b_2 \tag{5.29}$$

⑧ 已知第二个中间点 q_2 的位置与第二段3次多项式轨迹在本地时间 τ_{2f} 时的末端位置相同,因此有

$$q_2=b_0+b_1(\tau_{2f})+b_2(\tau_{2f})^2+b_3(\tau_{2f})^3 \tag{5.30}$$

⑨ 第二中间点 q_2 的位置应与下一段4次多项式轨迹在本地时间 $\tau_{30}=0$ 时的初始位置相同,因此有

$$q_2=c_0 \tag{5.31}$$

⑩ 在第二中间点 q_2 的速度保持连续,因此有

$$b_1+2b_2(\tau_{2f})+3b_3(\tau_{2f})^2=c_1 \tag{5.32}$$

⑪ 在第二中间点 q_2 的加速度保持连续. 因此有

$$2b_2+6b_3(\tau_{2f})=c_2 \tag{5.33}$$

⑫ 已知最后运动段在本地时间 τ_{3f} 时的位置 q_f,因此有

$$q_f=c_0+c_1(\tau_{3f})+c_2(\tau_{3f})^2+c_3(\tau_{3f})^3+c_4(\tau_{3f})^4 \tag{5.34}$$

⑬ 已知最后运动段在本地时间 τ_{3f} 时的速度,因此有

$$\dot{q}_f=c_1+2c_2(\tau_{3f})+3c_3(\tau_{3f})^2+4c_4(\tau_{3f})^3 \tag{5.35}$$

⑭ 已知最后运动段在本地时间 τ_{3f} 时的加速度,因此有

$$\ddot{q}_f=2c_2+6c_3(\tau_{3f})+12c_4(\tau_{3f})^2 \tag{5.36}$$

(5.23)式～(5.36)式可以写成如下的矩阵形式:

$$
\begin{bmatrix} q_0 \\ \dot{q}_0 \\ \ddot{q}_0 \\ q_1 \\ q_1 \\ 0 \\ 0 \\ q_2 \\ q_2 \\ 0 \\ 0 \\ q_3 \\ \dot{q}_3 \\ \ddot{q}_3 \end{bmatrix} =
\begin{bmatrix}
1 & 0 & 0 & 0 & 0 & 0 & 0 & 0 & 0 & 0 & 0 & 0 & 0 & 0 \\
0 & 1 & 0 & 0 & 0 & 0 & 0 & 0 & 0 & 0 & 0 & 0 & 0 & 0 \\
0 & 0 & 2 & 0 & 0 & 0 & 0 & 0 & 0 & 0 & 0 & 0 & 0 & 0 \\
1 & \tau_{1f} & \tau_{1f}^2 & \tau_{1f}^3 & \tau_{1f}^4 & 0 & 0 & 0 & 0 & 0 & 0 & 0 & 0 & 0 \\
0 & 0 & 0 & 0 & 0 & 1 & 0 & 0 & 0 & 0 & 0 & 0 & 0 & 0 \\
0 & 1 & 2\tau_{1f} & 3\tau_{1f}^2 & 4\tau_{1f}^3 & 0 & -1 & 0 & 0 & 0 & 0 & 0 & 0 & 0 \\
0 & 0 & 2 & 6\tau_{1f} & 12\tau_{1f}^2 & 0 & 0 & -2 & 0 & 0 & 0 & 0 & 0 & 0 \\
0 & 0 & 0 & 0 & 0 & 1 & \tau_{2f} & \tau_{2f}^2 & \tau_{2f}^3 & 0 & 0 & 0 & 0 & 0 \\
0 & 0 & 0 & 0 & 0 & 0 & 0 & 0 & 0 & 1 & 0 & 0 & 0 & 0 \\
0 & 0 & 0 & 0 & 0 & 0 & 1 & 2\tau_{2f} & 3\tau_{2f}^2 & 0 & -1 & 0 & 0 & 0 \\
0 & 0 & 0 & 0 & 0 & 0 & 0 & 2 & 6\tau_{2f} & 0 & 0 & -2 & 0 & 0 \\
0 & 0 & 0 & 0 & 0 & 0 & 0 & 0 & 0 & 1 & \tau_{3f} & \tau_{3f}^2 & \tau_{3f}^3 & \tau_{3f}^4 \\
0 & 0 & 0 & 0 & 0 & 0 & 0 & 0 & 0 & 0 & 1 & 2\tau_{3f} & 3\tau_{3f}^2 & 4\tau_{3f}^3 \\
0 & 0 & 0 & 0 & 0 & 0 & 0 & 0 & 0 & 0 & 0 & 2 & 6\tau_{3f} & 12\tau_{3f}^2
\end{bmatrix} \times
\begin{bmatrix} a_0 \\ a_1 \\ a_2 \\ a_3 \\ a_4 \\ b_0 \\ b_1 \\ b_2 \\ b_3 \\ c_0 \\ c_1 \\ c_2 \\ c_3 \\ c_4 \end{bmatrix}
\tag{5.37}
$$

或表示为

$$\boldsymbol{q} = \boldsymbol{M} \cdot \boldsymbol{C}$$

以及

$$\boldsymbol{C} = \boldsymbol{M}^{-1} \cdot \boldsymbol{q} \tag{5.38}$$

通过计算$\boldsymbol{M}^{-1}$，由 (5.38)式可以求出所有的未知系数，于是也就求得 3 个运动段的运动方程，从而可控制机器人使其经过所给定的位置。

该原理可以用于机器人的各种关节。

类似的方法可用来计算其他分段插值组合的相关系数，如 3－5－3 轨迹或 5 段 3 次多项式轨迹的相关系数等。

例 5.3　设机器人采用 4－3－4 轨迹从起点经过 2 个中间点到达终点，给定该机器人的一个关节在 3 个运动段的位置、速度、加速度和运动时间，$\ddot{q}_0$ 与 $\ddot{q}_f$ 都为零，要求确定其轨迹方程，并绘制出该关节运动的位置、速度和加速度曲线。假设已知：

$$q_0 = 30^\circ \quad \dot{q}_0 = 0 \quad \ddot{q}_0 = 0 \quad \tau_{10} = 0 \quad \tau_{1f} = 2$$

$$q_1 = 50^\circ \quad \tau_{20} = 0 \quad \tau_{2f} = 4$$

$$q_2 = 90^\circ \quad \tau_{30} = 0 \quad \tau_{3f} = 2$$

$$q_3 = 70^\circ \quad \dot{q}_3 = 0 \quad \ddot{q}_3 = 0$$

解：将已知数据代入(5.38)式，或代入(5.23)式～(5.36)式，可解得 3 个运动段的未知系数为

$$a_0 = 30 \qquad b_0 = 50 \qquad c_0 = 90$$

$$a_1 = 0 \qquad b_1 = 20.477 \qquad c_1 = -13.81$$

$$a_2 = 0 \qquad b_2 = 0.714 \qquad c_2 = -9.286$$

$$a_3 = 4.881 \qquad b_3 = -0.833 \qquad c_3 = 9.643$$

$$a_4 = -1.191 \qquad c_4 = -2.024$$

从而得到 3 个运动段的方程为

$$q(t)_1 = 30 + 4.881t^3 - 1.919t^4, \quad 0 < t \leqslant 2$$

$$q(t)_2 = 50 + 20.477t + 0.714t^2 - 0.833t^3, \quad 0 < t \leqslant 4$$

$$q(t)_2 = 90 - 13.81t - 9.286t^2 + 9.643t^3 - 2.024t^4, \quad 0 < t \leqslant 2$$

图 5.13 所示为例 5.3 的基于 4-3-4 轨迹的关节运动位置、速度和加速度曲线。

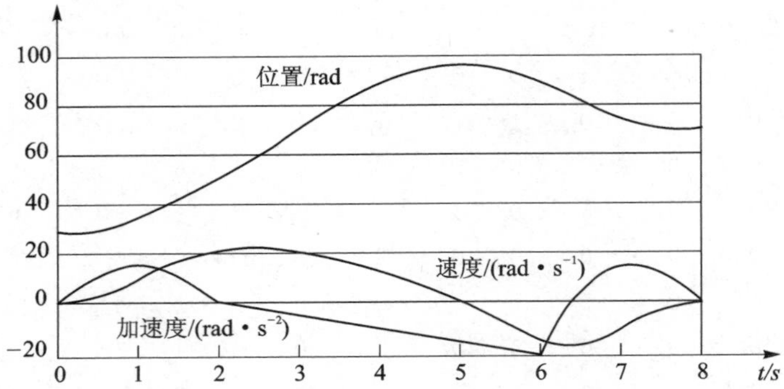

图 5.13 例 5.3 中基于 4-3-4 轨迹的关节运动位置、速度和加速度曲线

5.2.4 其他轨迹规划方法

除前面介绍的方法外，还有许多其他方法可用于轨迹规划，包括用抛物线过渡的线性插值轨迹，速度、加速度曲线为方形或梯形函数的轨迹以及正弦函数轨迹等。此外，还可以用其他多项式或其他函数来进行轨迹规划。

1. 用抛物线过渡的线性插值

选择轨迹的形状为线性函数，即当关节由初始点运动到终止点时，只使用线性插值，如图 5.14 所示。需要指出，这种情况下尽管每个关节都做线性运动，但是机器人末端的运动轨迹一般不是线性的。

显然，简单的线性插值将导致关节在运动的起点和终点处的速度不连续。为生成一条位置和速度都连续的平滑轨迹，在使用线性插值时，把每一个轨迹点的某个邻域内的轨迹设计成相同的抛物线。由于抛物线对于时间的二阶导数为常数，即相应区间内的加速度恒定不变，这就可使速度平滑地变化，因而整个轨迹上的位置和速度都是连续的。

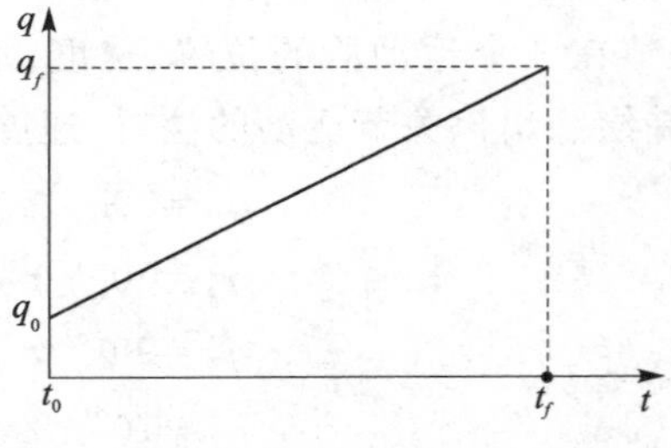

图 5.14 线性插值需要无穷大加速度

图 5.15 所示为用这种方法设计的一条简单位置轨迹。线性函数与两个抛物线函数平滑地衔接在一起形成的轨迹，称为带有抛物线过渡域的线性轨迹。

为了构成单一的轨迹，假设两个过渡域都具有相同的持续时间，因此在这两个域中采用相同的加速度值（冠以正负号）。正如图 5.16 所示，这样设计的轨迹并不唯一，但是需要注意，每一个结果都对称于时间中点 t_h 和位置中点 q_h。

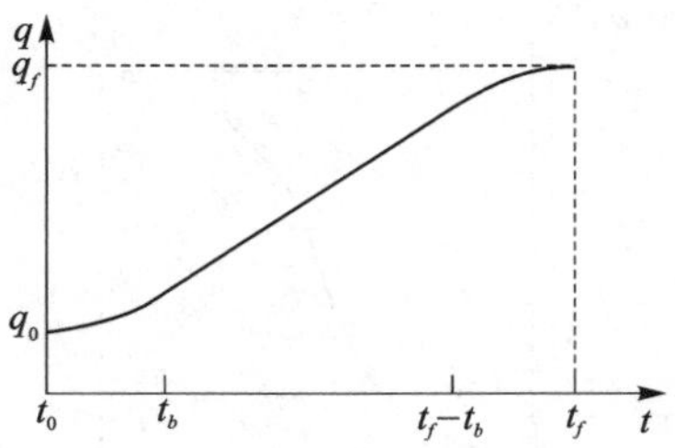

图 5.15　带有抛物线过渡域的线性轨迹

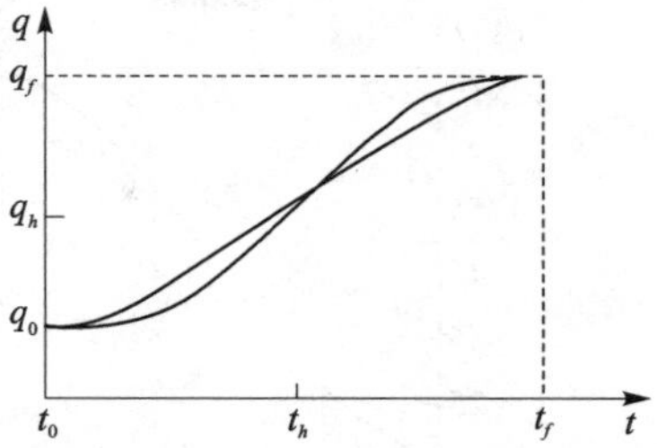

图 5.16　带有抛物线过渡域的线性轨迹的对称性

由于过渡域$[t_0,t_b]$的终点速度必须等于线性域的速度，所以

$$\ddot{q}t_b=\frac{q_h-q_b}{t_h-t_b} \tag{5.39}$$

在(5.39)式中，q_b 为过渡域终点 t_b 处的关节变量；$\ddot{q}$ 为过渡域的加速度，可以视为已知；t_h 为时间中点。q_b 的值可以按下式解得：

$$q_b=q_0+\frac{1}{2}\ddot{q}t_b^2 \tag{5.40}$$

令 $t_f=2t_h-t_0$，$(q_f-q_0)=2(q_h-q_0)$，当 $t_0=0$ 时，$t_f=2t_h$。根据(5.39)式和(5.40)式可得

$$\ddot{q}t_b^2-\ddot{q}t_ft_b+(q_f-q_0)=0 \tag{5.41}$$

式中：t_f 为所期望的运动持续时间。

到此，对已知的任意 q_f、q_0 和 t_f，可选择满足(5.41)式的 $\ddot{q}$ 和 t_b 来获得相应轨迹。通常的作法是：

① 选择加速度 $\ddot{q}$ 的值；

② 用(5.41)式求出相应的 t_b，当设定 $t_0=0$ 时，有

$$t_b=\frac{t_f}{2}-\frac{\sqrt{\ddot{q}^2{t_f}^2-4\ddot{q}(q_f-q_0)}}{2\ddot{q}} \tag{5.42}$$

由(5.42)式可知，为保证 t_b 有解，过渡域的加速度 $\ddot{q}$ 必须选得足够大，即须

$$\ddot{q}\geqslant\frac{4(q_f-q_0)}{{t_f}^2} \tag{5.43}$$

当(5.43)式中的等号成立时，线性域的长度缩减为零，整个轨迹由两个过渡域构成，这两个过渡域在衔接处的斜率相等。当加速度的选值越来越大时，过渡域的长度会越来越短。如果加速度选为无穷大，则轨迹又返回到简单的线性插值的情况。

根据上述的方法，可对例 5.1 给出的 q_0、q_f 和 t_f，设计出两条 t_b 不同的，带有抛物线过渡域的线性轨迹。这两条带有抛物线过渡线的线性轨迹的比较，如图 5.17 所示。

图 5.17(a)表示了一种可能，其中加速度 $\ddot{q}$ 选得相当高。在这种情况下，关节迅速加速，然后转为匀速运动，最后减速；而图 5.17(b)所示的轨迹，由于所选的加速度相当小，所以线性域几乎消失了。

2. 包括途经点的带有抛物线过渡域的线性轨迹

如图 5.18 所示，某个关节的运动中设有 n 个途经点，其中 3 个相邻的途经点表示为 j、k

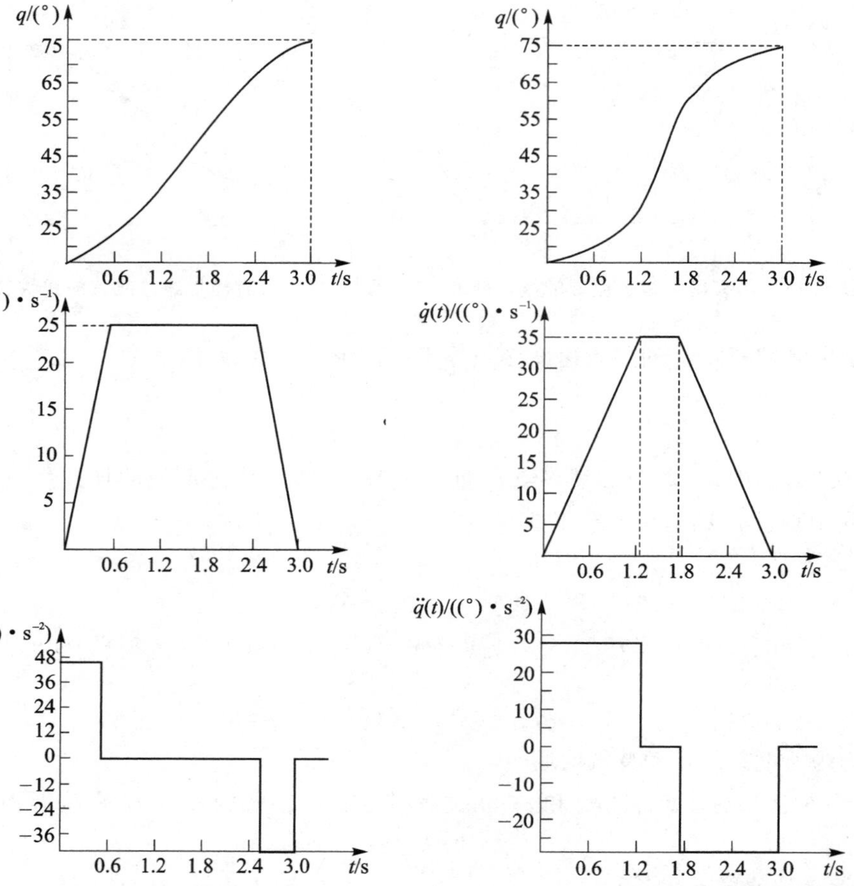

(a) 加速度$\ddot{q}$选得高时　　(b) 加速度$\ddot{q}$选得低时

图 5.17　带有抛物线过渡域的线性轨迹比较

和 l。每两个相邻途经点之间都以线性函数相连，而所有途经点附近都具有过渡域。

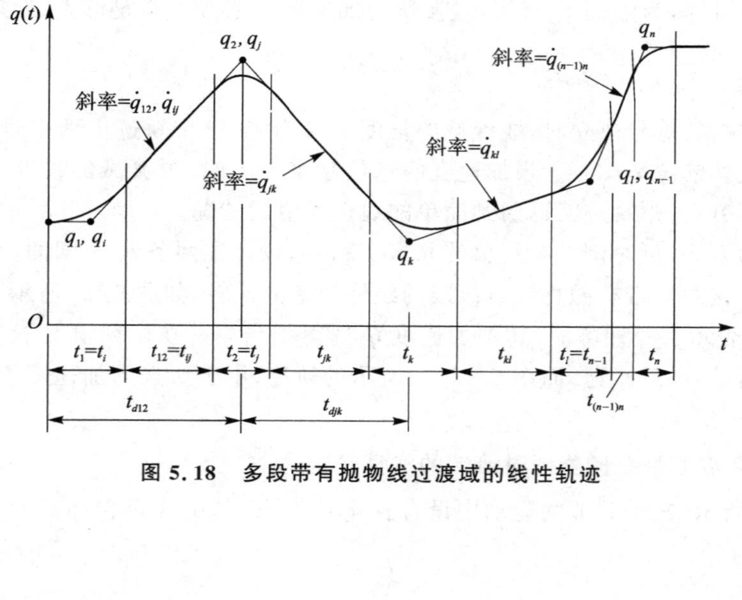

图 5.18　多段带有抛物线过渡域的线性轨迹

在图 5.18 中，在 k 点的过渡域的持续时间为 t_k，j 点和 k 点之间线性域的持续时间为 t_{jk}，连接 j 点与 k 点的轨迹的全部持续时间为 t_{djk}。另外，j 与 k 之间线性域的速度为 $\dot{q}_{jk}$，j 点过渡域的加速度为 $\ddot{q}_j$（可选定）。现在的问题是：在具有途经点的情况下，如何确定带有抛物线过渡域的线性轨迹。

与求两点之间的轨迹的情况一样，这个问题有很多解。这些解是由每个过渡域的加速度值决定的。给定任意轨迹点的位置 q_k，期望的持续时间 t_{djk} 以及加速度的绝对值 $|\ddot{q}_k|$，可以计算出过渡域的持续时间 t_k。对于那些内部的轨迹点（$j,k\neq 1,2;j,k\neq n-1,n$），都可以根据（5.44）式求解：

$$\left.\begin{aligned}
\dot{q}_{jk} &= \frac{q_k - q_j}{t_{djk}} \\
\ddot{q}_k &= \mathrm{sign}(\dot{q}_{kl} - \dot{q}_{jk})\,|\ddot{q}_k| \\
t_k &= \frac{\dot{q}_{kl} - \dot{q}_{jk}}{\ddot{q}_k} \\
t_{jk} &= t_{djk} - \frac{1}{2}t_j - \frac{1}{2}t_k
\end{aligned}\right\} \tag{5.44}$$

式中：sign 表示符号函数。

而第一个轨迹段和最后一个轨迹段的处理方式与（5.44）式略有不同，因为在轨迹端部的整个过渡域都必须计入轨迹段的持续时间。

对于第一段，令线性域速度的两个表达式相等就可求出 t_1，即

$$\frac{q_2 - q_1}{t_{d12} - \frac{1}{2}t_1} = \ddot{q}_1 t_1 \tag{5.45}$$

用（5.45）式可以算出起始点过渡域的时间 t_1，进而求出 $\dot{q}_{12}$ 和 t_{12}，如（5.46）式：

$$\left.\begin{aligned}
\ddot{q}_1 &= \mathrm{sign}(q_2 - q_1)\,|\ddot{q}_1| \\
t_1 &= t_{d12} - \sqrt{t_{d12}^2 - \frac{2(q_2 - q_1)}{\ddot{q}_1}} \\
\dot{q}_{12} &= \frac{q_2 - q_1}{t_{d12} - \frac{1}{2}t_1} \\
t_{12} &= t_{d12} - t_1 - \frac{1}{2}t_2
\end{aligned}\right\} \tag{5.46}$$

对于中间的途经点 $n-1$ 与终止点 n 组成的最后一段，情况与第一段相类似，即有

$$\frac{q_{n-1} - q_n}{t_{d(n-1)n} - \frac{1}{2}t_n} = \ddot{q}_n t_n \tag{5.47}$$

根据（5.47）式又可以求出

$$\left.\begin{aligned}
\ddot{q}_n &= \mathrm{sign}(q_{n-1}-q_n)\,|\ddot{q}_n| \\
t_n &= t_{d(n-1)n} - \sqrt{t_{d(n-1)n}^2 + \frac{2(q_n-q_{n-1})}{\ddot{q}_n}} \\
\dot{q}_{(n-1)n} &= \frac{q_n-q_{n-1}}{t_{d(n-1)n}-\frac{1}{2}t_n} \\
t_{(n-1)n} &= t_{d(n-1)n} - t_n - \frac{1}{2}t_{n-1}
\end{aligned}\right\} \tag{5.48}$$

用(5.44)式～(5.48)式，可求出多段轨迹中各个过渡域的时间和速度。通常，用户仅仅给定途经点以及各段所期望的持续时间，在这种情况下，系统对每个关节的加速度可使用其默认值(根据情况事先确定好)。如为了更省事，还可使系统根据默认的速度值来计算持续时间。对于所有的过渡域，加速度值必须足够大，以便使得各段有足够长的线性域。

例 5.4 设机器人某个关节的轨迹点分别为10°、35°、25°和10°，3个轨迹段的持续时间分别为2s、1s和3s，各个过渡域默认的加速度绝对值为50°/s²。试计算各段的速度、过渡域时间以及线性域时间。

解：从第一段开始，先由(5.46)式确定起始点处过渡域的加速度：

$$\ddot{q}_1 = 50.0°/\mathrm{s}^2$$

再由(5.46)式求得这个过渡域的持续时间：

$$t_1 = \left(2-\sqrt{4-\frac{2(35-10)}{50.0}}\right)\mathrm{s} = 0.27\ \mathrm{s}$$

再由(5.46)式求得第一个线性域的速度：

$$\dot{q}_{12} = \left(\frac{35-10}{2-0.5(0.27)}\right)°/\mathrm{s} = 13.50\ °/\mathrm{s}$$

计算第二段，由(5.44)式第二个线性域的速度：

$$\dot{q}_{23} = \left(\frac{25-35}{1}\right)°/\mathrm{s} = -10.0\ °/\mathrm{s}$$

再由(5.44)式第二个过渡域的加速度：

$$\ddot{q}_2 = -50.0°/\mathrm{s}^2$$

再由(5.44)式这个过渡域的持续时间：

$$t_2 = \frac{-10.0-13.50}{-50.0}\ \mathrm{s} = 0.47\ \mathrm{s}$$

反过来，再由(5.46)式第一个线性域时间：

$$t_{12} = \left(2-0.27-\frac{1}{2}\times 0.47\right)\mathrm{s} = 1.50\ \mathrm{s}$$

再计算最后一段。由(5.48)式可得第四个过渡域的加速度：

$$\ddot{q}_4 = 50.0°/\mathrm{s}^2$$

最后一段的时间，可由(5.48)式得到：

$$t_4 = \left(3-\sqrt{9+\frac{2(10-25)}{50.0}}\right)\ \mathrm{s} = 0.102\ \mathrm{s}$$

第3段线性域的速度$\dot{q}_{34}$，可由(5.48)式得到：

$$\dot{q}_{34}=\left(\frac{10-25}{3-0.051}\right)°/\text{s}=-5.086°/\text{s}$$

再用(5.44)式计算第 3 个过渡域的加速度：

$$\ddot{q}_3=50.0°/\text{s}^2$$

再用(5.44)式计算第 3 个过渡域的时间：

$$t_3=\frac{-5.086-(-10.0)}{50}\text{s}=0.098\ \text{s}$$

最后，由(5.44)式与(5.48)式，可以分别计算出第 2、3 个线性域的持续时间为

$$t_{23}=\left(1-\frac{1}{2}\times0.47-\frac{1}{2}\times0.098\right)\text{s}=0.716\ \text{s}$$

$$t_{34}=\left(3-\frac{1}{2}\times0.098-0.102\right)\ \text{s}=2.849\ \text{s}$$

上述计算结果实际上就构成了轨迹的一个“规划”。在执行的时候，控制系统的轨迹生成器将使用这些数据以轨迹更新的速率来实时求出 q、$\dot{q}$ 和 $\ddot{q}$。

需要指出的是，按照这些带有抛物线过渡域的线性轨迹，机器人在运动中实际上并没有真正经过那些途经点，即使加速度足够大，机器人的实际轨迹也只是充分接近途经点。如希望机器人的轨迹一定要经过某个途经点，那么只需要将整个轨迹分成两大段，把这个途经点作为前一段的终止点作停留，而同时又是后一段的起始点就可以了。

如果希望机器人在运行过程中不但要准确地通过某个途经点，而且通过该点时的速度不能为零，这时，可通过在指定途经点两侧设置两个“伪途经点”的方法来满足这一要求。也就是说，使指定途经点位于两个伪途经点的连线上，成为两个相应过渡域之间的线性域上的一点，如图 5.19 所示。这样，再用前面讲的方法所生成的轨迹势必能以一定的速度“穿过”指定的途经点。穿过速度可由用户确定，也可由控制系统根据适当的启发信息来选择。

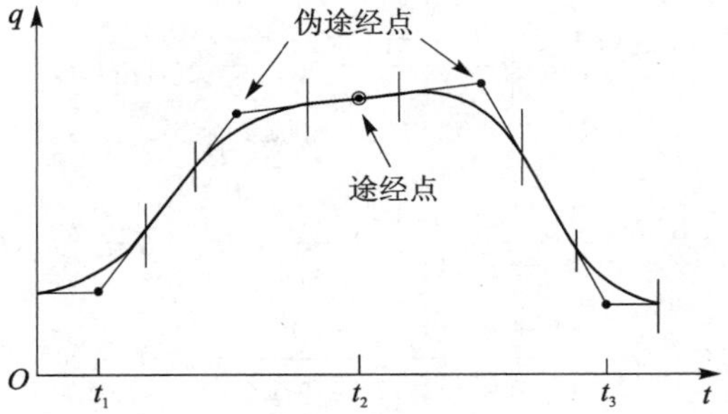

图 5.19　用两个伪途经点构成一个“穿透”点

3. B 样条曲线插值

在介绍 B 样条曲线插值之前，首先简要介绍一下 B 样条曲线。在数值分析里，B 样条(basic spline)曲线是样条曲线一种特殊的形式。它是 B 样条基曲线的线性组合。B 样条曲线是贝兹曲线的一种一般化形式，使得能给更多的一般几何体建造精确的模型。B 样条曲线及曲面具有几何不变性、凸包性、保凸性、变差减小性、局部支撑性等许多优良性质，是目前工程计算中常用的一种几何表示方法。

设 m 为插值用 B 样条曲线的次数，则需要对该曲线的自变量划分出 $(m+1)$ 个子区间，在 $(m+1)$ 个子区间以外的其他子区间上，B 样条的取值都为 0。B 样条函数可以采用递推的方式进行定义。假设对于自变量 t，有 $(m+2)$ 个点 $t_i, t_{i+1}, \cdots, t_{i+m+1}$，构成了 $(m+1)$ 个子区间 $[t_i, t_{i+1}), [t_{i+1}, t_{i+2}), \cdots, [t_{i+m}, t_{i+m+1})$。首先定义(5.49)式所示的 0 次 B 样条基函数，然后就可以采用递归方式由第 $(m-1)$ 次 B 样条基函数来定义在区间 $[t_{i+m}, t_{i+m+1})$ 的第 m 次 B 样条基函数，如(5.50)式所示。

$$N_{i,o}(t)=\begin{cases}1, & t \in [t_i, t_{i+1}) \\ 0, & t \notin [t_i, t_{i+1})\end{cases} \tag{5.49}$$

式中：$N_{i,o}(t)$ 是 0 次 B 样条基函数；$[t_i, t_{i+1})$ 是 0 次 B 样条基函数的非 0 区间。

$$N_{i,m}(t)=\frac{t-t_i}{t_{i+m}-t_i}N_{i,m-1}(t)+\frac{t_{i+m+1}-t}{t_{i+m+1}-t_{i+1}}N_{i+1,m-1}(t) \tag{5.50}$$

式中，m 表示 B 样条的幂次，t 为各个节点，下标 i 为 B 样条的序号，$N_{i,m}(t)$ 是第 i 个 m 次 B 样条基函数，$N_{i,m-1}(t)$ 是第 i 个 $(m-1)$ 次 B 样条基函数；并且规定 $\frac{0}{0}=0$。

(5.50)式表明，欲确定第 i 个 m 次 B 样条函数 $N_{i,m}(t)$，需要用到 $t_i, t_{i+1}, \cdots, t_{i+m+1}$ 共 $m+2$ 个节点，称区间 $[t_i,\ t_{i+m+1}]$ 为 $N_{i,m}(t)$ 的支撑区间。在 B 样条曲线方程中，$n+1$ 个控制顶点 $\boldsymbol{P}_i (i=1,2,\cdots,n)$ 要用到 $n+1$ 个 m 次 B 样条 $N_{i,m}(t)$。它们支撑区间的并集定义了这一组 B 样条基函数的节点矢量 $\boldsymbol{T}=[t_i, t_{i+1}, \cdots, t_{i+m+1}]$。

由(5.49)式、(5.50)式的函数定义可得 1、2 和 3 次 B 样条函数，分别见(5.51)式～(5.53)式。

$$N_{i,1}(t)=\begin{cases}\dfrac{t-t_i}{t_{i+1}-t_i}, & t \in [t_i, t_{i+1}) \\ \dfrac{t_{i+2}-t}{t_{i+2}-t_{i+1}}, & t \in [t_{i+1}, t_{i+2}) \\ 0, & \text{其他}\end{cases} \tag{5.51}$$

$$N_{i,2}(t)=\begin{cases}\dfrac{(t-t_i)^2}{(t_{i+1}-t_i)(t_{i+2}-t_i)}, & t \in [t_i, t_{i+1}) \\ \dfrac{(t-t_i)(t_{i+2}-t)}{(t_{i+2}-t_i)(t_{i+2}-t_{i+1})}+ & \\ \dfrac{(t-t_{i+1})(t_{i+3}-t)}{(t_{i+2}-t_{i+1})(t_{i+3}-t_{i+1})}, & t \in [t_{i+1}, t_{i+2}) \\ \dfrac{(t_{i+3}-t)^2}{(t_{i+3}-t_{i+1})(t_{i+3}-t_{i+2})}, & t \in [t_{i+2}, t_{i+3}) \\ 0, & \text{其他}\end{cases} \tag{5.52}$$

$$N_{i,3}(t)=\begin{cases}\dfrac{(t-t_i)^3}{(t_{i+1}-t_i)(t_{i+2}-t_i)(t_{i+3}-t_i)}, & t\in[t_i,t_{i+1})\\ \dfrac{(t-t_i)^2(t_{i+2}-t)}{(t_{i+2}-t_i)(t_{i+2}-t_{i+1})(t_{i+3}-t_i)}+ & \\ \dfrac{(t-t_i)(t-t_{i+1})(t_{i+3}-t)}{(t_{i+2}-t_{i+1})(t_{i+3}-t_{i+1})(t_{i+3}-t_i)}+ & \\ \dfrac{(t-t_{i+1})^2(t_{i+4}-t)}{(t_{i+2}-t_{i+1})(t_{i+3}-t_{i+1})(t_{i+4}-t_{i+1})}, & t\in[t_{i+1},t_{i+2})\\ \dfrac{(t-t_i)(t_{i+3}-t)^2}{(t_{i+3}-t_i)(t_{i+3}-t_{i+1})(t_{i+3}-t_{i+2})}+ & \\ \dfrac{(t-t_{i+1})(t_{i+3}-t)(t_{i+4}-t)}{(t_{i+3}-t_{i+1})(t_{i+3}-t_{i+2})(t_{i+4}-t_{i+1})}+ & \\ \dfrac{(t-t_{i+2})(t_{i+4}-t)^2}{(t_{i+3}-t_{i+2})(t_{i+4}-t_{i+1})(t_{i+4}-t_{i+2})}, & t\in[t_{i+2},t_{i+3})\\ \dfrac{(t_{i+4}-t)^3}{(t_{i+4}-t_{i+1})(t_{i+4}-t_{i+2})(t_{i+4}-t_{i+3})}, & t\in[t_{i+3},t_{i+4})\\ 0, & \text{其他}\end{cases} \tag{5.53}$$

由(5.50)式可知，从一定意义上，B 样条曲线的高阶形式是由其低阶形式递推而来的。由(5.51)式～(5.53)式可知，高阶形式的 B 样条曲线是由几段同阶 B 样条曲线叠加而成，几段叠加的 B 样条曲线组合可逼近任意的曲线形式。

在图 5.20 中显示了 1 次、2 次和 3 次 B 样条函数的曲线形态。其中，图 5.20(a)所示为 1 次 B 样条基函数，图 5.20(b)所示为 2 次 B 样条基函数，图 5.20(c)所示为 3 次 B 样条基函数。

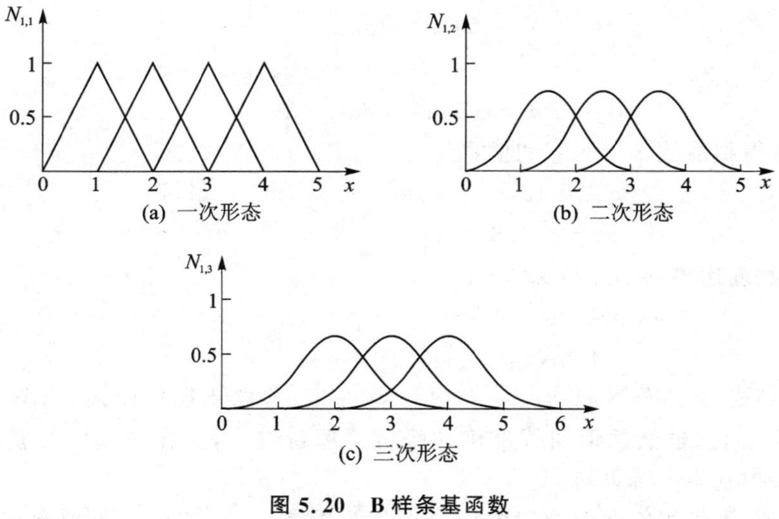

图 5.20 B 样条基函数

这样，在区间$[t_0,t_k]$内的任意函数都可利用函数逼近的原理，表达为利用第 m 次 B 样条函数作为基函数的加权和。

$$f(t)=\sum_{i=-m}^{k}a_iN_{i,m}(t) \tag{5.54}$$

式中：$f(t)$是区间$[t_0,t_k]$的任意函数；k 为由 0 开始的节点编号；a_i 是 m 次 B 样条函数 $N_{i,m}(t)$的加权系数。

在(5.54)式中包含了$(k+m+1)$个参数，即各个加权系数 $a_{-m},a_{-m+1},\cdots,a_k$。在每一个子区间上，最多为$(m+1)$个 B 样条函数的加权和。例如，在利用 3 次 B 样条进行插值时，在一个子区间上，最多可有 4 个 B 样条函数起作用。在进行曲线插值或拟合时，首先需要确定这$(k+m+1)$个参数。

试对下面一种情况利用 B 样条进行插值处理，以便熟悉对其的应用：运动的时间区间为[0 s,4 s]，某关节的位置分别为 $q(0)=2$，$q(1)=2.8$，$q(2)=1$，$q(3)=2.2$，$q(4)=0.9$。利用(5.54)式进行 3 次 B 样条插值。解法过程如下：

取时间间隔 1 s 构成各个时间子区间。对于 5 个期望位置点，(5.54)式中应有 8 个未知 B 样条函数系数 $a_{-3}\sim a_4$。可以算得 $N_{4,3}(4)=0$，a_4 不起作用。这样，(5.54)式中剩下 7 个未知的 B 样条函数系数 $a_{-3}\sim a_3$。为便于求解，可以考虑取 $a_{-3}=a_{-2}=0$。

为了 B 样条曲线可通过各个位置点，要使得各段插值在相应的时刻与给定的位置点相等。这样，由 3 次 B 样条的定义及(5.54)式，可以求得含有系数 $a_{-1}\sim a_3$ 的方程如下：

$$\left.\begin{aligned}&a_{-1}N_{-1,3}(0)+a_0N_{0,3}(0)=q(0)\\&a_{-1}N_{-1,3}(1)+a_0N_{0,3}(1)+a_1N_{1,3}(1)=q(1)\\&a_{-1}N_{-1,3}(2)+a_0N_{0,3}(2)+a_1N_{1,3}(2)+a_2N_{2,3}(2)=q(2)\\&a_0N_{0,3}(3)+a_1N_{1,3}(3)+a_2N_{2,3}(3)+a_3N_{3,3}(3)=q(3)\\&a_1N_{1,3}(4)+a_2N_{2,3}(4)+a_3N_{3,3}(4)+a_4N_{4,3}(4)=q(4)\end{aligned}\right\}\tag{5.55}$$

利用(5.53)式计算出 $N_{0,3}(0)$、$N_{1,3}(1)$等，代入(5.55)式中，整理后可得

$$\left.\begin{aligned}&a_{-1}=6q(0)\\&a_0=6q(1)-4a_{-1}\\&a_1=6q(2)-4a_0-a_{-1}\\&a_2=6q(3)-4a_1-a_0\\&a_3=6q(4)-4a_2-a_1\end{aligned}\right\}\tag{5.56}$$

经计算，可得到系数 $a_{-1}\sim a_3$ 的值：

$$a_{-1}=12,\quad a_0=-7.2,\quad a_1=14.4$$
$$a_2=-4.8,\quad a_3=2.4$$

对应的插值函数表达式见(5.57)式：

$$\begin{aligned}f(t)=&12N_{-1,3}(t)-7.2N_{0,3}(t)+14.4N_{1,3}(t)-\\&4.8N_{2,3}(t)+2.4N_{3,3}(t)\end{aligned}\tag{5.57}$$

利用(5.57)式，在工作区间[0 s,4 s]内间隔 0.1 s 描绘出插值曲线，如图 5.21(a)所示。由图 5.21(a)可发现，虽然插值曲线准确地经过期望位置点，但在非期望位置点具有很大波动，这是机器人控制所不希望的。

为消除波动，可将相邻期望位置的中间点作为控制点，如此可以得到含有系数 $a_{-3}\sim a_3$ 的方程如下：

$$\left.\begin{aligned}
&a_{-3}N_{-3,3}(0)+a_{-2}N_{-2,3}(0)+a_{-1}N_{-1,3}(0)+a_0N_{0,3}(0)=q(0)\\
&a_{-3}N_{-3,3}(0.5)+a_{-2}N_{-2,3}(0.5)+a_{-1}N_{-1,3}(0.5)+a_0N_{0,3}(0.5)=[q(0)+q(1)]/2\\
&a_{-2}N_{-2,3}(1)+a_{-1}N_{-1,3}(1)+a_0N_{0,3}(1)+a_1N_{1,3}(1)=q(1)\\
&a_{-2}N_{-2,3}(1.5)+a_{-1}N_{-1,3}(1.5)+a_0N_{0,3}(1.5)+a_1N_{1,3}(1.5)=[q(1)+q(2)]/2\\
&a_{-1}N_{-1,3}(2)+a_0N_{0,3}(2)+a_1N_{1,3}(2)+a_2N_{2,3}(2)=q(2)\\
&a_{-1}N_{-1,3}(2.5)+a_0N_{0,3}(2.5)+a_1N_{1,3}(2.5)+a_2N_{2,3}(2.5)=[q(2)+q(3)]/2\\
&a_0N_{0,3}(3)+a_1N_{1,3}(3)+a_2N_{2,3}(3)+a_3N_{3,3}(3)=q(3)\\
&a_0N_{0,3}(3.5)+a_1N_{1,3}(3.5)+a_2N_{2,3}(3.5)+a_3N_{3,3}(3.5)=[q(3)+q(4)]/2\\
&a_1N_{1,3}(4)+a_2N_{2,3}(4)+a_3N_{3,3}(4)+a_4N_{4,3}(4)=q(4)
\end{aligned}\right\}\tag{5.58}$$

利用(5.53)式计算出 $N_{-3,3}(0)$ 和 $N_{-2,3}(1)$ 等，代入(5.58)式中，整理后得到(5.59)式：

$$\left.\begin{aligned}
&0.1667a_{-3}+0.6667a_{-2}+0.1667a_{-1}=q(0)\\
&0.0208a_{-3}+0.4792a_{-2}+0.4792a_{-1}+0.0208a_0=[q(0)+q(1)]/2\\
&0.1667a_{-2}+0.6667a_{-1}+0.1667a_0=q(1)\\
&0.0208a_{-2}+0.4792a_{-1}+0.4792a_0+0.0208a_1=[q(1)+q(2)]/2\\
&0.1667a_{-1}+0.6667a_0+0.1667a_1=q(2)\\
&0.0208a_{-1}+0.4792a_0+0.4792a_1+0.0208a_2=[q(2)+q(3)]/2\\
&0.1667a_0+0.6667a_1+0.1667a_2=q(3)\\
&0.0208a_0+0.4792a_1+0.4792a_2+0.0208a_3=[q(3)+q(4)]/2\\
&0.1667a_1+0.6667a_2+0.1667a_3=q(4)
\end{aligned}\right\}\tag{5.59}$$

利用最小二乘法求解方程式(5.59)，可以得到系数 $a_{-1}\sim a_3$ 的值：

$$a_{-3}=4.8666,\quad a_{-2}=0.7783,\quad a_{-1}=4.0189,$$
$$a_0=-0.0392,\quad a_1=3.3999,\quad a_2=-0.3105,\quad a_3=3.2430$$

对应的插值函数表达式见(5.60)式。

$$\begin{aligned}f(t)=&4.8666N_{-3,3}(t)+0.7783N_{-2,3}(t)+4.0189N_{-1,3}(t)-0.0392N_{0,3}(t)+\\&3.3999N_{1,3}(t)-0.3105N_{2,3}(t)+3.2430N_{3,3}(t)\end{aligned}\tag{5.60}$$

利用(5.60)式，在工作区间[0 s,4 s]内间隔 0.1 s 描绘出插值曲线，如图 5.21 (b)所示。这时，插值曲线能够准确地经过期望位置点，而且没有额外的波动。

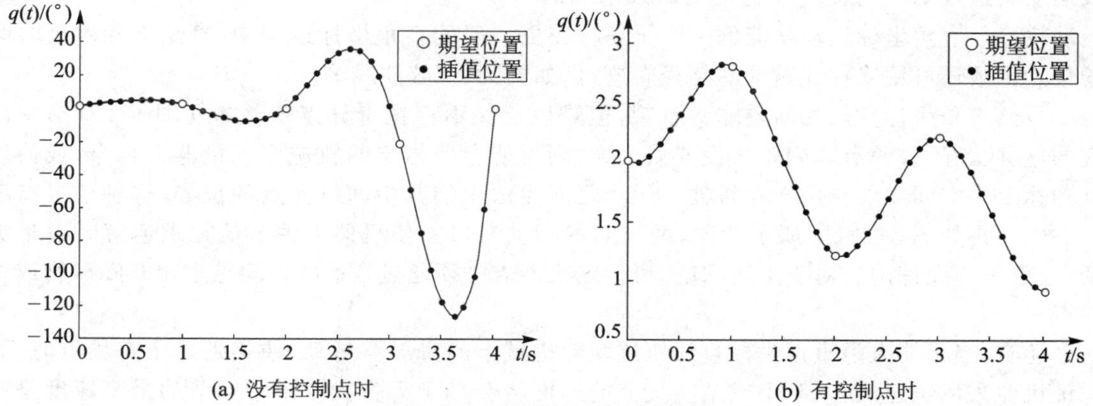

(a) 没有控制点时　　　　　　　　　(b) 有控制点时

图 5.21　3 次 B 样条插值曲线

B样条是一种广泛使用的插值样条曲线。该样条曲线对局部的修改不会引起样条形状的大范围变化，这是其主要特点，因此B样条插值被广泛应用于机器人运动轨迹的插值。目前市场上的很多运动控制卡采用3次B样条插值，实现运动轨迹的插补。

5.3 直角坐标空间法

前面曾指出，关节空间法生成的轨迹虽然可保证机器人通过途经点达到终止点，然而手爪在三维空间中运行的实际轨迹形状却非常复杂，它取决于机器人所用的运动学方程。本节考虑轨迹生成的形状由它在直角坐标系中的位置和姿态来表示。由于位置和姿态是时间的函数，这样就便于对轨迹的空间形状提出一定的设计要求。例如，要求轨迹是直线、圆、正弦曲线或其他规则曲线。上述方法称为直角坐标空间法。

前面说过，机器人的轨迹点常用工具坐标系 $\boldsymbol{T}_{\mathrm{tcp}}$ 相对于参考坐标系 $\boldsymbol{T}_0$ 的位姿来表示。在直角坐标空间法中，连接各个轨迹点的平滑函数不再是关节变量的时间函数，而是直角坐标变量的时间函数。这些轨迹可直接根据相对于 $\boldsymbol{T}_0$ 描述的 $\boldsymbol{T}_{\mathrm{tcp}}$ 的位置和姿态变化来进行规划，而不必一开始就要通过求解逆运动学去计算关节角度。换句话说，当轨迹在直角坐标空间生成以后，作为最后一步，才需要按照轨迹更新速度进行运动学逆解计算，以求出相应的关节变量值。显然，直角坐标空间法在运行时需要更大的计算量。

直角坐标空间法的实现方案很多，本处只介绍一种，即利用关节空间法中提出的带有抛物线过渡域的线性函数生成运动轨迹。

如果在操作空间一条直线运动轨迹上选出一组间距足够小的途经点，那么，当机器人末端沿着这组点运动时，不论在相邻两点间选什么样的平滑函数，从宏观上看，机器人末端都像是沿着一条直线在运动，如图5.22所示。若途经点之间的距离设置得比较大，机器人末端仍然能够比较准确地沿着操作空间的直线运动，这将给用户带来很大的方便。这种在操作空间表示轨迹和驱动手臂运动的模式称为直角坐标直线运动轨迹规划。用直线来定义机器人末端的运动轨迹是直角坐标运动功能的一个子集。在更一般的直角坐标运动中，直角坐标对于时间的任意函数还可用来描述其他的路径轨迹，例如椭圆、正弦曲线等。

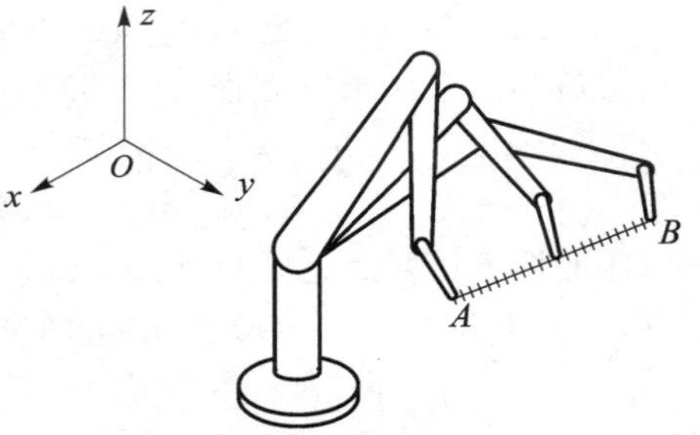

图5.22 机器人末端在操作空间的直线运动

虽然直角坐标空间的轨迹非常直观，但难以确保不存在奇异点。譬如在图5.23(a)中出现的这种状况，若两点之间距离设置得太大，则可能会使指定的轨迹穿入机器人自身，或使轨迹到达工作空间之外。由于在机器人运动之前无法得知其中间过渡点的位姿，这种情况有可能发生。再如图5.23(b)所示情况，两点间的运动有可能使机器人关节值在求逆解时发生突变，这也是不允许的。对于上述问题，可指定机器人必须通过合适的中间点来避开障碍物或奇异点等。

还有，当机器人沿直角坐标直线轨迹朝着机械上的奇异点运动，快接近这个奇异点时，为保证机器人以恒速运行，某个或某些关节的速度将会趋于无穷大。由于关节的最高速度是有上限的，所以这种情况下将导致机器人偏离预期的轨迹。解决这个问题的办法之一是减小机

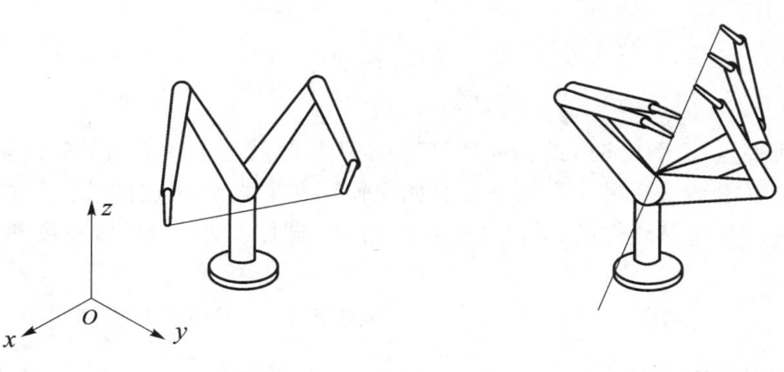

(a) 轨迹穿过机器人　　(b) 两点间求逆发生突变

图 5.23　操作空间轨迹规划的问题

器人的运行速度，使每个关节的运行速度都不超过各自的速度范围。这种方式将失去轨迹应有的时间特征，但至少可保证轨迹的空间特性。

鉴于直角坐标空间法存在上述问题，大部分机器人的控制系统都兼有用关节空间和直角坐标空间生成轨迹的功能。一般情况下尽量使用关节空间轨迹，只有在特殊需要的情况下才使用直角坐标空间轨迹。

通常在生成和规划直角坐标系中直线轨迹时，使用带有抛物线过渡域的线性函数是一种比较合适的方法。在每一轨迹段的线性域中，由于位置的 3 个元素都按线性方式运动，所以机器人末端将基本沿着操作空间的直线轨迹运动。然而，如果把每一个途经点的姿态都表示成第 3 章中所说的旋转矩阵，那就不能对它的元素进行线性插值，因为任何旋转矩阵必须由规范化正交行列矢量组成，如果在两个矩阵元素间进行线性插值，所得到的旋转矩阵的行列矢量就难以保证满足规范化正交的要求。这里，将采用一种“角-轴”表示法代替旋转矩阵描述机器人末端的位置与姿态。

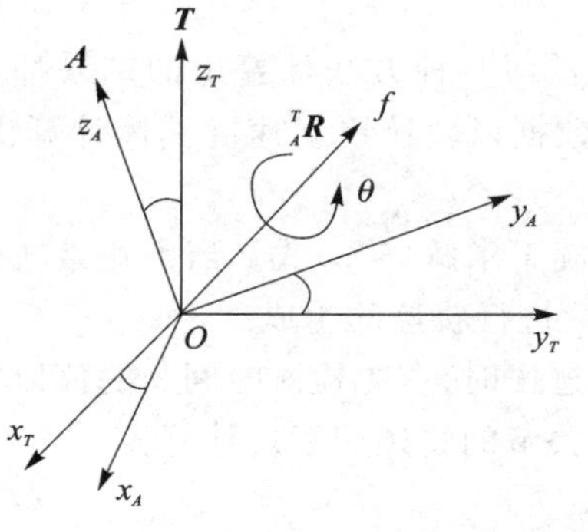

图 5.24　“角-轴”表示法

设有原点重合的两个坐标系 $\boldsymbol{T}_0$ 和 $\boldsymbol{A}$，由通用旋转的原理可知，$\boldsymbol{A}$ 相对于 $\boldsymbol{T}_0$ 的任何姿态变换都可通过适当地选择一单位矢量 $\boldsymbol{f}=[f_x \quad f_y, \quad f_z]^{\mathrm{T}}$ 为等效转轴，选择一角度 θ 为等效转角来表示，如图 5.24 所示。$\boldsymbol{A}$ 相对于 $\boldsymbol{T}_0$ 的姿态记为“角-轴”表达式 $\mathbf{ROT}(\boldsymbol{f},\theta)$ 或 ${}^T_A\boldsymbol{R}(\boldsymbol{f},\theta)$，它实际上也是一种坐标变换，而且与旋转变换是等价的。$\boldsymbol{f}$ 称为有限转动的等效转轴，由于它是单位矢量，$|\boldsymbol{f}|=1$，因而用 f_x、f_y、f_z 中任意两个参数就可说明。于是，“角-轴”表示法只需要 3 个参数（加上等效转角 θ）就可描述一个坐标系相对参考坐标系的姿态。

如果把“角-轴”表示法与表示直角坐标位置的 3×1 矢量结合在一起，就可得到一个描述直角坐标位置和姿态的 6×1 矢量。方法如下：

考虑一个途经点，它在参考坐标系 $\boldsymbol{T}_0$ 中表示成 ${}^T_A\boldsymbol{T}$，即描述途经点的机器人末端坐标系 $\mathbf{A}$：①它的位置由原点矢量 ${}^T\boldsymbol{P}_{AO}$ 来确定；②它的姿态由 ${}^T_A\boldsymbol{R}$ 来确定。把旋转矩阵 ${}^T_A\boldsymbol{R}$ 变换成“角-轴”表达式 $\mathbf{rot}(\boldsymbol{f},\theta)$，或简写成 ${}^T_A\boldsymbol{F}$；把表示途经点在直角坐标系中的位置和姿态的 6×1 矢量

记为${}_A^T\boldsymbol{\chi}$，于是就有

$$ {}_A^T\boldsymbol{\chi}=\begin{bmatrix} {}^T\boldsymbol{P}_{AO} \\ {}_A^T\boldsymbol{F} \end{bmatrix} \tag{5.61} $$

当每一个轨迹点都用(5.61)式表示时，下一步的问题就是选择适当的时间函数，把这6个量从一个轨迹点平滑地移到另一个轨迹点。如果使用具有抛物线过渡域的线性函数，两个轨迹点之间的轨迹形状将是线性的，当经过途经点时，机器人末端运行的线速度和角速度将平稳变化。

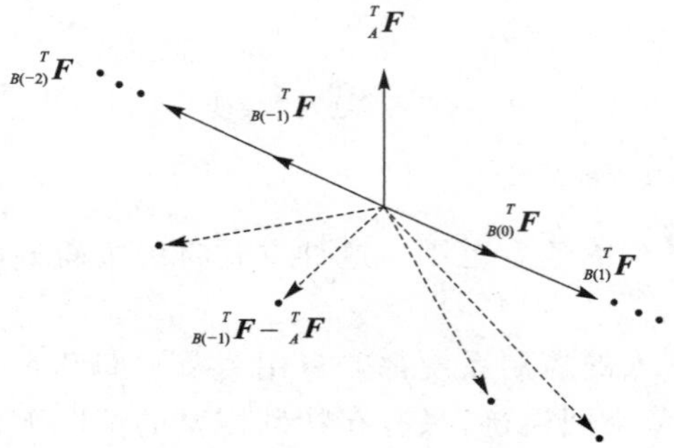

图 5.25　最小旋转量的确定

应该注意，在"角-轴"表达式中，旋转角不是唯一的：

$$ \left.\begin{aligned} ({}_A^T\boldsymbol{F},\theta)&=({}_A^T\boldsymbol{F},\theta+n360°), \quad n=\pm 1,2,3,\cdots \\ ({}_B^T\boldsymbol{F},\theta)&=({}_B^T\boldsymbol{F},\theta+n360°, \quad n=\pm 1,2,3,\cdots \end{aligned}\right\} \tag{5.62} $$

其中，n 是任意整数。当从途经点 $\boldsymbol{A}$ 移向途经点 $\boldsymbol{B}$ 的时候，显然，总的旋转量应该取最小值。即，使它小于180°。假定 $\boldsymbol{A}$ 的旋转表达式为${}_A^T\boldsymbol{F}$，必须选择特定的${}_B^T\boldsymbol{F}$，使得$|{}_B^T\boldsymbol{F}-{}_A^T\boldsymbol{F}|$最小。例如，图5.25所示为${}_B^T\boldsymbol{F}$的4种可能及其与给定${}_A^T\boldsymbol{F}$的关系。比较各个矢量差（虚线）的值，可以决定选取哪一个${}_B^T\boldsymbol{F}$，从而获得最小的旋转量。显然，在图5.25所示的情况下选择结果是${}_{B(-1)}^{T}\boldsymbol{F}$。

5.4　轨迹的实时生成

5.4.1　关节空间轨迹的生成

5.2节介绍了几种在关节空间规划轨迹的方法，其中任何一种方法计算出的结果都是各个轨迹段的一组数据。控制系统的轨迹生成器使用这些数据以轨迹更新速度具体计算出 $\boldsymbol{q}$、$\dot{\boldsymbol{q}}$ 和 $\ddot{\boldsymbol{q}}$。

对于3次多项式轨迹，轨迹生成器仅仅在已知 t 的情况下求解(5.3)式。当到达某轨迹的终点时，调用一组新的3次多项式系数，t 重新赋成零，继续进行轨迹的生成。

对于具有抛物线过渡域的线性轨迹，每次生成新的轨迹段时，首先检测时间 t 的值以判断当前处于各段的线性域还是过渡域。处于线性域时，每个关节的轨迹用下式计算：

$$ \left.\begin{aligned} q&=q_j+\dot{q}_{jk}t \\ \dot{q}&=\dot{q}_{jk} \\ \ddot{q}&=0 \end{aligned}\right\} \tag{5.63} $$

其中，t 是从第 j 个途经点起算的时间，$\dot{q}_{jk}$ 是在规划轨迹时由(5.44)式算出的。处于过渡域时，每个关节的轨迹由下式算出：

$$\left.\begin{aligned}
t_{inb} &= t - \left(\frac{1}{2}t_i + t_{jk}\right) \\
q &= q_j + \dot{q}_{jk}(t - t_{inb}) + \frac{1}{2}\ddot{q}_k t_{inb}^2 \\
\dot{q} &= \dot{q}_{jk} + \ddot{q}_k t_{inb} \\
\ddot{q} &= \ddot{q}_k
\end{aligned}\right\} \tag{5.64}$$

其中，$\dot{\theta}_{jk}$、$\ddot{\theta}_k$、t_j 和 t_{jk} 在轨迹规划过程中用(5.44)式～(5.48)式算出。当进入一个新的线性域时，重新把 t 置成$\frac{1}{2}t_j$，直到把表示轨迹段的数据都处理完为止。

5.4.2　直角坐标空间轨迹的生成

在 5.3 节介绍的直角坐标空间轨迹规划方法中，采用了具有抛物线过渡域的线性轨迹，所标出的数据是直角坐标系中的位置和姿态的值，而不是关节变量的值，所以要把(5.63)式和(5.64)式重新表示成 $\boldsymbol{\chi}$，用以表示直角坐标的位置和姿态的矢量。在线性域中，$\boldsymbol{\chi}$ 的每一个自由度用下式计算：

$$\left.\begin{aligned}
\boldsymbol{x} &= \boldsymbol{x}_j + \dot{\boldsymbol{x}}_{jk}\boldsymbol{t} \\
\dot{\boldsymbol{x}} &= \dot{\boldsymbol{x}}_{jk} \\
\ddot{\boldsymbol{x}} &= 0
\end{aligned}\right\} \tag{5.65}$$

其中，t 是从第 j 个途经点起算的时间，$\dot{x}_{jk}$ 在轨迹规划过程中由类似于(5.44)式的方程求出。在过渡域中，每一个自由度的轨迹由下式计算：

$$\left.\begin{aligned}
t_{inb} &= t - \left(\frac{1}{2}t_j - t_{jk}\right) \\
x &= x_j + \dot{x}_{jk}(t - t_{inb}) + \frac{1}{2}\ddot{x}t_{inb}^2 \\
\dot{x} &= \dot{x}_{jk} + \ddot{x}_k t_{inb} \\
\ddot{x} &= \ddot{x}_k
\end{aligned}\right\} \tag{5.66}$$

其中，$\dot{x}_{jk}$、$\ddot{x}_k$、t_j 和 t_{jk} 的值是在轨迹规划的过程中计算出来的，这与关节空间的情况完全相同。

最后，这些直角坐标空间的轨迹（$\boldsymbol{\chi}$、$\dot{\boldsymbol{\chi}}$ 和 $\ddot{\boldsymbol{\chi}}$）必须转换成等价的关节空间量。对此，可通过求机器人运动学的逆解得到各个关节的位置，用求雅可比的逆解求出速度，用雅可比的逆解的导数求出加速度，所得结果可为解析解。但是，在实际工作中常常用简化的方法来进行处理，即根据运动学的逆解以轨迹更新速率把 $\boldsymbol{\chi}$ 转换成关节角矢量 $\boldsymbol{q}$，然后用数值微分法计算出 $\dot{\boldsymbol{q}}$ 和 $\ddot{\boldsymbol{q}}$：

$$\left.\begin{aligned}
\dot{\boldsymbol{q}}(t) &= \frac{\boldsymbol{q}(t) - \boldsymbol{q}(t - \delta t)}{\delta t} \\
\ddot{\boldsymbol{q}}(t) &= \frac{\dot{\boldsymbol{q}}(t) - \dot{\boldsymbol{q}}(t - \delta t)}{\delta t}
\end{aligned}\right\} \tag{5.67}$$

习题五

1. 点到点的运动与路径跟踪运动的区别是什么？路径跟踪运动时，能否做到实际运动路径与期望路径严格一致？

2. 工业机器人的关节空间运动规划方法有哪些？试比较多项式插值与抛物线过渡的线性插值的优缺点。

3. 利用 3 次 B 样条插值进行机器人关节空间运动规划时，应该注意什么问题？

4. 如果机器人的笛卡儿空间运动规划的步长小一些，则可以避免在关节空间进行运动规划。这种提法是否正确？为什么？

5. 在机器人的笛卡儿空间运动规划中，直线运动规划和圆弧运动规划有什么共同之处？

6. 常用的局部路径规划方法有哪些？

7. 一个 6 关节机器人沿着一条 3 次曲线通过两个中间点并停止在目标点，需要计算几个不同的 3 次曲线？描述这些曲线需要储存多少个系数？

8. 一个单连杆转动关节机器人静止在关节角 $\theta=-5°$处，希望在 4 s 内平滑地将关节转动到 $\theta=80°$，求出完成此运动并且使操作臂停在目标点的 3 次曲线的系数。画出关节的位置、速度和加速度随时间变化的函数。

9. 在从 $t=0$ 到 $t=2$ 的时间区间，使用一条 3 次样条曲线轨迹：$\theta(t)=10+5t+70t^2-45t^2$。求其起始点和终止点的位置、速度和加速度。

10. 希望在时间 t_f 内把一个单关节操作臂由初始的静止状态 θ_0 转到终止的 θ_f，并静止。θ_0 和 θ_f 的值已知，但是希望求出 t_f，以使对所有的 t，$\|\dot{\theta}(t)\|<\dot{\theta}_{\max}$ 且 $\|\ddot{\theta}(t)\|<\ddot{\theta}_{\max}$，其中 $\dot{\theta}_{\max}$、$\ddot{\theta}_{\max}$ 为给定的正常数。使用一条 3 次样条曲线段，求出 t_f 的表达式和 3 次样条线的系数。

11. 设只有一个旋转关节的单链机器人处于静止状态时，$q_0=10°$，要求它在 3 s 之内平稳地达到 $q_f=60°$的终止位置，机器人运动到终点的速度为零，试求两点间的 3 次多项式插值。

12. 平面 2R 机械手的两连杆长为 1 m，要求从$(x_0,y_0)=(1.96,0.50)$移至$(x_f,y_f)=(100,0.75)$，起始和终止位置速度和加速度均为零，求出每个关节的 3 次多项式的系数，可将关节轨迹分成几段路径。

13. 对某种机器人的一个旋转关节，已知以下参数：当 $t=0$ 时，$q_0=0$，$t_f=1$ s，$q_f=\dfrac{\pi}{3}$，$\dot{q}_0=\dot{q}_f=0.3$ rad/s，$\ddot{q}_0=\ddot{q}_f=0.2$ rad/s^2，求其 5 次多项式插值。

14. 一个单连杆转动关节机器人静止在关节角 $\theta=-5°$处，希望在 4 s 内平滑地将关节转动到 $\theta=80°$并平滑地停止。求出带有抛物线拟合的直线轨迹的相应参数，并画出关节的位置、速度和加速度随时间变化的函数。

15. 单连杆转动关节机械手从 $\theta=-5°$静止开始，在 4 s 内平滑运动到 $\theta=80°$停止。

① 计算 3 次样条函数的系数；

② 计算带抛物线过渡的直线样条的各参数；

③ 画出关节位移、速度和加速度曲线。

16. 若希望机器人保持末端姿态不变，且末端在 $z=100$ mm 平面内沿曲线 $y=100\sin(x\cdot\pi/100)$运动，x 的取值范围为$[0,100]$，试对机器人的运动轨迹进行笛卡儿空间运动规划。

第 6 章 机器人动力学分析

机器人是一个复杂的动力学耦合系统，每个控制任务本身就是一个动力学任务，因此，研究机器人的动力学问题，是为进一步的讨论控制问题。机器人的动力学通过研究和分析作用于机器人上的力和力矩，以便使得驱动器能够提供足够的力和力矩来驱动机器人运动，实现机器人的加速运动。

建立机器人的动力学方程可以确定机器人的力、质量和加速度以及力矩、转动惯量和角加速度之间的关系，并计算出完成机器人特定运动时各驱动器所需的驱动力。通过机器人动力学分析，设计者可依据机器人的外部载荷计算出机器人的最大载荷，进而为机器人选择合适的驱动器。

得到机器人这样复杂系统的动力学方程非常困难，这些方程都是非线性微分方程，一般情况下，无法找到其解析解。为取得控制所需要的必要信息，将简化处理这些方程。

特别希望得到每一关节的近似等效惯量，及关节与关节之间的惯性耦合。换句话说，需要知道在某个关节上力矩与加速度之间的关系，及一个关节上的力矩与另一关节的加速度之间的关系。如耦合惯量相对于等效关节惯量比较小，就能把机器人当作一系列相互独立的力学系统来处理。还要确定作用在各个关节上的力矩以及重力的影响。忽略与速度有关的力矩，因为这些力矩太多又复杂，难以一一计算。这些力矩仅当机器人高速运动时才比较重要。尤其是这些力矩与其他的系统力矩相比一般都较小。

进行机器人动力学分析常用拉格朗日力学或牛顿力学等方法。对工业机器人，拉格朗日力学方法可建立结构完美的机器人动力学方程，但计算困难，需加以简化，否则难以用于机器人实际控制；牛顿力学方法可建立一组效率很高的递归方程，但限于其动力学方程结构，很难用于推导高级控制方法。

本章主要介绍拉格朗日力学方法，包括动力学方程、简化思路与方法等，帮助深入理解被控系统。

6.1 达朗伯原理与虚位移原理

6.1.1 达朗伯原理

解决动力学问题，通常有运动微分方程法和普遍定理法。而达朗伯原理提供了求解动力学问题的另一种方法，即将动力学问题在形式上转化为静力学问题来进行求解，这种方法称为动静法。

1. 惯性力和质点的达朗伯原理

如图 6.1 所示，设有一质量为 m 的 M 点，在主动力 $\boldsymbol{F}$ 与约束反力 $\boldsymbol{N}$ 的作用下，沿着轨迹 $\overset{\frown}{AB}$ 弧线运动。根据牛顿第二定律可得

$$m\boldsymbol{a}=\boldsymbol{F}+\boldsymbol{N} \tag{6.1}$$

或

$$F + N - ma = 0 \tag{6.2}$$

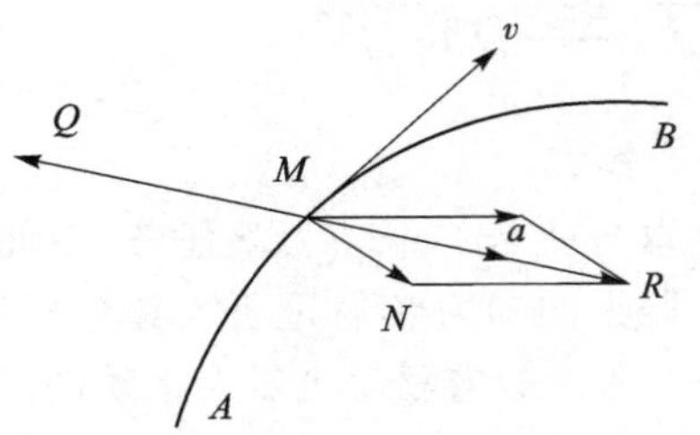

图 6.1　单质点力系平衡

令质点惯性力为 $\boldsymbol{Q}$，$\boldsymbol{Q}$ 与质点惯性有关，与质点质量和加速度乘积的绝对值相等，方向相反。则

$$Q = -ma \tag{6.3}$$

有

$$F + N + Q = 0 \tag{6.4}$$

即质点运动的任一瞬时，作用于质点上的主动力、约束反力和假设加在质点上的惯性力在形式上组成一平衡力系，这就是质点的达朗伯原理。

应注意，实际惯性力不作用在质点上，所以达朗伯原理中的平衡无实际物理意义。实际上这点并不平衡，而是做加速度运动，实际上还是动力学问题。

2. 质点系的达朗伯原理

质点的达朗伯原理很容易推广到质点系。在由 n 个质点组成的质点系中，对任一质量为 m_i 的质点 M_i（$i=1,2,\cdots,n$），其上分别作用着主动力 $\boldsymbol{F}_i$ 和约束反力 $\boldsymbol{N}_i$，且其加速度为 $\boldsymbol{a}_i$。根据质点的达朗伯原理，如假设在质点 M_i 上加上惯性力 $\boldsymbol{Q}_i = -m_i\boldsymbol{a}_i$，则如上所述 $\boldsymbol{F}_i$、$\boldsymbol{N}_i$ 和 $\boldsymbol{Q}_i$ 组成一个平衡力系，即

$$F_i + N_i + Q_i = 0,\quad i = 1,2,\cdots,n \tag{6.5}$$

对于质点系中的每一个质点，都可以写出这样一个方程，共有 n 个。

于是，质点系的达朗伯原理是：在质点系运动的任一瞬时，作用于质点系中每一个质点的主动力、约束反力和假设加与其上的惯性力在形式上组成一平衡力系。

根据质点系的达朗伯原理，可把质点系的动力学问题视为静力学中力系平衡问题，这样就可利用静力学的平衡条件，建立系统的运动与受力关系。

6.1.2　虚位移原理

在机器人动力学平衡方程组中，将出现许多未知的约束反力，而这些约束反力在所研究的问题中往往并不需知道。应用虚位移原理求解系统的平衡问题时，所列方程中将不出现约束反力，联立方程的数目也将减少，因而使运算简化。虚位移原理与上述达朗伯原理结合起来，可组成动力学普遍方程，为求解复杂的动力学问题提供一种普遍方法。

1. 约束及其分类

在由许多质点组成的质点系中，如果质点系中各个质点的位置、速度受到一定的限制，则称该质点系为非自由质点系，否则为自由质点系。而限制系统各质点位置和速度的这些条件就称为约束。约束可用数学方程来解析地表达，称之为约束方程。

如图 6.2 所示，摆杆长为 l 的单摆，摆锤 M 被限制在铅垂平面内作圆周运动，摆锤 M 到固定点 O 的距离 l 始终保持不变，这就是约束条件。将此约束条件写成约束方程，有

$$x^2 + y^2 = l^2 \tag{6.6}$$

约束具有以下 4 种不同的分类方法：

(1) 稳定约束与不稳定约束

将约束方程中不明显包含时间 t 的约束称为稳定约束，或称为定常约束；将约束方程中包含时间 t 的约束称为不稳定约束，或非定常约束。

稳定约束不随时间的改变而改变，而不稳定约束随时间的改变而改变。(6.6)式约束就是稳定约束。

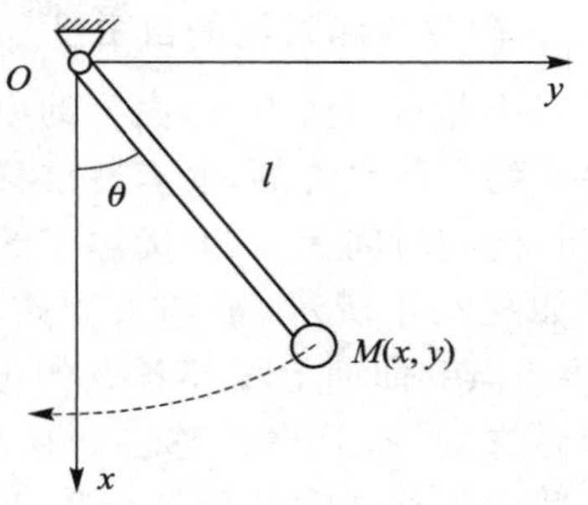

图 6.2　单　摆

(2) 双面约束与单面约束

如果约束是刚性的、双方向的等式方程约束，则称其为双面约束。如上所述的摆杆，它既限制质点沿杆件的拉伸方向的位移，又限制质点沿杆件的压缩方向的位移，因此，单摆的约束属于双面约束。

反之，若约束方程为不等式约束，则称其为单面约束。譬如，若将上述的摆杆用一条软绳代替，则约束方程就得改写成

$$x^2 + y^2 \leqslant l^2 \tag{6.7}$$

这就成了单面约束。

(3) 几何约束与运动约束

若约束方程中只含有系统各质点的坐标，不含各质点的速度，则将这样的约束称为几何约束；

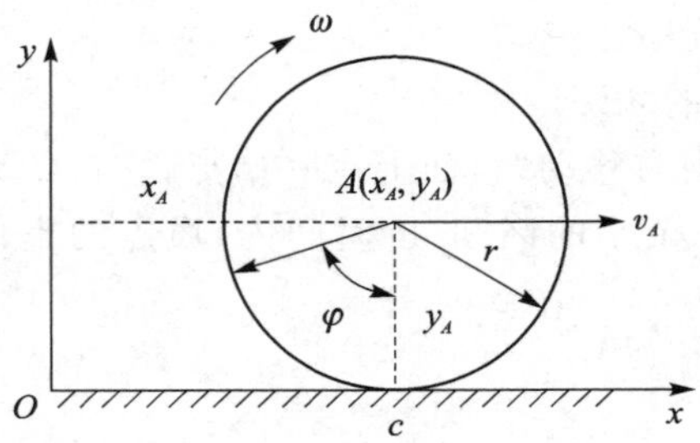

图 6.3　车轮滚动力分析图

如果在约束方程中包含了系统各质点坐标相对时间的导数(即速度)，则称这种约束为运动约束。

譬如，一个半径为 r 的轮子做纯滚动，如图 6.3 所示。其轮心 A 到轨道的距离始终保持不变，则其几何约束方程为

$$y_A = r \tag{6.8}$$

此外，车轮还受到纯滚动运动的限制，即每一瞬时与轨道接触点 C 的速度等于零，这就是运动约束。其运动约束方程为

$$\boldsymbol{v}_A - r\omega = 0 \tag{6.9}$$

又因为 $\boldsymbol{v}_A = x_A$，$\omega = \dot{\varphi}$，所以(6.9)式可以改写成

$$\dot{x}_A - r\dot{\varphi} = 0 \tag{6.10}$$

(6.10)式约束就是一个简单的运动约束。

(4) 完整约束与非完整约束

对(6.10)式的运动约束方程可以积分成有限形式如下：

$$x_A - r\varphi = C \tag{6.11}$$

这样的运动约束称为可积的运动约束，它和几何约束没有显著区别，因为由运动约束可以获得其几何约束，有相近的意义。因此，将几何约束和可积的运动约束总称为完整约束。

如果运动约束不能积分为有限形式，则称其为非完整约束。

在机器人结构中的约束大都是稳定的、双面的、几何的、完整的约束。

2. 虚位移和系统的自由度

对于非自由质点系，由于约束的存在，系统各个质点的位移受到一定的约束和限制。有些位移是约束所允许的，而有些位移是约束所不允许的。在给定的瞬时，约束所容许的系统各个质点任何与时间无关的、无限小的位移称为虚位移。

如图 6.4 所示，被约束固定在曲面 S 上的质点 M，该质点到曲面上相邻各点的无限小的位移都是约束所容许的，都是虚位移。如果略去高阶微量，则认为这些虚位移都应局限于在通过 M 的曲面的切面 T 上，如 $\delta\boldsymbol{r}$、$\delta\boldsymbol{r}'$……都是虚位移；而任何脱离该曲面切面 T 的位移都不是该质点的虚位移，因为它破坏了曲面对质点的约束条件。

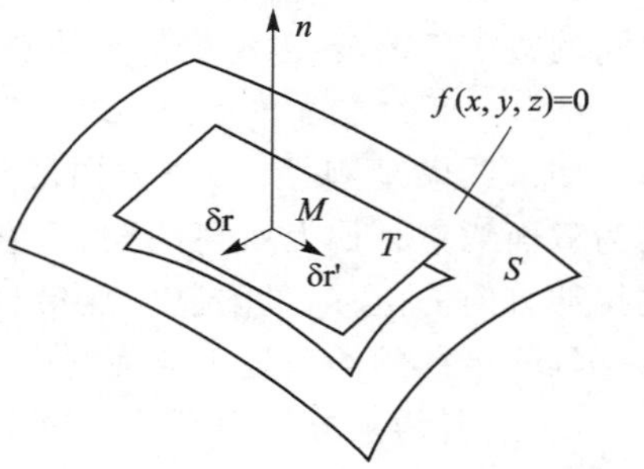

图 6.4　有约束的质点

必须注意，质点的虚位移与质点运动的实际位移(实位移)是不同的。

虚位移不表示质点系的实际运动，它与作用在质点系的力、初始条件及时间无关，它完全由约束的性质所决定，它有无数组(对每个质点则有无数个)。虚位移用 $\delta\boldsymbol{r}_i$ 表示，δ 是变分符号，包含有无限小"变量"的意思。

实位移是质点系在实际运动中发生的微小位移，它与作用在质点系的力、初始条件及时间有关，自然也与约束有关。在某一位置，它只有一组(对质点只有一个)，实位移用 $\mathrm{d}\boldsymbol{r}_i$ 表示。

因为实位移也是约束所容许的，所以实位移是虚位移之一。

可以通过下面的例子来理解虚位移与实位移之间的区别。

如图 6.5 所示，一个楔形斜面按照一定的速度 v 向右移动，斜面上有一质点，它被约束在斜面上，同时，它受重力作用的影响可向下移动。在一个小的区间 $\mathrm{d}t$ 时间内，质点的虚位移 $\delta\boldsymbol{r}$ 与实位移 $\mathrm{d}\boldsymbol{r}$ 的意义如图 6.5 所示。

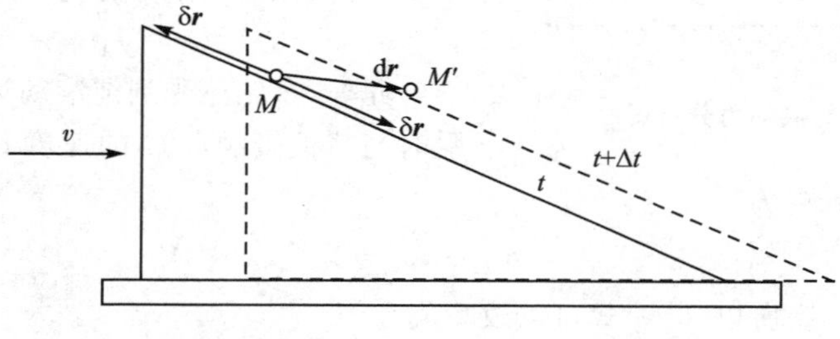

图 6.5　质点的虚位移 δr 与实位移 dr

虚位移 $\delta\boldsymbol{r}$ 也称为矢径的变分，其投影 δx、δy、δz 称为坐标的变分。虚位移 $\delta\boldsymbol{r}$ 可写成

$$\delta\boldsymbol{r} = \delta x\boldsymbol{i} + \delta y\boldsymbol{j} + \delta z\boldsymbol{k} \tag{6.12}$$

对质点受曲面约束的情况，如，通过质点 M 的约束曲面的切面 T 的方程为 $f(x,y,z)=0$，给质点 $M(x,y,z)$ 一虚位移 $\delta\boldsymbol{r}$ 而至 $M'(x+\delta x,y+\delta y,z+\delta z)$ 点，则 M' 点仍在曲面上，因此有

$$f(x+\delta x,y+\delta y,z+\delta z)=0 \tag{6.13}$$

对(6.13)式展开，有

$$f(x,y,z)+\frac{\partial f}{\partial x}\delta x+\frac{\partial f}{\partial y}\delta y+\frac{\partial f}{\partial z}\delta z+\text{高阶项}=0 \tag{6.14}$$

略去高阶项，并注意到 $f(x,y,z)=0$，得

$$\delta f=\frac{\partial f}{\partial x}\delta x+\frac{\partial f}{\partial y}\delta y+\frac{\partial f}{\partial z}\delta z=0 \tag{6.15}$$

(6.15)式即质点虚位移坐标变分满足的关系式，表明虚位移在切面内。

这样，对有 n 个质点的质点系受到 s 个几何约束(即可以列写 s 个约束方程)

$$f_j(x_1,y_1,z_1,\cdots,x_n,y_n,z_n)=0,\quad j=1,2,\cdots,s \tag{6.16}$$

的情况，各质点坐标应满足的关系式为

$$\frac{\partial f_j}{\partial x_1}\delta x_1+\frac{\partial f_j}{\partial y_1}\delta y_1+\frac{\partial f_j}{\partial z_1}\delta z_1+\cdots+\frac{\partial f_j}{\partial x_n}\delta x_n+\frac{\partial f_j}{\partial y_n}\delta y_n+\frac{\partial f_j}{\partial z_n}\delta z_n=0,\quad j=1,2,\cdots,s \tag{6.17}$$

由于系统的 $3n$ 个坐标变分 δx_i、δy_i、δz_i　$(i=1,2,\cdots,n)$之间存在着 s 个约束关系式，因此系统只有 $k=3n-s$ 个坐标变分是独立的，其余 s 个坐标变分可由 k 个坐标变分决定。系统独立坐标的变分数 k 称为系统的自由度。

3. 理想约束

如果给系统以虚位移，则不仅主动力 $\boldsymbol{F}$ 做功 $\delta w_F=\boldsymbol{F}\cdot\delta\boldsymbol{r}$，而且约束反力 $\boldsymbol{N}$ 也做功 $\delta w_N=\boldsymbol{N}\cdot\delta\boldsymbol{r}$，后者称为虚功。在实际问题中，经常遇到这样的约束，其约束反力的任何虚位移上的元功之和为零。由此得出理想约束的概念，即如果约束反力在系统的任何虚位移上所作的元功之和为零，则这种约束称为理想约束。理想约束的表达式是

$$\sum\delta w_N=\sum_{i=1}^{n}\boldsymbol{N}_i\cdot\delta\boldsymbol{r}_i=0,\quad i=1,2,\cdots,n \tag{6.18}$$

式中：$\boldsymbol{N}_i$ 表示作用在质点 M_i 上的约束反力，$\delta\boldsymbol{r}_i$ 表示为 M_i 的虚位移$(i=1,2,\cdots,n)$。

如图 6.6 所示，在曲柄连杆机构中，连杆 OA 与 AB 用铰链 A 相连。若略去铰链的质量和尺寸，将其看成是一点，则铰链给二杆的约束力必然是大小相等、方向相反，即 $\boldsymbol{N}_A=\boldsymbol{N}'_A$，并且此二点的虚位移都相同，同为 $\delta\boldsymbol{r}_A$。因而，这两个约束反力的虚功之和为零，即

$$\sum\delta\boldsymbol{w}_N=\boldsymbol{N}_A\cdot\delta\boldsymbol{r}_A+\boldsymbol{N}'_A\cdot\delta\boldsymbol{r}_A=(\boldsymbol{N}_A+\boldsymbol{N}'_A)\cdot\delta\boldsymbol{r}_A=0 \tag{6.19}$$

上述的铰链在机器人旋转关节中大量存在。一般讲，不考虑摩擦的稳定几何约束都是理想约束。

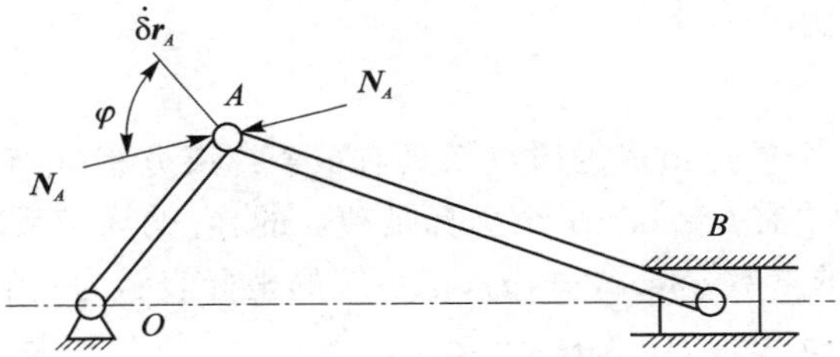

图 6.6　曲柄连杆机构

4. 虚位移原理

虚位移原理定义：具有稳定的理想约束的质点系，在某位置处于平衡的充分必要条件是，

作用在此质点系的所有主动力在该位置的任何虚位移中所作的元功之和等于零。

以 $\boldsymbol{F}_i$ 表示作用于质点系中某质点 M_i 上的主动力的合力，$\delta\boldsymbol{r}_i$ 表示该质点的虚位移，则虚位移原理的数学表达式为

$$\sum_{i=1}^{n}\boldsymbol{F}_i\cdot\delta\boldsymbol{r}_i=0 \tag{6.20}$$

因为

$$\sum_{i=1}^{n}\boldsymbol{F}_i\cdot\delta\boldsymbol{r}_i=\sum_{i=1}^{n}(\boldsymbol{F}_{xi}\boldsymbol{i}+\boldsymbol{F}_{yi}\boldsymbol{j}+\boldsymbol{F}_{zi}\boldsymbol{k})(\delta x_i\boldsymbol{i}+\delta y_i\boldsymbol{j}+\delta z_i\boldsymbol{k}) \tag{6.21}$$

所以(6.20)式可写成

$$\sum_{i=1}^{n}(\boldsymbol{F}_{xi}\cdot\delta x_i+\boldsymbol{F}_{yi}\cdot\delta y_i+\boldsymbol{F}_{zi}\cdot\delta z_i)=0 \tag{6.22}$$

在(6.20)式和(6.22)式中，$\boldsymbol{F}_{xi}$、$\boldsymbol{F}_{yi}$、$\boldsymbol{F}_{zi}$ 分别表示主动力 $\boldsymbol{F}_i$ 在 x、y、z 坐标轴上的投影；δx_i、δy_i、δz_i 表示虚位移 $\delta\boldsymbol{r}_i$ 在相应坐标轴上的投影。

现在来证明这个原理。

• **必要性**　设具有稳定的理想约束的质点系处于平衡状态，要证明(6.20)式成立。

如果质点系处于平衡状态，则其中每个质点也处于平衡，因此，设作用在某一质点 M_i 上的主动力的合力为 $\boldsymbol{F}_i$，约束力的合力为 $\boldsymbol{N}_i$，如图 6.7 所示，则必有

$$\boldsymbol{F}_i+\boldsymbol{N}_i=\boldsymbol{0}$$

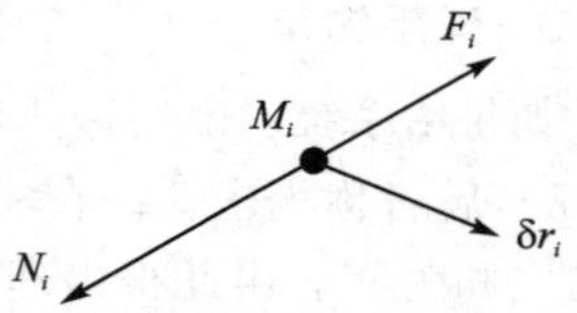

图 6.7　质点受力分析

给质点任意虚位移 $\delta\boldsymbol{r}_i$，则有

$$(\boldsymbol{F}_i+\boldsymbol{N}_i)\cdot\delta\boldsymbol{r}_i=0$$

对于质点系所有质点，都可以得出与此式相似的等式。把 n 个等式相加，则得

$$\sum_{i=1}^{n}(\boldsymbol{F}_i+\boldsymbol{N}_i)\cdot\delta\boldsymbol{r}_i=\sum_{i=1}^{n}(\boldsymbol{F}_i\cdot\delta\boldsymbol{r}_i+\boldsymbol{N}_i\cdot\delta\boldsymbol{r}_i)=0$$

由于质点系具有稳定的理想约束，上式中的第二项等于零，见(6.19)式，所以得

$$\sum_{i=1}^{n}\boldsymbol{F}_i\cdot\delta\boldsymbol{r}_i=0$$

• **充分性**　采用反证法证明，略。

应该指出，虚位移原理是在系统的约束为理想的情况下得到的。当考虑摩擦时，只要把摩擦力看成主动力，在虚功方程中计入摩擦力的功，原理仍然适用。

5. 广义坐标与广义力

(1) 广义坐标

在一般情况下，由 n 个质点组成的质点系具有 s 个约束方程(6.16)。因此，在 $3n$ 个坐标 x_i、y_i、z_i $(i=1,2,\cdots,n)$ 中有 $k=3n-s$ 个坐标是独立的，它就等于系统的自由度数目。

可以任选 k 个独立的参数 $q_1,q_2,\cdots,q_k$，把系统的坐标表示为它们的函数，即

$$\left.\begin{aligned}x_i&=x_i(q_1,q_2,\cdots,q_k)\\y_i&=y_i(q_1,q_2,\cdots,q_k)\quad(i=1,2,\cdots,n)\\z_i&=z_i(q_1,q_2,\cdots,q_k)\end{aligned}\right\} \tag{6.23}$$

或合并成一个矢量形式

$$\boldsymbol{r}_i = \boldsymbol{r}_i(q_1, q_2, \cdots, q_k) \quad (i = 1, 2, \cdots, n) \tag{6.24}$$

其中，这 k 个用以确定系统位置的独立参数 $q_i(i=1,2,\cdots,k)$ 称为系统的广义坐标。在系统的约束都是几何约束的情况下，广义坐标数等于系统的自由度数。

广义坐标在具体问题中可以取直角坐标，也可以取其他坐标，如关节坐标等，根据研究问题是否方便而定。

既然系统各点的坐标可以用广义坐标来表示，则系统各质点的虚位移 $\delta\boldsymbol{r}_i$ $(\delta x_i, \delta y_i, \delta z_i)$ 也可用广义坐标的变分 $\delta q_i(i=1,2,\cdots,k)$ 来表示，也称为广义虚位移，即质点的虚位移相当于对复合函数(6.23)式、(6.24)式求微分：

$$\delta x_i = \frac{\partial x_i}{\partial q_1}\delta q_1 + \cdots + \frac{\partial x_i}{\partial q_k}\delta q_k = \sum_{j=1}^{k} \frac{\partial x_i}{\partial q_j}\delta q_j$$

$$\delta y_i = \frac{\partial y_i}{\partial q_1}\delta q_1 + \cdots + \frac{\partial y_i}{\partial q_k}\delta q_k = \sum_{j=1}^{k} \frac{\partial y_i}{\partial q_j}\delta q_j$$

$$\delta z_i = \frac{\partial z_i}{\partial q_1}\delta q_1 + \cdots + \frac{\partial z_i}{\partial q_k}\delta q_k = \sum_{j=1}^{k} \frac{\partial z_i}{\partial q_j}\delta q_j$$

或

$$\delta\boldsymbol{r}_i = \sum_{j=1}^{k} \frac{\partial r_i}{\partial q_j}\delta q_j \tag{6.25}$$

(2) 广义力

考虑主动力在虚位移上的功

$$\delta \boldsymbol{w}_F = \sum_{i=1}^{n} \boldsymbol{F}_i \cdot \delta\boldsymbol{r}_i \tag{6.26}$$

将(6.25)式代入(6.26)式得

$$\delta \boldsymbol{w}_F = \sum_{i=1}^{n} \boldsymbol{F}_i \sum_{j=1}^{k} \frac{\partial \boldsymbol{r}_i}{\partial q_j}\delta q_j = \sum_{i=1}^{n}\sum_{j=1}^{k} \boldsymbol{F}_i \cdot \frac{\partial \boldsymbol{r}_i}{\partial q_j}\delta q_j \tag{6.27}$$

令

$$\boldsymbol{Q}_j = \sum_{i=1}^{n} \boldsymbol{F}_i \cdot \frac{\partial \boldsymbol{r}_i}{\partial q_j} \qquad (j = 1, 2, \cdots, k) \tag{6.28}$$

得

$$\delta \boldsymbol{w}_F = \sum_{j=1}^{k} \boldsymbol{Q}_j \cdot \delta q_j \tag{6.29}$$

称 $\boldsymbol{Q}_j(j=1,2,\cdots,k)$ 为对应于广义坐标 $q_j(j=1,2,\cdots,k)$ 的广义力，因为 $\boldsymbol{Q}_j$ 与广义位移 δq_j 的乘积等于功。

广义力可用广义力的定义公式(6.28)求解，也可用求功的公式(6.29)求解。如果只需要求解某一广义力 $\boldsymbol{Q}_j$，则可只给出广义虚位移 δq_j。令其余广义虚位移皆为零，这时主动力的功为 δw_{Fj}，则该广义力的求解方式为

$$\boldsymbol{Q}_j = \frac{\delta w_{Fj}}{\delta q_j} \tag{6.30}$$

6.2 拉格朗日力学方法

将达朗伯原理与虚位移原理相结合,可以导出动力学普遍方程,它是分析动力学的基础。由动力学普遍方程导出的拉格朗日方程,给解决非自由质点系动力学问题提供了最普遍且最有效的办法。本书主要用拉格朗日方程解决机器人机构的动力学问题。

6.2.1 动力学普遍方程

设由 n 个质点组成的质点系,约束都是理想的。在质点系中任一质量为 m_i 的质点 M_i 上作用有主动力的合力为 $\boldsymbol{F}_i$,约束反力的合力为 $\boldsymbol{N}_i$。当质点运动时,应用达朗伯原理,在每个质点上都加上相应的惯性力 $\boldsymbol{Q}_i=-m_i\boldsymbol{a}_i$,则作用于质点系上的主动力、约束反力与惯性力组成平衡力系,即

$$\boldsymbol{F}_i+\boldsymbol{N}_i+\boldsymbol{Q}_i=\boldsymbol{0}\qquad(i=1,2,\cdots,n)\tag{6.31}$$

给质点系一虚位移,如任一点 M_i 的虚位移为 $\delta\boldsymbol{r}_i$,应用虚位移原理,则有

$$(\boldsymbol{F}_i+\boldsymbol{N}_i+\boldsymbol{Q}_i)\cdot\delta\boldsymbol{r}_i=0\qquad(i=1,2,\cdots,n)\tag{6.32}$$

求和则得

$$\sum_{i=1}^{n}(\boldsymbol{F}_i+\boldsymbol{N}_i+\boldsymbol{Q}_i)\cdot\delta\boldsymbol{r}_i=0\tag{6.33}$$

在理想约束条件下,约束反力在系统任何一组虚位移上的元功之和等于零,即

$$\sum_{i=1}^{n}\boldsymbol{N}_i\cdot\delta\boldsymbol{r}_i=0\tag{6.34}$$

所以得

$$\sum_{i=1}^{n}(\boldsymbol{F}_i+\boldsymbol{Q}_i)\cdot\delta\boldsymbol{r}_i=0\tag{6.35}$$

或

$$\sum_{i=1}^{n}(\boldsymbol{F}_i-m_i\boldsymbol{a}_i)\cdot\delta\boldsymbol{r}_i=0\tag{6.36}$$

这就是达朗伯原理与虚位移原理相结合而得出的动力学普遍方程,也称为达朗伯-拉格朗日方程。这一方程表明:具有理想约束的质点系,在运动的任意瞬间,作用于质点系上所有主动力和惯性力的任何虚位移上的元功之和等于零。

将矢量分析表达式

$$\left.\begin{aligned}\boldsymbol{F}_i&=F_{xi}\boldsymbol{i}+F_{yi}\boldsymbol{j}+F_{zi}\boldsymbol{k}\\\delta\boldsymbol{r}_i&=\delta_{xi}\boldsymbol{i}+\delta_{yi}\boldsymbol{j}+\delta_{zi}\boldsymbol{k}\\\boldsymbol{a}_i&=\ddot{x}_i\boldsymbol{i}+\ddot{y}_i\boldsymbol{j}+\ddot{z}_i\boldsymbol{k}\end{aligned}\right\}\tag{6.37}$$

代入(6.36)式,则得动力学普遍方程的解析表达式为

$$\sum_{i=1}^{n}[(\boldsymbol{F}_{xi}-m_i\ddot{x}_i)\delta x_i+(\boldsymbol{F}_{yi}-m_i\ddot{y}_i)\delta y_i+(\boldsymbol{F}_{zi}-m_i\ddot{z}_i)\delta z_i]=0\tag{6.38}$$

动力学普遍方程(6.36)式和(6.38)式是在系统未加限制的情况下得出的,只要是理想约束即可,因此对任何系统都是适用的,它包括系统的全部运动方程。以它为基础,可以得出各种情况下系统的运动微分方程,普遍性也就在此。

动力学普遍方程与虚位移原理相比较，它们有共同的特点，即在方程中都不包含约束反力。这就给求解动力学问题提供了方便。在应用动力学普遍方程解决动力学具体问题时，只要把加在系统上的惯性力视为主动力，其他就和应用虚位移原理求解平衡问题的方法相同了。

6.2.2 拉格朗日方程

动力学普通方程虽然消除了约束反力，但它有不足之处，对于解决复杂的非自由质点系的动力学问题并不很方便。原因是其采用了非独立的直角坐标系，在解方程时还得与一系列的约束方程联立求解，而且还涉及质点系的惯性力和虚位移的分析计算。如果考虑系统的约束条件，利用广义坐标和动能概念，将动力学普遍方程以广义坐标的形式表达出来，则可以得到与广义坐标数目相同的一组独立的微分方程组，这就是要研究的拉格朗日方程。

设由 n 个质点组成质点系，且有完整理想约束，其自由度为 k，因此可以用 k 个广义坐标 $q_1,q_2,\cdots,q_k$ 来确定质点系的位置。如果质点系的约束是非平稳的，则系中任一质点 M_i 的矢径$\boldsymbol{r}_i$ 可表示为广义坐标 $q_1,q_2,\cdots,q_k$ 和时间 t 的函数，即

$$\boldsymbol{r}_i=\boldsymbol{r}_i(q_1,q_2,\cdots,q_k,t)\quad(i=1,2,\cdots,n)\tag{6.39}$$

如果将时间 t 固定，对上式取一阶变分，则得质点的虚位移

$$\delta\boldsymbol{r}_i=\sum_{j=1}^{k}\frac{\partial\boldsymbol{r}_i}{\partial q_j}\delta q_j\quad(i=1,2,\cdots,n)\tag{6.40}$$

将(6.40)式对时间求导数，则得质点系中任一质点 M_i 的速度

$$\boldsymbol{v}_i=\dot{\boldsymbol{r}}_i=\frac{\mathrm{d}\boldsymbol{r}_i}{\mathrm{d}t}=\frac{\partial\boldsymbol{r}_i}{\partial t}+\sum_{j=1}^{k}\frac{\partial\boldsymbol{r}_i}{\partial q_j}\dot{q}_j\qquad(i=1,2,\cdots,n)\tag{6.41}$$

其中，$\dot{q}_j$ 是广义坐标对时间的导数，称为广义速度。由此式可知，系中任一质点的速度 $\boldsymbol{v}_i$ 是广义速度 $\dot{q}_j$ 的线性函数。根据(6.41)式可知，(6.41)式中$\frac{\partial\boldsymbol{r}_i}{\partial t}$和$\frac{\partial\boldsymbol{r}_i}{\partial q_j}$仅为各广义坐标及时间的函数，而与速度无关。因此，将(6.41)式两端对任一广义速度 $\dot{q}_j$ 求偏导数，可得关系式

$$\frac{\partial\boldsymbol{v}_i}{\partial\dot{q}_j}=\frac{\partial\boldsymbol{r}_i}{\partial q_j}\tag{6.42}$$

另外，

$$\begin{aligned}\frac{\mathrm{d}}{\mathrm{d}t}\left(\frac{\partial\boldsymbol{r}_i}{\partial q_j}\right)&=\sum_{s=1}^{k}\frac{\partial}{\partial q_s}\left(\frac{\partial\boldsymbol{r}_i}{\partial q_j}\right)\dot{q}_s+\frac{\partial}{\partial t}\left(\frac{\partial\boldsymbol{r}_i}{\partial q_j}\right)\\&=\sum_{s=1}^{k}\frac{\partial^2\boldsymbol{r}_i}{\partial q_j\partial q_s}\dot{q}_s+\frac{\partial^2\boldsymbol{r}_i}{\partial q_j\partial t}\\&=\frac{\partial}{\partial q_j}\left(\sum_{s=1}^{k}\frac{\partial\boldsymbol{r}_i}{\partial q_s}\dot{q}_s+\frac{\partial\boldsymbol{r}_i}{\partial t}\right)\end{aligned}$$

将上式括号中的脚标 s 换为 j 与(6.41)式作比较，若(6.41)式两侧都对 q_j 求偏导，则上式可写成

$$\frac{\mathrm{d}}{\mathrm{d}t}\left(\frac{\partial r_i}{\partial q_j}\right)=\frac{\partial v_i}{\partial q_j}\tag{6.43}$$

式(6.42)式和(6.43)式为推证拉格朗日方程将要用到的辅助公式。

质点系的运动满足动力学普遍方程

$$\sum_{i=1}^{n}(\boldsymbol{F}_i - m_i\boldsymbol{a}_j)\cdot\delta\boldsymbol{r}_i = 0$$

或可改写成为

$$\sum_{i=1}^{n}\boldsymbol{F}_i\cdot\delta\boldsymbol{r}_i - \sum_{i=1}^{n}m_i\dot{\boldsymbol{v}}_i\cdot\delta\boldsymbol{r}_i = 0 \tag{6.44}$$

(6.44)式中的第一项表示主动力系在虚位移中的虚功之和。利用(6.28)式，该式可写成广义力和广义坐标的形式，即

$$\sum_{i=1}^{n}\boldsymbol{F}_i\cdot\delta\boldsymbol{r}_i = \sum_{j=1}^{k}\boldsymbol{Q}_j\cdot\delta q_j \tag{6.45}$$

(6.44)式中的第二项表示惯性力系在虚位移中的虚功之和。利用(6.40)式，该式可写为

$$\begin{aligned}\sum_{i=1}^{1}m_i\dot{\boldsymbol{v}}_i\cdot\delta\boldsymbol{r}_i &= \sum_{i=1}^{n}\left(m_i\dot{\boldsymbol{v}}_i\cdot\sum_{j=1}^{k}\frac{\partial\boldsymbol{r}_i}{\partial q_j}\delta q_j\right)\\ &= \sum_{j=1}^{k}\left(\sum_{i=1}^{n}m_i\dot{\boldsymbol{v}}_i\cdot\frac{\partial\boldsymbol{r}_i}{\partial q_j}\right)\delta q_j\\ &= \sum_{j=1}^{k}\boldsymbol{Q}_j^q\delta q_j\end{aligned} \tag{6.46}$$

式中：

$$\boldsymbol{Q}_j^q = \sum_{i=1}^{n}m_i\dot{\boldsymbol{v}}_i\cdot\frac{\partial\boldsymbol{r}_i}{\partial q_j} \tag{6.47}$$

称 $\boldsymbol{Q}_j^q$ 为广义惯性力。

计算质点系广义惯性力 $\boldsymbol{Q}_j^q$ 是很烦琐的。由于广义力 $\boldsymbol{Q}_j$ 是由虚位移原理导出的，功与动能的变换是相互联系的，而且质点系动能的计算又很方便，因此可把广义惯性力表达为与动能有关的形式，即

$$\begin{aligned}\boldsymbol{Q}_j^q &= \sum_{i=1}^{n}m_i\dot{\boldsymbol{v}}_i\cdot\frac{\partial\boldsymbol{r}_i}{\partial q_j}\\ &= \sum_{i=1}^{n}\frac{\mathrm{d}}{\mathrm{d}t}\left(m_i\boldsymbol{v}_i\cdot\frac{\partial\boldsymbol{r}_i}{\partial q_j}\right) - \sum_{i=1}^{n}m_i\boldsymbol{v}_i\cdot\frac{\mathrm{d}}{\mathrm{d}t}\left(\frac{\partial\boldsymbol{r}_i}{\partial q_j}\right)\end{aligned} \tag{6.48}$$

将(6.42)式和(6.43)式代入(6.48)式，则得

$$\begin{aligned}\boldsymbol{Q}_j^q &= \sum_{i=1}^{n}\frac{\mathrm{d}}{\mathrm{d}t}\left(m_i\boldsymbol{v}_i\cdot\frac{\partial\boldsymbol{v}_i}{\partial\dot{q}_j}\right) - \sum_{i=1}^{n}m_i\boldsymbol{v}_i\cdot\frac{\partial\boldsymbol{v}_i}{\partial q_j}\\ &= \sum_{i=1}^{n}\frac{\mathrm{d}}{\mathrm{d}t}\frac{\partial}{\partial\dot{q}_j}\left(\frac{m_i\boldsymbol{v}_i^2}{2}\right) - \sum_{i=1}^{n}\frac{\partial}{\partial q_j}\left(\frac{m_i\boldsymbol{v}_i^2}{2}\right)\\ &= \frac{\mathrm{d}}{\mathrm{d}t}\frac{\partial}{\partial\dot{q}_j}\sum_{i=1}^{n}\frac{m_i\boldsymbol{v}_i^2}{2} - \frac{\partial}{\partial q_j}\sum_{i=1}^{n}\frac{m_i\boldsymbol{v}_i^2}{2}\\ &= \frac{\mathrm{d}}{\mathrm{d}t}\frac{\partial K}{\partial\dot{q}_j} - \frac{\partial K}{\partial q_j}\end{aligned} \tag{6.49}$$

式中，$K = \sum_{i=1}^{n}\frac{m_i\boldsymbol{v}_i^2}{2}$ 为质点系的动能。将(6.49)式代入(6.46)式，则得

$$\sum_{i=1}^{n} m_i \dot{\boldsymbol{v}}_i \cdot \delta r_i = \sum_{j=1}^{k} \left(\frac{\mathrm{d}}{\mathrm{d}t} \frac{\partial K}{\partial \dot{q}_j} - \frac{\partial K}{\partial q_j} \right) \delta q_j \tag{6.50}$$

将(6.50)式和(6.45)式代入(6.44)式中，则

$$\sum_{j=1}^{k} \left(\boldsymbol{Q}_j - \frac{\mathrm{d}}{\mathrm{d}t} \frac{\partial K}{\partial \dot{q}_j} + \frac{\partial K}{\partial q_j} \right) \delta q_j = 0 \tag{6.51}$$

因为所有广义坐标都是彼此独立的，即 δq_j 是任意的，因而要使(6.51)式成立，必须 δq_j 前的系数等于零。由此得

$$\frac{\mathrm{d}}{\mathrm{d}t} \frac{\partial K}{\partial \dot{q}_j} - \frac{\partial K}{\partial q_j} = \boldsymbol{Q}_j \quad (j = 1, 2, \cdots, k) \tag{6.52}$$

这就是拉格朗日方程。它是关于广义坐标的 k 个二阶微分方程组。

如果作用在质点系上的主动力是有势力，则质点系具有势能，势能 P 是各质点坐标的函数，即

$$P = P(x_1, y_1, z_1, x_2, y_2, z_2, \cdots, x_n, y_n, z_n) \tag{6.53}$$

当质点系中各质点的位置以广义坐标来决定时，显然质点系的势能可以表达为广义坐标的函数，即

$$P = P(q_1, q_2, \cdots, q_k)$$

作用于质点系中任意点 M_i 上的力在直角坐标上的投影等于势能对相应坐标的偏导数冠以负号，即

$$Fx_i = -\frac{\partial P}{\partial x_i}, \quad Fy_i = -\frac{\partial P}{\partial y_i}, \quad Fz_i = -\frac{\partial P}{\partial z_i} \tag{6.54}$$

由(6.28)式可得广义力

$$\begin{aligned} \boldsymbol{Q}_j &= -\sum_{i=1}^{n} \left(\frac{\partial P}{\partial x_i} \frac{\partial x_i}{\partial q_j} + \frac{\partial P}{\partial y_i} \frac{\partial y_i}{\partial q_j} + \frac{\partial P}{\partial z_i} \frac{\partial z_i}{\partial q_j} \right) \\ &= -\frac{\partial P}{\partial q_j} \quad (j = 1, 2, \cdots, k) \end{aligned} \tag{6.55}$$

因此拉格朗日方程又可写为

$$\frac{\mathrm{d}}{\mathrm{d}t} \frac{\partial K}{\partial \dot{q}_j} - \frac{\partial K}{\partial q_j} = -\frac{\partial P}{\partial q_j} \quad (j = 1, 2, \cdots, k) \tag{6.56}$$

因质点系的势能仅是广义坐标的函数，与广义坐标速度无关，所以 $\dfrac{\partial P}{\partial \dot{q}_j} = 0$，故(6.56)式又可写为

$$\frac{\mathrm{d}}{\mathrm{d}t} \frac{\partial L}{\partial \dot{q}_j} - \frac{\partial L}{\partial q_j} = 0 \quad (j = 1, 2, \cdots, k) \tag{6.57}$$

式中：

$$L = K - P \tag{6.58}$$

表示质点系的动能与势能之差，称为拉格朗日算子(拉格朗日函数或动势)，L 是 t 、q_j 和 $\dot{q}_j$ 的函数。(6.57)式是保守系统的拉格朗日方程。

如果作用在质点系上的主动力不仅是有势力，而且还有其他主动力，即

$$\boldsymbol{Q}_j = -\frac{\partial P}{\partial q_j} + \boldsymbol{F}_j \tag{6.59}$$

则更一般的拉格朗日方程为

$$\frac{\mathrm{d}}{\mathrm{d}t}\left(\frac{\partial L}{\partial \dot{q}_j}\right)-\frac{\partial L}{\partial q_j}=\boldsymbol{F}_j \quad (j=1,2,\cdots,k) \tag{6.60}$$

式中 $\boldsymbol{F}_j$ 也为广义力，它可以是力或力矩，主要取决于广义坐标的形式。这个方程后面将经常用到。

6.3 一个简单的例子

为说明拉格朗日方程如何应用于解决机器人机构动力学问题，现在看一个具体的例子。假定图 6.8 所示的两连杆机器人，两个连杆的质量分别为 m_1 和 m_2，各连杆的质量集中在端部。两个连杆的长度分别为 d_1 和 d_2，机器人直接悬挂在加速度为 g 的重力场中，广义坐标选为 θ_1 和 θ_2。

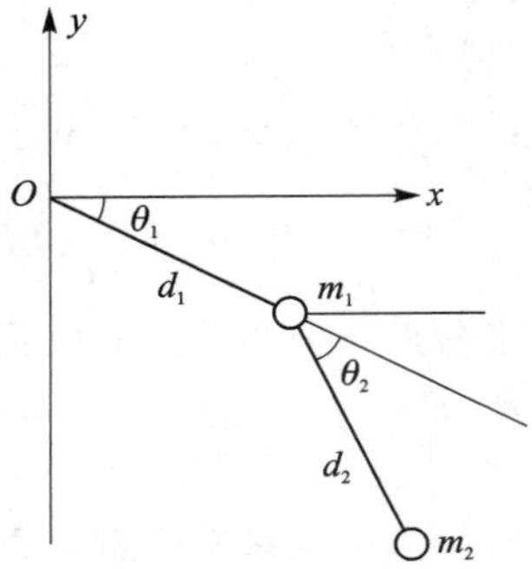

图 6.8　两连杆机器人

(1) 动能和位能

先计算动能。动能的一般表达式为 $K=\frac{1}{2}mv^2$。质量 m_1 的动能可直接写出为

$$K_1=\frac{1}{2}m_1d_1^2\dot{\theta}_1^2 \tag{6.61}$$

位能与质量的垂直高度有关，高度用 y 坐标表示，于是位能可直接写作

$$P_1=-m_1gd_1\sin\theta_1 \tag{6.62}$$

对于质量 m_2，先写出笛卡儿坐标位置的表达式，然后求其微分，以便得到速度。

$$x_2=d_1\cos\theta_1+d_2\cos(\theta_1+\theta_2) \tag{6.63}$$

$$y_2=-d_1\sin\theta_1-d_2\sin(\theta_1+\theta_2) \tag{6.64}$$

于是，速度的笛卡儿坐标分量为

$$\dot{x}_2=-d_1\sin\theta_1\cdot\dot{\theta}_1-d_2\sin(\theta_1+\theta_2)(\dot{\theta}_1+\dot{\theta}_2) \tag{6.65}$$

$$\dot{y}_2=-d_1\cos\theta_1\cdot\dot{\theta}_1-d_2\cos(\theta_1+\theta_2)(\dot{\theta}_1+\dot{\theta}_2) \tag{6.66}$$

速度的平方值为

$$\begin{aligned}v_2^2=&d_1^2\dot{\theta}_1^2+d_2^2(\dot{\theta}_1^2+2\dot{\theta}_1\dot{\theta}_2+\dot{\theta}_2^2)+\\&2d_1d_2\sin\theta_1\sin(\theta_1+\theta_2)(\dot{\theta}_1^2+\dot{\theta}_1\dot{\theta}_2)+\\&2d_1d_2\cos\theta_1\cos(\theta_1+\theta_2)(\dot{\theta}_1^2+\dot{\theta}_1\dot{\theta}_2)=\\&d_1^2\dot{\theta}_1^2+d_2^2(\dot{\theta}_1^2+2\dot{\theta}_1\dot{\theta}_2+\dot{\theta}_2^2)+2d_1d_2\cos\theta_2(\dot{\theta}_1^2+\dot{\theta}_1\dot{\theta}_2)\end{aligned} \tag{6.67}$$

从而 m_2 的动能为

$$\begin{aligned}K_2&=\frac{1}{2}m_2v_2^2\\&=\frac{1}{2}m_2d_1^2\cdot\dot{\theta}_1^2+\frac{1}{2}m_2d_2^2(\dot{\theta}_1^2+2\dot{\theta}_1\dot{\theta}_2+\dot{\theta}_2^2)+\\&\quad m_2d_1d_2\cos\theta_2(\dot{\theta}_1^2+\dot{\theta}_1\dot{\theta}_2)\end{aligned} \tag{6.68}$$

质量 m_2 的高度由(6.64)式给出，从而它的位能为

$$P_2 = -m_2 g d_1 \cdot \sin\theta_1 - m_2 g d_2 \sin(\theta_1 + \theta_2) \tag{6.69}$$

(2) 拉格朗日算子

拉格朗日算子 $L = K - P$ 可根据上面的推导求得

$$\begin{aligned} L &= K_1 + K_2 - P_1 - P_2 \\ &= \frac{1}{2}(m_1 + m_2) d_1^2 \dot{\theta}_1^2 + \frac{1}{2} m_2 d_2^2 (\dot{\theta}_1^2 + 2\dot{\theta}_1\dot{\theta}_2 + \dot{\theta}_2^2) + m_2 d_1 d_2 \cos\theta_2 (\dot{\theta}_1^2 + \dot{\theta}_1\dot{\theta}_2) + \\ &\quad (m_1 + m_2) g d_1 \sin\theta_1 + m_2 g d_2 \sin(\theta_1 + \theta_2) \end{aligned} \tag{6.70}$$

(3) 动力学方程

为了求得动力学方程，现在根据(6.60)式对拉格朗日算子进行微分，即

$$\begin{aligned} \frac{\partial L}{\partial \dot{\theta}_1} &= (m_1 + m_2) d_1^2 \dot{\theta}_1 + m_2 d_2^2 \dot{\theta}_1 + m_2 d_2^2 \dot{\theta}_2 + \\ &\quad 2m_2 d_1 d_2 \cos\theta_2 \cdot \dot{\theta}_1 + m_2 d_1 d_2 \cos\theta_2 \cdot \dot{\theta}_2 \end{aligned} \tag{6.71}$$

$$\begin{aligned} \frac{\mathrm{d}}{\mathrm{d}t}\frac{\partial L}{\partial \dot{\theta}_1} &= [(m_1 + m_2) d_1^2 + m_2 d_2^2 + 2m_2 d_1 d_2 \cos\theta_2] \ddot{\theta}_1 + \\ &\quad (m_2 d_2^2 + m_2 d_1 d_2 \cos\theta_2) \ddot{\theta}_2 - \\ &\quad 2m_2 d_1 d_2 \sin\theta_2 \cdot \dot{\theta}_1 \dot{\theta}_2 - m_2 d_1 d_2 \sin\theta_2 \cdot \dot{\theta}_2^2 \end{aligned} \tag{6.72}$$

$$\frac{\partial L}{\partial \theta_1} = (m_1 + m_2) g d_1 \cos\theta_1 + m_2 g d_2 \cos(\theta_1 + \theta_2) \tag{6.73}$$

根据(6.60)式，把(6.72)式与(6.73)式相减，就得到关节1的力矩为

$$\begin{aligned} F_1 = M_1 &= \frac{\mathrm{d}}{\mathrm{d}t}\left(\frac{\partial L}{\partial \dot{\theta}_1}\right) - \frac{\partial L}{\partial \theta_1} \\ &= [(m_1 + m_2) d_1^2 + m_2 d_2^2 + 2m_2 d_1 d_2 \cos\theta_2] \ddot{\theta}_1 + \\ &\quad (m_2 d_2^2 + m_2 d_1 d_2 \cos\theta_2) \ddot{\theta}_2 - \\ &\quad 2m_2 d_1 d_2 \sin\theta_2 \cdot \dot{\theta}_1 \dot{\theta}_2 - m_2 d_1 d_2 \sin\theta_2 \cdot \dot{\theta}_2^2 - \\ &\quad (m_1 + m_2) g d_1 \cos\theta_1 - m_2 g d_2 \cos(\theta_1 + \theta_2) \end{aligned} \tag{6.74}$$

把拉格朗日算子分别对 $\dot{\theta}_2$ 和 θ_2 求微分，进而得到关节2的力矩方程：

$$\frac{\partial L}{\partial \dot{\theta}_2} = m_2 d_2^2 \dot{\theta}_1 + m_2 d_2^2 \dot{\theta}_2 + m_2 d_1 d_2 \cos\theta_2 \cdot \dot{\theta}_1 \tag{6.75}$$

$$\frac{\mathrm{d}}{\mathrm{d}t}\left(\frac{\partial L}{\partial \dot{\theta}_2}\right) = m_2 d_2^2 \ddot{\theta}_1 + m_2 d_2^2 \ddot{\theta}_2 + m_2 d_1 d_2 \cos\theta_2 \cdot \ddot{\theta}_1 - m_2 d_1 d_2 \sin\theta_2 \cdot \dot{\theta}_1 \dot{\theta}_2 \tag{6.76}$$

$$\frac{\partial L}{\partial \theta_2} = -m_2 d_1 d_2 \sin\theta_2 (\dot{\theta}_1^2 + \dot{\theta}_1 \dot{\theta}_2) + m_2 g d_2 \cos(\theta_1 + \theta_2) \tag{6.77}$$

于是获得关节2的力矩为

$$\begin{aligned} F_2 = M_2 &= \frac{\mathrm{d}}{\mathrm{d}t}\left(\frac{\partial L}{\partial \dot{\theta}_2}\right) - \frac{\partial L}{\partial \theta_2} \\ &= (m_2 d_2^2 + m_2 d_1 d_2 \cos\theta_2) \ddot{\theta}_1 + m_2 d_2^2 \ddot{\theta}_2 + \end{aligned}$$

$$m_2 d_1 d_2 \sin\theta_2 \cdot \dot{\theta}_1^2 - m_2 g d_2 \cos(\theta_1+\theta_2) \tag{6.78}$$

(6.74)式和(6.78)式可简写合并成如下形式：

$$\left.\begin{aligned} M_1 &= D_{11}\cdot\ddot{\theta}_1 + D_{12}\ddot{\theta}_2 + D_{111}\dot{\theta}_1{}^2 + D_{122}\dot{\theta}_2{}^2 + D_{112}\dot{\theta}_1\dot{\theta}_2 + D_{121}\dot{\theta}_2\dot{\theta}_1 + D_1 \\ M_2 &= D_{21}\cdot\ddot{\theta}_1 + D_{22}\ddot{\theta}_2 + D_{211}\dot{\theta}_1{}^2 + D_{222}\dot{\theta}_2{}^2 + D_{212}\dot{\theta}_1\dot{\theta}_2 + D_{221}\dot{\theta}_2\dot{\theta}_1 + D_2 \end{aligned}\right\} \tag{6.79}$$

(6.79)式也可以写成矩阵形式，如下：

$$\begin{bmatrix} M_1 \\ M_2 \end{bmatrix} = \begin{bmatrix} D_{11} & D_{12} \\ D_{21} & D_{22} \end{bmatrix}\begin{bmatrix} \ddot{\theta}_1 \\ \ddot{\theta}_2 \end{bmatrix} + \begin{bmatrix} D_{111} & D_{122} \\ D_{211} & D_{222} \end{bmatrix}\begin{bmatrix} \dot{\theta}_1^2 \\ \dot{\theta}_2^2 \end{bmatrix} + \begin{bmatrix} D_{112} & D_{121} \\ D_{212} & D_{221} \end{bmatrix}\begin{bmatrix} \dot{\theta}^1\dot{\theta}^2 \\ \dot{\theta}^2\dot{\theta}_1 \end{bmatrix} + \begin{bmatrix} D^1 \\ D^2 \end{bmatrix} \tag{6.80}$$

下标的数字总是与相应的关节序号相关联。

在这些方程中，形式为 D_{ii} 的系数为关节 i 的等效惯量，因为关节 i 的一个加速度可使关节 i 产生一个力矩 $D_{ii}\ddot{\theta}$（参见 $\boldsymbol{F}=m\boldsymbol{a}$ 形式）。

形式为 D_{ij} 的系数称为关节 i 与 j 之间的耦合惯量，因为关节 i（或 j）的一个加速度 $\ddot{\theta}_i$（或 $\ddot{\theta}_j$），可使关节 j（或 i）或分别产生一个力矩 $D_{ij}\ddot{\theta}_i$（或 $D_{ji}\ddot{\theta}_j$）。

形式为 $D_{ijj}\dot{\theta}_j^2$ 的项是关于关节 j 的速度作用于关节 i 的向心力。

形式为 $D_{ijk}\dot{\theta}_j\dot{\theta}_k + D_{ikj}\dot{\theta}_k\dot{\theta}_j$ 的组合项，称为作用在关节 i 上的哥氏力，这是由于关节 i 和 k 的速度造成的结果。

形式为 D_i 的这一项，表示作用于关节 i 上的重力。

把方程(6.74)、方程(6.78)与方程(6.79)、方程(6.80)比较，就得到各项系数的值：

等效惯量系数 D_{ii}：

$$D_{11} = [(m_1+m_2)d_1{}^2 + m_2 d_2{}^2 + 2m_2 d_1 d_2\cos\theta_2] \tag{6.81}$$

$$D_{22} = m_2 d_2{}^2 \tag{6.82}$$

耦合惯量系数 D_{ij}：

$$D_{12} = D_{21} = m_2 d_2{}^2 + m_2 d_1 d_2 \cos\theta_2 \tag{6.83}$$

向心加速度系数 D_{ijj}：

$$D_{111} = 0 \tag{6.84}$$

$$D_{122} = -m_2 d_1 d_2 \sin\theta_2 \tag{6.85}$$

$$D_{211} = m_2 d_1 d_2 \sin\theta_2 \tag{6.86}$$

$$D_{222} = 0 \tag{6.87}$$

哥氏加速度系数 D_{ijk}、D_{ikj}：

$$D_{112} = D_{121} = -m_2 d_1 d_2 \sin\theta_2 \tag{6.88}$$

$$D_{212} = D_{221} = 0 \tag{6.89}$$

重力项系数 D_i：

$$D_1 = -(m_1+m_2)g d_1\cos\theta_1 + m_2 g d_2 \cos(\theta_1+\theta_2) \tag{6.90}$$

$$D_2 = -m_2 g d_2 \cos(\theta_1+\theta_2) \tag{6.91}$$

(4) 具体的简化例子

下面给上述例子赋予具体数值，并对在静止、无重力环境中的机械手求解方程(6.79)和方程(6.80)。求解分别在下列两种条件下进行：关节 2 处于锁定状态（$\ddot{\theta}_2=0$）和关节 2 处于自由状态($M_2=0$)。

在第一种条件下,重力项及与 $\ddot{\theta}_2=0$ 有关的项都为零,同时忽略与速度有关的力矩,于是方程(6.74)和方程(6.78)简化为

$$M_1=D_{11}\ddot{\theta}_1 \tag{6.92}$$

$$M_2=D_{21}\ddot{\theta}_1 \tag{6.93}$$

在第二种条件下,$M_2=0$,可由方程(6.80)解出 $\ddot{\theta}_2$,再把它代入方程(6.79),可得 M_1。

$$M_2=0=D_{21}\ddot{\theta}_1+D_{22}\ddot{\theta}_2$$

于是

$$\ddot{\theta}_2=-\frac{D_{21}}{D_{22}}\ddot{\theta}_1 \tag{6.94}$$

把它代入方程(6.79)中,注意到 $D_{12}=D_{21}$,得

$$M_1=\left[D_{11}-\frac{D_{12}^2}{D_{22}}\right]\ddot{\theta}_1 \tag{6.95}$$

若取 $d_1=d_2=1,m_1=2$。对于下面 3 个不同的 m_2 值,分别求出各个系数:$m_2=1$,表示一个机械手无负载情况;$m_2=4$,表示有负载;$m_2=100$,表示位于地球外部空间的一个有负载机械手。在地球外部空间,没有重力负载,可以允许非常大的工作负载。根据求得的系数和方程(6.92)和方程(6.95),将分别对应于关节 2 的锁定状态 I_l(即 D_{11})和自由状态 I_f $\left(为 D_{11}-\frac{D_{12}^2}{D_{22}}\right)$,计算关节 1 的惯量,如表 6.1 至表 6.3 所列。

表 6.1 $m_1=2,m_2=1,d_1=1,d_2=1$

θ_2	$\cos\theta_2$	D_{11}	D_{12}	D_{22}	I_l	I_f
0°	1	6	2	1	6	2
90°	0	4	1	1	4	3
180°	−1	2	0	1	2	2
270°	0	4	1	1	4	3

表 6.2 $m_1=2,m_2=4,d_1=1,d_2=1$

θ_2	$\cos\theta_2$	D_{11}	D_{12}	D_{22}	I_l	I_f
0°	1	18	8	4	18	2
90°	0	10	4	4	10	6
180°	−1	2	0	4	2	2
270°	0	10	4	4	10	6

表 6.3 $m_1=2, m_2=100, d_1=1, d_2=1$

θ_2	$\cos\theta_2$	D_{11}	D_{12}	D_{22}	I_l	I_f
0°	1	402	200	100	402	2
90°	0	202	100	100	202	102
180°	−1	2	0	100	2	2
270°	0	202	100	100	202	102

在表 6.1～表 6.3 中，靠右两列表明关节 1 的等效惯量。表 6.1 说明，对于无负载机械手，θ_2 从 0°变为 180°，在 I_l 情况下，等效惯量的变化为 3∶1；在 $\theta_2=0$ 时，等效惯量在 I_l 和 I_f 情况下的变化也为 3∶1。从表 6.2 可以看到，对于加载机械手，θ_2 从 0°变为 180°，在 I_l 情况下，等效惯量的变化为 9∶1，而机械手从空载变为满载，惯量变化为 1∶3。表 6.3 中，对于负载为 100 的外部空间机械手，机械手从空载变为满载，惯量的变化竟为 201∶1。这些惯量的变化情况，对于机械手的控制问题将有重要影响。

6.4 机器人动力学方程

下面将推导一套用 **A** 变换所描述的机械手的动力学方程。推导分五步进行：首先计算任意连杆上任意一点的速度；再计算它的动能；然后推导位能；形成拉格朗日算子，进而对其微分；最后得到动力学方程。

6.4.1 机械手臂上一点的速度

假定机器人的连杆 i 上有一个点 $\boldsymbol{r}_i$，它在基座坐标中的位置为

$$\boldsymbol{r} = {}^0_i\boldsymbol{T}\boldsymbol{r}_i \tag{6.96}$$

则它的速度为(参见机器人雅可比矩阵的求法)

$$\begin{aligned}\frac{\mathrm{d}\boldsymbol{r}}{\mathrm{d}t} &= \left(\sum_{j=1}^{i}\frac{\partial\, {}^0_i\boldsymbol{T}}{\partial q_j}\dot{q}_j\right)\boldsymbol{r}_i \\ &= \dot{r}_x\boldsymbol{i} + \dot{r}_y\boldsymbol{j} + \dot{r}_z\boldsymbol{k}\end{aligned} \tag{6.97}$$

速度的平方为

$$\begin{aligned}\left(\frac{\mathrm{d}\boldsymbol{r}}{\mathrm{d}t}\right)^2 &= \dot{\boldsymbol{r}}\cdot\dot{\boldsymbol{r}} \\ &= \dot{r}_x^2 + \dot{r}_y^2 + \dot{r}_z^2\end{aligned}$$

或者用矩阵形式表示为

$$\begin{aligned}\left(\frac{\mathrm{d}\boldsymbol{r}}{\mathrm{d}t}\right)^2 &= \mathrm{tr}(\dot{\boldsymbol{r}}\cdot\dot{\boldsymbol{r}}^{\mathrm{T}}) \\ &= \mathrm{tr}\begin{bmatrix}\boldsymbol{r}_x \\ \boldsymbol{r}_y \\ \boldsymbol{r}_z\end{bmatrix}\begin{bmatrix}\boldsymbol{r}_x & \boldsymbol{r}_y & \boldsymbol{r}_z\end{bmatrix}\end{aligned} \tag{6.98}$$

根据方程(6.97)也可得

$$\left(\frac{\mathrm{d}\boldsymbol{r}}{\mathrm{d}t}\right)^2=\mathrm{tr}\left[\sum_{j=1}^{i}\frac{\partial{}_i^0\boldsymbol{T}}{\partial q_j}\dot{q}_j\boldsymbol{r}_i\sum_{k=1}^{i}\left(\frac{\partial{}_i^0\boldsymbol{T}}{\partial q_k}\dot{q}_k\boldsymbol{r}_i\right)^{\mathrm{T}}\right]$$

$$=\mathrm{tr}\left[\sum_{j=1}^{i}\sum_{k=1}^{i}\frac{\partial{}_i^0\boldsymbol{T}}{\partial q_j}\boldsymbol{r}_i\boldsymbol{r}_i^{\mathrm{T}}\frac{\partial{}_i^0\boldsymbol{T}^{\mathrm{T}}}{\partial q_k}\dot{q}_j\dot{q}_k\right] \tag{6.99}$$

6.4.2　动　能

在连杆 i 上的 $\boldsymbol{r}_i$ 处，质量为 $\mathrm{d}m$ 的质点动能是

$$\mathrm{d}K_i=\frac{1}{2}\mathrm{tr}\left[\sum_{j=1}^{i}\sum_{k=1}^{i}\frac{\partial{}_i^0\boldsymbol{T}}{\partial q_j}\boldsymbol{r}_i\boldsymbol{r}_i^{\mathrm{T}}\frac{\partial{}_i^0\boldsymbol{T}^{\mathrm{T}}}{\partial q_k}\dot{q}_j\dot{q}_k\right]\mathrm{d}m$$

$$=\frac{1}{2}\mathrm{tr}\left[\sum_{j=1}^{i}\sum_{k=1}^{i}\frac{\partial{}_i^0\boldsymbol{T}}{\partial q_j}(\boldsymbol{r}_i\mathrm{d}m\boldsymbol{r}_i^{\mathrm{T}})\frac{\partial{}_i^0\boldsymbol{T}^{\mathrm{T}}}{\partial q_k}\dot{q}_j\dot{q}_k\right] \tag{6.100}$$

于是连杆的动能就是

$$K_i=\int_{\mathrm{link}i}\mathrm{d}K_i$$

$$=\frac{1}{2}\mathrm{tr}\left[\sum_{j=1}^{i}\sum_{k=1}^{i}\frac{\partial{}_i^0\boldsymbol{T}}{\partial q_j}\left(\int_{\mathrm{link}i}\boldsymbol{r}_i\boldsymbol{r}_i^{\mathrm{T}}\mathrm{d}m\right)\frac{\partial{}_i^0\boldsymbol{T}^{\mathrm{T}}}{\partial q_k}\dot{q}_j\dot{q}_k\right] \tag{6.101}$$

(6.101)式中的积分称为伪惯量矩阵$\boldsymbol{J}_i$，可由下式确定：

$$\boldsymbol{J}_i=\int_{\mathrm{link}i}\boldsymbol{r}_i\boldsymbol{r}_i^{\mathrm{T}}\mathrm{d}m=\int_i\boldsymbol{r}_i\boldsymbol{r}_i^{\mathrm{T}}\mathrm{d}m$$

$$=\begin{pmatrix}\int_i x_i^2\mathrm{d}m & \int_i x_iy_i\mathrm{d}m & \int_i x_iz_i\mathrm{d}m & \int_i x_i\mathrm{d}m\\ \int_i x_iy_i\mathrm{d}m & \int_i y_i^2\mathrm{d}m & \int_i y_iz_i\mathrm{d}m & \int_i y_i\mathrm{d}m\\ \int_i x_iz_i\mathrm{d}m & \int_i y_iz_i\mathrm{d}m & \int_i z_i^2\mathrm{d}m & \int_i z_i\mathrm{d}m\\ \int_i x_i\mathrm{d}m & \int_i y_i\mathrm{d}m & \int_i z_i\mathrm{d}m & \int_i \mathrm{d}m\end{pmatrix} \tag{6.102}$$

回顾一下惯性矩(转动惯量)、惯量叉积和物体的一阶矩的定义，它们为

$$I_{xx}=\int(y^2+z^2)\mathrm{d}m,\quad I_{yy}=\int(x^2+z^2)\mathrm{d}m,\quad I_{zz}=\int(x^2+y^2)\mathrm{d}m,$$

$$I_{xy}=\int xy\mathrm{d}m,\quad I_{xz}=\int xz\mathrm{d}m,\quad I_{yz}=\int yz\mathrm{d}m,$$

$$m\bar{x}=\int x\mathrm{d}m,\quad m\bar{y}=\int y\mathrm{d}m,\quad m\bar{z}=\int z\mathrm{d}m$$

从而

$$\int x^2\mathrm{d}m=-\frac{1}{2}\int(y^2+z^2)\mathrm{d}m+\frac{1}{2}\int(x^2+z^2)\mathrm{d}m+\frac{1}{2}\int(x^2+y^2)\mathrm{d}m$$

$$=(-I_{xx}+I_{yy}+I_{zz})/2 \tag{6.103}$$

$$\int y^2\mathrm{d}m=\frac{1}{2}\int(y^2+z^2)\mathrm{d}m-\frac{1}{2}\int(x^2+z^2)\mathrm{d}m+\frac{1}{2}\int(x^2+y^2)\mathrm{d}m$$

$$=(I_{xx}-I_{yy}+I_{zz})/2 \tag{6.104}$$

$$\int z^2\mathrm{d}m=\frac{1}{2}\int(y^2+z^2)\mathrm{d}m+\frac{1}{2}\int(x^2+z^2)\mathrm{d}m-\frac{1}{2}\int(x^2+y^2)\mathrm{d}m$$

$$=(I_{xx}+I_{yy}-I_{zz})/2 \tag{6.105}$$

于是，$\boldsymbol{J}_i$ 就可表示为

$$\boldsymbol{J}_i=\begin{pmatrix} \dfrac{-I_{ixx}+I_{iyy}+I_{izz}}{2} & I_{ixy} & I_{ixz} & m_i\bar{x}_i \\ I_{ixy} & \dfrac{I_{ixx}-I_{iyy}+I_{izz}}{2} & I_{iyz} & m_i\bar{y}_i \\ I_{ixy} & I_{iyz} & \dfrac{I_{ixx}+I_{iyy}-I_{izz}}{2} & m_i\bar{z}_i \\ m_i\bar{x}_i & m_i\bar{y}_i & m_i\bar{z}_i & m_i \end{pmatrix} \tag{6.106}$$

因而具有 6 个自由度机器人的总动能为

$$K=\sum_{i=1}^{6}K_i=\frac{1}{2}\sum_{i=1}^{6}\mathrm{tr}\left(\sum_{j=1}^{i}\sum_{k=1}^{i}\frac{\partial {}_i^0\boldsymbol{T}}{\partial q_j}\boldsymbol{J}_i\frac{\partial {}_i^0\boldsymbol{T}^{\mathrm{T}}}{\partial q_k}\dot{q}_j\dot{q}_k\right) \tag{6.107}$$

上面这个方程表示了机器人机构的动能，但它还有另外一个重要组成部分，即各关节传动机构的动能。通过传动机构的惯性以及有关的关节速度表示出这部分动能，即

$$K_{\mathrm{act},i}=\frac{1}{2}\boldsymbol{I}_{ai}q_i^2$$

其中，$\boldsymbol{I}_{ai}$ 为第 i 个传动机构的惯量。在棱柱关节的情况下，$\boldsymbol{I}_{ai}$ 成为一个等效惯量。

把 tr 运算与求和相互交换一下，再加上传动机构的动能部分，最后得到机器人的动能为

$$K=\frac{1}{2}\sum_{i=1}^{6}\sum_{j=1}^{i}\sum_{k=1}^{i}\mathrm{tr}\left(\frac{\partial {}_i^0\boldsymbol{T}}{\partial q_j}\boldsymbol{J}_i\ \frac{\partial {}_i^0\boldsymbol{T}^{\mathrm{T}}}{\partial q_k}\right)\dot{q}_j\dot{q}_k+\frac{1}{2}\sum_{i=1}^{6}\boldsymbol{I}_{ai}\dot{q}_i^2 \tag{6.108}$$

6.4.3 势　能

在重力场 g 中，一个物体的质量为 m，位于某个参考零点之上的高度为 h，它的势能为

$$P=mgh \tag{6.109}$$

如果由重力引起的加速度表示为矢量 $\boldsymbol{g}$，物体质心的位置表示为矢量 $\boldsymbol{r}$，那么(6.109)式就变为

$$P=-m\boldsymbol{g}^{\mathrm{T}}\boldsymbol{r} \tag{6.110}$$

其中，

$$\boldsymbol{g}^{\mathrm{T}}=(g_x,g_y,g_z,0) \tag{6.111}$$

例如在重力场中，$\boldsymbol{g}=0\boldsymbol{i}+0\boldsymbol{j}-32.2\boldsymbol{k}$，$\boldsymbol{r}=10\boldsymbol{i}+20\boldsymbol{j}+30\boldsymbol{k}$，由(6.110)式可知，位于 $\boldsymbol{r}$ 的顶点处的质量 $m=1$ 的物体具有位能 966。

如果连杆 i 的质心用矢量$\boldsymbol{r}_i$ 表示，则它相对于坐标系${}_i^0\boldsymbol{T}$ 的位能为

$$P_i=-m_i\boldsymbol{g}^{\mathrm{T}}{}_i^0\boldsymbol{T}\boldsymbol{r}_i \tag{6.112}$$

其中，

$$\boldsymbol{g}^{\mathrm{T}}=(g_x,g_y,g_z,0)$$

因为传动装置的重力 P_{ai} 作用比较小，可忽略不计，从而机器人的总位能为

$$P=-\sum_{i=1}^{6}m_i\boldsymbol{g}^{\mathrm{T}}{}_i^0\boldsymbol{T}\boldsymbol{r}_i \tag{6.113}$$

6.4.4 拉格朗日算子

由(6.108)式和(6.113)式得到 K 和 P，可形成拉格朗日算子 $L=K-P$。

$$L=\frac{1}{2}\sum_{i=1}^{6}\sum_{j=1}^{i}\sum_{k=1}^{i}\operatorname{tr}\left(\frac{\partial_{i}^{0}\boldsymbol{T}}{\partial q_{j}}\boldsymbol{J}_{i}\ \frac{\partial_{i}^{0}\boldsymbol{T}^{\mathrm{T}}}{\partial q_{k}}\right)\dot{q}_{j}\dot{q}_{k}+\frac{1}{2}\sum_{i=1}^{6}\boldsymbol{I}_{ai}\dot{q}_{i}^{2}+\sum_{i=1}^{6}m_{i}\boldsymbol{g}^{\mathrm{T}}{}_{i}^{0}\boldsymbol{T}\boldsymbol{r}_{i} \tag{6.114}$$

应用欧拉-拉格朗日方程

$$F_{i}=\frac{\mathrm{d}}{\mathrm{d}t}\left(\frac{\partial L}{\partial\dot{q}_{i}}\right)-\frac{\partial L}{\partial q_{i}} \tag{6.115}$$

就可以求得动力学方程。

6.4.5 动力学方程

先完成方程(6.115)中第一个微分，即

$$\frac{\partial L}{\partial\dot{q}_{p}}=\frac{1}{2}\sum_{i=1}^{6}\sum_{k=1}^{i}\operatorname{tr}\left(\frac{\partial_{i}^{0}\boldsymbol{T}}{\partial q_{p}}\boldsymbol{J}_{i}\ \frac{\partial_{i}^{0}\boldsymbol{T}^{\mathrm{T}}}{\partial q_{k}}\right)\dot{q}_{k}+\frac{1}{2}\sum_{i=1}^{6}\sum_{j=1}^{i}\operatorname{tr}\left(\frac{\partial_{i}^{0}\boldsymbol{T}}{\partial q_{j}}\boldsymbol{J}_{i}\ \frac{\partial_{i}^{0}\boldsymbol{T}^{\mathrm{T}}}{\partial q_{p}}\right)\dot{q}_{j}+\boldsymbol{I}_{ap}\dot{q}_{p} \tag{6.116}$$

把第一项中的导数换成(注意，矩阵的转置不影响对其的 tr 运算)

$$\operatorname{tr}\left(\frac{\partial_{i}^{0}\boldsymbol{T}}{\partial q_{p}}\boldsymbol{J}_{i}\ \frac{\partial_{i}^{0}\boldsymbol{T}^{\mathrm{T}}}{\partial q_{k}}\right)=\operatorname{tr}\left(\frac{\partial_{i}^{0}\boldsymbol{T}}{\partial q_{p}}\boldsymbol{J}_{i}\ \frac{\partial_{i}^{0}\boldsymbol{T}^{\mathrm{T}}}{\partial q_{k}}\right)^{\mathrm{T}}=\operatorname{tr}\left(\frac{\partial_{i}^{0}\boldsymbol{T}}{\partial q_{k}}\boldsymbol{J}_{i}\ \frac{\partial_{i}^{0}\boldsymbol{T}^{\mathrm{T}}}{\partial q_{p}}\right)$$

再把(6.116)式中第二项虚标号 j 变成 k，就得到

$$\frac{\partial L}{\partial\dot{q}_{p}}=\sum_{i=1}^{6}\sum_{k=1}^{i}\operatorname{tr}\left(\frac{\partial_{i}^{0}\boldsymbol{T}}{\partial q_{k}}\boldsymbol{J}_{i}\ \frac{\partial_{i}^{0}\boldsymbol{T}^{\mathrm{T}}}{\partial q_{p}}\right)\dot{q}_{k}+\boldsymbol{I}_{ap}\dot{q}_{p} \tag{6.117}$$

因为当 $i<p$ 时，总会有$\frac{\partial_{i}^{0}\boldsymbol{T}}{\partial q_{p}}=0$，所以最后得到

$$\frac{\partial L}{\partial\dot{q}_{p}}=\sum_{i=p}^{6}\sum_{k=1}^{i}\operatorname{tr}\left(\frac{\partial_{i}^{0}\boldsymbol{T}}{\partial q_{k}}\boldsymbol{J}_{i}\ \frac{\partial_{i}^{0}\boldsymbol{T}^{\mathrm{T}}}{\partial q_{p}}\right)\dot{q}_{k}+\boldsymbol{I}_{ap}\dot{q}_{p} \tag{6.118}$$

现在求(6.118)式对时间的微分(注意，矩阵的转置不影响对其的 tr 运算)：

$$\begin{aligned}\frac{\mathrm{d}}{\mathrm{d}t}\left(\frac{\partial L}{\partial\dot{q}_{P}}\right)=&\sum_{i=p}^{6}\sum_{k=1}^{i}\operatorname{tr}\left(\frac{\partial_{i}^{0}\boldsymbol{T}}{\partial q_{k}}\boldsymbol{J}_{i}\ \frac{\partial_{i}^{0}\boldsymbol{T}^{\mathrm{T}}}{\partial q_{P}}\right)\ddot{q}_{k}+\boldsymbol{I}_{ap}\ddot{q}_{p}+\\&\sum_{i=p}^{6}\sum_{k=1}^{i}\sum_{m=1}^{i}\operatorname{tr}\left(\frac{\partial^{2}{}_{i}^{0}\boldsymbol{T}}{\partial q_{k}\cdot\partial q_{m}}\boldsymbol{J}_{i}\ \frac{\partial_{i}^{0}\boldsymbol{T}^{\mathrm{T}}}{\partial q_{p}}\right)\dot{q}_{k}\dot{q}_{m}+\\&\sum_{i=p}^{6}\sum_{k=1}^{i}\sum_{m=1}^{i}\operatorname{tr}\left(\frac{\partial^{2}{}_{i}^{0}\boldsymbol{T}}{\partial q_{p}\partial q_{m}}\boldsymbol{J}_{i}\ \frac{\partial_{i}^{0}\boldsymbol{T}^{\mathrm{T}}}{\partial q_{k}}\right)\dot{q}_{k}\dot{q}_{m}\end{aligned} \tag{6.119}$$

欧拉-拉格朗日方程的最后一项是

$$\begin{aligned}\frac{\partial L}{\partial q_{p}}=&\frac{1}{2}\sum_{i=p}^{6}\sum_{j=1}^{i}\sum_{k=1}^{i}\operatorname{tr}\left(\frac{\partial^{2}{}_{i}^{0}\boldsymbol{T}}{\partial q_{j}\partial q_{p}}\boldsymbol{J}_{i}\ \frac{\partial_{i}^{0}\boldsymbol{T}^{\mathrm{T}}}{\partial q_{k}}\right)\dot{q}_{j}\dot{q}_{k}+\\&\frac{1}{2}\sum_{i=p}^{6}\sum_{j=1}^{i}\sum_{k=1}^{i}\operatorname{tr}\left(\frac{\partial^{2}{}_{i}^{0}\boldsymbol{T}}{\partial q_{k}\partial q_{p}}\boldsymbol{J}_{i}\ \frac{\partial_{i}^{0}\boldsymbol{T}^{\mathrm{T}}}{\partial q_{j}}\right)\dot{q}_{j}\dot{q}_{k}+\sum_{i=p}^{6}m_{i}\boldsymbol{g}^{\mathrm{T}}\frac{\partial_{i}^{0}\boldsymbol{T}}{\partial q_{p}}\cdot{}_{i}^{i}\boldsymbol{r}\end{aligned} \tag{6.120}$$

将(6.120)式第二项中的求和运算中的虚标号 j 和 k 互换一下，再把第二项与第一项合并，就得到

$$\frac{\partial L}{\partial q_{p}}=\sum_{i=p}^{6}\sum_{j=1}^{i}\sum_{k=1}^{i}\operatorname{tr}\left(\frac{\partial^{2}{}_{i}^{0}\boldsymbol{T}}{\partial q_{p}\partial q_{j}}\boldsymbol{J}_{i}\ \frac{\partial_{i}^{0}\boldsymbol{T}^{\mathrm{T}}}{\partial q_{k}}\right)\dot{q}_{j}\dot{q}_{k}+$$

$$\sum_{i=p}^{6} m_i \boldsymbol{g}^{\mathrm{T}} \frac{\partial_i^0 \boldsymbol{T}}{\partial q_p} \cdot {}_i^i \boldsymbol{r} \tag{6.121}$$

按照方程(6.115)，把(6.119)式减去(6.121)式，再把(6.121)式中求和运算虚标号 j 换成 m，这样，(6.121)式的第一项就与(6.119)式中的第三项对消，得到

$$\begin{aligned}\boldsymbol{F}_p &= \frac{\mathrm{d}}{\mathrm{d}t}\left(\frac{\partial L}{\partial \dot{q}_p}\right) - \frac{\partial L}{\partial q_p} \\ &= \sum_{i=p}^{6}\sum_{k=1}^{i} \mathrm{tr}\left(\frac{\partial_i^0 \boldsymbol{T}}{\partial q_k} \boldsymbol{J}_i \frac{\partial_i^0 \boldsymbol{T}^{\mathrm{T}}}{\partial q_P}\right) \ddot{q}_k + \boldsymbol{I}_{ap} \ddot{q}_p + \\ &\quad \sum_{i=p}^{6}\sum_{k=1}^{i}\sum_{m=1}^{i} \mathrm{tr}\left(\frac{\partial^2 {}_i^0 \boldsymbol{T}}{\partial q_k \partial q_m} \boldsymbol{J}_i \frac{\partial_i^0 \boldsymbol{T}^{\mathrm{T}}}{\partial q_p}\right) \dot{q}_k \dot{q}_m - \sum_{i=p}^{6} m_i \boldsymbol{g}^{\mathrm{T}} \frac{\partial_i^0 \boldsymbol{T}}{\partial q_p} \cdot {}_i^i \boldsymbol{r}\end{aligned} \tag{6.122}$$

最后，把求和运算的虚标号 p 和 i 分别换成 i 和 j，就得到动力学方程：

$$\begin{aligned}\boldsymbol{F}_i &= \sum_{j=i}^{6}\sum_{k=1}^{j} \mathrm{tr}\left(\frac{\partial_j^0 \boldsymbol{T}}{\partial q_k} \boldsymbol{J}_j \frac{\partial_j^0 \boldsymbol{T}^{\mathrm{T}}}{\partial q_i}\right) \ddot{q}_k + \boldsymbol{I}_{ai} \ddot{q}_i + \\ &\quad \sum_{j=i}^{6}\sum_{k=1}^{j}\sum_{m=1}^{j} \mathrm{tr}\left(\frac{\partial^2 {}_j^0 \boldsymbol{T}}{\partial q_k \partial q_m} \boldsymbol{J}_j \frac{\partial_j^0 \boldsymbol{T}^{\mathrm{T}}}{\partial q_i}\right) \dot{q}_k \dot{q}_m - \sum_{j=i}^{6} m_j \boldsymbol{g}^{\mathrm{T}} \frac{\partial_j^0 \boldsymbol{T}}{\partial q_i} \cdot {}_j^j \boldsymbol{r}\end{aligned} \tag{6.123}$$

这些方程与求和的次序是无关的，所以可把(6.123)式重写为

$$F_i = \sum_{k=1}^{6} D_{ik} \ddot{q}_k + \boldsymbol{I}_{ai} \ddot{q}_i + \sum_{k=1}^{6}\sum_{m=1}^{6} D_{ikm} \dot{q}_k \dot{q}_m + D_i \tag{6.124}$$

其中，

$$D_{ik} = \sum_{j=\max(i,k)}^{6} \mathrm{tr}\left(\frac{\partial_p^0 \boldsymbol{T}}{\partial q_j} \boldsymbol{I}_p \frac{\partial_p^0 \boldsymbol{T}^{\mathrm{T}}}{\partial q_i}\right) \tag{6.125}$$

$$D_{ikm} = \sum_{j=\max(i,k,m)}^{6} \mathrm{tr}\left(\frac{\partial^2 {}_p^0 \boldsymbol{T}}{\partial q_j \partial q_k} \boldsymbol{J}_p \frac{\partial_p^0 \boldsymbol{T}^{\mathrm{T}}}{\partial q_i}\right) \tag{6.126}$$

$$D_i = \sum_{j=i}^{6} - m_j \boldsymbol{g}^{\mathrm{T}} \frac{\partial_j^0 \boldsymbol{T}}{\partial q_i} \cdot {}_j^j \boldsymbol{r} \tag{6.127}$$

上面公式与在6.3节得到的那些公式在形式上高度相似。其中，形式为 D_{ii} 的项表示关节 i 的等效惯量；形式为 D_{ik} 的项表示关节 i 和关节 k 之间的耦合惯量；形式为 D_{iki} 的项表示由于关节 k 的速度所造成的作用在关节 i 上的向心力；形式为 D_{ikm} 的项表示由于关节 k 和关节 m 的速度所造成的作用在关节 i 上的哥氏力；最后，形式为 D_i 的项表示作用在关节 i 上的重力负载。

惯量项和重力项在机器人的控制中特别重要，因为它们影响到伺服稳定性和位置精度。向心力和哥氏力仅当机器人高速运动时才有意义，否则它造成的误差很小。因为传动机构的惯量 $\boldsymbol{I}_{ai}$ 相对于机械臂的等效惯量往往是很大的，因而会相对地减少机械臂等效惯量 D_{ii} 项的作用。

6.4.6 动力学方程的简化

参照机器人连杆变换矩阵(3.123)式，对于旋转关节，广义坐标 q_i 为关节转角 θ_i，因而 ${}^{i-1}_{i}\boldsymbol{T}$ 对 θ_i 的导数为

$$\frac{\partial({}^{i-1}_{i}\boldsymbol{T})}{\partial \theta_i} = \frac{\partial \boldsymbol{A}_i}{\partial \theta_i} = \frac{\partial}{\partial \theta_i}\begin{bmatrix}\cos\theta_i & -\sin\theta_i\cos\alpha_i & \sin\theta_i\sin\alpha_i & a_i\cos\theta_i \\ \sin\theta_i & \cos\theta_i\cos\alpha_i & -\cos\theta_i\sin\alpha_i & a_i\sin\theta_i \\ 0 & \sin\alpha_i & \cos\alpha_i & d_i \\ 0 & 0 & 0 & 1\end{bmatrix}$$

$$
= \begin{bmatrix} -\sin\theta_i & -\cos\theta_i\cos\alpha_i & \cos\theta_i\sin\alpha_i & -a_i\sin\theta_i \\ \cos\theta_i & -\sin\theta_i\cos\alpha_i & \sin\theta_i\sin\alpha_i & a_i\cos\theta_i \\ 0 & 0 & 0 & 0 \\ 0 & 0 & 0 & 0 \end{bmatrix}
$$

$$
= \begin{bmatrix} 0 & -1 & 0 & 0 \\ 1 & 0 & 0 & 0 \\ 0 & 0 & 0 & 0 \\ 0 & 0 & 0 & 0 \end{bmatrix} \begin{bmatrix} \cos\theta_i & -\sin\theta_i\cos\alpha_i & \sin\theta_i\sin\alpha_i & a_i\cos\theta_i \\ \sin\theta_i & \cos\theta_i\cos\alpha_i & -\cos\theta_i\sin\alpha_i & a_i\sin\theta_i \\ 0 & \sin\alpha_i & \cos\alpha_i & d_i \\ 0 & 0 & 0 & 1 \end{bmatrix}
$$

$$
= \boldsymbol{Q}_i\,{}^{i-1}_{\ \ i}\boldsymbol{T} = \boldsymbol{Q}_i\boldsymbol{A}_i \tag{6.128}
$$

对于移动关节，广义坐标 q_i 为移动关节位移 d_i，因而${}^{i-1}_{\ \ i}\boldsymbol{T}$ 对 d_i 的导数为

$$
\frac{\partial({}^{i-1}_{\ \ i}\boldsymbol{T})}{\partial d_i} = \frac{\partial \boldsymbol{A}_i}{\partial \theta_i} = \frac{\partial}{\partial d_i}\begin{bmatrix} \cos\theta_i & -\sin\theta_i\cos\alpha_i & \sin\theta_i\sin\alpha_i & a_i\cos\theta_i \\ \sin\theta_i & \cos\theta_i\cos\alpha_i & -\cos\theta_i\sin\alpha_i & a_i\sin\theta_i \\ 0 & \sin\alpha_i & \cos\alpha_i & d_i \\ 0 & 0 & 0 & 1 \end{bmatrix} = \begin{bmatrix} 0 & 0 & 0 & 0 \\ 0 & 0 & 0 & 0 \\ 0 & 0 & 0 & 1 \\ 0 & 0 & 0 & 0 \end{bmatrix}
$$

$$
= \begin{bmatrix} 0 & 0 & 0 & 0 \\ 0 & 0 & 0 & 0 \\ 0 & 0 & 0 & 1 \\ 0 & 0 & 0 & 0 \end{bmatrix} \begin{bmatrix} \cos\theta_i & -\sin\theta_i\cos\alpha_i & \sin\theta_i\sin\alpha_i & a_i\cos\theta_i \\ \sin\theta_i & \cos\theta_i\cos\alpha_i & -\cos\theta_i\sin\alpha_i & a_i\sin\theta_i \\ 0 & \sin\alpha_i & \cos\alpha_i & d_i \\ 0 & 0 & 0 & 1 \end{bmatrix}
$$

$$
= \boldsymbol{Q}_i\,{}^{i-1}_{\ \ i}\boldsymbol{T} = \boldsymbol{Q}_i\boldsymbol{A}_i \tag{6.129}
$$

在(6.128)式和(6.129)式中，$\boldsymbol{Q}_i$ 为常数矩阵，此处有

对于转动关节，

$$
\boldsymbol{Q}_i = \begin{bmatrix} 0 & -1 & 0 & 0 \\ 1 & 0 & 0 & 0 \\ 0 & 0 & 0 & 0 \\ 0 & 0 & 0 & 0 \end{bmatrix}
$$

对于移动关节，

$$
\boldsymbol{Q}_i = \begin{bmatrix} 0 & 0 & 0 & 0 \\ 0 & 0 & 0 & 0 \\ 0 & 0 & 0 & 1 \\ 0 & 0 & 0 & 0 \end{bmatrix} \tag{6.130}
$$

用 q_i 代表关节变量(θ_1、θ_2…用于转动关节，d_1、d_2…用于移动关节)，将同样的求导法则推广到带有多个关节变量(θ 和 d)的矩阵${}^0_i\boldsymbol{T}$，仅对其中一个变量 q_j 求导可得

$$
\boldsymbol{U}_{ij} = \frac{\partial\,{}^0_i\boldsymbol{T}}{\partial q_j} = \frac{\partial(\boldsymbol{A}_1\boldsymbol{A}_2\cdots\boldsymbol{A}_j\cdots\boldsymbol{A}_i)}{\partial q_j}
$$

$$
= \begin{cases} \boldsymbol{A}_1\boldsymbol{A}_2\cdots\boldsymbol{Q}_j\boldsymbol{A}_j\cdots\boldsymbol{A}_i = {}^{0}_{j-1}\boldsymbol{T}\boldsymbol{Q}_j\,{}^{j-1}_{\ \ i}\boldsymbol{T}, & j \leqslant i \\ 0, & j > i \end{cases} \tag{6.131}
$$

注意，由于${}^0_i\boldsymbol{T}$ 仅对一个变量 q_j 求导，所以表达式中只有一个$\boldsymbol{Q}_j$。高阶导数可类似地用下式求得

$$U_{ijk}=\frac{\partial U_{ij}}{\partial q_k}=\frac{\partial^2({}^0_iT)}{\partial q_j\partial q_k}=\begin{cases}{}^{0}_{j-1}T\cdot Q_j\cdot{}^{j-1}_{k-1}T\cdot Q_k\cdot{}^{k-1}_{i}T, & i\geqslant k\geqslant j\\ {}^{0}_{k-1}T\cdot Q_k\cdot{}^{k-1}_{j-1}T\cdot Q_j\cdot{}^{j-1}_{i}T, & i\geqslant j\geqslant k\\ 0, & i<j,i<k\end{cases}\tag{6.132}$$

下面举例说明如何应用上述方法。

例 6.1 求斯坦福机械臂第 5 连杆相对基座坐标系的变换矩阵对第 2 关节和第 3 关节变量的导数表达式。

解：斯坦福机械臂是一种球坐标结构机器人，其第 2 关节是转动关节，第 3 关节是移动关节。于是

$$^0_5T=A_1A_2A_3A_4A_5$$

$$U_{52}=\frac{\partial^0_5T}{\partial\theta_2}=A_1Q_2A_2A_3A_4A_5$$

$$U_{53}=\frac{\partial^0_5T}{\partial d_3}=A_1A_2Q_3A_3A_4A_5$$

其中，Q_2 和Q_3 的定义分别见式(6.130)。

例 6.2 求斯坦福机械臂中U_{635} 的表达式。

解：

$$^0_6T=A_1A_2A_3A_4A_5A_6$$

$$U_{63}=\frac{\partial^0_6T}{\partial d_3}=A_1A_2Q_3A_3A_4A_5A_6$$

$$U_{635}=\frac{\partial U_{63}}{\partial q_5}=\frac{\partial(A_1A_2Q_3A_3A_4A_5A_6)}{\partial q_5}=A_1A_2Q_3A_3A_4Q_5A_5A_6$$

使用上述符号代替式(6.123)中的相应部分，可得机器人的动力学方程为

$$F_i=\frac{d}{dt}\left[\frac{\partial L}{\partial\dot q_i}\right]-\frac{\partial L}{\partial q_i}=\sum_{j=i}^{6}\sum_{k=1}^{j}\mathrm{tr}(U_{jk}J_jU_{ji}^{\mathrm T})\ddot q_k+I_{ai}\ddot q_i+$$

$$\sum_{j=i}^{6}\sum_{k=1}^{j}\sum_{m=1}^{j}\mathrm{tr}(U_{jkm}J_jU_{ji}^{\mathrm T})\dot q_k\dot q_m-\sum_{j=i}^{6}m_jg^{\mathrm T}U_{ji}\cdot{}^j_jr\tag{6.133}$$

若机器人的自由度不是 6 个而是 n 个，则将(6.133)式中的 6 换成 n 即可。还可以将式(6.133)简化为矩阵符号形式：

$$F_i=\sum_{k=1}^{n}D_{ik}\ddot q_k+I_{ai}\ddot q_i+\sum_{k=1}^{n}\sum_{m=1}^{n}D_{ikm}\dot q_k\dot q_m+D_i\tag{6.134}$$

其中，

$$D_{ik}=\sum_{j=\max(i,k)}^{n}\mathrm{tr}(U_{jk}J_jU_{ji}^{\mathrm T})\tag{6.135}$$

$$D_{ikm}=\sum_{j=\max(i,k,m)}^{n}\mathrm{tr}(U_{jkm}J_jU_{ji}^{\mathrm T})\tag{6.136}$$

$$D_i=\sum_{j=i}^{n}-m_jg^{\mathrm T}U_{ji}\cdot{}^j_jr\tag{6.137}$$

对于一个 6 轴转动关节的机器人，方程(6.133)可展开如下：

$$F_i=D_{i1}\ddot\theta_1+D_{i2}\ddot\theta_2+D_{i3}\ddot\theta_3+D_{i4}\ddot\theta_4+D_{i5}\ddot\theta_5+D_{i6}\ddot\theta_6+I_{ai}\ddot\theta_i+$$

$$D_{i11}\dot\theta_1^{\,2}+D_{i22}\dot\theta_2^{\,2}+D_{i33}\dot\theta_3^{\,2}+D_{i44}\dot\theta_4^{\,2}+D_{i55}\dot\theta_5^{\,2}+D_{i66}\dot\theta_6^{\,2}+$$

$$
\begin{aligned}
&D_{i12}\dot{\theta}_1\dot{\theta}_2+D_{i13}\dot{\theta}_1\dot{\theta}_3+D_{i14}\dot{\theta}_1\dot{\theta}_4+D_{i15}\dot{\theta}_1\dot{\theta}_5+D_{i16}\dot{\theta}_1\dot{\theta}_6+\\
&D_{i21}\dot{\theta}_2\dot{\theta}_1+D_{i23}\dot{\theta}_2\dot{\theta}_3+D_{i24}\dot{\theta}_2\dot{\theta}_4+D_{i25}\dot{\theta}_2\dot{\theta}_5+D_{i26}\dot{\theta}_2\dot{\theta}_6+\\
&D_{i31}\dot{\theta}_3\dot{\theta}_1+D_{i32}\dot{\theta}_3\dot{\theta}_2+D_{i34}\dot{\theta}_3\dot{\theta}_4+D_{i35}\dot{\theta}_3\dot{\theta}_5+D_{i36}\dot{\theta}_3\dot{\theta}_6+\\
&D_{i41}\dot{\theta}_4\dot{\theta}_1+D_{i42}\dot{\theta}_4\dot{\theta}_2+D_{i43}\dot{\theta}_4\dot{\theta}_3+D_{i45}\dot{\theta}_4\dot{\theta}_5+D_{i46}\dot{\theta}_4\dot{\theta}_6+\\
&D_{i51}\dot{\theta}_5\dot{\theta}_1+D_{i52}\dot{\theta}_5\dot{\theta}_2+D_{i53}\dot{\theta}_5\dot{\theta}_3+D_{i54}\dot{\theta}_5\dot{\theta}_4+D_{i56}\dot{\theta}_5\dot{\theta}_6+\\
&D_{i61}\dot{\theta}_6\dot{\theta}_1+D_{i62}\dot{\theta}_6\dot{\theta}_2+D_{i63}\dot{\theta}_6\dot{\theta}_3+D_{i64}\dot{\theta}_6\dot{\theta}_4+D_{i65}\dot{\theta}_6\dot{\theta}_5+D_i
\end{aligned}
\tag{6.138}
$$

注意，在(6.138)式中有两项带有 $\dot{\theta}_1\dot{\theta}_2$，相应的两个系数是 D_{i21} 和 D_{i12}，为了解这些项具有怎样的形式，下面针对 $i=5$ 的情况具体计算。根据(6.136)式，对于 D_{512}，有 $i=5,k=1,m=2,n=6,j=5$；对于 D_{521}，有 $i=5,k=2,m=1,n=6,j=5$，结果为

$$
\left.\begin{aligned}
D_{512}&=\mathrm{tr}(\boldsymbol{U}_{512}\boldsymbol{J}_5\boldsymbol{U}_{55}^{\mathrm{T}})+\mathrm{tr}(\boldsymbol{U}_{612}\boldsymbol{J}_6\boldsymbol{U}_{65}^{\mathrm{T}})\\
D_{521}&=\mathrm{tr}(\boldsymbol{U}_{521}\boldsymbol{J}_5\boldsymbol{U}_{55}^{\mathrm{T}})+\mathrm{tr}(\boldsymbol{U}_{621}\boldsymbol{J}_6\boldsymbol{U}_{65}^{\mathrm{T}})
\end{aligned}\right\}
\tag{6.139}
$$

根据(6.131)式、(6.132)式可得

$$
\begin{cases}
\boldsymbol{U}_{51}=\dfrac{\partial\boldsymbol{A}_1\boldsymbol{A}_2\boldsymbol{A}_3\boldsymbol{A}_4\boldsymbol{A}_5}{\partial\theta_1}=\boldsymbol{Q}_1\boldsymbol{A}_1\boldsymbol{A}_2\boldsymbol{A}_3\boldsymbol{A}_4\boldsymbol{A}_5\\
\boldsymbol{U}_{512}=\boldsymbol{U}_{(51)2}=\dfrac{\partial(\boldsymbol{Q}_1\boldsymbol{A}_1\boldsymbol{A}_2\boldsymbol{A}_3\boldsymbol{A}_4\boldsymbol{A}_5)}{\partial\theta_2}=\boldsymbol{Q}_1\boldsymbol{A}_1\boldsymbol{Q}_2\boldsymbol{A}_2\boldsymbol{A}_3\boldsymbol{A}_4\boldsymbol{A}_5\\
\boldsymbol{U}_{52}=\dfrac{\partial\boldsymbol{A}_1\boldsymbol{A}_2\boldsymbol{A}_3\boldsymbol{A}_4\boldsymbol{A}_5}{\partial\theta_2}=\boldsymbol{A}_1\boldsymbol{Q}_2\boldsymbol{A}_2\boldsymbol{A}_3\boldsymbol{A}_4\boldsymbol{A}_5\\
\boldsymbol{U}_{521}=\boldsymbol{U}_{(52)1}=\dfrac{\partial(\boldsymbol{A}_1\boldsymbol{Q}_2\boldsymbol{A}_2\boldsymbol{A}_3\boldsymbol{A}_4\boldsymbol{A}_5)}{\partial\theta_1}=\boldsymbol{Q}_1\boldsymbol{A}_1\boldsymbol{Q}_2\boldsymbol{A}_2\boldsymbol{A}_3\boldsymbol{A}_4\boldsymbol{A}_5\\
\boldsymbol{U}_{61}=\dfrac{\partial\boldsymbol{A}_1\boldsymbol{A}_2\boldsymbol{A}_3\boldsymbol{A}_4\boldsymbol{A}_5\boldsymbol{A}_6}{\partial\theta_1}=\boldsymbol{Q}_1\boldsymbol{A}_1\boldsymbol{A}_2\boldsymbol{A}_3\boldsymbol{A}_4\boldsymbol{A}_5\boldsymbol{A}_6\\
\boldsymbol{U}_{612}=\boldsymbol{U}_{(61)2}=\dfrac{\partial(\boldsymbol{Q}_1\boldsymbol{A}_1\boldsymbol{A}_2\boldsymbol{A}_3\boldsymbol{A}_4\boldsymbol{A}_5\boldsymbol{A}_6)}{\partial\theta_2}=\boldsymbol{Q}_1\boldsymbol{A}_1\boldsymbol{Q}_2\boldsymbol{A}_2\boldsymbol{A}_3\boldsymbol{A}_4\boldsymbol{A}_5\boldsymbol{A}_6\\
\boldsymbol{U}_{62}=\dfrac{\partial\boldsymbol{A}_1\boldsymbol{A}_2\boldsymbol{A}_3\boldsymbol{A}_4\boldsymbol{A}_5\boldsymbol{A}_6}{\partial\theta_2}=\boldsymbol{A}_1\boldsymbol{Q}_2\boldsymbol{A}_2\boldsymbol{A}_3\boldsymbol{A}_4\boldsymbol{A}_5\boldsymbol{A}_6\\
\boldsymbol{U}_{621}=\boldsymbol{U}_{(62)1}=\dfrac{\partial(\boldsymbol{A}_1\boldsymbol{Q}_2\boldsymbol{A}_2\boldsymbol{A}_3\boldsymbol{A}_4\boldsymbol{A}_5\boldsymbol{A}_6)}{\partial\theta_1}=\boldsymbol{Q}_1\boldsymbol{A}_1\boldsymbol{Q}_2\boldsymbol{A}_2\boldsymbol{A}_3\boldsymbol{A}_4\boldsymbol{A}_5\boldsymbol{A}_6
\end{cases}
\tag{6.140}
$$

注意，在这些方程中，$\boldsymbol{Q}_1$ 和 $\boldsymbol{Q}_2$ 是相同的，而下标仅用来表示和导数之间的关系。把(6.140)式的结果代入(6.139)中，可以看出 $D_{512}=D_{521}$，显然，这两个相似项的和给出了 $\dot{\theta}_1\dot{\theta}_2$ 相对应的哥氏力加速度项。这一结论对于(6.138)式中所有类似的系数都成立。于是针对所有关节，可以对(6.138)式进行如下计算与简化：

$$
\begin{aligned}
\boldsymbol{F}_1=&D_{11}\ddot{\theta}_1+D_{12}\ddot{\theta}_2+D_{13}\ddot{\theta}_3+D_{14}\ddot{\theta}_4+D_{15}\ddot{\theta}_5+D_{16}\ddot{\theta}_6+\boldsymbol{I}_{a1}\ddot{\theta}_1+\\
&D_{111}\dot{\theta}_1^2+D_{122}\dot{\theta}_2^2+D_{133}\dot{\theta}_3^2+D_{144}\dot{\theta}_4^2+D_{155}\dot{\theta}_5^2+D_{166}\dot{\theta}_6^2+\\
&2D_{112}\dot{\theta}_1\dot{\theta}_2+2D_{113}\dot{\theta}_1\dot{\theta}_3+2D_{114}\dot{\theta}_1\dot{\theta}_4+2D_{115}\dot{\theta}_1\dot{\theta}_5+2D_{116}\dot{\theta}_1\dot{\theta}_6+\\
&2D_{123}\dot{\theta}_2\dot{\theta}_3+2D_{124}\dot{\theta}_2\dot{\theta}_4+2D_{125}\dot{\theta}_2\dot{\theta}_5+2D_{126}\dot{\theta}_2\dot{\theta}_6+2D_{134}\dot{\theta}_3\dot{\theta}_4+
\end{aligned}
$$

$$2D_{135}\dot{\theta}_3\dot{\theta}_5+2D_{136}\dot{\theta}_3\dot{\theta}_6+2D_{145}\dot{\theta}_4\dot{\theta}_5+2D_{146}\dot{\theta}_4\dot{\theta}_6+2D_{156}\dot{\theta}_5\dot{\theta}_6+D_1 \quad (6.141)$$

$$\begin{aligned}\boldsymbol{F}_2=&D_{21}\ddot{\theta}_1+D_{22}\ddot{\theta}_2+D_{23}\ddot{\theta}_3+D_{24}\ddot{\theta}_4+D_{25}\ddot{\theta}_5+D_{26}\ddot{\theta}_6+\boldsymbol{I}_{a2}\ddot{\theta}_2+\\&D_{211}\dot{\theta}_1^2+D_{222}\dot{\theta}_2^2+D_{233}\dot{\theta}_3^2+D_{244}\dot{\theta}_4^2+D_{255}\dot{\theta}_5^2+D_{266}\dot{\theta}_6^2+\\&2D_{212}\dot{\theta}_1\dot{\theta}_2+2D_{213}\dot{\theta}_1\dot{\theta}_3+2D_{214}\dot{\theta}_1\dot{\theta}_4+2D_{215}\dot{\theta}_1\dot{\theta}_5+2D_{216}\dot{\theta}_1\dot{\theta}_6+\\&2D_{223}\dot{\theta}_2\dot{\theta}_3+2D_{224}\dot{\theta}_2\dot{\theta}_4+2D_{225}\dot{\theta}_2\dot{\theta}_5+2D_{226}\dot{\theta}_2\dot{\theta}_6+2D_{234}\dot{\theta}_3\dot{\theta}_4+\\&2D_{235}\dot{\theta}_3\dot{\theta}_5+2D_{236}\dot{\theta}_3\dot{\theta}_6+2D_{245}\dot{\theta}_4\dot{\theta}_5+2D_{246}\dot{\theta}_4\dot{\theta}_6+2D_{256}\dot{\theta}_5\dot{\theta}_6+D_2\end{aligned} \quad (6.142)$$

$$\begin{aligned}\boldsymbol{F}_3=&D_{31}\ddot{\theta}_1+D_{32}\ddot{\theta}_2+D_{33}\ddot{\theta}_3+D_{34}\ddot{\theta}_4+D_{35}\ddot{\theta}_5+D_{36}\ddot{\theta}_6+\boldsymbol{I}_{a3}\ddot{\theta}_3+\\&D_{311}\dot{\theta}_1^2+D_{322}\dot{\theta}_2^2+D_{333}\dot{\theta}_3^2+D_{344}\dot{\theta}_4^2+D_{355}\dot{\theta}_5^2+D_{366}\dot{\theta}_6^2+\\&2D_{312}\dot{\theta}_1\dot{\theta}_2+2D_{313}\dot{\theta}_1\dot{\theta}_3+2D_{314}\dot{\theta}_1\dot{\theta}_4+2D_{315}\dot{\theta}_1\dot{\theta}_5+2D_{316}\dot{\theta}_1\dot{\theta}_6+\\&2D_{323}\dot{\theta}_2\dot{\theta}_3+2D_{324}\dot{\theta}_2\dot{\theta}_4+2D_{325}\dot{\theta}_2\dot{\theta}_5+2D_{326}\dot{\theta}_2\dot{\theta}_6+2D_{334}\dot{\theta}_3\dot{\theta}_4+\\&2D_{335}\dot{\theta}_3\dot{\theta}_5+2D_{336}\dot{\theta}_3\dot{\theta}_6+2D_{345}\dot{\theta}_4\dot{\theta}_5+2D_{346}\dot{\theta}_4\dot{\theta}_6+2D_{356}\dot{\theta}_5\dot{\theta}_6+D_3\end{aligned} \quad (6.143)$$

$$\begin{aligned}\boldsymbol{F}_4=&D_{41}\ddot{\theta}_1+D_{42}\ddot{\theta}_2+D_{43}\ddot{\theta}_3+D_{44}\ddot{\theta}_4+D_{45}\ddot{\theta}_5+D_{46}\ddot{\theta}_6+\boldsymbol{I}_{a4}\ddot{\theta}_4+\\&D_{411}\dot{\theta}_1^2+D_{422}\dot{\theta}_2^2+D_{433}\dot{\theta}_3^2+D_{444}\dot{\theta}_4^2+D_{455}\dot{\theta}_5^2+D_{466}\dot{\theta}_6^2+\\&2D_{412}\dot{\theta}_1\dot{\theta}_2+2D_{413}\dot{\theta}_1\dot{\theta}_3+2D_{414}\dot{\theta}_1\dot{\theta}_4+2D_{415}\dot{\theta}_1\dot{\theta}_5+2D_{416}\dot{\theta}_1\dot{\theta}_6+\\&2D_{423}\dot{\theta}_2\dot{\theta}_3+2D_{424}\dot{\theta}_2\dot{\theta}_4+2D_{425}\dot{\theta}_2\dot{\theta}_5+2D_{426}\dot{\theta}_2\dot{\theta}_6+2D_{434}\dot{\theta}_3\dot{\theta}_4+\\&2D_{435}\dot{\theta}_3\dot{\theta}_5+2D_{436}\dot{\theta}_3\dot{\theta}_6+2D_{445}\dot{\theta}_4\dot{\theta}_5+2D_{446}\dot{\theta}_4\dot{\theta}_6+2D_{456}\dot{\theta}_5\dot{\theta}_6+D_4\end{aligned} \quad (6.144)$$

$$\begin{aligned}\boldsymbol{F}_5=&D_{51}\ddot{\theta}_1+D_{52}\ddot{\theta}_2+D_{53}\ddot{\theta}_3+D_{54}\ddot{\theta}_4+D_{55}\ddot{\theta}_5+D_{56}\ddot{\theta}_6+\boldsymbol{I}_{a5}\ddot{\theta}_5+\\&D_{511}\dot{\theta}_1^2+D_{522}\dot{\theta}_2^2+D_{533}\dot{\theta}_3^2+D_{544}\dot{\theta}_4^2+D_{555}\dot{\theta}_5^2+D_{566}\dot{\theta}_6^2+\\&2D_{512}\dot{\theta}_1\dot{\theta}_2+2D_{513}\dot{\theta}_1\dot{\theta}_3+2D_{514}\dot{\theta}_1\dot{\theta}_4+2D_{515}\dot{\theta}_1\dot{\theta}_5+2D_{516}\dot{\theta}_1\dot{\theta}_6+\\&2D_{523}\dot{\theta}_2\dot{\theta}_3+2D_{524}\dot{\theta}_2\dot{\theta}_4+2D_{525}\dot{\theta}_2\dot{\theta}_5+2D_{526}\dot{\theta}_2\dot{\theta}_6+2D_{534}\dot{\theta}_3\dot{\theta}_4+\\&2D_{535}\dot{\theta}_3\dot{\theta}_5+2D_{536}\dot{\theta}_3\dot{\theta}_6+2D_{545}\dot{\theta}_4\dot{\theta}_5+2D_{546}\dot{\theta}_4\dot{\theta}_6+2D_{556}\dot{\theta}_5\dot{\theta}_6+D_5\end{aligned} \quad (6.145)$$

$$\begin{aligned}\boldsymbol{F}_6=&D_{61}\ddot{\theta}_1+D_{62}\ddot{\theta}_2+D_{63}\ddot{\theta}_3+D_{64}\ddot{\theta}_4+D_{65}\ddot{\theta}_5+D_{66}\ddot{\theta}_6+\boldsymbol{I}_{a6}\ddot{\theta}_6+\\&D_{611}\dot{\theta}_1^2+D_{622}\dot{\theta}_2^2+D_{633}\dot{\theta}_3^2+D_{644}\dot{\theta}_4^2+D_{655}\dot{\theta}_5^2+D_{666}\dot{\theta}_6^2+\\&2D_{612}\dot{\theta}_1\dot{\theta}_2+2D_{613}\dot{\theta}_1\dot{\theta}_3+2D_{614}\dot{\theta}_1\dot{\theta}_4+2D_{615}\dot{\theta}_1\dot{\theta}_5+2D_{616}\dot{\theta}_1\dot{\theta}_6+\\&2D_{623}\dot{\theta}_2\dot{\theta}_3+2D_{624}\dot{\theta}_2\dot{\theta}_4+2D_{625}\dot{\theta}_2\dot{\theta}_5+2D_{626}\dot{\theta}_2\dot{\theta}_6+2D_{634}\dot{\theta}_3\dot{\theta}_4+\\&2D_{635}\dot{\theta}_3\dot{\theta}_5+2D_{636}\dot{\theta}_3\dot{\theta}_6+2D_{645}\dot{\theta}_4\dot{\theta}_5+2D_{646}\dot{\theta}_4\dot{\theta}_6+2D_{656}\dot{\theta}_5\dot{\theta}_6+D_6\end{aligned} \quad (6.146)$$

把与机器人相关的参数代入这些方程,就可以得出机器人的动力学方程。这些方程可以说明其中每一项是如何影响机器人运动的,也可以说明某个特定项是否占主导地位。例如,在太空失重情况下,可以忽略重力项,而惯量项占主导地位;另外,如果机器人运动很缓慢,方程中许多与向心加速度及哥氏力加速度相关的项就可以忽略。一般来说,利用上述方程可以合理地设计和控制机器人。

例 6.3　对于表 6.4 所描述的两连杆机器人,试计算它的等效惯量、耦合惯量及重力项。

表 6.4　两个连杆机器人的连杆参数

连　杆	变　量	α	a	d	$\cos\alpha$	$\sin\alpha$
1	θ_1	0°	d_1	0	1	0
2	θ_2	0°	d_2	0	1	0

解:首先对机器人指定坐标系并计算 $\boldsymbol{A}$ 和 $\boldsymbol{T}$ 矩阵,坐标表示在图 6.9 中。矩阵 $\boldsymbol{A}$ 和 $\boldsymbol{T}$ 的计算如下:

$$\boldsymbol{A}_1={}^0_1\boldsymbol{T}=\begin{bmatrix}\cos\theta_1 & -\sin\theta_1 & 0 & d_1\cos\theta_1\\ \sin\theta_1 & \cos\theta_1 & 0 & d_1\sin\theta_1\\ 0 & 0 & 1 & 0\\ 0 & 0 & 0 & 1\end{bmatrix}$$

$$\boldsymbol{A}_2={}^1_2\boldsymbol{T}=\begin{bmatrix}\cos\theta_2 & -\sin\theta_2 & 0 & d_2\cos\theta_2\\ \sin\theta_2 & \cos\theta_2 & 0 & d_2\sin\theta_2\\ 0 & 0 & 1 & 0\\ 0 & 0 & 0 & 1\end{bmatrix}$$

$${}^0_2\boldsymbol{T}=\begin{bmatrix}\cos(\theta_1+\theta_2) & -\sin(\theta_1+\theta_2) & 0 & d_1\cos\theta_1+d_2\cos(\theta_1+\theta_2)\\ \sin(\theta_1+\theta_2) & \cos(\theta_1+\theta_2) & 0 & d_1\sin\theta_1+d_2\sin(\theta_1+\theta_2)\\ 0 & 0 & 1 & 0\\ 0 & 0 & 0 & 1\end{bmatrix}$$

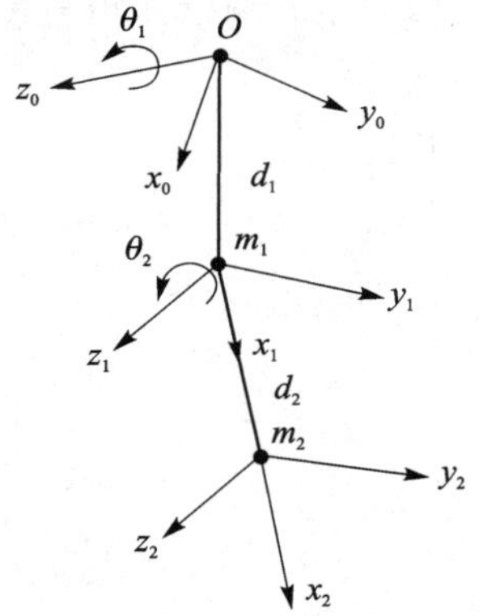

图 6.9　两连杆机器人的坐标系

由于只有转动关节,所以常数矩阵有

$$\boldsymbol{Q}_1=\boldsymbol{Q}_2=\boldsymbol{Q}=\begin{bmatrix}0 & -1 & 0 & 0\\ 1 & 0 & 0 & 0\\ 0 & 0 & 0 & 0\\ 0 & 0 & 0 & 0\end{bmatrix}$$

于是

$$\boldsymbol{U}_{11}=\boldsymbol{Q}^0_1\boldsymbol{T}=\begin{bmatrix}-\sin\theta_1 & -\cos\theta_1 & 0 & -d_1\sin\theta_1\\ \cos\theta_1 & -\sin\theta_1 & 0 & d_1\cos\theta_1\\ 0 & 0 & 0 & 0\\ 0 & 0 & 0 & 0\end{bmatrix}$$

$$\boldsymbol{U}_{12}=\frac{\partial({}^0_1\boldsymbol{T})}{\partial\theta_2}=0$$

$$\boldsymbol{U}_{111}=\frac{\partial(\boldsymbol{Q}^0_1\boldsymbol{T})}{\partial\theta_1}=\boldsymbol{Q}\boldsymbol{Q}^0_1\boldsymbol{T}=\begin{bmatrix}-\sin\theta_1 & \sin\theta_1 & 0 & -d_1\cos\theta_1\\ -\sin\theta_1 & -\cos\theta_1 & 0 & -d_1\sin\theta_1\\ 0 & 0 & 0 & 0\\ 0 & 0 & 0 & 0\end{bmatrix}\qquad \boldsymbol{U}_{112}=\frac{\partial(\boldsymbol{Q}^0_1\boldsymbol{T})}{\partial\theta_2}=0$$

$$\boldsymbol{U}_{21} = \boldsymbol{Q}_1{}^0\boldsymbol{T}_2^1\boldsymbol{T} = \begin{bmatrix} -\sin(\theta_1+\theta_2) & -\cos(\theta_1+\theta_2) & 0 & -d_1\sin\theta_1-d_2\sin(\theta_1+\theta_2) \\ \cos(\theta_1+\theta_2) & -\sin(\theta_1+\theta_2) & 0 & d_1\cos\theta_1+d_2\cos(\theta_1+\theta_2) \\ 0 & 0 & 0 & 0 \\ 0 & 0 & 0 & 0 \end{bmatrix}$$

$$\boldsymbol{U}_{211} = \frac{\partial(\boldsymbol{Q}_1{}^0\boldsymbol{T}_2^1\boldsymbol{T})}{\partial\theta_1} = \boldsymbol{Q}\boldsymbol{Q}_1{}^0\boldsymbol{T}_2^1\boldsymbol{T}$$

$$= \begin{bmatrix} -\cos(\theta_1+\theta_2) & \sin(\theta_1+\theta_2) & 0 & -d_1\cos\theta_1-d_2\cos(\theta_1+\theta_2) \\ -\sin(\theta_1+\theta_2) & -\cos(\theta_1+\theta_2) & 0 & -d_1\sin\theta_1-d_2\sin(\theta_1+\theta_2) \\ 0 & 0 & 0 & 0 \\ 0 & 0 & 0 & 0 \end{bmatrix}$$

$$\boldsymbol{U}_{212} = \frac{\partial(\boldsymbol{Q}_1{}^0\boldsymbol{T}_2^1\boldsymbol{T})}{\partial\theta_2} = \boldsymbol{Q}_1{}^0\boldsymbol{T}\boldsymbol{Q}_2^1\boldsymbol{T} = \begin{bmatrix} -\cos(\theta_1+\theta_2) & \sin(\theta_1+\theta_2) & 0 & -d_2\cos(\theta_1+\theta_2) \\ -\sin(\theta_1+\theta_2) & -\cos(\theta_1+\theta_2) & 0 & -d_2\sin(\theta_1+\theta_2) \\ 0 & 0 & 0 & 0 \\ 0 & 0 & 0 & 0 \end{bmatrix}$$

$$\boldsymbol{U}_{22} = {}_1^0\boldsymbol{T}\boldsymbol{Q}_2^1\boldsymbol{T} = \begin{bmatrix} -\sin(\theta_1+\theta_2) & -\cos(\theta_1+\theta_2) & 0 & -d_2\sin(\theta_1+\theta_2) \\ \cos(\theta_1+\theta_2) & -\sin(\theta_1+\theta_2) & 0 & d_2\cos(\theta_1+\theta_2) \\ 0 & 0 & 0 & 0 \\ 0 & 0 & 0 & 0 \end{bmatrix}$$

$$\boldsymbol{U}_{221} = \frac{\partial({}_1^0\boldsymbol{T}\boldsymbol{Q}_2^1\boldsymbol{T})}{\partial\theta_1} = \boldsymbol{Q}_1{}^0\boldsymbol{T}\boldsymbol{Q}_2^1\boldsymbol{T} \qquad \boldsymbol{U}_{222} = \frac{\partial({}_1^0\boldsymbol{T}\boldsymbol{Q}_2^1\boldsymbol{T})}{\partial\theta_2} = {}_1^0\boldsymbol{T}\boldsymbol{Q}\boldsymbol{Q}_2^1\boldsymbol{T}$$

因为连杆的质量设计集中到了连杆的前端点，依据(6.106)式，假设所有的惯性积为零，有

$$\boldsymbol{J}_1 = \begin{bmatrix} 0 & 0 & 0 & 0 \\ 0 & 0 & 0 & 0 \\ 0 & 0 & 0 & 0 \\ 0 & 0 & 0 & m_1 \end{bmatrix} \qquad \boldsymbol{J}_2 = \begin{bmatrix} 0 & 0 & 0 & 0 \\ 0 & 0 & 0 & 0 \\ 0 & 0 & 0 & 0 \\ 0 & 0 & 0 & m_2 \end{bmatrix}$$

依据(6.135)式～(6.137)式可得

$$D_{11} = \mathrm{tr}(\boldsymbol{U}_{11}\boldsymbol{J}_1\boldsymbol{U}_{11}^{\mathrm{T}}) + \mathrm{tr}(\boldsymbol{U}_{21}\boldsymbol{J}_2\boldsymbol{U}_{21}^{\mathrm{T}}), \quad i=1,k=1,j=1$$

$$D_{12} = \mathrm{tr}(\boldsymbol{U}_{22}\boldsymbol{J}_2\boldsymbol{U}_{21}^{\mathrm{T}}), \quad i=1,k=2,j=2$$

$$D_{111} = \mathrm{tr}(\boldsymbol{U}_{111}\boldsymbol{J}_1\boldsymbol{U}_{11}^{\mathrm{T}}) + \mathrm{tr}(\boldsymbol{U}_{211}\boldsymbol{J}_2\boldsymbol{U}_{21}^{\mathrm{T}}) = 0, \quad i=1,k=1,m=1,n=2,j=1$$

$$D_{112} = \mathrm{tr}(\boldsymbol{U}_{212}\boldsymbol{J}_2\boldsymbol{U}_{21}^{\mathrm{T}}), \quad i=1,k=1,m=2,n=2,j=2$$

$$D_{121} = \mathrm{tr}(\boldsymbol{U}_{221}\boldsymbol{J}_2\boldsymbol{U}_{21}^{\mathrm{T}}), \quad i=1,k=2,m=1,n=2,j=2$$

$$D_{122} = \mathrm{tr}(\boldsymbol{U}_{222}\boldsymbol{J}_2\boldsymbol{U}_{21}^{\mathrm{T}}), \quad i=1,k=2,m=2,n=2,j=2$$

$$D_{21} = \mathrm{tr}(\boldsymbol{U}_{21}\boldsymbol{J}_2\boldsymbol{U}_{22}^{\mathrm{T}}), \quad i=2,k=1,n=2,j=2$$

$$D_{22} = \mathrm{tr}(\boldsymbol{U}_{22}\boldsymbol{J}_2\boldsymbol{U}_{22}^{\mathrm{T}}), \quad i=2,k=2,n=2,j=2$$

$$D_{211} = \mathrm{tr}(\boldsymbol{U}_{211}\boldsymbol{J}_2\boldsymbol{U}_{22}^{\mathrm{T}}), \quad i=2,k=1,m=1,n=2,j=1$$

$$D_{212} = \mathrm{tr}(\boldsymbol{U}_{212}\boldsymbol{J}_2\boldsymbol{U}_{22}^{\mathrm{T}}), \quad i=2,k=1,m=2,n=2,j=1$$

$$D_{221} = \mathrm{tr}(\boldsymbol{U}_{221}\boldsymbol{J}_2\boldsymbol{U}_{22}^{\mathrm{T}}), \quad i=2,k=2,m=2,n=2,j=1$$

$$D_{222} = \mathrm{tr}(\boldsymbol{U}_{222}\boldsymbol{J}_2\boldsymbol{U}_{22}^{\mathrm{T}}) = 0, \quad i=2,k=2,m=2,n=2,j=2$$

可见，即便是对两个自由度的机器人，方程还是很长。把所有的已知矩阵代入上述方程，可得

$$
\begin{aligned}
D_{11} &= \mathrm{tr}(\boldsymbol{U}_{11}\boldsymbol{J}_1\boldsymbol{U}_{11}^{\mathrm{T}}) + \mathrm{tr}(\boldsymbol{U}_{21}\boldsymbol{J}_2\boldsymbol{U}_{21}^{\mathrm{T}}) \\
&= \mathrm{tr}\left\{\begin{bmatrix} -s_1 & -c_1 & 0 & -d_1 s_1 \\ c_1 & -s_1 & 0 & d_1 c_1 \\ 0 & 0 & 0 & 0 \\ 0 & 0 & 0 & 0 \end{bmatrix}\begin{bmatrix} 0 & 0 & 0 & 0 \\ 0 & 0 & 0 & 0 \\ 0 & 0 & 0 & 0 \\ 0 & 0 & 0 & m_1 \end{bmatrix}\begin{bmatrix} -s_1 & c_1 & 0 & 0 \\ -c_1 & -s_1 & 0 & 0 \\ 0 & 0 & 0 & 0 \\ -d_1 s_1 & d_1 c_1 & 0 & 0 \end{bmatrix}\right\} + \\
&\quad \mathrm{tr}\left\{\begin{bmatrix} -s_{12} & -c_{12} & 0 & -d_1 s_1 - d_2 s_{12} \\ c_{12} & -s_{12} & 0 & d_1 c_1 + d_2 c_{12} \\ 0 & 0 & 0 & 0 \\ 0 & 0 & 0 & 0 \end{bmatrix}\begin{bmatrix} 0 & 0 & 0 & 0 \\ 0 & 0 & 0 & 0 \\ 0 & 0 & 0 & 0 \\ 0 & 0 & 0 & m_2 \end{bmatrix}\begin{bmatrix} -s_{12} & c_{12} & 0 & 0 \\ -c_{12} & -s_{12} & 0 & 0 \\ 0 & 0 & 0 & 0 \\ -d_1 s_1 - d_2 s_{12} & d_1 c_1 + d_2 c_{12} & 0 & 0 \end{bmatrix}\right\} \\
&= \mathrm{tr}\left\{\begin{bmatrix} 0 & 0 & 0 & -m_1 d_1 s_1 \\ 0 & 0 & 0 & m_1 d_1 c_1 \\ 0 & 0 & 0 & 0 \\ 0 & 0 & 0 & 0 \end{bmatrix}\begin{bmatrix} -s_1 & c_1 & 0 & 0 \\ -c_1 & -s_1 & 0 & 0 \\ 0 & 0 & 0 & 0 \\ -d_1 s_1 & d_1 c_1 & 0 & 0 \end{bmatrix}\right\} + \\
&\quad \mathrm{tr}\left\{\begin{bmatrix} 0 & 0 & 0 & -m_2 d_1 s_1 - m_2 d_2 s_{12} \\ 0 & 0 & 0 & m_2 d_1 c_1 + m_2 d_2 c_{12} \\ 0 & 0 & 0 & 0 \\ 0 & 0 & 0 & 0 \end{bmatrix}\begin{bmatrix} -s_{12} & c_{12} & 0 & 0 \\ -c_{12} & -s_{12} & 0 & 0 \\ 0 & 0 & 0 & 0 \\ -d_1 s_1 - d_2 s_{12} & d_1 c_1 + d_2 c_{12} & 0 & 0 \end{bmatrix}\right\} \\
&= \mathrm{tr}\begin{bmatrix} m_1 d_1^2 s_1^2 & & \text{（略）} & \\ & m_1 d_1^2 c_1^2 & & \\ \text{（略）} & & 0 & \\ & & & 0 \end{bmatrix} + \\
&\quad \mathrm{tr}\begin{bmatrix} m_2 d_1^2 s_1^2 + 2m_2 d_1 d_2 s_1 s_{12} + m_2 d_2^2 s_{12}^2 & & \text{（略）} & \\ & m_2 d_1^2 c_1^2 + 2m_2 d_1 d_2 c_1 c_{12} + m_2 d_2^2 c_{12}^2 & & \\ \text{（略）} & & 0 & \\ & & & 0 \end{bmatrix} \\
&= (m_1 + m_2) d_1^2 + m_2 d_2^2 + 2m_2 d_1 d_2 c_2
\end{aligned}
$$

同理可得

$$
\begin{aligned}
D_{12} &= m_2 d_2{}^2 + m_2 d_1 d_2 \cos\theta_2 \\
D_{111} &= 0 \\
D_{112} &= -m_2 d_1 d_2 \sin\theta_2 \\
D_{121} &= -m_2 d_1 d_2 \sin\theta_2 \\
D_{122} &= -m_2 d_1 d_2 \sin\theta_2 \\
D_{21} &= m_2 d_2{}^2 + m_2 d_1 d_2 \cos\theta_2 \\
D_{22} &= m_2 d_2{}^2 \\
D_{211} &= m_2 d_1 d_2 \sin\theta_2 \\
D_{212} &= 0 \\
D_{221} &= 0 \\
D_{222} &= 0
\end{aligned}
$$

根据(6.110)式、(6.111)式，由于 $\boldsymbol{g}=[0 \quad g \quad 0 \quad 0]$，以及${}^1_1\boldsymbol{r}={}^2_2\boldsymbol{r}=[0 \quad 0 \quad 0 \quad 1]^{\mathrm{T}}$(连杆的重心在其坐标系的原点处)，因此有

$$D_1=-m_1\boldsymbol{g}\boldsymbol{U}_{11}\cdot{}^1_1\boldsymbol{r}-m_2\boldsymbol{g}\boldsymbol{U}_{21}\cdot{}^2_2\boldsymbol{r}$$

$$=-m_1[0 \quad g \quad 0 \quad 0]\begin{bmatrix}-\sin\theta_1 & -\cos\theta_1 & 0 & -d_1\sin\theta_1\\ \cos\theta_1 & -\sin\theta_1 & 0 & d_1\cos\theta_1\\ 0&0&0&0\\0&0&0&0\end{bmatrix}\begin{bmatrix}0\\0\\0\\1\end{bmatrix}-$$

$$m_2[0 \quad g \quad 0 \quad 0]\begin{bmatrix}-\sin(\theta_1+\theta_2) & -\cos(\theta_1+\theta_2) & 0 & -d_1\sin\theta_1-d_2\sin(\theta_1+\theta_2)\\ \cos(\theta_1+\theta_2) & -\sin(\theta_1+\theta_2) & 0 & d_1\cos\theta_1+d_2\cos(\theta_1+\theta_2)\\ 0&0&0&0\\0&0&0&0\end{bmatrix}\begin{bmatrix}0\\0\\0\\1\end{bmatrix}$$

$$=-(m_1+m_2)gd_1\cos\theta_1-m_2gd_2\cos(\theta_1+\theta_2)$$

同理可得

$$D_2=-m_2g\boldsymbol{U}_{22}\cdot{}^2_2\boldsymbol{r}$$

$$=-m_2[0 \quad g \quad 0 \quad 0]\begin{bmatrix}-\sin(\theta_1+\theta_2) & -\cos(\theta_1+\theta_2) & 0 & -d_2\sin(\theta_1+\theta_2)\\ \cos(\theta_1+\theta_2) & -\sin(\theta_1+\theta_2) & 0 & d_2\cos(\theta_1+\theta_2)\\ 0&0&0&0\\0&0&0&0\end{bmatrix}\begin{bmatrix}0\\0\\0\\1\end{bmatrix}$$

$$=-m_2gd_2\cos(\theta_1+\theta_2)$$

根据(6.141)式、(6.142)式可以写出

$$\begin{bmatrix}M_1\\M_2\end{bmatrix}=\begin{bmatrix}D_{11}+\boldsymbol{I}_{a1} & D_{12}\\ D_{21} & D_{22}+\boldsymbol{I}_{a2}\end{bmatrix}\begin{bmatrix}\ddot{\theta}_1\\ \ddot{\theta}_2\end{bmatrix}+\begin{bmatrix}D_{111} & D_{122}\\ D_{211} & D_{222}\end{bmatrix}\begin{bmatrix}\dot{\theta}_1^2\\ \dot{\theta}_2^2\end{bmatrix}+\begin{bmatrix}D_{112} & D_{121}\\ D_{212} & D_{221}\end{bmatrix}\begin{bmatrix}\dot{\theta}^1\dot{\theta}^2\\ \dot{\theta}^2\dot{\theta}_1\end{bmatrix}+\begin{bmatrix}D^1\\D^2\end{bmatrix}$$

即

$$M_1=[(m_1+m_2)d_1{}^2+m_2d_2{}^2+2m_2d_1d_2\cos\theta_2]\ddot{\theta}_1+[m_2d_2{}^2+m_2d_1d_2\cos\theta_2]\ddot{\theta}_2-$$
$$2m_2d_1d_2\sin\theta_2\cdot\dot{\theta}_1\dot{\theta}_2-m_2d_1d_2\sin\theta_2\cdot\dot{\theta}_2^2-(m_1+m_2)gd_1\cos\theta_1-$$
$$m_2gd_2\cos(\theta_1+\theta_2)+\boldsymbol{I}_{a1}\ddot{\theta}_1$$

$$M_2=[m_2d_2{}^2+m_2d_1d_2\cos\theta_2]\ddot{\theta}_1+m_2d_2{}^2\ddot{\theta}_2+$$
$$m_2d_1d_2\sin\theta_2\cdot\dot{\theta}_1^2-m_2gd_2\cos(\theta_1+\theta_2)+\boldsymbol{I}_{a2}\ddot{\theta}_2$$

可见，除了驱动器的惯量项外，其余的部分与(6.74)式、(6.78)式完全相同。

习题六

1. 简述达朗伯原理和虚位移原理。

2. 什么是广义坐标和广义力？

3. 应用拉格朗日方程求解机器人动力学问题的优点是什么？

4. 一质量为 m 的小球沿形状为 $y=bx^2$ 的光滑抛物线自由滑动，如图 6.10 所示。试利用拉格朗日方法建立小球的动力学方程。

5. 如图 6.11 所示，两个连杆的质量均集中于连杆末端，连杆的长度分别为 l_1 和 l_2，其质量分别为 m_1、m_2，利用拉格朗日法计算该系统的动力学方程。

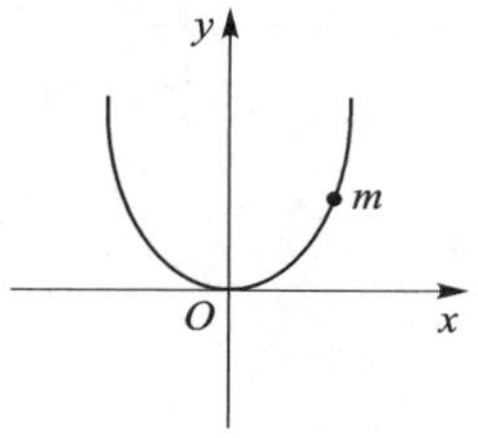

图 6.10　光滑抛物线

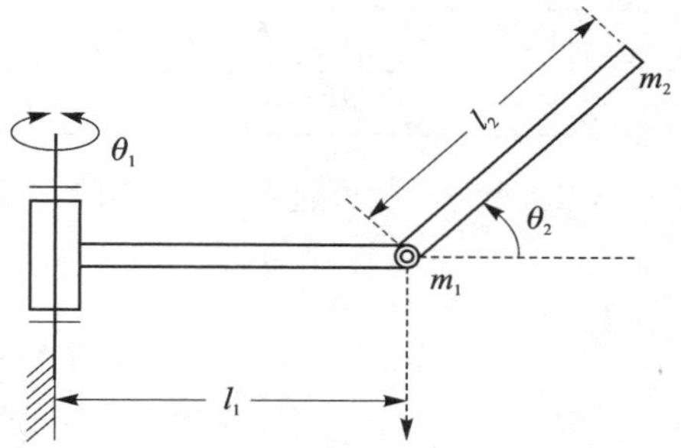

图 6.11　集中质量的双连杆机构

6. 图 6.12 所示为小车-弹簧系统简图，其中 r 和 I 分别为车轮的半径和转动惯量，利用拉格朗日力学推导图示两轮小车的运动学方程。

7. 用拉格朗日方法建立图 6.13 所示三连杆操作臂的动力学方程，将每个连杆看作一个匀质矩形，刚体、各连杆的尺寸为 l_i、w_i 和 h_i，总质量为 m_i。

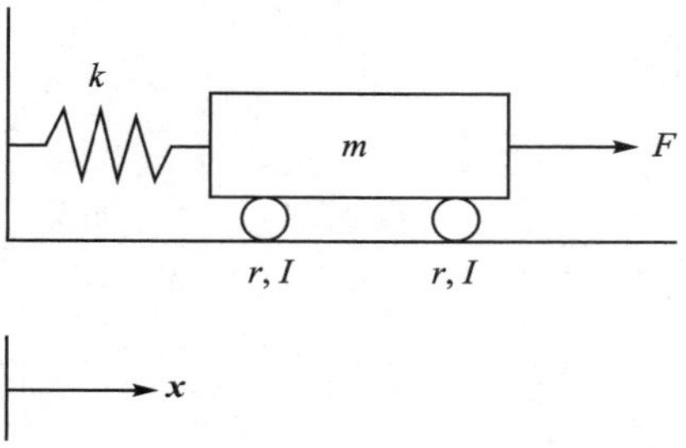

图 6.12　小车-弹簧系统简图

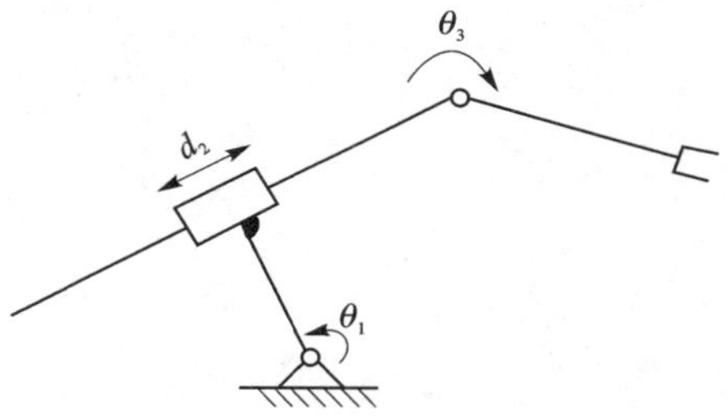

图 6.13　三连杆操作臂

8. 建立图 6.11 中的二连杆非平面操作臂的笛卡儿动力学方程。假设每个连杆的质量可视为集中于连杆末端(最外端)的集中质量，质量分别为 m_1 和 m_2，连杆长度为 l_1 和 l_2，作用于每个关节的粘性摩擦系数分别为 ν_1 和 ν_2。写出坐标系{3}下的笛卡儿动力学方程，该坐标系位于操作臂的末端，并且与连杆坐标系{2}的方位相同。

9. 一个 2 自由度 RP 操作臂的动力学方程如下：

$$M_1 = m_1(d_1^2 + d_2)\ddot{\theta}_1 + m_2 d_2^2 \dot{\theta}_1 + 2m_2 d_2 \dot{d}_2 \dot{\theta}_1 + g\cos\theta_1 [m_1(d_1 + d_2\dot{\theta}_1) + m_2(d_2 + d_2)]$$

$$F_2 = m_2 \dot{d}_2 \ddot{\theta}_1 + m_2 \ddot{d}_2 - m_1 d_1 \dot{d}_2 - m_2 d_2 \dot{\theta}^2 + m_2(d_2 + 1) g\sin\theta_1$$

式中有一些项显然是不正确的，请指出。

10. 求斯坦福机械臂第 6 连杆相对基础坐标系的变换矩阵对第 2 关节和第 3 关节变量的导数表达式。

11. 对于表 6.5 所描述的两连杆机器人，试计算它的等效惯量、耦合惯量及重力项。

表 6.5 两个连杆机器人的连杆参数

连 杆	变 量	$\alpha/(°)$	a	d	$\cos\alpha$	$\sin\alpha$
1	θ_1	90	d_1	0	0	1
2	θ_2	0	d_2	0	1	0

12. 如图 6.14 所示，计算连杆的总动能。其中，连杆固连在滚轮上，滚轮的质量可以忽略不计。

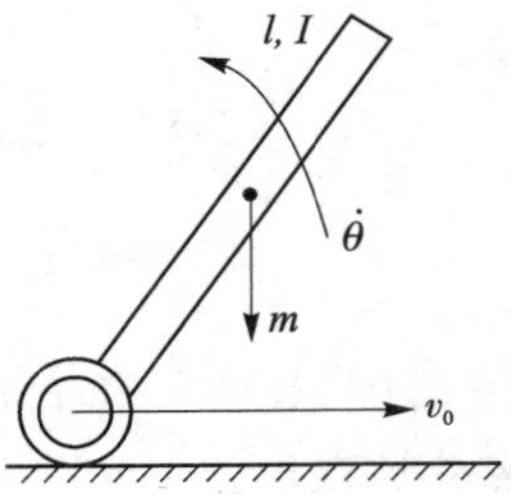

图 6.14 连杆-滚轮系统

第 7 章　机器人控制

假设机器人控制器向驱动器发送信号让其加速向下一个位置运动，即使有用于测量运动位置的反馈信号，使关节一到达预定位置就停止驱动器运动，但关节仍可能超过期望值而出现超调，因而需要向驱动器发送一个反向信号让其返回，在精确达到预定位置前关节可能会来回运动好几次。最糟糕的情况是遇到不稳定的系统，振荡不像前面所说逐渐变小，而是逐渐变大，最终将会损坏系统。出现这种情况是因为传动装置和驱动器均有惯性，当运动信号切断后它们不会立即停止。显然，为避免超调，当接近预定位置时应当减小给驱动器的信号（电流、电压等），以降低它的速度。但如何提前以及以什么样的速度才好？如何才能确保系统不会变得不稳定？如何使驱动器尽快地到达目标而无超调？为了做到这一点，速率应该是多少，等等问题，这些都是在设计机器人控制系统时需要解答的基本问题。本章将学习机器人控制的基本概念、机器人控制系统的组成、机器人常见控制方法、典型的位置控制和力控制以及在机器人中的应用等。在后面讨论到驱动器和传感器时还会继续参考本章的内容。

7.1　概　述

7.1.1　机器人控制的特点

机器人控制系统的主要任务，是控制机器人在工作空间中的运动位置、姿态、轨迹、操作顺序、速度及力等。其中有些项目的控制是非常复杂的，这就决定了机器人的控制系统应具有以下特点：

- 机器人的控制与机构运动学及动力学密切相关。机器人手足的状态可以在各种坐标系下描述，应当根据需要，选择不同的基准坐标系，并作适当的坐标变换。经常要求解运动学正问题和逆问题。除此之外还要考虑惯性、外力（包括重力）及哥氏力、向心力的影响。
- 即使一个简单的机器人也要有 3～5 个自由度，比较复杂的机器人有十几个，甚至几十个自由度。每个自由度一般包括一个伺服结构，它们必须协调起来，组成一个多变量控制系统。
- 从经典控制理论的角度来看，多数机器人控制系统都包含有非最小相位系统。例如，步行机器人或关节式机器人往往含有“上摆”系统。由于上摆的平衡点是不稳定的，因此必须采取相应的控制策略。
- 把多个独立的伺服系统有机地协调起来，使其按照人的意志行动，甚至赋予机器人一定的“智能”，这个任务只能由计算机来完成。因此，机器人控制系统必然是一个计算机控制系统。同时，计算机软件担负着艰巨的任务。
- 描述机器人状态和运动学的数学模型是一个非线性模型，随着状态的不同和外力的变化，其参数也在变化，各变量之间还存在着耦合。因此，仅仅是位置闭环是不够的，还要利用速度甚至加速度闭环，系统中经常使用重力补偿、前馈、解耦或自适应控制等方法。
- 机器人的动作往往可以通过不同的方式和路径来完成，因此存在一个“最优”的问题。

较高级的方法可以利用人工智能的方法，用计算机建立起庞大的信息库，借助信息库进行控制、决策、管理和操作。根据传感器及模式识别的方法获得对象及环境的工况，按照给定的指标要求，自动地选择最佳的控制规律。

总而言之，机器人控制系统是一个与运动学和动力学原理密切相关的、有耦合的、非线性的多变量控制系统。由于它的特殊性，经典控制理论和现代控制理论都不能照搬使用。然而到目前为止，机器人控制理论还是不完整、不系统的。相信随着机器人事业的发展，机器人控制理论必将日趋成熟。

7.1.2 机器人控制系统的组成

机器人控制系统是机器人的重要组成部分，用于对机械手进行控制，以完成特定的工作任务。对机器人控制系统的一般要求如下：

- 记忆功能　存储作业顺序、运动路径、运动方式、运动速度和与生产工艺有关的信息。
- 示教功能　离线编程，在线示教，间接示教。在线示教包括示教盒和导引示教两种。
- 与外围设备联系功能　输入和输出接口、通信接口、网络接口、同步接口。
- 坐标设置功能　通常有关节坐标、笛卡儿坐标、工具坐标、用户自定义 4 种坐标系。
- 人机接口　示教盒、操作面板、显示屏。
- 传感器接口　位置检测、速度检测、视觉、触觉、力觉、听觉等。
- 运动伺服功能　机器人多轴联动、运动控制、速度和加速度控制、动态补偿等。
- 故障诊断安全保护功能　运行时系统状态监视、故障状态下的安全保护和故障自诊断。

机器人控制系统的组成通常有以下几部分：

- 控制计算机　控制系统的调度指挥机构。一般为微型机、微处理器，有 32 位、64 位等，如奔腾系列 CPU 以及其他类型 CPU。
- 示教盒　示教机器人的工作轨迹和参数设定，以及所有人机交互操作，拥有自己独立的 CPU 以及存储单元，与主计算机之间以串行通信方式实现信息交互。
- 操作面板　由各种操作按键、状态指示灯构成，只完成基本功能操作。
- 磁盘存储　存储机器人工作程序的外围存储器。
- 数字和模拟量输入/输出　各种状态和控制命令的输入或输出。
- 打印机接口　记录需要输出的各种信息。
- 传感器接口　用于各种内部、外部环境信息的自动检测，以实现对机器人的精准控制。
- 轴控制器　完成机器人各关节位置、速度和加速度控制。
- 辅助设备控制　用于和机器人配合的辅助设备控制，如手爪变位器等。
- 通信接口　实现机器人和其他设备的信息交换，一般有串行接口、并行接口等。
- 网络接口　包括：

① Ethernet 接口，可通过以太网实现数台或单台机器人的直接 PC 通信，数据传输速率高达 10 Mbit/s，可直接在 PC 上用 Windows 库函数进行应用程序编程之后，支持 TCP/IP 通信协议，通过 Ethernet 接口将数据及程序装入各个机器人控制器中。

② Fieldbus 接口，支持多种流行的现场总线规格，如 Devicenet、AB Remote I/O、Interbus-s、profibus-DP、M-NET 等。

机器人控制系统组成框图如图 7.1 所示。

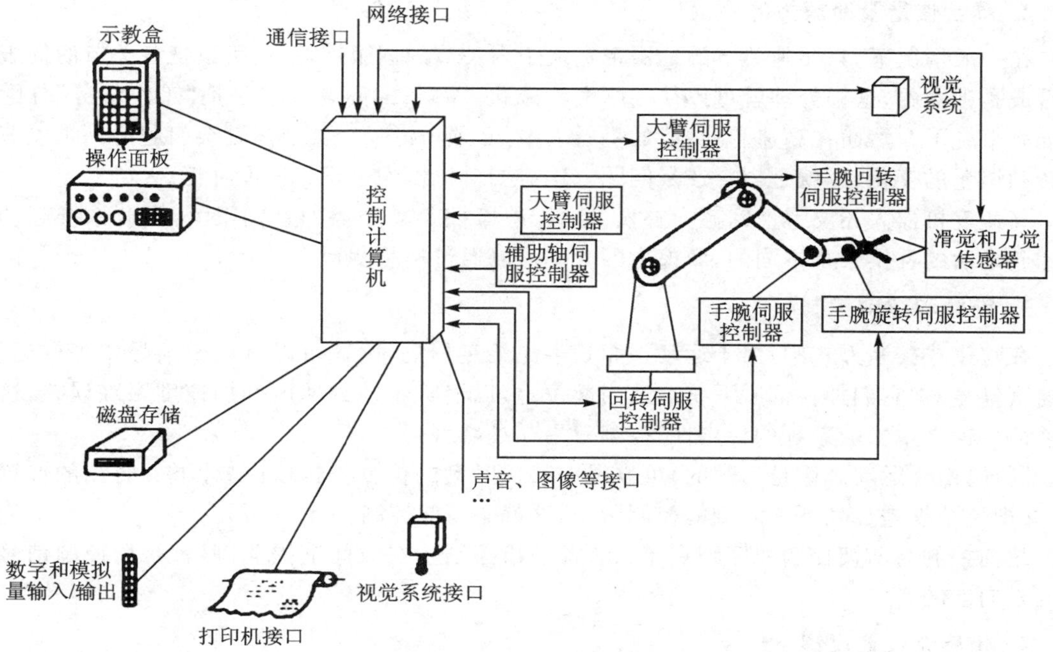

图 7.1 机器人控制系统组成框图

7.1.3 机器人的常用控制方法

对机器人的控制方式,有不同的分类标准,不一而论。其中,按照运动控制方式的不同,可将机器人控制分为位置控制、速度控制、力或力矩控制(包括位置/力混合控制)等几类。

其中,机器人的位置控制有时也称位姿控制或轨迹控制。很多机器人要求准确地控制末端执行器的工作位置与姿态,以实现点到点控制(PTP 控制,如在印刷电路板上安插元件、点焊、装配等作业),或连续轨迹控制(CP 控制,如弧焊、喷漆等作业)。机器人的位置控制是一种机器人控制的最基本任务。它着重研究如何控制机器人的各个关节使之到达指定位置。以工业机器人为例,其位置控制可以分为关节空间的位置控制和笛卡儿空间的位置控制。关节位置控制,又可以根据各个关节控制器是否关联分为单关节位置控制和多关节位置控制。

因为位置控制是机器人最基本、最重要的控制内容,所以本章主要以位置控制为主进行介绍。另外也将顺带介绍一些其他的机器人控制技术。

为了满足机器人不同控制方式的工作要求,常常要采用各种不同的机器人控制策略,而且其层出不穷。下面先简单介绍一些常见的控制策略。

1. 重力补偿

在串联机构机器人系统中,臂的自重相对于关节会产生一个力矩,这个力矩的大小随臂所处的空间位置而变化。显然这个力矩对控制系统来说是不利的,但这个力矩的变化是有规律的,它可通过传感器测出手臂的转角,再利用三角函数和坐标变化计算出来。如果在伺服系统的控制量中实时地加入一个抵消重力影响的量,那么控制系统就会大为减化。如果机械结构是平衡的,则不必补偿。力矩的计算要在自然坐标系中进行,重力补偿可以是各关节独立进行的,称为单级补偿。也可以同时考虑其他关节的重力进行补偿,称为多级补偿。

2. 耦合惯量及摩擦力的补偿

在一般情况下，只要外关节的伺服带宽大于内关节的伺服带宽，就可以把各关节的伺服系统看成是独立的，这样处理就可以使问题大为减化。剩下的问题仅仅是把"工作任务"分配给各伺服系统了。然而在高速、高精度的机器人中，必须考虑一个关节运动会引起另一个关节等效转动惯量的变化，也就是耦合惯量问题。这需要对机器人进行加速度补偿。

高速度机器人还要考虑摩擦力补偿。由于静摩擦与动摩擦的差别很大，因此系统起动时刻和起动后的补偿量是不同的，摩擦力的大小可以通过实验测得。

3. 前馈和超前控制

在轨迹式控制方式中，由于运动规律是事先给定好的，因此可以从给定信号中提取速度、加速度信号，把它们加在伺服系统的适当部位上，以消除系统的速度和加速度跟踪误差，这就是前馈。前馈不影响系统的稳定性，控制效果却是显著的。

同样，由于运动规律是已知的，可以根据某一时刻的位置与速度，估计下一时刻的位置误差，并把这个误差加到下一时刻的控制量中，这就是超前控制。

超前控制与前馈控制的区别在于：前者是指控制量在时间上提前，后者是指控制信号的流向是向前的。

4. 传感器位置反馈

在点位式控制方式中，单靠提高伺服系统的性能来保证精度要求有时是困难的，可以在程序控制的基础上，再用一个位置传感器进一步消除误差。传感器可以是简易的，感知范围也可以较小。这种系统虽然在硬件上有所增加，但软件的工作量却可以大大减少。这种系统称为传感器闭环系统或大环伺服系统。

5. 记忆-修正控制

在轨迹控制方式中，利用计算机的记忆和计算功能，记忆前一次的运动误差，改进后一次的控制量。经过若干次修正，便可以逼近理想轨迹。称这种系统为记忆-修正控制系统，它适用于重复操作的场合。

6. 触觉控制

触觉控制属于一种力控制。机器人的触觉可以判断物体的有无，也可以判别物体的形状。前者可以利用控制动作的启、停，后者可以用于选择零件、改变行进路线等。人们还经常利用滑动觉（切向力传感器）来自动改变机器人夹持器的握力，使物体不致滑落，同时又不至于破坏物体。触觉控制可以使机器人具有某种程度的适应性，也可以把它看成是一种初级的"智能"。

7. 语音控制

有些机器人可以根据人的口头命令做出回答或执行任务，这是利用了语音识别系统。该系统首先提前收到声音信号的特征，例如幅度特征、过零率、音调周期、线性预测系数、声道共振峰等特性，然后与事先存储在计算机内的"标准模板"进行比较。这种系统可以识别特定人的有限词汇，较高级的声音识别系统还可以用句法分析的手段识别较多的语言内容。

8. 视觉控制

利用视觉系统可以大量获取外界信息，但由于计算机容量及速度有限，所处理的信息往往是有限的。机器人系统常利用视觉系统判别物体形状和物体之间的关系，也可以用来测量距离、选择运动路径等。无论是光导摄像管,还是电荷耦合器件都只能获取二维图像信息。为了获取三维视觉信息,可以利用两台或多台摄像机,也可以从光源上想办法,例如使用结构光。获得的信息用模式识别的办法进行处理。由于视觉系统结构复杂,价格高,一般只用于较高级的机器人中。在其他情况下,可以考虑简易视觉系统。光源也不仅限于普通光,还可以利用激光、红外线、X光、超声波等。

9. 最优控制

在高速机器人中,除了选择最优路径之外,还普遍采用最短时间控制,即所谓"砰-砰"控制。简单地说,机械臂的动作分为两步:先是以最大能力加速,然后以最大能力减速,中间选择一个最优时间切换,这样可以保证速度最快。

10. 自适应控制

很多情况下,机器人手臂的物理参数是变化的。例如夹持不同的物体或处理不同的姿态下,质量和惯性矩都在变化,因此运动方程式中的参数也在变化。工作过程中,还存在着未知的干扰。实时地辨识系统参数并调整增益矩阵,才能保证跟踪目标的准确性,这就是典型的自适应控制问题。由于系统复杂,工作速度快,和一般的过程控制中的自适应控制相比,问题要复杂得多。

11. 解耦控制

机器人的手足之间,即各自由度之间存在着耦合,即某处的运动对另一处的运动有影响。在耦合较弱的影响下,可以把它当做一种干扰,在设计中留有余地就可以了。在耦合严重的情况下,必须考虑一些解耦措施,使各自由度相对独立。

12. 递阶控制

智能机器人具有视觉、触觉或听觉等多种传感器,自由度的数目往往较多,各传感器系统要对信息进行及时的实时处理,各关节都要进行实时控制,它们是并行的,但需要有机地协调起来。因此控制必然是多层次的,每一层次都有独立的工作任务,它给下一层次提供控制指令和信息;下一层又把自身的状态及执行结果反馈给上一层次。最低一层是各关节的伺服系统,最高一层是管理(主)计算机,称为协调级。由此可见,某些大系统控制理论可以用在机器人系统之中。

7.2 机器人的示教再现

工作在结构化环境的机器人基本上是采用"示教-再现"工作方式。"示教"也称导引,即由操作者直接或间接导引机器人,一步步按实际工作要求告知机器人应该完成的任务和作业的具体内容,机器人在引导过程中以程序的形式将其记忆下来,并存储在机器人的控制装置内;"再现"则是通过存储内容的回放,使机器人能在一定精度范围内按照程序展现所示教的动作和赋予的作业内容。换句话说,使用这类机器人进行自动化作业,必须预先赋予机器人完成作业所需要的信息,即运动轨迹、作业条件和作业顺序。

示教分为在线示教和离线示教两种方式。在线示教又有如下3种方式:

1. 人工引导示教方式

这是最简单的示教方法。由有经验的工人移动机器人的末端执行器,计算机记忆各自由度的运动过程,即自动采集示教参数。对直线可采集两点,对圆弧采集三点,然后根据这些参数进行插补计算。再现时,按插补计算出的每一步位置信息控制执行结构。对于不规则的运动路径,则需要采用大量数据以备使用。在机器人发展初期,这种方法用得较多。优点是,对控制系统的要求比较简单;缺点是,控制精度受操作者的技能限制,工人的示教动作易受机器人阻碍,最大运动速度受到限制等。

2. 模拟装置示教

对于功率较大的液压传动机器人或高减速比的电气传动机器人等,靠体力直接引导极为困难。用特别的人工模拟装置可以减轻体力劳动,且操作方便。

3. 示教盒示教

为了使操作人员能在自己认为方便的地方示教,在控制台上输入控制命令是不合适的,应当设置示教盒来示教。

示教盒是一个带有微处理器、可随意移动的小键盘,内部 ROM 中固化有键盘扫描和分析程序。示教盒功能键的设置,随机器人功能的不同形式也不同,但基本上应具有如下几种工作方式:

- 回零　使机器人各关节回零。
- 示教方式　通过示教键把机器人工作部位移动到路径上的一些特定点,按记忆键可记忆示教点的坐标。记忆方式可用磁带、磁盘。还应当拷贝、单步读等功能。
- 自动方式　在这种方式下,可控制机器人按程序自动进行工作。采样、插补计算、检测反馈量等都是实时进行的。
- 参数方式　可设置各种作业条件参数。

在示教盒上要配备数字键,插入、删除等编辑键,单步、启动、停止等命令键,屏幕转换、紧急停车等功能键。

以上 3 种示教方式都属于在线示教,且都已被广泛应用于生产实际。随着机器人应用范围的扩大,又出现了在线示教难以解决的问题:对于比较复杂的形状加工,例如,弧焊机器人焊接复杂曲面的相贯线焊缝,喷漆机器人喷涂复杂曲面等,要想提高精度和质量,则示教工作量就过大。在柔性加工系统中,加工小批量产品,示教花费的时间比例过大,影响机器人的生产效率。为此,又提出离线示教的概念,主要有以下两种方式:

- 解析示教　将计算机辅助设计及运动分析的数据直接用于示教,并利用传感器技术,对规划数据进行修正。这种方法要求建立准确的数学模型并配备相应的软件,对传感器的精度要求很高。
- 任务示教　只给对象物体的位置、形状和要求达到的目的,不具体规定机器人的路径,机器人可以自行综合、处理路径问题。到目前位置,实用价值较大的此类系统还没有产生,但它是一个困难却又有前途的研究方向。

7.2.1　示教内容

运动轨迹是机器人为完成某一作业,工具中心点(TCP)所掠过的路径,它是示教机器人的重点。从运动方式上看,工业机器人具有点到点(PTP)运动和连续路径(CP)运动两种形式;按运动路径种类区分,工业机器人具有直线和圆弧两种动作类型,其他任何复杂的运动轨迹都可由它们组合而成。

因为时间与内存空间的原因，示教时不可能将运动轨迹上所有的点都示教一遍。对于有规律的轨迹，原则上仅需要示教几个程序点即可。例如，直线轨迹示教 2 个程序点——直线起始点和直线结束点；圆弧轨迹示教 3 个程序点——圆弧起始点、圆弧中间点和圆弧结束点。在具体的操作过程中，通常采用 PTP 方式示教各段运动轨迹的端点，而端点之间的 CP 运动由机器人控制系统的路径规划模块经插补运算产生。

例如，当再现图 7.2 所示的运动轨迹时，机器人按照程序点 1 输入的插补方式和再现速度移动到程序点 1 的位置。然后，在程序点 1 和 2 之间，按照程序点 2 输入的插补方式和再现速度移动。同样，在程序点 2 和 3 之间，按照程序点 3 输入的插补方式和再现速度移动。依此类推，当机器人到达程序点 3 的位置后，按照程序点 4 输入的插补方式和再现速度移向程序点 4 的位置。

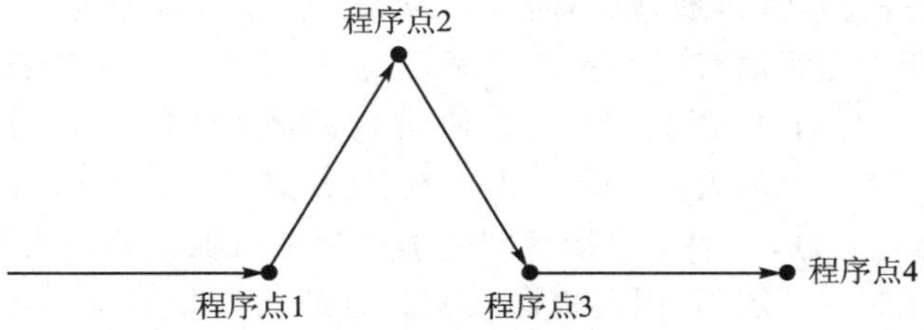

图 7.2 机器人运动轨迹

由此可见，机器人运动轨迹的示教主要是确认程序点的属性。一般来讲，每个程序点主要包含如下 4 部分信息：

• 工作位姿 描述机器人 TCP 的 6 个自由度（3 个平动自由度和 3 个转动自由度），即 TCP 的工作位置与姿态。

• 插补方式 机器人再现时，从前一程序点移动到当前程序点的动作类型。表 7.1 所列是工业机器人作业示教经常采用的 3 种插补方式。

表 7.1 示教插补方式

插补方式	动作描述	动作图示
1. 关节插补	机器人末端执行器在未规定采用何种轨迹移动时，默认采用关节插补，即各个关节均匀地转过需要的角度。这时，末端执行器的轨迹一般为一空间曲线。出于安全考虑，通常在程序点 1 处用关节插补	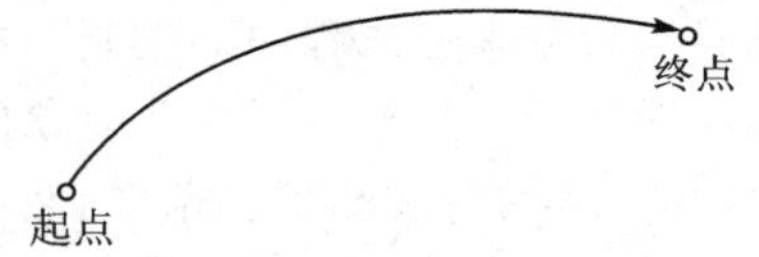
2. 直线插补	机器人末端执行器从前一程序点到当前程序点运行经过一直线段。这时，中间插补离散点的关节反解由机器人自动进行。直线插补主要用于直线轨迹的作业示教	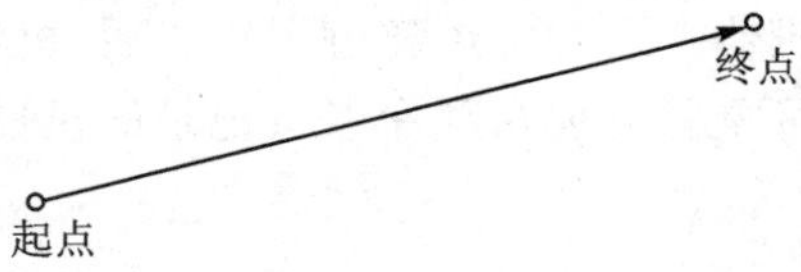
3. 圆弧插补	机器人末端执行器沿着用圆弧插补示教的 3 个程序点执行圆弧轨迹移动。圆弧插补主要用于圆弧轨迹的作业示教	

• 再现速度　机器人再现时，从前一个程序点移动到当前程序点的速度设置。

• 空走点/作业点　机器人再现时，确定从当前程序点移动到下一程序点是否实施作业。作业点则指从当前程序点移动到下一程序点的整个过程需要实施的作业，主要用于作业开始点和作业中间点两种情况；空走点指从当前程序点移动到下一程序点的整个过程不需要实施作业，主要用于示教除作业开始点和作业中间点之外的程序点。需要指出的是，在作业开始点和作业结束点一般都有相应的作业开始和作业结束命令。例如 YASKAWA 机器人，焊接作业开始命令 ARCON 和结束命令 ARCOF、搬运作业开始命令 HAND ON 和结束命令 HAND OFF 等。

7.2.2　示教过程

为使机器人能够进行示教再现，就必须把机器人工作单元的作业过程用机器人语言编成程序。然而，目前机器人编程语言还不是通用语言，各机器人生产厂商都有自己的编程语言，如 ABB 机器人编程用 RAPID 语言（类似 C 语言），FANUC 机器人用 KAREL 语言（类似 Pascal 语言），YASKAWA 机器人用 Moto-plus 语言（类似 C 语言），KUKA 机器人用 KRL 语言（类似于 C 语言）等。不过，一般用户接触到的语言都是机器人公司自己开发的针对用户的语言平台，通俗易懂。在这一层面，因各机器人所具有的功能基本相同，因此不论语法规则和语言形式变化多大，其关键特性大都相似，如表 7.2 所列。

表 7.2　工业机器人行业四巨头的机器人移动命令

运动形式	移动方式	移动命令			
		ABB	FANUC	YASKAWA	KUKA
点位运动	PTP	MoveJ	J	MOVJ	PTP
连续路径运动	直线	MoveL	L	MOVL	LIN
	圆弧	MoveC	C	MOVC	CIRC

1. 在线示教特点

由操作人员手持示教器引导，控制机器人运动，记录机器人作业的程序点并插入所需要的机器人命令来完成程序的编制。如图 7.3 所示，典型的示教过程是依靠操作者观察机器人及其末端夹持工具相对于作业对象的位姿，通过对示教器的操作，反复调整程序点处机器人的作业位姿、运动参数和工艺条件，然后将满足作业要求的这些数据记录下来，再转入下一个程序点的示教。为示教方便以及获取信息的快捷、准确，操作者可以选择在不同坐标系下手动操作机器人。整个示教过程完成后，机器人自动运行（再现）示教时记录的数据，通过插补运算，就可重复再现在程序点上记录的机器人位姿。

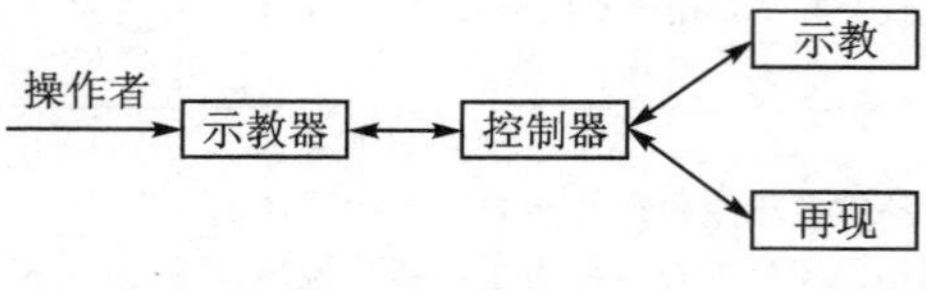

图 7.3　在线示教

在早期的机器人作业编程系统中，还有一种人工牵引示教（也称直接示教或手把手示教），即由操作人员牵引装有力-力矩传感器的机器人末端执行器对工件实施作业，机器人实时记录整个示教轨迹与工艺参数，然后根据这些在线参数就能准确再现整个作业过程。该示教方式控制简单，但劳动强度大，操作技巧性高，精度不易保证。如果示教失误，修正路径的唯一方法就是重新示教。

综合而言，采用在线示教进行机器人作业任务编制具有如下共同特点：

• 采用机器人具有较高的重复定位精度的优点，降低了系统误差对机器人运动绝对精度的影响。

• 要求操作者具有相当的专业知识和熟练的操作技能，并需要现场近距离示教操作，因而具有一定的危险性。

• 示教过程繁琐、费时，需反复调整末端执行器的位姿，占用大量的机器人工作时间，时效性较差。

• 机器人在线示教的精度完全由操作者的经验决定，对于复杂运动轨迹难以取得令人满意的示教效果。

• 出于安全考虑，机器人示教时要关闭与外围设备联系的功能。然而，对那些需要根据外部信息进行实时决策的应用就显得无能为力。

• 在柔性制造系统中，这种编程方式无法与 CAD 数据库相连接，对工厂实现 CAD/CAM/Robotics 一体化有困难。

基于上述特点，采用在线示教的方式可完成那些应用于大批量生产、生产任务简单且不变化的机器人作业任务编制。

2. 在线示教的基本步骤

下面通过示教再现方式，为机器人输入从 A 点到 B 点的加工程序，如图 7.4 所示。此程序由编号为 1～6 的 6 个程序点组成。其中：

程序点 1 为末端执行器原点；

程序点 2 为作业临近点；

程序点 3 为作业开始点；

程序点 4 为作业结束点；

程序点 5 为作业规避点；

程序点 6 为末端执行器原点。

具体作业编程步骤如图 7.5 所示流程开展。

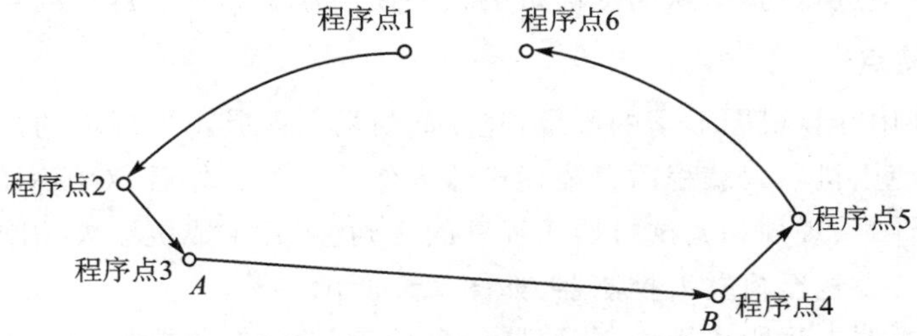

图 7.4 在线示教的程序点

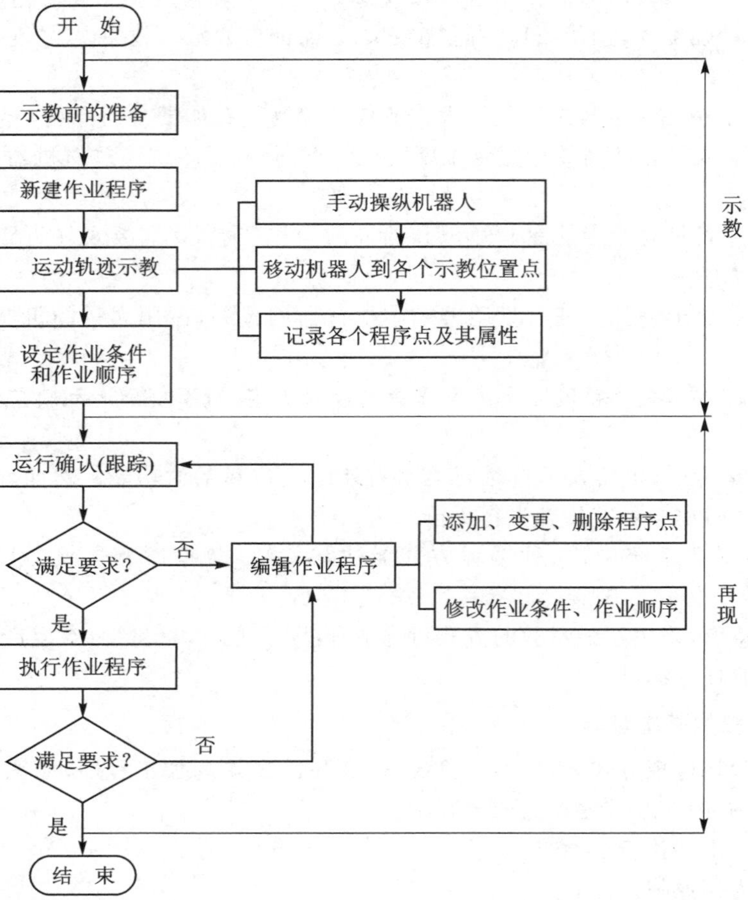

图 7.5 机器人在线示教基本流程

7.2.3 机器人的离线编程技术

离线编程不需要操作者对实际作业的机器人直接进行示教,而是在离线编程系统中进行编程和在模拟环境中进行仿真,从而提高机器人的使用效率和生产过程的自动化水平。

1. 离线编程特点

离线编程是利用计算机图形学的成果,建立起机器人及其工作环境的几何模型,通过对图形的操作和控制,使用机器人编程语言描述机器人作业任务。然后,对编程的结果进行三维图形动画仿真,离线计算、规划和调试机器人程序的正确性,并生成机器人控制器可执行的代码。最后,通过通信接口发送至机器人控制器,如图 7.6 所示。

近年来,随着机器人远距离操作、传感器信息处理技术等的进步,基于虚拟现实技术的机器人作业示教已成为机器人学中新兴的研究方向。它将虚拟现实作为高端的人为接口,允许用户通过声、像、力以及图形等多种交互设备实时地与虚拟环境交互。根据用户指挥或动作提示,示教或监控机器人进行复杂的作业。

与传统的在线示教相比,离线编程除克服了在线示教的缺点外,还有以下优点:

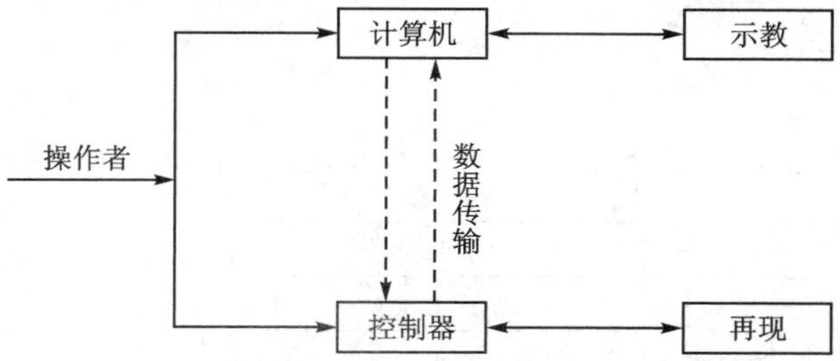

图7.6 机器人的离线编程示教

- 程序易于修改，适合中、小批量的生产要求；
- 能够实现多台机器人和辅助外围设备的示教和协调；
- 能够实现基于传感器的自动规划功能。

离线编程已被证明是一种有效的示教方式，可以增加安全性，减少机器人不工作的时间和降低成本。由于机器人定位精度的提高、控制装置功能的完善、传感器应用的增多，以及图形编程系统所用的CAD工作站价格不断下降，离线编程迅速普及，成为机器人程序的发展趋向。当然，离线编程要求编程人员有一定的预备知识，离线编程的软件也需要一定的投入，这些软件大多由机器人公司作为用户的选购附件出售，如ABB机器人公司开发的基于Windows操作系统的RobotStudio软件、FANUC机器人公司开发的ROBOGUIDE软件、YASKAWA机器人公司开发的MotoSim EG-VRC软件和KUKA机器人开发公司的Sim Pro软件等。

2. 离线编程系统的软件架构

同在线示教的直接手动操作工业机器人不同，离线编程是在离线编程系统的软件中通过鼠标和键盘操作机器人的三维图形。也就是说，只有充分了解离线编程系统软件的基本架构与功能，再实施工业机器人的离线编程与仿真才能有的放矢。从应用角度看，商品化的离线编程系统软件都具有较强的图形功能，并且有很好的编程功能。典型机器人离线编程系统的软件架构，主要由建模模块、布局模块、编程模块、仿真模块、程序生成与通信模块组成。

3. 离线编程的基本步骤

通过离线编程的方式为机器人输入图7.4中从工件A点到B点的作业程序。具体示教作业可参照图7.7所示流程。

- 几何建模　工业机器人离线编程的首要任务就是对工业机器人及其工作单元的图形进行描述，即三维几何造型。目前的离线编程软件一般都具有简单的建模功能，但对于复杂三维模型的创建就显得捉襟见肘，好在其建模模块均设有与其他CAD软件（如SolidWorks、UG、Pro/E）的接口功能，即可将其他CAD软件生成的IGES、DXF等格式的文件导入其中。

- 空间布局　离线编程软件的一个重要作用是离线调试程序，而离线调试程序最有效的方法是在不接触实际机器人及其工作环境的情况下，利用图形仿真技术模拟机器人的作业过程，即提供一个与机器人进行相互交互的虚拟环境。这就需要把整个机器人系统（包括机器人本体、变位机、工件、周边作业设备等）的模型按照实际的装配和安装情况在仿真环境下布局。

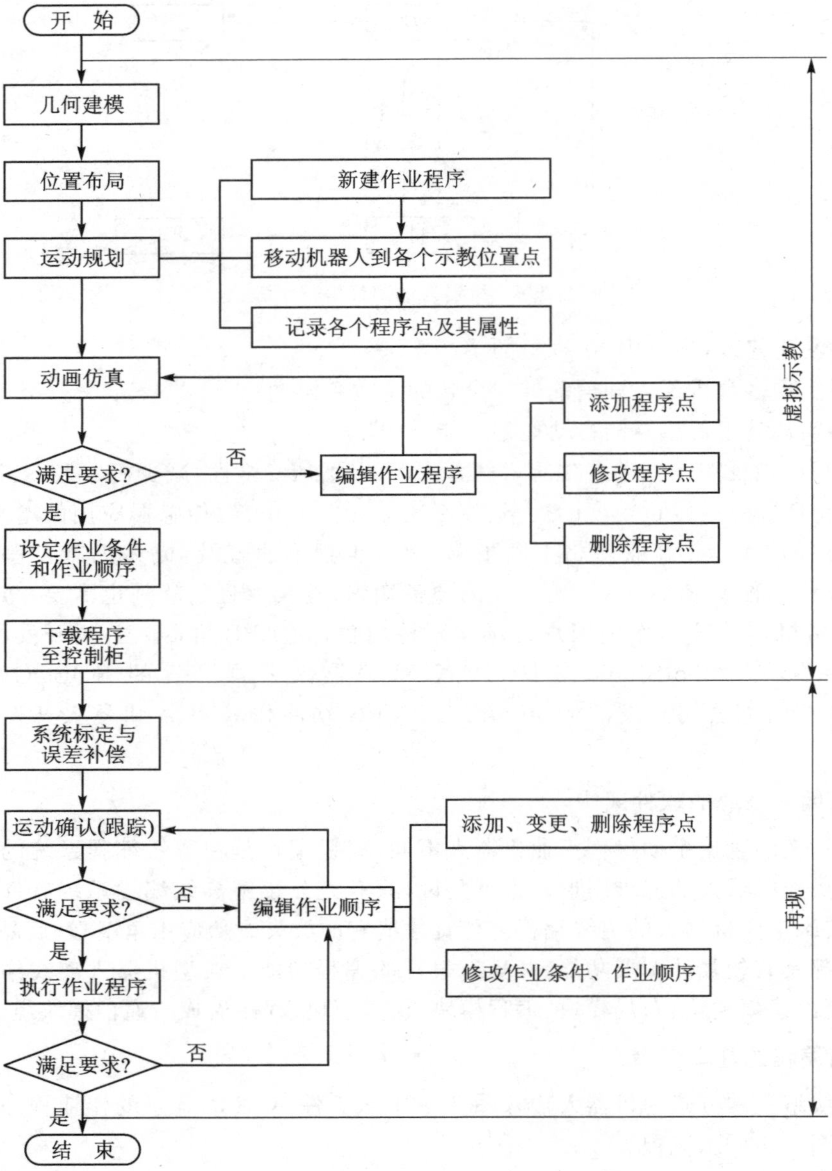

图 7.7　机器人离线编程的基本流程

• 运动规划　工业机器人的运动规划主要有两个方面，即作业位置规划和作业路径规划。作业位置规划的主要目的是在机器人运动空间可达性的条件下，尽可能地减少机器人在作业过程的极限运动或机器人各轴的极限位置；作业路径规划的主要目的是在保证末端工具作业姿态的前提下，避免机器人与工件、夹具、周边设备等发生碰撞。

• 动画仿真　在仿真模块中，系统对运动规划的结果进行三维图形动画仿真，模拟整个作业的完整情况，检查末端工具发生碰撞的可能性及机器人的运动轨迹是否合理，并计算机器人的每个工步的操作时间和整个工作过程的循环时间，为离线编程结果的可行性提供参考。基于前面完成的工作，完成直线焊缝的机器人作业过程的模拟仿真，发现末端工具姿态合理没有发生碰撞，机器人运动轨迹合理，可以生成实际作业所需的代码。

• 程序生成及传输　要实现实体机器人动作就需要把离线编程的源程序编译成被加载机器人可识别的目标程序。当作业程序的仿真结果完全达到作业要求后，将该作业程序转换成机器人的控制程序和数据，并通过通信接口下载到机器人控制柜，驱动机器人执行指定的作业任务。

• 运行确认与施焊　出于安全考虑，离线编程生成的目标作业程序在自动运转前需跟踪试运行。经确认无误后，即可再现施焊作业。

综上所述，无论采用在线示教还是离线编程，其主要目的是完成机器人运动轨迹、作业条件和作业顺序的示教，如图 7.8 所示。

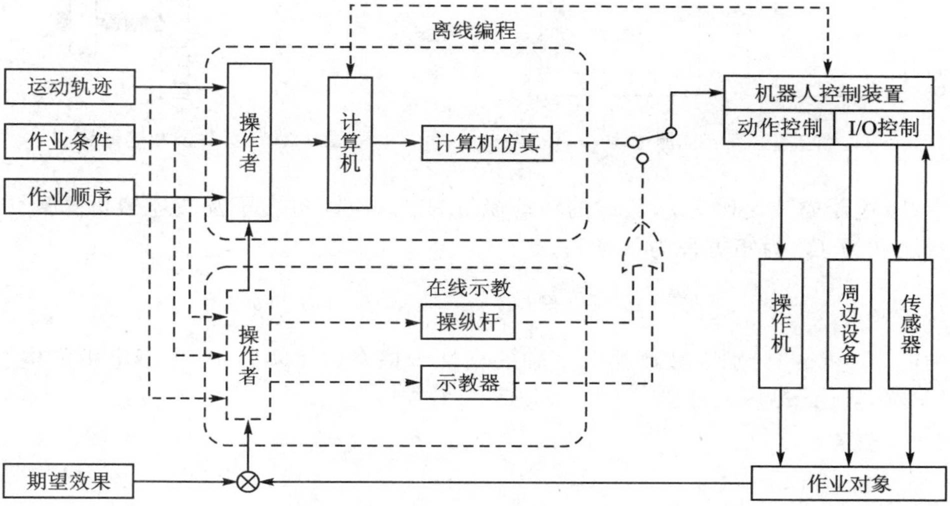

图 7.8　机器人示教的主要内容

7.3　伺服系统的基本概念

机器人伺服系统通常主要由驱动器、减速及传动机构、力传感器、角度(位置)传感器、角速度(速度)传感器和计算机等组成。其中，传感器可以提供机器人各个臂的位置、运动速度或力的大小，将它们与给定的位置、速度或力相比较，则可以给出误差信息。计算机及其接口电路用于采集数据和提供控制量，各种控制算法是由软件完成的。驱动器是系统的控制对象，传动结构及机器人的手臂则是驱动器的负载，

机器人的驱动器主要有液压式、气动式和电动式，现在也产生了许多新型驱动器。在工业机器人中使用的较多的是电动式，其中直流伺服电机仍然占据统治地位，这一节从直流伺服电机入手，复习一下控制系统的基本概念。

图 7.9 所示是直流伺服电机的原理图，它的激磁绕组的电流是固定的。假设电枢上加的电压为 V_a，电枢电流为 i_a，绕组的电感为 L_a，电阻为 R_a，电枢的反电动势为 E，电枢的角速度为 ω，电机产生的力矩为 M。根据柯希霍夫定律，电动机电枢回路的运动方程式为

$$L_a \frac{di_a}{dt} + R_a i_a + E = V_a \tag{7.1}$$

$$E = C_e \omega \tag{7.2}$$

$$M = C_m i_a \tag{7.3}$$

式中：C_e 为感应电动势系数，C_m 为力矩系数，二者可视为常数。

若电机带有减速器和负载，其结构示意图如图 7.10 所示。

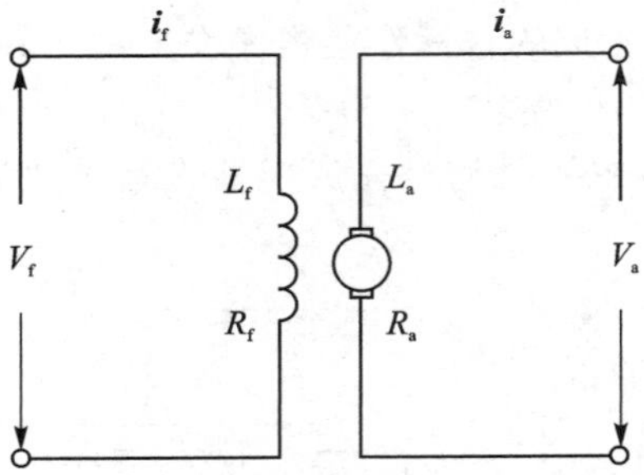

图 7.9　直流伺服原理

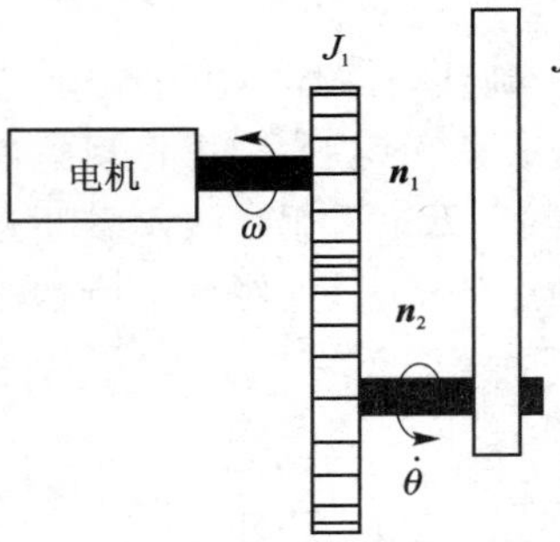

图 7.10　负载及减速器结构

其中，减速器的减速比为 r，负载的转动惯量为 J_0，电动机转子及减速器折算到转子轴的转动惯量之和为 J_1，力矩方程为

$$M = (r^2 J_0 + J_1)\frac{d\omega}{dt} + (r^2 f_0 + f_1)\omega \tag{7.4}$$

式中的 f_0 和 f_1 分别为减速器二个轴的粘性摩擦系数。实际中，由于电枢的电感 L_a 很小，可以忽略，则由(7.1)式可得

$$i_a = \frac{V_a - E}{R_a} \tag{7.5}$$

将(7.2)式代入(7.5)式，得

$$i_a = \frac{V_a - C_e\omega}{R_a} \tag{7.6}$$

将(7.6)式代入(7.3)式，得

$$M = C_m \frac{V_a - C_e\omega}{R_a} \tag{7.7}$$

再引入负载转角 θ 与电机转速 ω 的关系，得

$$\dot{\theta} = \frac{d\theta}{dt} = \omega r \tag{7.8}$$

将(7.7)及(7.8)式代入(7.4)式，整理可得

$$J\ddot{\theta} + f\dot{\theta} = K_m V_a \tag{7.9}$$

其中，

$$J = J_0 + r^{-2} J_1$$

$$f = (r^2 f_0 + f_1 + C_e C_m / R_a) / r^2$$

$$K_m = C_m / r R_0$$

假设 θ 和 V_a 的初值为零，将(7.9)式的两端分别作拉氏变换，得

$$J s^2 \theta(s) + J s \theta(s) = K_m V_a(s)$$

即

$$\frac{\theta(s)}{V_a(s)}=\frac{K_m}{Js^2+fs} \tag{7.10}$$

这就是电机电枢电压与负载转角之间的传递函数。

从液压或气动驱动系统也可以推出与(7.10)式完全相同的关系式。因此，这个公式具有一定的普遍意义。

当把负载转角 θ 当做控制量，在输出转轴上安装一个电位器，把转角 θ 的值变成相应的电压值，再把这个电压与给定电压比较，其电压经放大做为电机的控制电压。这样就构成了一个闭环伺服系统，其结构图如图 7.11 所示。

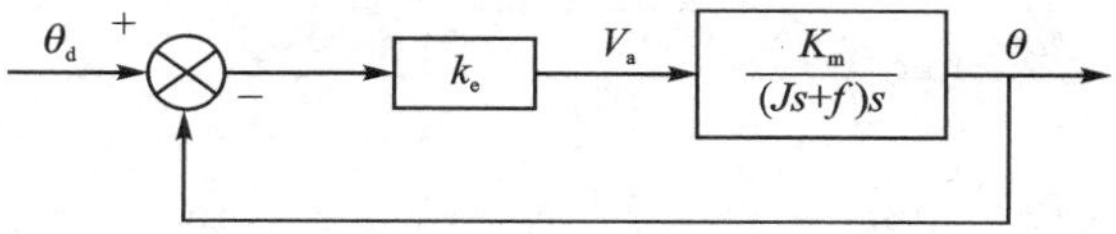

图 7.11　闭环伺服系统

电枢电压可以表示为

$$V_a=K_e(\theta_d-\theta) \tag{7.11}$$

式中：K_e 为位置反馈增益。

将(7.11)式代入(7.9)式，则

$$J\ddot{\theta}+f\dot{\theta}=K_eK_m(\theta_d-\theta) \tag{7.12}$$

同样可以得到闭环系统输入与输出之间的传递函数：

$$\frac{\theta(s)}{\theta_d(s)}=\frac{K_eK_m}{(Js+f)s+K_eK_m}=\frac{\omega_n^2}{s^2+2\xi\omega_n+\omega_n^2} \tag{7.13}$$

式中：$\omega_n=\sqrt{K_eK_m/J}$ 为无阻尼自振频率，$\xi=f/2\sqrt{K_eK_m}$ 为阻尼比。

在控制系统中，经常用单位阶跃响应来评价一个系统的控制品质。也就是说，在输入端上加上一个单位阶跃函数，观察系统的输出波形。图 7.12 给出了一个典型的阶跃响应，并定义了系统的品质指标。其中 t_r 为上升时间，M_p 为超调量，t_s 为调整时间。当系统的阻尼比大于 1 时，系统不出现超调。在一般的控制系统中，为了兼顾快速性和稳定性，取 ξ 在 0.4～0.8 之间。而在机器人控制系统中，一般不允许超调。假设机器人末端执行器的运动目标是某个物

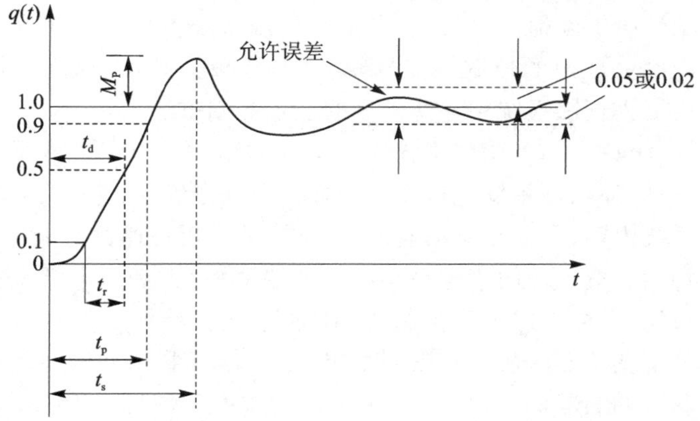

图 7.12　典型阶跃响应曲线

体表面，如果系统出现超调，那么机器人末端执行器将会运动到物体内部，从而造成破坏。因此，应该选择系统的阻尼比大于1，理想情况下取 $\xi=1$，如图7.13所示。

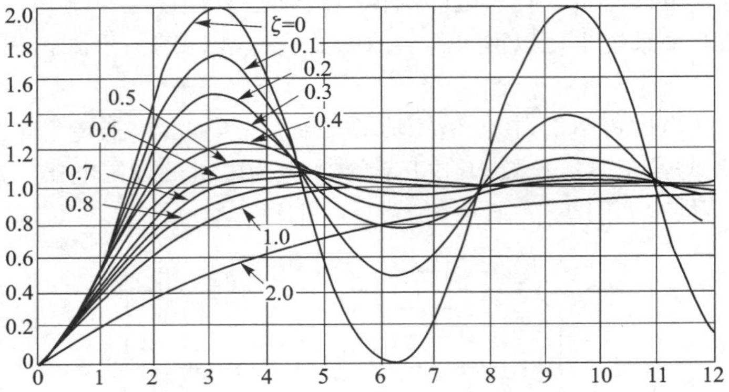

图7.13　超调量与阻尼比之间的关系

7.4　机器人的位置控制

本节介绍串联机构机器人手臂的关节空间位置控制，并在此基础上，讨论笛卡儿空间的机械手位置控制以及移动机器人的位置控制。

7.4.1　单关节位置控制

1. 单关节位置控制器

所谓单关节控制器，是指不考虑关节之间相互影响而根据一个关节独立设计的控制器。在单关节控制器中，机器人的机械惯性影响常常被作为扰动项考虑。

在7.3节的例子中，如果电机的负载是一个单关节的机械手，那么它就成为一个最简单的机器人。实际上，多自由度的机器人控制系统往往可以分解成若干个带有耦合的单自由度的机器人控制系统。如果耦合较弱，那么每个自由度的控制系统可以近似为独立的，剩下的便是如何分配控制量的问题了；如果耦合较强，则必须考虑各自由度之间的耦合惯量。

考虑了负载的粘性摩擦和惯性之后，各自由度伺服系统可以用一个典型的二阶系统来描述。但若想实现更准确更理想的控制性能，则必须考虑重力补偿、速度及加速度等因素的补偿。这一节将介绍机器人伺服系统中一些常见的位置控制方法。

图7.14给出了一个典型的单关节位置控制系统的结构示意图。该系统采用变频器作为电机的驱动器，构成三闭环控制系统。这3个闭环分别是位置环、速度环和电流环。

电流环为控制系统内环，在变频驱动器内部完成，其作用是通过对电机电流的控制使电机表现出期望的力矩特性。电流环的给定是速度调节器的输出，反馈电流采样在变频驱动器内部完成。电流环常采用PI控制器进行控制，控制器的增益为 K_{pp} 和 K_{pi}，通过变频驱动器进行设定。电流环的电流调节器一般具有限幅功能，限幅值可利用变频驱动器进行设定。电流调节器的输出作为脉宽调制器的控制电压，用于产生PWM脉冲。PWM脉冲的占空比与电流调节器的输出电压成正比。PWM脉冲经过脉冲驱动电路控制逆变器的大功率开关元件的通断，来实现对电机的控制。

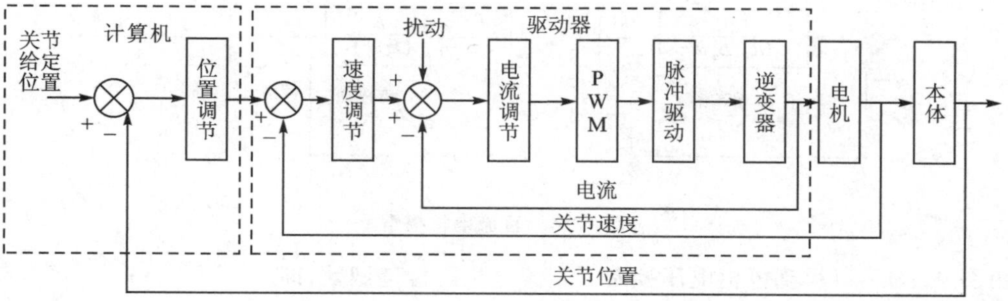

图 7.14　单关节位置控制系统结构示意图

电流环的调节器是一个带有限幅的 PI 控制器，如图 7.15 所示。

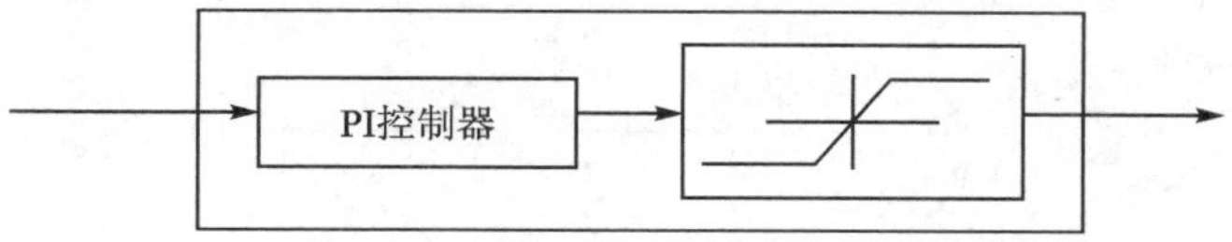

图 7.15　电流调节器

电流环的主要特点是惯性时间常数小，并具有明显扰动。产生电流扰动的因素较多，例如负载的突然变化、关节位置的变化等因素都可导致关节力矩发生波动，从而导致电流波动。

速度环是控制系统内环。速度环在变频驱动器内部完成，其作用是使电机表现出期望的速度特性。速度环的给定是位置调节器的输出，速度反馈可由安装在电机上的测速发电机提供，或者由旋转编码器提供。速度环的调节器输出，是电流环的输入。速度环通常采用带有限幅的 PI 控制器进行控制，控制器的增益 K_{vp} 和 K_{vi} 通过变频驱动器进行设定，参见图 7.15。

与电流环相比，速度环的主要特点是惯性时间常数较大，并具有一定的迟滞。

位置环是控制系统外环，其控制器由控制计算机实现，其作用是使电机到达期望的位置。位置环的位置反馈由机器人本体关节上的位置变送器提供，常用的位置变送器包括旋转编码器、光栅尺等。位置环的调节器输出，是速度环的输入。位置环常采用 PID 控制器、模糊控制器等进行控制。

为保证每次运动时关节位置的一致性，应设有关节绝对位置参考点。常用的方法包括两种，一种采用绝对位置码盘检测关节位置，一种采用相对位置码盘和原位（即零点）相结合。对于后者，通常需要在工作之前寻找零点位置。此外，对于串联机构机器人，关节电机一般需要采用抱闸装置，以便在系统断电后锁住关节电机，保持当前关节位置。

2. 单关节位置控制的传递函数

目前，采用矢量调速的交流伺服系统已经比较成熟，这类系统具有良好的机械特性与调速特性，其调速性能已经能够与直流调速相媲美。从控制角度来看，电机和驱动器作为控制系统中的被控对象，无论是交流还是直流调速，其作用和原理是类似的。由于矢量调速的模型比较复杂，为便于理解，本节以直流电机为例，说明单关节位置控制系统的传递函数。以电机的电枢电压为输入，以电机的角位移为输出，则直流电机的模型如图 7.16 所示。其中，R_m 是电枢电阻，L_m 是电枢电感，k_m 是电流-力矩系数，J 是总转动惯量，F 是总粘滞摩擦系数，k_e 是反电动势系数，V_m 是电枢电压，I_m 是电枢电流，T_m 是电机力矩，ω_m 是电机角速度，θ_m 是电机的角位移。

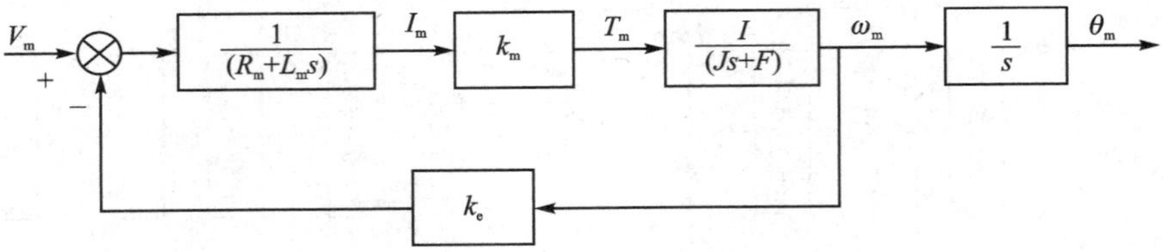

图 7.16　直流电机模型

由图 7.16 可以得到电枢电压控制下直流电机的传递函数，即

$$\frac{\theta_m(s)}{V_m(s)}=\frac{1}{s}\cdot\frac{k_m}{(R_m+L_m s)(F+Js)+k_m k_e} \tag{7.14}$$

式(7.14)中，总粘滞摩擦系数 F 很小，通常可以忽略。于是，(7.14)式可以改写为(7.15)式，即

$$\frac{\theta_m(s)}{V_m(s)}=\frac{1}{s}\cdot\frac{1/k_e}{\tau_m\tau_e s^2+\tau_m s+1} \tag{7.15}$$

式中：$\tau_m=\frac{R_m J}{k_e k_m}$，是机电时间常数；$\tau_e=\frac{L_m}{R_m}$，是电磁时间常数。

对于直流电机构成的位置控制调速系统，通常不采用电流环。这类系统，常采用由速度环和位置环构成的双闭环系统。通常，驱动放大器可以看作是带有比例系数、具有微小电磁惯性时间常数的一阶惯性环节。在该电磁惯性时间常数很小，可以忽略不计的情况下，驱动放大器可以看作是比例环节。因此，对于直流电机构成的双闭环位置控制调速系统，其控制框图如图 7.17 所示。

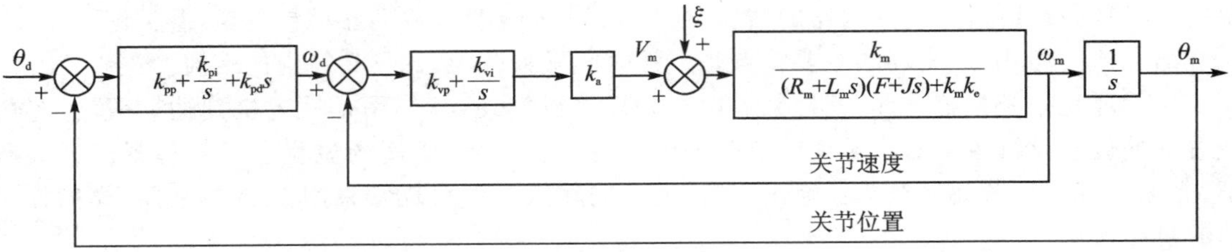

图 7.17　单关节位置控制框图

由图 7.17 可知，对于内环即速度环，被控对象是一个二阶惯性环节。对于此类环节，通过调整 PI 控制器的参数 k_{vp} 和 k_{vi} 能够保证速度环的稳定性，并可以比较容易地得到期望的速度特性。速度环的闭环传递函数见式(7.16)：

$$\frac{\omega_m(s)}{\omega_d(s)}=\frac{k_a k_m(k_{vp}s+k_{vi})}{L_m J s^3+(L_m F+R_m J)s^2+(R_m F+k_m k_e+k_{vp}k_a k_m)s+k_{vi}k_a k_m} \tag{7.16}$$

在忽略粘滞摩擦系数 F 的情况下，(7.16)式可以改写为(7.17)式如下：

$$G_v(\boldsymbol{s})=\frac{\omega_m(s)}{\omega_d(s)}=\frac{(k_{vp}s+k_{vi})k_{ae}}{\tau_m\tau_e s^3+\tau_m s^2+(1+k_{vp}k_{ae})s+k_{vi}k_{ae}} \tag{7.17}$$

其中，$k_{ae}=k_a/k_e$。

当 PI 控制器的积分系数 k_{vi} 较小时，(7.17)式近似于二阶惯性环节，能够渐近稳定。当 PI 控制器的积分系数 k_{vi} 较大时，(7.17)式是带有一个零点的三阶环节，有可能不稳定。

对于外环即位置环，其被控对象是(7.17)式所示的环节。因此，在忽略粘滞摩擦系数 F

的情况下，根据(7.17)式可以得到位置闭环的传递函数，如下：

$$G_{\mathrm{p}}(s)=\frac{\theta_{\mathrm{m}}(s)}{\theta_{\mathrm{d}}(s)}=\frac{G_{\mathrm{v}}(s)G_{\mathrm{cp}}(s)G_{\mathrm{i}}(s)}{1+G_{\mathrm{v}}(s)G_{\mathrm{cp}}(s)G_{\mathrm{i}}(s)}$$
$$=[k_{\mathrm{pd}}k_{\mathrm{vp}}k_{\mathrm{ae}}s^3+(k_{\mathrm{pd}}k_{\mathrm{vi}}+k_{\mathrm{pp}}k_{\mathrm{vp}})k_{\mathrm{ae}}s^2+(k_{\mathrm{pp}}k_{\mathrm{vi}}+k_{\mathrm{pi}}k_{\mathrm{vp}})k_{\mathrm{ae}}s+k_{\mathrm{pi}}k_{\mathrm{vi}}k_{\mathrm{ae}}]/\{\tau_{\mathrm{m}}\tau_{\mathrm{e}}s^5+\tau_{\mathrm{m}}s^4+[1+(k_{\mathrm{pd}}k_{\mathrm{vp}}+k_{\mathrm{vp}})k_{\mathrm{ae}}]s^3+(k_{\mathrm{pd}}k_{\mathrm{vi}}+k_{\mathrm{pp}}k_{\mathrm{vp}}+k_{\mathrm{vi}})k_{\mathrm{ae}}s^2+(k_{\mathrm{pp}}k_{\mathrm{vi}}+k_{\mathrm{pi}}k_{\mathrm{vp}})k_{\mathrm{ae}}s+k_{\mathrm{pi}}k_{\mathrm{vi}}k_{\mathrm{ae}}\} \tag{7.18}$$

式中：$G_{\mathrm{cp}}(s)=k_{\mathrm{pp}}+\frac{k_{\mathrm{pi}}}{s}+k_{\mathrm{pd}}s$，是 PID 控制器的传递函数；$G_v(s)$是速度环的闭环传递函数，见(7.17)式；$G_i(s)$是关节速度到关节位置的积分环节。

3. 关节位置控制的稳定性

对于速度内环，其闭环特征多项式为(7.17)式分母中的三阶多项式。由劳斯判据可知，当(7.19)式成立时，速度内环稳定。

$$1+k_{\mathrm{vp}}k_{\mathrm{ae}}>\tau_{\mathrm{e}}k_{\mathrm{vi}}k_{\mathrm{ae}} \tag{7.19}$$

可见，对于速度内环的 PI 控制器的参数 k_{vp} 和 k_{vi}，在选定 k_{vp} 的情况下，k_{vi} 应满足(7.20)式，才能保证速度内环的稳定性。

$$k_{\mathrm{vi}}<\frac{1+k_{\mathrm{vp}}k_{\mathrm{ae}}}{\tau_{\mathrm{e}}k_{\mathrm{ae}}} \tag{7.20}$$

另外，当 k_{vp} 较大时，系统会工作在欠阻尼振荡状态。因此，需要根据系统的性能要求首先选择合适的 k_{vp}，再参考(7.20)式的约束条件选择 k_{vi}，使速度内环工作于临界阻尼或者略微过阻尼状态。

对于位置外环，其闭环特征多项式为(7.18)式分母中的五阶多项式。相应的劳斯表如下：

$$\begin{array}{llll}
s^5 & a_0=\tau_{\mathrm{m}}\tau_{\mathrm{e}} & a_2=1+(k_{\mathrm{pd}}k_{\mathrm{vp}}+k_{\mathrm{vp}})k_{\mathrm{ae}} & a_4=(k_{\mathrm{pp}}k_{\mathrm{vi}}+k_{\mathrm{pi}}k_{\mathrm{vp}})k_{\mathrm{ae}} \\
s^4 & a_1=\tau_{\mathrm{m}} & a_3=(k_{\mathrm{pd}}k_{\mathrm{vi}}+k_{\mathrm{pp}}k_{\mathrm{vp}}+k_{\mathrm{vi}})k_{\mathrm{ae}} & a_5=k_{\mathrm{pi}}k_{\mathrm{vi}}k_{\mathrm{ae}} \\
s^3 & \multicolumn{3}{l}{b_1=1+(k_{\mathrm{pd}}k_{\mathrm{vp}}+k_{\mathrm{vp}})k_{\mathrm{ae}}-(k_{\mathrm{pd}}k_{\mathrm{vi}}+k_{\mathrm{pp}}k_{\mathrm{vp}}+k_{\mathrm{vi}})k_{\mathrm{ae}}\tau_e} \\
 & \multicolumn{3}{l}{b_2=(k_{\mathrm{pp}}k_{\mathrm{vi}}+k_{\mathrm{pi}}k_{\mathrm{vp}})k_{\mathrm{ae}}-k_{\mathrm{pi}}k_{\mathrm{vi}}k_{\mathrm{ae}}\tau_{\mathrm{e}}} \\
s^2 & c_1=\dfrac{b_1a_3-b_2a_1}{b_1} & c_2=a_5 & \\
s^1 & d_1=\dfrac{c_1b_2-c_2b_1}{c_1} & 0 & \\
s^0 & a_5 & &
\end{array}$$

特征多项式的系数 $a_0 \sim a_5$ 均大于 0。由劳斯判据可知，只有当 b_1、c_1、d_1 均大于 0 时，系统稳定。以 $b_1>0$、$c_1>0$、$d_1>0$ 为约束条件，选择合适的 PID 控制器的参数，可以保证位置外环的稳定性。

考虑 $\tau_{\mathrm{e}} \ll \varepsilon$ 的情况，ε 是任意小的正数。在这种情况下，$b_1 \approx 1+(k_{\mathrm{pd}}k_{\mathrm{vp}}+k_{\mathrm{vp}})k_{\mathrm{ae}}>0$。又因 $k_{\mathrm{ae}} \gg 1$，故 $b_1 \approx (k_{\mathrm{pd}}k_{\mathrm{vp}}+k_{\mathrm{vp}})k_{\mathrm{ae}}$。于是，约束条件 $c_1>0$ 变成(7.21)式所示的不等式。

$$(k_{\mathrm{pd}}k_{\mathrm{vp}}+k_{\mathrm{vp}})(k_{\mathrm{pd}}k_{\mathrm{vi}}+k_{\mathrm{pp}}k_{\mathrm{vp}}+k_{\mathrm{vi}})k_{\mathrm{ae}}-(k_{\mathrm{pp}}k_{\mathrm{vi}}+k_{\mathrm{pi}}k_{\mathrm{vp}})\tau_{\mathrm{m}}>0 \tag{7.21}$$

式(7.21)经过整理，得到一个关于 k_{pp} 的约束条件，见式(7.22)：

$$k_{\mathrm{pp}}>\frac{k_{\mathrm{pi}}k_{\mathrm{vp}}\tau_{\mathrm{m}}-(1+k_{\mathrm{pd}})^2k_{\mathrm{vi}}k_{\mathrm{vp}}k_{\mathrm{ae}}}{(1+k_{\mathrm{pd}})k_{\mathrm{vp}}^2k_{\mathrm{ae}}-k_{\mathrm{vi}}\tau_{\mathrm{m}}} \tag{7.22}$$

一般地，k_{pd} 的数值较小，可以忽略不计。于是，在忽略(7.22)式中次要项的情况下，(7.22)式可以近似为(7.23)式：

$$k_{pp} > \frac{k_{pi}\tau_m/k_{vp} - k_{vi}k_{ae}/k_{vp}}{k_{ae} - k_{vi}\tau_m/k_{vp}^2} \approx -\frac{k_{vi}}{k_{vp}} \tag{7.23}$$

可见，只要 k_{pp} 取正值，(7.23)式约束条件就能够满足，即 $c_1>0$ 能够满足。

由约束条件 $d_1>0$，并将系数 $a_0 \sim a_5$ 代入，得到(7.24)式所示的约束条件：

$$a_2a_3a_4 > a_1a_4^2 + a_2^2a_5 \tag{7.24}$$

这样，PID 控制器的参数只要能够使(7.24)式成立，系统就能够稳定。通过选择合适 PID 控制器的 3 个参数，(7.24)式约束条件容易满足。

4. 关节位置控制算法

由稳定性分析可知，通过合理选择 PID 或 PI 控制器的参数，能够保证上述单关节位置控制系统是稳定的。但是，对于串联式机器人的旋转关节，随着关节位置的变化，关节电机的负载会由于受重力影响而发生变化，同时机构的机械惯性也会发生变化。固定参数的 PID 或 PI 控制器，虽然对对象的参数变化具有一定的适应能力，但难以保证控制系统动态响应品质的一致性，会影响控制系统的性能。显然，重力矩和机械惯性是关节位置的函数，在某些特定条件下这种函数是可建模的。因此，可以根据关节位置的不同，采用不同的控制器参数，构成变参数 PID 或 PI 控制器或者其他智能控制器，以消除重力矩和机械惯性变化对控制系统性能的影响。

图 7.18 给出了位置环的一种变参数模糊 PID 控制器的框图，它由速度前馈、模糊控制器、PID 控制器、滤波以及校正环节构成。

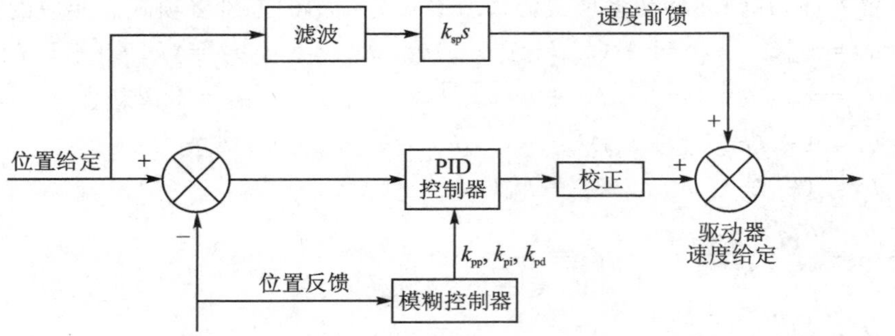

图 7.18 位置环变参数模糊 PID 控制器框图

由于位置变化会导致机器人本体重心的变化，从而使被控对象的参数发生变化，所以应该根据对象参数的变化调整 PID 控制器的参数。被控对象的参数变化是位置的函数，所以可以利用位置的实际测量值作为模糊控制器的输入，按照一定的模糊控制规则导出 PID 控制器参数 k_{pp}、k_{pi}、k_{pd} 的修正量。PID 控制器的参数以设定值为主分量，以模糊控制器产生的 k_{pp}、k_{pi}、k_{pd} 参数修正量为次要分量，两者相加构成 PID 控制器的参数当前值。PID 控制器以给定位置与实际位置的偏差作为输入，利用 PID 控制器的参数当前值，经过运算产生位置环的速度输出。

速度前馈通道中的滤波器，用于对位置给定信号滤波。该滤波器是一个高阻滤波器，只滤除高频分量，保留中频和低频分量。位置给定信号经过滤波后，再经过微分并乘以一个比例系数，作为速度前馈通道的速度输出。

位置环的速度输出和前馈通道的速度输出，经过叠加后作为总的输出，用作驱动器的速度给定。

校正环节用于改善系统的动态品质，需要根据对象和驱动器的模型进行设计。校正环节的设计，也是控制系统设计的一个关键问题。

5. 带力矩闭环的关节位置控制

图7.19所示是一个带有力矩闭环的单关节位置控制系统。该控制系统是一个三闭环控制系统，由位置环、力矩环和速度环构成。

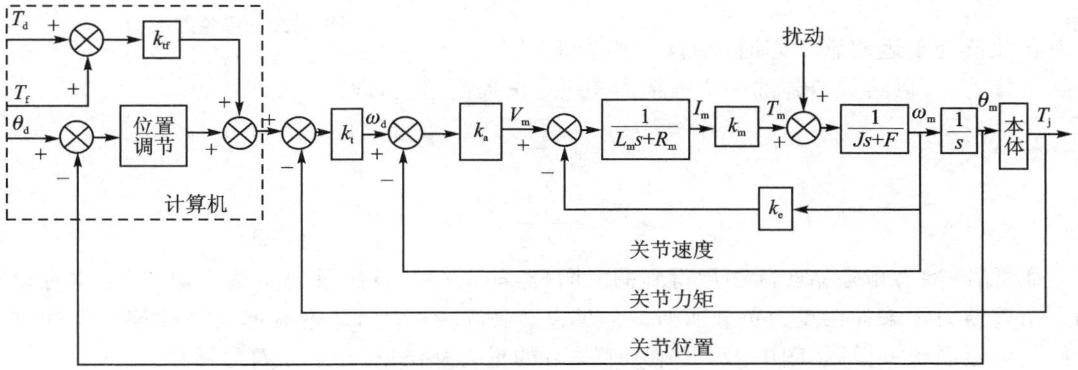

图7.19 带有力矩闭环的单关节位置控制系统结构示意图

速度环为控制系统内环，其作用是通过对电机电压的控制使电机表现出期望的速度特性。速度环的给定是力矩环偏差经过放大后的输出 ω_d，速度环的反馈是关节角速度 ω_m，ω_d 与 ω_m 的偏差作为电机电压驱动器的输入，经过放大后成为电压 V_m，其中 k_a 为比例系数。电机在电压 V_m 的作用下，以角速度 ω_m 旋转。$1/(L_m s+R_m)$ 为电机的电磁惯性环节，其中 L_m 是电枢电感，R_m 是电枢电阻，I_m 是电枢电流。一般地，$L_m \ll R_m$，L_m 可以忽略不计，环节 $1/(L_m s+R_m)$ 可以用比例环节 $1/R_m$ 代替。$1/(Js+F)$ 为电机的机电惯性环节，其中 J 是总转动惯量，F 是总粘滞摩擦系数。k_m 是电流-力矩系数，即电机力矩 T_m 与电枢电流 I_m 之间的系数。另外，k_e 是反电动势系数。

力矩环为控制系统内环，介于速度环和位置环之间，其作用是通过对电机电压的控制使电机表现出期望的力矩特性。力矩环的给定由两部分构成，一部分是位置环的位置调节器的输出，另一部分由前馈力矩 T_f 和期望力矩 T_d 组成。力矩环的反馈是关节力矩 T_j。k_{tf} 是力矩前馈通道的比例系数，k_t 为力矩环的比例系数。给定力矩与反馈力矩 T_j 的偏差经过比例系数 k_t 放大后，作为速度环的给定 ω_d。在关节到达期望位置，位置环调节器的输出为0时，关节力矩 $T_j \approx k_{tf}(T_f+T_d)$。由于力矩环采用比例调节，所以稳态时关节力矩与期望力矩之间存在误差。

位置环为控制系统外环，用于控制关节到达期望的位置。位置环的给定是期望的关节位置 θ_d，反馈为关节位置 θ_m。θ_d 与 θ_m 的偏差作为位置调节器的输入，经过位置调节器运算后形成的输出作为力矩环给定的一部分。位置调节器常采用PID或PI控制器，构成的位置闭环系统为无静差系统。

6. 摩擦力和重力补偿

在精度要求较高的场合，应当考虑库伦摩擦和重力负载的补偿。如图 7.20 所示，库伦摩擦可以认为是由一个静摩擦和一个动摩擦组合而成。这个摩擦效应必须在关节开始动作之前给予克服。由于静摩擦和动摩擦的大小相差较大，因此补偿也要分为二段。在关节静止时，可以施加一个脉冲力矩，以提高定位精度，即

$$T_f(s)=\begin{cases} T_s, & \theta_e>0 \\ -T_s, & \theta_e<0 \end{cases} \tag{7.25}$$

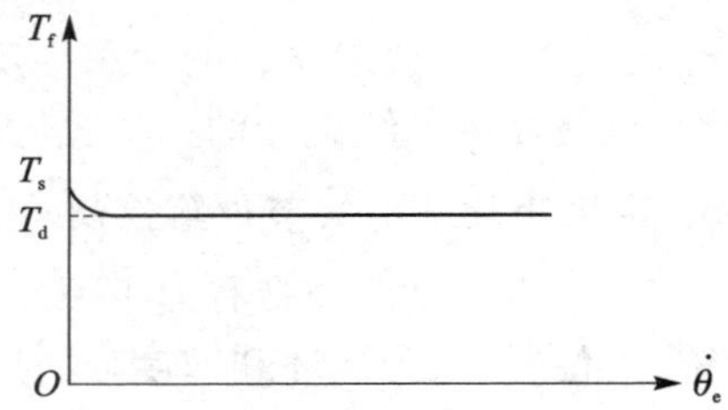

图 7.20　库伦摩擦力

在关节处于运动感状态时，摩擦力相当于一个阶跃干扰力，可以给关节施加一个前馈力矩 T_f，以提高精度，即

$$T_f(s)=\begin{cases} \dfrac{T_d}{s}, & \theta>0 \\ -\dfrac{T_d}{s}, & \theta<0 \end{cases} \tag{7.26}$$

通常，摩擦力矩是靠实际测量得到的。同样，如果能计算出重力负载力矩，那么也可以附加一个前馈力矩来补偿重力负载所造成的偏差。图 7.21 所示是带有库仑力摩擦补偿和重力补偿的伺服系统方框图，图中 D_i 是第 i 个关节的重力补偿量，sign 是符号函数。

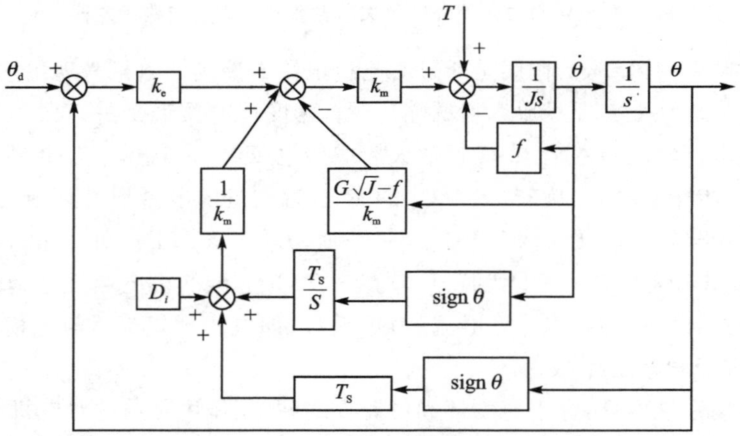

图 7.21　带有库伦摩擦补偿及重力补偿的伺服系统

如果伺服系统摩擦中没有补偿，或者补偿的不够彻底，那么，可以把摩擦力矩和重力负载力矩的影响转化为外界干扰力矩来进行分析。

7. 机器人的前馈控制

很多工业机器人要求末端执行器沿着某一轨迹，并按着给定的速度运动。尽管系统具有可变的速度反馈增益，但对于给定的速度信号，仍然存在着稳态误差。如果关节运动的角速度是 ω_c，则系统的稳态误差为

$$\theta_V=\frac{f+(G\sqrt{J}-f)}{K_eK_m}\omega_c=\frac{G\sqrt{J}}{K_eK_m}\omega_c \tag{7.27}$$

一种系统的无阻尼自振频率和阻尼比为

$$\omega_n = \sqrt{\frac{K_e K_m}{J}} \tag{7.28}$$

$$\xi = \frac{G}{2\sqrt{K_e K_m}} \tag{7.29}$$

当系统为临界阻尼时，即 $\xi=1$ 时，

$$G = 2\sqrt{K_e K_m} \tag{7.30}$$

将(7.30)式代入(7.27)式中，则

$$\theta_V = \frac{2\sqrt{J}}{\sqrt{K_e K_m}}\omega_c \tag{7.31}$$

由(7.31)式可见，系统的速度跟踪误差与系统的转动惯量的开方成正比，可以根据这个公式间接地求出系统的转动惯量。

速度跟踪的误差可能很大，但由于运动速度是已知的，故利用前馈控制就可以有效地消除跟踪误差。图 7.22 所示是带有前馈补偿的伺服系统框图。由图可知，前馈量分为两个部分，一部分克服摩擦力的影响，另一部分克服阻尼的影响。

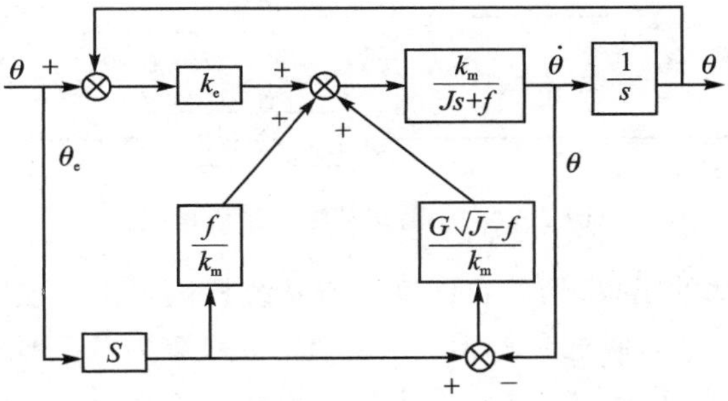

图 7.22 带有前馈补偿的伺服系统

这个系统的闭环传递函数为

$$\frac{\theta(s)}{\theta_d(s)} = \frac{K_e K_m + G\sqrt{J}s}{Js^2 + K_e K_m + G\sqrt{J}s} \tag{7.32}$$

其中带有 f 的各项互相抵消了。这个系统的误差传递函数为

$$\frac{\theta(s)}{\theta_d(s)} = \frac{Js^2}{Js^2 + K_e K_m + G\sqrt{J}s} \tag{7.33}$$

显然，对于速度输入信号而言，系统的稳态误差为零。

在一般情况下，伺服系统的数学模型并不是准确已知的，这时在位置伺服系统的基础上加入预测器就可以组成超前控制系统。

如图 7.23 所示，超前控制分为两步：

第一步，根据控制对象当前的位置和速度，预测将来的位置 θ_a^*，将它与给定的目标轨迹所对应的位置 θ_t^* 相比较，可以计算出可能产生的偏差 e^*。将此偏差参与控制，它可以补偿控制对象的滞后。

第二步，将偏差信号 e^* 进行数字积分，给出一个假定目标值 θ_r，如图 7.24 所示，用 θ_r 去

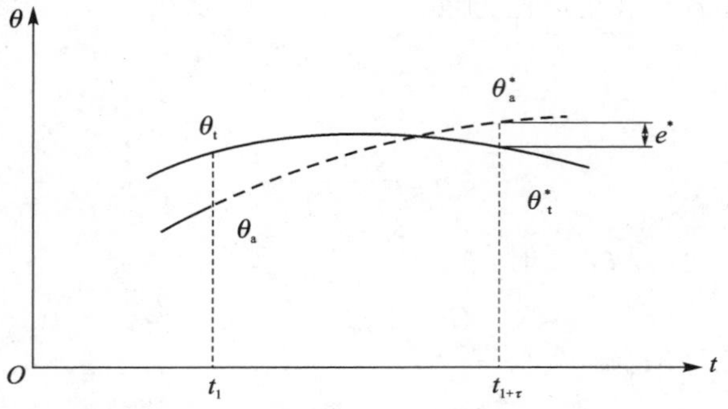

θ_t—目标轨迹；θ_a—实际轨迹；τ—预测时间；e^*—测预误差

图 7.23　超前控制原理图

控制位置伺服系统。积分的结果可以补偿未知的外界干扰。

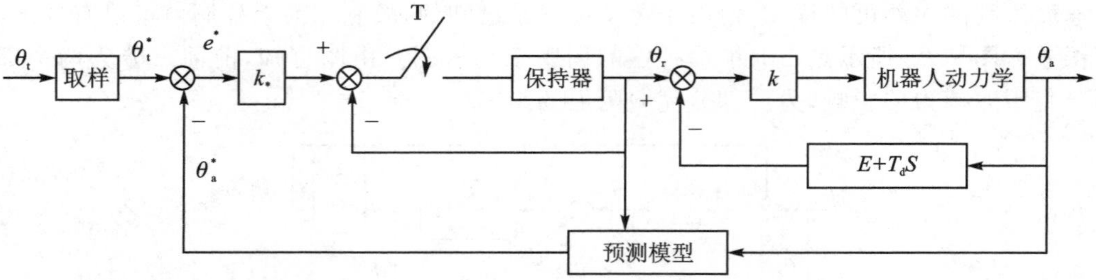

图 7.24　超前跟踪控制系统框图

用这个方法根据预估的结果，给各自由度伺服系统提供独立的控制指令 θ_r，因此各伺服系统可以看成是独立的，称 θ_r 为假想目标值。可以把摩擦、重力及其他臂的耦合影响看成是对伺服系统的干扰，这种控制系统能对这些干扰和动特性变化所产生的影响起补偿作用。

这种控制办法的优点是：不必求解复杂的动力学方程，只根据实际轨迹的延拓值与目标值的偏差来控制，它即可以消除相应的滞后，又可以消除摩擦力和耦合力的影响，还可以消除一般控制方法的固定偏差。

7.4.2　多关节机器人的位置伺服控制

一些以示教再现方式工作的机器人，在一定条件下，其各个关节的驱动部分可以看作一个独立的伺服机构，这里将研究多个关节机器人的控制方法。

假设驱动器是一些电机，第 i 个关节的驱动电机的输入电压可用下式表示

$$v_i = a_i(\theta_{di} - \theta_i) - b\dot{\theta}_i,\quad i = 1,2,\cdots,n \tag{7.34}$$

其中，θ_{di} 为第 i 个关节的目标角度值（简称目标值）。用矩阵的方法可以表示所有电机的输入电压为

$$\boldsymbol{V} = \boldsymbol{A}(\boldsymbol{\theta}_d - \boldsymbol{\theta}) - \boldsymbol{B}\dot{\boldsymbol{\theta}} \tag{7.35}$$

式中：$\boldsymbol{V}$、$\boldsymbol{\theta}$、$\boldsymbol{\theta}_d$ 均为列向量，即

$$\boldsymbol{V} = [v_1 \quad v_2 \quad \cdots \quad v_n]^T$$

$$\boldsymbol{\theta} = [\theta_1 \quad \theta_2 \quad \cdots \quad \theta_n]^T$$

$$\boldsymbol{\theta}_d = [\theta_{d1} \quad \theta_{d2} \quad \cdots \quad \theta_{dn}]^{\mathrm{T}}$$

$\boldsymbol{A}$ 和 $\boldsymbol{B}$ 均为 $n \times n$ 对角矩阵：

$$\boldsymbol{A} = \begin{bmatrix} a_1 & 0 & \cdots & 0 \\ 0 & a_2 & \cdots & 0 \\ \vdots & \vdots & & \vdots \\ 0 & 0 & \cdots & a_n \end{bmatrix}, \quad \boldsymbol{B} = \begin{bmatrix} b_1 & 0 & \cdots & 0 \\ 0 & b_2 & \cdots & 0 \\ \vdots & \vdots & & \vdots \\ 0 & 0 & \cdots & b_n \end{bmatrix}$$

每个关节安上内部传感器，例如角度编码器、转速表等，就可以构成各自的闭环控制系统(参见图 7.9、图 7.10)。

系统看起来并不复杂，但是由于机械臂的动作遵循一个十分复杂的动力学过程，因此，控制系统能否让机械臂按着预定的轨迹准确地达到目标位置，是个关键问题。

为解决这个问题，首先要研究一下与动力学有关的问题。为明了问题的实质，取一个三自由度的机器人为例，如图 7.25 所示，来推导它的运动方程式。

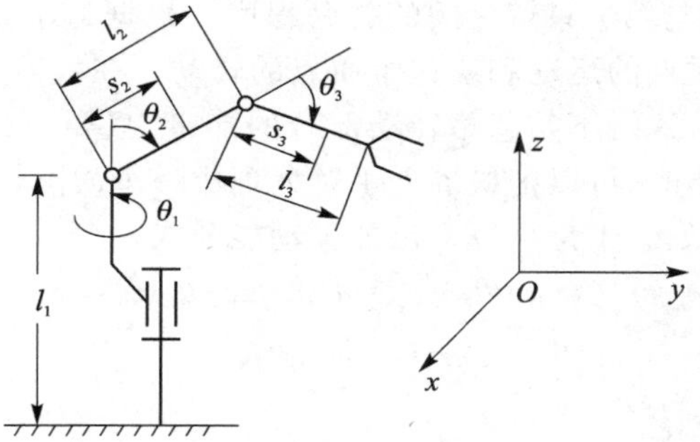

图 7.25 三自由度关节型机器人

图 7.25 中的 l_1、l_2、l_3 分别为各臂的臂长，s_2、s_3 为臂 2 和臂 3 的重心与关节轴间的距离，θ_1、θ_2、θ_3 为各关节轴的转角。

设机器人系统的动能为 K，位能为 P，根据拉格朗日方程，有下列公式成立：

$$L = K - P$$

$$\frac{\mathrm{d}}{\mathrm{d}t}\left(\frac{\partial L}{\partial \dot{q}_i}\right) - \frac{\partial L}{\partial q_i} = F_i \tag{7.36}$$

其中，q_i 是广义坐标中的位置，$\dot{q}_i$ 相当于速度，F_i 相当于力或力矩。如果 q_i 是线位移，则 F_i 是力；如果 q_i 是角位移，则 F_i 为力矩，可写成 M_i。这一方程在任何坐标系中都是成立的。

首先求机器人系统的位能。第一个臂的中心并不移动，可认为它的位能为零。设第二个臂的位能是 P_2，则

$$P_2 = m_2 g \cdot s_2 \cdot \cos\theta_2 \tag{7.37}$$

式中：g 为重力加速度，m_2 为臂 2 的质量，$s_2 \cos\theta_2$ 是臂 2 的重心的纵坐标(z 轴)值。

作三角函数运算，可得出臂 3 的纵坐标值和位能：

$$P_3 = m_3 g\,[l_2 \cdot \cos\theta_2 + s_3 \cdot \cos(\theta_2 + \theta_3)] \tag{7.38}$$

系统总位能为

$$P = P_1 + P_2 + P_3 = g\,[(m_2 s_2 + m_3 l_2)\cos\theta_2 + m_3 s_3 \cos(\theta_2 + \theta_3)] \tag{7.39}$$

这个位能里可能出现负值，这是由于坐标原点的位置取的不适当而引起的。实际上，只要

移动一下坐标原点，也就是在总位能中加入一个常数，问题就可解决。但在分析这类问题时，关心的是能量的变化，因此可以忽略这个常数。

动能的公式为

$$K_i = \frac{1}{2} m_i d_i^2 d\dot{\theta}_i^2 \tag{7.40}$$

设 $\boldsymbol{\phi}(\theta)$ 为惯性矩阵，用矩阵表示为

$$K = \frac{1}{2} \dot{\boldsymbol{\theta}}^{\mathrm{T}} \boldsymbol{\phi}(\theta) \dot{\theta} \tag{7.41}$$

在这个例子中，

$$\boldsymbol{\phi}(\theta) = \begin{bmatrix} \phi_{11}(\theta) & 0 & 0 \\ 0 & \phi_{22}(\theta) & \phi_{23}(\theta) \\ 0 & \phi_{23}(\theta) & \phi_{33}(\theta) \end{bmatrix}, \quad \dot{\boldsymbol{\theta}} = \begin{bmatrix} \dot{\theta}_1 \\ \dot{\theta}_2 \\ \dot{\theta}_3 \end{bmatrix}$$

其中，$\phi_{ij}(\theta)$ 表示第 i 只臂与第 j 只臂之间的关联程度。根据力学知识可知，一个刚体在空间的运动，可以分解为一个质点的运动和绕这个质点的转动。在机器人运动速度较低的情况下，这个转动的角速度也较小，这时不妨忽略转动部分的能量，只要设计上留有余地，这样处理是允许的。因此，在计算动能时，可以把机器人手臂处理成一个质点，质点的重量等于臂的重量，质点的位置位于臂的重心处。于是可以写出如下动能公式：

$$\left.\begin{aligned} &\phi_{11}(\theta) = I_{1z} + m_2(s_2 \sin\theta_2)^2 + m_3[l_2 \sin\theta_2 + s_3 \sin(\theta_2 + \theta_3)]^2 \\ &\phi_{22}(\theta) = m_2 s_2^2 + m_3 l_2^2 + 2m_3 l_2 s_3 \cos\theta_3 \\ &\phi_{23}(\theta) = m_3 s_3^2 + m_3 l_3 s_3 \cos\theta_3 \\ &\phi_{33}(\theta) = m_3 s_3^2 \end{aligned}\right\} \tag{7.42}$$

式中 I_{1z} 为第一只臂本身的转动惯量，因为这个转动惯量数量较大，也比较容易计算，因此不宜忽略。

设 P 为系统的位能，令 $L=K-P$，利用拉格朗日方程，则有

$$\frac{\mathrm{d}}{\mathrm{d}t}\left(\frac{\partial L}{\partial \dot{\theta}}\right) - \frac{\partial L}{\partial \theta} = \boldsymbol{M} \tag{7.43}$$

式中，$\boldsymbol{M} = [M_1 \quad M_2 \quad M_3]^{\mathrm{T}}$ 为各个关节的驱动力矩。

将 $L=K-P$ 与(7.41)式代入(7.43)式，可推导出

$$\boldsymbol{\phi}(\theta)\ddot{\boldsymbol{\theta}} + \frac{1}{2}\dot{\boldsymbol{\theta}}^{\mathrm{T}} \frac{\partial \phi(\theta)}{\partial \theta} \dot{\boldsymbol{\theta}} + \boldsymbol{G}(\theta) = \boldsymbol{M} \tag{7.44}$$

式中：

$$\boldsymbol{\theta} = \begin{bmatrix} \theta_1 \\ \theta_2 \\ \theta_3 \end{bmatrix}, \quad \dot{\boldsymbol{\theta}} = \begin{bmatrix} \dot{\theta}_1 \\ \dot{\theta}_2 \\ \dot{\theta}_3 \end{bmatrix}, \quad \ddot{\boldsymbol{\theta}} = \begin{bmatrix} \ddot{\theta}_1 \\ \ddot{\theta}_2 \\ \ddot{\theta}_3 \end{bmatrix}, \quad \frac{\partial \boldsymbol{\phi}(\theta)}{\partial \theta} = \begin{bmatrix} \dfrac{\partial \boldsymbol{\phi}(\theta)}{\partial \theta_1} \\ \dfrac{\partial \boldsymbol{\phi}(\theta)}{\partial \theta_2} \\ \dfrac{\partial \boldsymbol{\phi}(\theta)}{\partial \theta_3} \end{bmatrix}, \quad \boldsymbol{G}(\theta) = \begin{bmatrix} \dfrac{\partial P}{\partial \theta_1} \\ \dfrac{\partial P}{\partial \theta_2} \\ \dfrac{\partial P}{\partial \theta_3} \end{bmatrix}$$

将(7.44)式展开可得

$$\boldsymbol{\phi}(\theta)\ddot{\boldsymbol{\theta}} + \frac{1}{2}\sum\nolimits_{i=1}^{3} \dot{\boldsymbol{\theta}}_i \frac{\partial \boldsymbol{\phi}(\theta)}{\partial \theta_i} \dot{\boldsymbol{\theta}} + \frac{\partial P}{\partial \theta} = \boldsymbol{M} \tag{7.45}$$

下面再推导电机的控制电压与输出力矩之间的关系：

第 i 个关节上，电机的驱动力矩应当等于电机转子及减速器所需力矩，再加上第 i 只臂运动所需力矩。根据伺服电机的微分方程，可以写出

$$r_i M_i + J_i \dot{\omega}_i + f_i \dot{\omega}_i = K_m v_a \tag{7.46}$$

式中：r_i 为减速比；M_i 为第 i 只臂运动所需的力矩。如果将电机转子的转速 ω_i 也折算到减速器输出端，则(7.46)式可改写为

$$r_i M_i + J_i \ddot{\theta}/r_i + f_i \dot{\theta}_i / r_i = K_m v_a \tag{7.47}$$

令

$$\boldsymbol{F} = \begin{bmatrix} f_{11} & 0 & 0 \\ 0 & f_{22} & 0 \\ 0 & 0 & f_{33} \end{bmatrix}, \quad f_{ii} = \frac{f_i}{r_i^2}$$

$$\boldsymbol{K} = \begin{bmatrix} k_{11} & 0 & 0 \\ 0 & k_{22} & 0 \\ 0 & 0 & k_{33} \end{bmatrix}, \quad k_{ii} = \frac{k_m}{r_i}$$

$$\boldsymbol{J}_0 = \begin{bmatrix} J_{11} & 0 & 0 \\ 0 & J_{22} & 0 \\ 0 & 0 & J_{33} \end{bmatrix}, \quad J_{ii} = \frac{J_i}{r_i^2}$$

$$\boldsymbol{M} = [M_1 \quad M_2 \quad M_3]^{\mathrm{T}}, \quad \boldsymbol{V} = [v_1 \quad v_2 \quad v_3]^{\mathrm{T}}$$

则(7.47)式可以写成

$$\boldsymbol{M} = -\boldsymbol{J}_0 \ddot{\boldsymbol{\theta}} - \boldsymbol{F}\dot{\boldsymbol{\theta}} + \boldsymbol{KV} \tag{7.48}$$

合并(7.44)式、(7.48)式得

$$(\boldsymbol{J}_0 + \boldsymbol{\phi}(\theta))\ddot{\boldsymbol{\theta}} + \frac{1}{2}\dot{\boldsymbol{\theta}}^{\mathrm{T}} \frac{\partial \boldsymbol{\phi}(\theta)}{\partial \theta}\dot{\boldsymbol{\theta}} + \boldsymbol{F}\dot{\boldsymbol{\theta}} + \boldsymbol{G}(\theta) = \boldsymbol{KV} \tag{7.49}$$

这个微分方程描述了机器人伺服系统的动力学关系。这是一个非线性微分方程，如果使用这个微分方程来进行控制，显然计算是相当复杂的，而且还要考虑系统是否收敛，以及能否收敛到目标值等问题。因此，必须对上述方程进行分析和简化。

观察(7.49)式，位能项 $\boldsymbol{G}(\theta)$ 反映了重力的影响。由(7.39)式可以看出，机器人各臂的位能与各臂的转角之间呈简单的三角函数关系。而 $\boldsymbol{G}(\theta)$ 各元素都是位能对各臂转角的偏微分，偏微分的结果是已知的。也就是说，任意给一个角位置，都很容易求出 $\boldsymbol{G}(\theta)$，那么如果用计算机对它进行实时计算，并在电机的输入电压中加入适当的补偿，就可以克服重力的影响。取输入为

$$\boldsymbol{V} = \boldsymbol{K}^{-1}\boldsymbol{G}(\theta) + \bar{\boldsymbol{A}}(\theta_d - \theta) \tag{7.50}$$

代入(7.49)式可得

$$(\boldsymbol{J}_0 + \boldsymbol{\phi}(\theta))\ddot{\boldsymbol{\theta}} + \frac{1}{2}\dot{\boldsymbol{\theta}}^{\mathrm{T}} \frac{\partial \boldsymbol{\phi}(\theta)}{\partial \theta}\dot{\boldsymbol{\theta}} + \boldsymbol{F}\dot{\boldsymbol{\theta}} + \mathbf{A}(\theta_d - \theta) = \boldsymbol{KV} \tag{7.51}$$

其中，$\mathbf{A} = \boldsymbol{K}\bar{\boldsymbol{A}}$。

在(7.51)式中，虽然重力的影响去掉了，但由于一般机器人的自由度数目都比较多，因此惯性矩阵 $\boldsymbol{\phi}(\theta)$ 的各元素也是相当复杂的。要想对所有的元素进行实时计算，则要使用高速、

大容量的计算机，这无疑要大大提高系统的成本。即使能够通过高速计算把所有惯性项和离心力的影响补偿掉，但对于结构复杂的机器人，由于各种参数测量和计算误差，往往也会使这种补偿失去效力。

基于上述理由，现在往往使用更简单的方法，也就是用计算机补偿重力的影响，然后仍然视各个子系统独立，并把它近似成线性系统来处理。在机器人运动速度不太高的情况下，惯性矩阵 $\boldsymbol{\phi}(\theta)$ 和固有惯性阵 J_0（电机转子、传递机构等部分的惯性）各元素相比，数值并不大，设计时只要将伺服系统的增益取得足够大，这种近似处理是允许的，因此这种方法是比较实用的。

下面从理论上探讨一下，(7.51)式描述的非线性系统的收敛性问题。从数学上来说，可以把问题描述如下：

对任给的初始条件 $\boldsymbol{\theta}(0)=\boldsymbol{\theta}_0$，$\dot{\boldsymbol{\theta}}(0)=\dot{\boldsymbol{\theta}}_0$，方程(7.51)的解 $\boldsymbol{\theta}(t)$ 能否渐近的收敛于目标值 $\boldsymbol{\theta}_d$，即

$$\lim_{t=\infty}\boldsymbol{\theta}(t)=\boldsymbol{\theta}_d \tag{7.52}$$

可以用如下的李亚普诺夫函数来证明这个问题。

$$\boldsymbol{V}=\frac{1}{2}[\dot{\boldsymbol{\theta}}^T(\boldsymbol{J}_0+\boldsymbol{\phi}(\theta))\ddot{\boldsymbol{\theta}}+(\theta-\theta_d)^T\boldsymbol{A}(\theta-\theta_d)] \tag{7.53}$$

(7.53)式是二次型的形式，因此它具备李亚普诺夫函数的条件。

对 $\boldsymbol{V}$ 求导数

$$\dot{\boldsymbol{V}}=\dot{\boldsymbol{\theta}}^T(\boldsymbol{J}_0+\boldsymbol{\phi}(\theta))\ddot{\boldsymbol{\theta}}+\dot{\boldsymbol{\theta}}^T\boldsymbol{A}(\theta-\theta_d)+\frac{1}{2}\ddot{\boldsymbol{\theta}}^T\frac{\partial\boldsymbol{\phi}(\theta)}{\partial\theta}\dot{\boldsymbol{\theta}} \tag{7.54}$$

与(7.51)式比较可知

$$\dot{\boldsymbol{V}}=-\dot{\boldsymbol{\theta}}^T\boldsymbol{F}\dot{\boldsymbol{\theta}}\leqslant 0 \tag{7.55}$$

因为矩阵 $\boldsymbol{F}$ 是正定的，因此 $\dot{\boldsymbol{V}}$ 总是小于零，因此随着时间变化，必有 $\boldsymbol{\theta}$ 趋于 $\boldsymbol{\theta}_d$，$\dot{\boldsymbol{\theta}}$ 趋于零。上述问题得到证明。

综上所述，由于计算机的实时计算，补偿重力的影响。在一定的条件下，又可以把非线性系统近似成为一个线性系统来处理。于是，多关节机器人的伺服系统转化成了普通的、独立的位置伺服系统，就大大简化了设计。显然这种设计方法只适用于要求不太高的机器人系统。

7.4.3 传感器反馈控制

如上所述，某些情况下可以将机器人各臂的伺服系统独自处理。各轴的控制系统将该轴的内部传感器，例如光电码盘、测速电机等得到的数据进行反馈，从而产生控制作用。它的给定信号由计算机程序给出，例如通过示教编程记忆并存储工作信息。但实际上机器人各臂之间的运动是相互关联的，随着姿势或负载的变化，系统的参数也是变化的，因此，这种控制方式难于给出准确的控制。因而人们想到，如果能用位置传感器或视觉传感器给出工作对象的有关信息，利用这些信息构成一个大的反馈回路，这个回路把所有关节的伺服系统都包括在内，将它们组织成一个有机体，就一定会大大提高机器人精度。

近年来发展的智能型机器人具有动作的相对独立性。所谓动作的相对独立性，应理解为机器人的这样一种能力，它可以接受人的某些目标指示，自己去选择执行这种指示的方法，而人只起监督任务执行情况的作用。智能型机器人必然要使用传感器反馈。

从形式上讲，各轴伺服系统可以看做是小闭环，而由传感器、计算机、伺服系统构成一个大闭环系统，如图 7.26 所示。

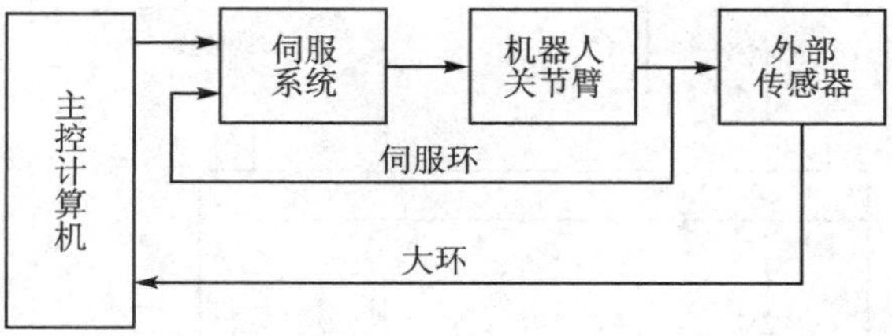

图 7.26 大闭环伺服系统

大闭环伺服系统较之一般的伺服系统，有两个特殊的问题，即信息接收与信息处理。人是靠五种器官来接收外界信息的（视觉、嗅觉、听觉、触觉和味觉），每一种器官的传感器数目多的惊人。对于机器人来说，如何接收外部信息是一个重要的研究课题。目前研制的机器人传感器大致有如下几类：位置传感器、视觉传感器、触觉传感器（包括滑觉和力觉），接近觉传感器等。其中视觉传感器能够获得的信息量最大，处理方法也最复杂。由传感器得到的信息转变成控制指令，这就是信息处理。在视觉与听觉信息处理中，主要使用模式识别技术。关于传感器及其信息处理，可参考相关书籍的详细论述。

这里介绍一个较简单的大环伺服系统，系统简图如图 7.27 所示。

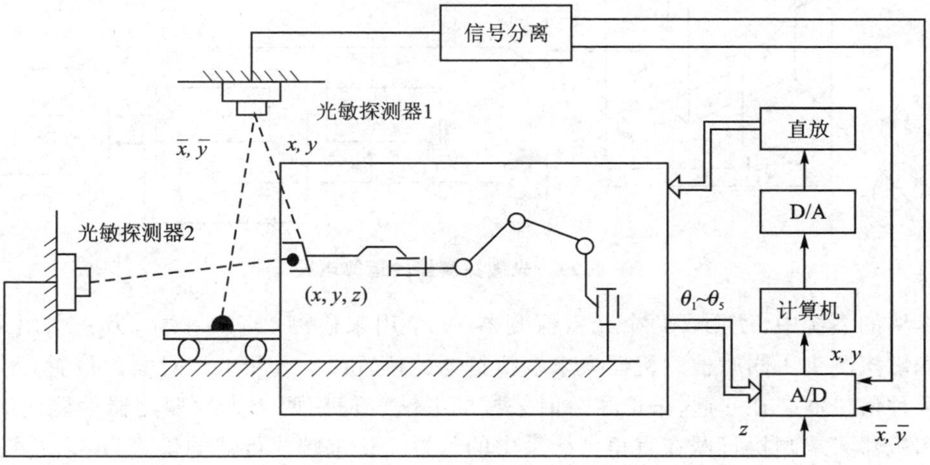

图 7.27 传感器伺服系统

这个系统使用一种光敏探测元件作为位置传感器。这种传感器的信号处理比较简单，造价也比较低。

光敏探测器由硅发光二极管和光敏接收器组成，光敏接收器使用一个 10 cm^2 的硅片二极管，其构造如图 7.28 所示。在其 P 层和 N 层分别接上两对电极，两对电极之间是相互垂直的，如图 7.28 所示。由发光二极管发出的光，经过透镜照在光敏接收器上，并被耗尽层吸收，其光能在耗尽层中激发出电子、空穴对。电子由 N 层移动，空穴向 P 层移动。于是，在相对的电极之间分别产生电流 (x_1, x_2) 和电流 (y_1, y_2)。以电流 (x_1, x_2) 为例，由于 P 层具有均匀的电阻，电流 (x_1, x_2) 将按光照点与电极之间的距离成反比分配。在 N 层也是一样，电流 y_1 与 y_2 也按同样关系分配。因此，电流 (x_1, x_2) 和电流 (y_1, y_2) 就能给出光照点的坐标信息。为了消除光的强弱变化所产生的影响，分别取二组电流的比值来确定坐标位置。因此需要一个简单的运算电路，其原理如图 7.29 所示。

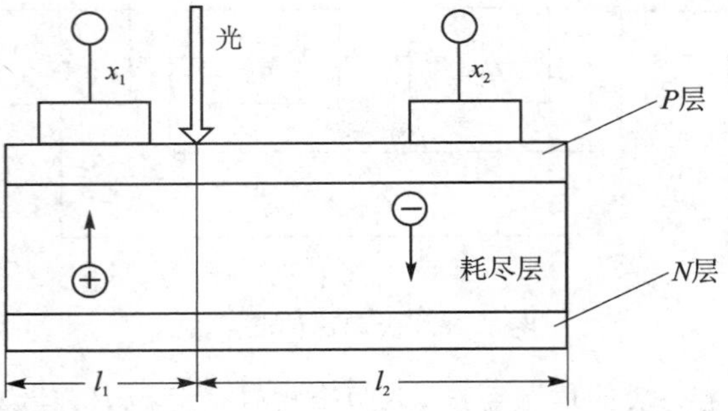

图 7.28　光敏探测器原理图

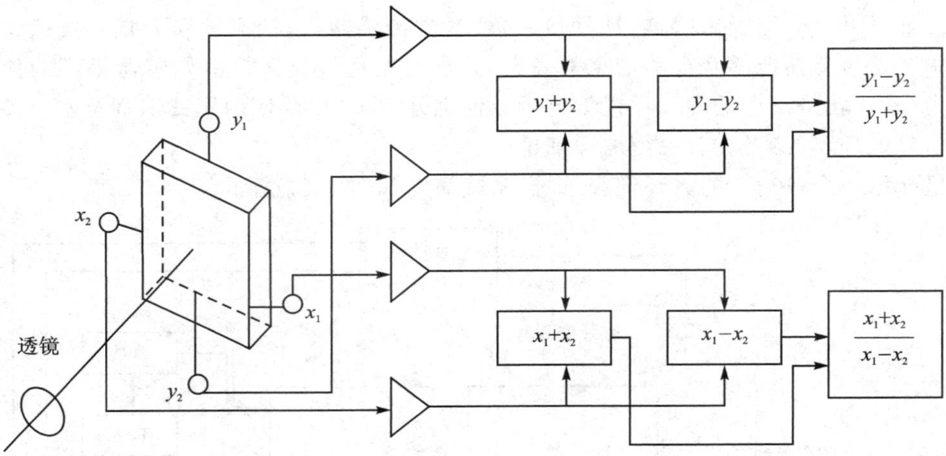

图 7.29　光敏探测器的运算电路

在本例的系统中，使用了两个光敏探测器，一个用来检测 (x,y) 坐标，另一个用来检测 z 坐标。光敏探测头 1 同时检测机器人末端执行器的位置 (x,y) 和工作对象的位置 $(\bar{x},\bar{y})$。为了避免两种信号混杂在一起，采取了分时采样的办法。使用两个光敏探测器就能同时测出目标物体和机器人末端执行器在直角坐标系中的位置。记末端执行器的位置为

$$\boldsymbol{P}(t)=[x(t)\quad y(t)\quad z(t)]^{\mathrm{T}}$$

把目标物体的位置记为

$$\boldsymbol{P}_{\mathrm{d}}=[x_{\mathrm{d}}\quad y_{\mathrm{d}}\quad z_{\mathrm{d}}]^{\mathrm{T}}$$

现在问题就转化为，如何将末端执行器的位置 $\boldsymbol{P}(t)$ 移动到目标物体的位置 $\boldsymbol{P}_{\mathrm{d}}$。其控制方法很多，这里列举三个比较有效的方法：

(1) 运动学方法

将坐标 $\boldsymbol{P}(t)$ 变换为各臂的角度 $\boldsymbol{\theta}$，将目标物体的坐标 $\boldsymbol{P}_{\mathrm{d}}$ 变换为角度 $\boldsymbol{\theta}_{\mathrm{d}}$，一般地说，将各臂角度坐标 $\boldsymbol{\theta}=[\theta_1\quad \theta_2\quad \cdots\quad \theta_n]^{\mathrm{T}}$ 变换为空间位置坐标 $\boldsymbol{P}=[P_1\quad P_2\quad \cdots\quad P_n]^{\mathrm{T}}$ 的过程称为正变换。对于图 7.25 的三关节机器人来说，正变换公式为

$$P_1=x=[l_2\sin\theta_2+l_3\sin(\theta_2+\theta_3)]\cos\theta_1 \tag{7.56}$$

$$P_2 = y = [l_2 \sin\theta_2 + l_3 \sin(\theta_2 + \theta_3)] \sin\theta_1 \tag{7.57}$$

$$P_3 = z = l_1 + l_2 \cos\theta_2 + l_3 \cos(\theta_2 + \theta_3) \tag{7.58}$$

相反，由坐标 $\boldsymbol{P}$ 转换为角度坐标 $\boldsymbol{\theta}$ 称为反变换。一般说，反变换过程是很麻烦的，在上述情况下，可求出反变换公式为

$$\theta_1 = \arctan\frac{y}{x} \tag{7.59}$$

$$\theta_3 = \arccos\left[\frac{k_2 + (z-l)^2 - l_2^2 - l_3^2}{2l_2 l_3}\right] \tag{7.60}$$

$$\theta_2 = \pm|q - \theta_3| + \arccos\left(\frac{z - l_1}{k}\right) \tag{7.61}$$

其中，

$$k = \sqrt{x^2 + y^2 + (z-l)^2}$$

$$q = \arctan\left(\frac{l_2 \sin\theta_3}{l_2 \cos\theta_3 + l_2}\right)$$

在求反三角函数时，要特别注意判断角度的取值范围。用反变换求出 $\boldsymbol{\theta}_d$，则可以把它当做局部反馈(各轴伺服系统)的目标值进行控制了。显然，在自由度较高的机器人控制系统中，这种方法是不适用的。

(2) 逆雅克比矩阵方法

设 $\boldsymbol{P}(t)$ 与 $\boldsymbol{P}_d$ 之差很小，或者说，用其他控制方法已经使机器人末端执行器接近了目标值，即设 $\delta\boldsymbol{P} = \boldsymbol{P} - \boldsymbol{P}_d$，$\delta\boldsymbol{\theta} = \boldsymbol{\theta} - \boldsymbol{\theta}_d$，则可以适用下面公式

$$\delta\boldsymbol{\theta} = \boldsymbol{J}^{-1}\delta\boldsymbol{P} \tag{7.62}$$

其中

$$\boldsymbol{J} = \begin{bmatrix} \dfrac{\partial x}{\partial\theta_1} & \dfrac{\partial x}{\partial\theta_1} & \dfrac{\partial x}{\partial\theta_1} \\ \dfrac{\partial y}{\partial\theta_2} & \dfrac{\partial y}{\partial\theta_2} & \dfrac{\partial y}{\partial\theta_2} \\ \dfrac{\partial z}{\partial\theta_3} & \dfrac{\partial z}{\partial\theta_3} & \dfrac{\partial z}{\partial\theta_3} \end{bmatrix}$$

矩阵 $\boldsymbol{J}$ 称为雅克比矩阵。于是驱动器的输入电压可由下式给出

$$\boldsymbol{V} = \boldsymbol{K}^{-1}\boldsymbol{G}(\theta) - \bar{\boldsymbol{A}}\boldsymbol{J}^{-1}\delta\boldsymbol{P} - \boldsymbol{B}\boldsymbol{J}^{-1}\dot{\boldsymbol{P}} \tag{7.63}$$

这种方法称为逆雅克比方法。使用这种方法时，要注意检验在工作位置的系统的稳定性，因为到目前为止，还不能从理论上完全保证系统的稳定性。

(7.63)式中的$\boldsymbol{K}^{-1}\boldsymbol{G}(\theta)$、$\bar{\boldsymbol{A}}$、$\boldsymbol{B}$ 均与(7.51)式相同。

(3) 转置雅克比矩阵法

使用转置的雅克比矩阵近似地代替雅克比逆矩阵。控制电压为

$$\boldsymbol{V} = \boldsymbol{K}^{-1}\boldsymbol{G}(\theta) - \boldsymbol{J}^{\mathrm{T}}[K_1(\boldsymbol{P}_d - \boldsymbol{P})] + K_0(\dot{\boldsymbol{P}}_d - \dot{\boldsymbol{P}}) \tag{7.64}$$

其中 K_0、K_1 可通过实验选定。

图 7.30 是转置雅克比矩阵法的机器人控制系统。这种系统的稳定性也要通过实验来确定。

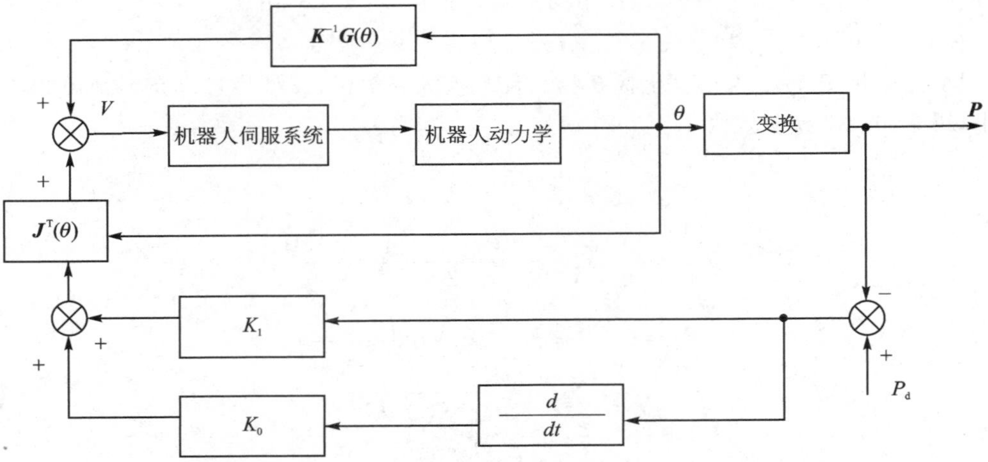

图 7.30　转置雅克比矩阵控制系统

7.5　机器人的力控制

许多场合要求机器人具有接触力的感知和控制能力,如在机器人的精密装配、修刮或磨削工件表面,抛光和擦洗等操作过程中,要求保持其端部执行器与环境接触。机器人要完成这些作业任务,必须具备基于力反馈的主动柔顺控制能力。机器人主动柔顺控制已经发展为机器人研究的一个主要方向。它是新兴智能制造中的一项关键技术,也是柔性装配自动化中的难点和"瓶颈";它集传感器、计算机、机械、电子、力学和自动控制等众多学科于一身,其理论研究和技术实现都面临着不少急待解决的难题。机器人柔顺控制策略,为主动柔顺控制研究中的首要问题。机器人柔顺控制策略一般可归结为 4 类: 阻抗控制策略、力/位混合控制策略、自适应控制策略和智能控制策略。

7.5.1　机器人的力与力控制种类

对于机器人高度刚性的结构,微小的位置偏差将会产生相当大的作用力,导致严重的结果。机器人运动不仅要求轨迹控制,还要求力控制。以机器人用粉笔在黑板上写字为例,在垂直于黑板方向需要控制力以保持粉笔和黑板间良好的接触,在沿黑板平面内需要精确的位姿控制,以保证正确的书写;或者通过控制机械手末端的刚性,使它沿黑板平面的方向很"硬",在垂直于黑板的方向很"软"。能够实现以上要求的控制称为柔顺控制,柔顺控制主要关心的是机器人与周围环境接触时的控制问题。柔顺性分为主动柔顺性和被动柔顺性两类。机器人凭借一些辅助的柔顺机构,使其在与环境接触时能够对外部作用力产生自然顺从,称为被动柔顺性;机器人利用力的反馈信息采用一定的控制策略去主动控制作用力,称为主动柔顺性。显然,柔顺控制需要力反馈,用于力反馈的力传感器主要有 3 类: 腕力传感器、关节力矩传感器和触觉传感器。

1. 外力/力矩与广义力的关系

机器人与环境间的交互作用将产生作用于机器人末端手爪或工具的力和力矩。它可以采用如图 7.31 所示的腕力传感器进行测量。用 $\boldsymbol{Q}=[F_x,F_y,F_z,M_x,M_y,M_z]^{\mathrm{T}}$ 表示机器人末端受到的外力和外力矩向量(在工具空间的表示)。广义力可以通过计算这些力所做的虚功来得到。设 $\delta \boldsymbol{r}$ 为末端虚位移,$\delta \boldsymbol{q}$ 为关节虚位移,满足

$$\delta \boldsymbol{r} = \boldsymbol{J}(\boldsymbol{q})\delta \boldsymbol{q} \tag{7.65}$$

产生的虚功为

$$\delta \boldsymbol{w} = \boldsymbol{F}^{\mathrm{T}}\delta \boldsymbol{r} + \boldsymbol{M}^{\mathrm{T}}\delta \boldsymbol{q} \tag{7.66}$$

将(7.65)式代入(7.66)式得

$$\delta \boldsymbol{w} = (\boldsymbol{F}^{\mathrm{T}}\boldsymbol{J} + \boldsymbol{M}^{\mathrm{T}})\delta \boldsymbol{q} \tag{7.67}$$

因此在外力 $\boldsymbol{F}$ 的作用下,广义坐标 $\boldsymbol{q}$ 对应的广义力可表示为

$$\boldsymbol{M} + \boldsymbol{J}^{\mathrm{T}}\boldsymbol{F} \tag{7.68}$$

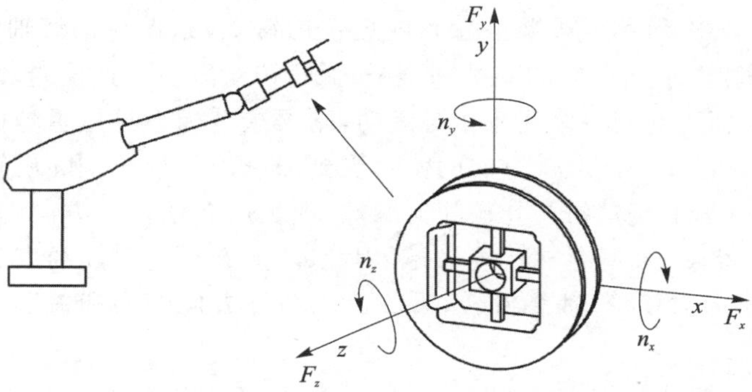

图 7.31　典型的腕力传感器及其在机械手中的位置

2. 奇异问题

在奇异位形,如图 7.32,雅可比矩阵 $\boldsymbol{J}^{\mathrm{T}}(\boldsymbol{q})$ 的零空间非空,在该零空间的向量 $\boldsymbol{F}$ 对关节不产生任何力的作用。同样,在奇异位形,在笛卡儿空间存在机器人不能施加力的方向。

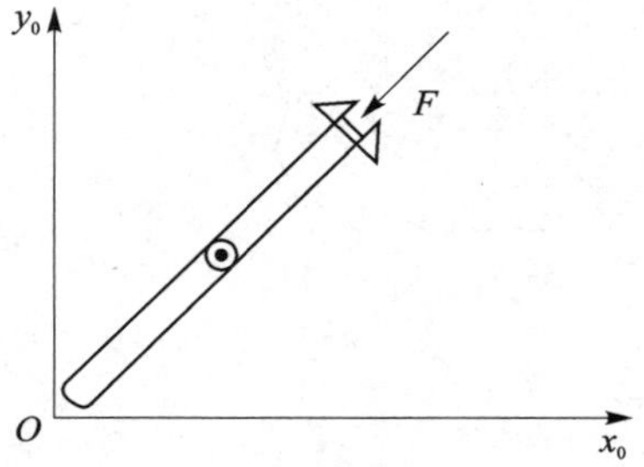

图 7.32　奇异位形(F 对各关节的作业力矩为零)

3. 自然约束和人为约束

为了便于描述力控制任务,需要定义一种新的正交坐标系,称之为柔顺坐标系 $o_c-x_cy_cz_c$,有时也称为约束坐标系、任务坐标系或作业坐标系。在该坐标系中,任务可以被描述为沿各个坐标轴的位置控制或力控制,对于其中的任何一个自由度(沿 3 个坐标轴的移动和绕 3 个轴的转动),或者是要求力的控制,或者是要求位置控制,不可能在同一自由度既要求位置控制,又要求力控制,二者只能选其一。就好像对于一个电阻,不可能既控制它两端电压,又控制通过它的电流。这里所说的位置控制包括位置和姿态控制,力控制包括力和力矩的控制。

以机器人擦窗的应用为例，可定义柔顺坐标系固定于工具上，z_c 轴垂直于表面，擦窗任务可以描述为沿 z_c 轴方向压力保持常数值，同时在 x_c-y_c 平面内跟踪预设的轨迹。

在前面已经提及，柔顺坐标系 $o_c-x_cy_cz_c$ 的每个自由度或者是位置控制，或者是力控制。这说明，当某个自由度是位置自由度时，它必然受到力的约束，因而只能对它进行位置控制，而不能进行力的控制。反之亦然。这种位置控制和力控制的对偶关系可以通过自然约束和人为约束这两个术语来描述。自然约束是由任务的几何结构所确定的约束关系；人为约束则是根据任务的要求人为给定的期望的运动位置和力。以机器人擦窗的应用为例，由于刚体表面的存在，沿 z_c 轴方向的位置约束是自然约束，而完成擦窗所必须的 c_c-y_c 轨迹则是人为约束。下面举例说明：

(1) 销钉入孔

销钉入孔，如图 7.33 所示。柔顺坐标系固定在销钉上，原点在销钉轴上，z_c 轴与销钉的中心轴相重合。这里沿 z_c 轴方向的移动和绕 z_c 轴的转动需要位置控制，而其余的自由度均为力或力矩控制。若抓手与销钉之间无相对运动，则柔顺坐标系与抓手坐标系的关系是固定的。由于孔壁的存在，沿 x_c 和 y_c 轴方向的位移受到限制。关于 x_c 和 y_c 轴的旋转也受到限制，这些是自然约束。若假定销钉与孔壁间无摩擦，那么沿孔壁切线方向的力必然为零，从而 $F_z=0$ 是自然约束。绕 z_c 轴不存在反抗力矩，因此 $M_z=0$ 也是自然约束。人为约束包括沿 z_c 轴方向的期望运动。关于 z_c 轴无旋转，沿 x_c 和 y_c 轴方向的力和关于 x_c 和 y_c 轴的力矩为零。

① 自然约束：$v_x=0, v_y=0, F_z=0, \omega_x=0, \omega_y=0, M_z=0$。

② 人为约束：$F_x=0, F_y=0, v_z=v_{dz}, M_x=0, M_y=0, \omega_z=0$。

(2) 转动曲柄

转动曲柄，如图 7.34 所示。

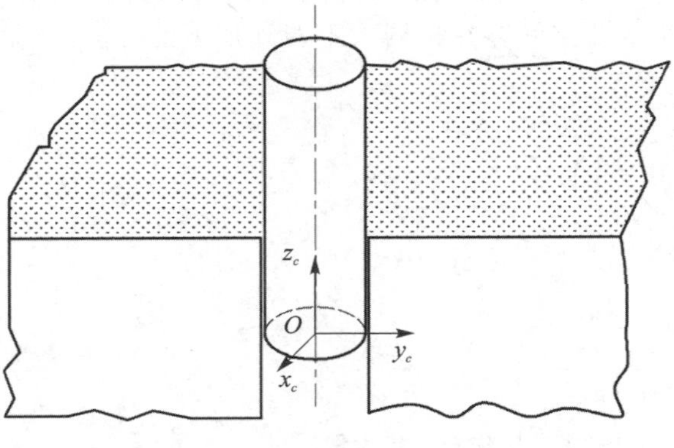

图 7.33 销钉入孔(插轴入孔)

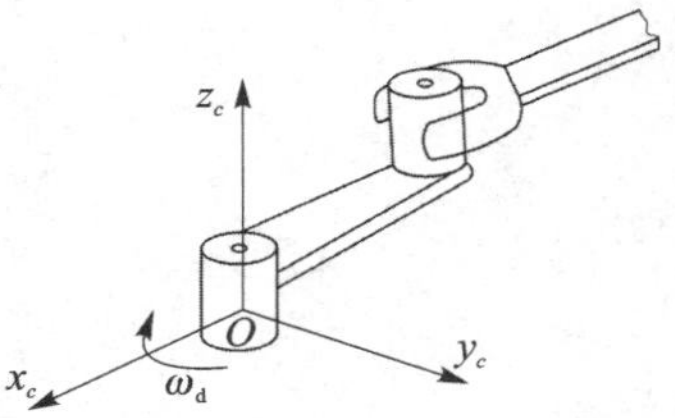

图 7.34 转动曲柄

① 自然约束：$v_x=0, v_y=0, F_z=0, \omega_x=0, \omega_y=0, M_z=0$。

② 人为约束：$F_x=0, F_y=0, v_z=0, M_x=0, M_y=0, \omega_z=\omega_d$。

(3) 拧螺钉

拧螺钉，如图 7.35 所示。

① 自然约束：$v_x=0, F_y=0, v_z=\rho\omega_{dz}, \omega_x=0, \omega_y=0, M_z=0$。

② 人为约束：$F_x=0, v_y=0, F_z=F_{dz}, M_x=0, M_y=0, \omega_z=\omega_{dz}$。

(4) 开关门

开关门，如图 7.36 所示。

① 自然约束：$v_x=-r\omega_{dz}$，$F_y=0$，$v_z=0$，$\omega_x=0$，$\omega_y=0$，$M_z=0$。

② 人为约束：$F_x=F_{dx}$，$v_y=0$，$F_z=0$，$M_x=0$，$M_y=0$，$\omega_z=\omega_{dz}$。

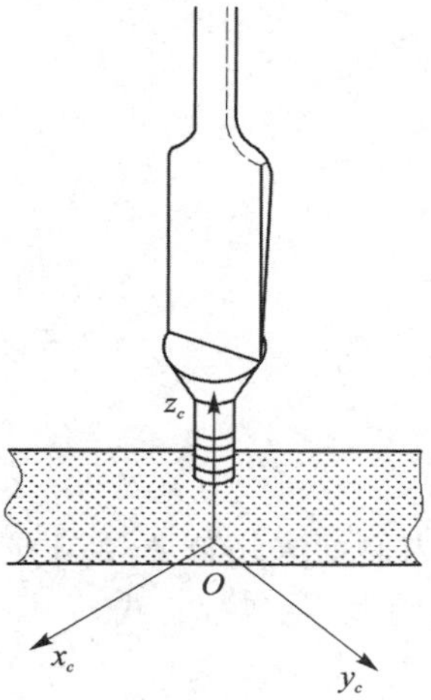

图 7.35　拧螺钉

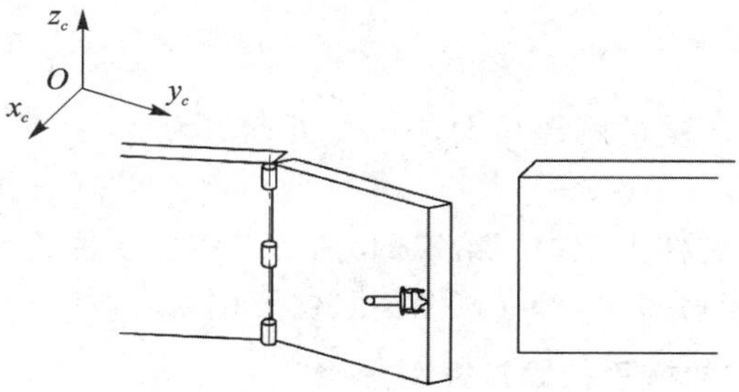

图 7.36　开关门

在上面的约束中，所有关于位置的约束均用速度表示，它比直接用位置表示更明确，尤其是绕各轴转动的情况更是如此。对于每一个自由度来说，如果其位置是自然约束，那么力必然是人为约束；或者力是自然约束，相应的位置是人为约束。因此，自然约束和人为约束的数目均等于柔顺坐标系的自由度数。当然，在某些情况下，自然约束和人为约束之间也不是完全独立的。如当考虑擦窗工具与窗玻璃之间的摩擦时，自然约束 f_x 和 f_z 将不再等于零或常数，而与人为约束 f_z 的大小有关。

7.5.2　阻尼力控制

1. 单自由度刚性控制

下面以图 7.37 所示的单自由度系统为例，讨论刚度控制问题。

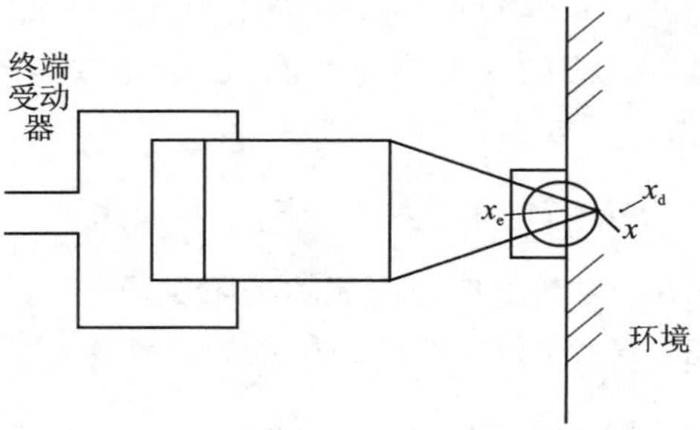

图 7.37　刚度控制

说明调节机械手末端刚性的主动控制策略。假设机械手与环境在 x_e 点接触，若机械手的末端位置 $x>x_e$，则施加于环境的力为

$$F_e = k_e(x - x_e) \tag{7.69}$$

式中 k_e 为环境的刚度。

注意，实际上上述形变 $x - x_e$ 包括机械手、它的支撑结构、工具以及接触面的变形。整个系统满足以下方程：

$$m\ddot{x} + k_e(x - x_e) = F \tag{7.70}$$

式中 F 为输入力。

若 x_d 如图 7.37 所示，采用以下 PD 控制

$$F = k_p(x_d - x) - k_v\dot{x} \tag{7.71}$$

若增益为正，则系统稳定，在稳态作用与环境的力为

$$F_e = \frac{k_p k_e}{k_p + k_e}(x_d - x_e) \tag{7.72}$$

若环境的刚性很大，则 F_e 可近似为

$$F_e = k_p(x_d - x_e) \tag{7.73}$$

在物体上施加一给定的力，可以将理想位置设在物体表面内侧而采用位置控制方法。控制律(见(7.71)式)在试图消除位置误差的同时对物体施加了作用力(见(7.72)式)。

2. 机械手的阻抗控制

对于 n 自由度的机械手，可用以下方法实现阻抗控制。定义柔顺坐标系 $o_c - x_c y_c z_c$，给出沿每个自由度的理想刚性，这可以用 6×6 的对角矩阵$\boldsymbol{K}_r$ 表示，其对角元为表示线性和扭转刚性的刚度常数。给定$\boldsymbol{K}_r$，则对应虚位移 $\delta\boldsymbol{r}$ 的理想恢复力可表示为

$$\boldsymbol{F} = \boldsymbol{K}_r\delta\boldsymbol{r} \tag{7.74}$$

若用 $\delta\boldsymbol{q}$ 表示相应的关节虚位移，则有

$$\delta\boldsymbol{r} = \boldsymbol{J}(\boldsymbol{q})\delta\boldsymbol{q} \tag{7.75}$$

所需关节力矩

$$\boldsymbol{M} = \boldsymbol{J}^{\mathrm{T}}(\boldsymbol{q})\boldsymbol{F} \tag{7.76}$$

联合以上方程得

$$\boldsymbol{M} = \boldsymbol{J}^{\mathrm{T}}(\boldsymbol{q})\boldsymbol{K}_r\boldsymbol{J}(\boldsymbol{q})\delta\boldsymbol{q} = \boldsymbol{K}_q(\boldsymbol{q})\delta\boldsymbol{q} \tag{7.77}$$

其中，依赖于位形的矩阵$\boldsymbol{K}_q(\boldsymbol{q})\delta\boldsymbol{q}$ 称为关节刚性矩阵，$\boldsymbol{K}_q(\boldsymbol{q})\delta\boldsymbol{q}$ 一般不是对角矩阵，式(7.77)说明必须适当地调节关节刚性矩阵，才能获得所需要的机械手末端的刚性。当 $\boldsymbol{J}(\boldsymbol{q})$ 为降秩矩阵时，说明机械手处于奇异状态，这时在某些方向上机械手不能运动，因而在这些方向的刚性不能控制。为了使系统具有理想的动态响应性能，还应提供一定的阻尼。同时考虑对重力矩的补偿，实际的关节控制力矩可取为：

$$\boldsymbol{M} = \boldsymbol{J}^{\mathrm{T}}(\boldsymbol{q})\ [\boldsymbol{K}_r\tilde{\boldsymbol{r}} + \boldsymbol{K}_q\dot{\tilde{\boldsymbol{r}}}] + \hat{\boldsymbol{g}}(\boldsymbol{q}) \tag{7.78}$$

式中，$\tilde{\boldsymbol{r}} = \boldsymbol{r}_d - \boldsymbol{r}$，$\dot{\tilde{\boldsymbol{r}}} = \dot{\boldsymbol{r}}_d - \dot{\boldsymbol{r}}$，$\boldsymbol{K}_B$ 为在工作空间表示的阻尼矩阵。

这里所有的量均表示在任务空间，式(7.78)所示的控制律也可以表示为

$$\boldsymbol{M} = \boldsymbol{K}_q(\boldsymbol{q})\tilde{\boldsymbol{q}} + \boldsymbol{K}_\omega(\boldsymbol{q})\dot{\tilde{\boldsymbol{q}}} + \hat{\boldsymbol{g}}(\boldsymbol{q}) \tag{7.79}$$

式中，$\boldsymbol{K}_\omega(\boldsymbol{q}) = \boldsymbol{J}^{\mathrm{T}}(\boldsymbol{q})\boldsymbol{K}_B\boldsymbol{J}(\boldsymbol{q})$。

(7.79)式与 PD 控制具有完全相同的形式，主要的差别在于，在 PD 控制中，比例和微分增益矩阵 $\boldsymbol{K}_P$ 和 $\boldsymbol{K}_v$ 均为正定对角阵，因而各关节回路的控制是互相独立的。而在(7.79)式中，

$\boldsymbol{K}_q(\boldsymbol{q})$和$\boldsymbol{K}_\omega(\boldsymbol{q})$不再是对角阵，因而不能采用独立关节的控制方式，而且当$\boldsymbol{J}(\boldsymbol{q})$为降秩矩阵时，$\boldsymbol{K}_q(\boldsymbol{q})$和$\boldsymbol{K}_\omega(\boldsymbol{q})$也不再是严格的正定阵。可以证明，在非奇异状态下，用上述控制在机械手与环境不接触的情况下可以实现准确的位置跟踪，在机械手与环境接触的情况下柔顺控制稳定。

阻尼力控制其特点不是直接控制机器人与环境的作用力，而是根据机器人端部的位置（或速度）和端部作用力之间的关系，通过调整反馈位置误差、速度误差或刚度来达到控制力的目的。此时接触过程的弹性变形尤为重要，因此也有人狭义地称为柔顺性控制。这类力控制不外乎基于位置和速度的两种基本形式。当把力反馈信号转换为位置调整量时，这种力控制称为刚度控制；当把力反馈信号转换为速度修正量时，这种力控制称为阻尼控制；当把力反馈信号同时转换为位置和速度的修正量时，即为阻抗控制。

图 7.38 为阻抗控制结构，其核心为力矩运动转换矩阵$\boldsymbol{K}$设计。运动修正矩阵$\boldsymbol{\delta r}=\boldsymbol{K}\cdot\boldsymbol{F}$，从力控制角度，希望$\boldsymbol{K}$阵中元素越大越好，这样系统柔一些；从位控来看，希望$\boldsymbol{K}$中元素越小越好，这样系统刚一些。从而也体现了机器人刚柔相济要求的矛盾，这也给机器人力控制带来了极大的困难。

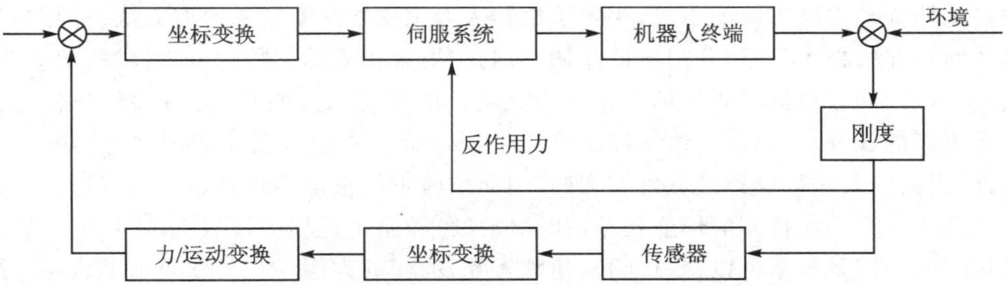

图 7.38　阻抗控制结构示意图

7.5.3　相互力控制

机器人具有高度的刚性结构，这种刚度是实现高精度定位所必须的。然而，用这种刚性结构完成力控制是相当困难的，解决该问题的一种方法是采用被动柔顺（passive compliance）。这是指用如图 7.39 所示的由弹簧和阻尼组成的装置来降低末端的刚度，使机械手具有柔顺功能。采用该装置，像插轴入孔、书写等功能可以通过纯粹的位置控制来实现。被动柔顺装置具有响应快、成本低等优点，但它的应用受到一定的限制，它主要应用于某些作业任务，因而缺乏灵活性。

一种典型的最早的被动柔顺装置（Remote Compliance Center，RCC）是由 MIT Draper 实验室设计的，它用于机器人装配作业时，能对任意柔顺中心进行顺从运动。RCC 实为一个由 6 只弹簧构成的能顺从空间 6 个自由度的柔顺手腕，轻便灵巧。RCC 进行机器人装配的实验结果：将直径为 40 mm 的圆柱销在倒角范围内且初时错位 2 mm 的情况下，于 0.125 s 内插入配合间隙为 0.1 mm 的孔中。

机器人采用被动柔顺装置进行作业，存在的明显问题：

① 无法根除机器人高刚度与高柔顺性之间的矛盾；

② 被动柔顺装置的专用性强，适应能力差，使用范围受到限制；

③ 机器人加上被动柔顺装置，其本身并不具备控制能力，给机器人带来了极大的困难，尤

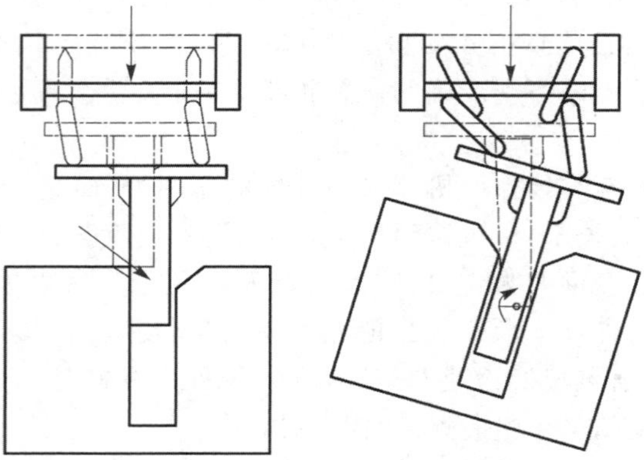

图 7.39　RCC(Remote Compliance Center)装置

其在既需要控制作用力又需要严格控制定位的场合中，更为突出；

④ 无法使机器人本身产生对力的反应动作，成功率较低等。

正是这些被动柔顺方法的不足，决定了机器人专家需要探索新的研究方法。因此，为克服被动柔顺性存在的极大不足，获得更广泛的应用，需要采用末端柔顺的主动控制，即主动柔顺。主动柔顺已成为当今机器人研究的一个主要方向。由于主动柔顺是通过控制方法来实现的，因此对于不同的任务，可以通过改变控制算法来获得所需要的柔顺功能。主动柔顺具有更大的灵活性，但由于柔顺性是通过软件实现的，因而响应不如被动柔顺迅速。

对于需要进行柔顺控制的作业任务，在完成任务的整个过程中，往往需要根据任务的不同阶段采用不同的控制策略。以销钉插孔(插轴入孔)的任务为例，图 7.40 表示了该任务操作过程的 4 个阶段。每个阶段包含了不同的约束情况，因而需要采用不同的控制策略。

在第一阶段，如图 7.40(a)，没有任何位置约束，机械手在 z 轴方向上以速度 v_z 移动。当销钉移到工件表面时，产生沿 z 轴方向的接触力 F_z；当到达一定值时，停止向下运动。这时 $v_z=0$，z 方向具有位置约束，进入第二阶段。

在第二阶段，如图 7.40(b)，销钉已与工件表面接触，这时需改变控制策略，由第一阶段的纯位置控制改为柔顺控制，使销钉沿 z 轴方向运动，而保持在 z 轴方向有一定的正压力。当销钉移到孔的上方时，z 轴方向的阻力消失，销钉沿 z 轴方向的位置约束解除；同时，沿 x 轴和 y 轴方向的平移及绕 x 轴和 y 轴的旋转受到约束，从而进入第三阶段。

在第三阶段，如图 7.40(c)，应在 x 轴和 y 轴方向进行力控制以使力和力矩保持为零。而在 z 轴方向进行位置控制使销钉向下运动，直到销钉插入到孔底并在 z 轴方向受力达到某一值而停止，从而进入终止状态，即第四阶段，如图 7.40(d)，整个任务结束。

通过以上分析可知，完成一个作业任务需要在不同的阶段采用不同的控制策略，控制策略的转换是通过检测一定的条件来实现的。为了描述每一阶段的控制任务，尤其是与工件相接触的柔顺控制任务，需要建立柔顺坐标系。在此基础上，根据几何结构及任务要求确定出自然约束和人为约束，再由人为约束确定具体的控制策略，最后产生出实际的运动和力。

实现柔顺控制的方法主要有两类：一类是阻抗控制，另一类是力和位置的混合控制。阻抗控制不是直接控制期望的力和位置，而是通过控制力和位置之间的动态关系实现柔顺控制。这样的动态关系类似于电路中的阻抗概念，因而称为阻抗控制。电路中，在一个阻抗元件两端

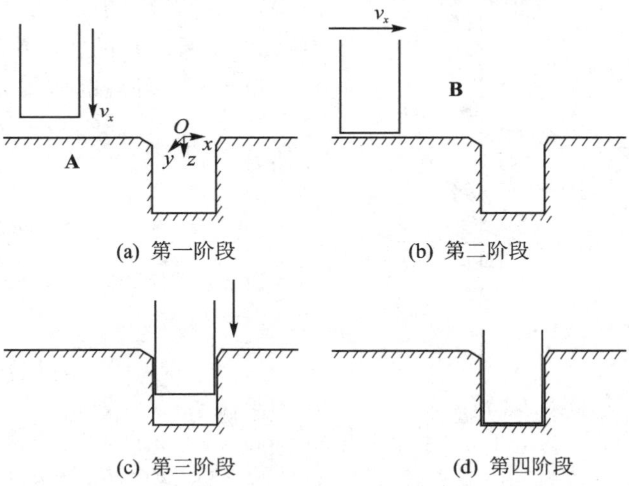

图 7.40　销钉入孔的四个阶段

施加电压，其中便产生电流，电压和电流之间的动态关系可以用阻抗来描述，两者的乘积反映了瞬时功率。这里在机械手末端施加一个作用力，相应地便会产生一个运动(如速度)。如果只考虑静态，力和位置之间的关系可以用刚性矩阵描述。如果考虑力和速度之间的关系，可以用粘滞阻尼矩阵来描述。因此阻抗控制，就是通过适当的控制方法使机械手末端呈现需要的刚性和阻尼。通常对于需要进行位置控制的自由度，要求在该方向有很大的刚性，即表现出很硬的特性；对于需要进行力控制的自由度，则要求在该方向有较小的刚性，即表现出较软的特性。另一类柔顺控制方法是动态混合控制。其基本思想是在柔顺坐标空间将任务分解为沿某些自由度的位置控制和沿另一些自由度的力控制，并在该空间分别进行位置控制和力控制的计算，然后将计算结果转换到关节空间合并为统一的关节控制力矩，驱动机械手以实现所需要的柔顺功能。每一类柔顺控制方法都包含许多不同的具体算法，它们有的计算简单、实现容易，但性能受到一定限制；有的计算较复杂、可达到较高的控制性能，但目前实现上尚有一定困难。

阻尼控制不是直接控制所需要的力，而是通过控制力与位置之间的动态关系以获得机械手末端应有的柔顺性能。位置与力的混合控制，其基本思想是在任务空间沿不同的坐标轴方向分别进行位置和力的控制，然后将任务空间的这两个控制作业都转换到关节空间并进行混合以获得统一的关节控制力矩。在讨论位置和力的混合控制之前，下面首先讨论单纯的力控制：

1. 单自由度的力控制

单自由度的力控制如图 7.41 所示。理论上，单纯的力控制是控制机械手施加于环境的过渡和稳态力的最佳方式。考虑如图 7.41 所示的单自由度系统：机械手末端工具与环境沿 x 方向接触，$\boldsymbol{F}$ 是加到工具上的主动驱动力，$\boldsymbol{F}_E$ 是环境对工具的作用力，$\boldsymbol{d}$ 是干扰力，则动力学方程可写为

$$m\ddot{\boldsymbol{x}} = \boldsymbol{F} + \boldsymbol{F}_E + \boldsymbol{d} \tag{7.80}$$

并有

$$\boldsymbol{F}_E = k_E \tilde{x}_E, \quad \tilde{x}_E = x_E - x \tag{7.81}$$

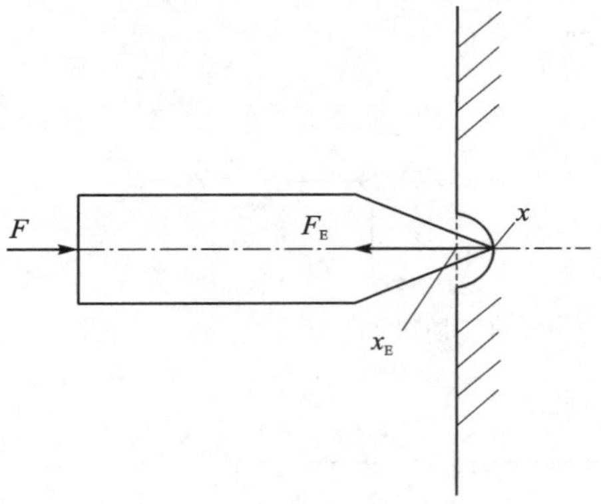

图 7.41　单自由度系统的力控制

式中，k_E 为环境刚度，x_E 为环境表面的正常位置，x 为工具末端的实际位置。

设工具对环境的作用力为$\boldsymbol{F}_T$，则显然有

$$\boldsymbol{F}_T = -\boldsymbol{F}_E \tag{7.82}$$

从而有

$$\ddot{\boldsymbol{F}}_T = -k_E \ddot{\tilde{\boldsymbol{x}}}_E \tag{7.83}$$

设 $\boldsymbol{x}_E$ 固定，因而 $\ddot{\tilde{\boldsymbol{x}}}_E = -\ddot{\boldsymbol{x}}$，将(7.80)式和(7.82)式代入得

$$\ddot{\boldsymbol{F}}_T = -(k_E/m)(\boldsymbol{F} - \boldsymbol{F}_T + \boldsymbol{d}) \tag{7.84}$$

取控制律为

$$\boldsymbol{F} = \boldsymbol{F}_T + k_p\tilde{\boldsymbol{F}} + k_d\dot{\tilde{\boldsymbol{F}}} \tag{7.85}$$

其中，$\tilde{\boldsymbol{F}} = \boldsymbol{F}_d - \boldsymbol{F}_T$，$\boldsymbol{F}_T$ 可以通过力传感器测量得到。将(7.85)式代入(7.84)式并简化得

$$(\boldsymbol{k}_E/m)\boldsymbol{F}_T + \boldsymbol{k}_d\boldsymbol{F}_T + \boldsymbol{k}_p\boldsymbol{F}_T = \boldsymbol{k}_d\boldsymbol{F}_d + \boldsymbol{k}_p\boldsymbol{F}_d + \boldsymbol{d} \tag{7.86}$$

这是典型的二阶系统，可以求得相应的自然振荡频率及阻尼系数为

$$\omega_n = \sqrt{\frac{k_p k_E}{m}}, \quad \xi = \frac{k_d}{2}\sqrt{\frac{k_E}{m k_p}} \tag{7.87}$$

可以根据设定的 ξ 和 ω_n，来计算出控制参数。根据式(7.86)可求得静态误差为

$$\tilde{\boldsymbol{F}}(\infty) = \boldsymbol{d}/k_p \tag{7.88}$$

在以上的力控制系统中，除了不确定的干扰力外，环境刚性系数也是一个不确定的因素。对于不同的环境，可能变化很大，因此同样的力控制系统与刚性不同的环境接触时将呈现不同的动态响应。

2. 基于运动学的混合控制

基于运动学的混合控制如图 7.42 所示。

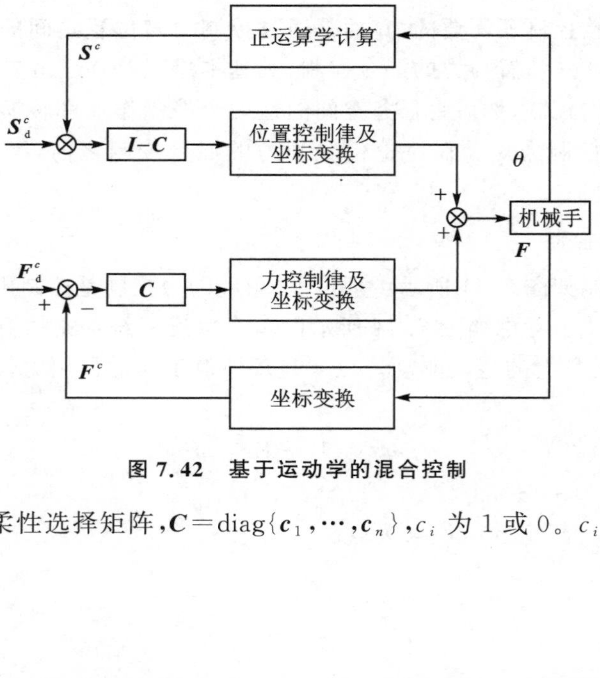

图 7.42　基于运动学的混合控制

图 7.42 中，$\boldsymbol{C}$ 为柔性选择矩阵，$\boldsymbol{C} = \mathrm{diag}\{\boldsymbol{c}_1, \cdots, \boldsymbol{c}_n\}$，$c_i$ 为 1 或 0。$c_i = 1$，表示在任务空间

中沿第 i 个自由度应进行力控制；$c_i=0$，表示在任务空间中沿第 i 个自由度应进行位置控制。$\boldsymbol{S}_{\mathrm{d}}^{c}$ 和 $\boldsymbol{F}_{\mathrm{d}}$ 分别为任务空间给定的机械手末端理想位姿和理想作用力/力矩。图中有两部分相对独立的反馈控制环：位置反馈控制环和力反馈控制环，它们所控制的自由度在任务空间是互补的。

图 7.43 是另一种混合控制方法的控制系统结构。理论分析表明，在力反馈回路中如果不加入微分反馈，系统是不稳定的。但将上述方法用于两自由度机器人的力控制，结果是稳定的，这是由于系统的机械结构本身存在阻尼。上面讨论的混合控制方法只用到机械手的运动学关系，而没有考虑机械手的动力学特性，因此系统性能将随机械手的位姿而变化。

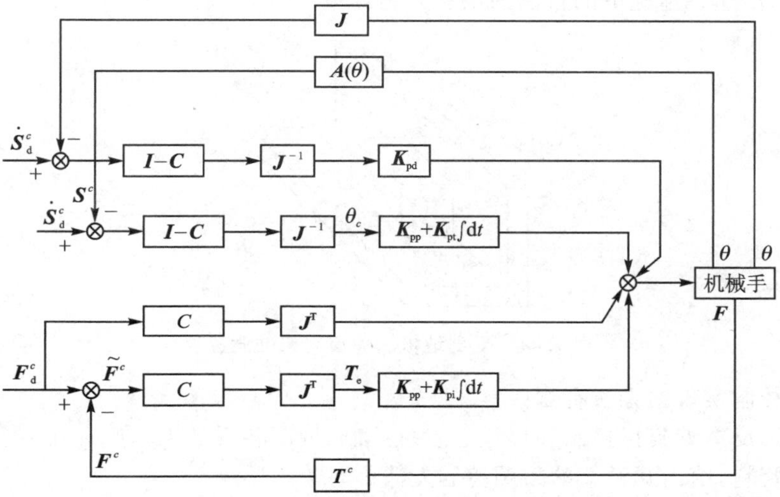

图 7.43 基于运动学的混合控制方法的具体结构

力控制的目的是为了有效控制力和位置。但机器人为多自由度、时变和强耦合的复杂体，系统本身的位姿随时变化，加上外部环境存在极大的模糊性，有时无法确定。上述两种策略广义上属于经典控制的范畴，为力控制的研究发展打下了坚实的基础，但从使用范围和控制效果看仍有不足，更无法使其推广应用。机器人本身的多自由度和位姿的不确定性，力和位置强耦合的力控制特点，以及阻抗控制和力/位混合控制策略的局限性，使得众多学者进行了自适应研究尝试。有代表性的研究有：直接在多任务坐标系统中，用学习进行重力、动摩擦力和柔顺反作用力补偿，以插孔为目标，进行自适应实验；采用自适应学习的混合控制方法，进行约束运动控制尝试，在逆动力学求解、收敛性及抗干扰方面获得满意的效果；用 Lyapunov 稳定理论，针对约束运动，对模型参考自适应 PID 控制的稳定性条件和判据进行研究等。另外，针对机器人力控制特点，众多学者还进行了变结构力控制尝试。从现有的成果来看，自适应控制和变结构控制大部分处于理论研究和仿真实现的水平，并没有取得突破，付诸实施还有待时日。

习题七

1. 简述机器人的控制系统组成及控制方法。
2. 分析带力矩闭环的单关节位置控制的工作原理。
3. 机器人的单关节位置控制和多关节位置控制的主要区别是什么？为什么串联式多关

节机器人常采用单关节位置控制？

4．简述串联式机器人的笛卡儿位置控制的工作原理和控制流程。

5．利用单关节位置控制器，如何对机器人的重力项等因素进行补偿？

6．简要说明如何实现移动机器人的点到点位置控制。

7．直角坐标机器人的位置控制有什么特点？串联式多关节机器人的末端笛卡儿位置控制有什么特点？

8．如何将末端执行器的位置移动到目标物体的位置？请列举 3 种比较有效的方法。

9．如图 7.44 所示，一个质量块受到地板和墙面的约束。假设该接触状态在整个时间段内保持不变，给出这种情况下的自然约束和人为约束。

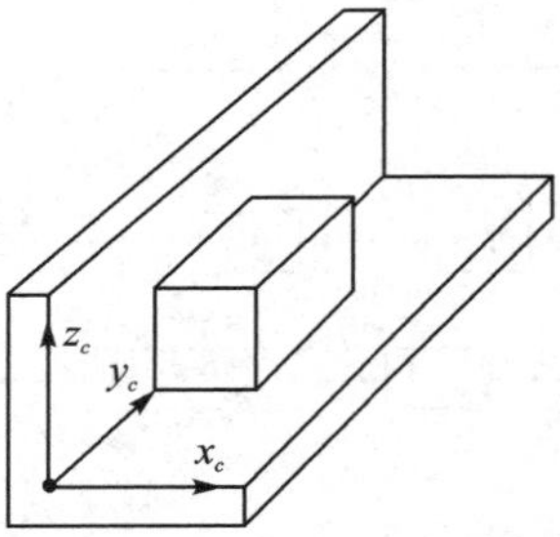

图 7.44　受到地板和墙面约束的质量块

10．阻抗控制实现的方法有哪些？

11．比较力反馈型阻抗控制和位置型阻抗控制，说明各自的工作原理和特点。

12．查阅资料，给出几种新的柔顺控制方法。

第8章　智能机器人

人工智能(Artificial Intelligence,AI)是计算机学科的一个分支。“人工智能”一词最初是在1956年Dartmouth学会上提出的。从那以后,研究者发展了众多理论和原理,人工智能的概念也随之扩展,其被认为是21世纪三大尖端技术(基因工程、纳米科学、人工智能)之一。因为近30年来它获得了迅速的发展,在很多学科领域都获得了广泛应用,并取得了丰硕的成果。人工智能已逐步成为一个独立的分支,在理论和实践上都已自成一个系统,理论和技术日益成熟,应用领域也不断扩大。

人工智能是研究使计算机来模拟人的某些思维过程和智能行为(如学习、推理、思考、规划等)的学科,主要包括计算机实现智能的原理、制造类似于人脑智能的计算机,使计算机能实现更高层次的应用。人工智能将涉及计算机科学、控制科学、心理学、哲学和语言学等学科。人工智能是对人的意识、思维的信息过程的模拟,但是人工智能不是简单模仿人的智能,而是比人能进行更快、更复杂的思考甚至管理。

2017年7月,中国国务院印发了《新一代人工智能发展规划》。提出面向2030年我国新一代人工智能发展的指导思想、战略目标、重点任务和保障措施——举全国之力,在2030年一定要抢占人工智能全球制高点。

专家预言:“不久的将来,每个小孩都会有一个AI老师,每个老人都会有一个AI护理,每一辆车都会装上一个AI系统,AI会遍布中国”。无人超市、无人驾驶、无人酒店、无人餐厅、无人工厂等,都是人工智能带来的变化。

人工智能与机器人的结合,促成了智能机器人的问世与应用。

8.1　智能机器人基础知识

智能机器人具备形形色色的内部信息传感器和外部信息传感器,如视觉、听觉、触觉、嗅觉。还有效应器,作为作用于周围环境的手段,这就是筋肉,或称驱动器,它们使手、脚、长鼻子、触角等动起来。另外,智能机器人还具有识别、推理和判断能力。

有的智能机器人能够理解人类语言,用人类语言同操作者对话,在它自身的“意识”单独形成了一种使它得以“生存”的外界环境的详尽模式。它能分析出现的情况,能调整自己的动作以达到操作者所提出的全部要求,能拟定所希望的动作,并在信息不充分的情况下和环境迅速变化的条件下完成这些动作。当然,要它和我们人类思维一模一样,这是不可能办到的。不过,仍然有人试图建立计算机能够理解的某种“微观世界”。

到目前为止,在世界范围内还没有一个统一的智能机器人定义。大多数专家认为,智能机器人至少要具备以下3个要素:一是感觉要素,用来认识周围环境状态;二是运动要素,对外界做出反应性动作;三是思考要素,根据感觉要素所得到的信息,识别信息的种类,并思考出采用什么样的正确动作。

感觉要素包括能感知视觉、接近、距离等的非接触型传感器和能感知力、压觉、触觉等的接触型传感器。这些要素实质上就是相当于人的眼、鼻、耳等五官,它们的功能可以利用诸如摄像机、图像传感器、超声波传成器、激光器、导电橡胶、压电元件、气动元件、行程开关等机电元器件来实现。对运动要素来说，智能机器人需要有一个手臂或移动机构等装置，以适应诸如抓取不同物品，通过各种复杂环境等需要。智能机器人的思考要素是3个要素中的关键，也是人们要赋予智能机器人必备的要素。思考要素包括有判断、逻辑分析、理解等方面的智力活动。这些智力活动实质上是一个信息处理过程，而利用计算机则是完成这个处理过程的主要手段。

智能机器人根据其智能程度的不同，又可分为3种：

1. 传感型机器人

这类智能机器人又称外部受控机器人。机器人的本体上没有智能单元，只有执行机构和感应机构，它具有利用传感信息进行传感信息处理、实现控制与操作的能力。受控于外部计算机，在外部计算机上具有智能处理单元，处理由受控机器人采集的各种信息以及机器人本身的各种姿态和轨迹等信息，然后发出控制指令指挥机器人的动作。

2. 交互型机器人

一类跳舞或迎宾机器人通过计算机系统与操作员或程序员进行人-机对话，实现对机器人的控制与操作。虽然具有了部分处理和决策功能，能够独立地实现一些诸如轨迹规划、简单的避障等功能，但是主要还要受到外部的控制。

3. 自主型机器人

在设计制作之后，机器人无需人的干预，能够在各种环境下自动完成各项拟人任务。自主型机器人的本体上具有感知、处理、决策、执行等模块，可以像一个自主的人一样独立地活动和处理问题。自主型机器人最重要的特点在于它的自主性和适应性。自主性是指它可以在一定的环境中，不依赖任何外部控制，完全自主地执行一定的任务。适应性是指它可以实时识别和测量周围的物体，根据环境的变化，调节自身的参数，调整动作策略以及处理紧急情况。交互性也是自主机器人的一个重要特点，机器人可以与人、与外部环境以及与其他机器人之间进行信息的交流。由于全自主移动机器人涉及诸如驱动器控制、传感器数据融合、图像处理、模式识别、神经网络等许多方面的研究，所以能够综合反映一个国家在制造业和人工智能等方面的水平。因此，许多国家都非常重视自主型机器人的研究。

智能机器人的研究从20世纪60年代初开始，经过几十年的发展，目前，基于感觉控制的智能机器人（又称第二代机器人）已达到实际应用阶段；基于知识控制的智能机器人（又称自主型机器人或下一代机器人）也取得了较大的进展，已研制出多种样机。

8.2 智能机器人系统的基本特征

按照智能机器人主要创始人之一G. N. 萨里迪斯（Saridis）教授给出的定义，通过驱动自主智能机来实现其目标而无需操作人员参与的系统称为智能控制系统。这里所说的智能机指的是能够在结构化或非结构化、熟悉或不熟悉的环境中，自主地或有人参与地执行拟人任务的机器。按照该定义，智能机器人是典型的智能控制系统。

智能控制系统是实现某种控制任务的一种智能系统。所谓智能系统是指具备一定智能行为的系统。具体地说，若对于一个问题的激励输入，系统具备一定的智能行为，它能够产生合适的求解问题的响应，这样的系统便称为智能系统。例如，对于智能控制系统，激励输入任务要求和反馈的传感信息等，产生的响应则是合适的决策和控制作用。

从系统的角度，智能行为是一种从输入到输出的映射关系，而这种映射关系常常不能用数学的方法来精确地加以描述。因此它可看成是一种不依赖于模型的自适应估计。例如一个钢琴家弹奏出一支优美的乐曲，这是一种很高级的智能行为，其输入是乐谱，输出是手指的动作和力度。显然，输入和输出之间存在某种映射关系，这种映射可以定性地加以说明，但不能用数学的方法来精确地加以描述，因此也不可能由别人来精确地加以复现。

实质上，智能机器人系统一般是由若干子系统和反馈回路组成的复杂、多变量、非线性系统。系统的模型是非常复杂的，具体可概括为 3 个方面：

1. 模型的不确定性

传统的控制是基于模型的控制。这里所说的模型，既包括控制对象也包括干扰的模型。对于传统控制，通常认为模型是已知的，或者是经过辨识可以得到的。而智能控制的研究对象通常存在严重的不确定性。这里所说的模型不确定性包含两方面的含义：一是模型未知或知之甚少；二是模型的结构和参数可能在很大的范围内变化，机器人即属于后一种情况。无论上述哪种情况，用传统的方法都很难进行控制，而这正是智能控制所要研究解决的问题。

2. 系统的高度非线性

在传统的控制理论中，线性控制理论比较成熟。对于具有高度非线性的控制对象，虽然也有一些非线性的控制方法可利用，但是总的来说，非线性控制理论还是很不成熟的，而且有些方法也过于复杂。例如，机器人便是一个典型的非线性对象。从前面的讨论可以看出，机器人的控制是一个比较复杂和困难的问题。对于具有高度非线性的控制对象，智能控制方法可能是一种解决这个问题的出路。

3. 控制任务的复杂性

在传统的控制系统中，控制的任务或者是要求输入量为定值（调节系统），或者要求输出量跟随期望的运动轨迹（跟随系统），因此控制任务的要求比较单一。对于智能控制系统，其任务要求往往比较复杂。例如在智能机器人系统中，它要求系统对一个复杂的任务具有自行规划和决策的能力，有自动躲避障碍运动到期望目标位置的能力等。对于这些复杂的任务要求，就不能只依靠常规的控制方法来解决了。

8.3 智能机器人控制系统的基本结构

智能机器人控制系统的典型结构如图 8.1 所示。在该系统中，广义对象包括通常意义下的控制对象和所处的外部环境。对于智能机器人系统，机器人手臂、被操作物体及其所处环境统称为广义对象。传感器则包括关节位置传感器、力传感器，或者还可能包括触觉传感器、滑觉传感器或视觉传感器等。感知信息处理将传感器得到的原始信息加以处理。例如视觉信息需要经过很复杂的处理后才能获得有用的信息。认识部分主要用来接收和储存各种信息、知识、经验和数据，并对它们进行分析、解释，做出行动的决策，送至规划和控制部分。通信接口除建立人机之间的联系外，也建立系统中各模块之间的联系。规划和控制是整个系统的核心，它根据给定的任务要求、反馈的信息以及经验知识，进行自动搜索、推理决策、动作规划，最终产生具体的控制作用，经执行部件作用于控制对象。对于不同用途的智能控制系统，以上各部分的形式和功能可能存在较大的差异。

G. N. 萨里迪斯提出了智能控制系统的分层递阶的组成结构形式，如图 8.2 所示。其中执行级一般需要比较准确的模型，以实现具有一定精度要求的控制任务；协调级用来协调执行级的动作，它不需要精确的模型，但需要学习功能以便在再现的控制环境中改善性能，并能接受上一级的模糊指令和符号语言；组织级将操作员的自然语言翻译成机器语言，组织决策，规定任务，并直接干涉低层的操作。在执行级中，识别的功能在于获得不正确的参数值或监督系统参数的变化；协调级中，识别的功能在于根据执行级送来的测量数据和组织级送来的指令产生出合适的协调作用；在组织级中，识别的功能在于翻译定性的命令和其他的输入。该分层递阶的智能控制系统具有两个明显的特点：

① 对控制来讲，自上而下控制的精度越来越高；

② 对识别来讲，自下而上信息回馈越来越粗略，相应的智能程度越来越高。这种分层递阶的结构形式已成功地应用于机器人的智能控制。

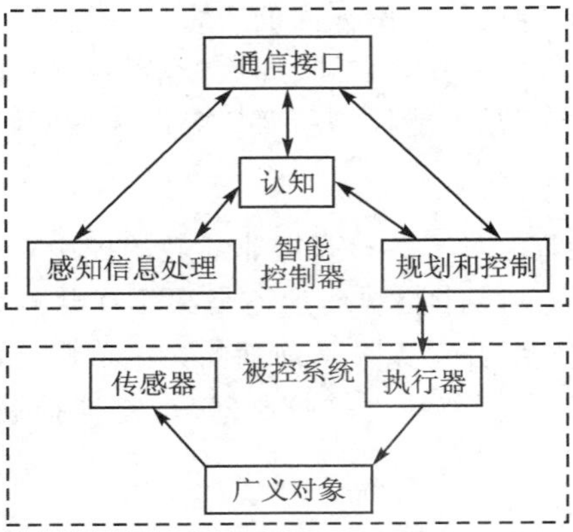

图 8.1　智能控制系统的典型结构

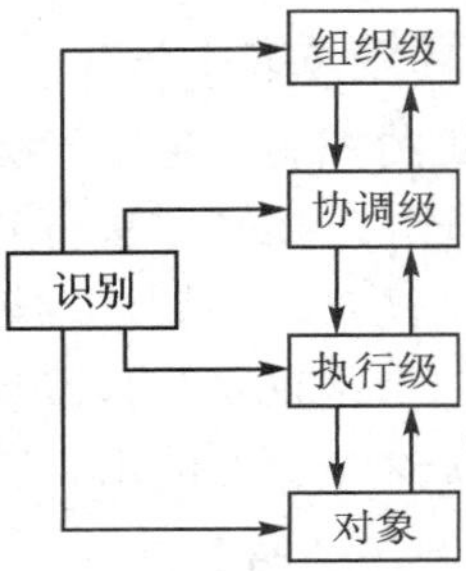

图 8.2　分层递阶的智能控制结构

8.4　智能机器人的多信息特点

8.4.1　多传感器系统与信息融合

单个传感器只能获取局部的信息。对于处在非结构化环境的智能机器人，需要采用多种传感器来获取不同种类、不同状态的信息。这些信息彼此之间相互独立或耦合，甚至会出现彼此矛盾的情况。信息融合就是指协同使用多种传感器并将各种传感信息有效地结合起来，形成高性能感知系统来获取对环境的一致性描述的过程。迄今为止，没有任何一种传感器能够完全同时满足高可靠性、高稳定性、高精度和低成本的要求。但是各种传感器性能上的差异与互补性却提示我们通过综合分析来自各个传感器的信息，获取有效、可靠、完整的信息。采用这种方法，即使各个传感器所提供的信息有一定的误差和不确定性，但通过对它们提供的信息进行有效的综合，可以比任何单一传感器获取的信息更可靠、更完整。因此多传感器信息融合技术具有很高的应用价值和广泛的应用范围。

多传感器信息融合有以下 4 个方面的特点：

(1) 提高可靠性

当 1 个或多个传感器出现故障，或者某个传感器测量值有很大噪声时，经过信息融合，仍可以获取正确的环境信息。

(2) 提高处理速度

多传感器信息融合系统使用并行系统算法，可以提高传感器的处理速度，增强传感器系统的反应能力。

(3) 提高完整描述环境的能力

多传感器协调使用可获取环境或物体的各种特征信息，通过融合可得到多特征、高层次的描述，即得到任何一种单一传感器很难获取或无法获取的信息。

(4) 降低信息获取成本

使用大量低成本传感器而不是少量高成本传感器，通过信息融合方法同样能获取高质量信息，降低系统成本。

多传感器融合可以在传感器信息处理的不同层次上进行。因此，信息融合按照其在传感信息处理层次中信息的抽象程度，大致分为数据级融合、特征级融合和决策级融合三层。数据级融合是对原始的或经过预处理的传感信息进行融合。该层次信息融合的主要优点是能够提供其他层次融合所不具有的细节信息；主要局限性是要处理的传感信息量很大，处理代价较高，且由于融合是对稳定性较差的原始传感信息，获得稳定一致的综合描述具有相当的困难。特征级融合是指从传感器提供的原始传感信息中提取有关目标的特征信息，如尺寸、轮廓、硬度等，然后对所有传感器提供的所有目标的特征信息进行融合，得到对目标的分类与解释。此层融合克服了数据级融合的许多缺点，因此得到了较广泛的应用。决策级融合是指利用来自各种传感器的传感信息对目标属性进行独立的决策，并对各自得到的决策结果进行融合，以得到整体一致的决策。该层次的信息融合具有较好的容错性，即当某一传感器出现错误时，通过适当的融合，系统还能够获得正确的决策结果；另外，该层次的融合所使用的融合信息的抽象层次较高，对原始的传感信息没有特殊的要求，因此适合使用该方法的各传感器可以是异质传感器。当然，由于该方法首先要对原始传感器信息进行分别的预处理以获得各自的决策结果，因此预处理的花费较大。

8.4.2 信息融合方法和融合模式

多传感器系统是信息融合的物质基础，实现多传感器信息融合要靠各种具体的融合方法来实现，目前发展起来的信息融合方法有加权平均法、贝叶斯法、D-S 证据法、模糊理论和神经网络法、产生式规则法、卡尔曼滤波法等。在不同的场合，根据实际情况选用不同的方法。到目前为止，还没有通用的信息融合方法。

1. 加权平均法

加权平均法是指多个传感器对目标的同一特征进行测量，得到相同属性的信息，然后根据先验知识将多个相同属性的信息加权平均。这种方法比较简单、直观，一般是在数据层上进行测量，获取多种精确的、局部的信息。应用加权平均方法必须先对系统和传感器进行详细的分析，以获得正确的权值。

2. D-S 证据法

证据理论的概念是由 Dempster 在 1976 年最先提出的，以后由 Shafer 进一步发展和完善，形成一套关于证据的数学理论，因此证据理论通常称为 D-S 理论。在证据理论中引入了信任函数，用它来表示由不知道所引起的不确定性，当概率值已知时，证据理论就变成了概率论,也就是说,概率论是证据理论的一种特例。由于证据理论中肯定与否定并不是简单的真伪,而是有功度的,且肯定与否定的合成也不是肯定与否定测度的简单合成,因此,这样的模型更符合人类推理机制。

3. 产生式规则法

它采用符号表示目标特征和相应的传感器信息之间的联系,与每个规则相联系的置信因子表示其不确定性程度,当在同一个逻辑推理过程中的两个或多个规则形成一个联合的规则时,可产生融合。产生式规则存在的问题是每条规则的可信度与系统的其他规则有关,这使得系统的条件改变时,修改相对困难。如系统需要引入新的传感器,则需要加入相应的附加规则。

4. 模糊理论和神经网络法

多传感器系统中,各信息源提供的环境信息都具有一定程度的不确定性,这些不确定信息的融合过程实质上是一个不确定性推理过程。模糊逻辑是一种多值型逻辑,指定一个从 0 到 1 之间的实数表示其真实度。模糊融合过程直接将不确定性表示在推理过程中。如果采用某种系统的方法对信息融合中的不确定性建模,就可产生一致性模糊推理。神经网络理论通过修改网络连接权值,达到信息融合的目的。基于神经网络理论的融合方法优于传统的聚类分析方法,尤其是当输入数据中带有噪声和数据不完整时。

信息的融合模式可以分为两大类型:集中融合和多层次信息融合。集中融合模式如图 8.3 所示。传感器 S1,S2,…,Sn 表示 n 个传感器,它们获取的信息经过局部处理后,输入到信息融合中心,采用某种具体的方法进行融合。

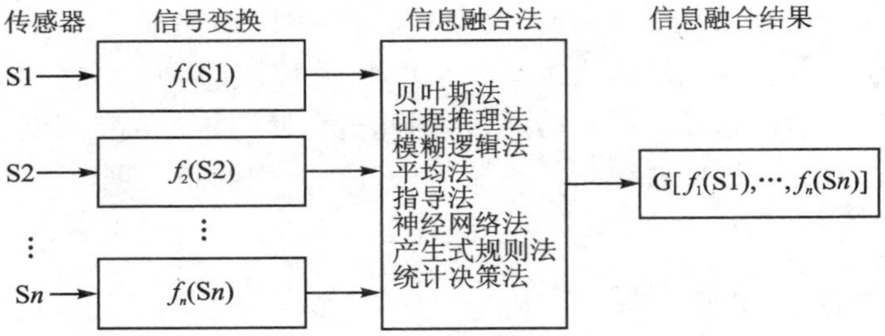

图 8.3 集中融合模式框图

多层次信息融合如图 8.4 所示。首先,对 S1 和 S2 传感器信号进行融合形成第一级融合

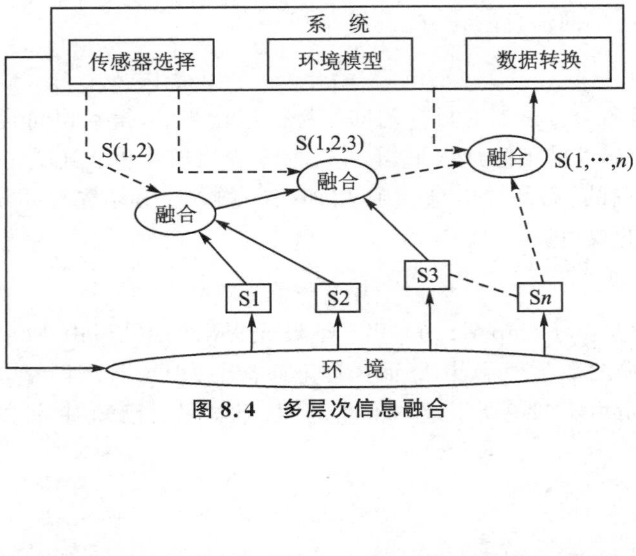

图 8.4 多层次信息融合

信息 S(1,2),将 S(1,2)同 S3 进行融合形成第二级融合信息 S(1,2,3),用同样的方法,可以得到 n 个传感器的融合信息。图中虚线表示系统对各个信息融合点的操作。对图 8.4 作进一步的推广,即第一级融合可以是多个传感器的原始数据融合,也可以是特征级融合;其他各级也可以是多个传感器的原始数据与上一级的融合结果进行融合,形成新的融合结果或是多个上级融合结果的融合。

8.5 智能机器人控制系统的主要功能特点

一般来说,智能机器人控制系统具备以下功能特点:

1. 学习功能

一个系统,如果能对一个过程或其环境的未知特征所固有的信息进行学习,并将得到的经验用于进一步的估计、分类、决策和控制,从而使系统的性能得到改善,那么便称该系统具有学习功能。智能控制系统一般应具备这样的学习功能。

2. 适应功能

这里所说的要比传统的自适应控制的适应功能具有更广泛的含义,它包括更高层次的适应性。智能控制系统中的智能行为实质上是一种从输入到输出之间的映射关系,它可看成是不依赖模型的自适应估计,因而它具有很好的适应性能。当系统的输入不是已经学习过的例子时,由于它具有插补或泛化功能,从而可以给出合适的输出。甚至当系统中某些部分出现故障时,系统也还能够正常工作。如果系统具有更高程度的智能,它还能自动找到故障,甚至具备自修复的功能,从而体现了更强的适应性。

3. 组织功能

组织功能是指对于复杂的任务和分散的传感信息具有自行组织和协调的功能。该组织功能也表现为系统具有相应的主动性和灵活性,即智能控制器可以在任务要求的范围内自行决策,主动地采取行动;而当出现多目标冲突时,在一定的限制条件下,各控制器可有权自行解决。

8.6 智能控制研究的数学工具

传统的控制理论主要采用微分方程、状态方程以及各种变换作为研究的数学工具,它们本质上是数值计算的方法;而人工智能主要采用符号处理、一阶谓词逻辑等作为研究的数学工具,两者有着根本的区别。智能控制研究的数学工具则是上述两个方面的交叉和结合,它主要具有以下几种形式:

1. 符号推理与数值计算的结合

如专家控制,就是这种情况的典型例子。它的上层是专家系统,采用人工智能中的符号推理方法,下层是传统意义下的控制系统,采用的仍是数值计算方法。因此整个智能控制系统所用的数学工具是两种方法的结合。

2. 离散事件系统与连续时间系统分析的结合

如计算机集成制造系统(CIMS)和智能机器人便属于这样的情况,它们是典型的智能控制系统。例如 CIMS 中,上层任务的分配和调度、零件的加工和传输等均可用离散事件系统理论来进行分析和设计；下层的控制，如机床及机器人的控制，则仍采用常规的连续时间系统分析方法。

3. 神经元网络及模糊集理论

这是介于符号推理和数值计算之间的方法。神经元网络通过许多简单的关系来实现复杂的函数关系，这些简单的关系有些便是非 0 即 1 的简单逻辑关系，通过这些简单关系的组合可实现复杂的分类和决策功能。神经元网络本质上是一个非线性动力学系统，但是它并不依赖于模型。因此神经元网络可以看成是一种介于推理和计算之间的工具和方法。模糊集理论是另外一种介于两者之间的方法。它形式上是利用规则进行逻辑推理，但其逻辑取值可在 0 与 1 之间连续变化。其处理的方法也是基于数值的方法而非符号的方法。以上两种方法在某些方面（如逻辑关系、不依赖于模型）类似于人工智能的方法，而在另外一些方面（如连续取值、非线性动力学特性）则类似于通常的数值方法，即传统的控制理论的数学工具。因此，它们是介于符号逻辑和数值计算两者之间的数学工具，因而是进行智能控制研究的主要的数学工具。

8.7 智能控制理论的主要内容及其在智能机器人控制中的应用

智能控制是一门交叉学科。傅京逊在 1971 年的文章中称之为人工智能与自动控制的交叉。后来 G. N. 萨里迪斯加进了运筹学，认为智能控制是人工智能、运筹学和自动控制三者的交叉，图 8.5 形象地说明了这一点。图 8.5 所示主要是针对分层递阶智能控制的情况；对于其他类型的智能控制，如专家控制、神经元控制、模糊控制等，它们所涵盖的学科领域不尽相同。智能控制迄今尚未建立起完整的理论体系，因此系统地讨论其理论内容是困难的。下面仅就几种类型的智能控制系统所包含的理论内容作简要介绍。

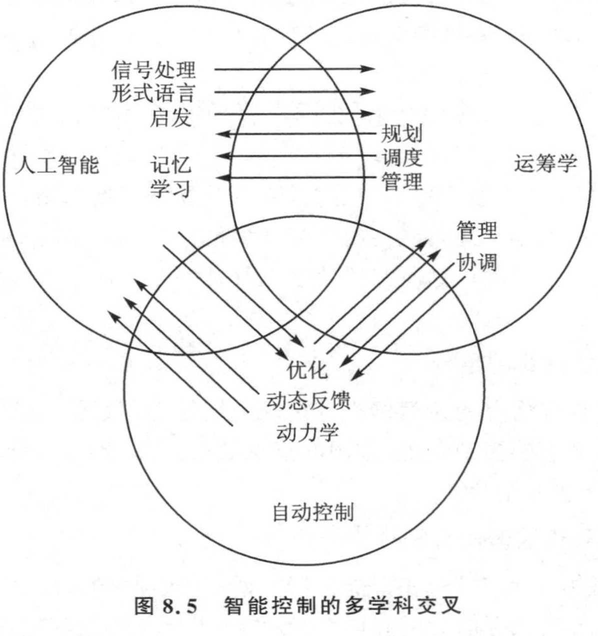

图 8.5 智能控制的多学科交叉

1. 自适应、自组织和自学习控制

自适应、自组织和自学习控制是传统控制向纵深发展的高级阶段，如前面已经讨论过的，适应功能、学习功能和组织功能是智能控制系统所具有的几个最主要的功能特点。因此，自适应、自组织和自学习控制系统可以看成是初级的智能控制系统。同时它们也可构成多级递阶智能控制系统，还可构成多级递阶智能控制系统的最下面一层的控制级。

自适应控制和自组织控制本质上并没有什么差别。自适应控制主要描述系统的行为，自组织控制主要描述系统的内部结构。根据萨里迪斯的定义，所谓自组织控制是指在系统运行过程中，通过观测过程的输入和输出所获得的信息，能够逐渐减小系统的先验不确定性而获得对系统的有效控制。自组织控制可由两种方法来实现：一种是给出明显的辨识来减小对象动力学所固有的不确定性。这后一种情况，可以认为隐含地进行着系统辨识，因为所积累的关于对象的信息，可由控制器直接予以应用而不经过中间的模型。这两类自组织控制代表了两种不同的设计方法。如果通过观测过程的输入和输出所获得的信息，能够减小过程参数的先验不确定性，则称该自组织控制为参数自适应自组织控制；若减小的是与改进系统性能直接相关的不确定性，则称之为品质自适应自组织控制。图 8.6 和图 8.7 所示分别为这两种控制方法的一种结构。在现有的许多文献中，分别称它们为自校正控制系统和模型参考自适应控制系统。

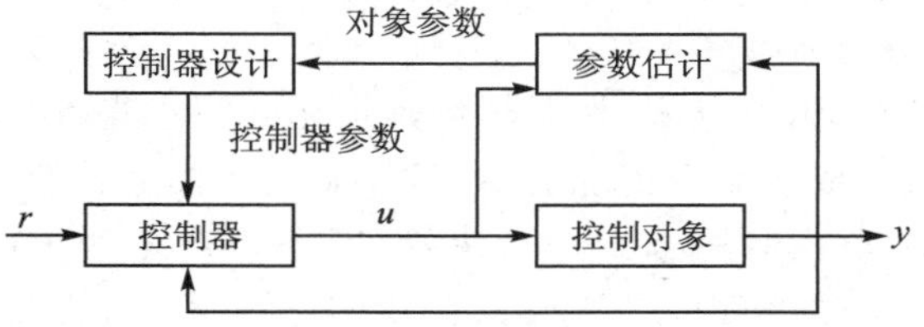

图 8.6　参数自适应自组织控制

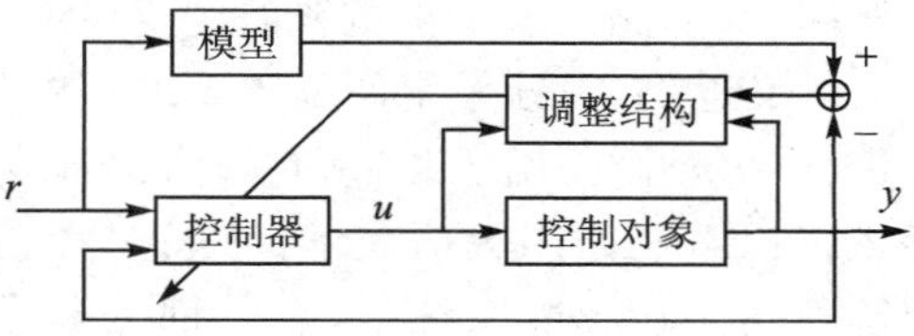

图 8.7　品质自适应自组织控制

学习控制系统是比自适应和自组织控制含义更为广泛的一类系统，它既可以是对动力学特性不确定的系统进行控制的问题，也可以是高级决策的模式识别、分类和组织等问题。上述的品质自适应自组织控制系统可以认为是一种学习控制系统。

学习控制系统是指：一个系统，如果能对一个过程或其环境的未知特征所固有的信息进行学习，并将其学得的信息用来控制一个具有未知特征的过程，则称之为学习控制系统。图 8.8 所示为学习控制系统的一种典型结构。研究学习控制系统最常用的方法有以下几种：模式分类、再励学习、贝叶斯估计、随机逼近、随机自动机模型、模糊自动机模型、语言学方法等。

还有一种主要基于人工智能方法的学习控制系统，它主要借助于人工智能的学习原理和方法，通过不断获取新的知识来逐步改善系统的性能，其典型结构如图 8.9 所示。其中，知识库主要用来存储知识，并具有知识更新的功能。学习环节具有采集环境信息、接受监督指导、进行学习推理和修改知识库的功能。执行环节主要利用知识库的知识，进行识别、决策并采取相应的行动。监督环节主要进行性能评价、监督学习环节及控制选例环节。选例环节的作用主要是从环境中选取有典型意义的事例或样本，作为系统的训练集或学习对象。

另外还有一种基于重复性的学习控制，其典型结构如图 8.10 所示。其中 u_k 表示第 k 次运动的控制量，y_k 是实际输出，y_d 是期望的输出。采用学习控制算法 $u_{k+1}=u_k+f(e_k)$，使得经过多次重复后，在 u_k 的作用下，系统能够产生期望的输出。这里的主要问题是学习控制算法的收敛性问题。

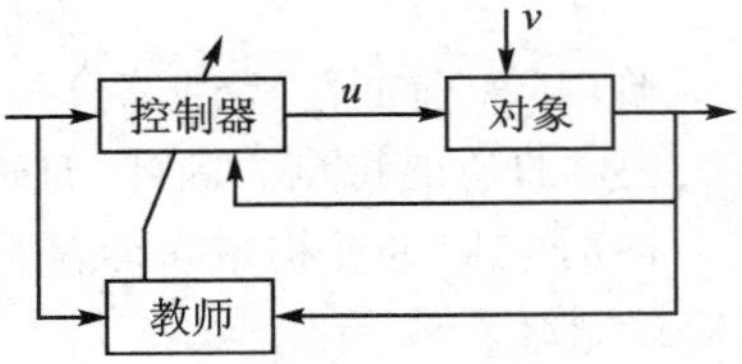

图 8.8　学习控制系统

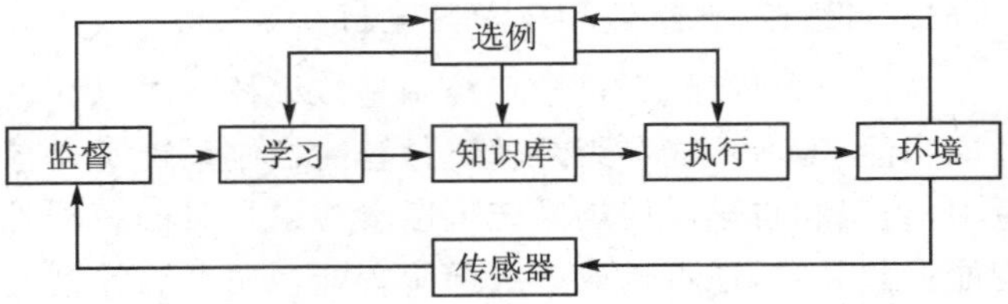

图 8.9　人工智能学习控制系统

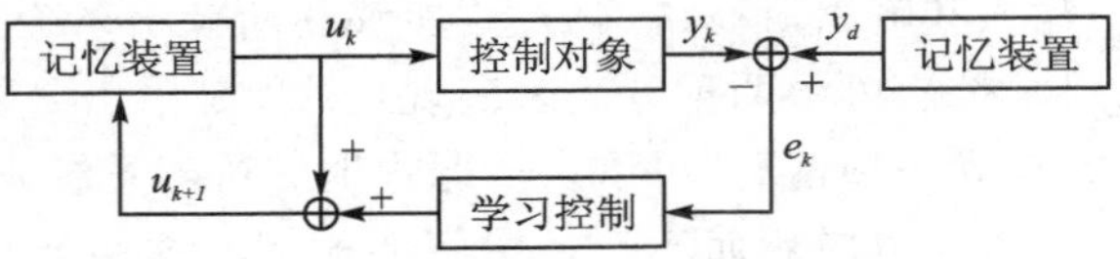

图 8.10　重复性学习控制系统

2. 知识工程

作为智能控制系统的一个重要分支的专家控制系统,以及上面讨论的人工智能学习控制系统等,均离不开知识的表示、知识的运用、知识的获取和更新等问题。这些正是知识工程的主要问题,因此知识工程是智能控制理论中的重要内容。

广义地讲,设计系统便是有效地组织和运用知识的过程,控制器则是运用知识进行推理、决策、产生控制作用的装置,它一般由计算机来完成。对于传统的控制,控制对象模型及性能要求可以看成是用数值表示的知识,控制算法则是运用知识进行决策计算,以产生所需的控制作用。在智能系统中,有一部分是数值类型的知识,更主要的知识是一些经验、规则,它们是用符号形式来表示的。在这种情况下,设计控制器便是为了如何获取知识,如何运用知识进行推理、决策以产生有效的控制。在学习控制系统中,还有一个如何更新知识以实现学习的功能。

3. 信息熵

在多级递阶智能控制系统中,G. N. 萨里迪斯提出用熵作为整个系统的一个性能测度。因为在不同的层次以不同的形式包含了运动的不确定性,而熵正是采用概率模型时不确定性的一个度量。分层递阶智能控制系统的设计问题可以看成是如下的过程,在自上而下精度渐增、智能逐减的分层递阶系统中,寻求正确的决策和控制序列以使整个系统的总熵极小。可见,信息熵在分层递阶智能控制系统的分析和设计中起着十分重要的作用。

4. Petri 网

Petri 网是新近发展起来的一种既是图形的也是数学的建模工具,主要用来描述和研究信息处理系统。这些系统往往具有以下特点:并发性、异步性、分布性和不确定性等。Petri 网的应用领域很广,它可用于性能评价、通信协议、柔性制造系统、离散事件系统、形式语言、多处理机系统、决策模型等。因此,Petri 网非常适用于在多级递阶智能控制系统中作为协调级的解析模型。利用该模型可以比较容易地将协调级中各模块之间的连接关系描述清楚。它也可以比较容易地处理在协调过程中所碰到的并发活动和冲突仲裁等问题。同时利用该模型既可以作定性的也可作定量的分析,这也是其他方法难以得到的。

5. 人机系统理论

人机结合的控制系统显然是智能控制系统。研究系统中人机交互作用主要有 3 个目的：一是研究人作为系统中的一个部件的特性,并进而研究整个系统的行为；二是在系统中如何构造仿人的特性,从而实现无人参与的仿人智能控制；三是研究人机各自的特性,将人的高层决策能力与计算机的快速响应能力相结合,充分发挥各自的优点,有效地构造出人机结合的智能控制系统。

6. 形式语言与自动机

利用形式语言与自动机作为工具可以实现分层递阶智能控制系统中组织级和协调级的功能。在萨里迪斯的早期工作中,组织级是由一种语言翻译器来实现的,它将输入的定性指令映射为下层协调级可以执行的另外一种语言。协调级则采用随机自动机来实现,这样的自动机也等价于一种形式语言。

形式语言和自动机理论作为处理符号指令的工具,在设计高层次的智能控制中是常常需要用到的。

7. 大系统理论

智能控制系统中的分层递阶的控制思想与大系统理论中的分层递阶和分解协调的思想是一脉相承的。虽然大系统理论是传统控制理论在广度方面的发展,智能控制是传统控制理论在纵深方向的发展,但两者仍有许多方面是相通的,因此可以将大系统控制理论的某些思想应用到智能控制系统的设计中。

8. 神经元网络理论

神经元网络的研究已经有 40 年左右的历史,它的发展过程并不是一帆风顺的,有高潮也有低谷,有成绩也有挫折。近几年来,人们对它的研究又出现了一股热潮。人们发现,神经元网络在很多领域具有广阔的应用前景,它在智能控制中的应用是其中的一个很重要的方面。

正如前面已经提到的,神经元网络是介于符号推理与数值计算之间的一种数学工具。它具有很好的适应能力和学习能力,因此它适合于用作智能控制的工具。从本质上看,神经元网络是一种不依赖模型的自适应函数估计器。给定一个输入,可以得到一个输出,但它并不依赖于模型,即它并不需要知道输出和输入之间存在着怎样的数学关系。而通常的函数估计器是依赖于数学模型的,这是它与神经元网络的一个最根本的区别。当给定的输入并不是原来训练的输入时,神经元网络也能给出合适的输出,即它具有插值功能或适应功能。人工智能专家系统在一定意义上也可将其看作为不依赖模型的估计器,它将条件映射为相应的动作,它也不依赖于模型。在这一点上它与神经元网络有共同之处。但是它采用的是符号处理方法,它不适用于数值的方法,也不能用硬件方法来实现。符号系统虽然也是随时间改变的,但是它不存在倒数,它不是一个动力学系统。当输入不是预先设计的情况时,它不能给出合适的输出,因而它不具备适应功能。在专家系统中,知识明显地表现为规划,而在神经元网络中,知识是通过学习例子而分布存储在网络中。也正是由于这一点,神经元网络具有很好的容错能力。当个别处理单元损坏时,对神经元网络的整体行为只有很小的影响,而不会影响整个系统正常工作。神经元网络还特别适合于用来进行模式分类,因而它可以在基于模式分类的学习控制系统中很好地发挥作用。

神经元网络也是一种可以训练的非线性动力学系统,因而它呈现非线性动力学系统的许多特性，如李雅普诺夫稳定性、平衡点、极限环、平衡吸引子、混沌现象等。这些也都是在用神经元网络组成智能控制系统时必须研究的问题。

9. 模糊集合论

自 1965 年 L. A. 扎德（Zadeh）提出了模糊集合的概念以来，模糊集理论发展十分迅速，并在许多领域获得了应用。它在控制中的应用尤为引人注目。模糊系统不仅在工业控制中获得了广泛应用，而且也已扩展到商业领域，如地铁的自动化，照相镜头的自动聚焦，彩色电视的自动调节，冰箱的除霜，空调、洗衣机、吸尘器、交通信号灯及电梯的控制等。

由于模糊控制主要是模仿人的控制经验而不是依赖于控制对象的模型，因此模糊控制器实现了人的某些智能，因而它也属于智能控制的范畴。

正如前面提到的，模糊集理论是介于逻辑计算与数值计算之间的一种数学工具。它形式上是利用规划进行逻辑推理，但其逻辑取值可在 0 与 1 之间连续变化，采用数值的方法而非符号的方法进行处理。符号处理方法容许直截了当地用规划来表示结构性的知识，但是它却不能直接使用数值计算的工具，因而也不能用大规模集成电路来实现一个 AI 系统。而模糊系统可以兼具两者的优点，它可用数值的方法来表示结构性知识，从而用数值的方法来处理，因而可以用大规模集成电路来实现模糊系统。

与神经元网络一样，模糊系统也可看成是一种不依赖于模型的自适应估计器。给定一个输入，便可得到一个合适的输出。它主要依赖于模糊规则和模糊变量的隶属度函数，而无需知道输出和输入之间的数学依存关系。

模糊系统也是一种可以训练的非线性动力学系统，因而也存在诸如稳定性等问题需要加以研究。

10. 优化理论

在学习控制系统中，常常通过对系统性能的评判和优化来修改系统的结构和参数。在神经元网络控制中也常常是根据使某种代价函数极小来选择网络的连接权系数。在分层递阶控制系统中，也是通过使系统的总熵最小来实现系统的优化设计。因此，优化理论也是智能控制理论的一个重要内容。

从以上 10 个方面可以看出，智能控制理论当前还处于快速发展之中，还远未形成系统的理论，甚至在某些方面还存在多个研究学派。其研究内容巨大丰富的特点，正好说明这些研究领域目前非常活跃，是学术领域的热点领域。鉴于此，本章只能就其中最受研究者关注和研究成果最丰富的部分内容进行讨论。

8.8 智能机器人典型案例

1. 无人驾驶汽车

由国防科技大学自主研制的红旗 HQ3 无人车，2011 年 7 月 14 日首次完成了从长沙到武汉 286 km 的高速全程无人驾驶实验。创造了中国自主研制的无人车在复杂交通状况下自主驾驶的新纪录，标志着中国无人车在复杂环境识别、智能行为决策和控制等方面实现了新的技术突破，达到世界先进水平。

红旗 HQ3 全程由计算机系统控制车辆的行驶速度和方向，系统设定的最高时速为 110 km。在实验过程中，实测的全程自主驾驶平均时速为 87 km。

红旗 HQ3 无人驾驶轿车不仅环境识别速度快，适应性强，能实时处理岔道、斑马线和虚线；对车体姿态变动，自然光照变化及树木、路桥阴影都具有较强的自适应力。而且拥有较强的命令执行系统，能够忠实地执行"大脑"发出的各种控制命令，在高速公路上，最高速度可达到 150 km/h。

美国 Google 版无人驾驶汽车是由斯坦福学生和教师组成的团队设计出的斯坦利机器人汽车。该车在由美国国防部高级研究计划局（DARPA）举办的第二届“挑战”（Grand Challenge）大赛中夺冠，该车在沙漠中行驶超过 212.43 km。

Google 无人驾驶汽车已经行驶超过 32.2 万 km。无人驾驶汽车通过摄像机、雷达传感器和激光测距仪来“看到”其他车辆，并使用详细的地图来进行导航。和传统汽车不同，Google 无人驾驶汽车行驶时不需要人来操控，这意味着方向盘、油门、刹车等传统汽车必不可少的配件，在 Google 无人驾驶汽车上通通看不到，软件和传感器取代了它们。不过 Google 联合创始人谢尔盖·布林（Sergey Brin）说，无人驾驶汽车还很初级，Google 希望它可以尽可能地适应不同的使用场景，只要按一下按钮，就能把用户送到目的地。

法国 INRIA 公司研制出的“赛卡博”（Cycab）无人驾驶汽车，使用类似于给巡航导弹制导的全球定位技术，通过触摸屏设定路线，“赛卡博”就能把你带到想要去的地方。普通 GPS 系统的精度只能达到几米，而“赛卡博”却装备了名为“实时运动 GPS”的特殊 GPS 系统，其精度高达 1 cm。这款无人驾驶汽车装有充当“眼睛”的激光传感器，能够避开前进道路上的障碍物；还装有双镜头的摄像头，来按照路标行驶，甚至可通过手机控制驾驶汽车；每一辆无人驾驶汽车都能通过互联网来进行通信，汽车之间能够做到信息共享，这样多辆无人驾驶汽车能够组成车队，以很小的间隔顺序行驶。该车也能通过交通网络获取实时交通信息，防止交通阻塞发生在行驶过程中；该车还会自动发出警告，提醒过往行人注意。

2. 空间探测器

空间探测器飞离地球几十万到几亿千米，入轨时速度大小和方向稍有误差，到达目标行星时就会出现很大偏差，因此在漫长飞行中必须进行精确的控制和导航。飞向月球通常是靠地面测控网和空间探测器的轨道控制系统配合进行控制的。行星际飞行距离遥远，无线电信号传输时间长，地面不能进行实时遥控，所以行星和行星际探测器的轨道控制系统应有自主导航能力。

美国“海盗”号探测器在空间飞行 8 亿多千米，历时 11 个月，进行了 2000 余次自主轨道调整，最后在火星表面实现软着陆，落点精度达到 50 km。此外，为了保证轨道控制发动机工作姿态准确，通信天线始终对准地球，并使其他系统正常工作，探测器还具有自主姿态控制能力。

嫦娥三号探测器是中国嫦娥工程二期中的一个探测器，是中国第一个月球软着陆的无人登月探测器。嫦娥三号探测器由月球软着陆探测器（简称着陆器）和月面巡视探测器（简称巡视器）组成。该探测器突破了月面软着陆、月面巡视勘察、深空测控通信与遥操作、深空探测运载火箭发射等一系列关键技术。

其中对着陆器 GNC（制导导航与控制）系统，专门设计了各种传感器，进行对月测速、测距和地形识别，确保探测器在着陆段自主制导、导航与控制。采用了自主导航的惯性测量单元、激光测距传感器、微波测距传感器、微波测速传感器、光学成像传感器、激光三维成像传感器、图像数据处理计算机、水平机动推力器等。设计避障程序分为：接近段、悬停段、避障段、缓速下降段等。最终着陆器的自主避障精度优于 1.5 m。

3. 仿人机器人

仿人机器人研究集机械、电子、计算机、材料、传感器、控制技术等多门科学于一体，代表着一个国家的高科技发展水平。从机器人技术和人工智能的研究现状来看，要完全实现高智能、高灵活性的仿人机器人还有很长的路要走，而且，人类对自身也没有彻底的了解，这些都限制了仿人机器人的发展。

中国科技大学自主研制了一款仿人机器人 DF－1 机器人。它模仿人体外形结构，利用舵机结构实现人类关节的功能。身长 45 cm，共设有 17 个自由度：踝关节 2×2＝4 个自由度，膝关节 2×1＝2 个自由度，胯关节 2×2＝4 个自由度，肩关节 2×2＝4 个自由度，肘关节 2×1＝2 个自由度，头部 1 个自由度。内部采用 ARM9 微处理器，主要用来完成信息的融合、决策和规划等任务。能够实现步行、做俯卧撑、上楼梯、打太极拳等。

DF－1 机器人的胸腔部位安装了 3 个超声传感器，分别用来测量机器人正前、左前和右前方向的障碍物。在超声波相对应的位置安装了 3 个红外测距传感器，用来解决超声传感器多次反射问题。采用了加速度计来感知机器人的姿态。

传感器系统数据采集与处理单元采用 ARM9 微处理器，实现对加速度计的控制和加速度的测量，并根据加速度值，计算机器人的倾角；实现对超声波传感器的控制，完成距离信息的计算；实现对红外传感器的控制，完成距离信息的获取；对获得的倾角、超声波测距和红外测距数据，按照规定的通信协议发送给上位机。

2017 年 1 月，中国的乐聚（深圳）机器人技术有限公司自主研发的“Talos”的人形机器人问世。它采用了具有高精度的数字伺服舵机、高级步态算法和人形 SLAM 技术等。这是中国企业首次公布的具有 SLAM 算法的人形机器人。

Talos 拥有 22 个能够高速旋转的关节，身体运动的自由度基本接近人类。Talos 行走的动作举止和人类几乎一致，无论是双脚的步伐，还是手臂的摆动，都和真人相仿；并且具有曲线行走能力。Talos 机器人最大步幅间隔约为 15 cm，每秒可迈出 3 步，速度能达到 45 cm/s。

Talos 机器人是中国第一个跻身国际一流机器人阵营的产品。

谷歌 Atlas 人形机器人是世界上最先进的智能人形机器人。2016 年问世的第三代 Atlas 机器人仍然采用电源供电和液压驱动。Atlas 身体内部以及腿部的传感器通过采集位姿数据使其保持身体平衡，它头上的激光雷达定位器和立体摄像机可以使自动 Atlas 规避障碍物、探测地面状况以及完成巡航任务。该 Atlas 高 1.75 m，重 82 kg。在搬箱子、出门推门等过程中还需要标记点完成物体识别任务，对物体的识别等机器视觉能力有待提升。

Atlas 人形机器人可以自行打开门，还可以在雪地中行走，虽然遇到了脚滑的现象，但自主平衡控制力让机器人可在雪地中爬起，继续保持行走的状态。这个功能相比于其他机器人，性能已经十分优秀。它意味着机器人可以更好地实现平衡力的控制，动作更加流畅，并能够依照环境的变化作出修正。

4. 无人机

美国的通用原子（General Atomics）航空系统公司生产的最新型号 MQ－9 攻击无人机，配备了一套专用最新机载传感器和 AGM－114“地狱火”空对地导弹，可执行复杂的监视和攻击任务。

无人机具有 3 个独立的电源，以适应新的通信。例如，具有翼尖天线的双 ARC－210 VHF / UHF 无线电，用于多个空对空和空对地之间开展同时通信；超级安全的数据链接；增加了数据传输能力。装备的涡轮螺旋桨发动机，使得多任务的"无人机可以在高达 6 100 m（20 000 英尺）高空，依靠自生携带的 1 100 L（240 加仑）的燃油，持续飞行超过 27 小时。可承载重量达 1750 kg（3 850 磅），其中包括 1 361 kg（3000 磅）外部武器系统，如"地狱火"导弹。可以携带多达四枚地狱火导弹，两枚 GBU－12 Paveway Ⅱ激光制导炸弹或两枚 227 kg（500 磅）重的 GBU－38 联合直接攻击弹药（JDAM）。MQ－9 攻击无人机配备有容错功能的飞行控制系统，三重冗余航空电子系统，数字电子发动机控制（DEEC）集成，以在低空下提高发动机性能和燃油效率。驾驶室配有电光和红外（EO / IR）传感器，Lynx 多模雷达，多模式海上监视雷达，电子支持措施（ESM），激光指示器和各种武器。无人机具有冗余的飞行控制面；可以远程驾驶或自主驾驶；拥有 MIL－STD－1760 任务管理系统；七个外部有效载荷站；C 波段视距数据链路控制；Ku 波段超越视距和卫星通信数据链路控制；90％以上的系统运行可用性；并可以自行部署或搭载到 C－130 军用运输机上。

中国自主研发的翼龙Ⅱ察打一体无人机，机长 11 m、高 4.1 m、翼展 20.5 m。

翼龙Ⅱ无人机创造了很多"全国之最"：国内察打无人机最重，4 200 kg；飞行速度和高度最快最高，分别为 370 km/h、9 km；军贸出口最大的单笔合同；国内首次实现单套地面站控制多架无人机。

翼龙Ⅱ的优势在于：察打一体；有 6 个挂点，可外挂 6～10 枚导弹、炸弹；可以自动识别攻击目标，外挂的可以 360°旋转的"眼睛"还可自动评估是否打中目标；飞行过程中，可以自动识别故障，自主进行处置，在无人干预的情况下，遇到突发状况可以自主找到机场备降；可 20 h 持续任务续航。

翼龙Ⅱ可媲美目前世界上最先进的美国 MQ9 无人机，表明中国的无人机技术已经进入世界领先水平。

5. 仿生机器人

不同的智能控制方法在各种仿生机器人中也得到了广泛的应用。

南京林业大学结合多传感器信息融合技术，开展了一种用于减灾救援的六足仿生机器人研究。针对机器人避障的信息融合方法，采用了 BP 算法和遗传算法理论。在其避障系统中配置了超声传感器和红外传感器，可建立机器人实时避障神经模型。将两种传感器采集到的环境信息经归一化处理后作为 BP 神经网络的输入，设定机器人的转向角和转向速度为网络输出，并将遗传算法引入 BP 网络避障模型中进行改进。依据六足仿生机器人的运动模型、里程计模型、超声波观测模型、噪声分析等，将基于扩展卡尔曼的多传感器信息融合算法应用到机器人定位系统中。很好地解决了位置误差问题，实现了机器人定位的准确性。

中国科学技术大学以蜥蜴为仿生对象，设计了一种足式水上行走机器人。利用计算机仿真方法，构建了足式水上行走机器人及其外界环境整个系统的数学模型。选取足式水上行走机器人前进过程中身体与竖直方向上的夹角 θ 以及夹角 θ 的变化率 $d\theta$ 为输入变量，选择舵机挡板在水中摆动时产生的力矩为输出变量，将选取的输入变量与输出变量与建立的机械模型关联起来，导出控制参数，得到足式水上行走机器人的非线性数学模型。

研究人员利用中枢模式发生器 CPG（Central Pattern Generator）这一广泛存在于生物低级神经中枢自激振荡引发的节律运动中的一种原理，提出了机器人的 CPG 模糊控制策略，并设计完成了足式水上行走机器人的 CPG 控制器和模糊控制器。经过试验验证，机器人步态转换与机器人平衡都得到了很好的控制效果，大大增加了水上行走的准确性与稳定性。

中国科学院自动化所研究的仿生机器鱼，可以以 670 °/s 的转向速度，实现高速 C 形转身，达到国际先进水平。课题组结合仿生学、机器人学、机械学和智能控制，研究了鱼类游动的机制，形成了身体/尾鳍推进，胸鳍推进，两栖、海豚式推进等多个系列产品，聚焦于高机动、高游速两大指标，搭建了利用多模式控制技术将多种性能集成到高性能机器鱼的平台。研究中，课题组创造性地提出了一种基于重心的仿生机器鱼俯仰姿态与深度控制方法。通过调节改变机器鱼的重心位置，实现对机器鱼俯仰姿态及浮潜运动的调节。在减重、减阻、动力、算法等诸多研究方面，提出了基于攻角的机器海豚快速游动控制算法，及使用两自由度胸鳍的转(定)向算法，实现了机器鱼的偏航控制，并在国际上首次实现了机器鱼的跃水，即机器人身体完全跃出水面，完整复现"出水—空中滑行—再入水"这一生物跃水过程。

美国波士顿动力公司研制的新一代仿生四足机器人 BigDog(大狗机器人)是当前机器人领域实用化程度最高的机器人之一。BigDog 体格与一只大狗或小骡子相当，约 0.9 m(大约 3 英尺)长，约 0.76 m(2.5 英尺)高，体重约 109 kg(240 磅)。四条腿和动物一样拥有关节，可吸收冲击，每迈出一步就回收部分能量，以此带动下一步。在崎岖地形，BigDog 能行走、奔跑、攀爬以及负载重物，奔跑速度为约 6.4 km/h(4 英里/时)，最大爬坡度数为 35°，还可在废墟、泥地、雪地、水中行走，走在滑溜溜的地面上，也能自动平衡，不会摔倒。可负重约 154 kg (340 磅)。

BigDog 的机载计算机能控制躯体移动和过程传感器，还能处理通信。其控制系统保持躯体平衡，在不同地形选择不同运动和导航方式。BigDog 的运动感测器包括：联合位置、联结力、接地触点、接地负载、一个雷射陀螺仪、一个激光雷达和立体视觉系统。

它身上还装有全球定位系统，能够根据卫星信号来寻找方向，判断路径；它身上的"电子眼"系统可以侦察周围的环境，并利用激光束来判断与目标物的距离。

"大狗"的电子大脑能够依靠传感器系统闪电般做出决定，包括根据地形状况来决定它的步伐应该多快，它的脚应该落在哪儿等。其他传感器可专注监测内部各项指标状态，如液压、油温、引擎功能、电池充电情况等。

美国斯坦福大学教授马克·库特科斯基的研究小组开发一种仿生机器壁虎"粘虫"(Stickybot)。在仿生机器壁虎每个吸力手上，都有数百万根由人造橡胶制造的毛发，每根细毛的直径大约只有 500 nm，比人类的毛发还细很多；每根这种毛发的长度只有不到 2 μm，这使得"粘人"的吸力手能非常的接近玻璃壁的表面，这样的结构还能够使得人造橡胶毛发中的分子和玻璃壁分子的距离异常接近。此时，两者的分子们之间会产生一种分子弱电磁引力，也叫"范德瓦尔斯力"。数百万根毛发产生的这种吸力却能够产生惊人的力量。根据斯坦福大学分子物理学科学家们的研究，2 mm^2 大小内的 100 万根这样的毛发就能够支持提起 20 kg 重量。仿生机器壁虎能够自动辨识障碍物并规避绕行，动作灵活逼真。其灵活性和运动速度可媲美自然界的壁虎。

6. 手术机器人

宙斯机器人手术系统(zeus robotic surgical system)是由美籍华裔王友仑先生于 1998 年在美国摩星有限公司研发成功的。1999 年获得欧洲市场认证，标志着真正的"手术机器人"进入全球医疗市场领域。进入中国市场的宙斯机器人手术系统包括：伊索(aes-op)声控内窥镜定位器、赫米斯(hermes)声控中心、宙斯(zeus)机器人手术系统(左右机械臂、术者操作控制台、视讯控制台)、苏格拉底(socrates)远程合作系统这几部分组成。手术时，宙斯机器人三条机械臂固定在手术床滑轨上，医师坐在距离手术床 2～5m 的控制台前，实时监视屏幕三维空间立体显示的手术情况，用语音指示 Aesop 声控内视镜，另外两条宙斯黄绿机械臂则在医师遥控下执行手术操作。医师通过脚踏板控制超声波手术刀完成手术的烧灼、切割、电凝等工作。宙斯手术抓持手是仿照人类手腕设计的机械手，能够作抛掷、推动、紧握等动作，可以使医师从 5～8 mm 的小切口进入病人体内进行微创手术，这给许多本来需要传统开放手术的患者带来很大的福音。

2018 年 1 月 3 日上午，42 岁的王先生在安徽医科大学第一附属医院骨科接受了手术。一位灵活的“独臂侠”大显身手。它叫“天玑”，是最新的第三代国产骨科手术机器人，也是世界上唯一一个能够开展四肢、骨盆骨折以及脊柱全节段手术的骨科机器人系统。它的出现，标志着我国骨科手术迈入智能化、精准化、微创化时代。王先生需行颈椎和上胸段椎管减压＋椎弓根螺钉内固定融合术。手术时，首先对患者进行三维影像扫描，图像被同步传输至“天玑”骨科手术机器人系统。医生在计算机导航系统屏幕上设计好钉道，“天玑”的机械臂将手术工具精确定位到手术位置，套筒指向目的钉道的进钉点。“天玑”沿着套筒钻入导针，插入患者身体内部，确认位置无误后，再把螺钉套进导针固定，然后拔出导针。之后，医生对患者再次扫描，确认螺钉位置与规划的一致。骨科机器人辅助手术可以使得患者的软组织损伤小、手术切口小、出血量少、安全性高，患者恢复快。减少了人工操作过程中可能造成的脊髓、血管损伤风险。不需要反复透视来确定进钉位置，医生与患者受到的辐射伤害大大降低，也降低了患者感染的风险。

习题八

1. 智能机器人根据其智能程度的不同分为哪几种机器人？
2. 叙述智能机器人系统的基本特征？
3. 智能机器人控制系统有哪两种典型结构？各有什么特点？
4. 智能机器人的多信息特点包括哪些？
5. 信息融合方法包括哪些？
6. 叙述智能机器人控制系统的主要功能特点。
7. 智能控制研究的数学工具有哪些？
8. 简述智能控制理论的主要内容及其在智能机器人控制中的应用。
9. 深入了解本章所叙述的一种手术机器人系统，发表自己的看法。
10. 对于智能机器人未来的发展进行展望。

第 9 章　机器人常用器件

如果把连杆和关节想象为机器人的骨骼，那么驱动器在机器人中就起着肌肉的作用。它通过驱动转动或平移关节的连杆来改变机器人的构型，而传感器则起着人的感官的作用，机器人既需要传感器对其内部的位置与速度等进行检测与反馈，也需要对外部环境进行必要的感知、识别与交互，如温度、障碍、颜色、方向等。本章将对机器人常用的驱动器和传感器作一简单介绍，应用时还应该注意收集更详细、更有针对性的资料。

9.1　驱动器及其系统特性

下面对机器人经常采用的不同驱动系统所具有的一些重要特性分别作介绍并加以比较。

驱动器必须有足够的功率对连杆进行加速、减速并带动负载，同时自身必须质轻、经济、精确、灵敏、可靠，并便于维护。

下面介绍几种在机器人领域经常用到的驱动器：

- 交流电动机；
- 直流电动机；
- 步进电机；
- 伺服电机；
- 力矩电机；
- 音圈电机；
- 液压驱动器；
- 气动驱动器；
- 舵机；
- 其他新颖驱动器。

9.1.1　技术规格参数

驱动器的重要技术参数包括质量、功率、功率-质量比、工作压强、工作电压及温度等，这些往往在产品说明书中会有详细介绍，选择前应该仔细阅读和了解。

许多驱动器直接安装在机器人关节处随着关节运动，这样，机器人前端关节的驱动器就成为后端关节驱动器的负载。因此，设计机器人时，合理选择驱动器及其安装位置是非常重要的。

驱动器的功率-质量比也是一个重要技术参数。普通电机系统的功率-质量比属于中等水平；工作在高电压下的电机具有较高的功率-质量比，同样的功率输出，增加电机电压可减小电流，从而减小所需导线的尺寸，并使效率提高；步进电机与力矩电机具有较低的功率-质量比；液压系统具有最高的功率-质量比，不过液压系统中的质量由两部分组成，另一部分是液压驱动器，另一部分是液压动力装置，液压动力装置由液压泵、储油箱、过滤器、驱动液泵的电机、冷却单元、各种阀等组成。如果驱动器安装在机器人关节上，而动力装置安装在机器人以外的地方，则液压能量通过连接软管输送给机器人，这时驱动器的功率-质量比会非常高，如果动力装置也须随机器人一起运动（如机器人外骨骼、移动式机器人等），则其总的功率-质量比就会降低很多；气动系统的功率-质量比属于最低的，不过气动系统具有很好的柔性。

9.1.2　刚度和柔性

刚度通常表示材料对抗变形的阻抗。系统的刚度越大，则使它变形所需的负载也就越大；相反，系统的柔性越大，则在负载作用下就越容易变形。材料刚度大小与材料弹性模量有关，液体弹性模量非常高，故液压系统刚性很好，但其缺少柔性；气体的弹性模量较低，因此，其刚性就很低，气动系统容易被压缩，柔性较强。

刚性系统对变化负载和压力的响应较快，控制精度较高；反之，柔性系统在变化负载或变化的驱动力作用下，系统就很容易变形或被压缩，因此，其位置控制不精确。

刚性与柔性是一对矛盾，在不同的应用场合应该考虑不同的需要。是需要精度高，还是需要更安全，在刚性与柔性这两个相互矛盾的性能之间必须进行很好的平衡。

9.1.3　减速器的应用

液压驱动器和力矩电机之类的系统可用很小的行程产生很大的力或力矩。因此，液压驱动装置或力矩电机可以直接安装在机器人连杆上。

普通电机通常以很高的速度旋转（每分钟高达几千转），机器臂不需要如此高的速度，因此，电机必须借助减速器来降低转速和增大转矩。使用减速器增加了成本和零部件数，增大了传动间隙和旋转体的转动惯量等。但因为使用了减速器，增加了系统分辨率，所以其位置可以得到精确控制。

假设电机通过一组减速比为 N 的减速器，惯量为 I_l 的负载连在惯量为 I_m（包括减速器的惯量）的电机上，如图 9.1 所示。电机及负载上的力矩及速度比为

$$T_l = NT_m$$
$$\dot{\theta}_l = \frac{1}{N}\dot{\theta}_m, \quad \ddot{\theta}_l = \frac{1}{N}\ddot{\theta}_m \tag{9.1}$$

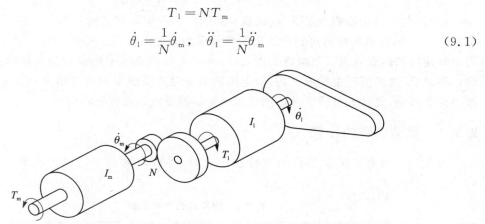

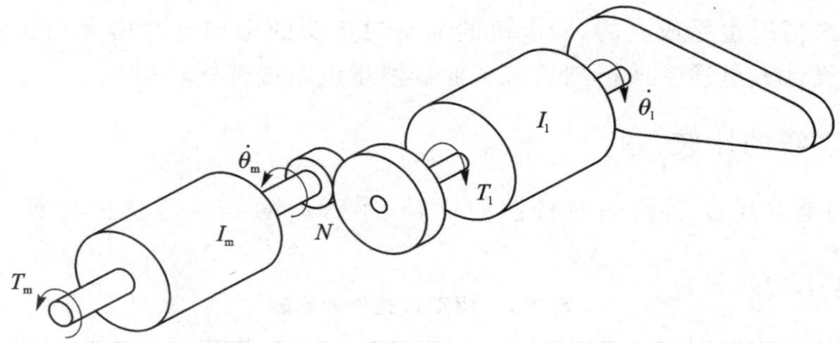

图 9.1　电机与负载之间的惯量和力矩关系

根据图 9.2 所示电机和负载的传动原理，列出系统的力矩平衡方程并代入(9.1)式，可得

$$\left.\begin{aligned}
&T_m-\frac{1}{N}T_l=I_m\ddot{\theta}_m+b_m\dot{\theta}_m,\quad T_l=I_l\ddot{\theta}_l+b_l\dot{\theta}_l\\
&T_m=I_m\ddot{\theta}_m+b_m\dot{\theta}_m+\frac{1}{N}(I_l\ddot{\theta}_l+b_l\dot{\theta}_l)\\
&T_m=I_m\ddot{\theta}_m+b_m\dot{\theta}_m+\frac{1}{N^2}(I_l\ddot{\theta}_m+b_l\dot{\theta}_m)
\end{aligned}\right\}\tag{9.2}$$

式中：b_m 和 b_l 分别为电机和负载的粘性摩擦系数。

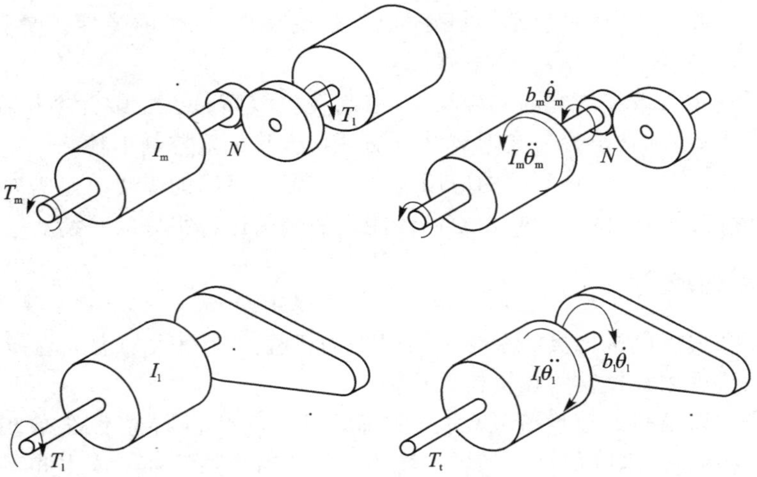

图 9.2　电机和负载的传动原理

(9.2)式表明，负载在电机轴上的有效转动惯量与减速比的平方成反比，即

$$I_{有效}=\frac{1}{N^2}I_l,\quad I_{总}=\frac{1}{N^2}I_l+I_m\tag{9.3}$$

因此，在有减速器的情况下，电机仅“感觉到”负载实际惯量的一部分。机器人总减速比通常为20～100，故从负载折算到电机上的惯量只为实际惯量的1/400～1/10000，从而允许电机可以快速地加速或减速。当减速比很大时，机器人控制系统中负载转动惯量的影响几乎可忽略。不过，反过来情况也是成立的，即电机的惯量对负载的影响也要放大400～10000倍。为减小这个影响，设计人员通常选择细长转子的低惯量电机或薄饼状电机。

9.1.4　驱动系统的比较

表9.1所列是常用驱动器一般特性的比较，本章后面要参考这些特征，并对它们进行讨论。

表 9.1　驱动器特性的比较

液　压	电　气	气　动
+适用于大型机器人和大负载	+适用于所有尺寸的机器人	+许多元件是现成的
+最高的功率-质量比	+控制性能好，适用于高精度机器人	+原件可靠
+系统刚性好，精度高，响应快	+与液压系统相比，有较高的柔性	+无泄漏，无火花
+无需减速齿轮	+用减速齿轮降低了电机轴上的惯量	+价格低，系统简单

续表 9.1

液　压	电　气	气　动
＋能在大的速度范围内工作	＋不会泄漏，适用于清洁的场合	＋与液压系统相比压力低
＋可以无损坏地停在一个位置	＋可靠，维护简单	＋适合开-关控制以及拾取和放置
－会泄漏，不适合用在要求清洁的场合	＋可做到无火花，适用于防爆环境	＋柔性系统
－需要泵、储液箱、电机、液管等	－刚度低	－系统噪声较大
－价格高，有噪声，需要维护	－需要减速齿轮，增大了间隙、成本和质量等	－需要气压机、过滤器等
－液体黏度随温度变化	－在不供电时，电机需要刹车装置，否则手臂会掉落	－很难控制线性位置
－对液体中有灰尘及其他杂质敏感		－在负载作用下会持续变形
－柔性低		－刚度低，相应精度低
－高转矩，高压力，驱动器的惯量大		－功率-质量比最低

注：表中"＋"是优点，"－"是不足。

9.1.5　液压驱动器

液压系统及液压驱动器的功率-质量比高，低速时出力大（无论直线驱动还是旋转驱动），适合微处理器及电子控制，容许极端恶劣的外部环境。在带有负载时也不需要刹车装置，驱动器发热较少，不需要减速器。一种用于汽车生产的典型液压机器人 Cinicinnati Milacron T3 的负载能力超过 200 kg，有 1.7 m 高。然而，由于液压系统中不可避免的泄漏问题，以及动力装置的笨重和昂贵，目前它们已不再常用。在一些需要重载的机器人上，液压驱动器仍是合适的选择。

液压驱动器和电气驱动器的一个显著区别是，液压泵（不是驱动器）的参数可按平均负载来设计，而电气驱动器的参数是按最大负载来设计的。这是因为液压系统可用蓄能器来存储泵的能量，每当液压系统的运动中出现停顿，蓄能器将多余的能量存储起来，当需要时可随时释放出来以带动较大的负载。另外，整个电气驱动器一般需安装在关节上或靠近关节的地方，从而增加机器人的质量和惯量。而在液压系统中，只有液压驱动器、控制阀和蓄能器安装在关节附近，其液压动力装置可以固定放置在机器人以外的地方，从而减少机器人的质量和惯量。

如图 9.3 所示，液压驱动器有液压缸和液压马达两大类，其中，液压缸又分为线性液压缸和摆动液压缸两种。液压驱动器能输出巨大的力或力矩。

(a) 液压马达　(b) 液压缸　(c) 叶片式摆动液压缸　(d) 齿轮齿条式摆动液压缸

图 9.3　液压驱动器

液压驱动系统通常由下面几部分组成：

• 液压缸或液压马达等液压驱动器　用于产生所需驱动关节的力和力矩，并由伺服阀、电动阀或手动阀进行控制。

• 液压泵　给系统提供高压液体。

• 电机或发动机　用于驱动液压泵。

• 冷却系统　用于系统散热。在有些系统中，除了冷却风扇外，还使用散热器和冷气。

• 储油箱　存储系统所用的液体。无论液压系统是否在使用，液压泵均必须不断地给它提供油液，所有工作所需以外的油液和驱动器回流油液都流回储油箱。

• 蓄能器　用于存储液压系统多余的一些能量，以便在需要时再释放给液压系统。尤其是当液压泵按平均负载设计时，更得需要蓄能器。

• 方向或流量控制阀　其种类包括伺服阀、比例阀或电磁阀等，主要用来控制液压系统的运动方向、流量与速度等。

• 压力控制阀　主要包括溢流阀与安全阀等，用来控制系统的最大压强或保证系统的安全。

• 锁紧阀　当液压系统断开或失去动力时，防止驱动器产生不必要的运动，锁紧阀可起到制动闸的作用。

• 连接管路　用于将高压液体输送至驱动器或需要的地方等。

• 过滤系统　用于维持液体的质量和纯度，防止大颗粒的污染物进入精密的控制阀芯工作区域，阻碍阀芯的正常工作运动。

• 传感器　用于检测液压驱动器的各种工作及运动状态，包括位置、速度、液压压强、温度等。

图 9.4 所示为一个典型液压系统的组成示意图。

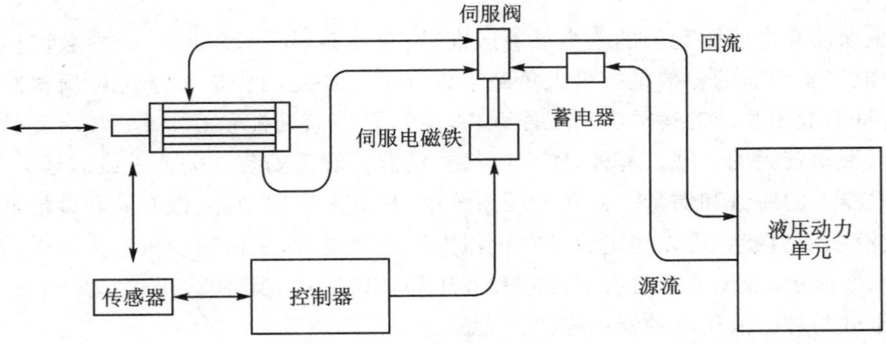

图 9.4　液压系统的组成示意图

为给伺服阀提供反馈(否则就不是伺服阀)，可在阀上增加电子或机械式的反馈信号，图 9.5 给出了一个简单的机械反馈回路。为给系统提供反馈信号，在输出和输入之间增加了一个简单的杠杆。当负载的位置由杠杆设定好后(杠杆向上运动将导致负载向下运动)，滑阀打开，它将控制活塞运动。实际上杠杆给液压控制系统提供了一个位置差别信号，于是液压控制系统通过移动液压缸活塞做出响应。误差信号被积分器(在这种情况下就是活塞)积分，直至这个差别信号等于零时，控制液压缸运动的信号也随之为零。随着液压缸活塞向期望的方向运动(对本例就是向下)，位置差别信号逐渐变小，进而通过逐渐关闭滑阀开度减小输出信号。当负载到达期望位置时，滑阀关闭，工作负载停止运动。该反馈回路的原理方框图如图 9.6 所示，通常在伺服阀中集成了该图所示的反馈装置。

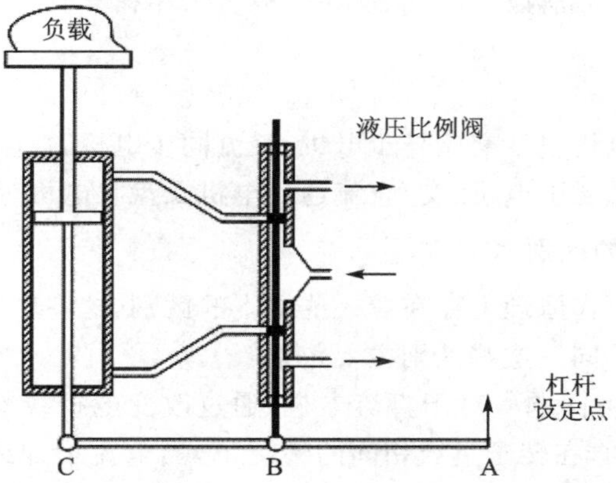

图 9.5 具有比例反馈的简单控制装置示意图

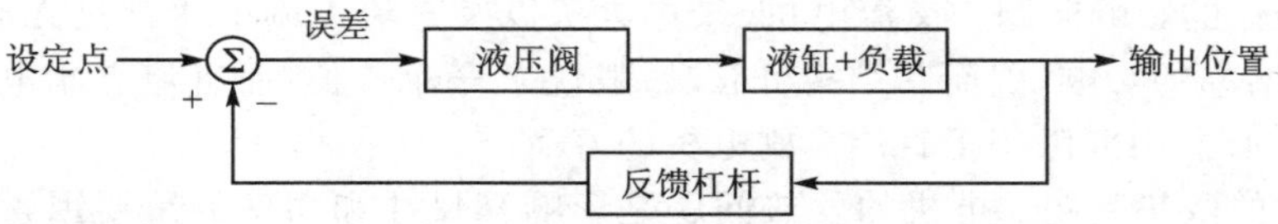

图 9.6 具有比例反馈控制的液压系统方框图

由上例可知，在液压阀尤其是在带反馈控制的伺服阀中，有许多错综复杂的小支路，使得液压系统对杂质或液压油黏度很敏感，一旦出问题会直接卡住或阻止滑阀移动，影响伺服阀正常工作。

另外，近来发展了一种仿造生物肌肉的液压驱动器。人通过肌肉收缩与伸长来驱动骨骼的运动。有人将类似原理用在了液压驱动系统中。如图 9.7 所示，在该装置中，将一个椭圆形球囊放置在高强度网套中，当球囊中的液体压力增大时，球囊直径变大，同时使得高强度网套发生膨胀并变短，使其产生像肌肉收缩一样的功能。不过由于系统固有的非线性，以及技术上实现的较高难度，该项技术还有待改进和完善。

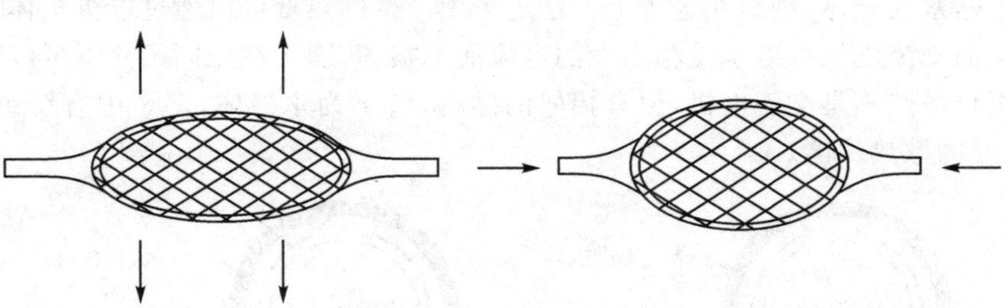

图 9.7 肌肉型液压驱动器示意图

9.1.6 气动驱动器

气动控制系统用压缩空气作为动力源来驱动气动马达或气动缸，由于压缩空气和气动驱动器是分离的，所以气动控制系统的惯性负载较低。

气动控制系统的主要特点是，由于空气在负载作用下会被压缩和变形，因此，气动控制系统具有较高的柔性，要控制气动驱动器的精确位置非常困难。因而，气动驱动器通常用于安装一些负载不大的元器件上。所以，气动驱动器一般常工作在只有1/2自由度的关节上。

9.1.7 电 机

在机器人中使用的电机包括交流异步电机、交流同步电机、直流有刷电机、直流无刷电机、步进电机、力矩电机、开关磁阻电机、交/直流通用电机及盘状电机等。

1. 交流和直流电机的区别

交流和直流电机在工作原理上存在着一些根本的区别，这些区别决定了它们的功率范围、控制方式和应用场合的不同。这些区别主要包括：

① 能否控制运转速度问题。对于直流电机，通过改变电机线圈绕组中的电流，就能达到控制电机转子速度的目的，在转子负载相同的情况下，当电流增加或减少时，它的速度也随之增加或减少；而交流电机的速度是交流电源频率的函数。由于频率不变，因此交流电机的速度一般也不变。

② 电机寿命的影响问题。交流电机、步进电机以及直流无刷电机都是无刷式的，其寿命仅受限于转子磨损的影响，因而其结构可靠，一般说来寿命较长；而直流有刷电机的电刷在转动中存在磨损问题，由此限制了直流有刷电机的寿命。

③ 运行中的散热问题。电机的发热问题是影响其尺寸和功率的重要因素之一。电机的热量主要由电流（和负载有关）流过绕组的电阻而产生，另外还包括铁损、摩擦损耗、电刷损耗及短路电流损耗（和速度有关）等所产生的热量。过热将导致：

- 绕组绝缘的失效，导致短路或烧坏；
- 轴承失效，结果造成转子轴塞住；
- 磁体退化，永久性地减少了转子的力矩。

所有电机都会发热，重要的是电机的散热速率。如果散热效果好，就可有效预防发热。图9.8所示为交流电机和直流电机的散热途径。在直流电机中，转子上有绕组并有电流流过，于是在转子中会发热，这些热须通过转子气隙、永久磁体及电机机体向周围环境散失（也可从轴到轴承，再散失掉），由于空气是很好的绝缘体，因而直流电机总的热传导系数相当低；在交流电机中，转子是永久磁体，绕组在定子上。在定子中产生的热量可以通过电机机体传导再散失到空气中，从而交流电机可以承受相当大的电流而不损坏，因而在相同尺寸下可以获得较大的功率；步进电机虽然不是交流电机，但有相似的结构，转子为永磁体，定子中有绕组，所以步进电机也有很好的散热性能。

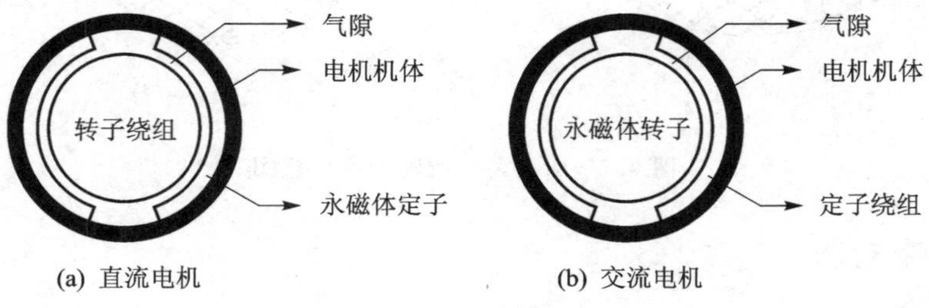

图9.8 电机的散热途径

当设计机器人考虑电机发热问题时，应首选交流和无刷电机；而当需要进行速度控制或只有直流电源可用时，则考虑选择直流电机。如果能结合两者的长处则是最理想的。无刷直流电机和步进电机都具有这些特性。

2. 直流电机

在直流电机中，定子由一组产生固定磁场的永磁体组成，而转子中通有电流。通过电刷和换向器，持续不断地改变电流方向，使转子持续旋转。图 9.9 所示为直流电机的结构，图 9.10 所示为直流电机电枢电路的原理图。直流电机的输出力矩可以简化表示为

$$T = \frac{k_t}{R}V - \frac{k_t^2}{R}\omega \tag{9.4}$$

式中：T 为输出力矩，k_t 为力矩常数，ω 为电机的角速度，V 为输入电压，R 为电机绕组电阻。

图 9.9 直流电机的结构

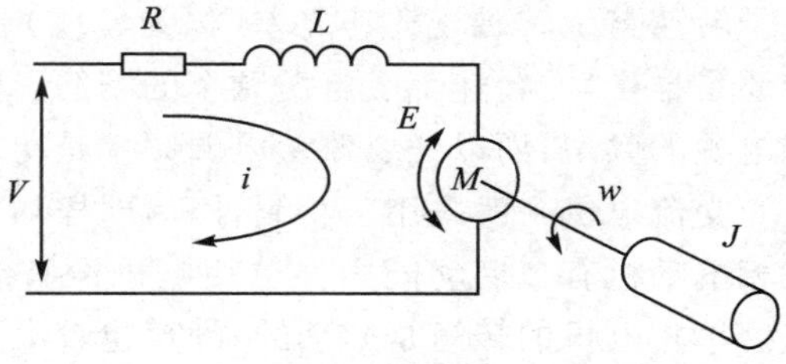

图 9.10 直流电机电枢电路的原理图

直流电机的输出功率 P 表示为

$$P = T \cdot \omega \tag{9.5}$$

(9.4)式说明，当输入电压增加时，电机的输出力矩也随之增加。同时也说明，当角速度增加时，由于反电动势而使力矩减小。因此，当 $\omega=0$ 时，力矩最大(电机堵转情况)。当 ω 达到它的标称最大值时，$T=0$，这时的电机不再产生任何有用的力矩，如图 9.11 所示。

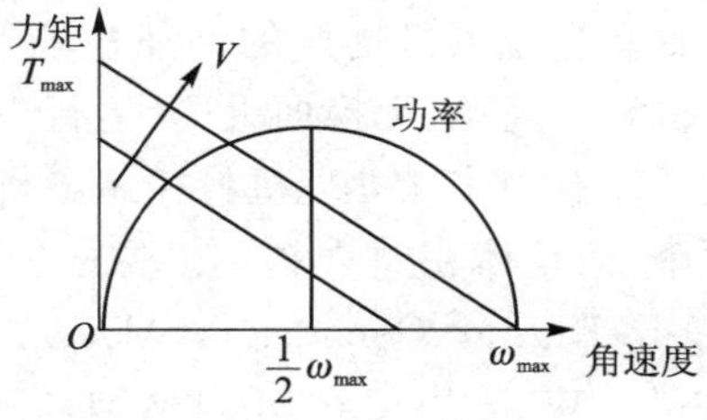

图 9.11 电机的输出力矩和功率与角速度的关系

由(9.5)式可知，当电机角速度为 0(堵转情况)或力矩为 0(最大角速度情况)时，电机输出功率均为 0。

通过使用由稀土材料和像钕那样的合金所制成的高强永磁体，一些直流电机的功率-质量比明显优于以前。直流电机已取代了大多数其他类型驱动器。然而，这些直流电机的价格也比较高。

为克服多数直流电机的惯量高、尺寸大的问题，可使用盘式或空心杯电机，在盘式和空心杯电机中，取消了转子绕组的铁芯以减小转子的质量和惯量，因此这些电机能够产生很大的加速度，在 1 ms 内能从 0 加速到 2 000 r/min。对于控制来说，它们对变化电流的响应性能非常优越。

空心杯电机具有好的节能特性，最大效率一般在 70%以上，部分产品可达到 90%以上；好的控制特性，启动、制动迅速，响应极快；拖动特性稳定，其转速波动能够控制在 2%以内；其能量密度大幅度提高。

一般盘式电机的定子是线圈，转子是一块平而薄的永磁体或粘有永磁体的圆盘，所以又叫碟式电机。其无槽和无铁设计在应用中拥有零齿槽效应，使盘式电机特别适合在大的转速范围内（甚至是个位数字的转速）要求有位置精度的应用场合，盘式电机还可经受苛刻环境的考验。

3. 交流电机

交流电机没有换向器，因此结构简单，制造方便，比较牢固，容易做成高转速、高电压、大电流、大容量的电机。交流电机有固定的额定转速，它是转子极数和电源频率的函数。

交流电机有同步电机、异步电机两大类。同步电机转子的转速与旋转磁场的转速相同，故称为同步转速。电机转子的转速 n_s 与所接交流电的频率 f、电机的磁极对数 P 之间有严格的关系：

$$n_s = 120f/P \tag{9.6}$$

异步电机转子的转速总是低于或高于其旋转磁场的转速，异步之名由此而来。异步电机转子转速与旋转磁场转速之差（称为转差）通常在10%以内。由此可知，交流电机（不管是同步还是异步）的转速都受电源频率的制约。因此，交流电机的调速比较困难，最好的办法是改变电源的频率，而以往要改变电源频率是比较复杂的。

交流电机一般采用三相制，因为同样功率的三相电机比单相电机体积小，质量小，价格低。三相电动机有自启动能力。单相电机没有启动转矩，为解决启动问题，需采取一些特殊的措施。单相电机的转矩是脉动的，噪声也较大，但所需的电源较简单，特别是在家庭中使用十分方便，因此小型家用电机和仪器用电机多采用单相电机。

4. 无刷直流电机

无刷直流电机由电机主体和驱动器组成，是一种典型的机电一体化产品。它以电子换向器取代了有刷电机的机械换向器，所以无刷直流电机既具有直流电机良好的调速性能等特点，又具有交流电机结构简单、无换向火花、运行可靠和易于维护等优点。已有很多微处理机将控制电机必需的功能做在芯片中，而且体积越来越小。像模拟/数字转换器（Analog-to-Digital Converter，ADC）、脉冲宽度调制器（Pulse Wide Modulator，PWM）等。图9.12所示为一种无刷直流电机。

图9.12　无刷直流电机

无刷直流电机是交流电机和直流电机的混合体，属于一种同步电机。为了运行平稳、力矩恒定，转子通常有三相，因此用相位差为120°的三相电流给转子供电。无刷直流电机通常由控制电路控制运行，若直接接在直流电源上，它们不会运转。

电源可直接以直流电输入（一般为24 V）或以交流电输入（110 V/220 V），如果输入是交流电就得先经转换器（converter）转成直流。不论是直流电输入还是交流电输入，要转入电机线圈前须先将直流电压由换流器（inverter）转成三相电压来驱动电机。换流器一般由6个功率晶体管分为上臂/下臂连接电机作为控制流经电机线圈的开关。控制部则提供PWM决定功率晶体管开关频度及换流器换相的时机。无刷直流电机一般希望使用在当负载变动时速度可以稳定于设定值而不会变动太大的速度控制，所以电机内部装有能感应磁场的霍尔传感器

(Hall-Sensor),作为速度的闭回路控制,同时也作为相序控制的依据。但这只是用来作为速度控制,并不能拿来作为定位控制。

无刷直流电机的特点还包括:可以低速大功率运行,直接驱动大的负载;中、低速转矩性能好,启动转矩大,启动电流小;无级调速,过载能力强;软启软停、制动特性好;综合节电率可达 20%～60%;可靠性高,稳定性好,适应性强,维修与保养简单;不产生火花,特别适合爆炸性场所,有防爆型。

无刷直流电机的不足是,低速启动时有轻微振动(如速度加大换相频率增大,就感觉不到振动现象),价格高,控制器要求高。

5. 力矩电机

力矩电机(torque motor)是一种低速、大力矩电动机,可以直接拖动负载运行,其转速直接受电压信号控制,在自动控制系统中作为执行元件。

采用力矩电机拖动负载与采用高速的伺服电动机经过减速装置拖动负载的方法相比有很多优点:如响应快、精度高、转矩与转速波动小、能在低速场合下长期稳定运行、机械特性和调节特性的线性度好等,尤其突出表现在低速运行时,转速可低到 0.000 17 r/min(4 天才转一圈),其调速范围可以高达几万、几十万。其特别适用于高精度的伺服系统。

力矩电机可分为直流力矩电机和交流力矩电机两大类,其工作原理与相应的伺服电机基本相同,只不过在结构和外型尺寸上有所差异。力矩电机为了能在相同体积和电枢电压下获得较大的转矩和较低的转速,通常做成扁平式结构。其电枢长度与直径之比一般为 0.2 左右,而且电机的极数较多。

力矩电机加电压后,转速为零时的电磁转矩称为堵转转矩,转速为零的运行状态称为堵转状态。力矩电机可以经常使用于低速和堵转状态。当力矩电机长时间堵转时,稳定温升不超过允许值时输出的最大堵转转矩称为连续堵转转矩,相应的电枢电流为连续堵转电流。当运行转速大于零时,输出转矩小于堵转转矩。力矩电机机械特性曲线是直线。

6. 音圈电机

音圈电机(voice coil actuator)是一种特殊形式的直接驱动电机,能将电能直接转化成直线或有限摆动运动的机械能,而不需要任何中间转换机构的传动装置。其原理是:在均匀气隙磁场中放入一圆筒状绕组,绕组通电产生电磁力带动负载做往复运动,改变电流的强弱和极性,就可改变电磁力的大小和方向,因此,音圈电机的运动形式可以为直线或者旋转。其具有高响应、高速度、高加速度、结构简单、体积小、力特性好、控制方便等优点。近年来,随着音圈电机技术的迅速发展,音圈电机被广泛用在精密定位系统和许多不同形式的高加速、高频激励、快速和高精度定位运动系统中。与无铁芯直线电机和有铁芯直线电机相比,它可以提供更好的高频响应特性,可做高速往复直线运动,特别适合用于短行程的闭环伺服控制系统。音圈电机的控制简单可靠,无需换向装置,寿命长,如图 9.13 所示。

图 9.13　音圈电机

因为音圈电机是一种非换流型动力装置,所以其定位精度完全取决于反馈及控制系统,与音圈电机本身无关。采用合适的定位反馈及感应装置,其定位精度可以轻易达到 10 nm,加速度可达 300 g(实际加速度取决于负载物具体工作状况)。

音圈电机主要应用于各种直线或旋转驱动，精密而高速运动的设备上，特别是需要高速周期往复运动的场合。

7. 伺服电机

伺服电机（servo motor）是指在伺服系统中控制机械元件运转的电动机，是一种辅助马达间接变速装置。伺服电机可使控制速度、位置精度非常准确，可以将电压信号转化为转矩和转速以驱动控制对象。伺服电机转子转速受输入信号控制，并能快速反应，具有机电时间常数小、线性度高、始动电压等特性，可把所收到的电信号转换成电动机轴上的角位移或角速度输出。

伺服电机是带有反馈的直流电机、交流电机、无刷电机或者步进电机，通过对它们进行控制可以按期望的转速和力矩运动到达期望的转角。其工作原理是：伺服电机接收到 1 个脉冲，就会旋转 1 个脉冲对应的角度，从而实现要求的位移；同时，伺服电机每旋转一个角度，还都会发出对应数量的脉冲，这样和伺服电机接受的脉冲形成了呼应，或者叫闭环。系统通过比较收到和发出的脉冲数量，能够很精确地控制电机的转动，其定位精度可达到 0.001 mm。

其主要特点是，当信号电压为零时无自转现象，转速随着转矩的增加而匀速下降。为此，反馈装置需向伺服电机控制器电路发送电机的角度和速度信号。如果负荷增大，则转速就比期望转速低，电压（或电流）就会增加直到转速和期望值相等。如果信号显示速度比期望值高，电压就会相应地减小。如果还使用了位置反馈，那么该位置信号可用于在转子到达期望的角位置时关断电机。

对于伺服电机控制，可使用多种不同类型的传感器，包括编码器、旋转变压器、电位器和转速计等，伺服电机的精度就取决于编码器的精度（线数）。图 9.14 所示是伺服电机的一般控制框图。

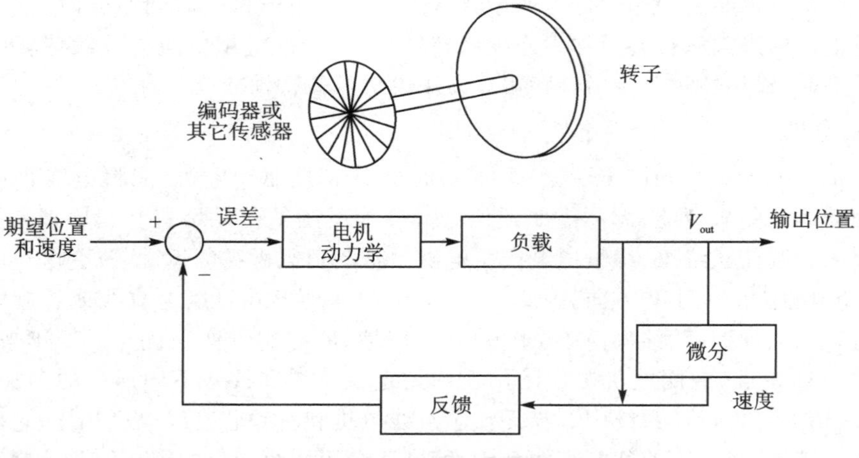

图 9.14 伺服电机的一般控制框图

直流伺服电机分为有刷和无刷电机。有刷电机成本低，结构简单，启动转矩大，调速范围宽，控制容易，需要维护，但维护不方便（换碳刷），产生电磁干扰，对环境有要求；无刷电机体积小，质量小，出力大，响应快，速度高，惯量小，转动平滑，力矩稳定。控制复杂，容易实现智能化，其电子换相方式灵活，可以方波换相或正弦波换相，电机免维护，效率很高，运行温度低，电磁辐射很小，寿命长，可用于各种环境。

交流伺服电机分为同步和异步电机，目前一般多用同步电机，其功率范围大，惯量大，最高转速较低，且随着功率增大而快速降低，因而适合做低速平稳运行的应用。

交流伺服电机和无刷直流伺服电机在功能上相比，交流伺服电机要好一些，因为交流伺服电机是由正弦波控制的，转矩脉动小，而无刷直流伺服电机是由梯形波控制。不过，直流伺服电机比较简单，价格低。

8. 步进电机

步进电机是将电脉冲信号转变为角位移或线位移的开环控制执行部件。在非超载的情况下，每当步进驱动器接收到一个脉冲信号，它就驱动电机按设定的方向转动一固定角度，称为"步距角"，通过控制脉冲个数来控制角位移量，从而达到准确定位的目的。同时，可通过控制脉冲频率来控制电机转动的速度和加速度，从而达到调速的目的。在大多数场合，步进电机不需要反馈，但在超负载工作时可能会失步。

步进电机是一种感应电机，它的工作原理是利用电子电路，将直流电变成分时供电的，多相时序控制电流。用这种电流为步进电机供电，步进电机才能正常工作。驱动器就是为步进电机分时供电的多相时序控制器。

步进电机必须由双环形脉冲信号、功率驱动电路等组成控制系统方可使用。既可以自己设计驱动器，也可以购买称为脉冲分配器的装置来驱动步进电机。

步进电机有不同的形式和工作原理，每种类型都有一些独特的特征，适合于不同的应用。大多数步进电机可通过不同的连接方式用于不同的工作模式。

如果将步进电机直接连电源，则它不会旋转。电机不转时产生的力矩最大。即使没有通电，步进电机也有一个残余力矩，又称为定位力矩，所以要转动步进电机需要额外的力矩。

9. 舵　机

舵机最早出现在飞机航模运动中。现在，在其他的模型运动中也都可以看到它的应用，如船模上用来控制尾舵，车模中用来转向等。可见，凡是需要摆动动作时都可用舵机来实现。

通常，舵机安装有一个电位器（或其他角度传感器），检测输出轴转动角度，控制板根据电位器的信息能比较精确地控制和保持输出轴的角度。这样的直流电机控制方式叫闭环控制，所以，根据控制方式，舵机应该称为微型伺服马达。舵机接受一个简单的控制指令就可以自动转动到一个比较精确的角度，所以非常适合在关节型机器人产品中使用。仿人型机器人就是舵机运用的较高境界。

舵机的主体结构如图 9.15 所示，主要有外壳、减速齿轮组、电机、电位器、控制电路等。

其工作原理是：控制电路接收信号源的控制信号，并驱动电机转动；减速齿轮组将电机的速度高倍数缩小，同时将电机的输出扭矩高倍数放大；电位器和减速齿轮组的末级一起转动，测量舵机轴转动角度；电路板检测并根据电位器判断转动角度，然后控制舵机转动到目标角度或保持在目标角度。

图 9.15　舵机的主体结构

选择舵机时需要在计算自己所需扭矩和速度，并确定使用电压的条件下，选择有 150%左右甚至更大扭矩富余的舵机。

舵机有模拟舵机、数字舵机和总线舵机几种类型。

模拟舵机的电机一般都为永磁直流电动机，对其控制实行的是电压控制模式，即转速与所施加电压成正比。驱动是由 4 个功率开关组成 H 桥电路的双极性驱动方式，运用脉冲宽度调制（PWM）技术调节供给直流电动机的电压大小和极性，实现对电动机的速度和旋转方向(正/反转)的控制。模拟舵机基本的控制原理同前所述。

通常所说的标准舵机，因为其电子电路中无 MCU 微控制器，所以它也属于一种模拟舵机，由直流伺服电机、直流伺服电机控制器集成电路(IC)，减速齿轮组和反馈电位器组成。它由直流伺服电机控制芯片直接接收 PWM 形式的控制驱动信号，迅速驱动电机执行位置输出，直至直流伺服电机控制芯片检测到位置输出连动电位器送来的反馈电压与 PWM 控制驱动信号的平均有效电压相等，停止电机，完成位置输出。

数字舵机的电子电路中带有 MCU 微控制器，所以称为数字舵机。数字舵机的设计方案一般有两种：一种是 MCU＋直流伺服电机＋直流伺服电机控制器集成电路(IC)＋减速齿轮组＋反馈电位器的方案；另一种是 MCU＋直流伺服电机＋减速齿轮组＋反馈电位器的方案。

数字舵机在控制方式上区别于传统的模拟舵机：模拟舵机需要给它不停的发送 PWM 信号，才能让它保持在规定的位置或者让它按照某个速度转动；数字舵机则只需要发送一次 PWM 信号就能保持在规定的某个位置。因此，数字舵机的出现得以实现 48 路舵机控制器。按照舵机的转动角度分有 180°舵机和 360°舵机等。180°舵机只能在 0°～180°之间运动。360°舵机转动的方式和普通的电机类似，可连续转动，不过只可以控制它转动的方向和速度，不能调节转动角度。

相对于传统模拟舵机，数字舵机有两个优势：一是因为微处理器的关系，数字舵机可以在将动力脉冲发送到舵机马达之前，对输入的信号根据设定的参数进行处理。这意味着动力脉冲的宽度，就是激励马达的动力，可以根据微处理器的程序运算进行调整，以适应不同的功能要求，并优化舵机的性能。二是数字舵机以高达 300 脉冲/秒的频率向马达发送动力脉冲，且“无反应区”变小，反应变得更快，加速和减速时也更迅速和柔和，数字舵机提供更高的精度和更好的固定力量。而且数字舵机具有 PID 调节方式，能够以适当的 PID 参数进行调节，让舵机有很高的响应速度，而不会出现超调。

总线伺服舵机实际上可理解为数字舵机的衍生品，数字舵机与模拟舵机相比而言是控制系统设计上的颠覆，而总线伺服舵机对于舵机而言则是在功能和运用上的颠覆。

总线舵机是串联控制的，它允许用电线将每个舵机串联起来，最后再用一根线接到控制卡上，这样只需 1 个接口就可以控制 20 个舵机。

总线舵机自己能存储中位修正值，可以单独调整每个舵机的姿态，将它摆到中位位置，然后令总线舵机把这个位置记录下来，并以此作为参照来进行以后的姿态调整。总线舵机具有强大的传感器集成，能给控制卡提供力矩、电流、电压、温度、转角等反馈信息。

可以说，总线伺服舵机是专门针对机器人运用设计的，所以也称为机器人舵机。

9.1.8 电机的微处理器控制

机器人可以看成由计算机或微处理器控制的操作机构，所以，能用微处理器来控制电机很重要。下面将介绍电机控制的其他一些共性技术。

1. 脉冲宽度调制

通常为了能用一个几乎连续的电压控制伺服电机，需要许多输出口或位数来得到高的分辨率。这样做的代价昂贵，并且对于大量输入和输出端口的需求，又是很难做到。此外，由于这个电压所能提供的功率较低，它不能直接驱动电机，不能将它输入给功率晶体管，并由它来控制电机。

采用脉冲宽度调制方法，可只用一个微处理器输出端口，且没有任何晶体管功率损失，而产生变化的电压。要达到这个目的，处理器输出端口上的电压要反复地接通和关断，1 s 内要执行许多次。这样，通过改变开关的时间，就可改变平均有效电压。换句话说，如图 9.16 所示，当 t_1 对 t 的比例变化时，电机两端的平均电压也相应地发生改变。在脉冲宽度调制方法中，平均输出电压为

$$V_{\text{out}} = V\frac{t_1}{t} \tag{9.7}$$

脉冲宽度调制的脉冲速率可以为 2～20 kHz，而电机的自然频率比它小得多。如果脉冲宽度调制方法的开关速率保持比电机转子自然频率高许多倍，那么开关对电机性能的影响将很小。电机实际上起到一个低通滤波器的作用，它不会响应开关信号，而只对脉冲宽度调制输入电压的平均值做出响应。

脉冲宽度调制方法使用的晶体管具有非常快的通断能力就显得非常关键（如低功率的 MOSFET 和高功率的 IGBT）。此外，当脉冲宽度调制的速率增加时，电机中的反电动势也在增加。因此，必须在电机电枢两端并联二级管来保护系统。

通过连续地改变脉冲宽度调制方法的调节时间就能产生变化的电压，它可以用于无刷直流电机或类似的应用。图 9.17 所示为用脉冲宽度调制方法产生的正弦波。

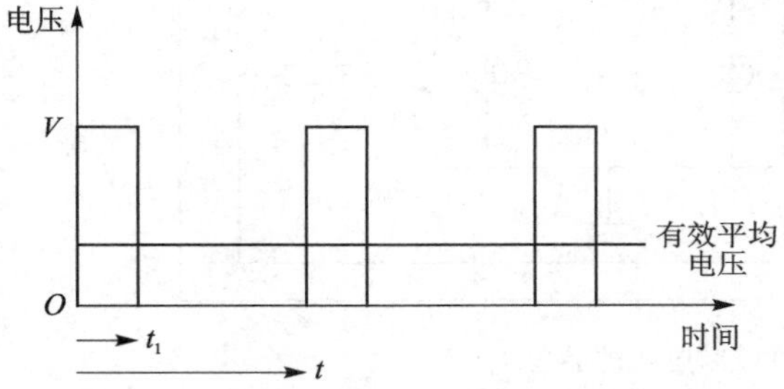

图 9.16 脉冲宽度调制方法的时间调节波形

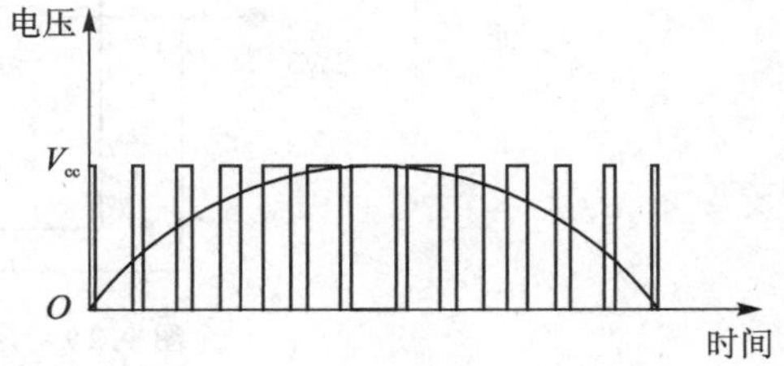

图 9.17 用脉冲宽度调制方法产生的正弦波

2. 采用 H 桥的直流电机转向控制

使用微处理器控制电机的另一个难题是，要改变转向必须改变电压极性。在用微处理控制电机时，只需要用两个信息位来改变电机的电流方向，以改变电机转向。换言之，并不是实际改变电源极性，而是通过改变微处理器输出位的信息来改变电流方向。采用 H 桥的简单电路可以实现上述功能，如图 9.18 所示。如果所有 4 个开关都断开，转子就可以自由转动。如果 SW1 和 SW4 接通，电流从 A 流向 B，则电机转子就向一个方向旋转；而如果 SW2 和 SW3 接通，电流从 B 流向 A，则电机转子就向相反方向旋转。事实上，如果 SW3 和 SW4 接通，由于反电动势的影响，就会在转子上产生刹车效应。

图 9.19 所示为 H 桥的接线方式，其中二极管对于防止开关切换时对电路的破坏是非常必要的。此外，如果在同一边的两个开关一起接通，就会出现短路；如果在一边的一个开关在另一个开关接通之前还没有断开，也会出现同样的情况。大多数商用 H 桥都有保护措施。开关的接通和断开都是由微处理器来控制的，因此，只需要两个数字位来控制 H 桥。

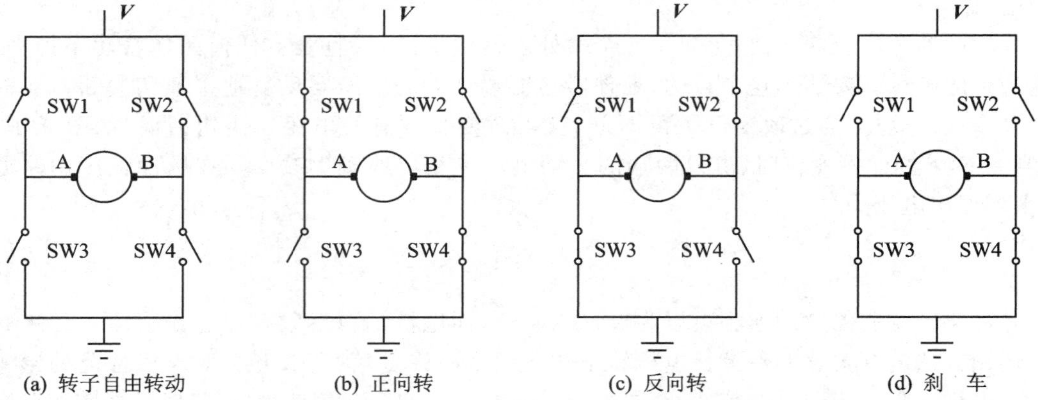

图 9.18 H 桥电路中用开关实现电机的转向控制

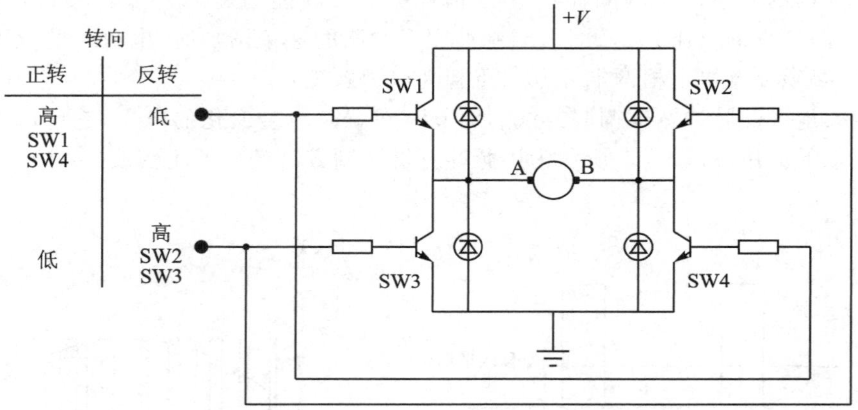

图 9.19 应用 H 桥控制电机的转向

9.1.9 磁致伸缩驱动器

当一小段稀土超磁致伸缩材料(Terfenol-D)放在磁铁附近时,这种特殊的稀土金属材料将产生微小的形变,这种现象称为磁致伸缩效应。工程上利用这一特性将电能转换成机械能或将机械能转换成电能。因为磁致伸缩材料是指在交变磁场的作用下,不仅可以使得物体产生与交变磁场频率相同的机械伸缩或振动,而且在拉伸、压缩的作用下,随着材料长度的变化,材料内部的磁通密度也会相应地发生变化,并在线圈中感应电流,使得机械能转换为电能。

人们利用磁致伸缩材料这一特性,制造出具有小于 0.1 mm 位移能力的直线电机。为使得这种驱动器实现工作,需将被磁性线圈包围的磁致伸缩小棒的两端固定在两个架子上。当磁场改变时,就会导致小棒收缩或伸展,这时其中一个架子就会相对于另一个架子产生运动。一个与此相似的概念是用压电晶体来制造具有微量级位移的直线电机。

用稀土超磁致伸缩材料制造的微位移驱动器,可用于机器人、自动控制、超精密机械加工、红外线、电子束、激光束扫描控制、照相机快门、线性电机、智能机翼、燃油喷射系统、微型泵、阀门、传感器等方面。

9.1.10 形状记忆金属

形状记忆合金(Shape Memory Alloy,SMA)的特点是,当其经过适当的加工热处理使其记忆所要求的形状后,即使以后形状发生变化,只要将它再加热到一定的温度,即可恢复到变形前的形状。由于具有形状记忆效应的金属一般是由两种以上金属元素组成的合金,因此称为形状记忆合金。

形状记忆合金的分类:

• 单程记忆 合金在较低的温度下变形,加热后可恢复变形前的形状。这种只在加热过程中存在的形状记忆现象称为单程记忆效应。

• 双程记忆 某些合金加热时恢复高温相形状,冷却时又能恢复低温相形状,称为双程记忆效应。

• 全程记忆 加热时恢复高温相形状,冷却时变为形状相同而取向相反的低温相形状,称为全程记忆效应。

由于形状记忆合金可集传感、驱动及执行机构于一体,因而是一种很好的智能材料,同时是一种新的功能材料。如果控制加热或冷却,则可获得重复性很好的设定的循环性动作,将热能转换为机械功。用形状记忆合金制作的机械动作元件具有独特的优点,如结构简单、体积小巧、成本低、控制方便等。

形状记忆合金在机器人元件控制、触觉传感器、机器人手足和筋骨动作部分都有应用。

形状记忆合金电机(SMAA)是一种全新意义上的新型电机。它利用 SMA 材料独特的形状记记效应,辅以一定的偏动装置(弹簧或弹性体),通过特定的控制手段,构成双程可逆致动元件,实现机电能量的转换。SMAA 具有高功率-质量比和微型化,集传感、控制、换能、运动于一身,结构简单、易于控制、动作连续柔和,可制成拟人机械手指及手腕等,对环境适应能力强、不受温度以外的其他因素影响、无振动噪声和污染等一系列优点。

9.1.11 电活性聚合物

电活性聚合物(Electroactive Polymer,EAP)是一类能够在电场作用下,改变其形状或大小的聚合物材料,可以实现牵引、紧固等机械功能。这类材料常见应用在驱动器或传感器上。电活性聚合物的一个典型特性是能够在维持巨大受力作用的同时进行大幅度的变形。早期大多数执行器是由压电陶瓷材料制作的。虽然这些材料可以承受大量的作用力,但它们的变形能力十分有限。而在 20 世纪 90 年代末,一些电活性聚合物所演示的形变就可达到 380%。电活性聚合物最常见的应用之一是在机器人学中对人工肌肉的开发。因此,电活性聚合物也常被用作人工肌肉的代名词。

根据电活性聚合物的致动机理,可以将其分为电子型 EAP(Electronic EAP)和离子型 EAP(Ionic EAP)两大类。

电活性聚合物密度较低而应变能力却很大,它比坚硬质脆的电活性陶瓷(EAC)约高两个数量级。它在频谱响应、低密度和回弹性方面则优于形状记忆合金(SMA),而且在低应力水平下到达弹性极限时,作用应力的衰减速率远高于上述两种材料。

电活性聚合物最引人注目的特性是在其仿制生物肌肉时表现出来的高韧性,以及很高的传动应变和内在减震能力,它为制造生物信号激励的机器人提供了可行之道。由电活性聚合物控制的仿生机器人灵活而无噪声,同时动作非常敏捷,形状各异,其中包括仿制昆虫。因此,电活性聚合物使科学幻想变为现实的步伐有可能远远超过其他传统的传动机构。

不过就目前而言，电活性聚合物材料的实际应用仍然面临着巨大的挑战。首先，市场上至今仍然不能批量供应有效而且耐用的电活性聚合物材料。其次，电活性聚合物材料性能数据库的建立也尚未完成。此外，电活性聚合物的移动力还不够大，机械能密度也比较低，使它在目前设想到的某些用途中的实用性并未明朗。

现有电活性聚合物材料力度太小，或者响应太慢，远远不够有效，市场上目前还不能提供耐用并实用的电活性聚合物材料。近年来出现了一些位移量较大的电活性聚合物材料，其形式与组成并不完全相同，如离子交换膜、凝胶聚合物、过氟化磺酸聚合物、自级装单层聚合物、电致伸缩型、静电型和压电型聚合物等。

9.2 传感器

在机器人应用中，既需要传感器对其内部的位置与速度等进行检测与反馈，也需要对外部环境，如温度、障碍、颜色、方向等进行必要的感知、识别与交互。传感器的存在和发展让机器人有了触觉、味觉和嗅觉等感官，让机器人慢慢变得活了起来，向着更高的智能化程度迈进。

人们常将传感器的功能与人类5大感觉器官相比拟：

- 光敏传感器——视觉；
- 声敏传感器——听觉；
- 气敏传感器——嗅觉；
- 化学传感器——味觉；
- 压敏、温敏、流体传感器——触觉。

为此，人们常说传感器是人类五官的延长，又称之为电五官。

目前，传感器发展的主要特点包括：微型化、数字化、智能化、多功能化、系统化、网络化等。传感器的发展不仅促进了科学技术的进步，促进了传统产业的改造和更新换代，而且还促进了新型工业的诞生。机器人所用的传感器只是传感器领域的一小部分。

9.2.1 传感器特性

在选择合适的机器人用传感器时，必须考虑传感器多方面的不同特性。这些特性决定了传感器的性能是否合适，精度能否满足要求，应用起来是否简便、经济等。在某些情况下，为实现同样的目标，可以选择不同类型的传感器。传感器的特性通常有如下几种：

1. 传感器静态特性

传感器静态特性是指对静态的输入信号，传感器的输出量与输入量之间所具有的相互关系。因为这时输入量和输出量都和时间无关，所以它们之间的关系可用一不含时间变量的代数方程表示，或以输入量作横坐标，把与其对应的输出量作纵坐标而画出的特性曲线来描述。这些参数主要有：

- 线性度　通常传感器的实际静态特性输出是条曲线而非直线。在实际工作中，为使仪表具有均匀刻度的读数，常用一条拟合直线近似地代表实际特性曲线，线性度(非线性误差)就是这个近似程度的一个性能指标。拟合直线的选取有多种方法，可将零输入和满量程输出点相连的理论直线作为拟合直线、或将与特性曲线上各点偏差的平方和为最小的理论直线作为拟合直线。

• 灵敏度　灵敏度是指传感器在稳态工作情况下输出量变化 Δy 对输入量变化 Δx 的比值。它是输出—输入特性曲线的斜率。如果传感器的输出量和输入量之间呈线性关系，则灵敏度 S 是一个常数；否则，它将随输入量的变化而变化。

灵敏度的量纲是输出量、输入量的量纲之比。例如，某位移传感器，在位移变化 1 mm 时，输出电压变化为 200 mV，则其灵敏度应表示为 200 mV/mm。

当传感器的输出量、输入量的量纲相同时，灵敏度可理解为放大倍数。

提高灵敏度可得到较高的测量精度，但灵敏度愈高，测量范围愈窄，稳定性也往往愈差。

• 迟滞　传感器在输入量由小到大(正行程)及输入量由大到小(反行程)变化期间，其输入/输出特性曲线不重合的现象称为迟滞。对于同一大小的输入信号，传感器的正反行程输出信号大小不相等，这个差值称为迟滞差值。

• 重复性　指传感器在输入量按同一方向作全量程连续多次变化时，所得特性曲线不一致程度。

• 漂移　指在输入量不变的情况下，传感器输出量随时间的变化，此现象称为漂移。产生漂移的原因：一是传感器自身结构参数，二是周围环境(如温度、湿度等)。

• 分辨率　指传感器可感受到的被测量的最小变化的能力。如果输入量从某一非零值缓慢地变化，当输入变化值未超过某一数值时，传感器的输出不会发生变化，即传感器对此输入量的变化是分辨不出来的；只有当输入量的变化超过分辨率时，其输出才会发生变化。

通常传感器在满量程范围内各点的分辨率并不相同，因此常用满量程中能使输出量产生阶跃变化的输入量中的最大变化值作为衡量分辨率的指标。上述指标若用满量程的百分比表示，则称为分辨率。分辨率与传感器的稳定性有负相关性。

• 阈值　当传感器的输入从零值开始缓慢增加时，在达到某一值后输出发生可观测的变化，这个输入值称为传感器的阈值电压。

2. 传感器动态特性

传感器动态特性是指传感器在输入变化时，它的输出特性。在实际工作中，传感器的动态特性常用它对某些标准输入信号的响应来表示。这是因为传感器对标准输入信号的响应容易用实验方法求得，并且它对标准输入信号的响应与它对任意输入信号的响应之间存在一定的关系，往往知道了前者就能推定后者。最常用的标准输入信号有阶跃信号和正弦信号两种，所以传感器的动态特性也常用阶跃响应和频率响应来表示。

9.2.2 传感器选择

在选择传感器前应该考虑以下因素：

• 成本　传感器的成本是需要考虑的一个重要因素，尤其在产业化实施阶段需要大量采用时更应如此。然而，当传感器的功能性、可靠性、精度和寿命等更重要时，成本考虑就只能让位于研究的关键目标与重点。

• 尺寸　在一些应用场合，传感器尺寸的大小有时可能是很重要的。体积庞大的传感器会造成某个位置处空间加大，并带来机器人整体结构的增加与重量的增加，势必会影响机器人的灵活性与动态性能等。

• 质量　通常机器人是高速运动的装置，所以装在运动部位的传感器越轻越好。

• 输出类型　根据应用场合的不同要求，传感器的输出既可以是数字量也可以是模拟量，它们既可以直接使用，也可能要对其进行转换后才能使用。

• 接口　传感器必须与微处理器和控制器等设备相连，故传感器与其他设备的接口必须要匹配。

• 分辨率　应该能满足对机器人运动参数检测的精度需求。

• 灵敏度　灵敏度一般是越高越好，但有时高灵敏度传感器的输出会由于输入的波动（包括噪声）而产生较大的输出波动，所以选择时要进行综合考虑。

• 线性度　几乎所有器件在本质上都具有一些非线性。在一定工作范围内，有些器件可以近似认为是线性的，而其他一些器件可通过一定的前提条件来线性化。若对系统的非线性情况已知，则可通过对其适当的建模标定或增加补偿电子线路来克服。

• 量程　指传感器所能产生的最小与最大输出之间的差值，或传感器正常工作时最小与最大输入之间的差值。

• 响应时间　指传感器的输出达到总变化的某个百分比（例如 95%）时所需的时间。

• 频率响应　指对输入信号的响应维持比较高的频率范围。频率响应的范围越大，系统对不同输入的响应能力就越好；否则，在被测量值变化很快时，传感器可能无法快速响应并给出测量值。

• 可靠性　指系统正常运行次数与总运行次数之比。对于要求连续工作的情况，必须选择可靠且能长期持续工作的传感器。

• 精度　定义为传感器的输出值与期望值的接近程度。

• 重复精度　对于同样的输入，如果对传感器的输出进行多次测量，那么每次输出都可能会不一样。重复精度反映了传感器多次输出之间的变化程度。通常重复精度比精度更重要，在多数情况下，不精确是由系统误差导致的，因为它们可以预测和测量，所以可进行修正和补偿。重复性误差通常是随机的，不容易补偿。

9.2.3　传感器的使用

图 9.20(a)所示为在电压源驱动下的一个简易传感器电路。在传感器接通和断开时，根据反电动势原理，导线等效为电感，在导线中产生电压尖峰，造成错误的读数输出。为避免这个现象，可在电路中加陶瓷电容，并尽量靠近传感器，如图 9.19(b)所示。

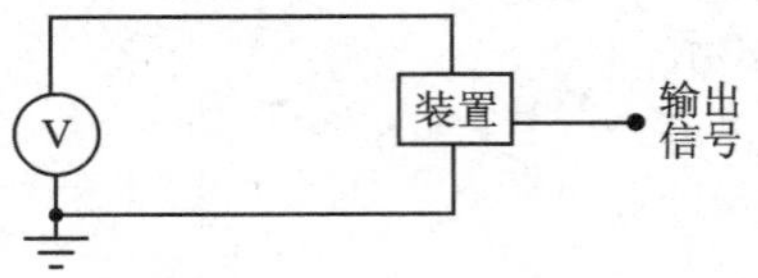

(a) 简易传感器电路

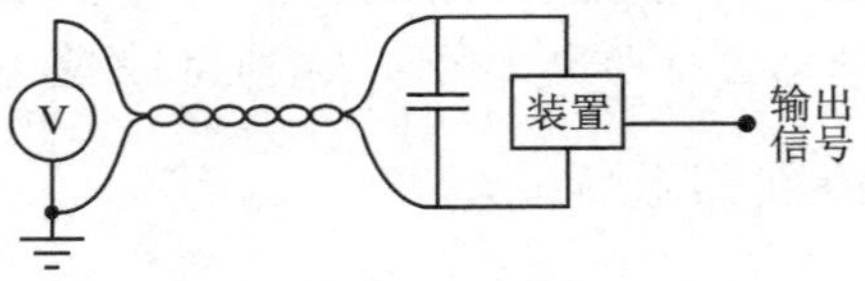

(b) 加陶瓷电容传感器电路

图 9.20　在传感器电路中加上电容以抑制电压尖峰

若连接传感器到电压源，或传感器到读取信号处的导线较长，导线就会具有天线效应，对信号产生干扰。利用屏蔽线、同轴电缆或双绞线可解决这个问题。

9.2.4　位置传感器

位置传感器既可用来测量位移，包括角位移和线位移；也可用来检测运动，如在编码器中的位置信息还可用来计算速度；以下是几种在机器人中常用的位置传感器。

1. 电位器

电位器(potentiometer)是具有 3 个引出端、阻值可按某种变化规律调节的电阻元件，通常是由电阻体与转动或滑动系统组成，即靠一个动触点在电阻体上移动，获得部分电压输出。根据电位器与电阻体之间的结构形式和是否带有开关，电位器可分为线绕、合成碳膜、金属玻璃釉、有机实芯和导电塑料等类型。

当电阻器上的滑动触头随机器人关节变化在电阻器上滑动时，触头接触点变化前后的电阻值与总阻值之比就会发生变化，如图 9.21 所示。电位器充当了分压器的作用，因此输出将与电阻成比例，即

$$V_{\text{out}}=\frac{R_2R_{\text{L}}}{R_1R_{\text{L}}+R_2R_{\text{L}}+R_1R_2}\cdot V_a \tag{9.8}$$

假设 R_{L} 很大，那么可以忽略 R_1R_2，公式可简化为

$$V_{\text{out}}=\frac{R_2}{R_1+R_2}V_{\text{CC}} \tag{9.9}$$

(a) 原　理　　(b) 旋转电位器　　(c) 线性电位器

图 9.21　电位器用作位置传感器

显然，电阻负载足够大才能获得可接受的精度。

电位器既可以是旋转式的，也可以是直线式的。旋转式电位器还可以是多圈的，这使得用户能够测量多圈的旋转运动。

电位器通常用来作为内部反馈传感器，以检测关节和连杆的位置。电位器可单独使用，也可与其他传感器(例如编码器)一起使用。在这种情况下，编码器检测关节和连杆的当前位置，而电位器检测起始位置。这两种传感器组合在一起使用时，对输入的要求最低，却能达到最高的精度。

2. 编码器

编码器(encoder)是将信号或数据编制、转换为可用以通信、传输和存储之形式的设备。编码器是把角位移或直线位移转换成电信号的一种装置。前者称为码盘，后者称为码尺。按照读出方式，编码器可以分为接触式和非接触式两种。接触式采用电刷输出，以电刷接触导电区或绝缘区来表示代码的状态是“1”还是“0”；非接触式的接受敏感元件是光敏元件或磁敏元件，采用光敏元件时以透光区和不透光区来表示代码的状态是“1”还是“0”。随着码盘的转动，传感器就能连续不断地输出信号，如果对该信号进行计数，即可测量任意时刻码盘转过的总位移。

编码器有两种基本形式，即增量式和绝对式。增量式编码器是将位移转换成周期性电信号，再把这个电信号转变成计数脉冲，用脉冲的个数表示位移的大小。绝对式编码器的每一个

位置对应一个确定的数字码，因此它的示值只与测量的起始和终止位置有关，而与测量的中间过程无关。

旋转增量式编码器转动时输出脉冲，通过计数设备来知道其位置，当编码器不动或停电时，依靠计数设备的内部记忆来记住位置。这样，当停电后，编码器不能有任何的移动；当来电工作时，在编码器输出脉冲的过程中，也不能有干扰而丢失的脉冲，不然计数设备记忆的零点就会偏移，而且这种偏移的量是无从知道的。

绝对编码器有机械位置决定的每个位置的唯一性，它无需记忆，无需找参考点，而且不用一直计数。这样，编码器的抗干扰特性、数据的可靠性就大大提高了。

3. 线位移差动变压器

线位移差动变压器(Linear Variable Differential Transformer，LVDT)作为一种机电传感器，主要由两个基本元件组成：一个是静止线圈组件，另一个是可以移动的核芯或电枢。LVDT 产生与其核心的位移直接成比例的电输出。交流电载波激励被施加到初级线圈。与初级线圈间隔对称的次级线圈在外部采用串行的相对回路连接。非接触磁性核心的运动改变每个次级线圈与初级线圈的互感，确定从初级线圈到每个次级线圈的感应电压。

如果核芯位于次级线圈之间的中心，则每根次级线圈感应的电压都相同，存在 180°的异相，因此没有净输出；如果核心被移离中心，则初级线圈与次级线圈的互感将大于另一线圈的互感，将在串行次级线圈中出现压差。对于该操作范围之内的偏心位移，该电压主要是位移的一个线性函数。通常，该交流电输出电压被采用电子回路转换到高电平直流电压或者使用更方便的电流。

由于采用新型结构材料，LVDT 可在极端恶劣的化学条件下工作，在海水和腐蚀性酸以及极高压力和温度与伴随化学品滥用的状况下工作等。

新型层绕线圈和改进的微处理器已经大幅降低了线性位置传感器的主体长度。由于线性位置传感器的行程与长度比率提高(现在高达 80%)，其现已成为机床、液压缸、阀门和其他自动设备的一种可行的位置测量设备。

4. 旋转变压器

旋转变压器(resolver/transformer)是一种电磁式传感器，又称同步分解器。它是一种测量角度用的小型交流电动机，用来测量旋转物体的转轴角位移和角速度，由定子和转子组成。旋转变压器在原理上与线位移差动变压器非常相似，只是它用于测量角位移。

旋转变压器有多种分类方法。按有无电刷与集电环之间的滑动接触，可以分为有刷和无刷两种；按电机的极数多少，可以分为两极式和多极式；按输出电压与转于转角之间的函数关系，又可以分为正余弦旋转变压器、线性旋转变压器和比例式旋转变压器等。

根据应用场合的不同，旋转变压器又可以分为两大类：一类是解算用旋转变压器，如利用正余弦旋转变压器进行坐标变换、角度检测等，这已在数控机床及高精度交流伺服电机控制中得以应用；另一类是随动系统中角度传输用旋转变压器，这与控制式自整角机的作用相同，也可以分为旋变发送机、旋变差动发送机和旋变变压器等，只是利用旋转变压器组成的位置随动系统，其角度传送精度更高，因此多用于高精度随动系统中。

旋转变压器拥有可靠、鲁棒和精确等特点。

5. 磁致伸缩位移传感器

如图 9.22 所示，磁致伸缩位移(液位)传感器利用磁致伸缩原理，通过两个不同磁场相交产生一个应变脉冲信号来准确地测量位置。测量元件是一根波导管，波导管内的敏感元件由特殊的磁致伸缩材料制成。测量过程是在传感器的电子室内产生电流脉冲，该电流脉冲在波导管内传输，从而在波导管外产生一个圆周磁场。当该磁场和套在波导管上作为位置变化的活动磁环产生的磁场相交时，由于磁致伸缩的作用，波导管内会产生一个应变机械波脉冲信号。这个应变机械波脉冲信号以固定的声音速度传输，并很快被检测到。

由于这个应变机械波脉冲信号在波导管内的传输时间和活动磁环与电子室之间的距离成正比，因此通过测量时间，就可以高度精确地确定这个距离。由于输出信号是一个真正的绝对值，而不是比例的或放大处理的信号，所以不存在信号漂移或变值的情况，更无需定期重标。

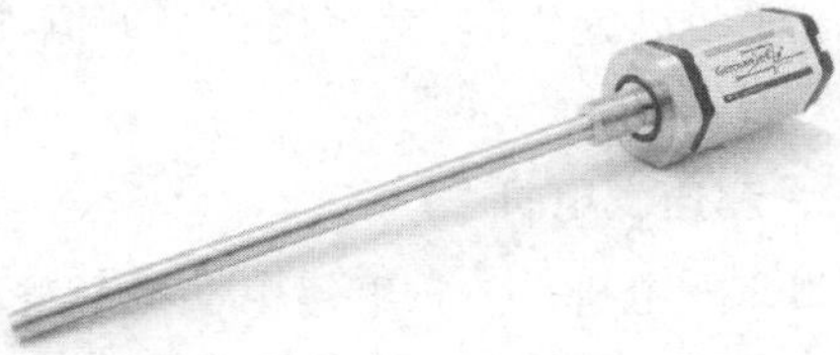

图9.22 磁致伸缩位移传感器

这是一种测量精度高、行程长，用于检测绝对位置的位移传感器。它采用内部非接触的测量方式，不至于被摩擦、磨损，所以使用寿命长、环境适应能力强、可靠性高、安全性好，即使在非常恶劣的工业环境下也能正常工作。

6. 霍尔传感器

霍尔传感器基于霍尔效应的工作原理，即带电流的导体遇到磁场时会改变其输出电压。那么，当永磁体或可产生磁通量的线圈靠近传感器时，其输出电压发生改变。霍尔传感器有开关式、模拟式和数字式3种形式。

霍尔传感器特点在于，可测量任意波形的电流和电压，如直流、交流、脉冲波形等，甚至对瞬态峰值的测量。副边电流忠实地反应原边电流的波形；原边电路与副边电路之间有良好的电气隔离，隔离电压(有效值)可达9 600 V；精度高，在工作温度区内精度优于1%，该精度适合于任何波形的测量；线性度好，优于0.1%；宽带宽，高带宽的电流传感器上升时间可小于1 μs；霍尔传感器为系列产品，电流测量范围可达50 kA，电压测量可达6 400 V。

7. 其他装置

微动开关是一种具有微小接点间隔和快动机构，其外部有驱动杆的一种开关。因为其开关的触点间距比较小，故称为微动开关，又叫灵敏开关。微动开关的触点间距小、动作行程短、按动力小、通断迅速。

微动开关的种类繁多，内部结构有成百上千种，一般以无辅助按压附件为基本形式，根据需要可加入不同辅助按压辅件，如按钮、簧片滚轮、杠杆滚轮、短动臂、长动臂等。

微动开关在机器人上常装在一些特定的部位，例如，对极限位置或障碍物进行检测，为机器人提供必要的保护信号，以切断电流，或辅助机器人进行工作转换等。

还有许多其他装置也可用来作为位置传感器，例如，要测量虚拟现实中手套手指关节的角度，可在手套上安装导电弹性带。导电弹性带是基于氨基甲酸乙酯的合成橡胶，其中填充有导电碳粒子。当表面压力增大时，其电阻减小。因此，当手套中的手指弯曲时，导致弹性带伸展，电阻发生变化，这样就可以测量它的变化并将其转化为位置信号。

9.2.5 速度传感器

速度传感器的使用与所采用的位置传感器类型有很大的关系。有的位置传感器甚至可以代替速度传感器。

1. 编码器

编码器通过统计指定时间(dt)内脉冲信号的数量,就能计算出相应的角速度。一般 dt 取 10 ms。但如果编码器的转动很缓慢,则测得的速度可能会变得不准确。反过来,如果为了增加单个周期内的总数而增大时间 dt,则速度更新的频率及发送速度信号到控制器的频率就会减小,这会降低精度和控制器的效能。在有些系统中,时间周期 dt 随编码盘的角速度变化而改变。电机转速大时,就采用较小的值,以提高控制器的效能;相反,则采用较大值,以获取足够多的数据。

2. 测速发电机

测速发电机是一种输出电动势与转速成比例的微特电机。测速发电机的绕组和磁路经精确设计,其输出电动势 E 和转速 n 成线性关系,即 $E=Kn$,K 是常数。改变旋转方向时输出电动势的极性即相应改变。在被测机构与测速发电机同轴连接时,只要检测出输出电动势,就能获得被测机构的转速,故又称为速度传感器。

3. 对位置信号微分方法

如果位置信号中噪声较小,则可对它进行微分来求取速度信号,方法简单。为此,位置信号应尽可能连续,以免在速度信号中产生大的脉冲。所以,建议使用薄膜式电位器测量位置,因为绕线式电位器的输出是分段的,不适合微分。

4. 激光测速传感器

这是一种通过激光检测物体运行速度并转化成可输出信号的传感器,属于一种非接触式测速传感器。

其中一种激光测速传感器的工作原理是,它有一个发射端口,发出 LED 光源;一个高速拍照端口,实现 CCD 面积高速成像对比。通过在极短时间内的两个图像对比,分辨被测物体移动的距离,结合传感器内部的算法,实时输出被测物体的速度。

这种传感器能同时测量两个方向的速度,不仅能觉察被测体是否停止,而且能觉察被测体的运动方向。

9.2.6 加速度传感器

加速度传感器是一种能感受加速度并转换成可用输出信号的传感器。通过测量由于重力引起的加速度,可以计算出设备相对于水平面的倾斜角度。通过分析动态加速度,可分析出设备移动的方式。加速度传感器可以帮助机器人了解它身处的环境。是在爬山还是在走下坡?摔倒了没有?或者对于飞行类的机器人来说,控制其姿态也是至关重要的。加速度传感器分为以下几类:

- 压电式　其工作原理是利用压电陶瓷或石英晶体的压电效应,在加速度计受振时,质量块加在压电元件上的力也随之变化。当被测振动频率远低于加速度计的固有频率时,力的变化与被测加速度成正比。
- 压阻式　基于微机电系统(MEMS)硅微加工技术,压阻式加速度传感器具有体积小、功耗低等特点,易于集成在各种模拟和数字电路中。
- 电容式　它是基于电容原理的极距变化型的电容传感器。采用了微机电系统(MEMS)工艺,在大量生产时变得经济,从而保证了较低的成本。

• 伺服式　这是一种闭环测试系统，具有动态性能好、动态范围大和线性度好等特点。其工作原理是传感器的振动系统由“m－k”系统组成，与一般加速度计相同，但质量 m 上还接着一个电磁线圈，当基座上有加速度输入时，质量块偏离平衡位置。该位移大小由位移传感器检测出来，经伺服放大器放大后转换为电流输出。该电流流过电磁线圈，在永久磁铁的磁场中产生电磁恢复力，力图使质量块保持在仪表壳体中原来的平衡位置上，所以伺服加速度传感器在闭环状态下工作。其抗干扰能力强，测量精度高，测量范围大。

通常加速度传感器在工业机器人中并不使用，但近几年来加速度传感器已开始用于线性驱动器的高精度控制和机器人的关节反馈控制。

9.2.7　力和压力传感器

1. 压电式测力传感器

某些物质，当沿着一定方向对其加力而使其变形时，在一定表面上将产生电荷，当外力去掉后，又重新回到不带电状态，这种现象称为压电效应。如果在这些物质的极化方向施加电场，这些物质就在一定方向上产生机械变形或机械应力，当外电场撤去时，这些变形或应力也随之消失，这种现象称为逆压电效应，或称为电致伸缩效应。

具有压电效应或逆压电效应的敏感功能材料称为压电材料，如石英、酒石酸钾钠、磷酸二氢胺、硅-蓝宝石等。

此类传感器是利用压电元件直接实现力—电转换的传感器，在拉、压场合，通常较多采用双片或多片石英晶体作为压电元件。其刚度大，测量范围宽，线性及稳定性高，动态特性好。按测力状态分，有单向、双向和三向传感器，它们在结构上基本一样。

2. 力敏电阻

力敏电阻(force sensitive resistance)是一种能将机械力转换为电信号的特殊元件，它是利用半导体材料的压力电阻效应制成的，其电阻值随外加力大小而改变，主要用于各种张力计、转矩计、加速度计、半导体传声器及各种压力传感器中。

力敏电阻的主要品种有硅力敏电阻器、碳力敏电阻器、硒碲合金力敏电阻器等。相对而言，合金电阻器具有更高灵敏度，碳力敏电阻器(亦可称碳压力传感器)的体积小、质量小、耐高温、反应快、制作工艺简单，是其他动态压力传感器所不能比的。

3. 电阻应变片

电阻应变片的工作原理是基于应变效应制作的，即导体或半导体材料在外界力的作用下产生机械变形时，其电阻值相应的发生变化，这种现象称为“应变效应”。

应变片是由敏感栅等构成用于测量应变的元件，使用时将其牢固地粘贴在构件的测点上，构件受力后由于测点发生应变，敏感栅也随之变形而使其电阻发生变化，再由专用仪器测得其电阻变化大小，并转换为测点的应变值。

电阻应变片品种繁多，形式多样，常见的有丝式电阻应变片和箔式电阻应变片。

采用电阻应变片作为敏感元件制造生产的能把各种力学量转换为电量的传感器叫测力传感器，如拉力、压力、压强、扭拒、加速度等传感器。

4. 防静电泡沫

用于运输集成电路芯片的防静电泡沫具有导电性，且其阻值随作用力的大小而改变，它可以用来作为简易实惠的力传感器和触摸传感器。它的使用方法就是在一片防静电泡沫的两边插上导线,测量其电压或电阻即可。

9.2.8 力矩传感器

假设在轴相反的面上,方向相反地安装两个力传感器。这时在轴上施加力矩,力矩将在轴上产生两个方向相反的力和两个方向相反的形变,两个力传感器可根据所测力的大小计算出力矩。要测量不同方向的力矩,必须使用3对相互垂直放置的传感器。因此,使用6个传感器就可以测量3个彼此独立方向上的力和力矩,如图9.23所示。单纯的力产生一对相同的信号,而力矩将产生一对方向相反的信号。图9.24所示为几种典型的工业力矩传感器。

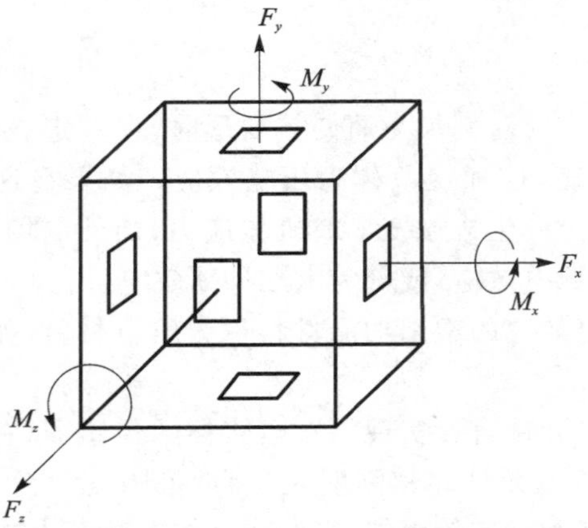

图9.23 用于测量力和力矩的沿3个主轴放置的3对应变片阵列

图9.24 几种典型的工业力/力矩传感器

9.2.9 可见光和红外传感器

这些传感器的电阻随着投射在其上面光强的变化而改变。如果入射的光强为零,则电阻最大。光强越大,电阻就越小,相应流过的电流就越大,结果压降就越小。上述传感器虽然廉价但很有用,可以用来制作光电编码器和其他装置,也可用来制作触觉传感器。

光敏晶体管可以用来作为光传感器,当光强超过一定程度时它就会导通,否则就断开。光敏晶体管常常和发光二极管(LED)光源一同使用。

光传感器阵列也可以和移动光源一起用于测量位移。它们已经在机器人和其他机械中用于测量形变和微小位移。

红外光对人眼来说是不可见的,所以不会对人造成干扰。如果需要用光测量一段长的距离来进行导航，就可以使用红外线。也可使用简单的红外遥控装置来与机器人进行远程通信。

9.2.10　接触传感器和触觉传感器

接触传感器是指在实际接触发生时发出信号的装置。最简单的接触传感器就是微动开关。有时需要将许多接触传感器排成矩阵阵列。在图 9.25 所示的设计实例中，触觉传感器的两侧各有一个由 6 个接触传感器组成的阵列，而接触传感器由触杆、发光二极管和光传感器组成。当触觉传感器接近物体时，触杆将随之缩进，遮挡了发光二极管向光传感器发射的光线。光传感器于是输出与触杆的位移成正比的信号。可以看出，这些接触传感器实际上就是位移传感器。

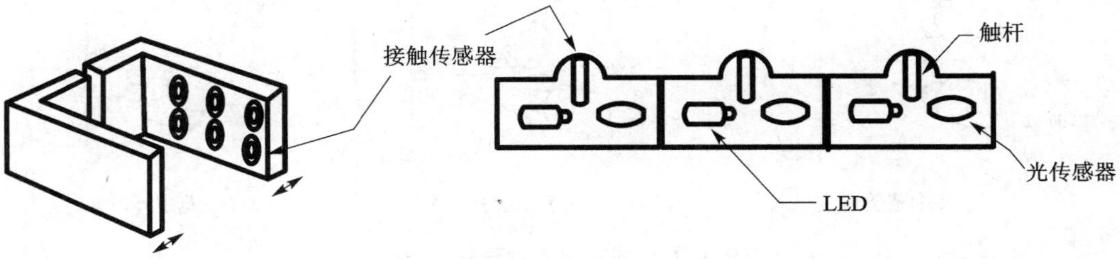

图 9.25　以阵列形式排列组合而成的触觉传感器

同样，也可以使用其他类型的位移传感器，如微动开关、线位移差动变压器(LVDT)、压力传感器及磁传感器等。

当触觉传感器与物体接触时，依据物体的形状和尺寸，不同的接触传感器将以不同的次序对接触做出不同反应。控制器就利用这些信息来确定物体的大小和形状。图 9.26 所示为 3 个简单的例子：接触立方体、圆柱体和不规则形状的物体。可以看出，每个物体都会使触觉传感器产生一组唯一的特征信号。

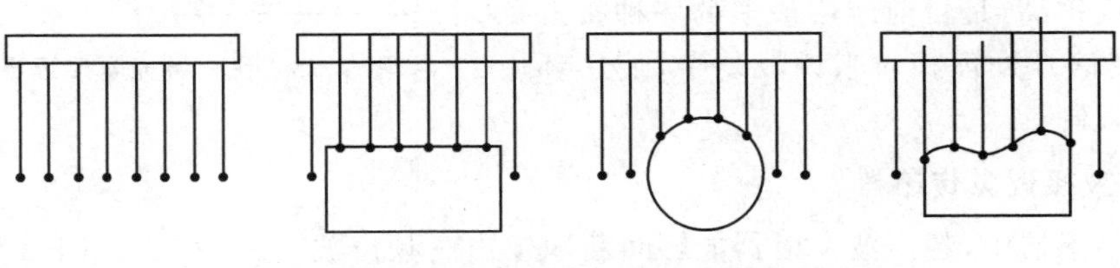

图 9.26　触觉传感器可以提供物体的信息

9.2.11　接近觉传感器

接近觉传感器用于探测两个物体接触之前一物体是否靠近了另一物体。下面介绍这类传感器。

1. 磁感应接近觉传感器

当靠近磁体时这种传感器就会做出反应，它们不但能测量位移、速度，还能接通或关断电路。磁感应传感器能够对轮子和电机的旋转次数进行计数，因此它们也能作为位置传感器。此类传感器也可用于包括安全用途在内的其他方面。

2. 光学接近觉传感器

光学接近觉传感器由称为发射器的光源和接收器两部分组成，光源可以在内部，也可以在外部，接收器能够感知光线的有无。接收器通常是光敏晶体管，而发射器则通常是发光二极管(LED)，两者结合就形成一个光传感器，可应用于包括光学编码器在内的许多场合。

作为接近觉传感器，发射器及接收器的配置准则是：发射器发出的光只有在物体接近时才能被接收器接收。图 9.27 所示是光学接近觉传感器的原理图。除非能反射光的物体处在传感器作用范围之内，否则接收器就接收不到光线，也就不能产生信号。

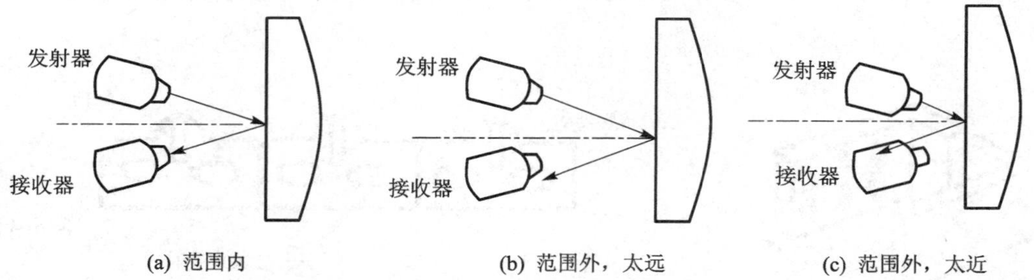

图 9.27　光学接近觉传感器原理

图 9.28 所示为光学接近觉传感器的另一种形态，这个简单的系统不仅可以感知附近的物体，而且还可以测量短程的距离。光束通过三棱镜被折射成它的主要组成颜色，物体和传感器之间的距离导致一种特定的颜色被反射至传感器的接收器中，通过测量反射光的能量就可得到距离。

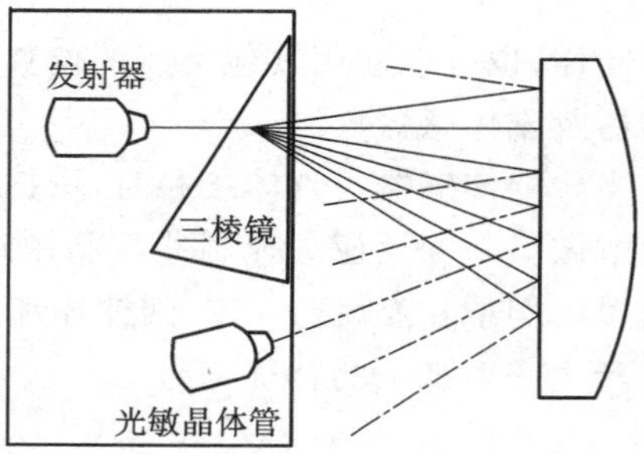

图 9.28　另一种光学接近觉传感器

光学接近觉传感器的应答性好，维修方便，尤其是测量精度很高，是目前应用最多的一种接近觉传感器；但其信号处理相对来说较复杂，使用环境也受到一定限制。

3. 超声波接近觉传感器

在这种传感器中，超声波发射器能够间断地发出高频声波(通常在 200 kHz 范围内)。超声波传感器有两种工作模式，即对置模式和回波模式。在对置模式中，接收器放置在发射器对面；而在回波模式中，接收器放置在发射器旁边或与发射器集成在一起，负责接收反射回来的声波。如果接收器在其工作范围内(对置模式)或声波被靠近传感器的物体表面反射(回波模式)，则接收器就会检测出声波，并将产生相应的信号；否则，接收器就检测不到声波，也就没有信号。所有的超声波传感器在发射器的表面附近都有一个盲区，在此盲区内，传感器既不能测距也不能检测物体的有无。图 9.29 所示是这种传感器的原理图。一般把它用于移动机器人的路径探测和躲避障碍物。

4. 感应式接近觉传感器

感应式接近觉传感器用于检测金属表面。这种传感器其实就是一个带有铁氧体磁心、振荡器/检测器和固体开关的线圈。当金属物体出现在传感器附近时，振荡器的振幅会减小。检测器检测到这一变化后，断开固体开关。当物体离开传感器的作用范围时，固体开关又会

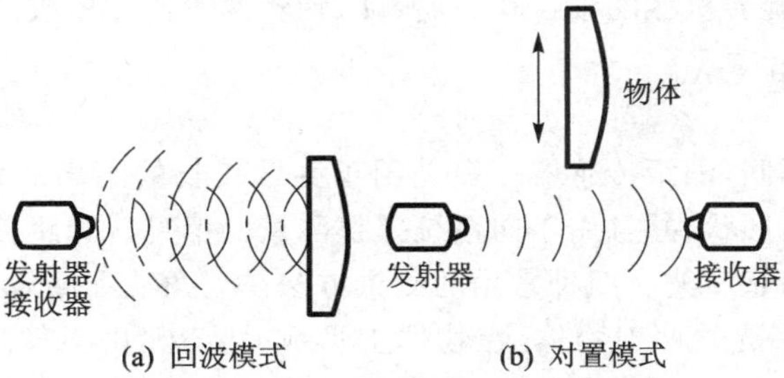

图 9.29 超声波接近觉传感器

接通。

电磁感应式和电容式传感器，在特定工作环境下是较理想的接近觉传感器。它响应好，精度高，信号处理容易，尤其是维修比较方便，很适合在工业机器人上使用。

5. 电容式接近觉传感器

电容式接近觉传感器的检测组件由一个以检测端和接地端为两极的静电电容和高频振荡器组成。通常检测电极与接地端之间存在一定的电容量。当检测对象接近检测电极时，受检测电极上电压的影响而产生极化现象，检测对象越接近检测电极，检测电极上的电荷(charge)就越增加。由于检测电极的电容和电荷成正比，检测电极的电容随之增加，从而使振荡电路的振荡减弱，甚至停止振荡。振荡电路的振荡与停振这两者状态的变化被检测电路转换为开关信号向外输出。

电容式传感器能够对任何介电常数在 1.2 以上的物体作出反应。电容式接近觉传感器既能检测金属物体，也能检测非金属物体。对金属物体可以获得最大的动作距离；对非金属物体动作距离决定于材料的介电常数，材料的介电常数越大，可获得的动作距离越大。表 9.2 列出了一些材料的介电常数。

表 9.2 一些材料的介电常数

材 料	介电常数	材 料	介电常数
空气	1.000	瓷	4.4～7
水溶液	50～80	卡纸板	2～5
环氧树脂	2.5～6	橡胶	2.5～3.5
面粉	1.5～1.7	水	80
水	80	木材(干)	2～7
尼龙	4～5	木材(湿)	10～30

6. 涡流接近觉传感器

当导体放置在变化的磁场中时，其内部就会产生电动势，导体中就有电流流过，这种电流称为涡流。涡流传感器有两组线圈，第一组线圈产生作为参考用的变化磁通，在有导电材料接近时，其中将会感应出涡流；感应出的涡流又会产生与第一线圈反向的磁通，使总的磁通减少。总磁通的变化与导电材料的接近程度成正比，它可由第二组线圈检测出来。涡流传感器不仅能检测是否有导电材料，而且能够对材料的空隙和裂缝及厚度等进行非破坏性检测。

该传感器可长期可靠工作，灵敏度高，抗干扰能力强，非接触测量，响应速度快，不受油水等介质的影响，在大型旋转机械的轴位移、轴振动、轴转速等监测中被广泛应用。

9.2.12 测距传感器

与接近觉传感器不同，测距传感器一般是用于测量较长的距离的传感器。它可以探测障碍物和绘制物体表面的形状，并且用于向系统提供测量的信息。测距传感器一般是基于光（可见光、红外光或激光）和超声波。两种常用的测量方法是三角法和测量传输时间法。

① 三角法。用单束光线照射物体，在物体上形成一光斑，由摄像机或光敏检测器等接收器检测光斑。距离或深度可根据接收器、光源及物体上的光斑所形成的三角形计算出来，如图 9.30 所示。

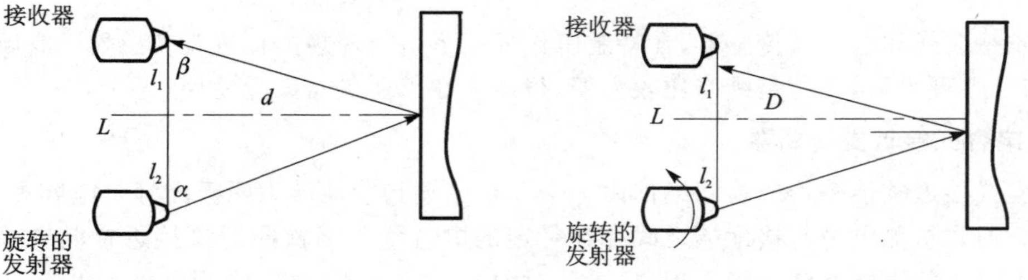

(a) 情况1　　(b) 情况2

图 9.30　距离测量三角法

从图 9.30(a)可看出，物体、光源和接收器之间的布局只在某一瞬间能使接收器检测到光斑，此时距离 d 可依下式计算：

$$d=\frac{L\tan\alpha\tan\beta}{\tan\alpha+\tan\beta}$$

其中 L 和 β 是已知的，如果能测出 α，那么就可以计算出 d。

从图 9.30(b)可看出，除了某一瞬间外，其余时间接收器均不能检测到物体反射回的光线，于是转动发射器。一旦接收器能观测到反射回的光线，就记下此时发射器的角度，利用该角度即可计算出距离。

② 测量传输时间法。信号传输的距离包括从发射器传输到物体和被物体反射回到接收器两部分。传感器与物体之间的距离是信号行进距离的一半，知道传播速度，通过测量信号的往返时间即可计算出距离。为测量精确，测量时间必须快。若被测的距离短，则要求信号波长必须短。

1. 超声波测距传感器

绝大部分的超声波测距设备采用测量传输时间法进行测距。测量精度与信号的波长、时间测量精度和声速精度有关。

时间测量的准确性对距离的测量精度也至关重要。测距传感器所用超声波的频率越高，得到的精度就越高。虽然频率越高得到的分辨率越高，但和频率较低的信号相比，它们衰减得更快，这会严重限制作用距离；反之，低频发射器的波束散射角度宽又会影响横向分辨率。所以，在选择频率时要协调好横向分辨率和信号衰减之间的关系。

背景噪声是遇到的另一个问题。许多工业和制造设备会产生含有高达 100 kHz 超声波的声波，所以建议在工业环境中采用 100 kHz 以上的工作波段。

2. 光测距传感器

基于光(包括红外光和激光)的测距传感器除了前述的两种方法,还有一种间接幅值调制法。在间接幅值调制法中要利用时间-振幅转换器,它用低频正弦波调制宽的光脉冲,并通过测量发射光和反射光之间的调制相位差来获得时延。在效果上,用低速调制代替光速可使波速降低到可测的程度,但仍保留了激光传输距离远的优点。

另一种采用光源测距的方法是立体成像法。该方法是将激光指示器和单摄像机一起使用,使用时测量激光光斑在摄像机图像中相对于图像中心的位置。由于激光束和摄像机的轴线不平行,激光光斑在图像中的位置是物体和摄像机之间距离的函数。

激光测距传感器是最常见的一种基于光的测距传感器,它也是采用测量传输时间法。常用的传感器的测量距离范围可在零至数百米,全程精度误差 1.5 mm 左右,连续使用寿命超过 5 万小时。该传感器一般都具备标准的 RS232、RS422 等通信接口,同时具备数字信号和 4～20 mA 的模拟信号输出。激光测距传感器在机器人上得到广泛应用。

3. 全球定位系统

全球定位系统(Global Positioning System,GPS)是一个由覆盖全球的 24 颗卫星组成的卫星系统,还包括一个地面监控站和 GPS 接收机。这个系统可以保证在任意时刻,地球上任意一点都可同时观测到 4 颗卫星,以保证卫星可以采集到该观测点的经纬度和高度。接收机通过卫星传来的数据计算出它的位置,这些信息可直接发送至移动机器人的控制系统,用于定位和导航。

用户设备部分即 GPS 信号接收机。其主要功能是能够捕获到按一定卫星截止角所选择的待测卫星,并跟踪这些卫星的运行。当接收机捕获到跟踪的卫星信号后,即可测量出接收天线至卫星的伪距离和距离的变化率,解调出卫星轨道参数等数据。根据这些数据,接收机中的微处理计算机就可按定位解算方法进行定位计算,计算出用户所在地理位置的经纬度、高度、速度、时间等信息。接收机硬件和机内软件以及 GPS 数据的后处理软件包构成完整的 GPS 用户设备。GPS 接收机的结构分为天线单元和接收单元两部分。GPS 接收机要在开阔的可见天空下使用,在室内不能用。手持 GPS 的精度一般误差在 10 m 左右。

9.2.13　嗅觉传感器

气味分子被机器嗅觉系统中的传感器阵列吸附,产生电信号,生成的信号经各种方法加工处理与传输,然后由计算机模式识别系统做出判断。

阵列中的气体传感器各自对特定气体具有相对较高的敏感性,由一些不同敏感对象的传感器构成的阵列可以测得被测样品挥发性成分的整体信息。

常用传感器按材料可分为:金属氧化物型半导体传感器、导电聚合物传感器、质量传感器、光纤气体传感器等。

信号预处理方法应根据实际使用的传感器类型、模式识别方法和识别任务选取。

气味传感器阵列对气味的响应灵敏度取决于传感器的质量。此外,测试环境和信号处理方式也有十分重要的作用。

9.2.14　味觉传感器

味觉传感器是决定介质中粒子成分的装置。

一种装置，利用脂质高分子膜开发了味觉传感器。将脂质固化在高分子上，形成仿生膜转换机构，然后通过多路电极进行味道识别，最终利用计算机分析、评价所得到的味道情报（膜电位变化）。传感器的输出不单纯是特定呈味物质的量，还包括味质及味刺激的强度。通常开发的味觉传感器将物质划分为咸、酸、苦、鲜、甜5种基本味道，即通过“广域选择性”的概念来识别、评价味道，可将这些信息直接应用到机器人系统中。

习题九

1. 常用驱动器有哪些？分别具有什么特点？
2. 如何理解刚度和柔度？
3. 归纳陀螺的种类，并对不同类型陀螺的工作原理进行简要说明。
4. 液压驱动系统通常由哪几部分组成？
5. 电机的种类有哪些？各有什么特点？
6. 叙述交流电机和直流电机的区别。
7. 舵机的工作原理是什么？它包括哪几种类型？
8. 叙述形状记忆合金的特点和分类。
9. 传感器有哪些特性？
10. 在选择传感器时主要考虑的因素有哪些？
11. 简要说明电容式触觉传感器如何检测正向力和剪切力。
12. 叙述机器人中常用的位置传感器，并分析其特点。
13. 图9.30所示为一移动操作臂，底部小车为双轮驱动，其上有一个两自由度旋转关节的操作臂，操作臂末端有一可以开合的抓手。试为该移动操作臂设计一个传感器系统，并说明需要哪些类型的传感器，所选传感器对移动操作臂有何作用。

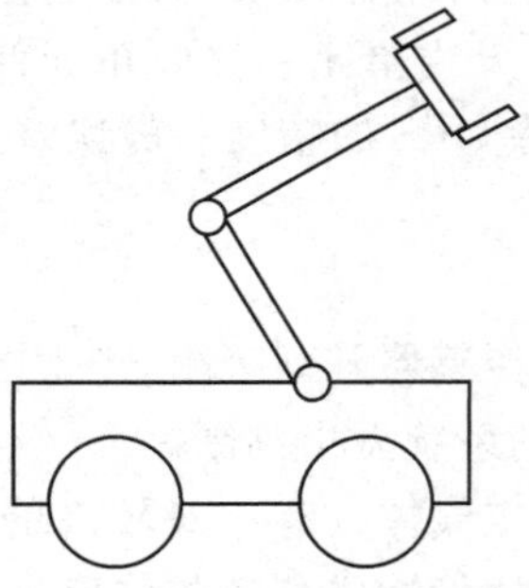

图9.30　移动操作臂

参考文献

[1] Niku Saeed B. 机器人学导论——分析、系统及应用 [M]. 孙富春，朱纪洪，刘国栋，等译. 北京：电子工业出版社，2004.

[2] 傅京逊，冈萨雷斯 R C，李 C S. 机器人学：控制 · 传感技术 · 视觉 · 智能[M]. 北京：中国科技出版社，1989.

[3] 霍伟. 机器人动力学与控制[M]. 北京：高等教育出版社，2005.

[4] Craig John J. Introduction to Robotics：Mechanics，and Control[M]. Beijing：Pearson Education Asia Limited and China Machine Press，2005.

[5] 蔡自兴. 机器人学[M]. 北京：清华大学出版社，2000.

[6] Paul Richard P. Robot Manupulators，Mathematics，Programming，and Control[M]. Cambridge，MA：MIT Press，1981.

[7] Hollerbach J M. A Recursive Langrangian Formulation of Manipulator Dynamics and a Comparative Study of Dynamics Formulation Complexity[J]. IEEE Trans. On Systems，Man，and Cybernetics，1980，10(10)：730-736.

[8] Lee C S G，Chang P R. Efficient Parallel Algorithm for Robot Inverse Dynamics Computation[J]. IEEE Trans. On Systems，Man，and Cybernetics，1986，16(4)：532-542.

[9] Walker M W，Orin D E. Efficient Dynamic Computer Simulation of Robotic Mechanisms[J]. Trans. ASME J. Systems，Measurement，and Control，1982，104：205-211.

[10] Silver W M. On the Equivalence of Lagrangian and Newton-Euler Dynamics for Manipulators[J]. International Journal of Robotics Research，1982，1(2)：60-70.

[11] 诸静. 机器人与控制技术[M]. 杭州：浙江大学出版社，1991.

[12] 谭民，徐德，侯增广，等. 先进机器人控制[M]. 北京：高等教育出版社，2007.

[13] 吴广玉，姜复兴. 机器人工程导论[M]. 哈尔滨：哈尔滨工业大学出版社，1988.

[14] 张涛. 机器人引论[M]. 北京：机械工业出版社，2010.

[15] 叶晖，管小清. 工业机器人实操与应用技巧[M]. 北京：机械工业出版社，2010.

[16] 余建荣. 机器人技术实践教程[M]. 北京：机械工业出版社，2016.

[17] 王灏，毛宗源. 机器人的智能控制方法[M]. 北京：国防工业出版社，2002.

[18] 孙增圻，邓志东，张再兴. 智能控制理论与技术[M]. 北京：清华大学出版社，2000.

[19] 谭民，王硕，曹志强. 多机器人系统[M]. 北京：清华大学出版社，2005.

[20] 林良明. 仿生机械学[M]. 上海：上海交通大学出版社，1989.

[21] Xu D，Tan M. Accurate Positioning in Real Time for Mobile Robot[J]. 自动化学报，2003，29(5)：716-725.

[22] 王耀南. 机器人智能控制工程[M]. 北京：科学出版社，2004.

[23] Corke P I. Visual Control of Robots：High-performance visual servoing[M]. England：Research Studies Press LTD，1997.

[24] 柏艺琴，贺怀清. 移动机器人路径规划方法简介[J]. 中国民航学院学报，2003，21(增刊 2)：206-209.

[25] 叶涛. 基于传感器信息的移动机器人导航与控制研究[D]. 北京：中国科学院研究生院，2003.

[26] 艾海舟，张钹. 移动机器人路径规划系统[J]. 模式识别与人工智能，1991，4(1)：51-57.

[27] 张斌. 多机器人运动规划的研究及通用仿真平台的开发[D]. 北京：中国科学院自动化研究所，2001.

[28] 景奉水. 机器人视觉伺服系统及其实现的研究[D]. 北京：中国科学院自动化研究所，2001.

[29] 薛广涛，陈一民，张涛. 基于 Linux 的远程机器人控制系统研究[J]. 机器人，2001，23(3)：261-265.

[30] CMRC－071 型远中心柔顺装置[OL]. http://www.ristec.com/rcc.htm.

[31] 布鲁克斯[OL]. http://www.kepu.ac.cn/gb/tecnhnology/robot/advance/adv103.htm.
[32] 王麟琨,徐德,谭民.机器人视觉伺服研究进展[J].机器人,2004,26(3):277-282.
[33] 江泽民.基于视觉伺服的机器人自主作业研究[D].北京:中国科学院自动化研究所,2005.
[34] 徐德.机器人的实时视觉控制与定位研究[D].北京:中国科学院自动化研究所,2003.
[35] 马颂德,张正友.计算机视觉——计算理论与算法基础[M].北京:科学出版社,1997.
[36] 陈恳,杨向东,刘莉,等.机器人技术与应用[M].北京:清华大学出版社,2006.
[37] 郭洪红.工业机器人技术[M].西安:西安电子科技大学出版社,2006.
[38] 张福学.机器人技术及其应用[M].北京:电子工业出版社,2000.
[39] 刘思汉.理论力学(下)[M].沈阳:辽宁科学技术出版社,1985.
[40] 哈尔滨工业大学理论力学教研室.理论力学(下)[M].4版.北京:人民教育出版社,1982.
[41] 伍科布拉托维奇.步行机器人和动力型假肢[M].北京:科学出版社,1983.
[42] Dudek G, Jenkin M. Computational Principles of Mobile Robotics[M]. Cambridge: Cambridge University Press, 2000.
[43] 王肖青,王奇志.传统人工势场的改进[J].计算机技术与发展,2006,16(4):96-98.
[44] 张汝波,张国印,顾国昌.基于势场法的水下机器人局部.路径规划研究[J].应用科技,1994,4:28-34.
[45] 况菲,王耀南,张辉.动态环境下基于改进人工势场的机器人实时路径规划仿真研究[J].计算机应用,2005,25(10):2415-2417.
[46] Hwang Y K, Ahuja N. A Potential Field Approach to Path Planning[J]. IEEE Transactions on Robotics and Automation, 1992, 8(1): 23-32.
[47] 张斌.多机器人运动规划的研究及通用仿真平台的开发[D].北京:中国科学院自动化研究所,2001.
[48] Xu D, Tan M. Accurate Positioning in Real Time for Mobile Robot[J]. 自动化学报,2003,29(5):716-725.
[49] 方建军,何广平.智能机器人[M].北京:化学工业出版社,2004.
[50] 李云江.机器人概论[M].北京:机械工业出版社,2011.
[51] 张玫,邱钊鹏,诸刚.机器人技术[M].北京:机械工业出版社,2016.
[52] 张涛,陈学东,罗欣,等.机器人引论[M].北京:机械工业出版社,2014.
[53] 兰虎,戴鸿滨,刘俊,等.工业机器人技术及应用[M].北京:机械工业出版社,2014.